寰宇文献 Universal Library | SINOLOGY 系列

SELECTED WORKS OF BERTHOLD LAUFER

劳费尔著作集

第四卷

[美] 劳费尔 著

黄曙辉 编

ZHONGXI BOOK COMPANY

图书在版编目(CIP)数据

劳费尔著作集 / (美) 劳费尔著；黄曙辉编. —上海：中西书局，2022
(寰宇文献)
ISBN 978-7-5475-2015-4

Ⅰ. ①劳… Ⅱ. ①劳… ②黄… Ⅲ. ①劳费尔 – 人类学 – 文集 Ⅳ. ①Q98-53

中国版本图书馆CIP数据核字（2022）第207067号

第 4 卷

063

康熙皇帝的《甘珠尔》印本

ИЗВѢСТІЯ

ИМПЕРАТОРСКОЙ АКАДЕМІИ НАУКЪ.

VI СЕРІЯ.

ТОМЪ III. 1909.

BULLETIN

DE L'ACADÉMIE IMPÉRIALE DES SCIENCES

DE ST.-PÉTERSBOURG.

VI SÉRIE.

TOME III. 1909.

С.-ПЕТЕРБУРГЪ. — ST.-PÉTERSBOURG.

Извѣстія Императорской Академіи Наукъ. — 1909.
(Bulletin de l'Académie Impériale des Sciences de St.-Pétersbourg).

Die Kanjur-Ausgabe des Kaisers K'ang-hsi.

Von Berthold Laufer.

(Der Akademie vorgelegt am 8/21 April 1909).

Nicht viele Besucher von Hsi-an fu dürften den kleinen Lamatempel beachtet haben, der sich in dem fast unbebauten nordwestlichen Teile der Stadt gerade im Winkel der nördlichen und westlichen Mauer einsam und weltabgeschieden erhebt. Ursprünglich ein Kaiserliches Absteigequartier (行宮), vom Kaiser K'ang-hsi selbst besucht, wurden von diesem Monarchen die Palastgebäude im Jahre 1675 in einen der Göttin Tārā geweihten Tempel umgewandelt, wie die von ihm selbst verfasste und geschriebene Inschrift, unter einem sechsseitigen Pavillon im südlichen Tempelhof errichtet, uns erzählt. Schon eine in der Nähe des Haupteingangs aufgestellte Steintafel, welche die Weisung enthält, dass «Civil- und Militärbeamte an dieser Stelle vom Pferde absteigen sollen»[1]), lässt ahnen, dass wir hier kaiserlichen Grund und Boden betreten. Der grosse Hof ist von einem Fichtenwäldchen bestanden; tritt man von da durch eine hochrot gestrichene Verbindungsmauer in den innern Hof, so steht man dem mässig grossen Haupttempel gegenüber, in

---

1) 文武官員到此下馬. Diese Inschrift befindet sich in Peking vor den Toren des Kaiserpalastes, und zwar in sechs Sprachen: chinesisch, manjurisch, tibetisch, mongolisch, kalmükisch und djagataisch. — Der Name des obigen Tempels ist *Kuang jên sze* 廣仁寺 «Tempel der grossen Menschlichkeit»; das Volk nennt ihn natürlich einfach «Lamatempel». Früher scheint noch ein anderer Lamatempel in Hsi-an fu existiert zu haben. Wenigstens liest man in einer Hauptstrasse des nordwestlichen Stadtteils über einem grossen Toreingang auf einer goldfarbigen Holztafel in schwarzen tibetischen Lettern: *Dad-ldan ạdus-pai lha-k'an* «Tempel der Versammlung der Gläubigen», darunter auf chinesisch in grösserer Schrift: 海倉寺 «Tempel der Vereinigung des Meeres.» Jetzt ist vom Tempel keine Spur da, sondern der Platz, wie schon ein Toranschlag auf weissem Brett besagt, in eine «vom Kreisbezirk errichtete Volksschule für Anfänger» umgewandelt. In der Chronik von Ch'ang-an (*Ch'ang-an hsien chi*) kann ich keine Angaben über diesen und den anderen Lamatempel finden.

dem sich drei herrliche goldlackirte Holzstatuen einer anmutig schönen Tārā befinden, die mittlere in Lebensgrösse; die Bilder stehen auf grossen quadratischen Holzpiedestalen, mit köstlichen Schnitzereien von Löwen, Elefanten und Garuḍa geschmückt. Zu den Tempelschätzen gehören 22 alte tibetische Gemälde an den Seitenwänden und der hinteren Wand, deren Sujets sich im geheimnisvollen Dunkel dieses Raumes nur schwer erkennen lassen, und vier prächtige Stücke von Ming Cloisonné (sogenanntes *King-tai-lan* [1]). Hinter diesem Bau schreitet man über einen Hof, auf dem liebliches Bambusgebüsch säuselt, zur Bibliothek, an die sich die Wohnräume des einzigen jetzt dort lebenden Lamas anschliessen. Es ist ein ebenso geschwätzig-liebenswürdiger wie von Kenntnis des Lamaismus ungetrübter alter Herr von über siebzig Jahren, ein Chinese manjurischer Abkunft aus Kuan-tung, trotz seines Alters recht lebhaft und rüstig und gut zu Pferde. Dazu tragen auch die 168 Taels Silber kaiserlicher Apanage bei, die er jährlich bezieht, und die nicht geringen Einkünfte aus den dem Tempel gehörenden Feldern, deren Wert 50 Taels

1) Es zeigt sich also, dass die lamaischen Tempel nicht auf die Provinzen Chihli und Shansi allein beschränkt sind. Offenbar war zur Ming-Zeit wie im XVII. und XVIII. Jahrhundert der Lamaismus in China weiter verbreitet und von tieferem Einfluss als jetzt. Spuren davon sind noch an vielen Orten sichtbar. Die dem Kultus der Kuan-yin und des Amitābha gewidmete, berühmte Insel P'u-t'o, die ich im August 1901 besuchte, hatte einst lebhafte Beziehungen zur lamaitischen Welt, wie die vielen in die Felsen eingehauenen Oṁ maṇi padme hūṁ noch jetzt beweisen. In dem buddhistischen Tempeln von Nanking und auch in solchen der Provinz Shantung traf ich lamaische Bronzefiguren neben rein chinesischen auf denselben Altären. Der Einfluss des lamaischen Pantheons auf die Ikonographie der taoistischen Gottheiten ist ganz eklatant und zeigt sich besonders auf taoistischen Malereien aus der Ming-Zeit; die vielarmigen Gottheiten der Taoisten, die Höllenrichter, deren Trabanten und Teufel, viele Symbole und Attribute sind direkt aus dieser Quelle geschöpft. Interessant ist die, wie es scheint, absichtliche Vermischung beider Religionen in unserem Lamatempel *Kuang jên sze*. Die rechte Seintenhalle ist nämlich dem taoistischen Kriegsgott *Kuan-ti*, die linke dem taoistischen Gott *Ma-wang* («König der Pferde») gewidmet, dem Schutzpatron der Reit-und Zugtiere, der Pferdeknechte und Karrenführer, beide Hallen sind aber mit lamaischen Symbolen, Musikinstrumenten und tibetischen Malereien an den Wänden ausgestattet. Es ist bekannt, dass *Kuan-ti*, wie schon der alte Klaproth wusste, eine taoistisch-lamaische Ausgleichsfigur bildet, indem er von den Mongolen als ihr Held Geser-Khan identificiert wird und als solcher wenigstens in Peking und in der Mongolei ins lamaische Pantheon Aufnahme gefunden hat. Es ist auch kein Zufall, dass sich über der bemalten Tonfigur des *Ma-wang* das lamaische Gemälde des Yamāntaka mit seiner Yum (A. Grünwedel, Mythologie des Buddhismus in Tibet und der Mongolei, S. 159) befindet, dem sich die zu Pferde reitende Göttin Çrīdevī (ibid., S. 173) und andere auf Tieren reitende lamaische Gottheiten anschliessen. Die Vereinigung der reisigen tibetischen Götter muss doch wohl aus offenkundiger Absicht in Beziehung auf den chinesischen *Ma-wang* gewählt worden sein. Sollte dieser in ikonographischer Hinsicht nicht einfach eine Ableitung aus einer Form des Yama oder Mahākāla (des «Schutzgottes» κατ' ἐξοχήν) sein? — Ebenso kommen auch Vermischungen taoistischer und buddhistischer Dinge vor: so hausen in einem kleinen Tempel von Hsi-an die Kindersegen gewährende und die Augenkrankheiten heilende Göttin des Taoismus friedlich mit dem im Nirvāṇa entschlafenden Buddha und den achtzehn Arhat zusammen.

das *Mou* betragen soll. Wir waren schon bei meinem früheren Aufenthalte in Hsi-an (Juli bis September 1903) gute Freunde geworden, und die Freude des unerwarteten Wiedersehens war daher um so herzlicher. Gern hatte ich mich oft genug aus dem lärmenden Getümmel der hauptstädtischen Strassen in diesen traulichen Winkel zurückgezogen und allerlei Gespräche über Einst und Jetzt mit dem Hüter unseres Tempels geführt. Auf diesmal kam das Gespräch auf die Bücherei, und da einige Bände des Kanjur verstreut auf den Tischen umherlagen, wurde mir die Einsicht in dieselben bereitwilligst gestattet. Es war ein prachtvoller Druck in hellroten Lettern, klar und scharf geschnitten, so frisch, als hätte er erst gestern die Werkstatt des Druckers verlassen. Schon lange mit dem Plan einer Geschichte des Buchdrucks und Buchwesens in Ostasien beschäftigt und an den verschiedenen Recensionen des Tripiṭaka besonders interessiert, versprürte ich den Reiz, Zeit und Inhalt dieser Ausgabe festzustellen, und bat um den Index-Band. Eine für chinesische Verhältnisse unglaubliche Leistung — in nicht ganz drei Minuten war derselbe herbeigeschafft, nachdem ein Diener eine Leiter geholt und ihn von der Höhe eines Wandfaches herabgewälzt hatte. Einen solchen Triumph würde man selbst in der Handschriftenabteilung der Kgl. Bibliothek von Berlin nicht erleben und kaum zu erleben hoffen; muss man doch unter normalen Umständen einem Lama drei bis vier Tage Zeit gönnen, um einen bestimmten Band des Kanjur oder Tanjur in der Klosterbibliothek aufzustöbern, vorausgesetzt dass er überhaupt noch zu finden ist, und wenn, kann man immer mit Sicherheit wetten, dass es der falsche ist, den man bekommt. Einige Stunden der Musse, die mir meine amtliche Tätigkeit hier liess, verbrachte ich denn über diesem Index-Band, der eine Anzahl von Überraschungen bot, die ich in den nachstehenden Zeilen kurz mitteilen will.

Während man in Europa über Kanjur und Tanjur im allgemeinen sehr viel geredet hat, wissen wir im Grunde herzlich wenig davon und sind über die erste grundlegende Arbeit des braven Ungarn Csoma de Körös noch nicht hinausgekommen; selbst die Daten und Druckorte sind entweder ungenau oder gar nicht festgestellt [1]), von einer Vergleichung der einzelnen Redaktionen ganz zu schweigen. Der mir vorliegende Rotdruck war, wie das Datum am

1) So gibt Dr. F. W. Thomas in seiner Desideratenliste tibetischer Bücher für die India Office Library als das Datum des Kanjur und Tanjur von *sNar-taṅ* das Jahr 1731. Dagegen finde ich in einem von mir jüngst in Peking erworbenen Exemplar des Tanjur dieser Ausgabe, dass die Vorrede im Index-Bande vom Jahre 1742 datiert ist. Es müssten endlich einmal sämtliche in unseren Bibliotheken vorhandenen Kanjur- und Tanjur-Ausgaben genau definiert und beschrieben werden. Die Library of Congress in Washington hat jüngst ein sehr schönes Exemplar des Kanjur durch W. W. Rockhill erhalten.

Schlusse angibt, im Jahre 1700 («an einem glücklichen Tage des 4. Monats des 39. Jahres der Periode K'ang-hsi») abgeschlossen. Bisher hatte ich geglaubt, und wenn ich nicht irre, war dies die allgemeine Annahme, dass die Rotdrucke des Kanjur und Tanjur im Zeitalter von Kieng-lung das Licht erblickt hätten; ohne alle Hülfsmittel hier in Hsi-an, kann ich keine Literatur dafür citieren, und ohne jene Annahme bestreiten zu wollen, kann ich gegenwärtig nur sagen, dass eine auf Befehl des Kaisers K'ang-hsi redigierte und mit einem von diesem Kaiser selbst verfassten Vorwort in vier Sprachen begleitete Edition des tibetischen Kanjur im Jahre 1700 in Peking in Rot gedruckt worden ist.

Ebenso wie das kaiserliche Vorwort und zwei andere Vorreden, ist auch der Index in den vier lamaischen Sprachen gedruckt, aber jeder einzeln für sich. Es wäre gewiss eine nützliche Aufgabe, die tibetischen Titel der Werke im Kanjur umzuschreiben und dann jedem derselben den entsprechenden chinesischen Titel auf Grund des chinesischen Index hinzuzufügen, da wir so eine brauchbare und handliche Concordanz des tibetischen und chinesischen Tripiṭaka erhielten. Der tibetische Index umfasst 21 Folio-Blätter und ist ohne alle Einleitungs- und Schlusssätze. Er gewährt die grosse Überraschung, dass der ganze Stoff anders angeordnet ist als in den bekannten tibetischen Ausgaben, wie das folgende Schema zeigt:

Kanjur des K'ang-hsi.	Zahl der Bände.	Kanjur von sNar-t'aṅ.	Zahl der Bände.
1) rGyud [1])	1	1) *ạDul-ba*	13
2) *rGyud*	24	2) *S̀er-p̕yin* (Prajñāpāramitā)	21
3) *Yum* (Prajñāpāramitā)	24	3) *P'al-c'en.*	6
4) *dKon-brtsegs*	6	4) *dKon-brtsegs*	6
5) *P'al-c'en.*	6	5) *mDo sde*	30
6) *mDo sna-ts'ogs.*	31	6) *Myaṅ-ạdas*	2
7) *ạDul-ba.*	13	7) *rGyud*	22
	105		100

Dass die tibetische Einteilung die ältere, echte Tradition bewahrt, ist ohne weiteres klar, da sie mit dem Kanon der altbuddhistischen Kirche über-

1) Dieser Band ist besonders als *Oṁ* numeriert und enthält die von *Bu-ston* festgestellten Dhāraṇī.

einstimmt. Die auffallendste Änderung in der K'ang-hsi-Edition ist die, dass das Vinaya seinen Rangplatz eingebüsst und ans Ende abgeschoben ist, während die schon aus chronologischen Gründen an letzter Stelle kommenden Tantra hier oben an der Spitze marschieren. Diese Tatsache ist sehr interessant, denn sie veranschaulicht deutlich den Wechsel, der im Laufe der letzten Jahrhunderte in der Wertschätzung der einzelnen Abteilungen der buddhistischen Literatur eingetreten ist. Das Vinaya sank immer mehr an Bedeutung, während die Tantra und der mit ihnen verbundene Zauber- und Beschwörungskultus in den Händen des Priester wie in den Augen der Gläubigen an Ansehen und Einfluss wuchsen. Die im Vinaya niedergelegten rigorosen Ordensvorschriften mussten ja schon um dessentwillen alles Interesse verlieren, weil das Leben der Lamas schliesslich in grellstem Widerspruch damit stand und Formen angenommen hatte, die kaum noch eine nebelhafte Erinnerung an die alte Mönchsdisciplin bewahrten. So kam es, dass auch die Verbindlichkeit für die Lektüre dieser Sektion als nicht mehr «zeitgemäss» ausser Gebrauch kam, und es dürften sich heutzutage kaum noch Lamas finden lassen, die das Vinaya gelesen haben, während die Tantra an der Tagesordnung sind und eifrig Schule machen. Es scheint mir daher, dass man in der chinesischen Edition den schon bestehenden Verhältnissen hat Rechnung tragen und dem Wechsel der Dinge auch äusserlich hat Ausdruck verleihen wollen, indem man den Tantra durch Verleihung einer Rangerhöhung den officiellen Beglaubigungsstempel aufdrückte. Trotz alledem bleibt das Antasten der geheiligten Überlieferung eine auffällige Tatsache, die noch weiterer Erklärung bedarf. In den Vorreden wird über diese etwas radikale Redaktionstätigkeit nichts bemerkt, wie wir darin überhaupt jede Angabe über die Art und Weise dieser Ausgabe, besonders was ihr Verhältnis zu den früheren betrifft, schmerzlich vermissen. Die Anordnung der Bände hat sich natürlich der im Index festgelegten Reihenfolge anzuschliessen, wie sich schon aus dem Umstand ergibt, dass dieselben auch hier, wie in den anderen Kanjurausgaben, durchnumeriert sind; im Tanjur beschränkt sich dieses Verfahren auf die einzelnen Abteilungen. Die übrigen Abweichungen lassen sich aus der obigen Aufstellung ersehen; es fällt auf, dass die Sektion «Nirvāṇa» fehlt. In den Indices dieser Edition sind nichts als die blossen Titel aufgeführt, nicht auch die Colophons mit Angabe der Übersetzer u. s. w., wie in dem von I. J. Schmidt herausgegebenen Index des Kanjur, nur bei einem Werke [1]) habe ich die An-

1) *bCom-ldan-ạdas ạP'ags-ma sGrol-ma ral-pa gyen brdzes,* in der Abteilung *rGyud*, Vol. XX, fol 9a, Zeile 2.

gabe gefunden, dass es von Atīça verfasst und von Bu-ston übersetzt worden sei. Zu einigen Bänden findet sich eine zusammenfassende kurze Charakteristik am Schluss, wie zu *rGyud*, Vol. XXIII, dass die darin enthaltenen Dhāraṇī zum Lesen bestimmt seien[1], d. h. dass die Bannung der Gottheit (*lha-sgrub-pa*) durch die blosse Lektüre bewirkt werden kann, ohne Errichtung eines Maṇḍala oder andere Ceremonien.

In den drei Vorreden wird viel hoher Wortschwall, aber wenig Tatsächliches geboten. Die erste ist 1683 (16. Tag des 8. Monats des 22. Jahres der Periode K'ang-hsi) datiert und enthält die Bittschrift[2]) eines kaiserlichen Prinzen ersten Ranges 和碩親王, namens *Fu-ts'üan* 福全 *Elgen*, der an der Spitze der mit der Herausgabe betrauten Kommission stand, betreffend die Veröffentlichung des Werkes. Er gibt einen kurzen Abriss der literarischen Betätigung auf dem Gebiete des Buddhismus in China, anknüpfend an den Traum des Kaisers Ming-ti der Han-Dynastie, dessen nach Indien gesandte Boten buddhistische Bücher zurückgebracht und den ersten Anstoss zur Verbreitung des Buddhismus in China gegeben hätten, ein Ereignis, seit dem nun fast 2000 Jahre verflossen seien; der Kaiser T'ai-tsu der Ming-Dynastie (Hung-wu, 1368—1398) habe ein Preislied auf ein gemaltes Bild (*t'an-ka*) der «Edlen Frau»[3]) verfasst, und, was für uns von grösstem Interesse ist, in der Periode Yung-lo (1403—1424, das genaue Jahr ist nicht mitgeteilt) sei der grosse Kanjur verbessert und gedruckt worden[4]). Der weiteren langen Rede kurzer Sinn ist der, dass der Kaiser ersucht wird, eine Vorrede zu der neuen Edition zu verfassen, deren voraussichtliche segensreiche Wirkungen in indisch-buddhistischem Stil ausgemalt werden. Zwei Tage später (am 18. desselben Monats) wurde dieses Dokument dem Ministerium der Riten (*Li-pu*) zur Prüfung und Begutachtung vorgelegt, worauf der Präsident dieses Amtes, Kieh-shan 介山 (tib. *bCas-san*), an den Thron berichtete. Das von ihm verfasste Schriftstück ist als zweite Bittschrift bezeichnet; er wiederholt zunächst die vorige im genanen Wortlaut und spinnt dann dieselben Gedanken noch umständlicher und weitschweifiger aus. Er erinnert daran, dass im Jahre 648

---

1) *Tams-cad klag-par gzuṅs-rnams bžugs-so.*

2) 請序疏, tib. *mdzad-byaṅ žu-bai yi-ge.*

3) Tib. *aP'ags-ma,* chin. 佛母 «Mutter des Buddha»; bei der Wiederholung dieser Sätze in der zweiten Vorrede steht tib. *sGrol-ma* (Tārā), chin. dieselbe Lesart.

4) Später heisst es «genau verbessert»: *Yuṅ-loi dus-su bKa-ag̣yur c̓en-po* (= chin. *Ta tsang) žu-dag žib-par byas-nas brkos-pa.* Über diese Ausgabe vergl. A. Grünwedel, Mythologie des Buddhismus in Tibet und der Mongolei, S. 74. Der Dalai Lama, bei dem ich am 19. December 1908 eine Audienz im Gelben Tempel hatte, versicherte mir auf meine Anfrage, dass in tibetischen Klöstern noch Exemplare dieser Yung-lo Ausgabe vorhanden seien.

der Çramaṇa Hsüan-Tsang[1]) 657 buddhistische Werke ins Chinesische übersetzt habe, nach deren Vollendung der Kaiser Tʻai-tsun selbst eine Einleitung zum Tripiṭaka geschrieben habe; diese sei in Stein gemeisselt worden und werde noch jetzt aufbewahrt[2]). Dann führt er eine Anzahl weiterer Präcedenzfälle vor, wie Kaiser der Tʻang, Sung und Ming buddhistische Sūtra bevorwortet hätten, um mit derselben Empfehlung an den Monarchen wie sein Vorgänger zu schliessen. Dieses Dokument ist vom 1. Tage des 9. Monats 1683 datiert und wurde drei Tage später vom Kaiser in Empfang genommen und genehmigt. Die Kaiserliche Vorrede ist vom 23. Tage des 8. Monats 1684 datiert und ergeht sich in denselben Gedanken wie die ihm überreichten beiden Denkschriften und allgemeinen buddhistischen Betrachtungen, ohne irgendwelches uns interessierende tatsächliche Material zur Geschichte dieser Ausgabe zu enthalten[3]). Von etwas mehr Interesse ist dann die den Schluss des Bandes bildende Liste der Namen aller derjenigen, die irgendwie bei der Veranstaltung dieser Publikation beteiligt waren. Am Ende dieser Liste ist auch das oben mitgeteilte Jahr 1700 als die Abschlusszeit des Druckes gegeben, woraus hervorgeht, dass derselbe fast siebzehn Jahre in Anspruch genommen hat. Die Träger der Namen zerfallen in drei Gruppen: 1) Mitglieder der Aufsichtskommission, alle hohe Manjuwürdenträger in Hofämtern und Ministerien, 2) Lamas und Bhikṣus der Redaktionskommission, 3) Copisten des Manuskripts. Bei der Aufzählung der ersteren interessiert uns höchstens die Art und Weise, wie der Tibeter mit der Übersetzung der chinesischen Ämter und Chargen fertig geworden ist[4]). Die Haupt-

1) Im tibetischen Text ist gesagt, er hätte die «Werke der tibetischen Religionsschriften» (*Bod-čos po-ti*) übersetzt; im chinesischen steht 梵經 «Sanskrit-Sūtra». Offenbar hat der Tibeter die beiden Worter Fan 4 梵 («Sanskrit») und Fan 1 番 («Tibet» = *Bod*) mit einander verwechselt. Der chinesische Text hat hinter dem Namen Hsüan-Tsang das Wort 等 «und andere», was der Tibeter ganz töricht durch die Pluralpartikel *rnams*, statt durch *-la sogs-pa* wiedergibt. Der Name des Pilgers ist einmal *Yran-yvaṅ* (mit *va-zur*), ein anderes Mal *Yvan-tsaṅ* transkribiert (vergl. Tʻoung Pao, 1907, p. 396).

2) Das Original scheint aber jetzt verloren gegangen zusein; es existieren indessen mehrere Copien desselben auf Stein, so eine im Tempel der Wildgans-Pagoda (*Ta yen tʻa sze*) ausserhalb der Südmauer von Hsi-an, datiert 653, und eine andere von dem berühmten Kalligraphen Wang Hsi-chih geschriebene im Inschriftenwald (*Pei-lin*) von Hsi-an fu, datiert 672. Vergl. die Epigraphie von Shensi 關中金石記, Kap. 2, p. 1.

3) Ich habe den tibetischen und chinesischen Text derselben, ebenso wie die Texte der beiden Petitionen, vollständig copiert, glaube aber kaum, dass sich die Veröffentlichung einer Übersetzung derselben lohnen würde.

4) Einige Beispiele mögen genügen. *Nei Ko shih-tu hsüeh shih* (Mayers, The Chinese Government, 3. Aufl., Nr. 143: Reader of the Grand Secretariate) = tib. *Naṅ-gi kʻrims-rai yi-gei blon-po*. 宗人府右司堂印理事官 = tib. *Tsuṅ-šin-pu kʻrims-*

redakteure[1]) waren die hauptstädtischen Lamas[2]) *Mergen Cʻos-rje*, der Professor der tibetischen Literatur[3]) *bSod-nams Cʻos-rje*, und der zweite oder Assistenz-Professor der tibetischen Literatur *Ži-tʻeu* (chin. *Shih-tʻou* 石 頭, offenbar ein Manju). Als Editoren[4]) stand ein Stab von neununddreissig tibetischen Bhikṣu (*dge-sloṅ*) zur Verfügung, deren Namen alle aufgezählt werden. Wenn wir eines schönen Tages, den wir Zeitgenossen wohl kaum noch erleben werden, etwas mehr über die Geschichte der tibetischen Literatur wissen werden, mag es sein, dass auch diese Namen etwas mehr als blosse Namen sein werden.

Das Blattformat dieser Ausgabe beträgt 73.5 × 24.2 cm, der von roten Linien eingerahmte rechteckige Schriftsatz 58.9 × 15 cm; das Durchschnittsgrössenmass der Lettern ist 0.5 qcm. Jeder Band ist mit klar und schön geschnittenen, genau bestimmten Miniaturen ausgestattet und zwischen schwere rotlackierte Holzdeckel gelegt, in gelbe Seidentücher eingewickelt und mit Bändern von Rohseide umschnürt. Es ist ein in jeder Hinsicht vollkommenes Meisterwerk der Holzschneidekunst, das den Namen des grossen Kaisers mit Ehren trägt, ein unverwelkliches Blatt in dem Ruhmeskranze, den sich dieser grosszügige und weitherzige Monarch in der Geschichte der Literatur und der Buchdruckerkunst geflochten hat.

Hsi-an fu, 7. März 1909.

---

rai γyas-pʻyogs-kyi zii-don dbyes-pai tʻe ạdzin-gyi blon-po. Tu chʻa yüan = tib. *Tʻams-cad dbye-bai kʻrims-ra. Yüan wai lang* (Mayers, Nr. 164) = tib. *Pʻan-par byed-pai blon-po. Li-pu* 吏 部 = tib. *blon-poi kʻyims-ra. Hu-pu* 戶 部 = tib. *mdzod-kyi kʻo* (= 科) *-yi kʻrims-ra. Li pi* 禮 部 = tib. *gžuṅ-gi kʻo-yi kʻrims-ra. Ping pu* 兵 部 = tib. *dmag-gi kʻrims-ra. Hsing pu* 刑 部 = tib. *bca-bai kʻo-yi kʻrims-ra. Kung pu* 工 部 = tib. *las byed-kyi kʻrims-ra.* Manju *bithesi* (Mayers, Nr. 181) = tib. *yi-ge-pa.*

1) *bKa-ạgyur-gyi yi-ge-rnams ltas-nas žu-dag bcos-par byed-pa.*

2) *Pʻo-brañ-gi bla-ma*, was ja allerdings als «Lama des Palastes» aufgefasst werden könnte, da sich noch jetzt auf dem Boden des Kaiserpalastes ein Lamatempel befindet. Der chinesische Text spricht indessen von 京 都 Lama. Auch sonst wird tib. *Po-brañ* im Sinne der ganzen Stadt Peking gebracht.

3) *Bod yig-gi slob-dpon-pa.*

4) *bKa-ạgyur-gyi yi-ge žu-dag byas-mkʻan.*

064

一块突厥旧地毯上的十二生肖

T'OUNG PAO

通報

OU

ARCHIVES

CONCERNANT L'HISTOIRE, LES LANGUES,
LA GÉOGRAPHIE ET L'ETHNOGRAPHIE
DE
L'ASIE ORIENTALE

Revue dirigée par

Henri CORDIER
Membre de l'Institut
Professeur à l'Ecole spéciale des Langues orientales vivantes
ET
Edouard CHAVANNES
Membre de l'Institut, Professeur au Collège de France.

SÉRIE II. VOL. X.

LIBRAIRIE ET IMPRIMERIE
CI-DEVANT
E. J. BRILL
LEIDE — 1909.

DER CYCLUS DER ZWÖLF TIERE AUF EINEM ALTTURKISTANISCHEN TEPPICH

VON

BERTHOLD LAUFER.

In Anbetracht der Tatsache, dass der türkische Ursprung des Cyklus der zwölf Tiere jetzt feststeht [1]), dürfte es von Interesse sein, die Aufmerksamkeit auf einen merkwürdigen Teppich von Turkistan zu lenken, in den die zwölf Tiere in eigenartiger Anordnung, abweichend von den bisher bekannten Darstellungen, eingewoben sind. Das betreffende Stück ist erst kürzlich (Anfang December 1908) durch chinesische Händler aus Turkistan nach Peking gekommen und wurde von einem hervorragenden Sachkenner und Sammler auf diesem Gebiete, Herrn Eduard Runge aus New York, erworben. Der Teppich ist 4 Fuss 11 Zoll lang und 2 Fuss 5 Zoll breit, aus Kamelharen gearbeitet, von dunkelblauen Untergrund, die Tierfiguren in goldgelbem Ton, von meisterhafter Technik. Die Photographie gibt infolge der Schwierigkeit der Aufnahme die Einzelheiten nur ungenügend wieder und nur eine schwache Vorstellung von der Schönheit der Arbeit.

Was uns bisher von künstlerischen Darstellungen des Zwölfercyklus bekannt geworden ist, beschränkte sich auf alte Metallspiegel,

1) E. CHAVANNES, Le cycle turc des douze animaux, T'oung Pao, 1906, pp. 51—122. Siehe ferner T'oung Pao, 1907, pp. 393—403.

Medaillen und Amulete, auf welchen die Tiere als Reliefs in einer kreisförmigen Zone angebracht sind. Muster dieser Art findet man in der citirten Abhandlung von Chavannes abgebildet und beschrieben. Auf dem vorliegenden Stücke sind indessen die zwölf Tiere, vielleicht teilweise durch den Charakter der Webetechnik bedingt, teilweise vielleicht durch die uns unbekannte Zweckbestimmung des Teppichs veranlasst, aufsteigend von unten nach oben übereinander in einem Rechteck gruppirt. In der richtigen Reihenfolge des Cyklus beginnen sie unten links mit der Ratte, rechts davon folgt das Rind, darüber der Tiger für sich, von zwei bekannten chinesischen Ornamenten eingeschlossen, weiter oben rechts der Hase, links die Schlange, über beiden der Drache. In diesem Falle hat der Künstler die sanktionirte Reihenfolge Drache (5. Jahr) und Schlange (6. Jahr) zu Gunsten des Drachen vertauscht, um den für seine Darstellung erforderlichen grösseren Raum zu gewinnen und ihm als dem geschätztesten und vornehmsten Tiere den Ehrenplatz gerade im Centrum des Teppichs zu sichern. Über dem Drachen befindet sich links das Pferd, dessen Umrisse am wenigsten glücklich gelungen sind, von dem benachbarten Schaf durch eine Doppelspirale geschieden. Darüber hockt für sich allein der Affe, der in der Photographie leider nicht hervortritt. Darüber folgt rechts der Hahn, links der Hund, beide in recht guter Ausführung, der Hund mit emporgerichtetem Kopf offenbar bellend gedacht. Den Beschluss macht das Schwein oben an der Spitze, in der Reproduktion leider unsichtbar. Über die Verwendung des Teppichs, ob er astrologischen oder rein dekorativen Zwecken gedient hat, lässt sich einstweilen nichts sagen; ebenso ist sein Datum ungewiss. Gebricht es uns doch völlig an einer Kenntnis der Geschichte der Teppichweberei in Central- und Ostasien, obwohl die chinesische Literatur Material in Fülle dafür bietet. Der handgreifliche Beweis liegt jetzt vor, dass sich im nordwestlichen China, besonders in der Provinz Kansu, und in Turkistan eine Menge Teppiche von verhältnismässig hohem Alter erhalten haben, die zu dem Schönsten und Solidesten gehören, was die Teppichwirkerei überhaupt hervorgebracht hat. Competente chinesische Sachkenner schätzen das Alter des vorliegenden Stückes auf mindestens 2—300 Jahre, was kaum als Übertreibung gelten kann, wenn wir bedenken, dass sich noch gegenwärtig in Peking weit ältere, mindestens doppelt so alte, persische und turkistanische Teppiche finden lassen, und sind sich ferner darüber in ihrem Urteil einig, dass er ein höchst seltenes und einzigartiges Specimen darstellt. Niemand von ihnen hatte je zuvor einen solchen Teppich mit diesem Muster des Cyklus der zwölf Tiere gesehen. Wir hoffen, dass sich die Beweisstücke für die Darstellungen desselben in Turkistan mit der Zeit noch mehren werden.

Peking, 21 Dec. 1908.

NOTE ADDITIONNELLE

PAR

Ed. CHAVANNES.

Puisque l'intéressant article de M. Laufer m'en donne l'occasion, je publierai ici un estampage dont j'ai fait l'acquisition lors de mon dernier voyage en Chine; l'original est un carré de 47 centimètres de côté; au centre, on lit les mots 崔公墓誌 «Epitaphe de l'honorable *Ts'ouei*»; cette pierre devait donc former le sommet d'une stèle sur laquelle était gravé le texte même de l'épitaphe dont nous avons ici le titre; je ne possède malheureusement pas l'estampage de ce texte, en sorte que j'ignore qui est le *Ts'ouei* dont il est

065

一幅来自中国的同性恋图画

'ΑΝΘΡΩΠΟΦΥΤΕΙΑ

Jahrbücher

für

Folkloristische Erhebungen und Forschungen

zur

Entwicklunggeschichte der geschlechtlichen Moral

unter redaktioneller Mitwirkung und Mitarbeiterschaft von

Prof. Dr. **Thomas Achelis,** Gymnasialdirektor in Bremen († 18. Juni 1909), Dr. **Iwan Bloch,** Arzt für Haut- und Sexualleiden in Berlin, Prof. Dr. **Franz Boas,** an der Columbia-Universität in New-York V. S. N., Dr. med. u. phil. **Georg Buschan,** Herausgeber des Zentralblattes für Anthropologie in Stettin, Geh. Medizinalrat Prof. Dr. **Albert Eulenburg** in Berlin, Prof. Dr. **Anton Herrmann,** Herausgeber der Ethnologischen Mitteilungen aus Ungarn, in Budapest, Prof. Dr. **Juljan Jaworskij** in Kiew, Dr. **Alexander Mitrović,** Rechtanwalt in Knin, Dr. **Guiseppe Pitrè,** Herausgeber des Archivio per lo studio delle tradizioni popolari in Palermo, Dr. med. **Isak Robinsohn** in Wien, Prof. Dr. **Karl von den Steinen** in Berlin und anderen Gelehrten gegründet im Verein mit

Prof. Dr. med. **Bernhard Hermann Obst,**
weiland Direktor des Museums für Völkerkunde in Leipzig

herausgegeben

von

Dr. Friedrich S. Krauss
in Wien VII/2, Neustiftgasse 12

VI. Band.

Leipzig 1909
Deutsche Verlagaktiengesellschaft

Bezugpreis für jeden Band 30 Mk.

Tafel XXII.

Zu B. Laufer: Ein homosexuelles Bild aus China.
Anthropophyteia VI. S. 162—166.

Ein homosexuelles Bild aus China.

Von Berthold Laufer.

(Mit einer Tafel).

Die auf unserer Tafel reproduzirte chinesische Malerei (24 × 25.5 cm) ist in Kanton verfertigt und von nicht geringem kulturhistorischen Interesse. Während die Darstellungen normaler Liebeszenen in China überaus häufig und ohne Schwierigkeit zu erlangen sind, wiewohl die wirklich guten Kunstwerke auf diesem Gebiete als dem XVIII. Jahrhundert angehörig immer seltener werden, sind die Schildereien homosexueller Szenen auf dem Kunstmarkt kaum vertreten, nicht etwa weil sie selten gemalt würden, sondern weil eine gewisse Scheu besteht, sie in die Öffentlichkeit zu bringen. Daß solche Bilder in die Hände eines fremden Sammlers fallen, dürfte jedenfalls zu den größten Seltenheiten gehören und zu den Glückfunden, die sich alle Jahre vielleicht einmal ereignen. Während ich im Laufe vieljähriger Sammeltätigkeit in China allerorten hunderte von Darstellungen der Liebe zwischen Mann und Weib, auf Seide, Papier oder Porzellan gemalt oder in Reliefs aus Steatit und Elfenbein ausgeschnitten, gesehen und erworben habe, ist das vorliegende Blatt das erste und einzige mir bekannt gewordene, das einen Liebeakt zwischen Mann und Mann illustriert. Die Malerei selbst ist, vom chinesischen Standpunkt beurteilt, ziemlich mittelmäßig, etwas handwerkmäßig, aber in der Komposition der ganzen Szene nicht ohne Geist und in den Einzelheiten, besonders im Kolorit, mit Sorgfalt behandelt.

Es ist Nacht. Von der Decke hängt eine große Glasampel herab, im Innern von der hochbrennenden Flamme einer tassenförmigen Öllampe erleuchtet; der obere Rand der gläsernen Glocke ist mit einem Band aus Messing getriebener, fein geäderter Blätter verziert. Auf dem Schreibtisch brennt eine kupferne Öllampe und unter dem Fenster eine rot gefärbte Kerze. Es ist ein warmer Sommerabend, denn das Fenster ist weit geöffnet, und die Banane steht in Blüte.

Zwischen Banane und Liebe scheint irgend ein mystischer Zusammenhang zu bestehen; mit Vorliebe werden Liebepaare unter der Banane abgebildet und Frauen, ausgestreckt auf einem Bananenblatt, gemalt. Wir befinden uns offenbar in dem Besuchzimmer eines regelrechten männlichen Prostituierten, der den besseren Kreisen anzugehören scheint, worauf schon die von einer gewissen Wohlhabenheit zeugende und nicht ohne Geschmack getroffene Zimmereinrichtung hindeutet. Daß das Objekt des Liebeaktes ein männliches Wesen ist, dürfte nicht jedem ohne weiteres klar sein, da er in Haartracht, Schmuck und Kleidung vollkommen als Frauenzimmer kostümiert ist. Dies ist aber nur die offizielle Uniform, denn der Maler hat die Wirklichkeit feinsinnig dadurch angedeutet, daß er die Zivilausrüstung des jungen Herrn in den Vordergrund plaziert hat. Daraus läßt sich mit Leichtigkeit die Vorfabel, die dem dargestellten Akte vorausgegangen ist, rekonstruieren. Vor etwa einer Stunde hat der geschäftbeflissene Jüngling noch am Toilettentische vor dem dort stehenden Spiegel gesessen und an seiner Metamorphose gearbeitet; er hat seine rotquastige schwarze Sammetmütze und sein Portefeuille auf den Tisch, seinen rosa und grünen Anzug auf den Schemel gelegt, seine großen Schuhe auf den Boden gestellt. Eine Puderdose von grünem Porzellan und ein Kasten mit roter Schminke legen Zeugnis dafür ab, daß die Farbenabtönungen seines Gesichts dem eigenen ästhetischen Empfinden entsprungen sind; ein hölzerner Kamm und eine Bürste haben beim Aufbau des Haarputzes mitgewirkt. Allerlei weitere Sächelchen dürften in den acht Schubfächern des auf dem Tische stehenden Toilettenkastens verborgen sein. Sehen wir uns die nun auf dem Sofa hockende Er-Dame etwas näher an. Auf das vom Maler etwas zu mädchenhaft idealisierte Gesicht ist natürlich nicht viel zu geben; freilich sind unter chinesischen Knaben bis zu einem gewissen Alter zart- mädchenhafte Typen überwiegend zahlreich, und die fortschreitende Effemination besonders der Südchinesen hat einen ins Weibliche, ja Weibische, stark hinüberspielenden, uns oft sehr unmännlich anmutenden Typus gezüchtet. In welchem eventuellen Zusammenhang dieser Effeminierungprozess mit der Entwicklung der Homosexualität steht, soll hier nicht erörtert werden. Die gerundeten Armee des Knaben sind mit Armbändern geschmückt, die Finger lang und fein. Auf der Spitze des Haarknotens trägt er eine Rosette mit vier blauen Steinen, vielleicht ein Geschenk seines Herrn und Gönners; zwei emaillierte Nadeln sind durch den Knoten gesteckt. Er trägt Ohrringe, mit blauen Eisvogelfedern eingelegt, unten mit drei silbernen Glöckchen behangen. Am

Oberkörper trägt er ein rotes Untergewand, darüber ein Kleid von hellgrüner Seide mit eingewebten Pflaumenblütenmustern, die Ränder mit blauer Borte besetzt; die Hosen sind von violetter Seide mit Wellenmustern dekoriert, darunter weiße Unterhosen; die Schuhe sind die spitzen, kurzen Weiberschuhe. Halten wir in dem Raume etwas nähere Umschau, so machen wir die überraschende Entdeckung, daß unser Weibmann keineswegs der plebejischen Sorte angehört, sondern auf Bildung und Studium und fachmännische Ausbildung hält. Denn links auf seinem rotlackierten Schreibtisch ruhen zwei elegant gebundene Werke; das obere davon, vier Bände enthaltend, in blaue Seide mit goldgemalten Ornamenten gebunden, führt, wie die Aufschrift besagt, den Titel: Nan ch'ieh ts'üan shu, d. h. Enzyklopädie der männlichen Prostituierten. Nach Kenntnisnahme dieses Titels habe ich sofort in Ch'eng-tu nach diesem Buche recherchieren lassen, bisher ohne Erfolg. Jedenfalls ist dieser Buchtitel ein zweiter Beweis dafür, daß hier ein männlicher Prostituierter dargestellt sein soll. Neben diesem Buche liegt eine Bildrolle mit unleserlicher Aufschrift, daneben ein aufgeschlagenes Schreibheft; davor Schreibpinsel auf einem gezackten Gestell von weißem Porzellan ruhend, nebst Stein zum Anreiben der Tusche, einem Stück Tusche auf Holzuntersatz und einem runden Gefäß, aus dem das Wasser auf den Tuschstein gegossen wird. Unser Mann ist also Schriftkundiger, und es wäre kein Wunder, wenn er seine Mußestunden mit Versemachen ausfüllen und die Anleitung und Muster dazu aus seinem Handbuch des Uranismus schöpfen sollte. Er hält auch auf Ordnung und Sauberkeit, wie der Staubwedel aus Hühnerfedern beweist, der im Verein mit zwei Schreibpinseln in dem zylindrischen Gefäße vorne rechts auf dem Schreibtisch steckt. Von hier treten wir zu dem Bücherschrank, aus dessen Fächern sieben umfangreiche Werke herabschauen: in einem sind die einzelnen Bände am Rande von 1 bis 9 numeriert, und jeder mit dem Titel Lung yang ch'uan versehen, offenbar Titel eines Romans, von dem indessen sonst nichts bekannt ist. Ich hoffe mit der Zeit ein Exemplar davon aufzutreiben, wenn nicht, was kaum anzunehmen sein dürfte, der Titel aus der Phantasie des Malers stammt. Im Hintergrunde verdienen noch die beiden Sitze aus grünglasiertem Porzellan Beachtung, die ihrer Form wegen als Trommeln bezeichnet werden; sie sind mit stilisierten Tigerköpfen, Ringe im Maul haltend, in Goldfarbe bemalt; oben sind sie mit einem violettfarbigen Zeug ausgepolstert. Diese Sitze, die gewöhnlich nur in Gärten oder auf einer Veranda Aufstellung finden und im Sommer wegen der von ihnen ausgehenden Kühlung (natürlich ohne Polster!) beliebt sind, sind hier im Innenraume durchaus charakteristisch für die Prostituiertenwohnung. Der von der Glasur geglättete, etwas gewölbte Sitz ist hier nicht ohne Grund weich gepolstert. Auch in den Frühlingbildern der mann-weiblichen Liebe spielen diese Porzellansitze eine bevorzugte Rolle, wobei für ein Paar selten mehr als ein Sitz erforderlich ist.

Von den Theorien, die man bisher über die Homosexualität aufgestellt hat, ist keine befriedigend, auch keine, die allgemeine Anerkennung gefunden hätte. Der Hauptgrund dafür liegt darin, daß das Problem noch nicht vom völkerkundlichen Standpunkt erfaßt und behandelt worden ist. Man hat sich im wesentlichen auf das Menschenmaterial unseres Kulturkreises beschränkt. Karsch hat dann begonnen, auch andere Völker in den Kreis der Betrachtung zu ziehen, freilich zu sehr von einer bestimmten Theorie beherrscht und offensichtlich bestrebt, das Gleichartige der Erscheinung überall nachzuweisen. Nichts wäre voreiliger, als wenn der Ethnograph diese Erscheinung im Lichte der in Europa aufgestellten Hypothesen anschauen und beurteilen würde. Wenn irgendwo, so ist gerade hier eine streng induktive Methode erforderlich; es darf nicht a priori gesagt werden, daß die Homosexualität überall auf der gleichen Grundlage beruht, es ist erst der Beweis dafür zu erbringen, und es kann sich ebenso gut herausstellen, daß es Völker gibt, bei denen es sich in diesem Fall um ganz verschiedene psychische Erscheinungen handelt. Sicher ist mir bereits das eine, daß die Homosexualität in einzelnen Kulturkreisen durchaus verschiedene Formen angenommen hat und sich in verschiedenen Richtungen äußert. Bei den Tschuktschen, z. B., wie wir jetzt aus den Untersuchungen von Bogoras wissen, erstreckt sie sich auf das religiöse Gebiet. In Japan hat sie militärischen Charakter und ist in der Kriegerkaste der Samurai wie heutzutage im Heere ausgebildet; in China hat sie einen rein bürgerlich-sozialen Charakter und ist im ganzen Lande in allen Klassen und Ständen verbreitet. Ohne mich heute auf dieses Thema näher einzulassen, möchte ich mit Rücksicht auf unser Bild nur einen Punkt hervorheben. Gegen Hirschfeld's Zwischenstufentheorie hat man mit Recht geltend gemacht, daß darnach der echte Homosexuelle nur den wirklich männlichen Vollmann lieben könnte, während Homosexuelle auch Beziehungen unter einander eingehen. In China, glaube ich sagen zu dürfen, liebt der Homosexuelle nicht den „Mann“ noch das „Männliche“ sondern gerade das Weibliche am Knaben. Wie unser Bild zeigt, sucht ja der Knabe seinem Liebhaber das Bild der Weiblichkeit vorzutäuschen. Ebenso tragen die

Knaben in den Knabenbordellen von Peking weibliche Kleider und sind ganz auf das Gebahren von Kokotten oder Sängerinnen trainiert; ebenso sind die Schauspieler, die weibliche Rollen geben, das beliebteste Objekt der Homosexuellen. Der chinesische Homosexuelle liebt den weiblichen, weibischen, verweibischten Mann, eine Tatsache, auf welche die Zwischenstufentheorie nicht paßt. Die Theorie muß sich aber den Tatsachen, nicht die Tatsachen der Theorie unterordnen.

Ch'eng-tu fu, Szechuan, am 28. April 1909.

066

汉代的中国艺术与文化

GLOBUS

Illustrierte

Zeitschrift für Länder- und Völkerkunde

Vereinigt mit den Zeitschriften „Das Ausland“ und „Aus allen Weltteilen“

Begründet 1862 von Karl Andree

Herausgegeben von

H. Singer

Sechsundneunzigster Band

Braunschweig

Druck und Verlag von Friedrich Vieweg und Sohn

1909

Kunst und Kultur Chinas im Zeitalter der Han.

Von Berthold Laufer.

Hsi-an fu, 12. März 1909.

Unsere Kenntnisse von der altchinesischen Kunst sind noch sehr gering und kaum über das Anfangsstadium hinausgediehen. Was man bisher über die Kunst in der Epoche der Han-Dynastie wußte, beschränkte sich auf einige Basreliefs auf Stein in der Provinz Schantung, die Chavannes in seinem bekannten Werke La sculpture sur pierre en Chine bearbeitet hat; d. h. er hat die auf diesen Reliefs dargestellten Szenen auf Grund der sie begleitenden kurzen Inschriften erklärt, indem er die Namen historischer Persönlichkeiten, die Ereignisse oder die Mythen, auf welche die Bilder anspielen, festgestellt hat; die kunstgeschichtliche Stellung und die große kulturgeschichtliche Bedeutung dieser Denkmäler wurden jedoch nicht in den Kreis seiner Betrachtungen gezogen. Was erstere betrifft, so war allerdings Zurückhaltung geboten, da das Material doch zu eng begrenzt war, um Raum für weitgehende Schlüsse zu gestatten. Um so positiver aber sprachen allgemeine Kunsthistoriker und andere, Nichtfachleute, ihre Überzeugungen aus, die sich um so sicherer breit machen konnten, als es auf chinesischem Gebiet wirkliche Archäologen nicht gab noch gibt. Die einen wollten in den Basreliefs der Han griechische, die anderen assyrische Einflüsse sehen; bei diesen bloßen Meinungen und Behauptungen ist es freilich geblieben: der Mühe zu untersuchen, zu studieren, zu beweisen hat sich niemand dieser Herren unterzogen. Beide Ansichten sind übrigens unhaltbar, wie sich jetzt klar an der Hand zahlreicher Beweisstücke aussprechen läßt.

Die ganze Sachlage hat sich jetzt nämlich verändert, und Hand in Hand damit müssen sich unsere Vorstellungen von der Kunst der Han ändern. Nicht nur, daß sich zunächst unsere Kenntnisse der Basreliefs stark vermehrt haben; ich selbst habe bereits Anfang 1904 auf einer archäologischen Reise in Schantung eine ganze Anzahl bisher unbekannter Basreliefs entdeckt und Abdrücke von solchen aus der Provinz Szechuan erhalten, ein Material, das seitdem durch die Bemühungen von P. A. Volpert und Chavannes vermehrt worden ist. Die Hauptsache bleibt aber, daß sich uns jetzt auch die Keramik und Bronze der Han-Zeit erschlossen hat, und daß wir mit der vereinigten Kenntnis dieser weiteren Kunstgebiete endlich tiefer in die Kultur jener Periode einzudringen vermögen. Gewährten uns die Flachbilder auf Stein, die ganz fälschlich als Skulpturen bezeichnet werden, nur ein schattenhaftes Dämmerlicht vom Kunst- und Kulturstand jener Tage, so ist es jetzt an der Zeit, Umfang und Inhalt des neu errungenen Besitzstandes festzulegen und die früheren unzureichenden Anschauungen zu revidieren. Soviel ich weiß, war ich der erste, der eine systematische Sammlung der Han-Keramik an Ort und Stelle, wo sie aus den Gräbern ans Tageslicht kam (in Hsi-anfu, 1903), gemacht und ihre wissenschaftliche Bedeutung erkannt hat. In meinem Buche Chinese Pottery of the Han Dynasty habe ich über hundert Stück abgebildet und beschrieben, die einzelnen Typen definiert, die Darstellungen auf den Reliefs der Vasen erklärt, auf die Übereinstimmungen mit dem Stil der Steinreliefs hingewiesen und vor allem gezeigt, daß sich hier Kunstmotive vorfinden, die aus der skythisch-sibirischen Kunst stammen und von dieser selbst aus der mykenischen Kunst übernommen worden sind. Ich habe mich nicht damit begnügt, das so beliebte einfache Verfahren einzuschlagen, die bloße Ähnlichkeit von Motiven zu betonen, sondern habe geschichtliche Ereignisse und Daten wie kulturhistorische Tatsachen angeführt, die das Wann, Wie und Warum der Wanderung dieser Motive klarstellen. So hängt z. B. das beliebte, überaus häufig dargestellte Sujet des reitenden Bogenschützen, der zurückgewendet vom galoppierenden Pferde aus nach einem Wilde zielt, mit der Einführung der reitenden Infanterie in China zusammen, die von den Türken entlehnt wurde, ein Ereignis, das in den alten chinesischen Annalen ausführlich beschrieben und zeitlich genau bestimmt ist. Bei Gelegenheit einer neuen Expedition nach Ostasien für das Field-Museum in Chicago habe ich meine archäologischen Arbeiten auf diesem Gebiete fortgesetzt und nunmehr eine neue Sammlung von 330 Stücken dieser Keramik, darunter viele ganz neue Typen und viele datierte Objekte, zusammengebracht; auch sind mir inzwischen mehrere hundert Bronzen derselben Periode, darunter vollständige Grabfunde, in die Hände gekommen, die meine früheren Darlegungen teils bestätigen, teils in willkommener Weise erweitern. Ich will nun in kurzen Zügen eine Charakteristik jener Kunst zu zeichnen versuchen, wie sie sich mir nach den neu gewonnenen Erfahrungen ergibt.

Vorerst kann ich, auf das oben angeschlagene Thema zurückkommend, nicht genug betonen, daß im ganzen Bereiche der Kunst der Han-Zeit etwas Griechisch-Hellenisches durchaus nicht existiert, sondern ausschließlich mykenische Elemente. Gelehrte, die alles mit dem kurzen Schlagwort Griechisch abtun, haben wohl nur eine schwache Vorstellung von dem fundamentalen zeitlichen und inhaltlichen Unterschied zwischen mykenischer und griechischer Kunst, die fast ebensoviel gemein haben als die chinesische Kunst der Han und die buddhistisch-indischchinesische Kunst der T'ang-Dynastie. Gesetzt den Fall, die angeblich griechischen Einflüsse ließen sich mit einem Schein von Berechtigung für die Han-Zeit annehmen, so ließe sich doch in keiner Weise der historische Zusammenhang feststellen, es ließe sich nicht historisch nachweisen, wie diese Einflüsse gewandert sein könnten, und ein solcher Nachweis muß als unerläßlich betrachtet werden; der bloße persönliche Eindruck, die autoritative Behauptung genügen nicht. Für die mykenischen Motive dagegen ist die große Wanderstraße ins Innere Asiens klar vorgezeichnet; wir wissen, daß sie die Küsten des Schwarzen Meeres erreicht, daß sie die Kunst der alten Skythen, wie uns deren Denkmäler lehren, nachhaltig affiziert hat, daß die Skythen, die im engsten Verkehr mit den zahllosen Türkvölkern Sibiriens und Zentralasiens standen, sie an diese weitergegeben, wie die schönen Monumente des altsibirischen Kunstlebens beweisen, und die Türken, die seit den ältesten Zeiten der Geschichte im intimsten Kontakt mit dem chinesischen Kulturkreise lebten, sie schließlich in diesen hineingetragen haben. Außer diesen drei Kulturzonen gibt es nur noch eine einzige, in welcher die gleichen mykenischen Motive auftreten, das ist die persische Kunst der Sassaniden. Daß hier ein historischer Zusammenhang vorliegt, ist evident, denn es kann doch kein reiner Glückszufall sein, daß durchaus konkrete und individuelle, rein künstlich geschaffene Typen, wie der fliegende Galopp der Pferde, Eber, Windhunde, Löwen, der zurückblickende reisige Bogenschütz, die naturalistische Auffassung des Löwen, der ganze Stil dieser lebhaften rasenden Jagden, wo alles in wilder Bewegung dahinfliegt, sich nur in der mykenischen, skythischen, sassanidischen, alttürkischen und in der chinesischen Kunst der Han-Zeit finden, aber nirgends anderswo. Vor einigen Tagen bin ich nun so glücklich gewesen, in den Reliefs einer Han-Bronze ein bisher unbekanntes Motiv zu entdecken, dessen mykenischer Ursprung über allem Zweifel steht. Es ist der in Hügelformationen ausgearbeitete Bronzedeckel eines Räuchergefäßes, auf dem nicht weniger als sechs verschiedene Jagdszenen dargestellt sind. Auf einer derselben sehen wir einen Löwen im Sprung einen Ochsen abwürgen: der Ochse hält den Hals lang vorgestreckt, den Kopf ersterbend nach unten gesenkt; der Löwe steht hochaufgerichtet auf den Hinterbeinen vor ihm, die Vordertatzen in das Genick seines Opfers einhauend und das Gebiß des weitgeöffneten Rachens in seine Lenden einschlagend. Wenn das nicht mykenisch ist, dann weiß ich nicht, was mykenisch sein soll; dies Bild hat nie ein Chinese, in dessen Heimat der Löwe bekanntlich nicht vorkommt, in der Natur geschaut, er hat es nach einem Vorbild kopiert. Wie bekannt, kommt dieses Motiv auf den Bronzeplaken Sibiriens häufig vor, auch in der sassanidischen Kunst. Aber weder in der Kunst Chinas Prae-Han noch Post-Han existiert etwas Ähnliches, und der Typus des Bronzegefäßes (Po-shan-lu), auf welchem sich dasselbe findet, ist ausschließlich Eigentum der Han-Zeit, erst in dieser entstanden und nie in einer späteren Periode wieder aufgeweckt worden; er ist so selten, daß mir nur vier keramische und fünf Bronzestücke dieser Gattung bekannt geworden sind.

Nun ein Wort über die angeblichen assyrischen Elemente in der altchinesischen Kunst. Da ist nie etwas Stichhaltiges vorgebracht worden, was ernstliche Widerlegung verdiente. Man hat gesagt, daß die Wagen auf den Basreliefs der Han den assyrischen Wagen auffallend ähnlich sähen. Gewiß, alle Wagen sehen sich mehr oder weniger ähnlich, da sie alle auf einen und denselben Urtypus der Urzeit zurückgehen; auch unsere Lokomotiven und Automobile haben mit letzterem noch immer das eine große Urprinzip des Rades gemeinsam. Gewiß, die Chinesen haben den Wagen nicht erfunden, die Semiten aber aller Wahrscheinlichkeit nach auch nicht, sondern er dürfte in einem anderen Kulturkreis entstanden sein, von dem aus er sich nach Ost und West gleichmäßig verbreitet hat. Wie dem auch sein mag, man sieht, daß es sich in diesem Falle um Probleme der Kulturgeschichte, aber nicht der Kunstgeschichte handelt; Entlehnung eines Kulturobjekts bedeutet nicht und beweist noch nicht, daß auch die künstlerische Darstellung desselben entlehnt sein muß. Hätten diese Herren sich die Mühe genommen, die chinesischen Wagen auf Grund von Originalabklatschen der Reliefs gründlich zu studieren, die einzelnen Typen auszuschneiden, im Zusammenhang mit der ganzen langen Geschichte des Wagens in China und im übrigen Asien zu untersuchen und dann erst mit den assyrischen Wagentypen zu vergleichen, so wären ihnen die wichtigen Unterschiede zwischen den beiden in die Augen gesprungen. Aber assyrisch-babylonisch ist heutzutage ein Schlagwort geworden, in dessen Zwangsjacke alles hineingepreßt werden muß, ob es paßt oder nicht; man überschätzt doch die Einflüsse und Wirkungen der assyrisch-babylonischen Kultur, sowohl nach Westen wie nach Osten, ganz gewaltig; ich meinerseits bin unfähig, in der Kunst oder in der allgemeinen Kultur Chinas etwas Derartiges zu erkennen, und vermag auch nicht zu sehen, wie diese zeitlich und räumlich weit getrennten Kulturen überbrückt werden sollen.

Ihrem allgemeinen Charakter nach ist die Kunst der Han eine Totenkunst, die sich im Verein mit der Verehrung und dem Kultus der Ahnen entwickelt hat. Den Abgeschiedenen gelten die Grabkammern mit ihren in Stein gravierten Flächenbildern, ihnen sind die vielen grün und braun glasierten Tonvasen, all die merkwürdigen aus Ton, Bronze und Nephrit geschaffenen Tiere und Gegenstände gewidmet. Von der rein weltlichen Kunst jener Zeit ist uns im Verhältnis dazu wenig überliefert worden; nicht als ob sie nicht vorhanden oder arm im Ausdruck gewesen wäre, sie ist nur in höherem Grade der Vernichtung durch das Klima, dem allmählichen Verfall und der gewaltsamen Zerstörung anheimgefallen, während der sichere Schoß der Gräber die ihm anvertrauten Schätze besser und dauernder bewahrt hat. Bei der Beurteilung aller Erscheinungen der chinesischen Kultur muß man sich stets die Tatsache gegenwärtig halten, daß uns nur ein großes Fragment, ein Trümmerhaufen derselben, erhalten geblieben ist, und daß die Mehrzahl der Erscheinungen, wie eine zerbrochene Vase aus Scherben, erst rekonstruiert werden müssen; so sind die mächtigen Paläste der Han-Kaiser längst in Schutthaufen versunken, und nur Überreste ihrer Bau- und Dachziegel, wie große dekorative Stücke von den Dachfirsten, sind die einzigen bleibenden Erinnerungen daran. Man hat mit Recht das Dahinschwinden der primitiven Völker und ihres eigenartigen Kulturbesitzes beklagt; der Gedanke daran, welche Summe von Kultur und Kulturen auf dem Boden Chinas untergegangen und zum Teil ganz sinnlos und barbarisch zertrümmert worden ist, gibt zu ebenso lebhaftem Bedauern Anlaß. Indem die Kunst der Toten die Kunstbetätigung der Lebenden ist, indem ja die Toten dieses Leben in einer anderen Welt fortsetzen und daher alles, was sie hienieden geschätzt und liebgewonnen haben, mit sich hinübernehmen, wird die ihnen geweihte Kunst auch der lebendige Ausdruck für die Kunst der Lebenden, ein Spiegel des zeitgenössischen Lebens. Das Grab der Han-Zeit ist ein Mikrokosmos der damaligen Kultur. Jene Menschen waren Ackerbauer, Chinas Kultur ist die eines Bauernvolkes und muß als solche verstanden werden. Dem Bauern war sein ländliches Geräte ans Herz gewachsen: die Nachbildung einer kleinen Mühle aus glasiertem Ton wurde ihm ins Grab gelegt oder ein Miniatur-Reisstampfer oder ein Modell seiner Scheune oder Tenne. Eine Herde Schafe, friedlich in einer Hürde gelagert, ein Schwein, ein Hahn, eine Ente, die Lieblingsdogge, alle in Ton modelliert, vervollständigten die Ausstattung des Grabgemachs. Dazu finden sich wunderbar gefertigte Nachbildungen ganzer Häuser und Türme mit fein geformten Ziegeldächern, Türen und Fenstern, auch einen Blick in die mit Schlafbänken ausgestatteten Innenräume erlaubend; ich habe nunmehr so viel Material an solchen Hausmodellen zusammen, daß ich hoffe, daß mit Ausnutzung der literarischen Quellen eine vollständige Rekonstruktion der Architektur jener Periode gelingen wird. Eine der anmutigsten keramischen Schöpfungen der Han sind die von mir so genannten Brunnenvasen. Das Gefäß, rund oder viereckig, stellt den Brunnen mit seiner Öffnung dar; darüber, auf den Rändern aufgesetzt, das Brunnengestell, oben in demselben eine Winde zum Aufziehen und Hinablassen der Wassereimer, die gewöhnlich von einem Dach geschützt ist; über dem Brunnenrande oder auf dem Boden des Gefäßes ein kleiner Eimer, alles aus Ton. Das Bewundernswerte an diesen Leistungen ist die vollkommene Harmonie zwischen dem gewollten realistischen Sujet und dem rein keramischen Gefäßcharakter der Stücke, der gänzlich gewahrt ist trotz der ihnen zugrunde liegenden Wirklichkeitsidee. Vom keramischen Standpunkt ist es einfach eine korbähnliche Vase mit darübergesetztem Henkel. Tatsächlich kommen auch völlig stilisierte Stücke dieser Art vor, in denen die Winde fast oder ganz verschwunden ist, und die dann wie Nachahmungen von

Körben aussehen, ein gutes Beispiel für die fortschreitende Stilisierung ursprünglich realistisch gedachter Kunstmotive. Der Zweck des Brunnens war natürlich, den Toten mit Wasser zu versorgen.

Man wird hier die Erkenntnis mitnehmen, daß die Archäologie nicht nur trocken mit Stoffen, Formen, Typen und Perioden rechnet, sondern auch das Lebendige und Menschliche zu erfassen sucht. Fast rührend ist die kindliche Liebe, mit der die Menschen jener nun zweitausend Jahre zurückliegenden Epoche ihre teuren Toten ausgestattet haben. In Stein, in Ton, in Bronze und in Nephrit, im Besten, das sie zur Verfügung hatten, verliehen sie zum Andenken an jene ihren innersten Gedanken Ausdruck, ihren Wünschen, ihren Hoffnungen, ihrer Sehnsucht. Tiefer, als dies irgendeine geschriebene Urkunde zu veranschaulichen vermöchte, malt sich in diesen Denkmälern der Toten- und Ahnenkunst das innige religiöse Seelenleben jener Tage aus, mit seinem Ringen nach neuen Formen und Motiven, um den Empfindungen des Herzens Gehalt und Gestalt zu geben. Hier müssen wir besonders der eigentümlichen „Hügelurnen" gedenken, deren Deckeloberflächen, wie eine Relieflandkarte, plastisch zu einem gebirgigen, von Meereswellen umflossenen Eiland geformt sind; oft ragen in der Mitte drei spitze Zacken hervor, um die sich niedere Gebirgszüge blattförmig herumlagern; diese Blätter sind mit Reliefbildern geschmückt. Denn es ist ein dicht bevölkertes Eiland, auf dem die ganze, der damaligen Kunst geläufige Tierwelt figuriert: Vögel, Affen, Schlangen, Hydras, Tiger, Eber usw.; auch Bäume, Bergsteiger mit Stock und dämonische Figuren sind abgebildet. Zu jener Zeit hielt eine mit alchemistischen Ideen verquickte Vorstellung von Drei Inseln der Seligen, die östlich im Ozean liegen sollten, die Gemüter gefangen, und ich habe es wahrscheinlich zu machen gesucht, die in der Keramik verkörperten Gedanken aus dem Zeitgeist erklärend, daß die Hügelurnen wie die hügelartig geformten Räuchergefäße die in den Zeitgenossen tief wurzelnde Vorstellung von den Inseln der Seligen versinnbildlichen sollten. Auch diese Schöpfungen sind für die Han-Periode allein charakteristisch und später in Vergessenheit geraten.

Ein anderer Urnentypus ist lang und zylindrisch geformt, ruht auf drei Füßen, welche die Gestalt aufrecht sitzender Bären zeigen, und ist oben mit einem überragenden Dach bedeckt, in welchem die Ziegellagen deutlich modelliert sind, vorzügliche Quellen für das Studium des damaligen Hausbaues. Oben in der Mitte des Daches ist eine kleine runde Öffnung gelassen; die losen Deckel, die wohl zu der Mehrzahl dieser Stücke vorhanden gewesen waren, sind meist verloren gegangen, doch zeigen die wenigen erhaltenen die interessante Tatsache, daß sich auf diesen die Dachformation fortsetzt. Diesen Gefäßtypus, der ja offenbar in seiner ganzen Erscheinung irgendein architektonisches Gebilde präsentieren muß, leite ich aus zwei Gründen von der Darstellung eines Getreidespeichers ab: erstens weil sich wirklich ein realistisch dargestellter Getreideturm mit seitlichem Treppenaufgang aus Ton findet, an dessen Fuße ein Schwein verlorene oder herabfallende Körner aufliest, und zweitens weil diese Urnen mit Cerealien gefüllt im Grabe bestattet wurden. Sie waren also tatsächliche Nahrungsbehälter, und da die Nahrung dem Toten lange Zeit Dienste leisten mußte, so wählte man zu ihrer Aufbewahrung gerade diejenige Form, die auch den Lebenden die längste Dauer der Nutznießung gewährleistete — den Getreidespeicher. Diese wurden im alten China überall mit großer Sorgfalt angelegt, um in Tagen der Not dem Volke zu dienen.

Überaus zahlreich sind in dieser Totentöpferei Miniaturkochöfen vertreten, in vielen Formen, meist rechteckig oder hufeisenförmig, glasiert und unglasiert; es kommen auch welche, wiewohl seltener, aus Bronze vor. Sie sind lehrreich als Kulturobjekte selbst und wegen der in Relief angebrachten dekorativen Elemente. Diese veranschaulichen die ganze damals übliche Küchenausstattung, Stocheisen, Löffel, deren es auch wirkliche aus Ton von jener Zeit gibt, Kesseluntersätze, Topfdeckel; auch die zur Speise hergerichteten Nahrungsmittel, wie Fische und ausgenommene aufgehängte Hühner. Andere unglasierte Öfen sind nur längs der Randseiten mit geometrischen Bändern verziert, die in denselben Formen auch in der Dach-Architektur der Han erscheinen und die Kunst dieser Zeit wesentlich charakterisieren. (Schluß folgt.)

Jericho und die dortigen Grabungen der Deutschen Orientgesellschaft.

Von Dr. Lamec Saad. Jaffa.

Ende Februar d. J. kam ich endlich zur Ausführung eines lange gehegten Planes: zu einem Besuch der Ausgrabungen in Jericho und des tiefsten Tales der Erde, das den Jordan und das Tote Meer in sich schließt. In Palästina entspricht die erwähnte Jahreszeit dem deutschen Mai und ist zum Reisen am geeignetsten, während dies im Sommer kaum möglich ist. Wir fuhren mittags mit der Bahn nach Jerusalem. Sie führt zunächst zwischen Orangengärten dahin; in den meisten Gärten hingen die Früchte noch an den Bäumen und glänzten freundlich im Sonnenschein. Dann kamen grüne Felder mit Feldblumen, in allen Farben streckten Anemonen, Ranunkeln und Alpenveilchen ihre Köpfchen aus der Erde, in den Dörfern grasten auf den Dächern Ziegen oder Schafe. Vor sich hat man in der Ferne das Judagebirge. Bevor der Zug in Lydda, der ersten Station, anhielt, passierte er einen Olivenhain. Dann kam Station Ramle, dessen lateinisches Kloster nach der Tradition auf dem Platze des Hauses Josephs von Arimathia stehen soll. Hier war im Jahre 1799 Napoleon. Bald tritt die Bahn in das Gebirge ein. Es folgt die Station Sedjed, wo die Steigung anfängt. An den Bergabhängen und auf den grünen Höhen hatten hier und da Beduinen ihre Zelte aufgeschlagen. Dann kommt Station Deir Aban. Rechts und links sieht man vereinzelte Gruppen von Olivenbäumen. Der Zug führt in manchen Windungen in ein wildes Felsental hinein und folgt ihm bis zur Station Bittir, einem freundlich gelegenen Dorfe mit Gärten. Frauen aus Bethlehem holten hier, als der Zug einlief, mit den bekannten arabischen Gesängen ein Brautpaar ab. Weiter passiert man das alte Tal Rephaim, das Schlachtfeld im Philisterkriege Davids, und der Zug hält bald vor Jerusalem, östlich der deutschen Kolonie Rephaim. Die Fahrt hatte vier Stunden gedauert.

Die Reise nach Jerusalem war einigermaßen gefährlich infolge des zwischen den orthodoxen Arabern und ihrer kirchlichen Behörde bestehenden Streites. Berittene Gendarmen standen am Bahnhofe. Die Lage hatte sich verschärft. Die griechischen Mönche waren im Kloster eingeschlossen, und kein Grieche wagte sein Haus zu verlassen. Aus der ganzen Umgegend waren die orthodoxen Araber zu Hunderten nach Jerusalem geeilt, um den Patriarchen, der auf ihrer Seite stand, gegen die Mönche zu schützen. Ganz Jerusalem war in Unruhe;

3*

GLOBUS.

ILLUSTRIERTE ZEITSCHRIFT FÜR LÄNDER- UND VÖLKERKUNDE.

VEREINIGT MIT DEN ZEITSCHRIFTEN: „DAS AUSLAND“ UND „AUS ALLEN WELTTEILEN“.

HERAUSGEGEBEN VON H. SINGER UNTER BESONDERER MITWIRKUNG VON PROF. DR. RICHARD ANDREE.

VERLAG VON FRIEDR. VIEWEG & SOHN.

Bd. XCVI. Nr. 2. BRAUNSCHWEIG. 15. Juli 1909.

Kunst und Kultur Chinas im Zeitalter der Han.

Von Berthold Laufer.

(Schluß.)

Man sieht, daß die Kunst dieser Gräberkeramik mehr als bloße Töpferei ist, uns vielmehr ein gut Teil vom Kulturleben jener vergangenen Tage, vom Leben der Toten sowohl als der Lebendigen, ausplaudert, und darum wird ihr im Gegensatz zu dem weit jüngeren Porzellan eine stets unvergängliche wissenschaftliche Bedeutung gewahrt bleiben. Das Porzellan hat ja wesentlich keramisches, d. i. kunstgewerbliches Interesse und hat dem Archäologen nicht viel zu erzählen. Es interessiert ihn vielleicht, um daran die Typen der keramischen Formen zu studieren, aber auch in dieser Beziehung wird jetzt selbst das älteste Porzellan von der Han-Töpferei weit überflügelt. Denn in dieser begegnet uns, außer den bereits aufgezählten Typen, eine Fülle von Vasen aller Art mit einem überwältigenden Reichtum an Gefäßformen. Es zeigt sich jetzt klar, daß die Töpfer der Han-Zeit die Schöpfer all der mannigfachen Formen gewesen sind, die wir schon längst im Porzellan bewundert haben, und daß die Formen des Porzellans auf jene Han-Formen des glasierten und unglasierten Tons zurückgehen und nichts wesentlich Neues bieten. Das typologische Studium der chinesischen keramischen Formen muß also seinen Ausgangspunkt von der Han-Zeit nehmen. Überraschend ist hier zweierlei: einmal die planmäßige Regelmäßigkeit, das Ebenmaß und die Harmonie im Aufbau der Gefäße, die uns auch an den Bronzen derselben Periode imponiert, sodann die fast ins Endlose gehende Variationsfähigkeit desselben Typus. Den letzteren Zug halte ich für eine der charakteristischsten Erscheinungen in der ganzen chinesischen Kultur: fast jeder Gegenstand und fast jede Idee der Kultur werden unter dem Einfluß örtlicher und zeitlicher Differenzierungen, vielleicht auch noch aus anderen Gründen, so weit variiert, daß sich das Typische, Allgemeine, der Kern oft nur schwer, zuweilen gar nicht ohne weiteres erkennen läßt. Das ist naturgemäß auch in anderen Kulturen der Fall, aber gerade in der chinesischen erscheint es, mir wenigstens, besonders schwierig, den ursprünglichen Typus einer Kulturerscheinung herauszuschälen. Die Erkenntnis dieser Tatsache ist von weittragender Bedeutung, und ihre Unterschätzung kann sich empfindlich rächen. Sie beweist, daß wir auf chinesischem Gebiet nur mit großen und denkbar größten Serien arbeiten können, und daß kleine Sammlungen nicht den geringsten wissenschaftlichen Wert haben, daß auf unzulänglichen Materialien nur unzulängliche Schlüsse gebaut werden können. Ich brauche nur auf die Handvoll Basreliefs in Schantung hinzuweisen, die bisher als der typische Ausdruck der ganzen Kunst der Han paradierten; sie sind doch nur ein Beispiel dafür, vielleicht ein sehr zufälliges, der größten Wahrscheinlichkeit nach ein sehr schwaches. Das Bild von der Kunst der Han sieht doch jetzt wesentlich anders aus.

Ich habe früher zwei alte Tongefäße abgebildet und beschrieben, die ich mutmaßlich in die Prae-Han, die Chou-Zeit, versetzte. Wenn ich damals diese Definition etwas zögernd gab, so kann ich jetzt mit größerer Bestimmtheit versichern, daß sie mir korrekt erscheint. Ich habe nunmehr eine ziemlich große Zahl dieser Töpferei zur Verfügung, bei der nach Fundumständen, Formen, Technik und nach den im Stil der Chou-Schrift aufgeprägten Stempeln zu urteilen, kein Zweifel mehr sein kann, daß es sich um Erzeugnisse jener Periode handelt. Sie unterscheiden sich scharf von allem, was Han heißt besonders darin, daß sie stets ohne Glasur sind, während die Glasur in grünen, gelben, rotbraunen und schwarzen Farben erst in der Han-Zeit aufzutreten scheint; ich sage absichtlich „scheint“, um damit den gegenwärtigen Stand unseres Wissens zu markieren. Denn niemand weiß, welche Überraschungen uns der Schoß der in China so alten Mutter Erde noch heraufbefördern wird. Man lasse sich daher einstweilen durch den etwas bestechenden Reiz des Aushängeschildes „Auftreten der Glasuren zur Han-Zeit“ nicht verführen, hier auf fremde Einflüsse Jagd zu machen, die zudem vor der Hand schwer zu beweisen wären; wir bedürfen dazu noch weit umfangreicheren Materials und chemischer Analysen der Glasuren, auf die ich seit Jahren gedrungen habe, die aber noch nicht ausgeführt worden sind. In der Behandlung der Glasuren haben es die Töpfer der Han sicher zur Meisterschaft gebracht; die Glasuren sind gleichmäßig, dick und schwer, oft von wunderbarer Tiefe und Leuchtkraft der Farbe; die Künstler schwelgten mit besonderer Vorliebe in allen Nüancen von Grün. Was den ausgegrabenen Vasen und anderen Stücken eine besondere Schönheit verleiht und ihren Wert in der Schätzung der Sammler beträchtlich erhöht, ist eine Art Irisieren und hier und da auftretende Silber- und Goldflecke an der Oberfläche der Glasur, wie man z. B. auch an altrömischem Glas beobachten kann; manche Stücke sind ganz oder auf einer Seite mit einer leuchtenden Silber- oder Goldschicht überzogen. Diese Eigenschaft wie die große Formenschönheit vieler Vasen haben ihnen einige Jahre hindurch unter den großen Liebhabersammlern Amerikas einen Ruf eingetragen, und sie drohten eine Zeitlang dem alten

Porzellan fast den Rang abzulaufen. Jetzt hat sich diese Aufregung wieder gelegt, „Han" ist aus der „Mode", und der wissenschaftliche Sammler fährt gewiß besser dabei. Die kommerziellen Sammler haben natürlich nur „schöne", gut erhaltene und glasierte Stücke nach Amerika und Europa gesandt, und solche „Sammlungen" führen denn immer zu falschen Anschauungen und Urteilen. Es wäre ein Irrtum, zu glauben, daß die Han-Zeit nur glasierte Keramik gehabt hätte; im Gegenteil, die unglasierte bildet in Wirklichkeit den weitaus größeren Bestandteil derselben, nur muß man bei dieser noch mehr als bei der glasierten auf der Hut vor modernen Nachahmungen sein, die schon überall auf dem Kunstmarkt lauern. Freilich sind letztere so erbärmlich, daß nur jemand, der keine Originale in der Hand gehabt hat, darauf hineinfallen kann. Kein Chinese und kein Japaner z. B. sind imstande, die gleichmäßige, wunderbar stahlharte Masse des Han-Tones zu reproduzieren, so viel Mühe sie sich auch schon in dieser Fälscherkunst gegeben haben.

Viele Typen dieser Gefäße lassen sich einem genau entsprechenden Bronzegefäß gegenüberstellen. So gibt es Dreifüße mit zwei aufrecht stehenden Henkeln, mit Deckeln versehen, von genau denselben Formen in Ton und Metall; ebenso viereckige und runde große bauchige Vasen. Wieder andere wie das Räuchergefäß mit hügelförmigem Deckel kommen in Ton, Bronze und Nephrit vor. Den Archäologen interessiert in diesem Falle die Frage nach der Priorität der Stoffe. Alle drei sind in China gleich alt, d. h. relativ genommen vom Standpunkt unseres historischen Wissens, sie sind vom Anfang der Geschichte da; welcher prähistorisch älter sei, läßt sich noch nicht ermitteln. Es käme hier darauf an, zu untersuchen, wie sich die Reihenfolge bei den Gefäßtypen verhält, oder mit anderen Worten, ob es bestimmte rein keramische, rein bronzene und Nephrittypen gibt, und wie die Wechselbeziehungen zwischen den dreien Ausgleichtypen geschaffen haben. Den Nephrit kann man ausschalten, da er in der Han-Zeit nur selten zu Gefäßen verwendet wird, um so öfters aber in späteren Perioden, aber dann immer in Nachahmung eines Bronzetypus; es gibt keine originalen, d. h. nur diesem Material ausschließlich eignenden Gefäßformen. Bei den großen Vasen ist mir der Gesichtspunkt maßgebend, daß an den Seiten in der Regel zwei stilisierte Tierköpfe in Relief angebracht sind, die Ringe halten, in den Bronzen lebendige, bewegliche, zum Anfassen, Heben und Tragen des Gefäßes bestimmte Ringe, in den Tonvasen dagegen tote Ringe in Reliefdarstellung. Das zeigt durchsichtig, daß die Bronzevasen das Prius, die Tonvasen die Nachbildungen jener darstellen. Und daß es wirklich so der Fall war, wird durch die Tatsache beleuchtet, daß sich die Tonvasen nur in den Gräbern finden, während die Bronzevasen, zum praktischen Gebrauch der Lebenden bestimmt, sich im Besitz der Familien bis auf den heutigen Tag fortgeerbt haben. Seitdem die Chinesen die Geschichte ihrer Altertümer behandelt haben, sind ihnen letztere bekannt gewesen, während ihnen erstere gänzlich unbekannt blieben, da sie erst in den letzten Jahren aus dem Dunkel der Gräber ans Licht gekommen sind. Die Bronze war also das kostbarere, dem Leben dienende Material; das Grab mußte sich mit dem Ton begnügen. Diese Aufstellung bezieht sich indessen nur auf die großen Vasen, nicht aber auf andere Grabbeigaben, unter denen zahlreiche Bronzesachen vorkommen, wie alltägliche Gebrauchsgegenstände und kleine Tierfiguren, Schafe, Pferde, Hunde u. a. Auf der anderen Seite gibt es ausgesprochen keramische Typen, die keine Seitenstücke in Bronze haben, so z. B. die oben erwähnten Brunnenvasen, die Dachurnen, die Hügelurnen. Der Grund dafür liegt darin, daß diese ausschließlich Grabbeigaben waren und im Leben keine Rolle spielten. Es gibt natürlich auch genug dem täglichen Gebrauch dienende Tongefäße, und diese machen einen großen Teil der unglasierten Tonware aus, die auch keine Parallelen in Bronze haben und auch nie den Toten mitgegeben, sondern einfach im Boden gefunden worden sind.

Die großen Tonvasen sind also Nachbildungen von Bronzevasen. Auf vielen Tonvasen dagegen — und hier kommen wir zu der interessantesten Erscheinung dieser Kunst — treffen wir breite Bänder um das Gefäß gelegt mit Darstellungen bildlicher Szenen in Hochrelief. Auf den korrespondierenden Bronzevasen sind indessen solche Reliefs nie gefunden worden. Die chinesischen Archäologen, die fast alle vorkommenden Typen derselben in ihren Katalogen illustriert haben, haben kein einziges Stück dieser Art je beschrieben; ich selbst habe viele gesehen und gesammelt, doch alle glatt und ohne Reliefbänder, die beiden oben erwähnten seitlichen Tierköpfe bilden ihre einzigen Verzierungen. Diese merkwürdige Tatsache beweist, daß die Künstler der Han-Zeit doch etwas mehr als die bloße Absicht gehabt haben, ein Bronzegefäß in Ton nachzubilden, daß sie sich vielmehr, ihres hohen Dienstes im Kultus der Toten bewußt, eine größere und würdigere Aufgabe setzten. In diesem Punkte kann man getrost von einer Originalität dieser Künstler reden, selbst auf die Gefahr hin, daran erinnert zu werden, daß ein Teil der auf den Reliefs dargestellten Motive entlehntes Gut ist; der originale Gedanke liegt eben in der ganz genialen Anwendung dieser Reliefs auf die nur den Toten geweihten Vasen, und der Art, wie sich die Künstler dieser Aufgabe technisch und stilistisch entledigten, kann man die Bewunderung nicht versagen. Die Komposition dieser Reliefs ist vortrefflich und steht künstlerisch hoch über der der Stein-Basreliefs. Die beiden seitlichen Tierköpfe gliedern sie in zwei gleichmäßige Teile, deren jeder durch graziös verschlungene Wellenbänder oder ansteigende, Hügelkonturen markierende Linien wieder in ornamentale Felder gegliedert wird. Hier bemerken wir Tiger, trabend und galoppierend; wie schon oben erwähnt, den mykenischen Löwen, den Bogenschützen zu Pferde, laufende Hirsche und Eber, von Jagdhunden verfolgt; schreitende und fliegende Vögel, Gemsen, Schlangen und Hydren verschiedener Formen; dann dämonische Wesen, mit Bestien kämpfend, Speere schleudernd oder sonst in lebhafter, zuweilen tanzender Bewegung. Das psychologische Motiv, das die Han-Künstler dazu trieb, diese wilde verwegene Jagd gerade ihren Dahingeschiedenen vorzubehalten, ist noch unerklärlich; aber der Gedanke dürfte doch so gar fern nicht liegen, daß es gerade der fremdartige Charakter dieser Motive war, der frische Zug einer neu einströmenden, sie mächtig erregenden fremden Kunstrichtung, welcher sie veranlassen mochte, diese neuen Gedanken auf dem Altare des Todes zu weihen.

Diesen Töpfern hat es somit nicht an künstlerischem Instinkt, an schöpferischem Verstand gefehlt. Die indirekte Entlehnung mykenischer Motive auf dem Wege über die skythisch-sibirische Kunst in der Zeit der Han hat weiter bis auf den heutigen Tag gewirkt: das Motiv des fliegenden Galopps ist der chinesischen Kunst bis jetzt verblieben und tausend und tausend Male gezeichnet, gemalt und gemeißelt worden; ebenso das Motiv des nach rückwärts schießenden Bogenschützen auf galoppierendem Roß, das z. B. noch die Ming-Zeit als buntfarbige Fayence-Skulptur auf glasierten Dachziegeln auf Tempel und Paläste gesetzt, und das noch die Zeit des K'ien-lung mit dem Pinsel gemalt hat. Nur der mykenische Löwe scheint das Monopol der Han-Periode verblieben zu sein;

die stilisierten Darstellungen des populären indisch-buddhistischen Löwen haben ihn verdrängt.

Ich habe hier natürlich den Gegenstand der Han-Keramik nicht erschöpfen, sondern nur auf die allgemeinen und leitenden Ideen hinweisen wollen, die sich aus dem Studium derselben ergeben. Das letzte Wort ist noch nicht gesprochen, und die Untersuchung meines neuen Materials verspricht manche neue Resultate zu liefern. Der Hauptwert derselben liegt darin, daß es für die Kenntnis so vieler Kulturgebiete des damaligen Zeitalters fruchtbar gemacht werden kann; es liefert nicht nur Beiträge zur Geschichte der Keramik, der damaligen Kunstbestrebungen, der chinesischen Beziehungen zum sibirisch-türkischen Kulturkreis, sondern auch zur Kenntnis des Wirtschaftslebens, des Ackerbaus und seiner Geräte, der Haustiere, der Haus- und Brunnenanlagen, der Heizungs- und Beleuchtungsmittel, der täglichen Gebrauchsgegenstände, endlich der religiösen Anschauungen inbezug auf die Bestattung der Toten und die Fortsetzung des Daseins im Jenseits. Es ist kaum übertrieben, wenn man all diese Gesichtspunkte dahin zusammenfaßt, daß für uns eine neue Kulturwelt aus diesen keramischen Schätzen erwacht ist.

In den Formen und in der Technik der Bronze hebt sich die Han-Dynastie scharf von ihren Vorgängern und Nachfolgern ab. Die Bronzen der älteren Chou-Dynastie sind schwer und massiv, schwerfällig-ernst in ihrem rein ritual-sakralen Charakter, in ihren uns oft grotesk anmutenden Formen; die der Han sind leichter, gefälliger, freier, zwangloser, die Formen mehr auf ästhetische Wirkung berechnet. Jene sind archaisch, das Gesamtergebnis einer unpersönlichen Nationalkunst; diese tragen schon den Stempel eines etwas persönlicheren Charakters und sind schon von einem leisen Hauch mehr individueller Züge durchweht. Mit Vorliebe arbeiteten die Han-Künstler ihre Bronzen in ganz dünnen gleichmäßigen Wänden aus, was dem Sachkenner eines der wichtigsten Kriterien für ihre Beurteilung bildet. Ebenso waren sie Meister in der Bronzeplake und unerreichte Modellierer des Bronzereliefs. Die Metallspiegel mit Hochreliefs auf der Rückseite, die sie hergestellt haben, sind nicht nur die ersten in China gewesen, sondern auch die besten geblieben und stellen die Leistungen aller späteren Dynastien weit in den Schatten. Zum ersten Male treten auch in der Han-Zeit sicher datierte Bronzegefäße und Bronzegeräte auf, manche davon mit dem Namen des Verfertigers, mit einer Angabe über Gewicht und Kapazität versehen. In der Periode der Han-Dynastie findet die eigentliche Bronzezeit Chinas ihren Abschluß: die Eisentechnik, von den Türken entlehnt, ist bereits da, bricht sich aber nur langsam und allmählich Bahn; im alltäglichen Leben behaupten Kupfer und Bronze noch die Oberhand. Zahlreiche Bronzewaffen sind uns aus dieser Zeit überkommen: zweischneidige Lang- und Kurzschwerter, deren Typen mit den altsibirischen übereinstimmen, dreieckige Lanzen mit flacher und gekrümmter Spitze, Speere, zwei- und dreigeflügelte Pfeilspitzen mit hohlem oder massivem Schaft, Streitäxte mit hübschen Ornamenten, und Drücker zum Abschießen einer Armbrust. Von täglichen Geräten finden wir Meißel, Pferdegebisse, Steigbügel, Sporen, Haken, Knöpfe, Gürtelschnallen, Stockgriffe, Schalen, Kochlöffel, Lampen und Wasseruhren; dazu kommen in den Gräberfunden allerlei kleine Sächelchen und Fragmente vor, die sich noch nicht klar bestimmen lassen. Die großen Bronzevasen und Bronzedreifüße der Han zeichnen sich durch Einfachheit und Sparsamkeit im Gebrauch des Dekors wohltätig vor den Produkten der Chou aus, die oft zu anspruchsvoll und pathetisch überladen sind, wie sich denn diese ganze denkwürdige Epoche durch einen edleren und geläuterteren Geschmack angenehm charakterisiert. Erwähnenswert ist noch, daß in dieser zum ersten Male in China ein besonderes künstlerisches Kompositionsverfahren zur Anwendung gelangt, nämlich die Anordnung von Bildern und Ornamenten in konzentrischen Zonen auf einer kreisförmigen Fläche. Bekannt ist ja dies Prinzip besonders von den Metallspiegeln; es findet sich aber auch in der Keramik der Zeit, auf den Deckeln von Dreifüßen, auf den diskusförmigen Fortsätzen der Dachziegel, auf großen Ziegelfliesen; ferner begegnet es auf den Bronzetrommeln, die indessen nicht chinesischen Ursprungs sind, sondern aus dem südostasiatischen Kulturkreis stammen. Ob dieses Kompositionsprinzip chinesischen Gedanken entsprungen ist oder seine Entstehung einem Antrieb von außen verdankt, läßt sich einstweilen nicht entscheiden.

Um aber die Kunst der Han vollständig zu begreifen und auch tiefer nach ihrer künstlerischen Seite zu würdigen, muß man sich vor allem der Steinschneiderei zuwenden, in der sie kleine zierliche Werke aus weiß-, schwarz- und mehrfarbigem Nephrit geschaffen hat. Auch hier sind es meist Schätze, die den alten Gräbern entstiegen sind; ebenso wie Gegenstände aus Ton und Bronze, so bildeten Nephritstücke die Grabbeigaben der Toten, die sich jedoch wohl nur die Reicheren leisten konnten. Die Nephrite wurden teils in den Mund, und zwar auf die Zunge, teils auf die bekleidete Brust und die Ärmel gelegt. Sie sollten den Leichnam beschweren und in derselben Lage erhalten, gleichzeitig wurde ihnen eine geheime, den Körper konservierende Eigenschaft zugeschrieben, und die Darstellungen selbst enthielten eine symbolische Andeutung des Schutzes, der dem Toten zuteil werden sollte. Die Tiere aus Nephrit waren, in derselben Weise wie die aus Ton und Bronze, seine aufmerksamen Wächter und in ihrer Idee vielleicht die Vorläufer jener massigen Tiergestalten aus Stein, die wir von den Tagen der T'ang-Zeit ab an den Gräbern der Kaiser und Großen standhaft im Standbild wachen sehen. Keine Beschreibung und noch weniger eine Photographie oder Zeichnung vermögen eine Vorstellung von dem eigenartigen Reiz zu verleihen, den diese graziösen Stücke der Glyptik ausüben; man muß sie einer minutiösen Betrachtung von allen Seiten unterwerfen und teilweise die Lupe zur Hilfe nehmen, um über die Einzelheiten des Sujets und alle Feinheiten der Ausführung völlige Klarheit zu erlangen. Da ist ein liegendes Pferd mit zurückgewandtem Kopf, mit fein stilisierter Mähne und Schweif, weltverschieden von den schablonenhaften Pferdetypen der Basreliefs; dreht man das Stück herum, so gewahrt man einen auf dem Rücken des Pferdes kauernden, langgeschwänzten Affen, der von der anderen Seite durch den Pferdekopf völlig verdeckt wird, während die Seite, wo sich der Affe befindet, das Pferd nicht ahnen läßt. Der Affe, dieses unerschöpfliche Lieblingsthema der Han-Zeit, der uns bald im Baumgezweig, bald auf dem Hausdach, bald auf den Hinterbeinen hockend, bald auf allen Vieren wandelnd begegnet, hat hier seinen Kopf schläfrig auf die Vorderpfoten geschmiegt. Eine andere Darstellung zeigt uns ein naturwahres Rind in liegender Stellung, daneben ein junges Kalb, beide aus einem Stück geschnitzt; oder zwei langbärtige ruhende Ziegen, die eine den Kopf zurückwendend, die andere ihren Kopf an den Hals der Nachbarin lehnend. In diesen Szenen aus dem Tierleben verrät sich schon der später so scharf entwickelte Blick der Chinesen für die Bewegungen und Aktionen der lebenden Geschöpfe. Was aber durchaus charakteristisch für die Kunst jener Periode ist, sind zwei Züge, die an diesen Erzeugnissen stark auffallen: obwohl als freistehende, selbständige, volle Figuren

4*

gedacht, sind sie keineswegs als plastisch wirkende Skulpturen, sondern als Reliefs aufgebaut und erscheinen daher fast immer in eine bestimmte flache, fast möchte man sagen geometrische Form zusammengepreßt. Dies geht so weit, daß z. B. die Nephritschnitzerei eines Elefanten ein beinahe regelmäßiges Rechteck bildet, indem der Kopf mit dem Rüssel, als wenn er in zurückgewendeter Stellung dargestellt sein sollte, als Relief an der Vorderseite angebracht ist. So sind die oben erwähnten Pferd und Rind an ihren Längsseiten völlig flach und glatt; so gibt es aus Nephrit ausgeschnittene Schmetterlinge, bei denen die Details teils eingraviert, teils à jour geschnitzt behandelt sind, während eine sehr beliebte Darstellung, die der Zikade, gern die Form eines Meißels annimmt. Es ist, als wenn der Künstler überhaupt nicht die Absicht hätte, das Tier in seinen natürlichen Formen aus dem Stein herauszumeißeln, sondern als ob er vielmehr die fertige Steinplake zur Hand nähme und das gewollte Sujet in dieselbe hineinschnitte. Dem ganzen Zeitalter wie der gesamten altchinesischen Kunst überhaupt fehlte eben der Begriff der Skulptur und die plastische Anschauung, die erst die indisch-buddhistische Kunst von Gandhāra zur Zeit der Wei-Dynastie in das Chinesentum verpflanzt hat. Die Stärke der Han war das Relief. Dennoch sind jene Werke der Kleinkunst in ihrer naiv-konventionellen Auffassung, in ihrer vollendeten Technik, in ihrer Schönheit der ornamentalen Linienführung auch künstlerisch zu genießen, abgesehen von ihrem hohen antiquarischen und kulturgeschichtlichen Wert. Überraschend ist auch die Farbenpracht dieser alten Nephrite, die dereinst fast alle auf dem Boden der heutigen Provinz Shensi gegraben worden, aber jetzt längst erschöpft sind, wodurch natürlich ihr Wert in den Augen der Sammler wesentlich erhöht wird. Neben tiefschwarzen kommen hochrote, braune, gelbe, graue und mit allen Farben verbundene weiße vor; dagegen die heute üblichen grünen und milchweißen gar nicht; durch chemische unter dem Boden wirkende Einflüsse sind auch Veränderungen der ursprünglichen Farbe eingetreten. Unter anderen Gegenständen aus diesem edlen Material sind am häufigsten Gürtelschnallen mit eingravierten geometrischen Ornamenten und Plaken, von denen viele in bewundernswerter Weise drei Methoden der Technik in sich vereinigen, nämlich die der Gravierung, der Schnitzerei in Relief und à jour. Nichts in der ganzen neueren Nephritkunst Chinas kommt diesen Stücken an Formvollendung und Meisterschaft der Technik gleich. Sie beweisen, daß die altchinesische Kunst, wenn sie nach unseren Begriffen vielleicht im Großen zurückgeblieben ist, gerade im Kleinen und Kleinsten Großes, vielleicht das Größte, vielleicht ihr Bestes geleistet hat.

Die unbekannten Stämme des Chaco Boreal.

Von A. V. Frič.

Obwohl wir auf allen Karten des Chaco ganz genau eingezeichnete Flüsse und Völkerschaften vorfinden, ist es doch nötig, daß man sich darüber klar wird, was hier tatsächlich richtig ist, und wieweit die Phantasie mitgearbeitet hat. Heutzutage ist das Grenzgebiet des Chaco Boreal bis auf kleine Teile bekannt. Zu den unbekannten Teilen gehört das Gebiet, das an das der Chiquitano grenzt, und jenes Stück am Pilcomayofluß, das zwischen den Jujui-Zuckermühlen und dem Punkte liegt, bis zu dem die Expedition des Gouverneurs Dr. Luca Luna Olmos vorgedrungen ist. Das zuletzt genannte Gebiet hat wohl G. Lange erforscht, aber ethnographisch hat er nicht beobachtet. Von dem Innern des Chaco Boreal aber wissen wir überhaupt nichts, obwohl es eines der wichtigsten Gebiete Südamerikas ist und seine gründliche Durchforschung uns viele Fragen beantworten könnte. Da ich mir dieses Gebiet als Ziel für meine nächste Reise gewählt habe, so will ich hier eine Übersicht über alles das geben, was uns bis jetzt davon bekannt ist, und was noch zu erforschen übrig bleibt.

Abb. 1. **Makà-Indianer.**
Nach einer Aufnahme von A. Schmied.

Was die südliche Grenze betrifft, so ist uns heute der Pilcomayofluß ziemlich gut bekannt, und ein Teil des Flußlaufes ist für kleine Lanchas und Schleppschiffe, mit denen die Holzschläger und die Franziskaner-Missionäre „Quebracho" transportieren, schiffbar gemacht worden. Auch geographisch ist das Pilcomayoproblem gelöst: Lange verfolgte den Flußlauf des Pilcomayo stromaufwärts bis nach Bolivien, und Adalbert Schmied befuhr 1907 den von mir im Jahre 1904 nördlich vom Pilcomayo in der geographischen Länge des Dorfes Lagadik am Estero Patiño entdeckten neuen Fluß in einem Kanu und bestätigte meine damalige Vermutung (siehe Globus, Bd. 89, 1906: Eine Pilcomayoreise in den Chaco Central), daß er ein Deltaarm des Pilcomayo und zugleich der in den Paraguay unter dem Namen Rio Confuso mündende Fluß sei.

Ich begegnete damals zwei neuen Stämmen, den Karraim und den Sotegraik. Die Karraim wohnen im Chaco Central, und darum will ich sie hier übergehen. Die Sotegraik schienen mir damals wegen der in ihren verlassenen Dörfern vorgefundenen Ohrpflöcke zur Mačikuí-

067

中国的基督教艺术

Mitteilungen des Seminars für Orientalische Sprachen

an der Königlichen Friedrich-Wilhelms-Universität zu Berlin

Herausgegeben von dem Direktor

Prof. Dr. Eduard Sachau

Geh. Ober-Regierungsrat

JAHRGANG XIII

Berlin 1910
Kommissionsverlag von Georg Reimer

Christian Art in China.

By Berthold Laufer.

When, in the course of the sixteenth century, the East-Asiatic world gradually came into contact with European commerce, works of European art also found their way into the East. Woodcuts and copper engravings of European origin were colored in India, and embodied in albums of Indian miniatures[1] side by side with native productions. Not least was it the policy of the Jesuit missionaries to impress the minds of the people by means of artistic decoration of the churches, especially with paintings. This was the case when Christianity was introduced into Japan, where Xavier had already brought a picture of the Madonna. In 1562 five churches are mentioned as being adorned with paintings, most of which were ordered from Portugal in that period.[2]

The appearance of European art works in China, and the beginning of their influence on Chinese art, date from the end of the sixteenth century, during the close of the Ming dynasty, and may be generally and well marked by the year 1583, the date of the arrival in China of the great Jesuit Matteo Ricci.

At that early date, specimens of foreign art were not only imported into China, as we shall see, but were also copied by Chinese painters. A good example of this kind is presented by a folding-album[3] containing six paintings on silk, all mere copies of European productions. The last of these paintings is signed, in the lower right-hand corner, *Hsüan-Tsai pi-shu* ("brush-work of Hsüan-Tsai"), which is one of the designations of the painter Tung K'i-ch'ang (1555–1636).[4] A red seal is attached to the signature, but it is now nearly faded out and illegible. The album was acquired by me at Hsi-an fu, Shensi Province.

As regards the identification of the subjects represented in these pictures, I must state at the outset that I am not a specialist in the history of

---

[1] F. Sarre, in Jahrbuch der Königl. Preußischen Kunstsammlungen, 1904, vol. XXV, No. 3, p. 157.

[2] H. Haas, Geschichte des Christentums in Japan, Tokyo, 1904, vol. II, pp. 319, 320.

[3] Size 37.1 cm. by 27.5 cm.

[4] F. Hirth, Scraps from a Collector's Notebook, T'oung Pao, 1905, p. 383. He must have been an artist of great productivity; many of his works being enumerated in the *Wan shou shêng tien*, chaps. 55, 57, 58, 59.

European art, and that my explanations are mere preliminary suggestions, which should be rectified by experts.

The first painting plate I) represents a man (perhaps one of the apostles) sitting on a stone bench overshadowed by a tree, holding an unfolded book in his left hand, and a goose-quill in his right. His upper-garment is dark-blue, and held by a narrow red girdle; his neckcloth is of a light-reddish color; his under-garment violet. His long hair hangs down over neck and forehead. A small boy in red clothing stands behind the bench, and is touching the edge of the book with his left hand.

Plates I and II.

The second (plate II) shows the figure of a Dutch general, apparently, clad in a coat-of-mail, and wearing a wig with long-flowing curls covering the ears. He holds in his right hand what may be the handle of a spear or a flag-staff, while at his left side the hilt of a sword of Chinese type is visible. He is accompanied by two soldiers who wear curious pointed caps (the one blue, the other violet). Of the one man, only the head, sword-blade, and feet are represented. The other carries a round Chinese shield of rattan in his left hand and a drawn Chinese sword in his right; but his blue trousers, red gaiters, and high top-boots allow of no doubt as to his *Landsknecht* origin. In the left upper corner, part of a flag is represented.

Professor HIRTH[1] has figured, from a series of Chinese woodcuts published in 1743, the portrait of the hero Ti-Tsʻing, in which he has pointed out the effect of European influence in the representation of hair-dressing with long wigs. The same illustration is reproduced also by JAMES W. DAVIDSON[2] with the designation "Koxinga (from a Chinese scroll)." It is matter for regret that the author reveals neither the source from which he derived his picture nor the authority for this identification; but nevertheless it is quite credible that, according to some more recent traditions, it goes also under the name of "Koxinga." The expectation of Professor Hirth,[3] that some fortunate chance might throw into our hands the *Urmodell* to this un-Chinese head of Ti-Tsʻing, is now fulfilled by the present picture painted by Hsüan-Tsai. The type of the Dutchman with long hair and flowing locks figures largely in Chinese and Japanese art of the seventeenth

[1] Über fremde Einflüsse in der chinesischen Kunst, München und Leipzig, 1896, p. 63. F. FEUILLET DE CONCHES, in his excellent paper Les peintres europeens en Chine et les peintres chinois (Revue contemporaine, vol. XXV, 1856, p. 39), has already alluded to this cut with the words: "On trouve jusqu'à un guerrier illustre, un demi-dieu du temps des Soung (nommé Ti-tsing), lequel, vu seulement à mi-corps, offre, chose curieuse, tout l'aspect d'un seigneur de la cour de Louis XIV, avec la grande perruque et le rabat." The same portrait will be found also in the *Kieh-tse yüan hua chʻuan*, book IV, p. 29; as this work was published in 1679 (WYLIE, Notes on Chinese Literature, 2d ed., p. 155), we can but presume that the picture in the collection of 1743 was simply copied from this book.

[2] The Island of Formosa, Past and Present, London and New York, 1903, plate opposite p. 54.

[3] *L. c.*, p. 62, note 1.

and eighteenth centuries.[1] In Japan I saw several water-colors of that colonial period, representing well-portrayed Dutchmen in intimate Japanese surroundings. A. FORKE[2] describes two figures of Europeans noticed by him on a *P'ai-lou* near P'ing-yao hsien, Shansi Province; each man is leading a lion by a halter. From their features, their full whiskers and mustaches, boots, jacket, large slouch-hat, and mantilla, one may well recognize in them at first glance, according to him, Europeans of the seventeenth century, either Dutch or Spaniards.

Cut: Fig. 1. In this connection, I may be allowed to reproduce here (fig. 1), for the curiosity of it, a chinesized portrait of the Great Elector of Brandenburg. This was first published in the "Berliner Kalender, herausgegeben vom Verein für die Geschichte Berlins, 1903," merely with the explanation printed below the cut, "wood-engraving from the year 1685, destined for the projected enterprises of the Great Elector in China." I understand that the original is preserved in the Print Cabinet of the Royal Museum of Berlin, but no information could be obtained from that quarter regarding the details of the history of this picture. This originated, of course, in Prussia, and not in China; and it seems to me that the Chinese writings along the four edges have been composed by Christian Mentzel, a would-be sinologue of that time. The Chinese characters reproduced in facsimile in his book "Chronologia" (1696)[3] are of exactly the same style, and have the same stiff appearance, as those on the engraving. On the lower margin we read in Chinese the year "1685 *T'ien chu,*" whereby he apparently meant to express "the year of our Lord," the position of the words being certainly wrong. Along the left margin the date is given "45th year of Brandenburg (*Pi-lang-têh-ko-êrh-jih*)." The inscription on the top seems to be intended to mean "Portrait of the Great Elector, the Warrior (?);" on the right, "The highly intelligent Elector P'ing-ssu [perhaps for Frederick William; p'ing = peace = Fried-rich], the Warrior, the holy Emperor." Whether a copy of this portrait ever arrived in China, I am unable to say; but what the Chinese could have made out of this jargon, it is hard to see, and what effect it was to have produced upon them is still more difficult to understand. Perhaps it was an effort similar to that made some nine years ago by the Czar Nicholas II, or his advisers, when he had a book published in Tibetan, Mongolian, and Russian, enumerating all his pious acts and qualities in the interest of Russian propaganda in Central Asia,—a book which is said to have been greatly appreciated by the Tibetans for some time.[4]

---

[1] GULLAND, Chinese Porcelain, p. 238, fig. 412; Catalogue of the Morgan Collection of Chinese Porcelains, New York, 1904, plate XX and p. 65; A. BROCKHAUS, Netsuke, Versuch einer Geschichte der japanischen Schnitzkunst, Leipzig, 1905, pp. 399, 400.

[2] Mitteilungen des Seminars für Orientalische Sprachen, Berlin, 1898, vol. I, 1, p. 47.

[3] See the long title in H. CORDIER'S Bibliotheca sinica, vol. I, 2d ed., col. 560.

[4] Also China is the land of unlimited possibilities. Mr. W. W. ROCKHILL (The Century Magazine, vol. XLI, 1890–91, p. 253) tells us the following: "I once

The third painting of Hsüan-Tsai (plate III) represents what I presume to be Christ and the two disciples of Emmaus (Luke XXIV, 13–35).[1] Christ wears a red garment, with a green pallium hanging in folds over his left shoulder; he is barefooted; his long flowing hair ends in curls; he is raising his right hand as if about to speak; the fingers of both hands are stretched out. The man at his left has on a bluish coat with a violet cape, a yellow turban, and blue shoes. The man at his right wears a blue coat, a brown mantle thrown over it in folds, red shoes, and likewise a turban. **Plate III.**

The fourth painting (plate IV) may be John the Baptist in prison(?); the vault of the background being suggestive, perhaps, of a dungeon. The snake wound in a ring which he holds between his hands is not, as far as I know, a symbol usually found with him,[2] and the subject may therefore be better explained as an allegory of wisdom. He is sitting on a bench with legs crossed (the left foot is destroyed in the picture), with long hair, green coat, violet mantle, a skin over his lap, and the top of his feet wrapped with green cloth. **Plate IV.**

The fifth in the series (plate V) represents doubtless the apostle Luke. He is sitting on the back of an ox under a willow-tree, writing in an unfolded book. He wears a long blue coat, the white edge of his shirt being visible over the breast; and a flowing rose-colored tunic hangs gracefully over his right shoulder. The hair and beard are white, and the cap rose-colored. A piece of red cloth is spread over the back of the animal. **Plate V.**

The last picture (plate VI), somewhat larger than the others (37 cm. by 30.1 cm.), seems to represent a group of allegorical figures arranged on a balcony, and symbolizing art and science. The woman on the right—in red garment with blue shawl, and green ribbon fluttering in her hair—is holding up a globe in her left hand, while an unrolled map hangs downward from her right hand. The female figure next to her—in green dress with red girdle, and rose-colored shawl around head and shoulders—is drawing a circle on a square wooden board with a pair of compasses. A man is **Plate VI.**

---

came across a Chinese book entitled 'The Fifty Manifestations of Kuan-yin.' One picture showed her likeness as she appeared to an old man in Shansi, another the form under which she had shown herself to a devout priest, and in one she had appeared to a poor laborer as Peter the Great of Russia, for there was the picture of the great emperor in breastplate and wig and with a marshal's baton in his hand." In a Buddhist temple of China, a statue of Napoleon I has been seen, with incense burning in front of it; in another, an image with European traits and costume, very similar to the portrait of Father Verbiest, has been observed; the Chinese watchmakers honor Father Ricci as their patron, and keep in their shops his image or tablet with the usual incense-sticks and red candles (P. LOUIS GAILLARD, Croix et Swastika en Chine, Shanghai, 1893, p. 182).

[1] See F. W. FARRAR, The Life of Christ as represented in Art, New York, 1894, p. 357.

[2] The snake appears as an attribute of John the Evangelist, but it is always coiling around a chalice.

leaning over the rail, holding an oblong folio volume(?); he is clad in a blue vest and brown sleeves. Two boys stand behind him, one with an open book. At the left we see a woman in green upper-garment and red under-garment, holding a flute (colored red) in her left hand, and a mirror (? a white circular object with red handle) in her right.[1]

In Chinese accounts regarding the career of Tung K'i-ch'ang, nothing appears to be said as to his being influenced or attracted by European subjects. It does not seem unlikely that, in his capacity as President of the Board of Rites at Peking, he came into contact with Ricci, who may have furnished him with the models of his album. To all appearances. these pictures are not copied from oil-paintings, but from miniatures, or, still more likely, from engravings, directions for the coloring of which may have been orally imparted to him by his instructor or instructors.[2] The man who may justly claim the honor of having introduced European art and science into China is the Jesuit Matteo Ricci, a man of extraordinary character and talents. The fascinating story of his life and labors has often been narrated,[3] but a critical biography worthy of the man and the great-

---

[1] It may not be out of place to refer, in connection with this subject, to the fact that in 1629 Father Francesco Sambiaso (1582–1649) published a treatise in Chinese, On Sleep and Allegorical Paintings; he also wrote a book, Answers to Painting (H. CORDIER, L'imprimerie sino-européenne en Chine, Paris, 1901, p. 43; M COURANT, Catalogue des livres chinois, vol. I, Paris, 1902, p. 299). It would be interesting to investigate whether these two dissertations ever exercised any influence on native art.

[2] The same has been done by the artists of India (see p. 1). Indeed, we learn from GEORGE STAUNTON (Macartney's Embassy, vol. II, London, 1797, p. 309) that this procedure was followed in fact also in China. Admiring the talent of the Chinese artists for coloring, he observes: "Some European prints have been copied by them, and colored with an effect which has attracted the admiration of the best judges; and a gentleman eminent for his taste in London, has now in his possession a colored copy made in China, of a print from a study of Sir Joshua Reynolds, which he deems not unworthy of being added to his collection of valuable paintings."

[3] The best notices regarding him are: Father HENRI HAVRET, La stèle chrétienne de Si-ngan-fou, second part, Shanghai, 1897, pp. 8–21. Father LOUIS GAILLARD, Nankin Port ouvert, Shanghai, 1901, pp. 271–276; Idem, Nankin d'alors et d'aujourd'hui, Shanghai, 1903, pp. 209–212. G. E. MOULE, Early Chinese Testimony to Matteo Ricci, Chinese Recorder, 1889, vol. XX, pp. 81–83. L. NOCENTINI, Il primo sinologo P. Matteo Ricci, Florence, 1882 (Pubblicazioni del R. Istituto di studi superiori); this is an enlarged reprint of a former paper published in the Reports of the Congress of Orientalists of Florence, 1878. ETTORE RICCI, Per un Centenario, XXV Gennaio 1601–1901, L'Italia nella conoscenza geografica della Cina sopratutto al principio del Seicento, Macerata. 1904. The bibliography of his Chinese works is given by HENRI CORDIER, L'imprimerie sino-europeenne en Chine, Paris, 1901, pp. 39–41; see also the additional notes by PELLIOT, Bulletin de l'École française d'Extrême-Orient, 1903, vol. III, pp. 112–113, and M. COURANT, Bibliographie coreenne, Paris, 1896, vol. III, p. 288. I may be allowed to repeat here two Protestant judgments on Ricci. The one is to be found in the Chinese Repository. vol. II, p. 123, as follows: "Up to this

ness of his work is yet to be written. The finest monument has been bestowed on him by the Chinese, who have deemed him deserving of the honor of a place in the Imperial Annals of the Ming Dynasty (*Ming shih*, chap. 323).[1] It is stated there that the Emperor did not pay attention to the remonstrances of the Board of Rites, who proposed to transport him to Kiangsi, but was pleased with the man who had come from so distant a country, and ordered him to remain in the capital, bestowing upon him rich presents, giving him a house, and paying for his maintenance. Subsequently the officers as well as the people conceived an affection for him and held him in great esteem. He died in 1610, and was buried by imperial order in the western suburb of the capital. Ricci himself appears to have been a great lover of art, and to have brought along from Italy a goodly number of pictures and images. From the very beginning of his missionary activity, we see him distributing these, and winning adherents by the impression made upon them through Christian art works. The most remarkable of these instances is Ricci's meeting with the Governor Chao Hsin-T'ang in Suchow in 1598, shortly before his journey to Peking, to whom he presented an image of the Saviour. The Governor looked up to it full of reverence, and said, "It is impossible to look upon this image irreverently." Thereupon he had a high platform erected in a place that usually served for the adoration of Heaven, and, burning incense and candles, he worshipped. Looking up from the image, he was thus addressed by Ricci: "Not this image is eternal, but true is the great Lord of Heaven, the earth and the whole creation!"[2]

---

time, the name of Ricci, one of the most distinguished of them [*i.e.*, Catholic missionaries], is known to the Chinese. He might have shone as a philosopher in Europe, but he chose the less splendid career of preaching what he believed to be truth, to the greatest of nations. As a man of learning he had few equals, and who among us [*i.e.*, Protestants] can compare with him in fervent zeal? Such an instance of devotedness to such a cause might well cause us to blush." And JAMES LEGGE (The Nestorian Monument of Hsi-an fu, London, 1888, p. 55) says of him: "Ricci especially was a man amongst men. Intended originally for the profession of the law, he had entered the Church and become a Jesuit. He was a man of great scientific acquirements, of invincible perseverance, of various resource, and of winning manners, maintaining with all these gifts a single eye to the conversion of the Chinese, the bringing the people of all ranks to the faith of Christianity ... Roger and Ricci found it difficult to obtain any footing. If they had been men of less earnestness, they would have abandoned their enterprise and returned to Europe; if they had been men of inferior qualifications, they would have been forced to abandon it. But they maintained their hold and improved their position. By his linguistic ability, his science, and his adroit management, Ricci succeeded in establishing himself first at Chao ch'ing, the old metropolis of Canton province," &c.

[1] This document has been translated by E. BRETSCHNEIDER, Chinese Intercourse with the Countries of Central and Western Asia, China Review, vol. IV, No. 6, pp. 391–392, or Mediæval Researches, vol. II, London, 1888, pp. 324–326

[2] *Chêng chiao fêng pao*, Siccawei, 1894, vol. I, p. 4*a*; HAVRET, La stèle chrétienne, vol. II, p. 14.

In the noteworthy petition which Ricci sent to the Emperor on January 28, 1601.[1] he enumerates among the presents brought from his native land, and offered to the Court, an image of the Lord, two images of the Holy Virgin, a prayer-book in one volume, a crucifix inlaid with pearls, two striking-clocks, a map of the world,[2] and a Western lute. The images of the Lord and the Virgin are alluded to also in the *Ming-shih*.

Four European engravings contributed by Matteo Ricci are to be found in the *Ch'êng-shih Mo-yüan*,[3] *i. e.*, "*Park* or Collection of Ink-Cakes by Mr. Ch'êng." His full name is Ch'êng Chün-fang or Ch'êng Yu-po. He was a famous manufacturer of ink-cakes in his time, and enlisted the services of great artists and other men of note in furnishing him with drawings and autographs to be impressed on his ink-cakes. A catalogue of the latter was published in the book mentioned, which is one of the most beautiful and admirable productions of Chinese typography. The exact date of the publication is not given; but judging from the date 1605, under which Ricci's essays are signed, it must have been brought out after that year. Ricci himself describes how he made the acquaintance of the ink-manufacturer, and outlines a brief characterization of him. His fame was so well founded at that time as to secure for him an invitation to contribute his share to the collection. He eagerly seized this welcome opportunity of giving the Chinese, through the channel of religion, an idea of Western art and literature. Besides, it was a good means of propaganda, since the four religious subjects were put to a practical purpose, and, being worked on ink-cakes, found their way among the people in numerous copies. Many actual specimens of Ch'êng's ink-cakes have been preserved to the present day, and I acquired several of them in Nanking and Hsi-an fu; but, despite diligent search and inquiry, I failed to discover those with Ricci's engravings.

The most interesting point in connection with them is, doubtless, that here we have the first biblical stories told in Chinese, and reproduced as a facsimile-writing in Ricci's own hand,[4] every word being romanized by him

[1] Printed in *Chêng chiao fêng pao*, vol. I, pp. 4b–5a, and in S. COUVREUR, Choix de Documents, Ho kien fou, 1901, pp. 82–87, with French translation (where, however, the postscript is lacking).

[2] This map has been reproduced in the Rivista di Fisica, Matematica e Scienze Naturali, 1903, vol. IV, in an article by P. GRIBAUDI, Il P. Matteo Ricci e la geografia della Cina (pp. 321–355, 459–464).

[3] 程氏墨苑. See A. WYLIE, Notes on Chinese Literature, 2d ed., p. 146; MAURICE COURANT, Catalogue des livres chinois, Paris, 1900, p. 67b.

[4] WYLIE (The Bible in China, in his Chinese Researches, Shanghai, 1897, p. 93) remarked: "The Jesuits first made their appearance in China in the sixteenth century, and though they prosecuted the objects of their mission with a praiseworthy vigor, we hear nothing of a complete translation of the Scriptures having been published by them. Matteo Ricci, indeed, in a letter to Yu Chun-he, a metropolitan high functionary, early in the seventeenth century, excuses himself from the task, on the plea of pressure of other matters. The plea may have been so far valid; but it is probable other motives also weighed with this distinguished missionary." This statement must now be modified to a certain extent.

in Gothic script at the special wish of Ch'êng. This system of romanization based on the Portuguese alphabet was perhaps originated by Ricci himself, and continued for a long time in the Chinese grammars and dictionaries of the Jesuits.[1] In these essays, as well as in the books published by him, Ricci proves himself a master of Chinese style and a connoisseur of classical and Buddhistic literature. From an art-historical point of view we are confronted with the singular fact that four European engravings were here for the first time published in China by a Chinese, in a Chinese book, and applied at the same time to productions of Chinese workmanship for wide circulation among the Chinese people. Thus, it cannot be denied that these engravings may possibly have exercised a certain influence on Chinese art and thought.

The first of Ricci's engravings (fig. 2) represents Christ and Petrus; its signification becomes clear from the translation of Ricci's text given below. The romanized Chinese heading reads from right to left *sin lh^ pú hài*, identical with the first four words in Ricci's text, and meaning "Faith walks over the Sea." Under the picture we read: "Martinus de Vos inventor / Antonius Wierx sculpsit / Eduardus ob Hoeswinkel excutit." Maerten de Vos (1532–1603) was a Flemish painter, born in Antwerp, whose numerous paintings and drawings were popularized by more than six hundred engravings.[2] Antonius Wierx (1555–1624) is the well-known engraver, who was associated with his two brothers Jan and Jérôme; all three developed an incredible productivity, and worked a great deal for the Jesuits. Eduard von Hoeswinkel was an art-dealer and art-publisher of Antwerp.[3]

Cut: Fig 2.

The translation of the text accompanying this engraving (Text 1—4) is as follows (compare Matthew XIV, 25–33; Mark V, 35–41, VI, 45–52; Luke VIII, 22–25):—

"Faith walks over the Sea, but Doubt sinks beneath the Water.

"When the Lord[4] descended from Heaven and assumed human shape to teach the world, he first instructed twelve holy followers (apostles).

---

[1] See HENRI CORDIER, in Centenaire de l'École des Langues Orientales Vivantes, Paris, 1895, p. 269.

[2] H. W. SINGER, Allgemeines Künstlerlexikon, vol. V, Frankfurt, 1901, p. 36. This and the following woodcut were presumably taken from the collection entitled "Evangelicae historiae imagines ex ordine evangeliorum etc. Authore Hier. Natali S. J., Antverpiae Anno Dei MDXCIII." This work contains 153 sheets after drawings of M. de Vos, B. Passeri, H. J. and A. Wierx, Ad. and J. Collaert, C. Mallery, and others (see NAGLER, Neues allgemeines Künstlerlexikon, vol. XX, p. 558).

[3] NAGLER, Neues allgemeines Künstlerlexikon, vol. VI, p. 220.

[4] It is interesting to note here the word *T'ien-chu* ("the Heavenly Lord"), which Ricci was probably the first to coin, and which is still the Catholic term for "God." The history of this word has been expounded by Father H. HAVRET, T'ien-Tchou "Seigneur du Ciel," Variétés sinologiques No. 19, Shanghai, 1901 (see especially pp. 8–9). Besides *T'ien chu*, Ricci employs as terms for God *T'ien* 天 and *T'ien ti* 天帝.

the first of whom was named Petrus (Po-to-lo).[1] One day when Petrus was in a boat, he became confused, seeing the Lord standing on the beach of the sea, and said, 'If thou art really the Heavenly Lord, allow me to walk over the sea without sinking.' The Lord granted his request. While walking along, he noticed a violent storm exciting the waves, doubts arose in his heart, and he gradually sank. The Lord seized his hand and said, 'Thou of little faith! Why dost thou doubt? Men of sincere faith follow the weak water, as if it were solid rock. When doubt returns also the water turns to its true nature. The brave and noble man who follows the commandments of Heaven is not burnt by fire nor pierced by a sword, nor sinks he into the water. Wind and waves, why should he fear them? And thou, the first of the apostles, doubtest! If thou now believest in me, this instantaneous doubt of a single man will suffice to dispel entirely the future doubts of many millions of men. To accomplish this, believe in me without doubt! Without relying on reasons, influence their belief, influence also their doubts!'

"Composed by the European Li Ma-Tou (Matteo Ricci)."

Cut: Fig. 3.

The second engraving (fig. 3), representing Christ and the two disciples of Emmaus, bears the title *lh' t'é vaên xiè* "Two Wanderers inquire for the Truth" (see the text 5—8). Below, in the right-hand corner of the engraving, are the words "Antonius Wierx sculpsit;" under the line on the margin, "Martinus de Vos inventor. Eduardus ob Hoeswinckel excutit."

The translation of Ricci's text is thus:—

"Two Wanderers inquire for the Truth and obtain it.[2]

"At the time of the sufferings of our Lord the Saviour, there were two wanderers fleeing; and while they walked together, they talked of these affairs (Luke XXIV, 14) and were sad. The Lord transformed himself and suddenly entered between them, inquiring for the cause of their grief. Then he explained to them with the words and testimony of the Old Scriptures (Luke XXIV, 27) that the Lord had to incur sufferings to save the world, and that afterwards he would enter again into the Heavenly Kingdom. Then he announced: 'I do not follow the joys of the world nor do I resign to the misery of the world; the Lord has descended into the world that there is joy if he wants joy, that there is suffering if he wants suffering, and he must choose suffering, there is certainly no error about this. Amidst the suffering of the world there is great joy stored up, among the joys of

---

[1] 伯多落. The present Catholic way of writing the name is 伯多祿. The word 徒, which here means "apostle," is now 宗徒.

[2] 捨空虛 means literally "to give up what is void," and is a Buddhistic term, *shé* corresponding to Sanskrit upekṣa, and *k'ung-hsü* to çunya; but here Ricci apparently understands "what is void" in a Christian sense, perhaps the void of the heart caused by the lack of knowledge about Christ. By recognizing Christ and his teachings, the two wanderers fill this gap, and, abandoning (*shé*) it, obtain the truth.

the world there is great suffering amassed; this is not supreme wisdom, but who can contest it?' The two wanderers recognized that during the whole life there is a way of seeking grief, as common men hunt for treasures. Thus their grief was set at rest, and by their merit of loving misery, they constantly presented offerings to the Heavenly Kingdom.

"Respectfully written on the first day of the twelfth month of the thirty-third year of the period Wan-li (1605), the year having the cyclical signs *i-ssŭ*, by Li Ma-Tou (Matteo Ricci) of the Society of Jesus of the Holy Trinity."[1]

The third engraving (fig. 4) bears the Chinese title in transcription *yn̂ sẹ gueî kí* ("Sensuality and Corruption"). (Text 9—12.) Below we read, "Crispiam de Poss fecit et excutit." The name is somewhat misrepresented, perhaps due to the Chinese engraver. The artist's proper name is de Paas, but he is usually called Crispin de Passe (born around 1560; died in 1637 in Utrecht).[2] He was active in Cologne, Amsterdam, Utrecht, Paris, and London as a most fertile engraver, and has created several series of round-pictures, from one of which the present one is probably taken. The subject of the engraving is indicated by the Latin inscription along the margin, which reads, "Sodomitae in Lothi aedes ingressunt, Angelisque vim facturi et ijs abusuri; a Domine, ne eos invenirent, caecitate percutiuntur. Genesis XIX."

Cut: Fig. 4.

Ricci's composition accompanying this engraving reads as follows:—

"How Sensuality and Corruption were punished by Heavenly Fire.

"In days of old the inhabitants of the region of Sodom[3] had all sunk into sensual lust, and the Lord therefore abandoned them. In the midst of these people there was one pure man, named Lot.[4] The Lord commanded an angel to inform him beforehand that he should hurriedly leave the city and go into the mountains. Then fell from heaven rain, a big blaze, and abundant fire; men and animals were destroyed by fire and no trace of them left. The wood of trees and the stones of the mountains, all changed into embers and sank into the earth. In the place of a lake which was there before, the earth formed a pool sending forth stinking water to bear

---

[1] *Pao hsiang san tso*, literally "the three precious images;" presumably the Trinity is understood, which is now called 聖三 in Catholic terminology. Here, and in the same phrase of the next essay, the character *pao* is wrongly romanized *teú* by confounding it with the following somewhat similar character *tou* in Li Ma-Tou

[2] Compare NAGLER, Neues allgemeines Künstlerlexikon, vol. X, pp. 564 et seq.; FR. MÜLLER, Die Künstler aller Zeiten und Völker, Stuttgart. 1864, vol. III, p. 237; JOH. JAC. MERLO, Kölnische Künstler in alter und neuer Zeit, Düsseldorf, 1895, p. 644; H. W. SINGER, Allgemeines Künstlerlexikon, Frankfurt, 1898, 3d ed., vol. III, p. 381.

[3] So-to-ma 鎖多麻. The present Catholic writing is 瑣多瑪.

[4] Lo-shih 落氏. The present Catholic writing is 洛得.

testimony until nowadays of the Heavenly Ruler's wrath—vicious passion and corruption are like this water. Lot kept himself pure among corrupted ones, and Heaven therefore wonderfully showed him his favor. Those men who pursue virtue among the virtuous may easily do so. Only those who, encountering depraved customs, are eminently incited to righteousness, are truly courageous and firm, but such are few in the world. Where wisdom meets with virtuous customs, it requires self-confidence to enjoy happiness; where it meets with bad usages, it requires self-perfection to enjoy happiness; but we never reach what is beyond our own power.

"Respectfully written on the first day of the twelfth month of the thirty-third year of the period Wan-li (1605), the year having the cyclical signs *i-ssŭ,* by Li Ma-Tou (Matteo Ricci) of the Society of Jesus of the Holy Trinity."

Cut: Fig. 5. The fourth and last engraving of Ricci (fig. 5), representing a Madonna with child, is not accompanied by any explanatory text, but bears in Gothic writing only the heading *T'ien chù* ("the Heavenly Lord"). Around the halo of the Madonna, the words "Ave Maria Gratia Lena" are discernible, and at the foot the Latin inscription is printed "Domina nostra S. Maria (cui ab antiquitate cognomen) cuius imago in summa / aede dum Ferdinandus tertius Hyspalim expugnarat in pariete depicta, inventa / Nuestra Senora de l'Antigua in 8 cm ° I a p v 1597" ("Our Mistress Saint Mary [who has this cognomen from antiquity], whose image was invented and painted on the wall in the sublime church, after Ferdinand III had conquered Sevilla").[1] The reading of the final portion is somewhat doubtful, and has probably not been reproduced correctly by the Chinese engraver. Professor C. JUSTI[2] suggests the reading, "Anno a partu virginis (in the year from the birth of the Virgin) 1597." Our Chinese illustration is doubtless derived from a copper engraving by Hieronymus Wierx (born 1551), under which the same inscription is found, except the last line, containing the date.[3] The engraving of Wierx is a reproduction of the famous wall-painting of the Madonna, called "Nuestra Señora de l'Antigua," in the great chapel named after her in the southern side-aisle of the cathedral Maria de la Sede of Sevilla.[4] The Archbishop Diego de Mendoza had the present chapel erected, which he had chosen for his sepulchre. The picture of the Madonna is dated back by tradition into the Visigothic period, and is said to have

---

[1] This conquest took place on Nov. 22, 1248, after a siege of eighteen months, through Ferdinand III of Castilia, 1199–1252; Sevilla had been conquered by the Arabs in 712, and remained in their possession until then. Hispalis was the city's name in the times of classical antiquity.

[2] I am greatly indebted to the eminent art-historian of Bonn for the identification of this wood-engraving with the famous painting in the cathedral of Sevilla.

[3] See NAGLER, Neues Allgemeines Künstler-Lexikon, München, 1851, vol. XXI, p. 413, No. 136; L. Alvin, Les Wierix, Bruxelles, 1866, No. 546.

[4] A picture of this cathedral will be found in LÜBKE und LÜTZOW, Denkmäler der Kunst, pl. 58, fig. 2.

been hidden away in the mosque:[1] it shows, however, according to the judgment of Professor C. JUSTI, the style of the fourteenth century.

Now, it was essential that I should obtain a good reproduction of the original painting to compare it with our Chinese engraving, and to this end I applied to the German Consul at Sevilla. On Aug. 23, 1904, I received from him the information that the picture in question hangs in a corner of a completely dark chapel, where it is impossible to take a snapshot, and that no permission is granted for photographing this particular painting. After considerable search. I finally received through the kindness of Professor v. Loga, Director of the Print-Department in the Royal Museum of Berlin, a half-tone reproduction of it made in Madrid. To my great surprise, it showed many striking differences from the Chinese woodcut. The whole robe of the Madonna is different in its ornamentation and arrangement; in the painting, a kneeling and worshipping woman is at the left side of Mary, who is lacking on the woodcut; in the latter, the child Jesus holds a bird in his lap, which is not in the painting; this one has neither the Latin words along the halo, nor the central angel on the top reading in an unfolded book-roll, nor any of the ornamentation on the background and the two side-margins. The question as to what may be the additional work of the Chinese artist cannot be decided, of course, on the basis of this comparison, since the model for the Chinese engraving was, as mentioned, a cut by Wierx. This cut, however, does not seem to be in existence now; at least, notwithstanding numerous inquiries made in the print-departments of European museums, I did not succeed in finding it.[2]

Besides the four engravings and the descriptive text, Ricci has contributed also a *self-written* essay in Chinese and romanization, a facsimile of which is given in the third book of the same work of Ch'êng, and is here reproduced (Text 13—24).

The translation of this document is as follows:—

"Composition dedicated to Ch eng Yu-po.

"Extensive, forsooth, is the merit of literature in its diffusion over the whole world! If the world were without literature, how could it master its eagerness to learn and to teach, how could it endure such darkness! Voices distant a hundred paces only do not hear one another, but writing serves them as a means of mutual understanding. Two men who dwell at a distance of some ten thousand miles mutually ask and answer, talk and discuss, as if sitting opposite to each other.

"The future men of the hundred generations are not yet born, and I am not able to know what men they will be, but here we have literature, by means of which the future men of ten thousand generations will under-

[1] The mosque stood in the Arabic period on the site of the subsequent cathedral which began to be constructed in 1401.

[2] Perhaps these lines may incite some reader with better opportunities for studying European prints to trace out the existence of the engraving in question

stand our thoughts as we understand our contemporaries and the former men of a hundred generations ago. So there is properly no posterity, for those who lived formerly bequeathed to us their books, so that we still hear of their mode and speech, view their refined manners, and know the history of that period. There is indeed no difference between the present and the past.

"Among the countries, the Land of the Nine Provinces[1] is spread like a ridge-pole on the great earth. Like the body of the individual, so also epochs of a thousand years die out, exhausted, having attained the end of their strength. But we enjoy the records of the books: reclining or sitting, without leaving our lodging, we know their customs, we understand the laws of their government, their vast knowledge, the yields of their soil, and their industrial products. It does not take us the space of one day to rove over the earth, as if holding it on our palm.

"If for the study of the holy religion, for the work of the hundred families, for the dexterity in the six arts, there were no books, how could the present time arrive at a thriving condition! If in the ancient countries, literature had been esteemed only, while the arrangement of the oral traditions had been lightly dealt with and no records of them had taken place, our books would not be on a broad and firm foundation.

"Some of the words of a single man may be heard by numerous people, but the sound of many words does not reach them. As to books, however, they allow an immeasurable number of men to hear their voice simultaneously. Whether they are distant from one another or live in different regions, it does not matter. Speech glides along rapidly, and therefore it is not easy for the hearer to think it carefully over and keep it attentively in mind. Nor has the speaker an easy task, he has repeatedly to prepare and arrange, and must be able to put his speech into a definite form. The author, however, has the satisfaction of choosing his words, he writes, and by writing over again, he makes corrections all round, he brings his work out, and this is all. Therefore the publication of books is more meritorious than speech-making.

"This year, Tou (Ricci) received from old Mr. Chu Shih-lin[2] a card of introduction with some verses, and was fortunate enough to make the acquaintance of Ch'êng Yu-po and to grasp his hands, knowing that this gentleman's intentions were deep.[3] Mr. Ch'êng has advanced in years over the fifty, but is still full of energy, and has, despite his age, the one desire of travelling throughout the world. A lover of antiquity, well-read and refined, he does his business, and the ink-cakes manufactured by him are extremely artistic. In this work, he was not only active himself, but secured also the co-operation of others.

---

[1] China is so called after the nine provinces of the Emperor Yü.

[2] 祝石林 was a censor especially devoted to Ricci (see *Chêng chiao fêng pao*, vol. I, p. 4 a).

[3] The phrase 旨遠 is derived from the *Yi-king* (see COUVREUR, Dictionnaire de la langue classique chinoise, p. 419 b).

"It is I who reverently look up to the flourishing literature of Italy, but who take enjoyment also in looking at the ancient bronze vessels of China, as they are contained in the *Po ku t'u,*[1] and as they were the finest art-productions of a remote past. But also the men of the present age produce work of equal value, study and work being always the same. For if we now glance at the ink-cakes made by Mr Ch'êng, as they are contained in his present collection (the *mo-yüan*), and compare them with the artistic skill of olden times, we see that they are not inferior.

"When I announced to him the writing of Italy, I anxiously thought, at the moment when I was about to carry it out, of Yao, Shun, and the Three Dynasties [Shang, Hsia, Chou], but then I set speedily to work. Mr. Ch'êng asked me what the usual practice of literature is in my country, inquired also for the scholars of the different schools, then he desired to obtain the various forms of our writing and to study them. I said: 'Master, you have obtained famous writings of a whole generation of China, what would a foreign literature serve you? Only a small country has an undeveloped learning, but it would be of little avail to explain extensively only a small part of your questions. Italy's literature is too large a field, and this literature is not accessible here.'

"On the first day of the twelfth month of the thirty-third year of the period Wan-li (1605), the year having the cyclical signs *i—ssŭ*, composed by the European Li Ma-Tou (Matteo Ricci) and written with a quill."[2]

Ricci was the first to bring Christian pictures near to the hearts of the Chinese. As two of his engravings emanate from Antonius Wierx, and the Madonna from Hieronymus (Jérôme) Wierx, it may be supposed that he took along to China a complete series of the works of the Wierxes, as far as they relate to biblical subjects. In 1637, Giulio Aleni published an illustrated life of Christ in Chinese, the plates of which, after the engravings of the Wierxes, had been cut in China.[3] O. MÜNSTERBERG[4] mentions from the Urban Collection a life of Jesus in wood-engravings and printed on Chinese paper with Chinese writing, the drawings, however, after European models. Here it is doubtless the question of one of the Jesuit Bible editions of that period.

---

[1] The well-known illustrated work on ancient bronzes, catalogue of the collection of the Emperor Hui-Tsung, published by Wang-Fu between 1107 and 1111.

[2] That is, not with a Chinese writing-brush, but with a European goose-quill.

[3] HENRI CORDIER, L'imprimerie sino-europeenne en Chine, Paris, 1901, pp. 1, 2, No. 3.

[4] Ostasiatisches Kunstgewerbe in seinen Beziehungen zu Europa, Leipzig, 1895, p. 16. WYLIE (The Bible in China, in his Chinese Researches, p. 94) says in regard to this period: "Selections from Scripture elegantly illustrated were at one time published, but they are now of an extreme rarity, and only to be met in the cabinets of the curious. In some works on the fine arts, we find specimen pages of these Christian books given as *Chef d'œuvres* of wood-engraving."

Purely mundane European pictures also seem to have been copied by Chinese artists, or used in a modified way for their own purposes, sometimes for satirical caricatures. An example of this kind is shown in plate VII, which is the first of a series of twelve miniature paintings in a folding-album, describing the love-story of the couple seen on our plate, after the manner of the so-called "spring-pictures" (*ch'un hua*). The two people are Europeans of somewhat Rococo style, to which fashion also many details in furniture and ornament on the other paintings refer. The woman has black hair, dark-blue upper-garment with green cape, red skirt, and a petticoat embroidered with the Chinese wave-pattern. The man has red hair, wig with long-flowing curls, a light-green coat with white-and-black vest, violet trousers which below are white with rose-colored streaks, blue stockings, yellow shoes with red bows, and holds a slouch-hat with red ribbon in his left hand. The eyes and brows of both faces are strongly Chinese; the expression of insolent voluptuousness is well brought out in the man's face. The painting of the whole album is exceedingly fine, and much industry is wasted on all ornamental details of the costumes. It bears no signature, as do none of the works of a similar character, and the time of its make is hard to guess. From all appearances, it surely is not modern, and may belong to either the seventeenth or eighteenth century. I found it at Hsi-an fu. Unfortunately, very little of Christian work has survived the ravages of time. Of Christian medals, none, to my knowledge, have been preserved, and any cognizance of their existence is due only to the learned brothers Fêng Yün-p'êng and Fêng Yün-yüan. In their remarkable archæological work *Kin shih so*, issued in 1822, they published, in the volume dealing with coins, a plate containing seven Catholic medals, the designs on which have been identified by Father GAILLARD[1] with the Saviour, the Holy Virgin, John the Baptist, Francis Xavier, the Virgin of Saint Luc, presumably Saint Ignace, and Saint Theresa with Saint John of the Cross. It is also strange that no copy of the *T'ien hsio ch'u han*, a collection of works of the Jesuits of the seventeenth century,[2] has been preserved, and that it is not even known where it was printed. Information regarding it has been searched for in vain by the present Jesuits of Siccawei, as I was told there, and I myself made many efforts to trace it in various places of China, without success.

Plate VII.

It is well known that the Jesuits established a studio of painting at the court of the Emperor K'ien-lung. The most eminent painters were the Italian Joseph Castiglione and the French Jean-Denis Attiret. Formerly, Belleville and Gherardini had worked under the Emperor K'ang-hsi. As

---

[1] Croix et Swastika en Chine, Shanghai, 1893, p. 162, note. On another Christian medal see ibid., p. 163.

[2] A. WYLIE, Notes on Chinese Literature, 2d ed., p. 265. PELLIOT (Bulletin de l'École française d'Extrême Orient, 1903, vol. III, p. 109) has calculated the date of the publication at between 1628 and 1630, but it does not exist in Siccawei, as he supposes.

the history of these painters has been repeatedly narrated,[1] I may be content with this reference, and publish here for the first time two paintings originating from the K'ien-lung Jesuit school.

Most of the work done by the Jesuit painters seems to have been destroyed or lost, but I succeeded in hunting up at Peking two scrolls which I think must be specimens of their accomplishments.[2] Both watercolors are very similar in style and subject; neither is signed, or accompanied by any legend. They are here reproduced in plates VIII and IX. The picture on plate VIII apparently represents a Madonna in a light-blue dress with red mantle, very much in the style of the Venetians. She holds an imperial globe with a cross on it (*Reichsapfel*) in her left hand, and is seated on a wooden bench in front of a table on which the character *fu* 福 "good luck" is painted (in yellow with brown outlines). Portions of the picture have been cut out by a vandalic hand, and subsequently supplemented. Thus the head of the Madonna with her present Chinese expression, and the lines denoting the stairs which lead to the building, are also a later addition. In the doorway to the house in the background, a maid appears, in light-green dress, light-blue mantle, and violet petticoat. She carries with both hands a dish of fruit, among which "Buddha's hand" (*fu shou*, Citrus sacrodactylus) is plainly visible. Her face is Chinese. While the buildings with their pillars are in Italian style, the two rooms on the first and second floor, with windows wide open, are furnished and decorated after Chinese fashion (table with porcelain flower-vases). In the upper room a landscape picture hangs on the wall. The inside of the window-sashes is painted light-blue. The roof of the house is covered with a cloud of Chinese style.

Plates VIII and IX.

As regards the other painting (plate IX), I am unable at present to state its colors, as it is now in a private collection in Boston. It is doubtless the mate to the preceding, as Chinese pictures often appear in pairs. In

---

[1] The best that has ever been written on this subject is the paper by M. F. FEUILLET DE CONCHES, Les peintres européens en Chine et les peintres chinois (Extrait de la Revue contemporaine, Paris, 1856, vol. XXV, 47 p.). Paléologue (L'art chinois, pp. 289-293), who deals with the same subject, but much less fully, seems not to have been acquainted with that interesting treatise. Very commendable also is the solid study of the Jesuit artists by JOH. HEINRICH PLATH, Die Völker der Mandschurei, Göttingen, 1830, pp. 840-860. In the history of Macao, a Portuguese painter also, Joaquim Leonardo da Roza, is mentioned, sent to Peking in 1781, and maintained at the court there at the Senate's expense (C. A. MONTALTO DE JESUS, Historic Macao, Hongkong, 1902, p. 175).

[2] The Chinese dealer's mark on the back of the scrolls is *yang lou jên* 洋樓人 "man of foreign (European) structures." At the time of Lord Macartney's embassy to China (1792-94), several oil-paintings of Castiglione were still in existence in the palace Yüan-ming-yüan, suspended from the walls, and some of his albums also were stored away in trunks (see G. STAUNTON, Macartney's Embassy, London, 1797, vol. II, p. 308; JOHN BARROW, Travels in China, London, 1804, pp. 323-324).

the foreground, a pine-tree emerges from under a piece of rock. A woman. perhaps also intended for a Madonna, holds a child on her lap, while a boy stands beside her grasping her mantle. A maid in similar attitude to the one on the previous picture holds a tray with a teapot; she is followed by a dog. There can be no doubt of the Italian character of the building in the background. There is an open veranda on the top, on which two boys are playing. Curiously the square bases of the front columns are turned in the wrong direction.

The half-Chinese and half-European style of these two pictures, the Chinese technical element being in the foreground, agrees perfectly with what we read in contemporary records about the work of Castiglione and Attiret, those poor painters whose own genius was cruelly suppressed and gagged by imperial command, and who were forced to yield to the imperial whims and ideas regarding painting.[1]

Although Jesuit art never exerted a fundamental influence on Chinese art, yet the efforts of those humble and modest workers were not altogether futile. Their imposing works of architecture and gardening left a deep impression upon the minds of the people; they introduced into China painting by means of enamel colors, after the method of Limoges;[2] they perfected the cloisonné process; they taught painting on glass; they widened the horizon of the native artists by the introduction of new ornaments, patterns, and subjects, by which they greatly promoted the porcelain industry, and secured to Chinese ware a larger market in Europe. "Jesuit porcelain" is still well known to all collectors of china.[3]

To the most famous achievements of the Jesuit painters belong a series of sixteen large copper engravings, known as "The Victories of the Emperor

---

[1] Portraits of generals painted by Jesuits at the time of K'ien-lung, with Chinese and Manchu text, are mentioned by F. W. K. MÜLLER, in Zeitschrift für Ethnologie, 1903 vol. XXXV, p. 483. These recall to mind the fifteen or twenty portraits representing the Chinese imperial family, spoken of by FEUILLET DE CONCHES (*l. c.*, p. 38) as being preserved in the Library of the Palace Barberini in Rome. He remarks that they represent the most magnificent Chinese miniatures ever seen by him, and that they were sent by the Emperor himself to Pope Urban VIII (1623 to 1644), which doubtless means that the sending was a mark of homage from the European missionaries to the Pope. The figures show, according to him, such perfection in modelling, color, and composition, such energy of individuality, that few works of our Occidentals are comparable to them.

[2] M. PALÉOLOGUE, L'art chinois, p. 239. The Illustrated Catalogue of the Chinese Collection of Exhibits for the International Health Exhibition (London, 1884, p. 83) mentions enamelled hand-stoves with panels containing foreign landscapes, and among them three specimens of the enamel made under the earlier emperors of the present dynasty, "the last being specially interesting as showing the influence of the foreign school of painting introduced by the Jesuits."

[3] See GAILLARD, Croix et Swastika en Chine, pp. 209–210; GULLAND, Chinese Porcelain, pp. 237 et seq.; Führer durch die Sammlung des Kunstgewerbe-Museums, 13th ed., Berlin, 1902, p. 86; Ostasiatischer Lloyd, 1903, p. 243.

K'ien-lung," and engraved in Paris between 1770 and 1774.[1] This work is still of intense culture-historical interest, and well repays close study. The general character of the compositions, also in the landscape backgrounds, is thoroughly Chinese. There is one point in them of special interest in the history of art-motives, and that is the extensive use made of the motive of the flying gallop in the horses. The ingenious study of S. REINACH[2] on the propagation and history of this motive is well known. According to the investigations of this archæologist, the theme of the flying gallop, foreign to the art of Europe, appears there for the first time in a popular engraving of England of 1794, and becomes more frequent towards 1820, spreads in France towards 1817, and in Germany towards 1837. He attributes this to the influence of Chinese models, porcelains, and lacquers, which were imported and imitated during the eighteenth century in great numbers.[3] In the sixteen Jesuit engravings, earlier evidence is now given as to the vehicle which may have transmitted this motive from China to Europe. Several copies having remained in France, it was quite unavoidable that this striking feature, which is so many times repeated in the battle-scenes of those engravings, should have impressed and forced itself upon those artists who had an opportunity for studying them. In plates X and XI, portions of two of the engravings, after a set of the originals in the possession of the author, are shown, to illustrate the frequent occurrence of the flying gallop on them. Plate X reproduces the right portion of engraving No. 10, which is anonymous; the copperplate was made by B. L. Prevost in 1774. Plate XI represents the middle portion of engraving No. 14, drawn by Attiret at Peking in 1766.

Plates X and XI.

As an example of the efforts of Protestant art practised in China during the nineteenth century, I select six illustrations from a series of fifty-eight engravings made by an unknown Chinese artist to illustrate a Chinese translation of Bunyan's "Pilgrim's Progress." The translation was made by William C. Burns, and first published at Amoy, 1853. A reprint was issued at Hongkong in 1856, with a preface and ten illustrations. There are several later editions printed at Shanghai;[4] and one in my possession, in the Canton vernacular, was published in 1871 in two volumes.[5] The latter edition is adorned with fifty-eight woodcuts, all in Chinese style.

[1] For details see H. CORDIER, Bibliotheca sinica, 2d ed., vol. I, col. 641; FEUILLET DE CONCHES, *l. c.*, p. 19.

[2] La représentation du galop dans l'art ancien et moderne (Extrait de la Revue Archéologique, 1900 and 1901), Paris, 1901.

[3] *L. c.*, p. 113.

[4] See Memorials of Protestant Missionaries to the Chinese: giving a List of their Publications, and Obituary Notices of the Deceased, Shanghai, 1867, pp. 175, 176. The anonymous author of this interesting and very careful and accurate book is ALEXANDER WYLIE.

[5] There is another recent edition in Amoy Colloquial romanized, published in 1897 in 2 vols. This edition has the portrait of Bunyan as frontispiece, and woodcuts different from those in the Canton edition.

Fig. 6—11. Fig. 6 (No. 1 of the series) represents an Evangelist directing a Christian; fig. 7 (No. 2), a Christian in the Slough of Despond; fig. 8 (No. 10), the conflict with Apollyon; fig. 9 (No. 11), a Christian in the Valley of the Shadow of Death; fig. 10 (No. 51), the entertainment by Gaius; fig. 11 (No. 52), the marriage at Gaius' house.

In concluding these remarks on Christian art in China, I may mention that at the present time there exist a curious kind of European pictures made by Chinese artists (especially on wall-paintings in temples), known under the name "Shanghai pictures," or "the outlandish method of Shanghai." Very likely this tendency has spread from Shanghai. I saw such pictures on the outer wall of one of the halls of the Temple of the Eight Genii (*Pa hsien ngan*),[1] outside of the eastern gate of Hsi-an fu, designated by that name, and representing rows of streets with perspective narrowings towards the background, and two-storied houses. In one of the temples on the P'an shan, about two days' journey eastward from Peking, I noticed paintings representing Europeans and European buildings, with an avenue lined with trees, two men in black coats, one in white, the other in black trousers, each with a black hat, one holding a cane, the other a spread umbrella. Similar pictures have been seen and described by A. FORKE.[2] He mentions oil-paintings, made in 1888, representing European houses and gardens in a temple at T'ai-yüan fu, Shansi Province, and similar pictures, with figures of European men and women, on the shops of the opium-dealers of the same city, also recently painted, the opium-dealers being still acquainted with the name of the artist, who lived in the place. In a temple of Lu-ts'un, Shansi, he observed wall-paintings showing Europeans with blond beards, tight-fitting trousers, red vests, and red canes; and in a temple of Lin-t'ung, Shensi, pictures with foreign quays, bridges, harbors, and steamers. It should be remarked that all these representations are by no means intended as caricatures, but merely serve decorative purposes; they are all inaccurate in detail, very sketchy, and are purely mechanical, not artistic work. They are not copied after direct European models, but originate in the fancy of the native, and are wholly lacking in realism.

---

[1] I acquired from there the famous painting of T'ang-yin representing the Eight Genii, and painted especially for that temple by the artist in the last year of his life.

[2] Mitteilungen des Seminars für Orientalische Sprachen, Berlin, 1898, vol. I, 1, pp. 38, 51, 59, 67.

Plate I.

Zu: LAUFER, Christian Art in China.

Plate II.

Zu: LAUFER, Christian Art in China.

Plate III.

Zu: LAUFER, Christian Art in China.

Plate IV.

Zu: LAUFER, Christian Art in China.

Plate V.

Zu: LAUFER, Christian Art in China.

Plate VI.

Zu: LAUFER, Christian Art in China.

Plate VII.

Zu: LAUFER, Christian Art in China.

Plate VIII.

Plate IX.

Zu: **Laufer**, **Christian** Art in China.

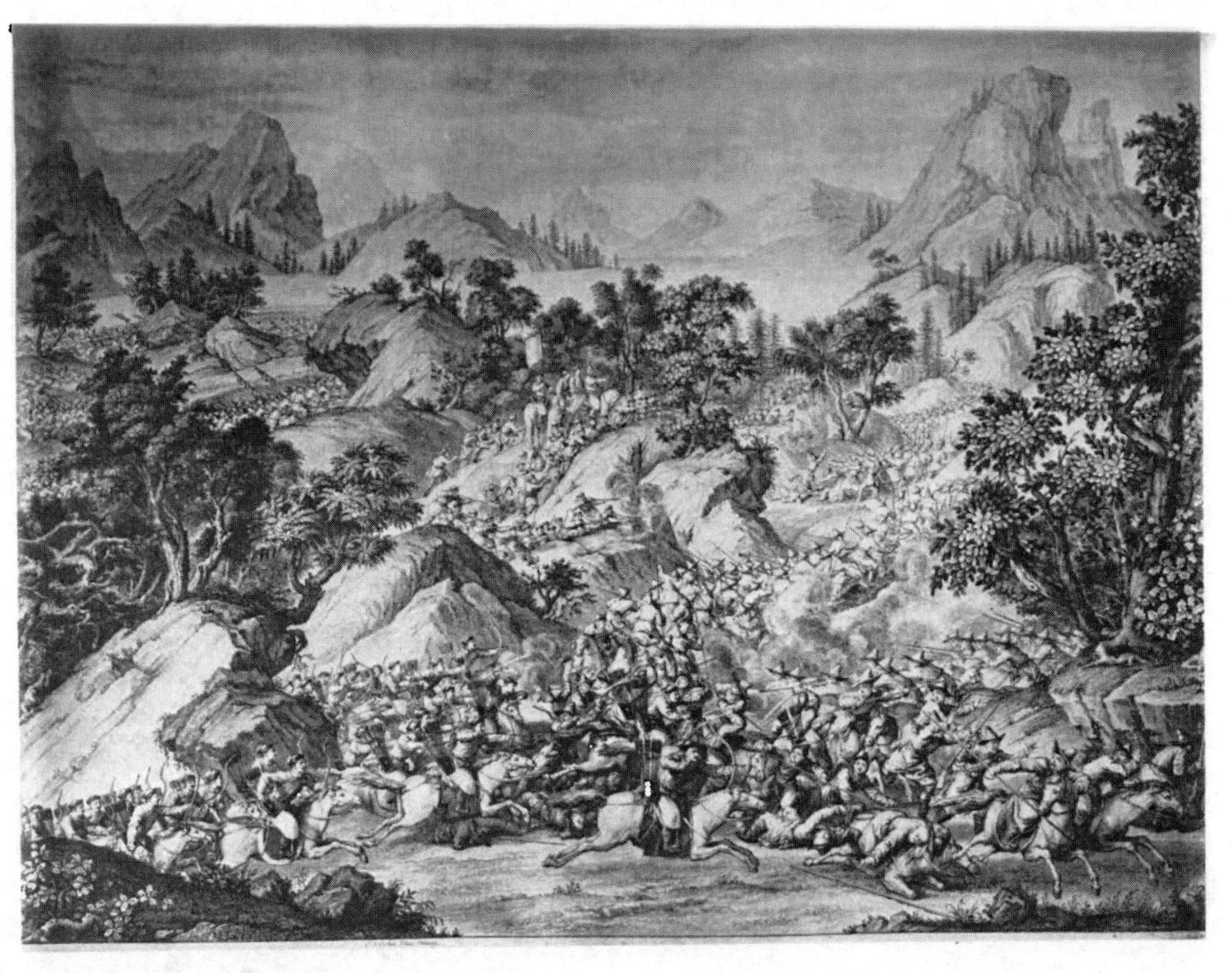

Zu: LAUFER, Christian Art in China.

Zu: LAUFER, Christian Art in China.

Fig. 1.

Zu: LAUFER, Christian Art in China. I.

Zu: LAUFER, Christian Art in China.

Zu: Laufer, Christian Art in China.

Fig. 7 (Nr. 2) Christian in the Slough of the Despond.

Zu: LAUFER, Christian Art in China. VI.

Fig. 6 (Nr. 1) Evangelist directing Christian

Fig. 9 (Nr. 11) Christian in the Valley of the Shadow of Death.

Zu: Laufer, Christian Art in China. VII.

Fig. 8 (Nr. 10) The Conflict with Apollyon.

Fig. 10 (Nr. 51) Entertainment by Gaius.

Fig. 11 (Nr. 52) The Marriage at Gaius' House.

Zu: Laufer, Christian Art in China. VIII.

2.

者	chè	心	sīn	天	tiēn	涯	iâi
何	hô	便	pién	主	chù	則	cĕ
以	ì	疑	nhî	使	sù	曰	yue
疑	nhî	而	lhî	之	chȳ	倘	tàm
乎	hû	漸	ciên	行	hîm	是	xý
篤	tŏ	沉	chîn	時	xî	天	tiēn
信	sín	天	tiēn	望	vám	主	chù
道	táo	主	chù	猛	mèm	使	sù
之	chȳ	援	iuên	風	fūm	我	ngò
人	gîn	其	kî	發	fă	步	pú
踵	chùm	手	xèu	波	pō	海	hài
弱	jŏ	曰	yuĕ	浪	lám	不	pŏ
水	xùi	少	xào	其	kî	沈	chîn
		信	sín				

1.

多	tō	會	hoéi	天	tiēn	信	sín
落	lŏ	十	xĕ	主	chù	而	lhî
一	yĕ	二	lhí	已	ì	步	pú
日	gĕ	聖	xím	降	kiám	海	hài
在	çái	徒	tû	生	sēm	疑	nhî
船	chuên	其	kî	託	tŏ	而	lhî
杌	hàm	元	iuên	人	gîn	即	ciĕ
惚	hŏ	徒	tû	形	hîm	沈	chîn
見	kién	名	mîm	以	ì		
天	tiēn	曰	yuĕ	行	hîm		
主	chù	伯	pĕ	教	kiáo		
立	liĕ	多	tō	于	yû		
海	hài	落	lŏ	世	xí		
		伯	pĕ	先	siēn		

Zu: LAUFER, Christian Art in China. IX.

4.

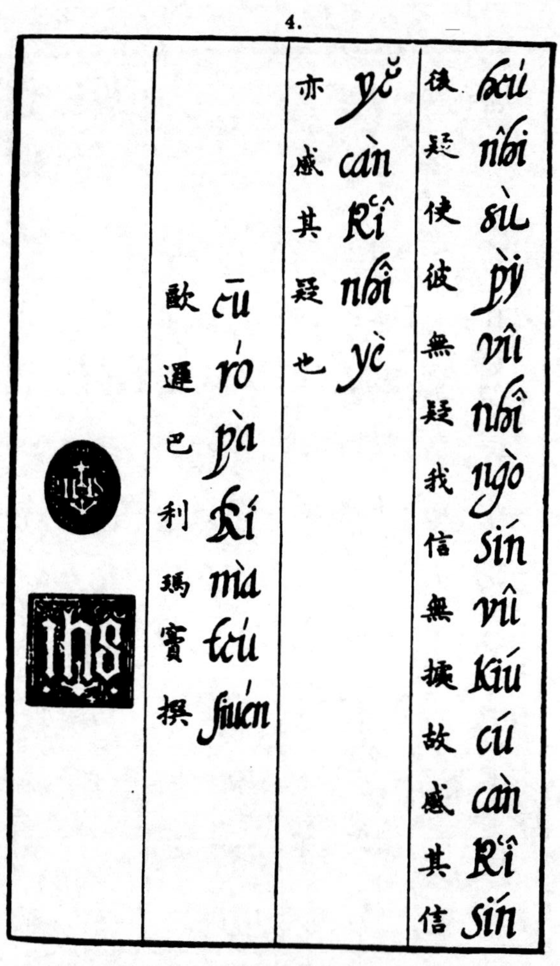

8.

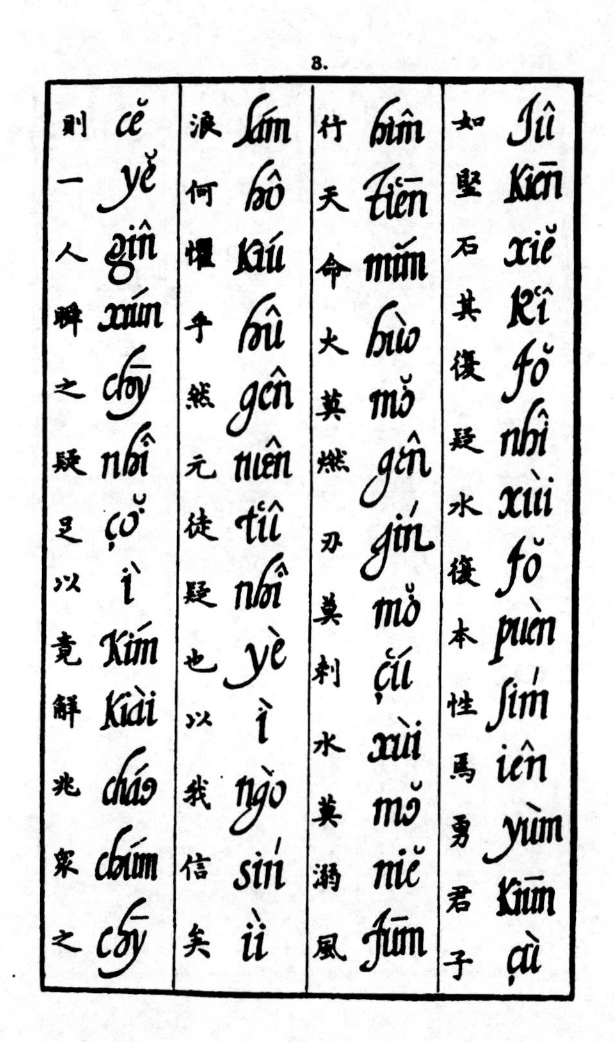

Zu: LAUFER, Christian Art in China. X.

6.

樂 lŏ 欲 yŏ 苦 cù 則 cĕ 苦 cù 而 lh 必 pyĕ 擇 cĕ 苦 cù 決 kiuĕ 不 pŏ 謬 miéu 矣 ì 世 xí

世 xí 樂 lŏ 勿 vŭ 辭 çû 世 xí 苦 cù 歟 iû 天 tiēn 主 chù 降 kiám 世 xí 欲 yŏ 樂 lŏ 則 cĕ

後 heú 復 fŏ 入 giŏ 於 yû 已 kỳ 天 tiēn 國 quĕ 也 yè 則 cĕ 示 xí 我 ngò 勿 vŭ 從 çûm

聖 xím 經 kīm 言 yên 證 chím 天 tiēn 主 chù 必 pyĕ 以 ì 苦 cù 難 nân 捄 kiéu 世 xí 而 lh

Zu: Laufer, Christian Art in China. XI.

5.

形 hŷm 而 lh 忽 hŭ 入 giŏ 其 kî 中 chūm 問 vuén 憂 yēu 之 chȳ 故 cú 因 īn 解 kiài 古 cù

而 lh 同 tûm 行 hîm 且 ciè 談 tân 其 kî 事 sú 而 lh 憂 yēu 焉 iên 天 tiēn 主 chù 變 pién

天 tiēn 主 chù 捄 kiéu 世 xí 之 chȳ 故 cú 受 xeú 難 nân 時 xî 有 yeù 二 lh 徒 tû 避 pí

二 lh 徒 tû 聞 vuên 實 xiĕ 即 ciĕ 捨 xè 空 cūm 虛 hiū

8.

寶像三座耶穌會利瑪竇謹題
Teú ſiám ſan çoó yê ſū hóci Lý Mà Teú Kìn tŷ

萬曆三十三年歲次乙巳臘月朔遇
uan lyĕ ſān xœ ſān niên ſiú çú yĕ sú lă ue sŏ yú

功常享于天國也
cōm châm hiàm yû tiēn guĕ yè

7.

矣夫其楚辛久已息而其愛苦之
ù fû Kî çò ſin Kièu ì siĕ lh Kî ngái cù chy

終身為道尋楚辛如俗人逐珍貝
chūm xin guêy táo siṅ çô ſin Jû sŏ gin chŏ chyn péi

大苦非上智也孰辯焉二徒既悟
tá cù fi xám chý yè xŏ pién iên lh tû Kŷ gû

苦之中蓄有大樂世樂之賜藏有
cù chy chūm hiŏ yeù tá lŏ xí lŏ chy çý çâm yeù

Zu: Laufer, Christian Art in China. XII.

9.

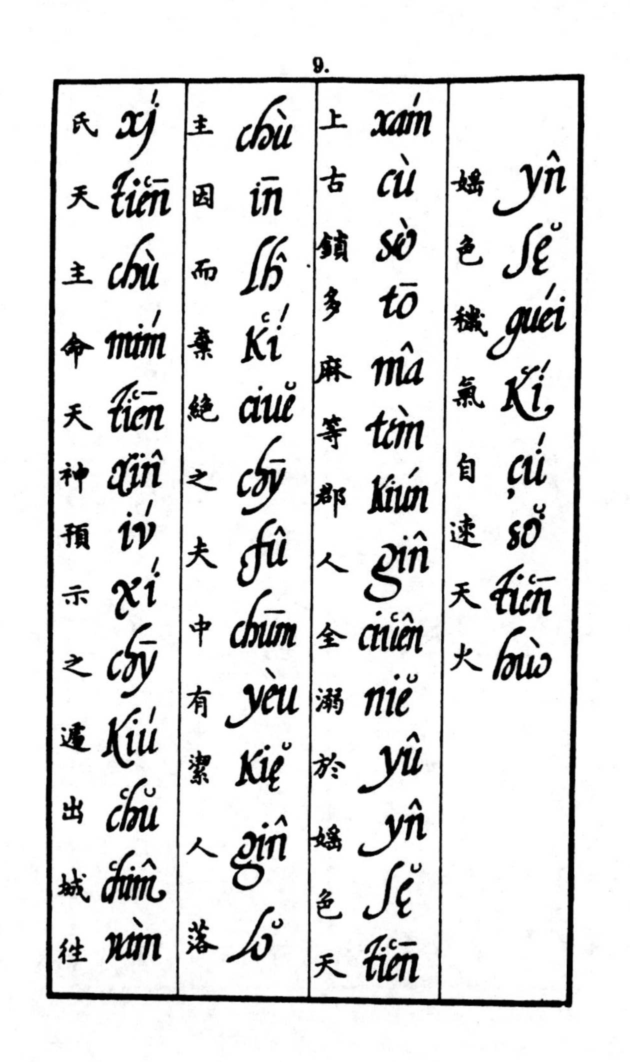

10.

為證天帝惡孅邪色纖淫如此也
陷於地地淪為湖代糞臭水至今
燎無遺乃及樹木山石俱化灰燼沈
山即天雨大熾盛火人及獸虫焚

Zu: LAUFER, Christian Art in China. XIII.

12.

11.

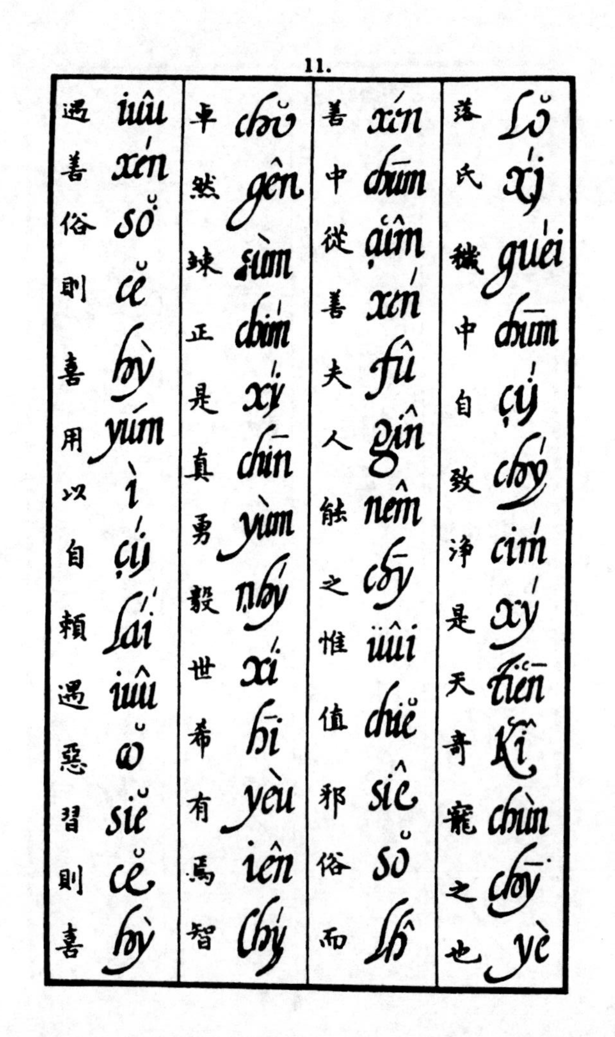

Zu: Laufer, Christian Art in China. XIV.

14.

後可達已意如同世而在百世之前

知其何人而以此文也令萬世之

如對坐焉百世之後人未生吾未能

者睽居幾萬里之外且相問荅談論

13.

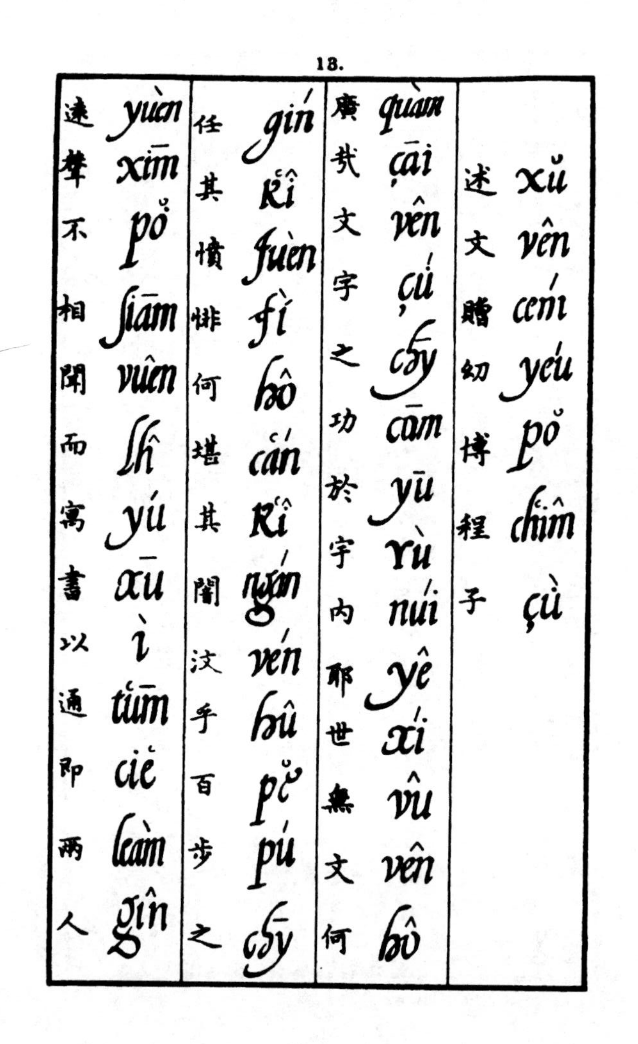

Zu: LAUFER, Christian Art in China. XV.

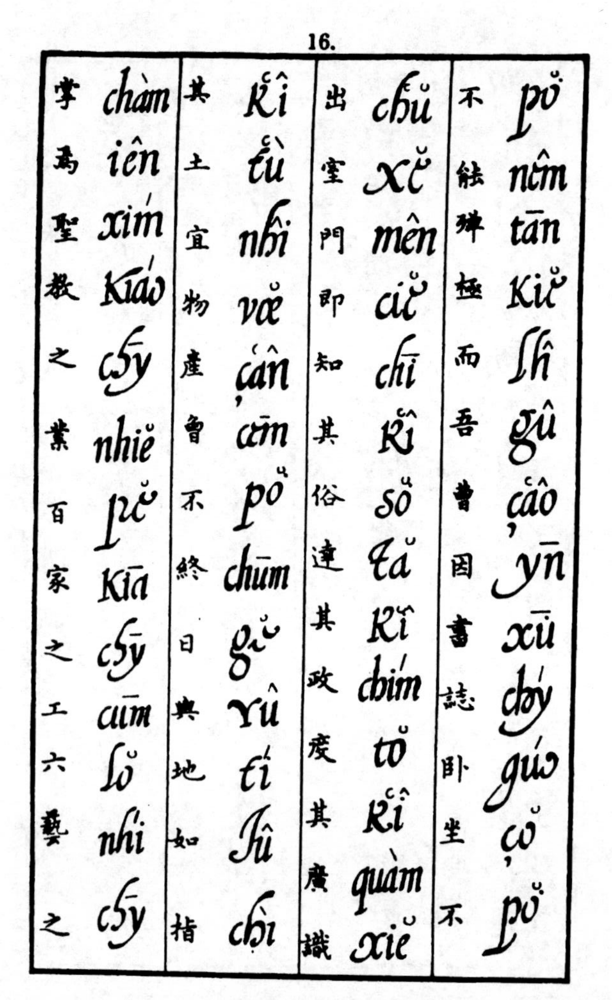

Zu: LAUFER, Christian Art in China. XVI.

17.

萬 uán 人 gîn 聽 tím 之 chȳ 多 tō 則 cĕ 聲 xīm 不 pŏ 暨 ký 已 ỳ 書 xū 者 chè 能 nêm

以 ì 書 xū 不 pŏ 廣 quàm 也 yè 不 pŏ 穩 uèn 也 yè 一 yĕ 人 gîn 言 yên 之 chȳ 或 hoĕ

尚 xám 文 vên 逾 iû 易 yí 治 chý 何 hô 者 chè 言 yên 之 chȳ 傳 chuên 莫 mŏ 紀 kì 之 chȳ

巧 kiào 無 vû 書 xū 何 hô 令 lîm 今 kīn 至 chí 盛 xím 若 jŏ 是 xí 與 iù 故 cú 國 quĕ 逾 iû

18.

俾 pì 確 kiŏ 定 tím 爲 iên 若 jŏ 書 xū 也 yè 作 çó 者 chè 預 yú 擇 cĕ 之 chȳ 筆 piĕ

而 lĥ 諦 tý 識 xiĕ 之 chȳ 不 pŏ 容 yûm 言 yên 者 chè 再 çáy 三 sān 脩 siēu 整 chìm 而 lĥ

[illegible] sām 無 vù 礙 ngái 也 yè 言 yên 者 chè 速 sŏ 流 lieû 不 pŏ 容 yûm 閑 vuên 者 chè 詳 ciâm 思 sū

令 lím 無 vû 量 leâm 數 sú 人 gîn 同 tûm 聞 vuên 之 chȳ 其 kî 遠 yuèn 也 yè 且 ciè 異 ý

Zu: LAUFER, Christian Art in China. XVII.

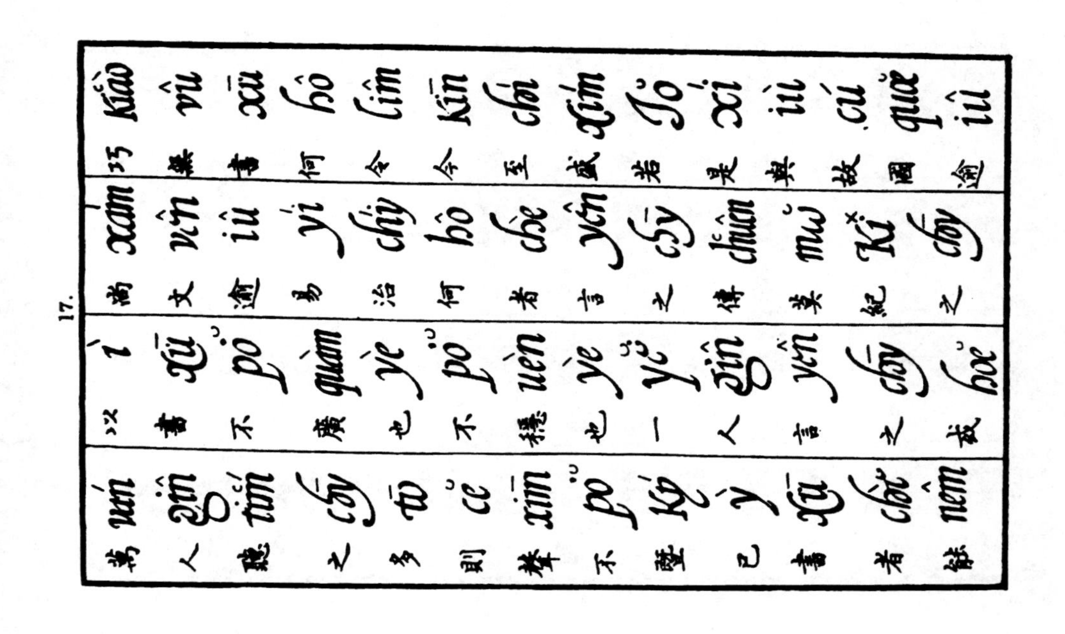

19.

知 chī 此 çù 君 kiūn 吉 chì 遠 yuèn 矣 ì 程 chîm 子 çù 壽 xíu 踰 yû 艾 gái 而 lhî 志 chí

林 lîn 祝 chŏ 翁 vūm 詩 xī 東 kièn 幸 bím 得 tĕ 與 iù 幼 yéu 博 pŏ 程 chîm 子 çù 握 ŏ 手 xèu

著 chú 書 xū 功 cūm 大 tá 乎 hû 立 liĕ 言 yîn 者 chè 也 yè 今 kīn 歲 súi 實 ttú 因 īn 石 xĕ

而 lhî 重 chûm 筆 piĕ 改 cài 易 ў 方 fām 圓 yuên 乃 nài 著 chú 之 chy 衆 chúm 也 yè 故 cú 能 nêm

20.

國 quĕ 之 chy 文 vên 至 chý 盛 xím 也 yè 向 hiám 嘗 xâm 見 kién 中 chūm 國 quĕ 奚 ŷ 禹 tim

作 çó 而 lhî 且 ciè 以 ì 廊 qŭ 助 çú 作 çó 者 chè 吾 gû 是 xý 以 ì 欽 kīn 仰 nhàm 大 tá

雅 yà 為 guêi 事 sú 即 ciĕ 其 kî 所 sò 製 chí 墨 mĕ 絶 ciuĕ 精 cīm 巧 kiào 則 cĕ 不 pŏ 但 tān 自 çú

氣 kí 不 pŏ 少 xào 衰 sūi 行 hîm 遊 iêu 四 sú 方 fām 一 yĕ 意 ý 以 ì 好 háo 古 cù 博 pŏ

Zu: LAUFER, Christian Art in China. XVIII.

essay.

22.

中 chūm	者 chè	子 çù	將 ciām
國 quĕ	珠 çû	閱 viên	上 xiám
一 yĕ	狀 ciám	徽 pí	全 Kí
世 xí	欲 yŏ	邦 pām	唐 tâm
之 chȳ	得 tĕ	素 sú	虞 yû
名 mîm	而 lh̀	習 siĕ	三 sān
文 vên	諦 tý	文 vên	代 táy
何 hô	觀 quōn	而 lh̀	且 ciè
以 ì	之 chȳ	異 ý	駿 cín
荒 hoām	于 yù	庠 siâm	駿 cín
外 vái	曰 yuĕ	之 chȳ	上 xiám
文 vên	子 çù	士 sú	之 chȳ
為 guêi	得 tĕ	且 ciè	矣 ì
		文 vên	程 chîm

Zu: Laufer, Christian Art in China. XIX.

21.

昔 siĕ	觀 quōn	時 xî	法 fă
工 cūm	程 chîm	人 gîn	物 vĕ
巧 Kiào	子 çù	無 vû	如 jû
無 vû	所 sò	異 ý	博 pŏ
異 ý	製 chí	學 hiŏ	古 cù
吾 gû	墨 mĕ	工 cūm	圖 tû
乃 nài	如 jû	不 pŏ	所 sò
諗 xìn	墨 mĕ	二 lh́	載 çày
大 tá	苑 iuèn	事 sú	往 vàm
國 quĕ	所 sò	所 sò	往 vàm
之 chȳ	載 çày	以 ì	極 Kiĕ
文 vên	似 sú	乃 nài	工 cūm
治 chý	與 yù	余 lh̀	緻 chý
行 hîm	疇 chêu	今 Kīn	其 Kî

24.

萬 uán 曆 lyĕ 三 sān 十 xă 三 sān 年 niên 歲 súi 次 çú 乙 yĕ 巳 sú 臘 lă 月 ue 朔 sŏ

歐 cū 邏 ró 巴 pà 利 lí 瑪 mà 竇 téu 撰 suén 並 pím 羽 yù 筆 piĕ

23.

耶 yê 偏 piên 小 siào 之 chy 國 quĕ 僻 piĕ 陋 léu 之 chy 學 hiŏ 如 jû 令 lîm 演 yèn

繹 yĕ 所 sò 聞 vuên 或 hoĕ 者 chè 萬 ván 分 fuēn 之 chy 一 yĕ 不 pŏ 無 vû 少 xào 裨 pý

大 tá 國 quĕ 文 vên 明 mîm 之 chy 盛 xím 耳 lh 若 jŏ 其 kî 文 vên 也 yè 不 pŏ 能 nêm

及 kiĕ 也 yè

Zu: Laufer, Christian Art in China. XX.

068

性能量提高工作效率的应用

ANTHROPOPHYTEIA

Jahrbücher

für

Folkloristische Erhebungen und Forschungen

zur

Entwicklunggeschichte der geschlechtlichen Moral

unter redaktioneller Mitwirkung und Mitarbeiterschaft von

Friedrich J. Bieber, Ethnologen in Wien, Prof. Dr. **Franz Boas**, an der Columbia-Universität in New-York, V. S. N,. Dr. med. und phil. **Georg Buschan**, Herausgeber des Zentralblattes für Anthropologie in Stettin, Geh. Medizinalrat Prof. Dr. **Albert Eulenburg** in Berlin, Prof. Dr. **Sigmund Freud**, an der K. K. Universität in Wien, Prof. Dr. **Anton Herrmann**, Herausgeber der Ethnologischen Mitteilungen aus Ungarn, in Budapest, Prof. Dr. **Juljan Jaworskij** in Kiew, Dr. **Alexander Mitrović**, Rechtsanwalt in Herceg Novi, Geh. Medizinalrat Prof. Dr. **Albert Neisser**, an der Kgl. Universität in Breslau, Dr. **Giuseppe Pitrè**, Herausgeber des Archivio per lo studio delle tradizioni popolari in Palermo, **Ferdinand Freiherrn von Reitzenstein**, am Kgl. Museum für Völkerkunde in Berlin, Dr. med. **Isak Robinsohn** in Wien, Prof. Dr. **Karl von den Steinen** in Berlin und anderen Gelehrten

gegründet im Verein mit

Prof. Dr. med. **Bernhard Hermann Obst**,
weiland Direktor des Museums für Völkerkunde in Leipzig

herausgegeben

von

Dr. Friedrich S. Krauss
in Wien VII/2, Neustiftgasse 12

VII. Band.

Leipzig 1910.
Ethnologischer Verlag.

Bezugpreis für jeden Band 30 Mk.

Phallus dar. In der Alchemie bedeutet dieses Symbol die „Zeugung des Goldes". Die sonderliche Form wird oft auf das Herz bezogen, was fraglich richtig sein dürfte.

Die Steinmetzzeichen, die noch heute an mittelalterlichen Kathedralen u. s. w. zu finden sind, unterliegen derselben Symbolik wie das Kreuz. Sie haben meist kreuzende Balken.

Daß die Maurer das Mysterium dem Altertum entlehnt haben, ist wahrscheinlich, da der Phalluskult uralt ist, und er in allen Zeiten denselben Lehren der Unsterblichkeit geweiht ward.

Erwähnt sei, daß den Maurern die Sonne als Symbol des Mannes und der Mond als das der Frau gilt.

Die Ausnutzung sexueller Energie zu Arbeitleistungen.

Eine Umfrage von Berthold Laufer.

Als ich im Sommer und Herbst vorigen Jahres das östliche Tibet bereiste, hielt ich mich Ende September in dem fast unabhängigen Staate Jyogzhi auf und verbrachte dort einige Tage im Palaste des Fürsten. Die Zeit der Ernte war gerade vorüber, das Getreide war eingebracht, und auf dem Palasthofe wurde jeden Tag mit Eifer gedroschen. Das Dreschen fand in eigentümlicher Weise statt. Etwa ein Dutzend junger Männer stand in kurzen Abständen von einander in einer Reihe, in einer Richtung, die selbst einen preußischen Unteroffizier befriedigt hätte, und ihnen gegenüber ebenso viele junge Frauen, beide Geschlechter festlich in den buntesten Farben gekleidet. Die Getreidehalme lagen auf dem Boden zwischen den beiden Parteien, und das Dreschen erfolgte taktmäßig in der Art, daß abwechselnd alle Männer zugleich und abwechselnd alle Frauen gleichzeitig mit ihren Dreschflegeln zuschlugen. Es wurde bei der Arbeit weder gesprochen noch gesungen (der Tibeter singt überhaupt nie während, sondern erst nach der Arbeit), dafür aber um so mehr herüber und hinüber mit den Augen poussirt. Sobald der Mann seinen Dreschflegel gesenkt hatte, blieb ihm Zeit, nach seiner Partnerin hinüberzuschielen, deren Blicke wiederum ihn ermunterten, wenn sie ihre Arbeit getan hatte. Es war ersichtlich, daß diese abwechselnde Tätigkeit zwischen Mann und Weib die Arbeit befeuerte und beschleunigte, und es wurde noch des weiteren in dieser Richtung dafür gesorgt, indem von Stunde zu Stunde kleine Pausen eintraten, in denen die Schnapsflasche eifrig von Hand zu Hand ging. Jeden Abend fand dann ein allgemeines großes Trinkgelage statt, das, wie alle derartigen Veranstaltungen bei den Tibetern, in einem unterschiedlosen Drüber und Drunter endigte. Es ist kaum nötig hinzuzusetzen, daß sich jeder Mann zu der Drescharbeit nicht seine eigene Frau, sondern die eines anderen engagiert. Man muß bei diesem Falle beachten, daß es sich nicht um eine freiwillige Paarung handelt, wie z. B. beim Tanz, sondern daß es eine von einem höheren Machthaber gewollte und mit guter Berechnung befohlene Paarung ist, in der Absicht, eine Arbeitleistung, deren Ausführung besondere Eile erheischt, in möglichst kurzer Frist zu erreichen und einen persönlichen materiellen Vorteil davon zu erlangen. Dies ist auch die Ansicht der von mir über diesen Brauch befragten Leute selbst.

Ein ganz analoger Fall ist die ökonomische Ausnutzung sexueller Energie bei der Heuernte in Schottland, und wenn ich nicht irre, auch in Frankreich, Süd-Deutschland, Tirol und in der Schweiz sowie im Innviertel in Oberösterreich. Bekannt ist die erste Liebeepisode aus dem Leben von Robert Burns, dessen Dichtertalent durch ein Mädchen geweckt wurde, mit dem er nach schottischer Sitte im Heufelde zusammen arbeiten mußte. Der schottische Bauer sagt: Anything to get the hay in. Die strenge Sitte löst sich während dieser Zeit der Heuernte; jeder verheiratete Mann arbeitet neben eines anderen Mannes Weib. Die Frauen hören auf, eifersüchtig zu sein, die Männer mäkeln nicht an ihren Gattinnen, denn sie stellen sich stillschweigend einen gegenseitigen Freibrief aus und kommen auf gleiche Rechnung. Selbst die Kirche begibt sich während dieser Frist ihres Vetorechts, und die Geistlichkeit vereinigt sich mit dem Volke zu Scherz und Lustbarkeit. Man sagt, daß sich die frohe Stimmung während der Heuernte hinterher auch in den Ziffern der Bevölkerungstatistik bemerkbar macht.

Die Leser der Anthropophyteia werden sicher in der Lage sein, interessante Beiträge zu der Frage der wirtschaftlichen Ausnutzung sexueller Energie aus ihrem Erfahrungkreise zu liefern und das Wesen der Sache zu beleuchten.[1]) Vielleicht ist die Frage schon anderweitig gestellt und beantwortet worden; jede Belehrung darüber wird mir willkommen sein.

---

[1]) Man vergl. dazu Karl Bücher, Arbeit und Rhythmus. 4. neubearb. Aufl. Leipzig 1909. — K.

069

中国陕西省的文化地位

Revue Internationale d'Ethnologie et de Linguistique

ANTHROPOS

Ephemeris Internationalis Ethnologica et Linguistica

Rivista Internazionale d'Etnologia e di Linguistica

Revista Internacional de Etnología y de Lingüística

International Review of Ethnology and Linguistics.

Internationale Zeitschrift für Völker- und Sprachenkunde.

Band / Tom. V 1910.

Mit 17 Tafeln
49 Textillustrationen
1 Karte.

Avec 17 planches
49 gravures de texte
1 carte.

Im Auftrage der Österreichischen Leo-Gesellschaft,
Mit Unterstützung der Deutschen Görres-Gesellschaft

Herausgegeben:

Unter Mitarbeit zahlreicher Missionäre von P. W. SCHMIDT, S. V. D.

Reprinted with the permission of the Anthropos - Institut

JOHNSON REPRINT CORPORATION
111 Fifth Avenue, New York, N.Y. 10003

JOHNSON REPRINT COMPANY LIMITED
Berkeley Square House, London, W. 1

Zur kulturhistorischen Stellung der chinesischen Provinz Shansi.

Beobachtungen auf einer Reise von *T'ai-yüan* nach *Hsi-an* im Februar 1909.

Von Prof. Dr. BERTHOLD LAUFER, Ch'eng-tu fu, Szechuan (19. April 1909).

Unsere Kenntnis der Ethnographie und des wirklichen Kulturlebens Chinas steckt noch in den ersten Anfängen. Ist es doch kaum eine Übertreibung, zu sagen, daß uns das äußere und innere Leben der Eskimo und der nordamerikanischen Indianer, vieler sibirischer und afrikanischer Stämme weit gründlicher bekannt ist als die Kultur Chinas, die freilich auch einen viel komplizierteren Organismus und eine viel sprödere und schwerer zu bewältigende Materie darstellt.

Man lasse sich über diesen Zustand der Dinge nicht durch die große Masse der über China bestehenden Literatur täuschen, die meist unter der bestechenden Marke: „China und die Chinesen" so verschwenderisch in die Welt gesetzt wird; der wissenschaftlich geschulte Ethnograph oder Kulturhistoriker kann im allgemeinen herzlich wenig damit anfangen, sich vielleicht gelegentlich die eine oder andere Beobachtung nach kritischer Prüfung zu nutze machen, das ist aber auch alles. Auch gibt kein einziges über China geschriebenes Buch eine annähernd richtige Vorstellung davon, was denn eigentlich der Geist und Inhalt dieser Kultur sei, worin ihre grundlegenden Ideen bestehen, und was sie von anderen Kulturtypen unterscheide. Die Mehrzahl der Reisenden, die nach China gekommen sind, haben selten oder nie eine ethnographische Schulung, d. h. die Schulung richtiger und verständnisvoller Beobachtung, durchgemacht und noch weniger das Kulturleben anderer unserer Kultur fremder Völker studiert. Daraus folgt, daß sie in den meisten Fällen nicht wissen, worauf es bei der Beobachtung ankommt und was wirklich zu beobachten ist, daß sie Nebensächliches, auf das wenig oder gar nichts ankommt, in breitester Schreibseligkeit ausmalen, Wichtiges halb oder flüchtig behandeln oder ganz übersehen, daß sie Licht und Schatten, Großes und Kleines nicht recht zu verteilen wissen, und daß ihnen jede Urteilsfähigkeit über die Erscheinungen fehlt, aus Mangel an dem Maßstab für das Urteil, den nur die Kenntnis des gesamten Völkerlebens oder der allgemeinen Kulturgeschichte an die Hand geben kann. Die Popularisierungswut und der journalistische Geist unserer Zeit haben nun gerade in den Vorstellungen von China das größte Unheil angerichtet und werden sicher auf Jahrzehnte hinaus die Korrektur der landläufigen Urteile hinausschieben.

China ist eine große Welt, und die meisten Schriftsteller haben nur einen kleinen Ausschnitt davon kennen gelernt; sehr viele haben nur offene Vertragshäfen, viele nur Peking besucht, manche in dem einen oder anderen Orte gelebt oder die eine oder andere Reiseroute gemacht, aber immer wird in dem Bestreben, dem Publikum etwas möglichst Vollständiges und scheinbar Abgeschlossenes zu bieten, mit einer wahren Berserkerwut darauflosgeneralisiert und alles Gesehene (oft genug falsch Gesehene) ein für allemal „China und den Chinesen“ in die Schuhe geschoben. Die Erkenntnis, daß vieles, was sich heute auf dem politischen Boden Chinas abspielt, gar nicht chinesisch ist, daß das heutige China ein buntes Gemisch der verschiedensten Völker und Kulturen und keineswegs eine nationale und kulturelle Einheit bildet, daß sich hier geographisch und historisch weit differenzierte Kulturzonen neben- und nacheinander gebildet, sich in-, neben- und übereinander geschoben und geschichtet haben, scheint bisher nur sehr wenigen gekommen zu sein.

Dieser Zustand unserer Kenntnis drückt sich auch mit einem traurigen *testimonium paupertatis* in den ostasiatischen Sammlungen unserer Museen aus, von denen sich manche noch kaum von dem Raritätenkabinett eines Jahrmarkts unterscheiden; die Definition der Gegenstände, insbesondere die Herkunftsbestimmung, ist meist so vag, daß eine wissenschaftliche Verwendung derselben ausgeschlossen ist, von den Anordnungsprinzipien der Sammlungen, der bunten Vermengung von Wertvollem und Gerümpel, dem Mangel an Kritik und Systematik ganz zu schweigen.

Das Wichtigste, was daher nach meiner Ansicht gegenwärtig in bezug auf China getan werden muß, ist das Studium der geographischen Differenzierungen sämtlicher Erscheinungen der Kultur; nur auf diese Weise können wir hoffen, jemals zu einer adäquaten Erkenntnis der Entwicklung des Kulturlebens auf dem Boden Chinas zu gelangen. Gerade die unendliche Variationsfähigkeit aller Ideen ist charakteristisch für den chinesischen Geist, erschwert aber bedeutend die richtige Erfassung des Typischen, des Allgemeinen.

Die bisherigen Methoden fehlten darin, daß sie das Besondere mit dem Allgemeinen ohne weiteres gleichsetzten; man verfuhr also völlig deduktiv, aprioristisch, spekulativ, oder einfacher gesagt, laienhaft. Da ist es nun endlich an der Zeit, daß auch in der Erforschung Chinas die Induktionsmethode allgemein zu ihrem Rechte gelangt und ohne Rücksicht auf frühere Meinungen ihren Standpunkt durchringt. Auf diese Weise wird es uns gelingen, die einzelnen Kulturzonen, aus denen sich die chinesische Kultur zusammensetzt, in ihren räumlichen und zeitlichen Grenzen zu bestimmen; wir werden Kulturkarten entwerfen können, welche die Verbreitung der Kultursachen und Kulturideen veranschaulichen, und schließlich in der Lage sein, zu definieren, wie der Typus der ältesten chinesischen Kultur beschaffen gewesen ist.

Seit einer Reihe von Jahren habe ich mich mit diesen Problemen beschäftigt, stets von dem allgemeinen Gesichtspunkt aus, die Entstehung und älteste Entwicklung menschlicher Kultur auf dem Boden Asiens zu ergründen, und den altchinesischen Kulturtypus in seinen Beziehungen zu den anderen alten Kulturtypen Asiens darzulegen. Von der Tatsache ausgehend, daß das

Wirtschaftsleben, besonders die Wirtschaftsform, der konstanteste und unveränderlichste Faktor im Völkerleben ist, untersuchte ich die wirtschaftlichen Kulturtypen fast aller Völker Asiens auf ihre ursprünglichen Formen hin in bezug auf Übereinstimmungen und Verschiedenheiten, wobei mir die chinesischen Quellen große Dienste leisteten, vor allem beim Studium der Geschichte der Haustiere und Kulturpflanzen. Die zahlreichen neuen Ergebnisse dieser mannigfachen Forschungen habe ich bereits in meinen an der Columbia-Universität in New-York über die Kulturen Ostasiens gehaltenen Vorlesungen benutzt, und sie sollten gerade der Öffentlichkeit übergeben werden, als mich ein Antrag des Field-Museums in Chicago zu einer neuen Expedition nach Asien berief. Die Verzögerung, die dadurch meine Darstellung der alten Kulturtypen Asiens erfahren hat, wird dieser aber in hohem Grade zugute kommen; denn alte Beobachtungen werden erneuert und vertieft, bisher mir aus persönlicher Erfahrung unbekannte Kulturen unter das Auge gerückt, und eine einzig dastehende Gelegenheit zum Sammeln ethnographischer und archäologischer Materialien gewährt meinen Studien eine neue feste Basis.

In den nachstehenden Zeilen möchte ich, einige Reisebeobachtungen kurz zusammenfassend, entwickeln, wie die chinesische Provinz Shansi eine Kulturzone von ausgesprochen eigenartigem Charakter bildet und sich in vielen Zügen von anderen und gerade den benachbarten Kulturzonen unterscheidet. Dabei muß ich bemerken, daß die Jahreszeit, zu der ich Shansi durchzog (Februar), sehr ungünstig war, daß Kälte, Nordwind, Schneefälle und Sandstürme die freie Beobachtung oft genug beeinträchtigten; ich hoffe indes, bei einer späteren Gelegenheit im Verlauf meiner Reise die Provinz, die mir bisher die interessanteste von allen chinesischen gewesen ist, noch einmal, auch in ihrem nördlichsten Teil zu besuchen und mein Beobachtungsmaterial zu vermehren.

Die wichtigste Volksklasse für den Ethnographen Chinas ist der Bauer, in zweiter Linie der Handwerker und Arbeiter. Bezeichnend für den niedrigen Stand unserer Kenntnis ist es, daß wir weder eine Geschichte des chinesischen Ackerbaues und Bauernstandes noch eine Geschichte des Handwerks und Gewerbes besitzen, nicht einmal eine vernünftige Beschreibung der Ackerbaugeräte. Die Sinologen von Fach, zu denen ich mich nicht zähle, beschäftigen sich nicht mit solchen Gegenständen. Ebensowenig wie das Agrarwesen hat man es für nötig befunden, das äußere und innere Leben des Bauern, sein Haus, seine Siedelungen, seine Psyche zu studieren[1], und doch ist die ganze chinesische Kultur die eines Bauernvolkes, wie man noch aus allen Erzeugnissen des Gewerbes ersehen kann, denen ein gewisser grober, plumper, schwerfälliger bäuerlicher Charakter anhaftet. Und nur in diesem Sinne der bäuerlichen Entstehung ist ein großer, vielleicht der größte Teil der das Chinesentum ausmachenden Kultur zu verstehen[2].

---

[1] [Vgl. indes die Studie von P. STENZ, S. V. D.: „Der Ackerbau in Südschantung", „Anthropos" I (1906), S. 435—453, 839—857. — Die Redaktion.]

[2] So ist vor allem, wie man des weiteren ersehen wird, das chinesische Haus ein typisches Bauernhaus.

Im folgenden fällt daher der Nachdruck auf das, was der Bauer geschaffen hat. Denn er bildet den alteingesessenen, bodenständigen Teil der Bevölkerung, er ist der Träger der ältesten grundlegenden Elemente der Kultur, und in seinem Besitze haben sich durchwegs ältere Formen und Erscheinungen bewahrt als bei den anderen Ständen. Mit Recht werden wir z. B. in seinem Hause einen älteren Typus des chinesischen Hauses überhaupt suchen dürfen, einen ursprünglicheren wenigstens als die größeren Gebäudekomplexe, die sich Kaufleute und Beamte zur Wohnung gemacht haben. Im Bauernhause von Shansi ist noch ein gut Stück alter Kultur bewahrt, und es mag daher sehr wohl als Ausgangspunkt für das Studium des chinesischen Bauernhauses überhaupt dienen, eine Arbeit, die noch für alle Teile Chinas zu leisten ist.

Die Erscheinung, welche an den Bauwerken von Shansi zuerst und am nachdrücklichsten auffällt, ist die überaus häufige Verwendung des Rundbogens und in Verbindung damit des Bogengewölbes im Bauernhause, sowohl im Löß- als im Ziegelhause.

Es ist bekannt, daß im Norden Chinas überall da, wo Lößformationen auftreten und der Landschaft ein eigenartig melancholisches Gepräge verleihen, Millionen von Menschen ihre Wohnungen höhlenartig in den Löß eingraben; obwohl die Chinesen selbst diese als *tung* (Höhlen) bezeichnen, so spreche ich doch absichtlich von einem Lößhaus und nicht von einer Lößhöhle oder Höhlenwohnung, aus zwei Gründen: einmal weil dieser Ausdruck in der Archäologie für menschliche Wohnungen in natürlichen Höhlen vergeben ist, sodann weil es sich in diesem Falle um ein wirkliches, regelrechtes Haus handelt, mit Türeingang, Fenster, abgeteilten Räumen, Öfen, Schlafbänken usw.

Es gibt zwei Hauptarten von Lößhäusern: solche, die in die Lößschichten eingegraben sind, also den Löß in seiner natürlichen Bildung als Wand, Boden und Decke benutzen, und freistehende, die den Löß ausschließlich als Baumaterial verwenden. Erstere erscheinen gewöhnlich in Gruppen neben- oder übereinander, nach Art der nordamerikanischen cliff-dwellings; letztere stehen einzeln.

Daneben kommt aber überall in Shansi, auch in den Lößregionen, das aus Ziegeln errichtete Bauernhaus[1] vor, besonders in den größeren Siedelungen. Letzteres halte ich für das ursprüngliche, das Lößhaus für das sekundäre und zeitlich spätere, das erst mit der großen Zunahme der Bevölkerung, als der Raum in den Dörfern zu enge ward, um die Menschenmassen zu beherbergen, in Aufnahme kam.

Das zeigen vor allem der Baustil und die innere Einrichtung der Lößhäuser, die genau nach den Ziegelbauten kopiert sind. Auch darf man sich von dem Alter jener keine übertriebene Vorstellung machen; die gegenwärtig bestehenden sind durchwegs jüngeren Datums. Nur zu leicht und zu schnell geraten sie in Verfall, teils durch Witterungseinflüsse, teils durch Schiebungen, Änderungen, Spaltungen usw. im Löß selbst. Solche verfallene und verlassene Lößhäuser, ja, ganze Gruppen, kann man zu hunderten sehen, aber selbst bei

[1] Das typische Shansi-Haus ist im allgemeinen ein reiner Ziegelbau, während das Haus von Peking und Chili überhaupt im allgemeinen zur Klasse des Fachwerkbaues gehört.

diesen ist durchaus keine Notwendigkeit zur Annahme eines hohen Alters vorhanden. Schon nach wenigen Jahren kann ein Lößhaus unbrauchbar werden, wie es ebensogut, wenn das Glück es will, recht lange Bestand haben kann. Gewiß mag es vor Jahrhunderten, vielleicht vor Jahrtausenden Lößwohnungen von einem primitiveren Charakter gegeben haben als die heutigen, aber nichts berechtigt zu der Annahme, die gegenwärtigen ohne weiteres mit den hypothetischen älteren zu identifizieren. Ich bin weit eher geneigt, in dem gegenwärtigen Lößhaus eine verarmte Form des bäuerlichen Ziegelhauses, des Bauernhauses *κατ' ἐξοχήν*, zu erblicken, in dem der ärmere Teil der Bevölkerung aus ökonomischen Rücksichten eine Zufluchtsstatt gefunden hat.

Die Ziegel sind in Shansi durchwegs besser und solider gearbeitet als in Chili, zumeist auch größer, auch nicht von der eintönigen, beständig graublauen Farbe wie dort, sondern von einem freundlichen Hellgrau. Auch ist die Aufführung der Mauern weit genauer; sie sind massiver gebaut und meist in einem guten Zustand der Erhaltung.

Die Rundbogen, die in den Dörfern eine so hervorragende Rolle spielen und zunächst im Eingang des Bauernhauses, der Scheunen und Warenlager entgegentreten, sind alle nach einem Konstruktionsschema hergestellt: sie bestehen aus vier Ziegellagen, die unterste Schicht der Ziegel in vertikaler, die darüber befindliche in horizontaler Lage, dann wieder eine vertikale und der oberste längste Bogen in horizontaler Lage der Ziegel; es sind also zwei gleichmäßige Doppellagen von Ziegeln. Das Gemäuer der Rundbogentore ist von großer Festigkeit und im Durchschnitt 0·80 bis 1 *m* dick. Gelegentlich erscheinen auch Rundbogenfenster.

Daß dem Rundbogen ein hohes Altertum zukommt, beweist die Häufigkeit seiner Anwendung und seine Ausdehnung über ein großes geographisches Gebiet. Zwei besondere Züge lassen an seiner Altertümlichkeit keinen Zweifel. Erstens die Tatsache, daß er sich bei Grabanlagen findet. Es sind aus Erde aufgeworfene Grabhügel in Hufeisenform, deren Seite mit einer einen Rundbogen bildenden Ziegelmauer geschlossen ist[1]. Dieser ist von derselben Konstruktion wie im Hausbau. Zweitens herrscht in dieser Landschaft eine allgemeine Bogenfreudigkeit, die sich darin offenbart, daß Bogen in verschwenderischem Überfluß angebracht werden, selbst da, wo sie gar keinen Sinn und Zweck haben. So findet man Bauernhäuser mit einem Torbogen und neben diesem Toreingang in die glatte Mauer einen blinden Bogen von derselben Höhe hineingebaut, gleichsam als ornamentale Parallele zu dem Bogentor. Ebenso sieht man viereckige Fensteröffnungen und über denselben einen in

[1] Ähnliche Grabhügel sind im südlichen Shansi und östlichen Szechuan weit verbreitet, doch mit dem Unterschied, daß sie mit einem Wall roh zubehauener und nicht durch Mörtel verbundener Steine gedeckt sind. Shansi ist reich an eigenartigen Grabhügelformen. Am häufigsten sind Erdhügel von Kegelform oder mit einer leichten Rundung oben. Dann gibt es Hügel, deren Spitze mit einem Türmchen oder hausartigen Aufbau aus Ziegeln geschmückt ist; ferner ganz aus Ziegeln erbaute Grabmonumente von verschiedenen Formen, äußerlich an einen Sarg erinnernd, meist ist es ein langes Rechteck mit dachartigem Aufsatz, der dadurch zustande kommt, daß auf dem Fundament weitere Ziegellagen aufgeschichtet werden, indem längs der Ränder eine Ziegelschicht fortbleibt, bis schließlich eine einzige Ziegelreihe oben in der Mitte erscheint.

der Mauer durch die Vierziegelschicht angedeuteten Bogen, der also in diesem Falle eine rein dekorative Bestimmung hat. Nicht selten trifft man in einem solchen etwas in die Fassade zurückgebauten toten Bogen Fenster und runden Türeingang gleichzeitig angebracht. Hand in Hand mit den Bogentoren und dem Bogenschmuck am Bauernhause begegnen Bogengewölbe aus Ziegeln im Innern desselben, zuweilen mit Holzbalken abgestützt und sogar mit wagerechter Holzdecke bekleidet.

Sämtliche der hier für das Ziegelhaus erwähnten Erscheinungen finden wir im Bauernlößhause wieder, vor allem auch die mit Ziegeln ausgelegten Gewölbe, die auch mit Holzdecken ausgestattet werden. Natürlich kommen auch einfache Gewölbe ohne diese Zutaten vor. Die Unterschiede sind unwesentlich: die Räume des Lößhauses sind im Durchschnitt größer, da von Natur mehr Platz vorhanden ist, und lassen sich durch weitere Bohrungen leicht verdoppeln und vervierfachen, indem die einzelnen Zimmer durch schmale Gewölbekorridore mit einander verbunden werden; so gleichen manche Lößhäuser einem wahren Irrgarten.

Man komme hier nicht mit der rationalistischen Studierstubentheorie, daß der runde Gewölbeausschnitt der Natur des Löß adäquat und durch diesen bedingt sei; denn das gerade Gegenteil davon trifft zu: die natürliche Spaltung des Löß geht allenthalben in vertikaler Richtung vor sich. Es liegt also nicht der geringste Grund vor, den Gewölbebau im Löß aus natürlichen Ursachen zu erklären, zumal da auch genug viereckige Stuben im Lößhause vorkommen. Die einzige Erklärungsmöglichkeit ist vielmehr die, wie bereits erwähnt, auf historische Ursachen hinzuweisen und zu sagen, daß das Bogenziegelhaus auf das Bogenlößhaus übertragen worden ist, daß die Form des letzteren sich nach ersterem gebildet hat.

Wie ist nun Entstehung des Bogens und Gewölbes, so charakteristisch im Bauernhause von Shansi ausgebildet, zu deuten?

Um die historische Stellung des Bogens und Bogengewölbes in diesem Gebiete zu verstehen, müssen wir einen Blick auf die Tempelarchitektur werfen. Den Lößwohnungen entsprechen Lößtempel und Grottentempel im Felsgestein; auch diese sind Gewölbebauten mit bogenförmigen Eingängen, so z. B. die alten Lößtempel bei *Ta-t'ung fu* im nördlichen Shansi, die aus der Zeit der Wei-Dynastie (5. Jahrhundert) stammen; ebenso die Grottentempel von *Lung-mên* südlich von der Stadt *Ho-nan*. Was uns aber hier vor allem interessiert, ist die Tatsache, daß es in Shansi auch freistehende, aus Ziegeln erbaute Gewölbetempel gibt.

Ein gutes Beispiel eines solchen sah ich etwa 5 *km* südöstlich von der Stadt *T'ai-yüan* in *Fang-lin sze*, „Tempel des duftenden Haines". Derselbe besteht aus drei hintereinander liegenden Gebäuden, von denen das letzte einen jetzt in China wohl einzig dastehenden Architekturstil zeigt. Durch einen Toreingang, der mit einem Türmchen bekrönt ist, gelangt man in einen quadratischen Hof, in dessen Mitte sich eine von vier Fichten umgebene, hellblau glasierte dreistöckige Pagode erhebt, mit Reliefs von Tieren in gelb. Um den Hof laufen drei untereinander verbundene Gewölbebauten, deren Wände etwa 1 ½ *m* dick sein mögen. Eingänge und Fenster sind kolossale Rundbogen;

in die Fensterrundbogen sind die Fensteröffnungen in Kreisform hineingebaut. Steintreppen führen auf das Dach dieser Bauten hinauf, wo man auf einer mit Balustrade versehenen Gallerie ganz herumspazieren kann. Das Gebäude ist ziemlich gut erhalten und stammt in seinem gegenwärtigen Zustand aus der Zeit der Ming-Dynastie (Periode *Chêng-têh,* 1506 bis 1520), wiewohl sein Grundplan wahrscheinlich weit älteren Datums ist, vermutlich aus der T'ang-Zeit stammt. Eine gründliche Untersuchung und Aufnahme dieses Bauwerkes von seiten eines geschulten Architekten wäre dringend wünschenswert.

Liegt doch überhaupt unsere Kenntnis der chinesischen Baukunst völlig im argen. Von fachmännischen Untersuchungen besitzen wir nur die Monographie eines einzigen Tempels, *Ta-chüeh sze* bei Peking, von Baurat HILDEBRAND; doch ist gerade dieser Tempel als Muster buddhistischer Baukunst wenig glücklich gewählt. Was sonst an einigen Abhandlungen existiert oder in allgemeinen Büchern mit dem berühmten viel- und nichtssagenden Titel „China und die Chinesen" über dieses Thema zu finden ist, läßt an Oberflächlichkeit und Sachunkenntnis nichts zu wünschen übrig und verdient kaum Beachtung[1]. Neuerdings hat die Universität von Tokyo ein Prachtwerk in 180 Tafeln unter dem Titel „The Decoration of the Palace Buildings of Peking" publiziert, das eine dankenswerte Materialsammlung bietet. Es wäre zu wünschen, daß wir nach dem Vorgange F. BALZER's in seinen beiden Büchern über das japanische Haus und die japanischen Tempelbauten etwas Ähnliches über China erhielten; freilich ist hier das Arbeitsfeld gewaltig größer und das Material weit zerstreuter und es müßte wohl eine Arbeitsteilung nach geographischen Provinzen eintreten.

Ein anderer Gewölbebau befindet sich in der Stadt *P'ing-yang fu* im Tempel *Ta-yün sze* (Tempel der großen Wolke), im Jahre 632 zur Zeit der T'ang-Dynastie (zufolge Inschrift) gegründet. In diesem aus Ziegeln errichteten Gewölbe befindet sich ein kolossaler aus Eisen gegossener Buddhakopf, der den ganzen Raum füllt. Die meisten der alten Tempel sind natürlich längst zerstört oder verfallen, und nur durch einen glücklichen Zufall sind diese wenigen Beispiele jener alten Bauart erhalten geblieben. Bevor ich aus diesen Tatsachen der Tempelarchitektur einen Schluß ziehe, möchte ich auf einen anderen Fall hinweisen, der eine analoge Erscheinung darbietet.

Der erwähnte Tempel gehört zu den Glanzleistungen der Baukunst von Shansi und zeichnet sich durch eine herrliche Pagode aus, deren Grundplan in die T'ang-Zeit zurückgeht; nach der Behauptung des mich führenden Mönches sollen der Unterbau und das erste Stockwerk noch daher stammen, und nur die oberen Partien restauriert sein[2]. Die glasierten Ziegel gehören der K'ang-hsi-Zeit an. Die Pagode ist sechsstöckig, was die oft angeführte Behauptung, daß die Zahl der Pagodenstockwerke immer ungerade sei, widerlegt; auch an anderen Plätzen in Shansi habe ich sechsstöckige, auch vierstöckige Pagoden gesehen. Mit Ausnahme des obersten, dessen

[1] BUSHELL'S Skizze der Architektur in seinem Buche „Chinese-Art" ist ganz nach PALÉOLOGUE gearbeitet und durchaus unzulänglich.

[2] Eine Spezialchronik des Tempels ist, wie ich auf Befragen erfuhr, nicht vorhanden; seine Geschichte soll, wie nicht anders zu erwarten, in der Ortschronik, der von *Sin-fêng,* enthalten sein. Es fehlte mir bisher an der Zeit und der Möglichkeit, dieselbe nachzuschlagen.

Durchschnitt sechseckig ist, sind sie von quadratischer Form. Die ganze Erscheinung des Bauwerkes ist imposant, schon aus der Ferne von großer Wirkung, und das dekorative Element mit peinlicher Sorgfalt ausgearbeitet. Nur das erste Stockwerk läßt sich ersteigen, die übrigen sind solide. Eine Gallerie läuft um jenes herum, die von einem Zaun aus glasiertem Ton eingeschlossen ist. Jede der vier Seiten des Zaunes ist in zehn quadratische Felder eingeteilt, von grünem Untergrund, von dem sich ornamentale Formen des Schriftzeichens *shou* (langes Leben) als Reliefs in gelb abheben. Die Felder sind von grünen, mit Löwen gekrönten Säulen abgetrennt; an den vier Ecken Drachen mit darüber stehender menschlicher Figur. Unter diesem Geländer her läuft ein Fries mit prachtvollen Ornamenten von Lotusblüten, gleichfalls von Fayence. Jede Seite der übrigen Stockwerke ist mit drei großen buddhistischen Relieffiguren aus demselben Material geziert.

In dieser ganzen Gegend nun, wie eine weite Strecke nach Süden hin, bis nach Shansi hinein, spielt das Lotusornament eine hervorragende Rolle und ist der weitaus am häufigsten verwendete Schmuck sowohl an Tempeln wie auch am Bauernhause. Es begegnet in einfachem grauen wie in bunt glasiertem Ton als Fries unter dem Dache oder über den Toreingängen und in Holz geschnitzt unter dem vorspringenden Säulendach (Laube) der Läden; es begegnet in manigfachen Kombinationen, in Verbindung mit stilisierten Blättern oder mit einfachen und zusammengesetzten Spiralen. Da nun dieses Ornament zweifellos indischen Ursprungs ist, da es im Gefolge der buddhistischen Baukunst nach China gedrungen und dort zunächst an Pagoden und Tempeln erscheint (nachweislich schon in der T'ang-Zeit, vermutlich aber schon früher), so scheint mir die Schlußfolgerung berechtigt zu sein, daß die Kunst des Bauernhauses dieses Ornament aus der buddhistischen Tempelkunst entlehnt hat. Ein großer berühmter, allgemein beliebter Tempelbau wird zum Lehrmeister volkstümlicher Kunst und zieht seine Kreise über eine ausgedehnte Landschaft hin. Hier sehen wir Kunstformen aus einer höheren in eine niedere Sphäre herabsteigen und den Kunstsinn der Menge beeinflussen, bis sie, ursprünglich ein fremdbürtiges Gut, echte Volkstümlichkeit und nationale Geltung erlangen.

Dieselbe Schlußfolgerung, scheint es mir, dürfen wir auch auf die Entstehung und Ausbildung des Rundbogens und Gewölbes in der bäuerlichen Kunst anwenden. Auch diese treffen wir, wie gesagt, in der alten buddhistischen Tempelarchitektur und sie dürften, wie diese überhaupt, ihren Ursprung aus Indien herleiten. Auch hier habe ich den Eindruck, daß diesen sonst in China nicht üblichen Baustil die Volkskunst, arm im Ausdruck, wie sie war, und daher für neue Anregungen empfänglich und dankbar, der ihr sympathischen Kunst des Buddhismus abgelauscht hat. Auch diese volkstümlichen Bauweisen dürften mindestens bis in das Zeitalter der T'ang-Dynastie hinaufreichen. Es müßte natürlich noch aus literarischen Quellen festgestellt werden, wie sich die Geschichte dieser Erscheinungen im einzelnen verhält; ich habe hier nur meine Beobachtungen und die sich daraus ergebenden Schlüsse niederlegen wollen.

Bei der Erörterung dieses Gegenstandes ist bisher eine Anwendung des Bogens unberührt geblieben, nämlich die im Brückenbau. Während aber der Bogen im Bauernhaus spezifisch charakteristisch für Shansi ist, stellt der Brückenbogen eine gemeinchinesische Bauform vor, nord- wie südchinesisch. Er ist jedenfalls auch weit älter als der Bogen im Hausbau und erscheint bereits in der Han-Dynastie, wie uns Darstellungen von Brücken auf Flachreliefs dieser Zeit lehren. Seine Geschichte ist daher ganz unabhängig von dem Hausbogen und bleibt, wie alle architektonischen Erscheinungen in China, noch zu untersuchen. Er ist auch technisch von diesem verschieden, indem sein Material stets Stein und der Bogen nur von einer einzigen Steinreihe gebildet wird.

Während der Rundbogen beim Brückenbau in Shansi die Regel bildet, kommen seltsamerweise zuweilen auch Spitzbogen vor, die ich sonst in China nicht beobachtet habe. Als ich dieselben zuerst an einer aus zehn Bogen bestehenden, über den *Fên*-Fluß führenden Brücke (genannt „Witwenbrücke", *K'ua-fu ch'iao*) nördlich von der Stadt *Ling-shih* bemerkte, glaubte ich es mit einer vereinzelten und vielleicht zufälligen Erscheinung zu tun zu haben. Später mehrten sich die Fälle indessen: so sah ich zwei Brücken von drei Spitzbogen aus rotem Sandstein südlich von *Ho-chou,* ferner eine südlich von *P'ing-yang fu.* Nicht wenig überrascht war ich, weiter südlich in einem Dorfe kurz vor *Mêng-ch'êng* ein Tor in der Dorfmauer mit ausgesprochenem Spitzbogen zu passieren, und etwas weiter außerhalb desselben tauchten drei Spitzbogen an Toren von Bauernhäusern auf, darunter sogar an einem Scheunentor. Dies ist wieder ein interessanter Fall dafür, wie die Nachahmung lokal um sich greift und die bäuerliche Kunst beeinflußt.

Wie die Anwesenheit des Spitzbogens in Shansi zu erklären ist, weiß ich vorläufig nicht.

Wir wenden uns nunmehr dem wichtigsten Teile des Hauses zu, dem Dache.

Die Seele des chinesischen Hauses ist nicht, wie im Bauernhause Europas, der Herd, sondern das Dach, genau wie beim chinesischen Menschen die Seele das Gesicht ist. Solange das Gesicht rein ist, ist es auch der Mensch, und man „rettet" oder „verliert" sein „Gesicht", wenn Ruf und Ehre auf dem Spiele stehen. Ebenso bewahrt das Haus sein Gesicht, solange das Dach in erträglich guter Ordnung ist; verfällt das Dach, ist es auch mit dem Hause zu Ende. Alle Sorgfalt wird daher auf den Bau des Daches verwendet; recht sichtbarlich und auffällig für den Beschauer wird es ausgeschmückt und mit einem Aufwand von Kunst ausgestattet, den man im Innern des Hauses vergebens suchen würde. Man kann daher den Ursprung der unter Europäern geläufigen scherzhaften Redensart, daß der Chinese beim Hausbau zuerst das Dach baue, wohl begreifen. Während sich bei unseren Häusern aus Anlage und Beschaffenheit des Daches für das Haus selbst kaum welche wesentliche Schlußfolgerungen ableiten ließen, es sei denn auf die Größe des Gebäudes, ist das chinesische Dach der Gradmesser für den Charakter des Hauses, die Vornehmheit, den Wohlstand seines Besitzers. Das Dach, als der wesentlichste Bestandteil des Hauses, ist bestimmend für seinen Typus; die Begriffe Dach- und Haustypen fallen in China zusammen.

Die gewöhnlichste Form des nordchinesischen wie des Shansi-Daches ist die des symmetrischen Satteldaches, das die Giebelwände nur ein wenig überragt, ohne sich aber nach auf- oder abwärts zu biegen. Weit seltener treten Pultdächer auf, d. h. Dächer mit einer einzigen Steigung, und auch nur in einzelstehenden Lößhäusern[1]. Häufig dagegen und charakteristisch für Shansi ist das konkav ausgebogene Dach, dessen Form dann auch das Haus selbst angepaßt ist; in diesem Falle ist das Dach asymmetrisch, indem der nach der Frontseite zu liegende Teil länger, der nach der Rückseite kürzer ist; letzterer liegt höher, ersterer tiefer und ist mehr ausgeschweift; die Vorderwand des Hauses ist demnach weit niedriger als die Rückwand. Diese Form des Konkavdaches findet sich sowohl an Tempeln als an Bauernhäusern.

Beachtenswert ist, daß die Dächer an der Giebelseite mit der Hauswand beinahe abschneiden und nur bei den Tempelgebäuden dieselbe um ein gewisses Stück überragen. An den Tempeln beobachtet man zuweilen auch eine hügelförmige, oben rund abgeschnittene Giebelwand.

Eine Dachform, die in Mittel- und Südchina wie in Peking, besonders an Tempeln und Palästen, häufig begegnet, die der nach oben zurückgebogenen Dachkehlen *(fei-yen)*, scheint in Shansi gänzlich zu fehlen (auch in Shensi): ich habe sie niemals, weder an Tempeln noch an Privatwohnungen beobachtet[2]. Dagegen kommen bisweilen treppenförmige Aufbauten an den Giebelwänden vor, freilich nicht freistehend wie in unserem romanischen Baustil, vielmehr hebt sich die Treppe, um eine Ziegellage von der Wand abstehend, reliefartig von derselben ab, während sich die eigentliche Wand bis unter das etwas überragende Dach fortsetzt und der Schlußstein der Treppe ein Stück unter der Dachspitze zurückbleibt.

Schließlich kommen auch Häuser vor, die nach chinesischen Begriffen eigentlich kein Dach besitzen, d. h. es ist ein flaches aus Löß gestampftes Dach, das sich nur bei den einzelstehenden, ganz aus Löß errichteten Häusern findet, deren Fassaden zuweilen mit Ziegeln ausgelegt sind. Der Anblick dieser Flachdächer ist in dem an Hochdächern reichen Shansi befremdlich genug. Zuweilen sieht man auch eine eigentümliche Kombination: ein langgestrecktes Flachdach mit vorne schräg herabfallendem kurzem Ziegeldach.

Bekannt ist die uralte chinesische Methode der Dachbeziegelung, in der zwei Arten von Ziegeln, konvexe und konkave, in parallelen Reihen neben- und übereinander gelegt werden[3]. Charakteristisch für unsere Shansi-Kulturzone ist nun die Tatsache, daß in der Regel nur einer dieser Ziegeltypen, nämlich der konkave, bei der Dachdeckung verwandt wird; das ganze Dach besteht also ausschließlich aus nebeneinander laufenden Reihen konkaver Tonziegel, in deren Rinnen das Regenwasser abläuft. Neben dieser einfachen

---

[1] Zuweilen auch Kombination von Pult- und Satteldach in demselben Hause.

[2] Sie sind jedenfalls im nördlichen China überhaupt selten, und wenn vorhanden, durch Übertragung aus dem Süden. Auf meiner ganzen Reiseroute von *T'ai-yüan fu* bis *Ch'êng-tu fu* (3600 *li* = etwa 1800 *km*) traf ich sie zum ersten Male in der Stadt *Tsze-tung hsien* im nordöstlichen Szechuan an einem öffentlichen Gebäude, dann häufiger in *Mien chou* an Tempeln und Klubgebäuden; doch eben dieses ganze Gebiet ist ein vorgeschobener Ausläufer der südlichen Kulturzone, wie sich im Reisbau, im Wasserbüffel, in der Seidenkultur, im Hausbau und anderen Dingen zeigt.

[3] Siehe B. LAUFER, Chinese Pottery of the Han Dynasty, Leiden, 1909.

kommt auch die doppelte Beziegelung gelegentlich vor, doch seltener. In den meisten Fällen, wo die Ziegel ausschließlich mit der hohlen Seite nach oben liegen, finden sich an den beiden Endseiten des Daches je drei Reihen der regulären Beziegelung *(tegula + imbrex)*. Diese Erscheinungen, besonders das historische Verhältnis der einfachen zur komplizierten Dachbeziegelung, verdienen eine eingehende quellenmäßige Untersuchung. Die Bedeutung des Gegenstandes für die allgemeine Kulturgeschichte ist seit der Studie von E. S. MORSE: „Über die Verbreitung der Dachziegel in den Kulturen der alten Welt“, genügend klargelegt. Die einfache Beziegelung tritt übrigens auch in vielen Orten der Provinz Shensi auf.

Was aber die Dächer von Shansi besonders interessant macht, ist der reiche Schmuck buntfarbiger Fayence, mit dem sie verziert sind. Die Dachfirsten sind mit Darstellungen von Blumen- und Blattornamenten in Relief versehen und auf dem First sind Miniaturpagoden, Figuren von Löwen und Elefanten mit Gefäßen auf dem Rücken, von Pferden und Reitern, alles aus glasiertem Ton, angebracht. Die Glasuren sind von wunderbarer Schönheit, Tiefe, Leuchtkraft und Harmonie der Farben und stellen alle Arbeiten in den Schatten, die aus der kaiserlichen Fayencemanufaktur in *Liu-li-chü* (seit der Yüan-Dynastie in Betrieb) bei Peking hervorgehen. In der Tat kann sich Shansi auf diesem Gebiete der besten Leistungen rühmen, die China hervor gebracht hat. Hier sind auch noch viele treffliche Stücke aus der Ming-Zeit vorhanden.

Ich nehme vorläufig an, daß die keramische Tätigkeit von Shansi in ihrer höheren künstlerischen Entfaltung mindestens bis in die Zeit der T'ang-Dynastie hinaufreicht; denn im *King-têh-chên t'ao lu* („Bericht über die Töpferei von *King-têh-chên*“) findet sich die Nachricht, daß in *Yü-ts'e hsien* südöstlich von *T'ai-yüan* (jetzt Eisenbahnstation) und in *P'ing-yang fu* seit den Tagen der T'ang-Dynastie Keramik verfertigt worden ist. Ich habe selbst das Dorf *Ma-chuang,* etwa 8 *km* südöstlich von *T'ai-yüan,* besucht, wo noch jetzt Fayence gearbeitet wird. Leider war wegen der winterlichen Kälte und des Mangels an Bestellungen der Betrieb zurzeit eingestellt, so daß ich mich auf die Angaben der Töpfer und das, was zufällig an fertigen Gegenständen vorhanden war, verlassen mußte. Das Dorf zieht sich über eine aus Löß bestehende Anhöhe hin und ist in den Löß hineingebaut. Das ganze Dorf nimmt an der Töpfertätigkeit teil, wie denn überhaupt in China die Töpferei ein ländlicher Betrieb, ein Nebengewerbe des Bauers ist. Das ist denn auch der natürliche Grund, weshalb uns kein Name und nichts in Verbindung mit der Erfindung des Porzellans überliefert ist, das überhaupt nicht, wie man sich bisher auszudrücken beliebt hat, „erfunden“, sondern zufällig und allmählich gefunden und verbessert worden ist, in bäuerlichen Kreisen, die fern und unbeachtet von den Schreibpinseln der Gelehrten dahinlebten.

Schon lange mit einer allgemeinen Geschichte der Töpferscheibe beschäftigt, nahm ich an der von *Ma-chuang* ein besonderes Interesse. Es ist die einfachste, die ich je in Ostasien gesehen habe; sie steht der in den Dörfern von Bengalen gebräuchlichen Scheibe weit näher als den chinesischen von Chikli und Shantung. Letztere sind weit größer, schwerer und komplizierter und aus Stein oder Ton verfertigt[1], während das Rad von *Ma-chuang* eine einfache, runde, etwa 10 *cm* dicke Holzscheibe von etwa 1 *cm* im Durchmesser ist; die hölzerne Achse dreht sich auf einem in den Boden eingerammten Pflock. Die Scheibe befindet sich etwa 20 *cm* über dem Boden, und der Töpfer hockt vor derselben auf der Erde.

Es werden dort Dach- und Bauziegel, Gefäße, kleine Pagoden[2], Hausaltäre, Räucherbecken, Figuren usw. mit ein- und mehrfarbigen Glasuren fabriziert. Die Arbeiten stehen dem Stil und der Qualität der Ming-Zeit weit näher als alles mir sonst Bekannte der Art. Ich habe reiche Sammlungen von Shansi- und anderer Fayence angelegt, die als Material dienen können, um die noch ungeschriebene Geschichte dieses keramischen Gebietes zu studieren, das unendlich interessanter und reicher an wissenschaftlicher Ausbeute ist als das viel erörterte Porzellan.

In den Fayencen von Shansi hat sich erfreulicherweise noch ein gut Teil des alten Farbensinnes erhalten, der dem modernen Chinesen fast ganz abhanden gekommen zu sein scheint, wofür man die Einführung der Anilinfarben nicht ausschließlich verantwortlich machen darf; denn der Verfall des Farbenverständnisses war schon vor der Erfindung derselben eingetreten. Noch in der Periode K'ien-lung treffen wir auf Maler, die sich auf die Behandlung der Farben verstehen; von da geht der Niedergang rapid abwärts, und was sich die Heutigen an Farbenerzeugnissen und Farbenzusammenstellungen auf Porzellanen, Malereien, Stickereien, Teppichen, Cloisonnés leisten, grenzt an Stupidität, und man fragt sich, wie es möglich ist, daß diese schauderhaften Machwerke unter Globetrottern und sogenannten Chinasammlern einen reißenden Absatz finden. Ihr historischer Wert besteht nur darin, daß sie die Impotenz des gegenwärtigen China auf künstlerischem und geistigem Gebiete dokumentieren. Aber es hat einmal, wie so viele andere „Einmals" in China eine Zeit gegeben, wo es hervorragende Koloristen unter diesem Volke gab, und wo der Sinn für geistreiches und harmonisches Kolorit auch einen Bestandteil der Volkskunst bildete. Im Bauernhause von Shansi läßt sich noch ein Hauch dieses Geistes verspüren, und an den alten Tempeln erkennt man, wie die Volkskunst ihre Beeinflussung von der buddhistischen Kunst erfahren hat. Die Dachziegel selbst in den Bauernhäusern sind häufig schön glasiert, gelb, grün und blau. Figuren längs der Giebelseite des Daches wie in Chihli kommen hier seltener vor, der Hauptnachdruck bei der Ausschmückung fällt auf den First. Daß der buddhistische Ursprung vieler dieser Ornamente wie der Pagode auf dem Dach und der Lotusblüten ganz in Vergessenheit geraten ist, geht

[1] Zwei gute Originale aus Peking in meiner chinesischen Sammlung im Museum of Natural History, New-York.

[2] An großen Pagoden der merkwürdigsten Formen ist Shansi überreich, reicher als irgend eine andere der nördlichen Provinzen. Aller Wahrscheinlichkeit nach haben sich hier noch die ursprünglichsten Typen erhalten. Außer den eigentlichen Tempelpagoden, die in das Fach der höheren Architektur einschlagen, gibt es zahlreiche, die zum Gebiet der volkstümlichen Kunst gehören und größtenteils aus Löß oder andereren Erdarten mit oder ohne Ziegelbekleidung bestehen. Die Formen dieser Lößbauten sind sehr mannigfaltig: häufig einfache Kegel oder abgestumpfte Pyramiden mit einem spitzen Aufsatz, dann Kegel, deren Basis rhombusartig auf einem quadratischen Fundament steht.

z. B. aus der Tatsache hervor, daß sie sich ebensogut in vielen Tempeln des Confucius *(Wên miao)* finden, die ja nur ein Abklatsch buddhistischer Architektur sind. Es lag nicht im Wesen des abstrakt-dürren, öd-langweiligen Confucianismus, eine Kunst zu schaffen. Noch sonderbarer ist der Eindruck, den das Lotus- und andere indische Ornamente an den Moscheen der Mohammedaner von *Hsi-an fu* machen, deren Geist ebenso unfruchtbar und tot ist wie der der Confucianer.

Von anderen Ornamenten verdient das Weinblatt und die Weinrebe besondere Erwähnung. Nördlich von *P'ing-yang fu* sah ich einen kleinen Tempel des Kriegsgottes *Kuan-ti,* der populärsten Gottheit von Shansi; die Tonstatue des Gottes ist mit einer aus Holz geschnitzten und bemalten Dais umgeben, die Früchte und Blumen, darunter sehr hübsche Darstellungen von Weinblättern und dunkelrot gefärbten Weintrauben zeigt. Auch das bekannte Traubenmuster: Vögel über die Weinblätter verteilt und an den Beeren pickend, kommt vor; z. B. auf Friesen unter den Dächern monumentaler Bauten, gelegentlich auch am Bauernhause. Hier ebensowenig als in anderen Fällen will ich gesagt haben, daß die Erscheinung auf Shansi beschränkt sei, vielmehr nur, daß sie in ihrer Häufigkeit, gleichsam in der Intensität ihres Auftretens und im Zusammenhang mit den allgemeinen Kunstleistungen die Währung dieser Kulturzone mit ausprägen hilft. Ist es doch zur Genüge bekannt, daß das Trauben-Vogel-Motiv oder Trauben-Eichhörnchen-Motiv auf Bronze-Räuchergefäßen der Ming-Zeit, auf Stickereien von Schuhen in Peking, auf holzgeschnitzten Säulen in Szechuan auftritt, und daß dasselbe ebensogut in der modernen indischen als chinesischen Kunst verwendet wird. Ich vermute, daß die sassanidische Kunst Persiens in diesem Falle als das Stammland dieses Motivs für beide Gebiete zu betrachten ist.

Eine weitere Eigentümlichkeit am Shansi-Hause ist das häufige Vorkommen von Schornsteinen auf dem Dache, die in Chili, Shantung und Shensi fehlen. Meine Diener aus Peking, die zum ersten Male Shansi besuchten, waren von diesem Anblick ebenso überrascht als ich selbst. Im Querschnitt sind die Schornsteine stets viereckig, gewöhnlich aus Ziegeln erbaut und haben oft ein engeres rundes Rohr aus Lehm auf der Spitze aufgesetzt. Ihr Platz ist auf allen möglichen Stellen des Daches, zuweilen sind sie auch neben dem Hause, auf dem Boden freistehend, angebaut.

Die Schornsteine bringen uns auf die Heizvorrichtungen. Große, aus Ziegeln gemauerte Öfen von rechteckiger Form finden sich nur in den Küchen. In den Herbergen liegt die Küche in der Regel zur rechten Hand der Toreinfahrt und enthält oft zwei, drei Kochöfen. Das Feuer wird vermittels eines rechteckigen hölzernen Blasbalges angefacht und unterhalten. Auch auf die Form und Einrichtung solch scheinbar bedeutungsloser Dinge ist zu achten; denn in anderen Gegenden, wie z. B. in Szechuan, trifft man langgestreckte zylindrische Blasebälge, die im Nordosten ganz unbekannt sind. In den Zimmern zieht sich an der hinteren Wand entlang eine Schlafbank, aus Ziegeln oder Lehm oder aus einer Kombination von beiden gemacht, die durch ein Feuerloch unten an der senkrechten Wand geheizt werden kann[1].

[1] Der Schlafende wird dabei völlig geröstet. Ich habe nur eine Nacht auf einem geheizten *K'ang* geschlafen, resp. nicht geschlafen, und seitdem den Versuch nicht erneuert.

Diese als *K'ang* bekannten Schlafpritschen, auf denen man bei Tage sitzt und ißt, sind spezifisch nordchinesisch und werden in Mittel- und Südchina durch weit kleinere Holzpritschen oder Holzbetten ersetzt. Die Südgrenze des *K'ang*, die sehr unregelmäßig verläuft, bleibt noch genau festzusetzen; er gehört zu den ältesten Einrichtungen im nordchinesischen Hause. Doch nicht alle *K'ang* sind heizbar; es gibt auch solid gebaute. Das ist regelmäßig in den Lößhäusern der Fall, wo er ganz aus dem Löß ausgeschnitten ist. In den besseren Häusern ist dann ein Ziegelofen in der Ecke vorgebaut. Das übliche Heizungsmittel sind aber transportable Öfen aus Ton oder häufiger einfache flache Schalen oder Pfannen aus Ton oder Eisen. Die Tonöfen, von der Form eines Fasses oder einer Trommel, kommen auch in blauen Glasuren vor. Die in Peking üblichen Öfen aus Asbest und Messing habe ich in Shansi nicht gefunden.

Was die Siedelungen selbst betrifft, so imponieren die Dörfer durch ihre Größe und Stattlichkeit, ihre Häuser durch solide und geschmackvolle Bauart. Der bäuerliche Kunstsinn ist in der Tat weit höher entwickelt als in den Nachbarprovinzen Chili, Shantung und Shensi, und es wäre der Mühe wert, den Ursachen für diese merkwürdige Erscheinung nachzuspüren.

In vielen dieser Dörfer sind mehr Traditionen alter Kunst und ein weit höherer Grad von Kunstfreudigkeit erhalten als in zahlreichen Orten Chinas, die als Städte rangieren; auch sind die Straßen besser gepflegt und sauberer, obwohl nicht viel dazu gehört, eine chinesische Stadt an Reinlichkeit zu übertreffen. Kunstfreudigkeit — dies Wort will inmitten dieses monotonen Chinas, dessen gegenwärtiger Kunstzustand — von anderen Zuständen ganz zu schweigen — eine unsagbar traurige, trostlose Öde darbietet, sehr viel besagen; wären nicht die wenigen erhaltenen Kunstdenkmäler, hätten wir nicht die alten Werke aus Bronze und Ton und literarische Beweisstücke, man würde kaum je zu dem Glauben gelangen, daß dieses Land einst eine große Kunst besessen hätte. In der Volkskunst von Shansi steckt noch ein wenig Ahnung des alten Geistes; ein freudiger Glanz und ein inniges Behagen schwebt über diesen farbenreichen Glasuren der Dächer und der sie belebenden Welt dekorativer Figuren. Wenn man stundenlang durch die engen Lößpässe gefahren ist, mit ihren starr in die Luft ragenden gelbgrauen, vegetationslosen Lehmwänden, mit ihrem erstickenden Staub, den Wind, Wagenräder, Zug- und Packtiere aufwerfen, dann atmet man etwas befreit und erlöst auf, wenn man durch eine Ortschaft kommt mit glitzernden Dächern und Türmchen mit Zinnen, deren satte Farbenstimmung dem ermüdeten Auge eine wahre Erholung darbietet.

Fast alle Dörfer von Shansi sind wie die Städte von Mauern umzogen, teils aus Löß, teils aus Ziegeln, ja, die der inneren Mauer vorgelagerten Bezirke haben wieder ihre eigenen Aussenmauern mit Toren. Auf den Ausbau und Schmuck der Tore ist große Sorgfalt verwendet; viele erheben sich zu außerordentlicher Höhe und sind mit Tempeln geschmückt. Kaum eine Stadt im südlichen Shensi und in Szechuan kann sich solcher Tore und Tempel rühmen, wie sie diese Dörfer von Shansi aufweisen. Mit ihren gelb glasierten Ziegeln, mit ihren Pagoden auf den Dächern, schauen manche so schmuck drein, daß sie jeder Landschaft Ehre machen würden.

Meine Anschauung von der Entstehung des Lößhauses erfährt eine willkommene Bestätigung aus den Tatsachen des Siedelungswesens. Denn nur die aus Ziegelhäusern bestehenden Dörfer bilden politische Siedelungseinheiten mit besonderen Namen. Lößhausdörfer, wiewohl de facto bestehend, gibt es nominell oder im politischen Sinne nicht. Sie sind namenlos, sie sind zufällig geschaffene Siedelungsgruppen, die administrativ zur nächstliegenden Stadt oder zum nächsten Dorfe gehören. Selbstverständlich kommen je nach der Beschaffenheit des natürlichen Geländes auch Mischungen vor, ein konzentriertes Dorf mit unmittelbar sich längs der Randseiten anschließenden Lößwohnungen oder städtische Siedelungen in einem weiten Flußtale, wo das Auge den Höhlen entlang oft meilenweit nichts anderes als bienenzellenartige Löcher im Löß, die Stätten menschlichen Aufenthalts, entdeckt. Auch das Vorkommen vereinzelter, zerstreuter Lößwohnungen fernab von jeder Siedelungsgemeinschaft mag als ein Fingerzeig für den sekundären Ursprung des Lößhauses dienen. Einzelhöfe sind mir in Nordchina sonst nur im Hochgebirge begegnet, besonders im südlichen Shensi, wo die Zähigkeit des Bodens infolge der Höhenlage nur einer oder wenigen Familien Raum zum Leben gestattet. Der Instinkt des gemeinschaftlichen Beisammenlebens, ja, des dichtesten Zusammenrückens und Drängens auf kleinster Fläche, ist der chinesischen Natur so eigen, daß die wenigen Einzellößhäuser als verschwindende Ausnahme diese Regel bestätigen und keinen Anspruch auf irgendwelche Ursprünglichkeit im Wohnungswesen erheben können. Sie sind, wenn nicht direkt Beispiele der Verarmung, so doch Anzeichen einer Wohnungsnot, in welche der dürftigste Teil der Bevölkerung geraten ist. Löst sich doch die Raumfrage innerhalb einer gegebenen Siedelung im Platzmangel. Ihr Umfang ist durch die Mauer, von der sie umzogen ist, einmal für alle Zeiten abgesteckt. Scheinen sich auch die Menschen, je enger sie mit dem Wachstum der Bevölkerung auf das ihnen zustehende Raummaß zusammengepreßt werden, umso wohler, wenigstens nicht unbehaglicher zu fühlen, so ist doch eines Tages dem gegenseitigen Stoßen der Ellenbogen die Grenze gezogen und man drängt über die Enge der Mauer hinaus. Die Quartiere vor den Toren füllen sich und schaffen neue Verkehrszentren eines emsigen Treibens. Die Blüte dieser Vororte wird in allen den Fällen mächtig gefördert, wenn, was recht häufig ist, die große Heerstraße nicht durch die Stadt, sondern an ihrer Mauer vorbeiführt. Dann kann man oft beobachten, wie das Innere der Stadt leblos, ja, verarmt und verödet ist, während Handels- und Verkehrsleben an ihrer Peripherie pulsiert. Dort haben sich dann die Händler, die kleinen Kramläden, die Gasthöfe, ja, selbst mitunter die Amtsgebäude, dem Zuge der Zeit Rechnung tragend, etabliert, während in der eigentlichen Stadt nur Privatwohnungen zu finden sind oder ganze Teile veröden und gar wieder in Ackerland umgewandelt werden; so mag die ehemalige Stadt zum Lande und das Land zur Stadt werden.

Die stadtähnlichen großen Dörfer von Shansi haben dieses Wirtschaftsproblem bereits erschöpft. Sie haben sich nach allen Seiten über ihre Mauern hin ausgedehnt, und ich habe erwähnt, daß man oft mehrere, zwei und selbst drei Vororte passiert, jeden durch eine Sondermauer abgesperrt, bis man *intra muros* des eigentlichen Ortes gelangt. Jeder dieser Mauern bezeichnet einen

Markstein in der Bevölkerungsfrage und Bevölkerungsbewegung der Siedelung. Sie beweist die periodenweise gesteigerte Zunahme des Menschenmaterials und die dadurch geschaffene Notwendigkeit der räumlichen Ausdehnung menschlicher Anwesen. So wird es klar, daß auch einmal der Zeitpunkt kommen muß, wo sich dem Anbau von Vorort an Vorort ein Damm entgegenstellt; denn das umliegende Land dient der Feldwirtschaft und das Leben der dörflichen Genossenschaft hängt vom Ertrage des Bodens ab; ihre Bevölkerungszahl muß daher der Ertragsfähigkeit desselben proportioniert sein, und wie die Ziffer eine gewisse Grenze nicht überschreiten kann, so ist entsprechend die Zahl der Wohnstätten beschränkt. Für die Ueberzähligen, die Zuvielen, blieb in dieser Lage nicht anderes übrig, als in die Erde zu flüchten und sich im Löß einzugraben. Aus diesen wirtschaftlichen Ereignissen erkläre ich mir auch die Unselbständigkeit und Rechtlosigkeit der Lößhaussiedler, mögen sie sich nun einzeln oder in Gruppen niedergelassen haben. Ebenso bestätigt diese ökonomische Bewegung die Ansicht von der Abhängigkeit des Lößhauses vom regulären Bauernhause.

Trifft man fernerhin im Lößgebiete auf Bauten, die man nach der im landläufigen Sinne zu Tode gerittenen Phrase als „primitiv" bezeichnen könnte, so sind diese in Wirklichkeit auch nicht primitiv, d. h. am Anfang einer Kulturstufe stehend, sondern das Produkt der bitteren Not, das armselige Ende eines sonst reicher entwickelten Lebens. So sah ich z. B. im Distrikt von *Hotung* ein eingefallenes Einzellößhaus, das aus einem einzigen Raume bestand, durch ein kleines Fenster in der Mitte erleuchtet, mit einem Lößofen in der Ecke; besonders interessant war der Eingang, der nicht etwa wie in der Regel unmittelbar durch die Fassade in die Stube führte, vielmehr aus einem besonderen, in einiger Entfernung von der Front gelegenen Gang bestand, der in einem Bogen seitlich in den Raum führte; bei der geringen Ausdehnung des letzteren war so in praktischer Weise verhindert, daß Regen oder Schnee in die Stube drangen, ebenso die Sonnenwärme, so daß je nach der Jahreszeit eine gleichmäßig warme oder kühle Temperatur erzielt wurde.

Wer die Geschichte des germanischen Hauses kennt, wäre in diesem Falle vielleicht geneigt, dieses Haus unter die Typen des Herdhauses zu klassifizieren; aber es ist im besten Falle nur ein Pseudo-Herdhaus, nicht ein ursprünglicher Typus des chinesischen Hauses, der im Beginn seiner Entwicklung stände, sondern ein von wirtschaftlicher Verarmung oder Notlage diktierter Notbehelf. Denn das Einheitsherdhaus ist der chinesischen Kultur absolut fremd, der Herd hat niemals den Mittelpunkt des Hauses gebildet, eine Einheit in demselben geschaffen oder die Familie um sich versammelt. Das chinesische Haus ist von jeher dezentralisiert gewesen, eine um einen Hof gelagerte Gruppe einzelner Bauten und je nach Bedürfnis reiht sich Hof an Hof, einer hinter dem andern, jeder mit seiner Flucht von Gebäuden; es ist das Prinzip einer in die Tiefe gehenden, neben- und hintereinander den Raum bebauenden Architektur, einer Bauart der räumlichen Ausdehnung. Das Herdhaus konnte für China nie in Frage kommen, weil die wesentliche Grundlage dafür, das gemütliche Zusammenleben der Familie, fehlte. Wir stehen vor der erstaunlichen Tatsache, daß dasjenige Volk, das so viel Nachdruck auf das

Wesen der Familie legt und jede Individualiät dem Moloch der Familie und des Clans dahingeopfert hat, gänzlich unfähig gewesen ist, ein wahres, überhaupt ein Familienleben zu erzeugen. Der Hausherr wohnt als seelenloser Gott allein in seinen Gemächern, die im Vorderteile des Hauses liegen; Frau und Kinder, jedem Außenstehenden und Besucher unnahbar, sind möglichst nach hinten abgeschoben. Beide Teile nehmen ihre Mahlzeiten getrennt ein, die Küche schlingt kein einigendes Band um sie und ist stets ein für sich bestehender, den Wohnzimmern entrückter Raum gewesen. Der Hausherr sieht seine Frau höchstens des Nachts, wenn er will, und wenn er nicht will, muß sie sich auch zufrieden geben, selbst dann, wenn sie weiß, daß er in ihrem eigenen Hause einer anderen huldigt. Der Sohn darf in Gegenwart des Vaters nicht sitzen, noch ungefragt sprechen, und das Verhältnis der Kinder zum Vater, ebenso wie das ihrer Mutter, ist auf grauser Furcht basiert. Was hätten solche künstliche Drahtpuppenmenschen, denen das steife traditionelle Ritual ein Fetisch, das natürliche Gefühl eine Null ist, mit einem Leib und Seele erwärmenden Herdhause anfangen sollen?

Hier stoßen wir auf einen der vielen fundamentalen Unterschiede im Leben und Denken zwischen Ost und West. Ich habe auch freistehende Löß-Pseudo-Herdhäuser getroffen, und wenn diese auch vom kulturellen Gesichtspunkt in ihrer Ärmlichkeit minderwertig sind, so sind doch die Menschen, die sich dieselben geschaffen haben, vom psychischen Standpunkt nicht als die dümmsten und seelenlosesten zu bezeichnen, im Gegenteil, sie haben vielleicht psychisch einen mächtigen Schritt vorwärts getan, indem sie sich das veredelnde Vergnügen gönnen, mit Frau und Kind unter einem Dach und Fach zu hausen.

Dies ist ein eklatantes Beispiel für die so vielfach mißverstandene Erscheinung der T r e n n u n g v o n K u l t u r u n d P s y c h e, auf die ich immer wieder und wieder hinweise; Kultur bedeutet nicht immer Psyche und Psyche nicht immer Kultur. Ein Volk mag einen hohen Grad von Kultur besitzen und aus einer Bande elenden Lumpengesindels oder aus einem Haufen psychisch unentwickelter oder verkümmerter Idioten bestehen, und auf der anderen Seite mag ein Volk sich eines geringen Kulturbesitzes erfreuen und sich aus seelisch hochstehenden Individuen zusammensetzen. Derselbe Vorgang spielt sich innerhalb eines und desselben Volkes in seinen einzelnen Klassen und Ständen ab; für mich unterliegt es z. B. keinem Zweifel, daß der chinesische Bauer, Maultiertreiber, Karrenführer und Handwerker psychisch weit höher stehen als der sogenannte gebildete chinesische Literat, ebenso wie es auch bei uns große Gelehrte gibt, die nicht nur charakterlose Menschen, sondern auch psychische Idioten sind. Wenn man, was zurzeit kaum möglich sein dürfte, eine Einteilung der Völker vom Gesichtspunkt der Entwicklung der psychischen Kräfte versuchen wollte, auf welche Stufe kämen dann die Chinesen und gar erst die Japaner mit ihren verknöcherten und vermauerten Seelen zu stehen? Gewiß tief unter Mongolen, Türken, Tungusen, Eskimos, Indianern und anderen, die jetzt von der akademischen Zunftgelehrsamkeit unter der Tortur zerquälter, mißverstandener Kathedertheorien als die „Primitiven“ verschrien werden.

Die vorgenannte Erscheinung ist auch in anderer Beziehung instruktiv. In der zünftigen Wissenschaft, die angeblich voraussetzungslos und vorurteilslos ist, operiert man so gern mit schön klingenden Stich- und Schlagwörtern, unter die alle Erscheinungen des Völkerlebens fein rubriziert und klassifiziert werden. Hat man die Klassifikationsreihe in der Hand, so sucht man das geistige Band durch die rein willkürliche Annahme einer genetischen Entwicklungsreihe der Glieder dieses subjektiven Klassifikationsschemas herzustellen; das ist ebenso leicht als unlogisch, und man erspart sich dadurch die Mühe einer langwierigen historischen Untersuchung. Steinzeit, Bronzezeit, Eisenzeit in Europa — also muß dies Schema auch in China und anderwärts existiert haben, und wenn nicht, so wird es *nolens volens* in die Erscheinung hineininterpretiert, anstatt daß man diese aus sich herausinterpretiert und die Tatsachen jedes Gebietes für sich reden läßt. Solche Beispiele ließen sich zu Hunderten anführen. Äußerlich gleichartige Erscheinungen, die durch ein Stichwort in einen Topf geworfen werden, müssen nicht auf derselben Grundlage erwachsen sein, sie brauchen gar nichts mit einander zu tun zu haben. Unser Fall lehrt uns, daß das vereinzelt vorkommende chinesische Herdhaus, wenn man diese Bezeichnung in Ermangelung einer besseren nur als Wort wählen will, mit dem germanischen Herdhaus in seiner historischen Entstehung nicht das allergeringste zu schaffen hat.

Ich will nun versuchen, die Südgrenze dieser Kulturzone zu bestimmen und muß zu diesem Zweck auf ein anderes Gebiet übergreifen.

Zur ethnographischen Charakteristik der Provinz Shansi gehört vor allem das dort beliebteste Transportmittel, der sogenannte „große Wagen" *(ta ch'ê)*. Im Gegensatz zu diesem heißt in Shansi der schmälere und kürzere Karren von Chili, Honan, Shensi usw. der „kleine Wagen" *(siao ch'ê)*, während dieser Ausdruck in Peking für die kleinen einräderigen Schubkarren reserviert ist. Zunächst alle historischen Beziehungen beiseite lassend, folgt es aus der rein äußerlichen Beschaffenheit des gemeinchinesischen Karrens, wie er uns z. B. in Peking als alltägliche Erscheinung entgegentritt, daß derselbe den Typus des Nomadenkarrens repräsentiert; denn er ist nichts anderes als ein auf eine Achse mit zwei Rädern gesetztes, langes rechteckiges Brett, gedeckt mit einem aus Holzstäben bestehenden Rundzelt, halbkreisförmig im Durchschnitt. Der zeltartige Charakter wird noch dadurch erhöht, daß dies Holzgestell mit Zeug bekleidet und der nach der Deichsel zu liegende Eingang mit einem Vorhang geöffnet und geschlossen werden kann. Außer diesem Straßen- und Reisewagen gibt es einen Karren derselben Bauart, doch ohne Zeltdach, mit der Funktion des Lastwagens. Der große Shansikarren aber vereinigt beide Funktionen in sich; das Zelt kann nämlich nach Belieben von ihm abgehoben oder darauf gesetzt werden, je nach dem Zweck, zu dem er gerade verwendet werden soll.

Während also die Gebrauchsdifferenzierung in den übrigen Landesteilen des Nordens aus einem Grundtypus zwei selbständige Varianten geschaffen hat, ist diese Differenzierung in Shansi nicht eingetreten, und ich glaube daher in dem großen Shansi-Karren den Urtypus des chinesischen Wagens erblicken zu müssen. Das Anrecht hierauf legitimiert sich ferner in der Beweglichkeit des Zeltes und in dem durchaus primitiven, durchsichtigen Charakter des Zeltes, das noch jetzt in Sibirien lebendigen Zelttypen an die Seite gestellt werden kann. Der Peking-Wagen, der auch die im Süden bei offiziellen Besuchen übliche Sänfte vertritt und von allen Ständen benutzt wird, hat im Laufe der Zeit verfeinerte Formen angenommen — er ist elegant lackiert und drapiert —, die indessen kaum über seinen Ursprung hinwegtäuschen können. Bei dem gröberen, ungeschlachten Shansi-Karren aber muß es jedem unmittelbar in die Augen fallen, daß er ein Wohnwagen, ein bewegliches fahrendes Haus ist. Das Wohnhaus nimmt den mittleren Teil des Wagens ein und ruht im Dach auf zwei parallelen Längsstangen, die der ganzen Länge des Wagens bis über die Deichsel hinaus folgen. In der Querrichtung sind vier Stöcke aus Weidenholz bogenförmig hinter einander aufgestellt, die von einigen horizontalen Stöcken rechtwinklig durchschnitten werden. An diesem Gerüst werden die Zeltmatten befestigt; als Bindemittel dienen nur Stricke oder Bast, kein einziger Nagel wird dabei verwendet. Über den zwei die Deichsel überragenden Längsstangen ist eine Strohmatte gelegt, welche den auf der Deichsel sitzenden Maultiertreiber gegen das Wetter schützt — ursprünglich die Zelttür, die nach Belieben herabgelassen und heraufgezogen werden kann. Die Hinterwand des Zeltes wird von einem Korbe gebildet, von oben wieder mit Matten zugedeckt; es ist also ein geflochtenes Wohnhaus.

Im östlichen Sibirien bin ich oft genug mit Giljaken und Tungusen gereist und auf die Jagd gegangen, die, wenn wir des Nachts im Freien kampieren mußten, genau ein ebensolches Zelt aus Weidenruten in kurzer Frist improvisierten; auch ist es das übliche Wohnhaus der Wandertungusen, wie man es z. B. auf Abbildungen in SCHRENCK's „Reisen und Forschungen im Amurlande" ersehen kann, so daß ich, als ich zum ersten Male den Shansi-Karren bestieg, lebhaft an meine sibirischen Zelterfahrungen erinnert wurde. Wir werden aber auch an die Wagen mit hohem rundem, auf allen Seiten geschlossenem Korbe erinnert, mit denen noch heute die Zigeuner in den Donauländern herumziehen, wie an die Wohnwagen der alten Skythen und der germanischen Stämme, die sich derselben auf ihren Kriegsfahrten bedienten. Das gleiche taten die alten Türkstämme Sibiriens, und man wird kaum in der Annahme fehlgehen, bei diesen die Wiege dieses Wagentypus zu suchen, von denen er sich nach China und durch Vermittlung der Skythen nach Europa verbreitet hat. Die Chinesen selbst können ihn nicht erfunden haben, denn er ist ein typischer Nomadenkarren, und die Chinesen sind niemals Nomaden und Viehzüchter gewesen; so findet sich auch logischerweise im ganzen weiten Bereich des chinesischen Wohnbaues keine Konstruktion von dem Typus des in Nordchina gebräuchlichen Wagenzeltes. Die Türkstämme bedurften eines solchen Vehikels auf ihren Wanderzügen, um Weib und Kind, Hab und Gut, Haus und Hausrat zu transportieren. Sie setzten ihr Zelt mit Zubehör und allem, was drinnen war, auf das Achsenbrett, und damit war ihr Wagen fertig.

In diesem Zusammenhang ist die Tatsache beachtenswert, daß der Wagen auf das nördliche China beschränkt ist, nicht einmal das linke Ufer des Yangtse erreicht (seine Südgrenze verläuft weit nördlicher) und in Südchina gänzlich fehlt; d. h. er gehört dem eigentlichen Stammland der alten chinesischen Kultur an, die sich im engsten geographischen Anschluß an den türkischen Kulturkreis und in fortgesetzter historischer Berührung mit demselben entwickelt hat. Wie das Pferd und die zu demselben gehörenden Ausrüstungsgegenstände, das Maultier, der Esel, das Kamel, wie die Gewinnung und Bearbeitung des Eisens, die Falkenjagd, das Polospiel, die Teppichwebekunst, der Buchweizen und manche andere Dinge von ebenda zu verschiedenen Zeiten nach China gedrungen sind, so auch der Wagen. Japan, das seine Kultur aus dem Süden Chinas geschöpft hat, ist wie dieser wagenlos geblieben.

Es kann ja, der ganzen Natur der Sache nach, nicht anders sein, daß die Wagen der einzelnen Kulturgebiete historisch zusammenhängen, oder mit anderen Worten, daß sich der Wagen von einem Mittelpunkt aus verbreitet hat; denn er findet sich doch nur auf einem räumlich begrenzten Gebiet, das man als die kontinentale Landmasse der nördlichen Hemisphäre der alten Welt definieren kann; sein Verbreiterungsgebiet fällt, wie schon EDUARD HAHN richtig erkannt hat, mit dem des Pflugs zusammen. Die gesamte neue Welt, Australien, Afrika mit Ausschluß Aegyptens, und alle insularen Gebiete kennen weder Rad noch Wagen, noch auch den Pflug.

Bevor ich zu einer wichtigen Schlußfolgerung übergehe, die sich aus dem großen Wagen für die Kulturzone der Provinz Shansi ergibt, worin denn der Grund liegt, weshalb ich diesen Gegenstand hier berührt habe, möchte ich die Aufmerksamkeit auf einen anderen Wagentypus in Shansi lenken, der aus mehreren Gründen ein besonderes Interesse beansprucht. Die allgemeine Meinung geht gewöhnlich dahin, daß China nur den zweirädrigen Karren besitzt; diese Annahme ist irrtümlich, denn es gibt auch vierrädrige, die in ganz bestimmten Landschaften vorkommen und nur in bäuerlichen Betrieben Verwendung finden. In Shansi begegnete ich solchen Karren im Distrikt von *Hung-tung* (nördlich von *P'ing-yang fu*): es sind Wägelchen derselben Bauart wie der große Wagen, aber mit vier gleichmäßig großen Rädern versehen. Das Merkwürdigste ist jedoch, daß diese Räder keine Speichen haben, sondern aus einer flachen runden Holzscheibe bestehen, die mit einem Eisenreif beschlagen ist. Ähnliche Typen habe ich früher in einigen Distrikten der Provinz Honan gesehen[1]. Die Scheibenräder erinnern an die der vierrädrigen Kamelwagen der Mongolen. In *T'ung-chou fu* im östlichen Shensi sah ich auch vierrädrige Wagen mit kleinen Speichenrädern; diese Wagen sind etwas größer als die von Shansi; die Räder sind untereinander durch einen Holzrahmen verbunden; die Deichsel fehlt: die Tiere — gewöhnlich ein Rind, ein oder auch zwei Esel, seltener ein Pferd oder Maultier — werden mit ihren Leinen vermittelst eiserner Ringe und Haken unmittelbar an die vordere Wagenwand angeschirrt; das Flachbrett des Karrens ist auf seinen vier Seiten von einer senkrechten Bretterwand eingeschlossen, was seinem Zweck, Mist, Stroh oder Heu von oder zu den Feldern zu fahren, entspricht; außerdem benützt ihn der Bauer, um seine Erzeugnisse in die nächste Stadt zu fahren, dort auf

[1] Im nordöstlichen Szechuan sind die einrädrigen Schubkarren mit hölzernem Scheibenrad versehen.

dem Markte zu verkaufen und die mit dem Erlös erhandelten Güter in das heimatliche Dorf zurückzubringen. In den meisten Gegenden, wie in Chili und Shantung, ist dieser Bauernwagen durch die Schiebkarre ersetzt. Er dient ausschließlich dem landwirtschaftlichen Arbeits- und Verkehrsbetrieb, und das Gebiet seiner ehemaligen Ausdehnung wie seine Geschichte bleiben noch zu untersuchen.

Bei der Besprechung des großen Wagens von Shansi habe ich bisher ein wesentliches Charakteristikum absichtlich unerwähnt gelassen, und das ist, daß seine Achse ein großes Stück breiter ist (etwa 30—40 *cm*) als die gewöhnliche Karrenachse, wodurch auch ein größerer Durchmesser des Rades bedingt wird. Da nun die Chinesen ein für allemal daran gewöhnt sind, Spuren zu fahren, so folgt daraus, daß die Straßen von Shansi ihre eigenen Spurbreiten besitzen. Die weitere Folge ist die, daß Karren, die aus anderen Provinzen mit Normalspurbreite nach Shansi hineinkommen, um dort fahren zu können, ihre kleinere Achse gegen die größere Shansiachse vertauschen müssen, und umgekehrt, daß Shansikarren bei ihrem Eintritt in andere Gebiete das Vorrecht auf die große Achse aufgeben und sie gegen die kleinere einwechseln müssen, ein Verfahren, das genügt, um den Reisenden zwei bis drei Stunden aufzuhalten. Bisher ist es mir gelungen, die Ost- und Südgrenze des Achsenwechsels festzustellen, und es ergibt sich die interessante Tatsache, daß diese Grenzen durchaus nicht mit den gegenwärtigen politischen Grenzen der Provinz zusammenfallen. Diese Wahrnehmung gab mir zu denken und veranlaßte mich, zu beobachten, ob diese Verkehrsgrenze nicht auch gleichzeitig eine Kulturgrenze sein sollte. Und in dieser Annahme habe ich mich nicht getäuscht.

Im Osten findet der Achsenwechsel in *Huo-lu hsien* statt, einer Stadt im westlichen Chili, bekannt wegen ihrer Kohlen- und Eisenindustrie; sie ist jetzt die erste Station an der Eisenbahn, die von *Shih-kia chuang* an der Lu-Han-Bahn nach *T'ai-yüan* abzweigt. Hier greift also die Einflußsphäre der Kultur von Shansi über das Provinzgebiet hinaus, und in der Tat gehört dieses Gebiet kulturell zu Shansi, nicht zu Chili. Darauf deuten die Bauart der Häuser und die Industrien der Bewohner hin. Reist man durch Shansi auf der großen Route nach Süden, so geht der Achsenwechsel im Dorfe *Kao-hsien*, etwa 120 ***km*** südlich von *P'ing-yang fu* vor sich, so daß hier reichlich ein Breitegrad (26° bis 25°) vom Süden der Provinz für die Schmalspur abfällt. Während ich nun auf der Fahrt von *P'ing-yang* nach *Kao-hsien*, 9. Februar, konstatieren konnte, daß sich Rund- und Spitzbogen, wie die Lotusornamente mehrten (sowohl auf glasierter Fayence wie auf Holzschnitzereien), trug ich zwei Tage später, am 11. Februar, in mein Tagebuch ein, daß keine glasierten Ziegel mehr auftreten, daß die Rundbogen fast ganz abgenommen hätten, während Tür und Tor am Bauernhause fast durchweg eckige Formen zeigten. Gleichzeitig fügte ich die Frage an: sollte *Kao-hsien* wirklich auch Kulturgrenze sein? Je weiter ich nach Südwesten vordrang, mit um so größerer Gewißheit drängte sich diese Beobachtung auf, und als ich die Stadt *Wên-hsi* erreicht hatte, ließ sich mit Bestimmtheit feststellen, daß alle jene Erscheinungen, die zu der Bildung des Eigencharakters von Shansi beitragen, aufgehört hatten: keine Rundbogen, keine Schornsteine, keine Glasuren, keine Farben; Bau und

Stil des Bauernhauses wurden immer elender, an Stelle der hübschen Ziegelbauten erhoben sich häßliche Lehmhäuser oder mit Lehmbewurf bekleidete schlechte Ziegelwände. Einige Dörfer wiesen am Eingang auf der Landstraße frei stehende Lößtore auf, die im allgemeinen rechteckig, aber sehr plump und unregelmäßig ausgeschnitten waren. Es wurde klar, daß die Kulturzone von Shansi hinter uns lag, und daß wir eine andere Kulturzone, die von Shensi betreten hatten, obwohl die Landschaft in politisch-geographischer Hinsicht einen Bestandteil von Shansi bildet. Es wäre gewiß von Interesse, zu untersuchen, ob hier in früheren Perioden die politische Grenze anders verlaufen ist, ob sie sich der natürlichen Kulturgrenze mehr genähert oder gar mit derselben gedeckt hat, oder mit anderen Worten, welche historische Ereignisse für die Kulturtrennung und die gerade so plötzlich und unvermittelt auftretende Kulturspaltung in diesem Gebiete maßgebend gewesen sind. Die Präfektur von *P'u-chou* in der Südwestecke der Provinz ist absolut trostlos und uninteressant. Die Stadt selbst, die einen gewissen Ruf genießt, weil eine gewisse Klasse von Sängern und Schauspielern daher kommt, bedeckt ein gewaltiges Areal, das aber zum größten Teil von Feldern eingenommen ist, und macht mit ihren grau in grau eintönigen, meist elenden und verfallenen Häusern den Eindruck einer Ruinen- und Totenstadt; von Kultur, von Baukunst, von Geist keine Spur.

* * *

Wenn auch die in den vorstehenden Zeilen niedergelegten Beobachtungen unvollkommen sind und einer weit ausführlicheren Analyse und Durcharbeitung bedürfen, so lehren sie doch die große Bedeutung, welche dem Studium der einzelnen Kulturzonen Chinas zukommt. Wir sehen, daß von einer einheitlichen Gesamtkultur des Landes keine Rede sein kann. Das gegenwärtige China setzt sich im großen und ganzen aus zwei Kulturkreisen zusammen, dem des Nordens und dem des Südens. Nur der nordische Kulturtypus repräsentiert die eigentliche und ursprüngliche chinesische Kultur; der südliche ist von Haus aus der Besitz einer nichtchinesischen Völkergruppe und durch die Expansion der Chinesen nach Süd und Südost mit der nordischen Kultur amalgamiert worden. Der Süden ist erst in historischer Zeit eine chinesische Siedelung geworden, war aber ursprünglich eine Sphäre des großen südostasiatischen Kulturkreises.

In den wirtschaftlichen Formen prägt sich dieser Unterschied noch jetzt am lebhaftesten aus: im Norden Weizenkultur und Ackerbau mit dem Rind als Pflugtier, im Süden Reisbau und Ackerbau mit dem Wasserbüffel als Pflugtier, daneben ausgesprochene Gartenwirtschaft und zum Teil noch Hackbau bei der Urbevölkerung; im Norden Landstraßen, Pferd, Maultier, Esel, Kamel und Wagen als Fortbewegungs- und Transportmittel; im Süden Wasserstraßen, Flüsse und Kanäle, Boote und Sänften als Transportmittel. Die nördlichen kontinentale, typische Landbewohner, die südlichen Fluß- und Seefahrer; jene an der Scholle klebende Bauern, diese Auswanderer und überseeische Kolonisten. Der Norden unter einem starken Einfluß sibirischer und zentralasiatischer Kulturen, der Süden stets unter dem Einfluß Südostasiens, charakterisiert durch Palmen und andere zahlreiche tropische und subtropische

Kulturpflanzen. Weitere markante Unterschiede im Hausbau, im Hausrat, in der Anlage der Siedelungen, und nicht zum mindesten in der Psyche. Aber auch der nordische Kulturkreis bildet keine absolute Kultureinheit; auch hier haben fremdbürtige historische Einflüsse und lokale Differenzierungen verschiedene Kulturzonen geschaffen, und an der Provinz Shansi haben wir ein besonders scharf ausgeprägtes Beispiel dieser Art kennen gelernt. Wir haben ferner gesehen, wie sich die Volkskunst zur religiösen Kunst verhält und Anleihen aus derselben für eine individuellere Ausgestaltung macht. Mit anderen Worten, der Buddhismus ist nicht als einer der geringsten Faktoren zu betrachten, welche auf die Entwicklung eigenartiger Kulturzonen bestimmend eingewirkt haben. Daneben finden sich aber auch aus uralter Zeit überkommene Kulturelemente, die sich nur in gewissen Gegenden erhalten oder wenigstens intensiver als in anderen bewahrt haben. Die Kenntnis der geographischen Verbreitung dieser Kulturelemente aber ist die Grundlage für die Erkenntnis ihrer geschichtlichen Entstehung und Entwicklung.

070

西藏赞蒙的故事

附：书评三则

༄༅ བཙུན་མོ་བཀའི་ཐང་ཡིག ||

DER ROMAN
EINER TIBETISCHEN KÖNIGIN

TIBETISCHER TEXT UND ÜBERSETZUNG

VON

BERTHOLD LAUFER

LEIPZIG
OTTO HARRASSOWITZ
1911

༄༅ བཙུན་མོ་བཀའི་ཐང་ཡིག ॥

DER ROMAN EINER TIBETISCHEN KÖNIGIN

༄༅ བཙུན་མོ་བཀའི་ཐང་ཡིག །།

DER ROMAN
EINER TIBETISCHEN KÖNIGIN

TIBETISCHER TEXT UND ÜBERSETZUNG

VON

BERTHOLD LAUFER

LEIPZIG
OTTO HARRASSOWITZ
1911

Acht Abbildungen und Buchschmuck
nach tibetischen Vorlagen
gezeichnet von Albert Grünwedel
Druck von W. Drugulin, Leipzig

INHALT

Die vorliegende Arbeit wurde im Sommer 1908 in Darjeeling begonnen, soweit amtliche Tätigkeit mir in den Abendstunden Muße dazu gönnte, dann auf einer Seefahrt von Kalkutta nach Shanghai fortgesetzt, endlich zu verschiedenen Zeiten auf Reisen in China und Tibet wieder aufgenommen und abgeschlossen. Lebendige Anschauung von Land und Leuten im östlichen Tibet hat die Auffassung im Texte vorkommender Kultursachen wesentlich gefördert und deren richtige Deutung erleichtert.

Man erwarte auf den folgenden Blättern keinen Roman in unserem Sinne. Das Titelblatt ist sozusagen nur eine Verlegenheitsbezeichnung. Bei Herausgabe von Werken der indischen Literaturen tut man gewiß recht daran, den Titel in der Originalsprache beizubehalten, ist doch der indische Lautbestand unserem Lautbewußtsein kongenial. Die langatmigen tibetischen Büchertitel dagegen mit ihren präfixreichen Wörtern sind unseren Augen und Ohren nicht vertraut und wären ein Stein des Anstoßes für den Bibliographen und Bibliothekar, die ein solches Buch registrieren müßten. Ich habe es daher vorgezogen, dem Werkchen einen einfachen deutschen Titel zu geben.

Leser, die nur an dem Inhalt dieser Geschichte oder an der hier zum ersten Male erschlossenen Gattung der tibetischen

Literatur Interesse nehmen sollten, können sich an der Lektüre der Kapitel 5—15 genügen lassen; auch die Kapitel 17—21 enthalten mancherlei von volkskundlichem und kulturhistorischem Interesse.

Das religionsgeschichtlich wertvolle Material dieser Schrift wird in einer zukünftigen Publikation über die Mythologie und Riten der altbuddhistischen Sekte Tibets zu seinem Rechte gelangen, die einen Band der Ergebnisse meiner Tibet-Expedition bilden soll.

Zu wärmstem Danke bin ich Herrn Prof. Dr. Albert Grünwedel, der dieser wie auch meinen früheren Arbeiten ein förderndes Interesse entgegengebracht hat, für die vortrefflichen Zeichnungen der Abbildungen und des Buchschmucks verpflichtet. Der Firma W. Drugulin gebührt mein Dank für die hingebende Sorgfalt, die sie auf die schwierige Aufgabe des tibetischen Satzes verwendet hat.

FIELD MUSEUM
CHICAGO ILL. BERTHOLD LAUFER.

VERZEICHNIS DER ABBILDUNGEN

S. 1. Randleiste: Drache. Aus den gesammelten Werken eines Lama gedruckt in Peking, zur Einfassung des Titelblatts gebraucht.

S. 29. Schlußleiste: Hippokamp (Skr. *makara*, tib. *c'u-srin*) mit juwelenhaltenden greifenähnlichen Füßen. Aus einer gedruckten Ausgabe der Prajñāpāramitā der Bon Sekte.

S. 32. Abbildung 1: Die Königin ạBroṅ-bza byaṅ-c'ub sgron, mit Rosenkranz, Juwel (*nor-bu*) in der Linken haltend. Abbildung 2: Die Königin P'o-gyoṅ rgyal-mo btsun. Aus dem *bKa-t'aṅ sde-lṅa*, Druck von *dGa-ldan* von 1674.

S. 33. Randleiste: Drache chinesischen Stils. Aus der Kanjur-Ausgabe (Rotdruck) des Kaisers K'ien-lung. Jedem Sūtra in dieser Ausgabe geht ein vom Kaiser in tibetischer Sprache geschriebenes Vorwort voran; die Blätter mit diesen kaiserlichen Vorreden sind mit vier fortlaufenden Randleisten in Rot versehen, die im ganzen vierzehn, oben und unten je sechs, rechts und links je einen Drachen enthalten.

S. 116. Abbildung 3: Eine Form des Padmasambhava, in der Linken eine Schädelschale (*t'od k'rag*), in der erhobenen Rechten ein Tamburin (*ḍamaru*) haltend, letzteres mit zwei aufschlagenden Klöppeln und bunter Schärpe versehen. Unterschrift: „Der Wissende, Machtvolle, Verständigste, die Stärke der Welt (Skr. *bhuvanabala*)". Abbildung 4: Eine Form des Padmasambhava, zwei Tamburine schwingend, das in der Rechten in Frontansicht mit fünf aufgenähten Perlen, das in der Linken in Seitenansicht. Unterschrift: „Der die drei Welten unter seiner Herrschaft vereinigende Lehrer (Guru) Padmarāja (König des Lotus)."

S. 117. Randleiste. Aus der Kanjur-Ausgabe des Kaisers K'ang-hsi, gedruckt 1700 in Peking.

S. 134. Abbildung 5: Eine Form des Padmasambhava. Unterschrift: „Der den Sieg der Lehre vom tiefen Schatze herbeiführende Udyānadvīpa (der aus dem Lande Udyāna)."

S. 139. Abbildung 6: Vairocana, ein Buch in der Linken haltend, weitere sechs Bände neben ihm. Unterschrift: „Der das Lotusbündel der Lehre zur Entfaltung bringende Helfer Vairocana-rakṣita." Aus der *Derge*-Ausgabe des *bKa-t'aṅ sde-lṅa*. Über den Bestandteil *rakṣita* im Namen vergl. T'oung-Pao, 1908, p. 17.

S. 192. Abbildung 7: Padmasambhava mit seiner Çaktī (weiblichen Energie). Unterschrift: „Der leidenschaftlose, fehlerfreie Padmasambhava-çrī." Vergl. S. 25.

S. 193. Abbildung 8: Eine Form des Padmasambhava. Unterschrift: „Der in seinen Eigenschaften vollkommene Padmasambhava." Abbildungen 3, 4, 5, 7 und 8 aus der *Kam-kyo* Edition der Lebensbeschreibung des Padmasambhava (s. S. 245).

S. 264. Schlußleiste: Indisches Fabelwesen mit Vogelleib (Skr. *kinnarī*, tib. *miam-ci-mo*). Dieselbe Quelle wie Randleiste S. 1.

ZUR EINFÜHRUNG

I.

Unter den heiligen Schriften der altbuddhistischen Sekte *(rÑiṅ-ma-pa)* Tibets nimmt die Lebensbeschreibung des Padmasambhava den ersten und wichtigsten Platz ein. An zweiter Stelle kommt das Werk *bKa-tʻaṅ sde-lṅa*, das bisher kaum dem Namen nach bekannt geworden ist. Dieser Titel selbst kommt in dem Buche nicht vor, das aus fünf gesonderten Abschnitten besteht, aber unter diesem zusammenfassenden Namen ist es Geistlichen wie Laien überall in Tibet bekannt. Die einzelnen Teile führen die folgenden Titel:

1. *Lha-ạdre bka-yi* (oder *bkai*) *tʻaṅ-yig*.
2. *rGyal-po bka-yi tʻaṅ-yig*.
3. *bTsun-mo bka-yi tʻaṅ-yig*.
4. *Lo-paṇ bka-yi tʻaṅ-yig*.
5. *Blon-po bka-yi tʻaṅ-yig*.

Das Wort *tʻaṅ* in der Verbindung *tʻaṅ-yig* ist mit *tʻaṅ-ka* ‚Bildrolle, Malerei‘ zusammenzustellen; die ursprüngliche Bedeutung ist einfach ‚Rolle‘, ‚Rolle von Papier oder Zeug, die zum Schreiben oder Malen dient‘; *tʻaṅ-ka* ist demnach ‚die

1

gemalte Rolle', und *t'an-yig* ,die Schriftrolle'.[1] Wir werden des weiteren sehen, daß die Rolle eine der ältesten Formen des tibetischen Buches ist. Unter dem Worte *bka* sind die mündlichen Aussprüche des Padmasambhava, seine Reden, Ermahnungen, Unterweisungen zu verstehen. Die fünf Titel sind daher zu übersetzen:

1. Aufzeichnung der Ansprachen Padmasambhavas an die Dämonen.
2. Aufzeichnung der Ansprachen an den König (d. i. *K'ri-sroṅ lde-btsan*).
3. Aufzeichnung der Ansprachen an die königlichen Frauen.
4. Aufzeichnung der Ansprachen an die Übersetzer und Paṇḍita.
5. Aufzeichnung der Ansprachen an die Minister.

Der Gesamttitel *bKa-t'aṅ sde-lṅa* bedeutet demnach „Die fünf Abschnitte der Aufzeichnungen der Ansprachen."

„Die Ansprachen" sind kein einheitliches, aus einem Gusse geschaffenes Werk wie „die Lebensbeschreibung". Jeder der fünf Teile ist ein Sonderwerk, das mit einem eigenen Kolophon versehen ist, woraus hervorgeht, daß jeder dieser Abschnitte seine eigene Literaturgeschichte gehabt hat.

1. Das Manuskript für den ersten Teil geht nach dem Kolophon auf Padmasambhava selbst zurück. „Er band die Dämonen durch einen Eid und vertraute jedem je ein Manuskript[2] an. Die Prinzessin Mandhārava schrieb die Dokumente

[1] E. SCHLAGINTWEIT (Die Lebensbeschreibung des Padma Sambhava, I. Teil, Abhandlungen der bayer. Akademie, 1899, S. 421) erklärt *t'aṅ-yig* als ,klares Schriftstück', *bka-t'aṅ* als ,klare Rede'. Ebenso stellt CHANDRA DAS (Dictionary, p. 568 a) abweichend von JÄSCHKE das Wort zu *t'aṅ* = *dvaṅs* ,klar'. Diese Deutungen sind willkürlich und ohne Sinn.

[2] *gter* ,Schatz' bedeutet in den Schriften der Altbuddhisten ein altes Manuskript.

nieder und verbarg sie unter der [steinernen] Schildkröte im *Bu-ts'al* Tempel von *bSam-yas.* Im Feuer weiblichen-Schwein Jahre[1], an einem Abend des 15. Tages des Tiger-Monats zog sie *Kun-dga ts'ul-k'rims* unter der Schildkröte hervor. Die Handschrift befand sich auf gelbem Papier und auf einer einzigen Papierrolle."[2]

2. In den „Ansprachen an den König" bezeichnet sich am Schlusse *rTse-maṅ-bdag* von *lDan-ma*, einem Distrikt in *K'ams*, als den Schreiber des Manuskripts, das er auf weisses Papier schrieb. Es wurde im Tempel *dGe-ba mt'ar-rgyas gliṅ*[3] mit Hülfe oder durch die Inspiration des Padmasambhava selbst gefunden.[4]

3. Das Manuskript für „die Ansprachen an die Fürstinnen" wurde im Tempel *K'ams-gsum zaṅs-k'aṅ*, den die Königin *Ts'e-spoṅ bza* in *bSam-yas* errichtet hatte, entdeckt.[5]

4. Das *Lo-paṇ bkai-t'aṅ-yig* nimmt eine besondere Stellung ein, da es ausdrücklich als „von einem Lotsāva aus der Sprache von Udyāna in die tibetische Sprache übersetzt und redigiert"[6] bezeichnet wird. Auch wird der Titel in der Sprache von Udyāna, in der Sprache von Nepal und auf Sanskrit mitgeteilt.[7]

---

[1] Das 21. Jahr eines Cyklus. Die Nummer des Cyklus selbst ist nicht angegeben. Vermutlich ist das Jahr 1226 gemeint, da gerade in diese Periode eine eifrige Tätigkeit der Altbuddhisten in der Entdeckung von Handschriften fällt (s. weiter unten und Anhang, I, § 1).

[2] *śog ser ni śog dril-gcig ạdug-go.* Das Wort *dril = gril.* Dasselbe Faktum wird von der Originalhandschrift der Lebensbeschreibung berichtet (s. Anhang, II).

[3] Der von der Königin *ạBro-bza* in *bSam-yas* erbaute Tempel, gewöhnlich kurz *dGe-rgyas* genannt.

[4] Über die im Texte gebrauchte Phrase s. die Anmerkung am Schlusse des letzten Kapitels der Übersetzung.

[5] S. den Schluß der Übersetzung.

[6] *U-rgyan skad-las Bod skad-du lo-tsā-bas bsgyur-te gtan-la ṗab-pao.*

[7] Bei dieser Gelegenheit werden die Sprachkenner aus der Zeit des achten Jahrhunderts aufgezählt: Vairocana kannte die Sanskrit Sprache und Schrift,

1*

5. Der letzte Abschnitt, „die Ansprachen an die Minister“, hat kein eigenes Kolophon inbezug auf seine Entstehung, sondern nur eine auf den Druck bezügliche Angabe, die für das ganze Werk gilt, daß es nämlich *Kun-dga ạp'rin-las rgya-mt'so* hat drucken lassen.

Aus dem Kolophon der Lebensbeschreibung (s. Anhang, I, § 4) erfahren wir nun, daß derselbe auch einen Druck der Lebensbeschreibung in *Ḍerge* veranlaßt hat, und da das in Rede stehende Exemplar des *bKa-t'aṅ sde-lṅa* in *Ḍerge* gedruckt worden ist, wo ich persönlich dasselbe erlangt habe, da das Buch ferner am Rande durchgehends mit dem Buchstaben ཁ་, d. i. Band II, bezeichnet ist, und somit der erste Band nichts anderes als die Lebensbeschreibung sein kann, so muß dieser Druck in dieselbe Zeit datiert werden wie die Ausgabe der Lebensbeschreibung von *Ḍerge*, d. h. kurz nach 1674.

In der Tat werden „die Ansprachen“ stets mit der Lebensbeschreibung zusammengedruckt, und zwar der letzteren folgend. In der älteren Ausgabe von *dGa-ldan* ist dies auch der Fall, und in dem allgemeinen Kolophon, das in dieser dem *Lo-paṇ*

---

sKa-ba dpal-brtsegs die chinesische Sprache und Schrift, *Cog-ro kLui-rgyal-mts'an* Sprache und Schrift von Udyāna, *rMa Rin-ćen mćog* Sprache und Schrift von Indien (*rGya-gar*, das also hier von Sanskrit verschieden sein muß), *La-gsum rGyal-ba byaṅ-ćub* Sprache und Schrift von *Ma-ru-rtse*, *Saṅs-rgyas ye-šes* Sprache und Schrift von *Bru-ša*, *Yon-tan mćog* Sprache und Schrift des Vyākaraṇa, Vairocana kannte dreihundert Sprach- und Schriftgattungen, die Prinzessin Mandhārava Sprache und Schrift von *Za-hor*, *Pal ạbaṅs Kālasiddhi* Sprache und Schrift der Tīrthika (*Mu-stegs*), die Nepalesin Çākyadeva Sprache und Schrift von Nepal, die Tibeterin *Ye-šes ạts'o-rgyal* Sprache und Schrift der Nāgara (sic!), der Rākṣasa und Asura. — *Ma-ru-rtse* oder *Ma-ru-tse* läßt sich noch nicht bestimmen. Es wird in der Lebensbeschreibung, Kap. 52 und 97, als ein Land des Nordens zusammen mit *Li* (Khotan) aufgeführt. Die hier aufgezählten Sprachen liefern uns wichtige Anhaltspunkte für die literarischen und religiösen Einflüsse, die sich damals in Tibet geltend gemacht haben.

bkai t'an-yig angehängt ist, geht den Anführungen der einzelnen *sde-lṅa* der Name des *Padma bkai t'an-yig* voraus, und sämtliche sechs Schriften sind als im Kloster *dGa-ldan p'un-t'sogs gliṅ* gedruckt bezeichnet. Da wir nun aus dem Kolophon der Peking-Ausgabe der Lebensbeschreibung erfahren, daß dieselbe im Jahre 1674 in *dGa-ldan* gedruckt worden ist (s. Anhang, I, § 3), so kann es nicht anders sein, als daß dasselbe Datum auch für die *dGa-ldan* Ausgabe der „Ansprachen" gelten muß. Ferner beruht der *Derge* Druck der Lebensbeschreibung, wie die im Anhang mitgeteilten Dokumente zeigen, auf einer dreimaligen Revision des *dGa-ldan* Druckes, so daß ich annehme, daß dies Verfahren auch für die „Ansprachen" gilt.

Ich habe daher meiner Ausgabe des *bTsun-mo bkai t'an-yig*, des dritten der *sde-lṅa*, dem diese Schrift gewidmet ist, den älteren Druck von *dGa-ldan* zugrunde gelegt; in den Fußnoten aber alle wichtigeren Abweichungen der Ausgabe von *Derge* angemerkt, die meistens unwesentlich, zuweilen indessen auch wesentliche Verbesserungen sind. Meines Wissens ist dieses Werk im Gegensatz zu der Lebensbeschreibung nicht in Peking gedruckt und auch nicht wie diese ins Mongolische übersetzt worden.

In der zweiten Hälfte des siebzehnten Jahrhunderts lag also das *bKa-t'an sde-lṅa* abgeschlossen im Drucke vor. Das Werk muß indessen schon im Anfang des vierzehnten Jahrhunderts bekannt gewesen sein, denn *bSod-nams rgyal-mts'an* von *Sa-skya* hat dasselbe für seine im Jahre 1327 verfaßte Geschichte der tibetischen Könige benutzt,[1] nämlich für die

[1] LAUFER, T'oung Pao, 1908, p. 39. Damals mußte ich sagen, daß mir von dem Werke nichts bekannt sei; ich habe es erst im Frühjahr 1908 (das Manuskript jenes Aufsatzes im T'oung-Pao war im Sommer 1907 eingereicht worden) in Darjeeling im Besitze von Sarat Chandra Das kennen gelernt.

Beschreibung des Festes der Einweihung der Tempelbauten von *bSam-yas*. Er zitiert das Buch in der Form *bKai t'aṅ-yig c'en-mo* „die große Aufzeichnung der Ansprachen", und es wäre denkbar, daß es früher unter dieser Bezeichnung Kurs gehabt hätte, um so mehr, als wir noch jetzt in den beiden Drucken aus dem siebzehnten Jahrhundert im Kolophon des zweiten Teils, des *rGyal-poi bka t'aṅ yig*, zweimal den Titel *t'aṅ-yig c'en-mo* antreffen. Bedenklicher ist freilich, daß der Liederkatalog des Verfassers der Geschichte der Könige von Tibet von dem, der in unserem Werke enthalten ist, große Abweichungen aufweist, die so weit gehen, daß sie uns zu der Annahme zwingen, daß die ihm vorliegende Rezension von der unsrigen verschieden gewesen sein muß.[1] Es scheint daher beinahe gewiß, daß es von diesem Werke, ebenso wie von der Lebensbeschreibung, zwei verschiedene Rezensionen gibt.

Was die den Drucken zugrunde liegenden Handschriften betrifft, so führt sie die Tradition, wie die oben aus den Kolophons mitgeteilten Angaben zeigen, auf Padmasambhava selbst zurück. Alle sind an Stätten seiner Wirksamkeit in *bSam-yas* geborgen und dort später entdeckt worden. Die Annahme liegt ja nahe, daß das Kloster *bSam-yas* am ehesten Dokumente, die sich auf sein Leben und seine Tätigkeit bezogen, oder Aufzeichnungen, die von ihm herrührten, pietätvoll aufbewahrt hat. Das absichtliche Verstecken von Handschriften, das in der Geschichte der Altbuddhisten[2] und der *Bon* eine so große Rolle spielt, schmeckt natürlich stark nach späterer frommer Dichtung; aber an der Tatsache der Entdeckung vieler alter Handschriften brauchen wir darum nicht zu zweifeln. Die tibetischen Bücher vom siebenten bis neunten

[1] Näheres im Abschnitt II dieser Einleitung.

[2] Vergl. besonders Lebensbeschreibung, Kapitel 28.

Jahrhundert können nichts anderes als Handschriften gewesen sein; denn den Holztafeldruck haben die Tibeter erst von den Chinesen erlernt, die selbst diesen erst seit dem achten Jahrhundert betrieben haben. Ein genaues Datum betreffend die Einführung des Druckes in Tibet ist bisher nicht festgestellt worden; außerhalb Tibets, im Gebiete des Kukunōr, in Kansu und in Peking sind tibetische Bücher früher als in Tibet selbst gedruckt worden, wahrscheinlich schon im neunten Jahrhundert.[1] Die so häufigen Berichte über die plötzliche Entdeckung von Manuskripten bedeuten wohl nichts anderes, als daß dieselben aus dem Staube der Klosterbibliotheken ans Licht gezogen wurden, um dem Drucke übergeben zu werden. Prof. PAUL PELLIOT[2] hat in der „Grotte der Tausend Buddhas" *(Ts'ien Fo-tung)* im Nordwesten der chinesischen Provinz Kansu eine Anzahl alter tibetischer Handschriften in der Form von Rollen aufgefunden. Oben haben wir im Kolophon des *Lha-ạdre bkai t'aṅ-yig* gelesen, daß das Manuskript dieser Schrift auf gelbes Papier und auf einer einzigen Rolle geschrieben war, und dasselbe erzählt die Überlieferung von der Originalhandschrift der Lebensbeschreibung (s. Anhang, II). In anbetracht dieser wichtigen archäologischen Entdeckungen haben wir allen Grund, zu dieser literarischen Tradition von der Beschaffenheit der alten Manuskripte volles Vertrauen zu haben.

Noch aus dem vierzehnten Jahrhundert besitzen wir ein positives Zeugnis für den Gebrauch von Papierrollen. Der erste Zensus des Volkes von Zentral-Tibet, auf Veranlassung der Mongolenkaiser zur Zeit der *Sa-skya* vorgenommen, wurde auf eine Rolle Papier geschrieben und im Archiv der *Sa-skya* aufbewahrt; dieses amtliche Dokument wurde vom Verfasser

[1] PAUL PELLIOT, La Mission Pelliot dans l'Asie centrale, Hanoi, 1909, p. 25.

[2] L. c., p. 26 supra.

des Werkes *rGya Bod-kyi yig-tsʻan* „Urkunden von China und Tibet“ kopiert und seinem Buche einverleibt.[1] Noch gegenwärtig werden die Patente für die Klöster, die von der Zentralregierung in Lhasa ausgestellt werden, und von denen ich mehrere in verschiedenen Klöstern gesehen habe, auf eine lange Rolle von gelber Seide geschrieben.[2]

Das elfte bis dreizehnte Jahrhundert scheinen die Zeit zu umfassen, in welcher die meisten Handschriften der Altbuddhisten zum Vorschein kamen. In der chronologischen Tafel *Reu-mig* des *Sum-pa mkʻan-po*[3], verfaßt im Jahre 1747, finden wir die folgenden darauf bezüglichen Daten. Im Jahre 1066 entdeckte *lCe-sgom naṅ-pa* die verborgenen Schriften eines rÑiṅ-ma Lama, namens *lCe-btsun.* Einige professionelle Handschriftenjäger *(gter-ston)* der rÑiṅ-ma fanden im Jahre 1117 versteckte Bücher. Im Jahre 1231 erlangte der Guru *Cʻos-dbaṅ* (1211—1272) versteckte religiöse Schriften aus *gNam-skas-brag* (d. i. ‚Felsen der Himmelsleiter‘), und 1255 fand derselbe die sogenannten sechs rÑiṅ-ma Schriften. Chandra Das[4] zählt nach der Lebensbeschreibung 49 Orte in Tibet auf, in welchen heilige Bücher der Altbuddhisten zum Vorschein gekommen sind. Die Bon, von deren Literatur man mit einer Variante nach Goethes Faust urteilen kann: dasselbe sagen die rÑiṅ-ma auch, nur mit ein bischen anderen Worten, haben in dieser Hinsicht ihren Vorbildern redlich oder unredlich nachgeeifert.[5]

Über das Alter der Originalhandschrift oder Handschriften

---

[1] JASB, Vol. 73, Part I, 1904, p. 100.

[2] Bedruckte Papierrollen liegen in den Dhāraṇī vor, die in das Innere der Gebetsräder eingeschlossen werden.

[3] Übersetzt von Chandra Das in JASB, Vol. 58, Part I, 1889, pp. 37—84.

[4] Dictionary, p. 525 b.

[5] Vergl. JASB, Vol. 50, Part I, 1881, p. 199.

des *bKa-t'an sde-lna* wage ich vorläufig kein abschließendes Urteil zu fällen; die Frage ist identisch mit der nach der Zeit der Abfassung des Werkes. Im allgemeinen läßt sich davon, ebenso wie von der Lebensbeschreibung, sagen, daß dasselbe zwischen dem neunten und zwölften Jahrhundert entstanden sein muß. Man wird aus dem Anhang ersehen, in welchem die Literaturgeschichte der Lebensbeschreibung erörtert wird, daß ich jetzt geneigt bin, die Entstehung derselben in das neunte Jahrhundert zu versetzen. Ich möchte nicht a priori dieselbe Nutzanwendung auf das vorliegende Werk machen, das erst vollständig durchgearbeitet werden müßte, um diese Frage zu entscheiden. Auf Grund des hier mitgeteilten Abschnitts läßt sich so viel urteilen, daß hier unzweifelhaft viele echte Traditionen aus der Padmasambhava Zeit des achten Jahrhunderts vorliegen, und daß das Kulturbild, das uns hier von jener Epoche entrollt wird, auf eine deutliche Anschauung jener Zeit, auf zeitgenössische Überlieferungen und Aufzeichnungen zurückgehen muß.

II.

Auf den folgenden Blättern ist der dritte der fünf Abschnitte des *bKa-t'an sde-lna*, das *bTsun-moi bkai t'an-yig* „die Aufzeichnung von Padmasambhava's Ansprachen an die königlichen Frauen" in Text und Übersetzung enthalten. Der Grund, weshalb ich mit der Bearbeitung dieses Teiles begonnen habe, liegt darin, daß sich der Inhalt dieses Werkes eng an meine frühere Studie über Padmasambhava und die Tempelbauten von *bSam-yas* anschließt, und weil gerade dieses Werk ein hervorragendes psychologisches und kulturhistorisches Interesse beansprucht. Es erschließt eine uns bisher unbekannte Gattung der tibetischen Literatur und eröffnet ein lebendiges

Stück alttibetischen Kultur- und Seelenlebens, von dem wir bisher kaum eine Ahnung gehabt haben. Wir werden in das Tibet der Tage eingeführt, als der Buddhismus gerade seine Wurzel zu schlagen begann, und die ersten Mönche als Vertreter seiner Lehren geweiht wurden. Wir sehen, wie die strengen Vorschriften der neuen Religion einen Konflikt zwischen dem alten Freiheitsgefühl, dem Drang der Persönlichkeit, und der engen Mönchsregel schaffen. Wir sehen eine Königin in sündiger Liebe zu dem geweihten Mönche entbrennen und ihre zurückgewiesene Leidenschaft in langem Siechtum büßen, das die Zaubermacht der gekränkten Kirche über sie bringt, und wir sehen auf der anderen Seite einen Heiligen, einen Lama, den Padmasambhava selbst, den Ehebund mit einer Prinzessin, der Tochter jener Königin, schließen.

Das Werk zerfällt in vier Teile: 1. Die Erbauung der Tempel von *bSam-yas* und das Fest der Einweihung (Kapitel 1—4); 2. die Liebes- und Leidensgeschichte der Königin *Ts'e-spoṅ bza* (Kapitel 5—16); 3. Geschichte der Prinzessin *K'rom-pa rgyan* (Kapitel 17—21); 4. Padmasambhava's Ansprachen an die Königin *P'o-yoṅ bza* (Kapitel 22).

Im 1. Kapitel wird kurz die Geschichte der Erbauung der Tempel von *bSam-yas* berichtet; diese Schilderung steht an Anschaulichkeit, Ausführlichkeit und Genauigkeit weit hinter der im *rGyal-rabs* zurück. Sie ist hier nicht um ihrer selbst willen gegeben, sondern als Einleitung, um den Schauplatz der folgenden Geschichte zu charakterisieren, als ein Symbol, das die neue buddhistische Denkweise andeuten soll, von welcher die sich hier abspielenden Ereignisse erfüllt sind. An Abweichungen in Einzelheiten fehlt es nicht; am auffallendsten ist, daß die Dauer des Tempelbaues auf fünf Jahre angegeben wird, im Gegensatz zu *rGyal-rabs*, *Sanang Setsen* und *Bu-ston*

(1288—1363), die übereinstimmend dafür zwölf Jahre annehmen, und daß hier diese Zeit von 737—741 datiert wird. Auch die Lebensbeschreibung des Padmasambhava (Kapitel 62) läßt den Tempel in fünf Jahren erstehen, datiert diese indessen von 749—753. Wir haben also bisher sieben verschiedene Ansetzungen für dieses Datum,[1] und andere Quellen mögen noch andere haben. Die Verwirrung der tibetischen Chronologie im achten und neunten Jahrhundert ist eine höchst merkwürdige und bis jetzt unerklärliche Tatsache, und die Widersprüche der Quellen lassen sich vorläufig nicht ausgleichen. Wir müßten erst mit den älteren Werken über Chronologie und den Methoden der chronologischen Berechnungen vertraut sein, um die Fehlerquellen der einzelnen Autoren ausfindig machen zu können.

Kapitel 2—4 sind den Liedern gewidmet, die während des Festes der Einweihung vorgetragen wurden, und der Text von fünfen dieser Lieder ist hier vollständig mitgeteilt, in denen uns somit die ältesten erhaltenen tibetischen Volkslieder vorliegen dürften. Verwandtschaft in der Komposition und Sprache mit den Liedern des Milaraspa ist unverkennbar, ganz besonders in Lied 2 mit seinen negativen Formen und irrealen Bedingungssätzen, und in Lied 3, wo der negativ ausgedrückte Gedanke dem positiven vorausgeht. Das dreizehnstrophige Freudenlied der Herren in Kapitel 3 ist ein besonders wertvolles Dokument zur Beurteilung dessen, was die Einführung des Buddhismus für die Tibeter bedeutet hat; im Gegensatz zu den vier vorausgehenden Zauberliedern wird darin das Wesen des Buddhismus als einer Religion charakterisiert und der Freude über seine religiösen und kulturellen Segnungen

---

[1] Vergl. T'oung-Pao, 1908, p. 33, Note 4.

Ausdruck verliehen. Es kann somit gar keine Rede davon sein, daß, wie man so einseitig betont hat, nur eine entartete Form des Buddhismus, ein Zauber- und Dämonenkult, nach Tibet gedrungen sei; hier werden der Erlösungsgedanke und die ethischen Forderungen und Wirkungen der neuen Religion gepriesen, Eigenschaften, die ihr so schnell die Welt des Ostens über die Grenzen Indiens hinaus erobert haben. Dämonologie und Zauberwesen herrschten in Tibet auch schon vor dem Buddhismus. Hätte er dort wirklich festen Fuß fassen können, wenn er nichts anderes, nichts höheres zu bieten hatte? In den Versen der Herren, der Besten der Nation, malt sich eine solch aufrichtig naive, warm empfundene Freude über den neu errungenen Besitz aus, — wie freuen sie sich der Übersetzungen, des Lesens, des Schreibens und der Beschauung! — daß sie ganz gewiß das vollkommene Bewußtsein von dem inneren wahren und idealen Gehalt des Buddhismus in sich getragen haben müssen.

Die Namen der hier aufgezählten Lieder und Sänger weichen von dem Liederkatalog des *rGyal-rabs*[1] völlig ab und stimmen nur in wenigen Fällen mit demselben überein. Das dort mitgeteilte Preislied des Königs *K'ri-sroṅ* auf die Tempel von *bSam-yas* ist hier nicht erwähnt, der König tritt hier überhaupt nicht als Sänger auf. Außer diesem Einleitungsliede werden in der Geschichte der Könige von Tibet die Titel von 25 Liedern aufgezählt; aus der Schlußbemerkung, daß „es unmöglich sei, jedes Lied zu nennen, das im Laufe eines ganzen Jahres jeglicher Mann gesungen hat", geht hervor, daß hier nur eine beschränkte Auswahl von Liedernamen gegeben ist. Ebenso heißt es in unserem Werke (Kapitel 4, gegen Schluß), daß der

[1] T'oung-Pao, 1908, pp. 44—46.

Liederarten 1500 waren, von denen neunzig genannt werden. Im *rGyal-rabs* sind die Lieder nach den Sängern gruppiert, die sich ihrem Range nach folgen. Es treten auf der König, zwei seiner Söhne, die Königinnen, die Geistlichen, die Beamten einschließlich der Baumeister, die adligen Herren, die Jünglinge, die Nonnen, und endlich die Ärzte. In unserem Buche sind, nachdem die vier Zauberlieder und das Herrenlied erledigt sind, die übrigen Lieder nach sachlichen Gesichtspunkten eingeteilt; wir haben Liebeslieder, Mitleidslieder, Freudenlieder, viele buddhistisch-religiösen Lieder usw. Wie daher schon oben bemerkt, muß dem Verfasser des *rGyal-rabs* eine von der unsrigen wenigstens in dieser Partie grundverschiedene Rezension des Werkes vorgelegen haben: auch die dem Liede des Königs voraufgehende Einleitung mit der Schilderung der Maskentänze fehlt hier.

Folgendes sind die Übereinstimmungen in beiden Versionen. In Kapitel 2 treffen wir das Lied des Padmasambhava, dem im Katalog des *rGyal-rabs* das Lied *Lha-ạdre zil-gnon* „die Überwindung der Dämonen" zugeschrieben wird. Das vierte Zauberlied wird von dem Baumeister *Šud-pu dpal-gyi seṅ-ge* vorgetragen, der im *rGyal-rabs* das Lied Nr. 14 mit dem unerklärbaren Titel *dur c'uṅ γyu riṅs* singt. Das Freudenlied der adligen Herren im 3. Kapitel ist sicherlich nicht identisch mit dem Liede Nr. 22 von „den wunderbaren Goldblumen", das sie dem *rGyal-rabs* zufolge gesungen hätten. Im 4. Kapitel unseres Buches rezitiert *Mu-tig btsan-po*, ein Sohn des Königs, ein Preislied (*stod-glu*); nach dem *rGyal-rabs* sang er die Weise (Nr. 2) von „dem trotzigen Löwen" (*seṅ-ge ạgyiṅ-ba*); ob diese beiden Lieder zu identifizieren sind, läßt sich kaum entscheiden. Volle Übereinstimmung liegt in der Bezeichnung des folgenden Liedes des Çāntirakṣita vor, das in beiden Rezensionen *sgom p'ren dkar-po* „der weiße Rosenkranz der Meditation" betitelt ist. *Nam-mk'ai sñiṅ-po*, der hier fünf Liebeslieder vorträgt, singt nach dem *rGyal-rabs* die Weise „vom Schweben des Garuḍa am Himmel" (*mk'a-la k'yuṅ ldiṅ*); ebenso werden dem Vairocana in beiden Versionen verschiedene Themata untergeschoben. Im übrigen sind sowohl die Namen der Sänger oder Sängerinnen als auch die Themata verschieden; eine wirkliche Übereinstimmung läßt sich also nur in zwei Fällen, für Padmasambhava und Çāntirakṣita, genau konstatieren. Daß dieselben Sänger mit abweichenden Liedtiteln vorkommen, ist an sich kein Widerspruch; hatten sie doch im Laufe eines Jahres, wenn diese Angabe zutrifft, Gelegenheit genug zum Vortrage mannigfacher Lieder.

III.

Im 5. Kapitel beginnt die Erzählung. Padmasambhava entsendet in Gestalt von Lichtstrahlen Emanationen aus seinem Körper in alle Weltgegenden, bis die Fünf Brüder, die Vertreter der vier Himmelsrichtungen und der Mitte, erscheinen, um bei ihm religiöse Vorträge zu hören. In dieser Tätigkeit wird er durch die Ankunft der schwarzen Du-har gestört (Kapitel 6), die aus China gekommen sind, um Padmasambhava für den König von *bTsoṅ-k'a* zu gewinnen. Diese ehrenvolle Einladung lehnt er indessen mit Rücksicht auf sein gegenwärtiges Lehramt ab und schlägt den Vairocana als passendsten Kandidaten für diese Mission vor. Dieser wagt dem allgewaltigen Meister gegenüber keinen Widerspruch und macht sich zur Reise bereit. Die Episode, wie ihm zwei seiner besten Freunde nacheilen, um ihn nach China zu begleiten, wie er sie nur mit Mühe zur Umkehr bewegt, ihnen seinen Rappen schenkt und das betrübte Tier durch ein Lied tröstet, ist poetisch recht artig ausgedacht und durchgeführt. König *K'ri-sroṅ* ist jedoch nicht gewillt, seinen besten Übersetzer ziehen zu lassen (Kapitel 7) und bereitet ihm ein glänzendes Fest, um ihn zurückzuhalten. Die Du-har werden nach China zurückgeschickt, und nach drei Jahren findet man so viel Zeit, um ein Entschuldigungsschreiben dahin zu befördern. Vairocana verbringt diese Zeit in Meditationsübungen in einer Felsgrotte, von Tieren und Göttern geliebt und geehrt. Während dieses religiöse Verdienst im ganzen Lande die Saat der Tugend ausstreute, reichte es doch nicht hin, um den Frauen von Stande die Liebesleidenschaft auszublasen. Im Gegenteil, es grassierte damals eine Epidemie heftiger Liebeslust unter den Frauen der besseren Kreise, wie unser Autor meint. Am meisten war davon die königliche Gemahlin *Ts'e-spoṅ bza* angesteckt, deren „Leidenschaft die größte in der ganzen Welt war", und die sich später selbst in reuiger Demut als „ein leidenschaftliches Geschöpf" denunziert. Sie verliebt sich in Vairocana, den frommen Mönch, in seine Gestalt und in seine Rede, da sie in seinem Anblick das Schöne, in seinen Worten das Wahre fand.[1] Sie weiß den schwachen König, ihre Kinder und ihr Gefolge eines Tages geschickt zu entfernen und lädt den arglosen Meister zu einem Tête-à-tête im obersten Stockwerk eines einsamen Schlosses ein. Sie wirft ihren Köder in Form einer erlesenen Mahlzeit aus, die sich der Meister vortrefflich schmecken läßt, ohne ein Wort zu sagen, ohne dieses Einleitungsspiel zu verstehen. Da wirft sich ihm die Königin an den Hals, ihre Liebe bekennend und um Liebe flehend. Er erschrickt zu Tode, zittert am ganzen Leibe und ringt mit

[1] Im 9. Kapitel charakterisiert ihn die Schmiedin mit den Worten, daß sein Aussehen noch hübscher als seine sanfte Rede sei.

Mühe nach Fassung. Wir erwarten, daß er auf sein Mönchsgewand weisen, sich mit dem Schilde seines Keuschheitsgelübdes, seiner Ordensregel, verteidigen wird. Nichts von alledem. Seine Antwort gipfelt in der Banalität des *qu'en dira-t-on*: Ja, was werden die Leute dazu sagen? Die Lehre Buddhas ginge ja zugrunde, wenn ich hier ertappt würde. Das Motiv seiner Ablehnung ist die Furcht vor Entdeckung. Aber er hatte die Vorsicht als sein Teil erwählt und das Außentor hinter sich abgeschlossen, durch das er schleunigst entflieht. Die Szene ist dramatisch kurz geschildert, nicht ohne Geschick, mehr angedeutet als ausgeführt.

In der zurückbleibenden Königin erwacht der ganze Stolz des gekränkten Weibes (Kapitel 8). Es ist die alte Geschichte von Frau Potiphar. Sie tobt sich erst gründlich aus, zerzaust ihr Gewand, bringt sich Nägelwunden bei und schreit nach ihrem Gefolge und dem Könige. Sie spielt ihre Komödie recht gut, so daß alles in der ersten Aufregung *tuez-le* ruft. Man begnügt sich indeß bei ruhigerem Blute, Vairocana als Luft zu behandeln und mit kalter Nichtachtung zu strafen. Tief gekränkt verläßt dieser mit einem kräftigen Fluche gegen die Königin, deren Intrigue er durchschaut, die Stätte seiner Wirksamkeit und begibt sich auf die Wanderschaft.

Man wird hier die Benennung von Lokalitäten nach Ereignissen aus dem Leben des Heiligen bemerken, wie „die weiße Paßhöhe des Lachens", den „Kuhweg" u. a., ebenso wie dies in den Geschichten des Milaraspa begegnet. Die padmaistische Literatur schwelgt in der Lokalisierung von Ereignissen und in einer peinlich-genauen Fixierung von Ortsnamen (vergl. die Exaktheit, mit der Padmasambhava in Kapitel 13 den Aufenthalt Vairocanas bestimmt); ebenso geht sie verschwenderisch mit chronologischen Definitionen um und legt den Namen des Tiercyklus eine mystisch-symbolische Bedeutung unter (vergl. besonders Kapitel 22).[1]

Vairocana kehrt auf seiner Wanderung in eine Schmiedehütte ein (Kapitel 9), wo man ihn bewirtet, und wird von dem Schmied unter dem falschen Verdacht verfolgt, ein Schmuckstück seiner Frau entwendet zu haben. Die beiden Charaktere des Schmiedes und der Schmiedin sind hübsche Bilder aus dem Volksleben der Zeit. König *K'ri-sroṅ* ist über Vairocanas Entfernung untröstlich (Kapitel 10) und zieht zu Rosse aus, um ihn zu suchen, in der Absicht, ihm die Königin, in die er ihn verliebt wähnt, zum Geschenk zu machen. Daß er, der Gesetzeskönig und Pantoffelheld, einer solchen Handlung fähig wäre, ist durch die Tatsache beglaubigt, daß er dem *rGyal-rabs* zufolge trotz der gemeinsamen Opposition der buddhistischen und antibuddhistischen Partei den Padmasambhava mit einer seiner Gemahlinnen bedacht hatte.[2] Der König erreicht den Flüchtling am Flusse *sKyi-c'u* (auf den Karten: *Ki-chu*), kann aber wegen hohen Wellengangs den Fluß nicht durchreiten, was jedem Reisenden in Tibet nicht selten begegnet. Die Schilderung ist sehr anschaulich und naturwahr. Er ruft daher den am Nordufer befindlichen Vairocana an, bittet ihn, zurückzukehren, und verspricht ihm großmütig seine Frau als „ständige Freundin". Vairocana zieht mit einer pessimistischen Tirade gegen die Weiber los und beschuldigt die Königin, worauf er das Weite sucht.

Es ist beachtenswert, daß in dieser ganzen Geschichte die Reden der Personen, wenn sie von anderen für andere

---

[1] Am hervorstechendsten sind diese Merkmale in der kleinen Schrift „die Prophezeihung durch Padmasambhava" (*ma-oṅ luṅ-bstan*).

[2] T'oung-Pao, 1908, p. 18. Vermutlich ist diese Sitte ein Ausfluß der früher unter allen tibetischen Stämmen verbreiteten gastfreundschaftlichen Ehe.

wiederholt werden müssen, in homerischer Weise, wenn auch mit geringen Varianten im Ausdruck, vollständig zitiert werden; ebenso wird die Erzählung von Ereignissen wiederholt. Der Bericht, den der Schmied über sein Abenteuer mit Vairocana seiner Gattin erstattet, entbehrt nicht eines trockenen Humors.

Der König kehrt erfolglos und mißmutig von seiner Reise nach Hause zurück (Kapitel 11) und repetiert Vairocanas Worte vor der Königin und seinem Gefolge. Der Verdacht, den jener auf die Königin geworfen, entzündet jedoch keine Eifersucht in seinem Herzen, und er denkt an keine Untersuchung oder Frage. Das Volk in *bSam-yas* ließ es inzwischen nicht an schlechten Witzen über den Mönch fehlen, der sich dafür an der Königin rächt und ihr durch den Nāga Nanda den Aussatz zusendet. Er beschwört einen zweiten mächtigeren Nāga und bindet ihn durch einen Eid, um die Königin dauernd an die Krankheit zu fesseln. Der Nāga nimmt seinen Aufenthalt in ihrem Körper, und sie hat zwei Jahre zu leiden. Vairocana ist aber gleichzeitig auf ihre Rettung bedacht, indem er die Göttin Çrīdevī bannt und in Gestalt einer Wahrsagerin nach *bSam-yas* entsendet. Die Wahrsagerin (Kapitel 12) verkündet aus den Losen die Schuld der Königin und empfiehlt, den Padmasambhava einzuladen, um die Zeremonie der Entsühnung vorzunehmen. Der König entsendet seinen Sohn und seine Tochter auf die Suche nach Vairocana und begibt sich selbst zu Padmasambhava, der unter den Klängen der Musik eingeholt wird. Die Geschwister kehren erfolglos von ihrer Irrfahrt zurück. Der König gerät in empfindliche Verlegenheit vor Padmasambhava, da er nicht weiß, wie er ihm Vairocanas Entfernung erklären soll. Da entschließt sich die Königin endlich zu einem Geständnis der Wahrheit.

Sie legt vor versammeltem Volke und Padmasambhava

ein volles Bekenntnis ihrer Schuld ab (Kapitel 13). Überraschend ist, daß die versammelten Männer hier Partei für die unglückliche Königin ergreifen und gegen den unanfechtbaren Heiligen murren, dem natürlich nichts anzuhaben sei; dies zeugt von feinsinniger Beobachtung der Volkspsyche von seiten des Verfassers. Das Volk mißtraut ja überall den Anhängern des unfreiwilligen Zölibats. Padmasambhava geht mit der Königin streng ins Gericht und malt ihr die Höllenstrafe aus: erst eine Beichte mit Sühnopfern in Anwesenheit Vairocanas kann sie vom Aussatz heilen. Er findet seinen Aufenthaltsort durch die Abhijñā aus und schickt den Königssohn dahin, um den Meister herzuberufen, der im Triumphzug nach *bSam-yas* zurückkehrt.

Die Königin beichtet vor ihm (Kapitel 14), so daß alle Anwesenden in Tränen ausbrechen, daß sogar Padmasambhava es auf ein feuchtes Auge bringt, und den Vairocana ein Gefühl des Mitleids anwandelt. Es findet die Zeremonie der Heilung statt. Vairocana beschwört den Nāga in ihrem Körper, der in Gestalt einer großen schwarzen Spinne ausgespieen wird, und die Königin ist geheilt. Aber das Ende ihrer Leiden ist noch nicht gekommen. Es muß erst die Probe darauf gemacht werden, ob ihre Sünden wirklich gesühnt sind, ob sie im Drange aufrichtiger Reue gehandelt hat (Kapitel 15). Diese Probe besteht sie nicht. Während bei der heiligen Prozession unter den Füßen aller Teilnehmer Lotusblumen hervorschießen, die Zahl derselben nach dem Rang und Tugendverdienst der einzelnen abgestuft, entstehen hinter den Schritten der Königin keine Blumen, und die vor ihr gesprossen waren, verbrennen. Sie hat also keine Reue über ihr Tun empfunden. Und das gibt sie in ihren eigenen Gedanken zu. Diesem trotzigen, eigenwilligen Charakter

2*

ist der Buddhismus mit seinen autoritativen Ansprüchen zuwider; ein Schauder packt sie vor dieser neuen Klerisei mit ihrer Anmaßung, die sie, nicht sehr mit Unrecht, politischer Absichten auf das Land verdächtigt, und sie sagt sich, daß sie unter solchen Umständen doch die alte Bon-Religion vorziehe. Sie beugt sich nur, weil sie ihrer Krankheit ledig werden will. Wenn sie also bei ihrer Beichte im vorigen Kapitel Vairocana mit den Worten angeredet hatte: „du tugendhafter, verehrungswürdiger Meister, du Gott!“, so wird man darin mit Recht einen trotzig-verächtlichen Hohn erblicken dürfen. Und aus einer anderen Quelle erfahren wir, daß diese Königin wirklich Anhängerin der Bon-Religion gewesen ist, daß der König sie deshalb verlassen hatte, und daß sie bei Hofe nur geringen Einfluß besaß, den sie zwei anderen buddhistischen Gemahlinnen abtreten mußte. Sie soll dann durch Bon-Priester einen Zauber gegen den König gerichtet haben, dessen Wirkung sein Leben erlag, oder ihn nach einem anderen Bericht selbst vergiftet haben. Nach seinem Tode machte sie in Politik und vergiftete den Tronfolger, ihren Sohn, um ihren jüngsten Sohn an dessen Stelle zu setzen. Sie war jedenfalls Tibeterin durch und durch, eine resolute Frau, die ihren eigenen Kopf hatte, ungewöhnlich in ihren Leidenschaften und Ambitionen, nicht ohne politischen Verstand, und doch nicht menschlicher und sympathischer Züge bar. Sympathisch wirkt das Geständnis ihrer Unwissenheit, als ihr Padmasambhava zur schließlichen Sühnung auferlegt, eine lange Serie von Buddhanamen herzubeten, und sie ihn bittet, die Namen für sie herzusagen, um sich vor ihnen zu verneigen.

Das ganze 16. Kapitel ist mit der Rezitation von Padmasambhavas Beichtgebet und der Buddhanamen angefüllt, aber trotz seiner Dürre von großem religionsgeschichtlichem Interesse, da uns diese Reihe von 54 Buddhas ganz neu ist, und da die hier aufgezählten Namen auch nicht in der Serie der Tausend Buddhas vorkommen. Der Autor begeht einen naiven Anachronismus, wenn er Padmasambhava an die Spitze dieser Reihe der vergangenen Buddhas stellt und diese Anrufung dem lebenden Padmasambhava selbst in den Mund legt, und wenn er dann den Padmasambhava selbst in der Reihe der gegenwärtigen Buddhas sein eigenes Kultbild mit den traditionellen Attributen beschreiben läßt! Die Königin erlangt nun Ruhe des Leibes und der Seele, und unter ihren Füßen sprossen Blumen hervor.

In diesem Roman, der in der tibetischen Literatur einzig dastehen dürfte, steckt unzweifelhaft ein historischer Kern, denn sonst wäre die Geschichte nicht aufgezeichnet, sonst wäre sie nicht mit dieser lebendigen Anschauung und Erfassung von Zeit und Ort, mit dieser Treue der uns aus den historischen Annalen bekannten Charaktere, mit den vielen feinen psychologischen Einzelheiten gemalt worden. Der uns unbekannte Verfasser hätte von seinem Standpunkt unter seine Geschichte die Worte setzen können, mit denen A. Dumas seinen Roman *La Dame aux Camélias* schließt: l'histoire de Marguerite est une exception, je le répète; mais si c'eût été une généralité, ce n'eût pas été la peine de l'écrire. Die Geschichte der Königin *Ts'e-spoṅ bza* ist eine Ausnahme, sie ist vielleicht nur einmal in Tibet vorgekommen. Das Verbrechen, das sie begangen, war nicht etwa der Versuch des Ehebruchs; niemand macht ihr einen Vorwurf daraus, am wenigsten ihr königlicher Gemahl selbst. Ehebruch von seiten der Frau ist in Tibet nie ein strafwürdiges Vergehen gewesen und ist es auch heutzutage nicht; Freiheit und Selbstbestimmung des

Weibes sind für alle tibetischen Stämme charakteristisch, und die Frau hat größere Macht, infolge größerer intellektueller und psychischer Fähigkeiten, als der Mann, der dort als Wesen zweiter Ordnung fungiert. Das Vergehen der Königin liegt vielmehr nur in dem Wagnis, einen Angriff auf die Tugend des geweihten Mönches zu machen; hätte es sich um einen Mann von nichtgeistlichem Stande gehandelt, es wäre eine alltägliche harmlose Geschichte gewesen, die ohne Sensation vorübergegangen wäre. Es war aber ein Mönch, der sich widersetzte, und das konnte sich nur in der ersten reinen jungfräulichen Zeit des Buddhismus ereignen, als das Mönchtum eine neue frische Institution war, und die jungen Mönche ihr Gelübde ernst nahmen. Vaìrocana, der Sohn des *Pa-gor-ratna*, gehörte ja zu der auserwählten Schar jener Sieben, die damals zuerst die Priesterweihe empfingen. Es müssen also sittlich ernste würdige junge Männer gewesen sein, die diesen Schritt taten und aus wirklicher Liebe und Überzeugung ein Leben der Entsagung erkoren. Es dauerte nicht lange, bis das alles anders wurde. Die Lamas der rÑiṅ-ma, von ihrem großen Don Juan Vorbild Padmasambhava ermuntert, suchten Anschluß an weibliche Gesellschaft, und die Sa-skya sanktionierten die Ehe der Mönche; erst die Reform des *Tsoṅ-k'a-pa* suchte die alte Ordensdisziplin wiederherzustellen und die strenge Einhaltung des Zölibats zu betonen. Mit dem Erfolg, den solche die Natur bekämpfenden Bestrebungen fast immer haben werden. In den Lamaklöstern sieht man die Frauen in ihrem besten Putz herangeschwirrt kommen, über die Höfe trippeln, zu ihren Seelsorgern hineinhuschen, um sich eine Heilsstärkung oder eine andere Dosis Trost zu holen. Man macht auf geistlicher Seite auch kein Hehl daraus, und ich habe Lamas nie anders als in Ausdrücken der Bewunderung und Affektion vom weiblichen Geschlechte reden hören. Darin liegt demnach der besondere Fall des Vairocana. Die sonderbare, der ganzen tibetischen Gesellschaft so unglaublich klingende Tatsache, daß es einmal eine Zeit gegeben hat, zu der ein gelehrter Mönch von so mönchischer Askese lebte, daß er die Liebe einer galanten Königin zurückwies, war der Erhaltung für die staunende Nachwelt wert, und darin liegt eben der Reiz, den dieses Buch auf den tibetischen Leser ausübt.

IV.

Die Kapitel 17—21 behandeln ein neues Thema, die Geschichte der Prinzessin *K'rom-pa rgyan*, der schönen Tochter des Königs *K'ri-sroṅ* und der *Ts'e-spoṅ bza*. Aus Dankbarkeit für ihre Heilung bietet die Königin dem Padmasambhava ihre Tochter zur Ehe an. Dieser Vorschlag wird von der Wahrsagerin unterstützt, da sein Geschlecht zum Heile der Wesen nicht aussterben soll. Padmasambhava nimmt in diesem Sinne an, gesteht aber offen, daß er schon vorher ein Auge auf die schöne und tugendhafte Prinzessin geworfen habe. Es kann kaum ein Zufall sein, sondern muß wohl der Absicht des Autors zugeschrieben werden, daß diese Geschichte im geraden Gegensatz zu der vorhergehenden steht. Dort der geweihte Mönch, der die irdische Liebe verschmäht, hier der große Heilige, der zweite Buddha, der sich ohne Bedenken vermählt. In Padmasambhava, wie er uns geschildert wird, laufen stets zwei Ideen zusammen, der Königssohn aus edlem Geschlecht[1] und der Heidenbekehrer, dem jedes Mittel zur Bekehrung recht ist. Da der Missionar die Methode befolgt, Frauen in die Seligkeit zu befördern, indem er ihnen beiwohnt,

[1] Man beachte, daß er im Kapitel 17 nur Königssohn, König von Udyāna, vielbewanderter König genannt wird.

so hat auch der Königssohn das Recht zu heiraten. Ob hier die Tradition in dem Bestreben, die wesentlichen Punkte der Buddhalegende auf ihren Helden zu übertragen, sich einfach von dem Wunsche leiten ließ, ihn wie Buddha mit einem Weibe und einem Sohne auszustatten, oder ob hier wirkliche historische Tatsachen zugrunde liegen, läßt sich vorläufig kaum entscheiden. Man sieht indessen, daß der Chronist kein ganz reines Gewissen über dem Bericht dieser sensationellen Geschichte verspürt hat: denn er hält es für notwendig, dem Padmasambhava selbst eine lange metaphysisch-dogmatische Begründung dieser Heirat in den Mund zu legen. Mit dieser Prachtlogik läßt sich allerdings alles verteidigen; der ehrenwerte Heilige heiratet nicht in seinem eigenen Interesse, sondern aus reinster Selbstlosigkeit, zum Besten der leidenden Menschheit, weil die Welt schlecht und blind ist; es ist ein Opfer der Selbstverleugnung, das er zum Heil, zur Erlösung der sündigen und irrenden Geschöpfe auf sich nimmt. Höher kann man den Edelmut wohl nicht treiben, und auch nicht weiter die Frechheit und die Heuchelei, zu der die Weltgeschichte schwerlich eine Parallele bieten dürfte. Und nun vergleiche man die verächtlichen Ausfälle dieses Tartuffe gegen die Frauen (im Kapitel 21), seine Androhung gräßlicher Höllenstrafen für diejenigen, die sich mit ihnen einlassen, von denen er sich selbst indessen wohlweislich ausgenommen wissen will! Solche misogynen Floskeln machen sich im Munde des Frauenverächters Vairocana ganz gut, hatte er doch einigen Grund, dem anderen Geschlechte gram zu sein. Aber dieser Weiberjäger und Verführer, der mit der Tollheit seiner gestohlenen Sentenzen das unschuldige Gemüt der reinen Königstochter vergiftet und sich bei all seinen Anti-Weib-Sermonen nicht abhalten läßt, zwei Söhne mit ihr zu zeugen! Oder haben damit bloß seine späteren Anhänger eine Weißwaschung an ihm vollziehen wollen, indem sie ihn aller sinnlichen Tendenzen entkleiden und auf dasselbe Piedestal wie die Tantra-Götter in der mystisch-sexuellen Vereinigung mit ihren weiblichen Energieen erheben wollten?[1] Sind doch in beiden Fällen bei der Geburt überirdische Mächte im Spiel, die das Verdienst daran für sich in Anspruch nehmen. Wenn es wirklich so sein sollte, und es sieht fast so aus, als wenn es sich so verhielte, daß die mönchische Tradition hier gezwungen gewesen ist, vorliegende unliebsame Tatsachen mit der buddhistischen Lehre auszugleichen, so kann man sich keine fratzenhaftere Verzerrung des reinen, lichtvollen Bildes des ursprünglichen Buddhismus, keinen satanischeren Hohn auf seine Dogmatik ausdenken als dieses Prachtstück kirchlich-lamaischer Apologetik, als dieses frivole Spiel mit religiöser Erbauung, hinter dem nur Lüsternheit und niedere Selbstsucht lauern. Ein Heiliger, der zur Bekehrung und Erlösung der Menschheit mordet und buhlt, den Kardinalgeboten der eigenen Religion, die er verkündet, frech ins Gesicht schlägt, dafür von seinen Anhängern und Gegnern zum zweiten Buddha befördert und noch jetzt von einigen Millionen Menschen als Gott angerufen und verehrt wird! Es hat gar vieles, nicht nur in einem Menschen, sondern auch in einer Religion Platz, und wir stehen entsetzt bei der Betrachtung dessen, was aus einer wohlmeinenden und lauteren Religion werden kann.

Der einzige Lichtpunkt in dieser wilden Orgie der Gedankenverwirrung ist die bedauernswerte Königstochter, die in die Klauen dieses Roué und Wüstlings gefallen ist. Ihre

---

[1] Darauf könnte tatsächlich Abbildung 7 zurückgehen, die ihn mit seiner Çaktī darstellt und die sonderbare Bezeichnung trägt „der leidenschaftlose, fehlerfreie Padmasambhava-çrī!"

Anmut und ihre Tugend werden uns in lebhaften Farben mit den Mitteln indischer Poesie ausgemalt. Dem Paare wird ein Sohn geboren, der sich aber bald als Verkörperung des Bösen, Māra, entpuppt; vergebens trachtet er seinem Vater nach dem Leben, um seine Lehre auszurotten, und stirbt aus Ärger über den mißlungenen Anschlag, — eine Buddha-Māra Versuchungsgeschichte in lamaistischer Variation. Schließlich aber ersprießt auf göttliche Einmischung hin der ersehnte Musterknabe aus dieser Ehe, der Padmasambhavas Lehre fortzupflanzen bestimmt ist. Der Vater ist freilich von dem frühreifen und übergelehrten Jüngling nicht sehr erbaut und unterwirft ihn in Gestalt eines Bettlers einigen Prüfungen, um ihm rechtzeitig einen Dämpfer aufzusetzen. Die Betrachtungen, die Padmasambhava bei dieser Gelegenheit über die Gefahren der Frühreife und des Schnellsystems des Studiums anstellt, sind recht fein ausgesponnen und werfen ein interessantes Streiflicht auf das Erziehungswesen in der lamaischen Geistlichkeit. Dieses Kapitel klingt in der Zeremonie eines Maṇḍala und in einem Wust von Mystik aus, von dem uns leider zurzeit wenig verständlich ist.

Das nächste und letzte Kapitel 22 steht mit dem Vorhergehenden in gar keinem Zusammenhang, und es ist schwer einzusehen, wie dasselbe überhaupt in dieses Buch hineingeraten ist. Es gehört in eine Gattung der Literatur, die im Lamaismus und in der Sekte der Altbuddhisten insbesondere eine große Rolle spielt, — die der Prophezeiungen, die nicht nur einen religiösen, sondern auch politischen Charakter tragen — viele beziehen sich auf die Vernichtung der Mohammedaner — und darum eines gewissen historischen Interesses nicht entbehren. Mit dem vorliegenden Kapitel ist vorläufig wenig anzufangen, solange wir nicht mehr Proben dieser Erzeugnisse haben, die uns in das Verständnis der zahlreichen geschichtlichen Anspielungen einführen.

V.

Was meine Übersetzung betrifft, so ist sie nur als ein Versuch zu bezeichnen. Der Stil der Texte der Altbuddhisten ist von dem der sogenannten klassischen Literatur des Kanjur und Tanjur wie von der breiten und teilweise schwülstigen Rhetorik des modernen Schrifttums der orthodoxen Sekte grundverschieden. Er ist gedrungen und prägnant und reich an alten und veralteten Ausdrücken, die großenteils weder in unseren europäischen noch in den von den Rechtgläubigen verfaßten einheimischen Wörterbüchern erklärt werden. Dazu kommt, daß der Padmaismus ein entwickeltes System der Dogmatik und Mystik mit einer besonderen Terminologie geschaffen hat, das uns bis jetzt ein Buch mit sieben Siegeln ist. Den modernen Lamas scheint das Verständnis hierfür ganz abhanden gekommen zu sein, und nach vielen Erfahrungen bitterer Enttäuschung, die ich leider mit ihnen gemacht habe, bin ich zu dem Schlusse gelangt, daß wir uns hier auf eigene Faust den Weg durch den Urwald bahnen müssen, d. h. wir müssen Text für Text durcharbeiten und eigentümliche Termini und Redensarten von Fall zu Fall registrieren, um schließlich auf Grund eines umfangreichen Tatsachen- und Vergleichsmaterials in der Lage zu sein, die richtige Bedeutung zu fixieren. Um dieses Ziel zu erreichen, muß vor allem jeder, der an der Übersetzung tibetischer Texte interessiert ist, den Mut der Ignoranz besitzen und auch offen zur Schau tragen. Nicht alle Vorgänger auf diesem Gebiete haben sich dazu verstanden. Wer z. B. Schiefners Übersetzung des Tāranātha oder nur einige Kapitel davon mit dem Urtext vergleicht, der wird nicht selten erstaunt sein, mit welch spielender Leichtigkeit oft wirkliche Schwierigkeiten des Textes übersprungen und unbekannte Redewendungen unterdrückt werden. Ein solches Verfahren ist nicht nur dem Fortschritt unserer Kenntnis der tibetischen Lexikographie hinderlich, sondern auch das Zeichen einer wenig männlichen Feigheit. Man täuscht dem Publikum einen Grad der Einsicht in die Sprache vor, die man nicht besitzt, und die wir der Lage der Dinge nach auch noch gar nicht besitzen können, und sucht mehr zu scheinen als man weiß. Die homerischen Gedichte sind seit Jahrtausenden kritisch bearbeitet und kommentiert worden, und doch finden sich noch genug Wörter und ganze Stellen darin, deren Bedeutung nicht hinreichend gesichert oder doch verschiedenen Meinungen ausgesetzt ist. Kein billig Denkender wird daher erwarten, daß in einer Sprache, deren gesamte geistige Verfassung und Struktur von unserem sprachlichen Denken so weitgehende Abweichungen und so tiefe Gegensätze aufweist, die ihre an sich uns schon fremdartigen Gedankengänge oft genug in ein bizarres Element von Metaphysik, Mystik und Dogmatik taucht, alles und jedes beim ersten Ansturm erobert werden kann. Die langsam und vertieft fortschreitende Arbeit von Generationen wird erforderlich sein, um hier einen erst annähernd gesicherten Besitz zu schaffen. Ich scheue mich nicht, meine Unwissenheit in allen Fällen zu bekennen, wo ich nichts weiß, wie jedesmal in den Noten zur Übersetzung gekennzeichnet; zweifelhafte, unsichere Fälle habe ich durch Fragezeichen markiert oder des näheren als solche dargelegt. Man wird aber auch ersehen, daß ich vieles, was in den landläufigen Wörterbüchern nicht zu finden ist, zu erklären versucht, manches auch abweichend von jenen interpretiert habe. Daß ich dabei stets das Rechte getroffen, bilde ich mir nicht ein; neu erschlossenes Textmaterial wird diese Aufstellungen bestätigen, modifizieren oder widerlegen. Jeder neue Text stellt aber auch wieder neue Aufgaben und Probleme. Darin liegt die besondere Schwierigkeit, aber darum auch der besondere und immer neue Reiz der tibetischen Studien. Jeder, der auf Grund tatsächlicher Belege meine Übersetzung zu verbessern und mich zu belehren imstande ist, wird mir stets herzlich willkommen sein.

TEXT

Nach dem Druck von *dGa-ldan* (als **A** bezeichnet) und dem einige Jahre späteren Druck von *Derge* (als **B** bezeichnet). Vgl. Einführung, S. 4—5.

འབྲོང་བཟའ་བྱང་ཆུབ་སྒྲོན།།

Abbildung 1.
Die Königin ạBroṅ-bza byaṅ-cʿub sgron.

ཕོ་གྱོང་རྒྱལ་མོ་བཙུན།།

Abbildung 2.
Die Königin Pʿo-gyoṅ rgyal-mo btsun.

༄༅ བཙུན་མོ་བཀའི་ཐང་ཡིག་བཞུགས་སོ ༔

[1] Links Bild der འབྲོང་བཟའ་བྱང་ཆུབ་སྒྲོན, rechts das der ཕོ་གྱོང་རྒྱལ་མོ་བཙུན

1. Kapitel.

༄༅༔ ༔འདས་དང་མ་བྱོན་ད་ལྟ་དུས་གསུམ་དུ༔ བཙུན་མོ་རིན་ཆེན་གྲངས་མེད་བྱོན་གྱུར་ཀྱང་༔ དེ་ཙམ་ཡི་གེས་འཇིགས་པས་བྲིར་མ་ལང་༔ ས་འཚོ་གྲགས་འཛིན་ལ་སོགས་བཙུན་མོའི་འཁོར་༔ ཚིག་དོན་སྨྲ་བའི་གསང་ཧགས་ཐུགས་ལ་ཤར་༔ གསལ་བྱེད་ཆོས་ཀྱི་མེ་ལོང་སྟོན་པའི་བསྟན་༔ སྲིད་པ་རབ་ཟད་སྡུག་བསྔལ་རྒྱ་མཚོ་སྐེམས་༔ ལྷ་བར་མཛེས་པའི་སངས་རྒྱས་གཙོ་ལ་འདུད་༔ འགྲོ་བའི་སྡུག་བསྔལ་སེལ་མཛད་སྐྱོབ་པའི་ཆོས་༔ གང་ཟག་བློ་རྣམས་གཅིག་ཏུ་མ་ངེས་པས་༔ གསུང་རབ་བཅུ་གཉིས་འཕགས་ལམ་ཡན་ལག་བརྒྱད་༔ དོན་དམ་སྤྲོས་མེད་ཞི་བ་མྱ་ངན་འདས་༔ ཡོན་ཏན་མཆོག་བསྐྱེད་ཆོས་ལ་ཕྱག་འཚལ་ལོ་༔ ཐུབ་དབང་སློབ་མ་ཉན་ཐོས་སྡེ་གཉིས་དང་༔ སྲིད་རྩའི་ཉེས་བཅོམ་རང་རྒྱལ་རྣམ་པ་གཉིས་༔ ཐམས་ཅད་འདྲེན་པ་རྒྱལ་བ་སྲས་ཀྱི་ཚོགས་༔ རིན་ཆེན་ལྷ་བུའི་དགོས་འདོད་ [2a] ལྷ་བ་ཡིས་༔ མི་ངོམས་ཆོས་སྤྱོད་དགེ་འདུན་རྣམས་ལ་མོས་༔ འཁོར་བར་གནས་ཞིང་སྡུག་བསྔལ་སྤྱོད་པ་རྣམས་༔ སོ་ཐར་ལག་ཏུ་མ་ཐོན་སྙིང་རེ་རྗེ་༔

༔ཤ་ཟ་གདོང་དམར་འདུལ་མཛད་མེས་དཔོན་གསུམ་༔ བཙུན་མོ་བཀའ་ཡི་ཐང་ཡིག་བསྟན་པར་བྱ་༔ གཅལ་ཁྲི་བཙན་པོ་མན་ཆད་ནས་༔ སྨད་ཀྱི་སྡེ་གསུམ་ཡན་ཆད་ལ་༔ བཙུན་མོ་བདུན་ཙུ་དོན་ལྔ་ཡོད་༔ གདུང་རབས་བཞི་བཅུ་ཐམ་པ་ཐལ་ལོ་གསུངས་༔ སེམས་ཅན་བདེ་བྱེད་སངས་རྒྱས་བསྟན་པ་ལ་༔ བོད་ན་བོན་དང་ཆོས་ཉི་མ་དར་བས་༔ བོད་ཁམས་སྲུན་པའི་སྨག་རུམ་འདྲ་བ་འདིར་༔ ཨོ་རྒྱན་ཆེན་པོ་གསེར་གཡུའི་ཁྲི་ལ་བཞུགས་༔ རྒྱལ་པོས་ཕྱག་རྟེན་བསྟེན་བཀུར་འབུལ་བ་བྱས་༔ རྒྱལ་པོའི་ཞལ་ནས་ད་ཅི་འདྲ་ཞིག་བཞེང་ཞུས་པས་༔ ཨོ་རྒྱན་པདྨ་འབྱུང་གནས་ཞལ་ནས་སུ་༔ འདུལ་བ་མདོ་སྡེ་མངོན་པ་གསུམ་དང་མཐུན་པར་བཞེངས་༔ བསྟན་པ་མི་ནུབ་ཆོས་ཀྱི་འཁོར་ལོ་བསྐོར་བར་བཞེངས་༔ 2b དགེ་འདུན་ཀུན་དགའ་ར་བ་ཕྱི་འདུལ་བ་ལྟར་བཞེངས་༔ ནང་མདོ་སྡེ་དང་བསྟུན་ནས་དབུས་ཀྱི་རི་བོ་མཆོག་རབ་ལ་གླིང་བཞི་གླིང་ཕྲན་ཉི་ཟླས་བསྐོར་བའི་ཚུལ་དུ་བཞེངས་༔ གསང་བ་[1] མངོན་པ་དང་བསྟུན་ནས་སྐུ་གསུང་ཐུགས་ཀྱི་བཞུགས་གནས་སུ་བཞེངས་༔ འབྲས་བུ་གསང་སྔགས་དང་བསྟུན་ནས་དཀྱིལ་འཁོར་ཐམས་ཅད་རྫོགས་པར་བཞེངས་གསུངས་སོ་༔ འོ་ན་དེ་ལྟར་བྱེད་པའི་དཔེ་གང་ན་ཡོད་ཞུས་པས་༔ རྒྱ་དཀར་ནག་གི་མཚམས་༔ སྔོན་དུས་བཞེངས་པ་ཨོ་དནྟ་པུ་རིའི་གཙུག་ལག་ཁང་ལ་དཔེ་བྱས་བཞེངས་༔ ས་ཕོ་སྟག་ལོ་སྟོན་ཟླ་འབྲིང་པོའི་ཆོས་བརྒྱད་ཀྱི་ཉིན་༔ ཆུ་ཕོ་འབྲུག་གི་ཉི་མ་སྐར་མ་ལག་སོར་༔ གཟའ་ཕུར་བུ་ལ་ཨོ་རྒྱན་པདྨ་ཉིད་ཀྱིས་ས་འདུལ་མཛད་༔ འོག་ཁང་རྒྱ་གར་དང་བསྟུན་ནས་སྤྲུལ་སྐུའི་ཞིང་ཁམས་༔ བར་ཁང་རྒྱ་ནག་དང་བསྟུན་ནས་ལོངས་སྐུའི་ཞིང་ཁམས་༔ སྟེང་ཁང་བོད་ཡུལ་དང་བསྟུན་ནས་ཆོས་སྐུའི་ཞིང་ཁམས་སུ་བཞེངས་༔ ཤིང་ལྡེ་[2] བས་ཉི་མས་ནས་བཏེག་སྟེ་༔ འོག་སྦྱར་པ་དང་ཤུག་པ་༔

[1] B hat statt dessen རྒྱ་ཕྲག་ [2] So nach B; A: ཛྲེ་

བར་ལྷུང་མ་༔ སྟེང་གསོལ་༔ དབུ་རྩེ་རིགས་གསུམ་སྐུ་གསུམ་ཞིང་ཁམས་༔
དཔེ་ཁ་གསུམ་ཡོད་པས་༔ དབུ་རྩེ་རིགས་གསུམ་ཞེས་བྱའོ་༔ བ་དམར་རྒྱན་
གྱིས་ཁམས་གསུམ་ཟངས་ཁང་བཞེངས་༔ འབྲོ་བཟའ་བྱང་ཆུབ་སྒྲོན་མས་དགེ་རྒྱས་
བཞེངས་༔ ཕོ་གྱོང་རྒྱལ་མོ་བཙུན་གྱིས་བུ་ཚལ་གསེར་ཁང་བཞེངས་༔ མཆོད་
རྟེན་བཞི་༔ གཏེར་[1]ཁ་བཞི་༔ རྡོ་རིང་བཞི་༔ ཟངས་ཀྱི་ཁྲི་མོ་བཞི་༔ ལྷུགས་
ཐག་ལ་སོགས་པ་རྒྱལ་པོའི་དབུ་རྩེ་ཆེན་མོ་འདྲ་བ་ཀུན་ལ་ཡོད་༔ ཕྱི་ལ་ལྷུགས་
རི་ནག་པོ་ཅིག་གིས་བསྐོར་བའི་བསམ་ཡས་འདི་༔ ཆུ་ཕོ་རྟ་ལོ་སྟོན་ཟླ་འབྲིང་པོ་ལ་༔
ལྷ་འདྲེས་བར་དུ་མ་ཆོད་པར་ལོ་ལྔས་ཚར་རོ་༔ དགུན་ཟླ་འབྲིང་པོའི་ཚེས་བཅོ་ལྔ་
ལ་མེ་ཏོག་འཐོར་ [3a] བའི་སྟོན་དུ་བསྐྱེན་པ་ཞག་ཉེར་གཅིག་མཛད་༔ དེ་ནས་རབ་
གནས་མཛད་དོ་༔ ཨེ་མ་སེམས་ཅན་ཉེས་སྐྱབ་ལེགས་འཇུད་བཙུན་མོ་ལྔ་༔ མཆིམས་
བཟའ་མ་ནི་ལྷ་མོ་བཙུན་༔ མཁར་ཆེན་བཟའ་སྟེ་མཚོ་རྒྱལ་གཉིས་༔ འབྲོ་བཟའ་
བྱང་ཆུབ་མ་དང་གསུམ་༔ བཙུན་མོ་ཚེ་བཟའ་མེ་ཏོག་སྒྲོན་༔ བཙུན་མོ་ཕོ་གྱོང་
རྒྱལ་མོ་བཙུན་༔ འཇིག་རྟེན་ཁམས་ན་འགྲན་ཟླ་མ་མཆིས་པའི་༔ ཡ་རབས་
ཚོགས་པས་དཔལ་གྱི་བསམ་ཡས་གྲུབ་༔ རྒྱ་བཟང་བཀོད་ལེགས་རྒྱ་ཆེ་སྒྲིག་སྒྲ་[2]
མཚན་༔ རྒྱ་བོད་འདུས་པ་[3]ཇོར་གདན་གཉིས་པ་འགྱོངས་༔ ལོ་པཎ་བཞུགས་
གནས་བོད་ལ་དྲིན་ཆེར་ཚར་༔ ཉི་འོག་རྒྱལ་ཁམས་བཟང་མཁས་བསམ་ཡས་
ཁྱགས་༔ བཀའ་དང་བསྟན་བཅོས་རྒྱ་གར་གྲགས་ཚད་བསྒྱུར་༔ དམ་པ་ཆོས་ཀྱི་
ཉི་མ་ཤར་བ་བཞིན་༔ བོད་ཁམས་ཐམས་ཅད་ཀུན་ལ་ཐང་མར་བརྡལ་༔ རྒྱལ་པོའི་
མངའ་ཐང་སྟེང་འོག་དབུས་མཐར་རྒྱས་༔ དགྲ་ལྷའི་རྒྱལ་པོ་ཟིལ་གནོན་མོག་མོག་
གྱུར་༔ སྙན་པའི་བ་དན་གྱིས་ནི་ཉི་འོག་ཁྱབ་༔ རྫེ་འཕངས་བདེ་སྐྱིད་ཕུན་སུམ་ཚོགས་

[1] A: གཏར་ [2] A: བསྒྲ་ [3] B: ལོང་སྤྱོད་

3*

པ་འདི་༔ སུམ་ཅུ་རྩ་གསུམ་ལྷ་དང་མཉམ་པར་གྲགས་༔ མགྲོ་རིས་ཐར་བའི་ཐེམ་སྐས་ལྡན་པར་གྱུར་༔ སྐྱེས་བུ་ཐམས་ཅད་ཆོས་ལ་སེམས་པ་སྐྱེ་༔ མ་འོངས་ཕན་པའི་འཕྲིན་ལས་རྒྱ་ཆེར་མཛད་༔ བསམ་ཡས་འགྲོངས་པའི་ལེའུ་སྟེ་དང་པོ་འོ་༔

---

2. Kapitel.

༔ སྤྲགས་པས་སྤྲགས་གླུ་སྣེ་བཞི་གསུངས་༔ གུ་རུ་པདྨ་འབྱུང་གནས་དང་༔ སྣ་ནམ་རྡོ་རྗེ་བདུད་འཇོམས་དང་༔ མཆིམས་ཀྱི་ཤཱཀྱ་པྲ་བྷ་དང་༔ ཤུད་པུ་དཔལ་གྱི་སེང་གེ་སྟེ་༔ 3b ཁོང་བཞིས་མི་རིས་གླུ་རེ་བླངས་༔ ཨོ་རྒྱན་[1] ཆེན་པོས་འདི་སྐད་གསུངས་༔

Lied 1. ཧཱུྃ་ ལྷ་རྗེ་དཀར་པོ་མ་སྒྲུལ་ཙོག་གི་ཞོག་༔
ལྷ་རྗེ་དཀར་པོ་བསྒྲུལ་ཀྱང་ལྷ་ཡི་བག་༔
ཆུ་མིག་གཉན་ཆེན་འདི་མ་དཀྲུག་ཙོག་གི་ཞོག་༔
ཆུ་མིག་གཉན་ཆེན་འདི་བཀྲུགས་ན་ཀླུ་ཡི་བག་༔
དུག་སྦྲུལ་ཁྲ་བོ་འདི་མ་གཟུང་ཙོག་གི་ཞོག་༔
དུག་སྦྲུལ་ཁྲ་བོ་འདི་གཟུང་ན་དུག་གི་བག་༔
བཙྡེ་སྤྲགས་པ་འདི་མ་སྒྲུལ་ཙོག་གི་ཞོག་༔
བཙྡེ་སྤྲགས་པ་འདི་བསྒྲུལ་ན་མཐུ་ཡི་བག་༔
དཔལ་གྱི་བསམ་ཡས་འདི་མ་སྒྲུལ་ཙོག་གི་ཞོག་༔
དཔལ་གྱི་བསམ་ཡས་འདི་བསྒྲུལ་ན་བསྟན་ཟུབ་བག་༔

ཅེས་གསུངས་སོ་༔ སྣ་ནམ་རྡོ་རྗེ་བདུད་འཇོམས་ཀྱིས་གསུངས་པ་༔

---

[1] **B** durchgehends: ཨུ་རྒྱན

Lied 2. ༄༅། མཁའ་ལ་བྱ་འཕུར་ཉམ་མི་ང་༔

མཁའ་ལ་བྱ་འཕུར་ཉམ་ང་ན་༔

བྱ་འདབ་གཤོག་རྒྱས་པ་དོན་རེ་ཆུང་༔

ཉ་འཕྱོ་ཐ་ལ་འཕྱོ་བ་ཉམ་མི་ང་༔

ཉ་འཕྱོ་ཐ་ལ་འཕྱོ་བ་ཉམ་ང་ན་༔

ཉ་ཆུ་ནང་དུ་སྐྱེས་པ་དོན་རེ་ཆུང་༔

ལྕགས་ཀྱི་ག་ཙུ་རྡོས་མི་ཚོག་༔

ལྕགས་ཀྱི་ག་ཙུ་རྡོས་ཚོག་ན་༔

ལྕགས་ལ་ཞུན་ཐར་བྱས་པ་དོན་རེ་ཆུང་༔

བཏྲེ་སྤྲགས་པ་དགྲས་མི་འཛིག་༔

བཏྲེ་སྤྲགས་པ་དགྲས་འཛིག་ན་༔

མི་ཚོར་སྒོམ་སྒྲུབ་བྱས་པ་དོན་རེ་ཆུང་༔

ཞེས་གསུངས་སོ་༔ མཆིམས་ཤཱཀྱ་པྲ་བྷའི་ཞལ་ནས་༔

Lied 3. ༄༅། རིན་ཆེན་གསེར་གྱི་ལྗོན་ཤིང་འདི་༔

ཙ་བ་ནག་པོ་ཀླུ་ལ་ཟུག་༔

རྩེ་མོ་དགའ་ལྡན་ལྷ་ཡུལ་སླེབས་༔

ཡལ་གས་བར་ལམ་མ་སླེབ་ཀྱང་༔

ལོ་འདབ་བོད་ཡུལ་དབུས་སུ་སླེབས་༔

གཅན་གཟན་སེང་གེའི་ཕྲུག་གུ་དེ་༔

རྩལ་གསུམ་ཚད་དུ་མ་རྫོགས་ཀྱང་༔
སྨིར་ཆགས་ཐམས་ཅད་སྐྲད་ནས་འཛོམས་༔

འདབ་[4a] ཆགས་ཁྱུང་གི་ཕྲུག་གུ་དེ་༔
གཤོག་རྩལ་ཚད་དུ་མ་རྫོགས་ཀྱང་༔
འདབ་ཆགས་ཐམས་ཅད་སྐྲད་ནས་འཛོམས་༔

བཙེ་སྔགས་པའི་ཕྲུག་གུ་དེ་༔
སྒོམ་སྒྲུབ་ཚད་དུ་མ་འཁྱོལ་ཀྱང་༔
དགྲ་བོ་ཐམས་ཅད་སྐྲད་ནས་འཛོམས་༔

ཞེས་གསུངས་སོ༔ ཤུད་ཕུ་དཔལ་གྱི་སེང་གེ་དགྲ་ཤི་བ་ལ་དགའ་ནས་༔
ཕྱག་སྤྲེལ་ནས་དབྱངས་སུ་བླངས་པ་༔

Lied 4. སངས་རྒྱས་ཆོས་དང་དགེ་འདུན་གསུམ་༔
ཆོས་ཉིད་ངང་དུ་ཚོགས་འཚོགས་ནས་༔
དགྲ་དུག་ལྷའི་མགོ་ལ་ཙམ་ཙམ་འཁྲིགས་༔

གྲི་དང་མདའ་དང་མདུང་གསུམ་གྱིས་༔
སྐྱེས་དར་མའི་མགོ་ལ་ཙམ་ཙམ་འཁྲིགས་༔

སྔགས་དང་དིང་འཛིན་ཟེར་[1] དང་གསུམ་༔
བཙེ་སྔགས་པའི་ཕྱག་དུ་ཐྲེང་[2] སེ་ཐྲེང་༔
དམ་ཉམས་དགྲ་བགེགས་མགོ་ལ་ཆེམ་ཆེམ་འཁྲིགས་༔

ཞེས་གསུངས་སོ༔ སྔགས་གླུ་སྡེ་བཞིའི་ལེའུ་སྟེ་གཉིས་པའོ་༔

---

[1] B: ཟེར་ [2] B: ཐྲེངས་

3. Kapitel.

༔ ཧཻ་ཡིས་དགའ་གླུ་བཅུ་གསུམ་བླངས་༔

Lied 5. 1. རིན་ཅེན་སྣ་ལྔ་ཚང་བ་བོད་ཀྱི་ཡུལ་༔
འབྲུ་སྣ་ལྔ་ལ་ལོངས་སྤྱོད་མགོ་ནག་ཧཻ་༔
ཚ་བྲང་[1]ཁོད་སྙོམས་ཉི་མ་དབུས་ཀྱི་ས་༔
བོད་ཀྱི་རྒྱལ་པོར་སྐྱེས་པ་ང་རེ་དགའ་༔

2. ཞིབ་མོར་བསགས་པ་ལས་ནི་རྫས་འབྱུང་ཞིང་༔
ཉིན་མཚན་བསམས་པ་ལས་ནི་བློ་འབྱུང་སྟེ་༔
ཡ་རབས་མཛད་པ་ལས་ནི་ཕྱུག་རིས་འབྱུང་༔
རྒྱལ་པོ་ཁྲི་སྲོང་ལྡེའུ་བཙན་ང་རེ་དགའ་༔

3. མེས་པོ་ཐོ་ཐོ་སྙན་ཤལ་ཆོས་དབུ་བརྙེས་༔
སྲོང་བཙན་སྒམ་པོས་ཆོས་ཀྱི་སྲོལ་ཡང་བཏོད་༔
ཁྲི་སྲོང་ལྡེའུ་བཙན་ཆོས་ཀྱི་གཞི་ཞིག་ཐིངས་༔
བཟང་པོའི་ཡར་འཕྲིན་ཡོད་པས་ང་རེ་དགའ་༔

4. [4b]སེམས་ཅན་མཐོ་རིས་ཐར་པའི་ལམ་འགྲོ་བ་༔
བོད་འབངས་རྣམས་ནི་དགེ་བ་བཅུ་ལ་ཚུད་༔
ཟ་ཧོར་མཁན་པོ་བོ་དྷི་ས་ཏྭ་བྱོན་༔
ངན་པའི་མར་འཕྲིན་མེད་པས་ང་རེ་དགའ་༔

5. ཆོས་ཀྱི་གཞི་མ་མི་དགེ་བཅུ་པོ་སྤྱོང་༔

[1] B: གྲང་

སྟོན་པའི་རྟགས་འཛིན་བྱས་པ་ཡིད་ལ་མཛེས་༔
འཇིག་རྟེན་འཁོར་བའི་སྤྱོད་སྤངས་ཆོས་སྤྱོད་བཅུ་༔
སངས་རྒྱས་སྤྱོད་ལམ་ཞེས་པས་ང་རེ་དགའ་༔

6. དུས་གསུམ་མཁྱེན་པའི་སློབ་དཔོན་པདྨ་འབྱུང་༔
ཡ་མཚན་རྨད་བྱུང་སྐུ་ལ་སྐྱེ་འཆི་མེད་༔
མཐུ་རྩལ་ལྡན་པས་རི་རབ་བདེག་པར་ནུས་༔
སངས་རྒྱས་གཉིས་པ་རྡོ་རྗེ་འཆང་གྲོན་དགའ་༔

7. བོད་ཀྱི་ལྷ་འདྲེ་མི་བསྲུན་དམ་ལ་བཏགས་༔
བསམ་ཡས་མི་བས་ལྷ་འདྲེས་བརྩིགས་པ་མཐོ་༔
ང་ཡི་བསམ་ཡས་དབུ་རྩེ་རིགས་གསུམ་འདི་༔
བརྩིགས་པ་མི་འདྲ་སྐྲིས་པ་འདྲ་སྟེ་དགའ་༔

8. ཕ་མའི་ངོར་ཡང་སྡིག་པའི་ལས་མི་བྱེད་༔
སྲོག་གི་ཕྱིར་ཡང་དམ་པའི་ཆོས་མི་སྤོང་༔
ཚེ་འདིའི་དོན་དུ་རྒྱལ་སྲིད་ཆོས་ཀྱིས་སྐྱོང་༔
ཕྱི་མའི་དོན་དུ་ལྷ་ཆོས་བྱེད་པས་དགའ་༔

9. ཕྱི་ཡི་རྒྱལ་སྲིད་ཕྱུགས་ལུག་བཞིན་དུ་སྐྱོང་༔
ནང་གི་རྒྱལ་སྲིད་བུ་ཚ་བཞིན་དུ་སྐྱོང་༔
བར་གྱི་རྒྱལ་སྲིད་བྲན་ཁོལ་བཞིན་དུ་སྐྱོང་༔
རྒྱལ་པོའི་མངའ་ཐང་ཆོས་ལ་སྤྱོད་པས་དགའ་༔

10. འདི་ལས་ལྷག་པ་གང་ན་མེད་དོ་བསམ་༔
ནོར་གྱི་ཞེན་པ་ལྡོག་པའི་གཉའ་གཅག་[1]ཡིན་༔
ལུས་ངག་ཡིད་གསུམ་དགེ་བར་འཁོད་པའི་ཐབས་༔
བདག་ནི་སེམས་ཅན་མཐོ་རིས་འདྲེན་པར་དགའ་༔

11. ངན་ཅིང་བླུན་པའི་བོད་རྣམས་ཆོས་ལ་ཉེན་༔
སེམས་ཅན་འགྲོ་དོན་བྱས་པས་རང་དོན་འགྲུབ་༔
ངན་སོང་[5a]སྐྱེ་བའི་སྲིད་བཅོམ་ཕྱིར་མི་ལྡོག་༔
སངས་རྒྱས་བསྟན་པའི་སྲོག་ཤིང་ཚུགས་པས་དགའ་༔

12. ཞིང་ངན་པ་ལ་སྦྱིན་བཏང་ཚོགས་མི་རྫོགས་༔
ཞིང་མཆོག་བཟང་པོ་དགེ་འདུན་དབུ་སྡེ་གཉིས་༔
འདི་ལ་བཀྲ་ཤིས་བསོད་ནམས་དབང་ཆེན་འཐོབ་༔
ཕྱི་མར་མཐོ་རིས་ཐོབ་པས་ང་རེ་དགའ་༔

13. དགེ་སྡིག་ངོ་ཤེས་ཡ་རབས་ངོ་ཚ་ཐུབ་༔
སེམས་ཉིད་གྲོང་པོ་འདུལ་བའི་གཉེན་པོ་རུ་༔
མདོ་མང་རྒྱུད་མང་བསྟན་བཅོས་མང་པོ་བསྒྱུར་༔
འབྲི་ཀློག་སྒོམ་འཛིན་བྱེད་པས་ང་རེ་དགའ་༔

ཛྫའི་དགའ་གླུའི་ལེའུ་སྟེ་གསུམ་པའོ་༔

---

[1] B: གཅོག་

4. Kapitel.

༔ རྒྱལ་སྲས་སྨུ་རིག་བཙན་པོས་སྟོད་སྒྲུ་བླངས་༔ མཁན་པོས་སྒོམ་འཕྲེང་དཀར་པོ་བྲུ་བ་བླངས་༔ ནམ་མཁའི་སྙིང་པོས་བྱམས་པའི་སྒྲུ་ལྡེ་བླངས་༔ པ་ཚབ་ཉི་མས་སྙིང་རྗེའི་སྒྲུ་ལྡེ་བླངས་༔ གཡུ་སྒྲ་སྙིང་པོས་དགའ་བཞིའི་སྒྲུ་ལྡེ་བླངས་༔ ཆོས་ཀྱི་བཟང་པོས་བཏང་སྙོམས་སྒྲུ་ལྡེ་བླངས་༔ ལེགས་སྦྱིན་ཉི་མས་སྦྱིན་པའི་སྒྲུ་ལྡེ་བླངས་༔ ཡོན་ཏན་མཆོག་གིས་ངག་སྐྱན་སྒྲུ་ལྡེ་བླངས་༔ སངས་རྒྱས་ཡེ་ཤེས་དོན་མཐུན་སྒྲུ་ལྡེ་བླངས་༔ འཕགས་པ་ཤེས་རབ་དོན་སྤྱོད་སྒྲུ་ལྡེ་བླངས་༔ རྒྱལ་བ་མཆོག་དབྱངས་འདོད་པ་ཟག་མེད་བླངས་༔ ཀླུ་ཡི་རྒྱལ་མཚན་མ་རིག་ཟག་མེད་བླངས་༔ དགོངས་པ་གསལ་གྱིས་སྲིད་པ་ཟག་མེད་བླངས་༔ བཀྲ་ཤིས་མཁྱེན་འདྲེན་ལྟ་བ་ཟག་མེད་བླངས་༔ དྲི་མེད་ཟླ་ཤར་ཆོས་ཀུན་སྟོང་ཉིད་བླངས་༔ ཀླུ་ཡི་དབང་པོས་མཚན་མ་མེད་པ་བླངས་༔ གཉན་ཆེན་དཔལ་དབྱངས་སྨོན་པ་མེད་པ་བླངས་༔ 5b སྐྱ་བ་དཔལ་བརྩེགས་མངོན་པར་འདུ་མི་བྱེད་༔ དཔལ་གྱི་སེང་གེས་ལུས་དྲན་ཉེར་གཞག་བླངས་༔ བེ་རོ་ཙ་ནས་ཆོས་དྲན་ཉེར་གཞག་བླངས་༔ ཡེ་ཤེས་མཚོ་རྒྱལ་ཚོར་དྲན་ཉེར་གཞག་བླངས་༔ དཔལ་གྱི་ཡེ་ཤེས་སེམས་དྲན་ཉེར་གཞག་བླངས་༔ སྒྲུ་ཡི་ངོ་བོ་ཐབས་ཀྱི་སྒྲུ་༔ ངེས་ཚིག་སྙིང་པོ་དོན་གྱི་སྒྲུ་༔ དབྱེ་བ་སྟོང་ལྡེ་བརྒྱ་༔ བསྡུ་ན་གནམ་ཡོལ་གཡུང་དྲུང་༔ ས་ཡོལ་གཡུང་དྲུང་༔ སྒྲུ་འཁོར་བ་སྒྲོ་བསྐྱེད་བླངས་པ་ནི་༔ སྟེང་ཚངས་པ་ལྷའི་སྒྲུ་དགུ་བླངས་༔ ས་ཡོལ་པདྨ་༔ བར་ཡོལ་ལན་འདེབས་༔ སྨ་ཐེ་བཙུ་༔ ཏེ་སྲུ་འདུ་༔ ཁྱམས་ཁ་རལ་༔ ཟུར་མེད་༔ ཟླུམ་པོ་༔ གླིང་རི་དྲེ་༔ འཇིག་རྟེན་ལྷའི་སྒྲུ་དགུའོ་༔ བར་མིའི་སྒྲུ་ལ་ལྡེ་སྟེ་༔ གསེར་གྱི་མཆུལ་གླིང་བཞི་གླིང་ཕྲན་དང་བཅས་པ་གྲོས་པོའི་སྒྲུ་༔ ཡིད་བཞིན་ནོར་བུ་བདུན་ཕོག་སྐྱག་མོའི་སྒྲུ་༔ བཀྲ་ཤིས་ཀྱི་རྫས་བརྒྱད་བག་མའི་སྒྲུ་༔ གཙང་ཆབ་མེ་ཏོག་

གི་བཅུད་གསལ་ཁ་ཞང་གི་གླུ༔ འོག་ཀླུ་ལ་གླུ་རིས་བཅུ་གསུམ་མོ༔ གསན་པ་
དང་གི་གླུ་ཚུ་སྲིན་གྱིས་བཀོད་པ༔ གནས་པ་རྒྱ་མཚོའི་གླུ་ཚུ་བོ་བཞིའི་འབབ་ཕྱོགས༔
གཟིགས་པ་ཉི་ཟླའི་གླུ་གཟའ་སྐར་དཔག་ཚད་རྒྱང་གྲགས༔ ཟར་[1]ཚགས་ཀྱི་གླུ་
འཕྲུལ་སྣང་[2]སྐྱོན་ཡོན༔ བ་དན་མཛེས་པའི་གླུ་སྐྱེམས་མཆོག་ཉམས་དགའ༔ འཕན་
གདུགས་གཟིངས་ཀྲོག་གི་གླུ་ཤ་ཚ་ཀློག་ཅལ༔ མན་དྷ་ར་བའི་གླུ་ཡ་རབས་སྐྱེམས་
གསོལ༔ ན་ཆུང་ཙམ་པོ་ཁའི་གླུ་ཕོ་ཀྲོག་དང་མོ་ཀྲོག་གོ༔ ར་ར་ན་ཡའི་གླུ་མི་ཀློག་
གླུ༔ ཨུ་མོ་དའི་གླུ་གཞན་སྨུན་[3]འདོན༔ མེ་དོག་པདྨའི་གླུ་མཛའ་མཐུན་ཡིད་
6a འཕྲོག༔ བྱུང་རབས་རིན་པོ་ཆེའི་ཀཾང་འགྲོས་ཀྱི་གླུ་འདི་ཕྱིའི་བྱ་ར༔ ཚུ་དྲ་
གསེར་སྐའི་གླུ་ཅང་ཤེས་ཀྱི་དྲ་རབས༔ གླུ་རིས་འདི་རྣམས་རྗེ་འབངས་ཀུན་གྱིས་
བླངས༔ གསང་སྔགས་རྡོ་རྗེའི་ཐེག་པ་འདི་ཉིད་ལོངས་སྤྱོད་ཁྱད་པར་ཆེ༔ བསམ་
ཡས་རབ་གནས་ཚར་ནས་ལོ་བཅུ་གསུམ་བར༔ ཉིན་རེ་བཞིན་དུ་མཆོ་མོ་མགུལ་དུ་
ཚོགས༔ མི་རེས་གླུ་རེ་བླངས་སོ༔ ཁྲིག་ཐུབ་ལེའུ་སྟེ་བཞི་པའོ༔

---

5. Kapitel.

༔ཆོས་ཀྱི་རྒྱལ་པོ་ཁྲི་སྲོང་ལྡེའུ་བཙན་གྱིས༔ ཨོ་རྒྱན་ཆེན་པོ་པདྨ་འབྱུང་གནས་
སྐུ༔ དབུ་རྩེ་ཆེན་མོའི་བར་ཁང་སྤྱན་དྲངས་ནས༔ ཐུགས་རྗེའི་བྱིན་རླབས་རིན་
ཅན་ཁྲི་ལ་བཞུགས༔ སྐུ་ཡི་འོད་ཟེར་ལས་བྱུང་སློབ་མའི་ཚོགས༔ འབུམ་ཕྲག་
མང་པོ་འདུས་ནས་སྐོར་བ་བྱེད༔ ལྷ་ཕྱག་འཚལ་ཞིང་མཆོད་པ་རྒྱ་ཆེར་འབུལ༔
ནམ་མཁའ་འོད་གསལ་འཇའ་ཚོན་མང་པོ་ཤར༔ ས་གཞི་མཛེས་པའི་མེ་ཏོག་མང་
པོ་སྐྱེས༔ ཕྱོགས་བཅུ་ཡོངས་སུ་སྒྲ་སྙན་མང་པོ་བསྒྲགས༔ ཨོ་རྒྱན་ཆེན་པོ་པདྨ་

[1] A: ཟ་ར་ [2] A: སྣེར་ [3] B: སྨན་

— 44 —

འབྱུང་གནས་ཀྱིས་༔ སྐུ་གསུང་ཐུགས་ལས་གསང་སྔགས་ཆོས་བསྟན་པས་༔ ཡོན་མཆོད་ལུས་ངག་ཡིད་གསུམ་སྨིན་པ་བྱུང་༔ ཕྱོགས་བཅུ་འཇིག་རྟེན་དག་གི་ཁམས་ཀུན་དུ་༔ གང་ལ་གང་འདུལ་སྤྲུལ་སྐུ་གྲངས་མེད་པས་༔ འགྲོ་དོན་ནུས་པར་ཤོག་ཅིག་ལན་ལྔ་གསུངས་༔ སྤྲུལ་སྐུ་རྣམས་ཀྱང་དེ་དོན་ཐུགས་ཆུད་གྱུར་༔ ཆོས་གསུང་གང་གི་སྒོ་ནས་མ་འགགས་པར་༔ སྤྲོད་ལ་བསམ་ཡས་དབུ་རྩེ་ཆེན་མོ་རུ་༔ ཕྱོན་པདྨའི་སྐུ་ལ་མཆོད་པ་ཕུལ་༔ གུང་ལ་བསམ་ཡས་[6b]མཆིམས་ཕུའི་བྲག་ཕུག་ཏུ་༔ བོད་ཀྱི་ལྷ་འདྲེ་གདུག་པ་ཅན་རྣམས་བཏུལ་༔ ཕྲ་རེངས་[1]ཡར་ཀླུངས་ཤེལ་གྱི་བྲག་ཕུག་བྱོན་༔ དེ་ཚེ་དེ་དུས་ཕྱོན་པདྨ་ལ་༔ བེ་རོ་ཙ་ན་དྲི་མེད་ཟླ་ཤར་དང་༔ ཡར་རྗེ་བརྩེགས་སེ་ཡོན་ཏན་མཆོག་རྣམས་ཀྱིས་༔ པདྨ་ཤེལ་ཕུག་ལྷ་ཁང་མཆོད་པ་ཕུལ་༔ དེ་ཡི་བྱིན་རླབས་པདྨའི་སྐུ་ལས་སུ་༔ འོད་ཟེར་མང་པོ་ཕྱོགས་བཞི་མཚམས་བརྒྱད་འཕྲོས་༔ ཤར་ཕྱོགས་འཇིག་རྟེན་ཁམས་སུ་དཀར་པོ་འཕྲོས་༔ ཞི་སྣང་དགྱུལ་བའི་སྒོ་གཙང་དོན་ཆེད་དུ་༔ ཀོང་པོ་རོང་ནག་ལྷ་རི་གྱང་རྡོར་སོང་༔ རྒྱ་ནག་ཆུ་ཡི་རྒྱ་མཚོ་དག་ལ་ཐིམ་༔ བྱང་ཕྱོགས་འཇིག་རྟེན་ཁམས་སུ་ལྗང་གུ་འཕྲོས་༔ འདོད་ཆགས་ཡི་དྭགས་སྒོ་གཙང་[2]དོན་ཆེད་དུ་༔ དབུ་རི་རླུང་རི་འཚུབ་པོ་ཡལ་ནས་སོང་༔ གོ་སར་མཆོན་གྱི་རྒྱལ་ཁམས་ས་ལ་ཐིམ་༔ ནུབ་ཕྱོགས་འཇིག་རྟེན་འོད་ཟེར་དམར་པོ་འཕྲོས་༔ གཏི་མུག་བྱོལ་སོང་རྣམས་ཀྱི་སྒོ་གཙང་[2]ཕྱིར་༔ གཙང་གཡས་རུའི་རི་རྩེར་ཡལ་ནས་སོང་༔ མངའ་རིས་བསྐོར་གསུམ་དོན་པོར་འོད་དུ་ཞུ་༔ ལྷོ་ཕྱོགས་འཇིག་རྟེན་འོད་ཟེར་སྔོན་པོ་འཕྲོས་༔ ཕྲག་དོག་མི་རྣམས་སྒོ་གཙང་[2]དོན་བྱེད་ཕྱིར་༔ རྒྱ་མོན་མཚམས་སུ་འཇའ་ལྟར་ཡལ་ནས་སོང་༔ ཙ་ལག་རི་བོ་སྲུལ་མང་རྩེ་ལ་ཐོག་༔ སྐྱབས་མཚོ་གླིང་དགུའི་དཀྱིལ་དུ་ཐིམ་

[1] B: རངས་　　[2] B: བཙད་

ནས་ཡལ་༔ དབུས་ཕྱོགས་འཛིག་རྟེན་འོད་ཟེར་སེར་པོ་འཕྲོས་༔ ང་རྒྱལ་ལྷ་མིན་རྣམས་ཀྱི་སྒོ་གཅད་[1]ཕྱིར་༔ ཡར་ཀླུངས་ཟོ་ཐང་གོང་པོ་རི་ལ་ཐིམ་༔ གནམ་མཚོ་ཕྱུག་མོའི་དཀྱིལ་དུ་འོད་དུ་ཞུ་༔ བོད་ཀྱི་ཁྲི་ཤོད་རྒྱལ་མོའི་མཚོ་ལ་ཐིམ་༔ མ་ཕང་གཡུ་ 7a མཚོའི་དཀྱིལ་དུ་ཡལ་ནས་སོང་༔ ཕྱོགས་བཞི་དབུས་ལྔར་ཞལ་ནི་ལྷག་གེ་བྱུང་༔ ཨོ་རྒྱན་པདྨ་རབ་དུ་ཐུགས་དགྱེས་ཏེ་༔ འགྲོ་བའི་དོན་བྱེད་བསམ་ཡས་འདྲ་བ་རེ་༔ རི་དང་མཚོ་དང་ཕྱོགས་དབུས་རང་བྱུང་ལ་༔ མཆོད་པ་སྣ་ལྔ་སྨན་རག་གཏོར་གསུམ་ཕུལ་༔ མཆེད་པོ་ལྔ་ཡིས་པད་འབྱུང་ཞལ་མཐོང་བས་༔ སྤྱན་སྔར་འདུས་ནས་སྐོར་[2]བ་ལྷ་ཕྱག་འཚལ་༔ མཆོད་པ་ཕུལ་ནས་འདོད་དོན་འདི་སྐད་ཞུས་༔ བདག་ཅག་མཆེད་ལྔ་འཁོར་བའི་སྒོ་གཅད་[1]ལ་༔ ཆོས་སྒོ་བརྒྱད་ཁྲི་བཞི་སྟོང་ནང་ནས་ཀྱང་༔ ཁ་ཚང་དོན་འདྲིལ་ཞལ་གསལ་བཀའ་རྣམས་འདུས་༔ ངེས་ཚིག་བདེན་པའི་བསྐྱེད་རྫོགས་བསྟན་དུ་གསོལ་༔ ཨོ་རྒྱན་ཆེན་པོས་འདི་སྐད་བཀའ་སྩལ་ཏོ༔ རིགས་ཅན་ལྔ་ཡིས་འདི་ལྟར་གསོལ་བ་ལེགས་༔ སེམས་ཅན་ཐམས་ཅད་དུག་ལྔའི་དབང་གིས་འཁོར་༔ གནས་ལྔར་སྐྱེས་པ་དེ་རྒྱུན་གཅད་[1]པའི་ཕྱིར་༔ བཀའ་འདུས་ཆོས་ཀྱི་རྒྱ་མཚོ་བཤད་པར་བྱ་༔ ཌོ་ལངས་བདུན་གཟུགས་སེང་གེའི་ཁྲི་ལ་བཞུགས་༔ ཞལ་གྱི་ཕྱུགས་ཞིང་གསེར་གྱི་པ་ཏྲ་བསྣམས་༔ སློབ་བུ་རྣམས་ནི་ཕྱུས་བཙུགས་ཐལ་མོ་སྦྱར་༔ ཞལ་གྱི་བྲག་ཕུག་བཀོད་པ་ལྷུན་གྲུབ་ནང་༔ བཀའ་འདུས་མདོ་ལྔ་རྒྱུད་བདུན་བཤད་ཅིང་བཞུགས་༔ དེ་ཚེ་དེ་དུས་ཤར་ཕྱོགས་འཛིག་རྟེན་གྱི་༔ ལྷ་དང་ལྷ་མོ་མང་པོ་སྤྲིན་གསེབ་ནས་༔ དར་ཁྲ་འཕྱར་ཞིང་སྒྲ་སྙན་བསྒྲག་ཅིང་[3]འདུས་༔ དེ་ནས་མི་མང་པོ་ཞིག་འོང་ཞིང་འདུག་༔ དེ་ནས་པདྨ་བརྩེགས་པའི་ཐང་ལ་ཕེབས་སོ་༔ སྤྲུལ་པ་བཀྱེ་བའི་ལེའུ་སྟེ་ལྔ་པའོ་༔

---

[1] B: བཅད་ [2] B: བསྐོར་ [3] B: བསྒྲགས་ཤིང་

---

6. Kapitel.

7b དེ་ནས་མི་དེ་རྣམས་ཀྱིས་ཕྱག་བཙལ་ལོ་༔ རི་འདིའི་མིང་ལ་ཇི་སྐད་ཟེར་བ་ལགས་༔ བྲག་འདིའི་མིང་ལ་ཇི་སྐད་ཟེད་བ་ལགས་༔ ཁྱེད་རྣམས་མཚན་ལ་ཇི་སྐད་ཟེར་བ་ལགས་༔ ཨོ་རྒྱན་པདྨ་འབྱུང་གནས་ག་ན་བཞུགས་༔ དེ་ལ་ཨོ་རྒྱན་པདྨས་བཀའ་སྩལ་པ་༔ རི་འདིའི་མིང་ནི་པདྨ་བརྩེགས་པ་ཡིན་༔ བྲག་འདིའི་མིང་ནི་པདྨ་ཤེལ་ཕུག་ཡིན་༔ བདག་ནི་འདྲེན་པའི་སྐྱེས་བུ་པད་འབྱུང་ཡིན་༔ འཁོར་པ་འདི་རྣམས་རྡོ་རྗེའི་སྤྲུན་ཟླ་ཡིན་༔ བཀའ་འདུས་ཆོས་ཀྱི་རྒྱ་མཚོ་ཉན་པ་ལགས་༔ རིགས་ཀྱི་བུ་ཉིད་ནམ་མཁའ་དར་གྱིས་བཀང་༔ ས་གཞི་ཐམས་ཅད་རོལ་མོའི་སྒྲ་ཡིས་བཀང་༔ གསེར་གྱི་འཁོར་ལོ་ཤིང་རྟ་བཞོན་པ་དང་༔ འཁོར་པ་མང་པོས་མཐའ་མ་ལེགས་པར་བསྐོར་༔ ཤིན་ཏུ་ངོ་མཚར་ཆེ་བ་ཞིག་སྣང་ངོ་༔ ཡུལ་ནི་ཇི་སྐད་བྱ་ནས་འོངས་༔ མིང་ནི་ཇི་སྐད་བྱ་བ་ཡིན་༔ ད་ནི་གང་དུ་འགྲོ་བ་ཡིན་༔ དེ་སྐད་ཨོ་རྒྱན་པདྨས་བཀའ་སྩལ་པས་༔ མི་རྣམས་ཞབས་ལ་ཕྱག་འཚལ་སྨྲེ་བོས་གཏུགས་༔ བགྲོད་སར་ཕྱིན་ནོ་རེ་དགའ་རེ་སྐྱིད་ན་༔ བསམ་པ་འགྲུབ་བོ་རེ་དགའ་རེ་སྐྱིད་ན་༔ སྤྲུལ་སྐུའི་ཞལ་མཐོང་རེ་དགའ་རེ་སྐྱིད་ན་༔ མཧཱ་གུ་རུ་ཆེན་པོ་ལགས་༔ བདག་ཅག་མཆིས་པའི་ཡུལ་ནི་རྒྱ་ནག་ལགས་༔ མིང་ནི་དུ་ཧར་ནག་པོ་བྱ་བ་ལགས་༔ ཡུལ་ན་གསོན་པོའི་ལོངས་སྤྱོད་བསམ་མི་ཁྱབ་༔ སེམས་ཅན་སྐྱེ་འཆི་འདུ་འབྲལ་ལ་གནས་ན་༔ མཐོ་རིས་འདྲེན་པའི་ཐར་ལམ་སྟོན་མཁན་མེད་༔ གུ་རུ་ཆེན་པོ་ད་ལྟ་སྤྱན་འདྲེན་མཆིས་༔ བསྟན་པའི་སྒྲོན་མེ་སྐྱེ་འཆི་གཉིས་སྤངས་སྐུ་༔ བཙོང་ཁ་རྒྱལ་པོའི་མཆོད་གནས་8a གཤེགས་པར་ཞུ་༔ དེ་སྐད་ཅེས་གསོལ་པ་དང་༔ ཨོ་རྒྱན་ཆེན་པོས་ཐུགས་དགོངས་བཀའ་སྩལ་པ་༔ སྤྲུལ་སྐུ་དུ་ཧར་ནག་པོ་ཁྱེད་༔ ངག་འཇམ་ཁོང་དལ་སྙིང་རྗེ་ཆེ་༔ ཞི་དུལ་སེམས་ལྡན་ཅིག་སྣང་སྟེ་༔ བདག་ནི་ཕྱོགས་བཞི་དབུས་དང་ལྔའི་༔ མཆེད་

པོ་ལྷ་ལ་བཀའ་འདུས་ཆོས་སྟོན་པས་༔ བསྟན་པ་འདི་ཡི་འགྲོ་གཅད་མི་རུང་ངོ་༔
བེ་རོ་ཙ་ན་ཀུན་འཆང་སྤྲུལ་པ་ཡིན་༔ རྒྱལ་པོའི་མཆོད་གནས་བསྟན་པའི་སྒྲོན་མེར་
གཏང་[1]༔ རྒྱ་བོད་མཁས་པ་བེ་རོ་ཙ་ན་ཁྱོད་༔ དབང་པོ་གསལ་ཞིང་ཤེས་རབ་རིག
པ་དངས་༔ རིག་པ་རྣོ་ཞིང་བརྟུལ་ཞུགས་ཤིན་ཏུ་ཆེ་༔ འདུ་ཤེས་སྒྱུར་ཅིང་ཆོར་བ་
སྐྱེན་བློ་བརྟན་༔ ཐུགས་རྗེ་ཆེ་ཞིང་བྱིན་རླབས་དྲེགས་པ་འདུལ་༔ ངས་ཀྱང་བསྟན
ནི་མི་དགོས་བློ་ཅིག་ཡིན་༔ པད་འབྱུང་བཀའ་འདི་དང་དུ་ལོང་ཞིག་བུ་༔ ལྟ་བ་
ཡས་འབབས་མས་འཛེག་བརྩེགས་༔ གཞི་མ་སྙིང་རྗེ་ཆ་ལ་ལོངས་ཀྱང་སྤྱོད་༔
ལམ་ནི་ཕ་རོལ་ཕྱིན་པ་བཅུ་ལ་སོང་༔ དེ་སྐད་བཀའ་སྩལ་བེ་རོས་ལན་གསོལ་པ་༔
སངས་རྒྱས་གཉིས་པ་པད་འབྱུང་བཀའ་བྱུང་ན་༔ དཀྱུལ་བའི་ཡུལ་དུ་སྤྱུགས་ཀྱང་
འགྲོ་བར་བགྱིད་༔ པད་འབྱུང་བཀའ་ནི་ལྷ་འདྲེས་མ་ཆོགས་ནས་༔ རཀྵ་སྲིན
པོས་ཀྱང་ནི་སྒྲུབ་པར་བྱེད་༔ རྗེ་ཡི་བཀའ་སྩལ་བཞིན་དུ་བདག་མཆིས་པས་༔ འགྲོ
ཞེས་དེ་སྐད་གསོལ་ནས་ཧ་གདད་དེ་༔ ཨོ་རྒྱན་ཆེན་པོ་པདྨ་ར་ཕྱི་ཕྱག་བཙལ་༔ གཉྭ་རོགས་
ཀུན་ལ་སྨོན་ལམ་བཏབ་ནས་ཆས་༔ སློབ་དཔོན་དུ་ཏར་དག་དང་འགྲོགས་དེ་ག་ཤེགས་༔
བརྩེགས་སེ་གཡུ་སྒྲ་གཉིས་[8b]ཀྱང་གདུང་བ་སྐྱེས་༔ ཕྱི་བཞིན་འབྲངས་ནས་ལམ་ལ་
ཆས་པའི་དུས་༔ ཉ་མང་ཟླུགས་གསེབ་ཕྱིན་ཙ་ན་༔ བེ་རོ་ཙ་ནས་འདི་སྐད་གསུངས་༔
ལྷ་དང་སློབ་དཔོན་གཅིག་པའི་གྲོགས་པོ་གཉིས་༔ གུ་རུའི་བཀའ་མ་བཅག་པར་ང་
ཡིས་འོངས་༔ ཁྱེད་གཉིས་ང་མི་འཁྲིད་པས་འདི་ནས་ལོག་༔ གུ་རུའི་ཐུགས་འགལ་
ངན་སོང་གནས་སུ་སྐྱེ་༔ བརྩེགས་སེ་གཡུ་སྒྲས་ལན་བཏབ་པ་༔ ལྷ་དང་སློབ་
དཔོན་གྲོགས་པོ་གསུམ་༔ དམ་པ་ཡིན་པས་མཉམ་པར་གཉན་༔ རྒྱ་ནག་བཙོང་
ཁར་བསྐྱལ་ནས་ཐོག་༔ དེ་གོང་དེ་སྐད་མ་གསུང་ཞིག[2]༔ དེ་ནས་རོལ་ཐང་ཐང་ལ་

---

[1] B: བཏང་ [2] B: གསུངས་ཤིག

ཕེབས་ཅན་༔ རྒྱལ་པོ་ཁྲི་སྲོང་ལྡེའུ་བཙན་གསན་ནས་སུ་༔ ད་རུང་ང་ཡི་དགོས་པ་བསྒྲུབ་དགོས་ཡོད་༔ བི་རོ་ཙ་ན་མ་འདྲེན་བཞུགས་སུ་ཚུག་༔ སློབ་དཔོན་དུ་ཞར་ནག་པོས་འདི་སྐད་སྨྲས་༔ བསྟན་པའི་སྒྲོན་མེ་བརྩེགས་སེ་གཡུ་སྒྲ་གཉིས་༔ དབུས་ཀྱི་རྣམ་སྣང་སྐྱིལ་ཚུང་འདི་ནས་ལོག་༔ རྒྱ་ནག་ཡུལ་དུ་བསྐྱལ་ནས་སླར་ལྡོག་ན་༔ རྒྱལ་འབངས་ཡ་ག་བདག་ལ་འོང་དུ་མཆིས་༔ སློབ་དཔོན་བསྐྱལ་ནས་གཤེགས་པ་སྐད་མི་ཟེར་༔ རྒྱལ་པོའི་མཆོད་གནས་གསུམ་ཙམ་སྤྱན་དྲངས་པས་༔ རྒྱལ་པོའི་ཚུལ་ལ་མ་མགུ་གཉིས་ནི་བྲོས་༔ དེ་སྐད་རྒྱལ་འབངས་གླིང་དུ་འོང་བར་ངེས་༔ འདི་ལས་བགྲོད་བཤུལ་ལམ་ཐག་རིང་བ་ན་༔ ཨོྱན་པདྨ་བདག་ལ་མི་དགྱེས་ངེས་༔ བརྩེགས་སེ་གཡུ་སྒྲ་འདི་ནས་ཕར་ལ་གཤེགས་༔ ཡང་ཅིག་བི་རོ་ཙ་ནས་འདི་སྐད་གསུངས་༔ ག་རུའི་བཀའ་མེད་ཁྲིད་གཉིས་ང་མི་འཁྲིད་༔ ཁམས་གསུམ་སེམས་ཅན་དུས་གཅིག་བསད་པ་བས་༔ 9a བླ་མའི་བཀའ་བཅག་ཤིན་ཏུ་གཉན་༔ དམྱལ་བར་ངེས་རྒྱུ་འདི་འདྲ་སོགས་༔ གདོད་ནས་མ་གྲོས་ཤིན་ཏུ་ཉེས་མེད་དགེ་༔ བདག་གི་ངོ་དང་འདྲ་བའི་རྟ་ནག་འདི་༔ ཁྲིད་གཉིས་ཞོན་ལ་ག་རུའི་སྤྱན་སྔར་སོང་༔ དེ་སྐད་གསུངས་ནས་རྟ་ནག་སྟེང་ནས་བབས་༔ སྤྲབ་མདའ་གྲོགས་པོ་གཉིས་ལ་གཏད་པ་དང་༔ རྟ་ནི་མ་དགའ་སྐད་ངན་ལྷང་ལྷང་འཚེར་༔ གཡས་གཡོན་མིག་ནས་མཆི་མ་ཁྲིས་སྒོང་ཙམ་༔ དེ་ལ་བི་རོ་ཙ་ནས་མགུར་གསུངས་པ་

Lied 6. བསྟན་པའི་སྒྲོན་མེ་སློབ་དཔོན་པདྨ་ལ་༔
ཁམས་གསུམ་སེམས་ཅན་མ་ལུས་ཀུན་རེ་བས་༔
བདག་ནི་སྐུ་ཚབ་རྒྱ་ནག་ཡུལ་དུ་ཕྱིན་༔
ཡིད་འཕྲད་དགོན་པའི་གནས་ཞིག་འཛིན་པ་ལས་༔
རྟ་ནག་ཁྱོད་ཞོན་གར་ཡང་འགྲོ་ས་མེད་༔

བདག་དང་འདྲ་བ་བརྩེགས་སེ་གཡུ་སྒྲ་གཉིས་༔
ཧ་ནག་མ་སྨུག་སྐྱིད་པར་གྱིས་ཤིག་གསུངས་༔
སློབ་དཔོན་པདྨའི་བང་ཆེན་ཕྱོགས་བཅུར་བྱུས་༔
ཧ་ནག་ལུས་པོ་བོར་ནས་ཐར་པ་འཐོབ་༔
ཆོས་དར་རིག་གྲུབ་འཕན་ཡུལ་དོན་ཡོད་སྐྱེ་༔

དེ་སྐད་གསུངས་པས་ཧ་ནག་མཆི་མ་ཆད་༔ བརྩེགས་སེ་གཡུ་སྒྲ་གཉིས་ཀྱིས་འདི་སྐད་སྨྲས་༔ བསྟན་པའི་སྒྲོན་མེ་སློབ་དཔོན་པདྨ་ལ་༔ འཇིག་རྟེན་ཁམས་ན་སློབ་མ་གྲངས་མང་ཡང་༔ སློབ་མའི་དངས་མ་ཐུགས་དང་འདྲ་བ་ནི་༔ བདག་ཅག་སྤྱན་གཉིས་ཡིན་པས་སུ་༔ ཡུལ་དུ་བསྐྱལ་ན་རྒྱལ་པོ་ཉིད་མི་དགྱེས་༔ ལམ་ལ་འགྲོགས་ན་བེ་རོ་ཙ་ན་སྐྱག་༔ ག་རུ་ཉིད་ཀྱང་གལ་ཏེ་མི་དགྱེས་སྲིད་༔ ད་ནི་བདག་ཅག་འདི་ནས་ལྡོག་པར་བྱ་༔ དེ་སྐད་སྨྲས་ནས་མཆེད་གཉིས་ཀྱིས་༔ རལ་[9b]ཀ་སྤར་ཏེ་ཕྱུད་ནས་ཕྱུལ་ལོ་༔ ལེའུ་དྲུག་པའོ་༔

---

7. Kapitel.

༔དེ་ནས་ཕྱི་ཕྲུག་བྱས་ནས་སོ་སོར་བགྱིས་༔ བརྩེགས་སེ་གཡུ་སྒྲ་ཧ་ནག་གསུམ་༔ པདྨ་བརྩེགས་པའི་བྲག་ལ་གཤེགས་༔ དུ་རུ་ནག་པོ་འཁོར་འབངས་བཅས་པ་རྣམས་༔ བསམ་ཡས་དབུ་རྩེ་རིགས་གསུམ་གླིང་བྲན་དང་༔ རྫོ་མོ་གླིང་གསུམ་མཆིམས་ཕུ་ཀ་ཆུ་ལ་༔ མཆོད་པ་ལྷ་ཕྲུག་སྐོར་བ་བྱེད་དུ་གཤེགས་༔ བེ་རོ་རྒྱ་ནག་ཡུལ་དུ་བཞུད་པ་ལ་༔ རྒྱལ་པོ་ཁྲི་སྲོང་ལྡེའུ་བཙན་མ་དགྱེས་ནས་༔ ཆོས་སྐྱུར་བོད་ན་ལོ་ཙྪ་མཁས་པ་མེད་༔ སློབ་དཔོན་བཞུད་པའི་བཤོལ་འདེབས་བྱ་དགོས་བསམ་༔ དཔལ་གྱི་བསམ་ཡས་མཆིམས་ཕུའི་བྲག་དམར་དུ་༔ རྒྱལ་པོ་འཁོར་བཅས་བཙུན

4

མོ་སྲུས་མིང་སྲིང་༔ གཙོ་མཛད་བོད་ཀྱི་སྟོང་སྡེ་ཚོགས་ནས་སུ་༔ བཻ་རོ་ཙ་ནའི་མདུན་
ནས་བསུ་བ་བྱས་༔ དར་འཕྱར་དུང་འབུད་འཁར་ཛ་ཆ་ལང་རྡེབ་༔ སྙོར་བ་ལྷ་ཕྱག་
མཆོད་པ་ཕུལ་ནས་བསུས་༔ དེ་ནས་བསམ་ཡས་དབུ་རྩེ་ཆེན་མོར་བྱོན་༔ གསོལ་
ཟས་བདའ་དགུ་སྐུ་ལ་མཛེས་པ་དང་༔ ཐུགས་སུ་འབྱོན་པའི་ཀ་ཙ་ཁྱད་འཕགས་
ཕུལ་༔ རྒྱལ་པོ་བཙུན་མོ་མིང་སྲིང་བློན་པོ་རྣམས་༔ པེ་རོ་ལོ་གསུམ་བཞུགས་པའི་
ཞུ་བ་ཕུལ་༔ དུ་ཏར་ནག་པོ་འཁོར་བཅས་རྒྱ་ནག་བཙྫངས་༔ ལོ་གསུམ་སོང་ནས་
གཏོང་བའི་འཕྲིན་ཡིག་བསྐུར་༔ མཁས་པ་ཆེན་པོ་བཻ་རོ་ཙ་ན་ཉིད་༔ བྲག་དམར་
གཡའ་མ་ལུང་དུ་དགོངས་པར་གཤེགས་༔ ནང་པར་སློབ་དཔོན་དྲོ་ལ་བྱོན་ཙ་ན་༔
བསམ་ཡས་ཡུལ་གྱི་བྲ་གག་རྣམས་ཀྱིས་བསུས་༔ དེ་ནས་རི་ 10a དྭགས་སྤྱུ་སྤྱུག་
རྣམས་ཀྱིས་བསུས་༔ དེ་ནས་གཅན་གཟན་རི་བགྲ་རྣམས་ཀྱིས་བསུས་༔ དེ་ནས་རྟ་
མཆོག་ཅང་ཤེས་རྣམས་ཀྱིས་བསུས་༔ དེ་ནས་གླང་པོ་ཁྱུ་མཆོག་རྣམས་ཀྱིས་བསུས་༔
དེ་ནས་ཁྱི་རིག་པ་ཅན་གྱིས་བསུས་༔ དེ་ནས་སྲས་ནི་ལྷུམ་དྲལ་གཉིས་ཀྱིས་བསུས་༔
དེ་ནས་རྒྱལ་པོ་ཡབ་ཡུམ་བློན་འབངས་བསུས་༔ དེ་ནས་བསམ་ཡས་དབུ་རྩེའི་ནང་
དུ་བྱོན་༔ གསོལ་ཟས་རོ་མཆོག་བདའ་དགུ་དྲངས་ནས་གསོལ་༔ དེ་ནས་མདོ་དང་
སྔོན་ལམ་བདབ་ནས་གཤེགས་༔ ཁྱད་པར་ཅན་དུ་ནམ་གྱི་སྲོད་དུས་ལ་༔ བདུད་
དང་གཤིན་རྗེ་སྲིན་པོ་གནོད་སྦྱིན་རྣམས་༔ སློབ་དཔོན་ཞལ་མཐོང་མཆོད་པ་འབུལ་དུ་
འོང་༔ ནམ་གུང་ལོ་སྐོར་རྒྱུ་སྐར་གཟའ་སྐྲུ་གཅན་༔ སློབ་དཔོན་ཞལ་ལྟ་མཆོད་པ་
འབུལ་དུ་འོང་༔ ནམ་གྱི་ཐོ་རངས་སྲིད་བསྐོས་ཕྲ་དང་ལྷ་༔ སློབ་དཔོན་ཞལ་ལྟ་
མཆོད་པ་འབུལ་དུ་འོང་༔ དེ་ནས་ནམ་ལངས་ཡེ་ཤེས་ལྷ་ཚོགས་རྣམས་༔ འདོད་
དོན་ལྷ་ཡི་མཆོད་པ་འབུལ་དུ་འོང་༔ ཉི་མ་རྩེ་ཤར་རོ་ལངས་བདུན་དེར་རག་༔ དེ་
ལྟར་མཁས་པ་བཻ་རོ་ཙ་ན་ཉིད་༔ ལོ་གསུམ་གཡའ་མ་ལུང་གི་བྲག་ཕུག་ཏུ་༔ རྒྱལ་

པོ་ཁྲི་སྲོང་ལྡེའུ་བཙན་བདེག་ནས་བཞུགས་༔ དགོངས་པ་མཛད་ཅིང་སངས་རྒྱས་བསྟན་པ་སྤེལ་༔ ཡུལ་ཁམས་གནས་པའི་སེམས་ཅན་ཐམས་ཅད་ཀྱང་༔ སྡིག་པ་བཅུ་སྤོང་དགེ་བ་བཅུ་སྤྱོད་དོ་༔ དེ་ཚེ་དེ་དུས་སྤྱིར་ཡང་བོད་ཁམས་ཀྱི་༔ སེམས་ཅན་ཐམས་ཅད་འདོད་པས་རྒྱལ་ལགས་སོ་༔

༔དེ་ན་བུད་མེད་རིགས་བྱེད་ཐམས་ཅད་ཀུན་༔ [10b]ཆགས་པ་ཆེ་ཞིང་འདོད་པ་དྲགས་པ་ལགས་༔ དེ་ཡི་ནང་ནས་མངའ་བདག་རྒྱལ་པོ་ཡི་༔ བཙུན་མོ་ཚེ་སྤོང་བཟའ་ནི་དམར་རྒྱན་ལས་༔ འདོད་ཆགས་ཆེ་བ་འཇིག་རྟེན་ཁམས་ན་མེད་༔ དེ་ཉིད་མཁས་པ་བི་རོ་ཙ་ན་ལ་༔ བསྟན་པའི་ཆོས་དང་བདེན་པའི་ཚིག་མི་ཉན་༔ སློབ་དཔོན་ལ་ནི་འདོད་ཆགས་སེམས་སྐྱེས་ནས་༔ བཙུན་མོ་བསམ་པ་ངན་པ་སེམས་ལ་འཁྲུས་༔ སློབ་དཔོན་གྲོགས་ལ་ལན་ཅིག་འགྲོགས་པར་མནོ་༔ ཡིད་ཀྱིས་སྨོན་ལམ་བཏབ་ཅིང་སེམས་ལ་གབ་༔ སློབ་དཔོན་ནང་པར་དྲོ་ལ་བྱོན་པ་ལ་༔ རྒྱལ་པོ་གྲོང་ཁྱེར་སྐུ་འཆག་བཏང་ནས་སུ་༔ བུ་ཚ་མིང་སྲིང་གཉིས་ཀྱང་རྩེད་མོར་བཏང་༔ འཁོར་པ་རྣམས་ཀྱང་ཕར་ལ་བསྐྲད་ནས་སུ་༔ སེམས་ཅན་ཕྱི་མས་བསུ་བའི་རྟེང་ལ་ནི་༔ མོ་རང་གཅིག་པུས་སློབ་དཔོན་བསུས་ནས་སུ་༔ མཁར་འབར་མལ་གོང་སྣང་སྟོན་རྩེ་དགུ་ཡི་༔ རྒྱལ་ས་ཡང་ཐོག་སློབ་དཔོན་སྤྱན་དྲངས་ནས་༔ ཞལ་ཟས་རོ་མཆོག་ལྡན་པ་སྣ་ཚོགས་དྲངས་༔ སློབ་དཔོན་ཞལ་ཟས་དྲངས་རྣམས་གསོལ་ནས་སུ་༔ བཞེངས་ནས་གཡའ་མ་ལྷུང་དུ་གཤེགས་པ་ལ་༔ བཙུན་མོ་བ་ནི་དམར་རྒྱན་གྱིས་གསོལ་པ་༔ སློབ་དཔོན་སྣང་སྟོན་རྩེ་དགུར་གདན་འདྲེན་པ་༔ བདག་ནི་ཆགས་པ་སྐྱེས་སོ་སློབ་དཔོན་དགོངས་༔ སློབ་དཔོན་ཁྱེད་ནི་ཅི་བལྟས་ཅི་རུ་མཛེས་༔ ཅི་གསུང་ཅི་རུ་བདེན་པས་ཆགས་པ་སྐྱེས་༔ འདི་ལ་མི་བརྟེན་གང་ཡང་མ་མཆིས་སོ་༔ འདི་ལ་མ་བརྟེན་ཁྱེད་ཀྱང་སྐུ་མི་འཁྲུངས་༔ དེ་སྐད་ཟེར་ནས་སློབ་དཔོན་སྐུ་ལ་འཇུས་༔ སློབ་དཔོན་ཤིན་ཏུ་རབ་ཏུ

4*

དངངས་[11a]པར་གྱུར་༔ ཐུགས་ཀྱང་ཁྲིས་པས་སྒོང་བསྐྱུར་བ་བཞིན་༔ ཡར་
འཕར་མར་ཛིབ་སྐྱ་ལུས་འདར་འདར་རོ་༔ བསམ་བློ་འབད་ནས་བཏང་ནས་མནོས་
གཞིབས་པས་༔ བློ་ཞིག་སྟེད་ནས་བཙུན་མོར་བཀའ་སྩལ་པ་༔ འཁོར་བ་རྣམས་
ཀྱིས་མཐོང་ངམ་རིག་པ་ན་༔ སངས་རྒྱས་བསྟན་པ་ནུབ་སྟེ་འགྲོ་བས་སྲུ་༔ བདག་
གིས་བྲུ་ར་བྲུས་ལ་ཕྱི་སྒོ་བཅད་༔ དེ་ནས་ཡོག་ནས་འོང་གི་ཟེར་ནས་གཞིགས་༔
བཙུན་མོ་སྐམ་ནས་སློབ་དཔོན་བདེན་སྐམ་བདང་༔ སློབ་དཔོན་སྒོ་རུ་ཙུར་གྱིས་བྱུང་ནས་
བྲོས་༔ ལེའུ་བདུན་པའོ་༔

---

8. Kapitel.

༔བཙུན་མོས་འོང་དུ་རེ་ནས་བསྡད་ངང་ཐངས་༔ མ་བྱུང་སྒོ་ཕྱིར་ཕྱིན་ནས་
བལྟས་པ་ན་༔ སློབ་དཔོན་བུ་ཚལ་སྟེང་དུ་སླེབས་ནས་སོང་༔ བཙུན་མོས་བསམས་
པ་ཤིན་དུ་སྙིང་ན་ནས་༔ སློབ་དཔོན་ཁྱོད་ཀྱང་འཇིག་རྟེན་མི་ཡུལ་འདིར་༔ ང་ཡིས་
བསྟན་པ་སྐྱབ་ཀྱི་ཟེར་ནས་སྲུ་༔ ཚིག་ངན་སྨྲས་ཏེ་ཁྲིམ་དུ་ལོག་ནས་སོང་༔ ལྷ་བབས་
སྐད་ཟེར་འདྲེ་བབས་ནས་ཟེར་སྒྲོ་༔ སྒྲོག་བུ་བཅད་དེ་ཤམ་བུ་ཐྲལ་ནས་སྲུ་༔ འཛིངས་
པའི་ཚུལ་དུ་ལུས་པོ་སེན་རྗེས་བྱས་༔ འཁྲིག་ཅིང་ངས་པས་འཁོར་རྣམས་དྲུང་དུ་བྱུང་༔
བཙུན་མོ་ཅི་ནོངས་ཅི་ཉེས་ཅི་ལ་བཤམས་༔ འཁོར་པ་རྣམས་ཀྱིས་དེ་སྐད་གསོལ་པ་
དང་༔ བཙུན་མོས་འཁོར་པ་ཀུན་ལ་ལན་སྨྲས་པ་༔ ད་ལྟ་མི་ལ་མ་བྱུང་ང་ལ་བྱུང་༔
ཁྱེད་རྣམས་མྱུར་སོང་རྒྱལ་པོ་སྤྱན་དྲོངས་ཤོག་༔ འཁོར་པ་རྣམས་ཀྱིས་རྒྱལ་པོའི་
སྤྱན་སྔར་ཕྱིན་༔ ཆོས་རྒྱལ་ཆེན་པོ་འཁོར་པའི་ངག་ལ་གསོན་༔ བཙུན་མོའི་ཞལ་
[11b]ནས་རྒྱལ་པོ་སྤྱན་དྲོངས་གསུང་༔ ད་ལྟ་མི་ལ་མ་བྱུང་ང་ལ་བྱུང་༔ རྒྱལ་པོ་མྱུར་
བར་སྤྱན་དྲོངས་ཤོག་ཅེས་གསུང་༔ རྒྱལ་པོ་མྱུར་བར་ཡར་ལ་གཞིགས་པར་ཞུ་༔

རྒྱལ་པོ་ཤིན་ཏུ་མ་དགྱེས་ཁབ་ཏུ་བྱོན༔ བཙུན་མོ་དེ་ནི་ཁ་བུབ་ངུ་ཞིང་འདུག༔ རྒྱལ་པོས་བཙུན་མོ་ལ་ནི་འདི་སྐད་གསུངས༔ ངུ་ཞིང་རབ་ཏུ་ངུ་བ་ཅི་ནོངས་པ༔ མི་ལ་མ་བྱུང་ཅི་བྱུང་མགོ་ཐེག་དང༔ རྒྱལ་པོའི་ཕྱག་གིས་བཙུན་མོའི་མགོ་བདེག་པས༔ བཙུན་མོ་ཡར་ལ་ལྡོག་བྱུས་འཁྲིག་ཅིང་ངུས༔ གཏམ་ཡང་མི་འབྱིན[1]་པ་བཞིན་བྱེད་བྱེད་ནས༔ ཉིད་ཀྱིས་ཞབས་ནས་འདེགས་རིན་ཆོག་པས་གདའ༔ ད་ནང་མི་མེད་ས་རུ་གསོལ་དྲངས་པས༔ སློབ་དཔོན་བདག་ལ་འཆངས[2]་ནས་འཛིན་དུ་བྱུང༔ སྒྲོག་བུ་བཅད་དང་ཤམ་བུ་ཕྲལ་ལ་གཟིགས༔ ལུས་པོ་འཛིངས་པས་སེན་རྫེས་འདི་ལྟར་བཀང༔ དེ་སྐད་ཅེས་པ་བཙུན་མོས་སྨྲས་པ་དང༔ རྒྱལ་པོའི་བློན་པོ་འཁོར་པ་ཐམས་ཅད་ཀུན༔ གྲོས་མ་བྱས་པར་བློ་ནི་ཕྱོགས་གཅིག་མཐུན༔ འདི་ནི་གསད་པའི་འོས་ཡིན་གསད་པ་འཐད༔ མི་གསོད་ན་ཡང་རྗེན་བུའི་རིགས་ཡིན་ནོ༔ རྗེན་མི་བྱེད་ནའང་བྲག་ཕྱུག་ནས་ཕྱུང་ལ༔ བརྡུངས་ཤིང་བརྡོགས་ལ་ཐྲ་ལེས་ཐོབ་ལས་ཐོང༔ དེ་སྐད་བློན་པོ་འཁོར་བས་གསོལ་པ་དང༔ རྒྱལ་པོ་ཆེན་པོས་འདི་སྐད་བཀའ་སྩལ་ཏོ༔ མི་ཡི་མཆོག་གྱུར་སྐྱེས་བུ་དེ་ལ་ཡང༔ འཁོར་བའི་འདོད་ཆགས་སེམས་ཀྱིས་མ་སྤྱོངས་ནས༔ ཡོན་བདག་མོ་ལ་འཛིན་དུ་འོང་བ་འདི༔ སེམས་ཅན་ཕྱི་མ་ཐམས་ཅད་བལྟ་བས་ཡུས༔ དགེ་འདུན་བསྟན་པ་ནུབ་ཏུ་ཐོ་བ་ཡིན༔ འོ་ཅག་
12a བསོད་ནམས་ཚོགས་ནི་དུམ་ཡང་མེད༔ རེ་མ་དགའ་འོ་ཇི་ལྟ་བུ་ཡང་སྲིད༔ དེ་སྐད་གསུངས་ནས་དབུ་གཏུམས[3]་ནས་བཞུགས་སོ༔ བཙུན་མོས་འཁོར་ལ་ངག་བཙུག་ཐད་པས་ཀྱང༔ སློབ་དཔོན་སྐུ་ལ་བརྡོ་ཐབས་རེ་བ་ཡང༔ གྲིབ་མ་འགོམ་པ་ཅིག[4]་ཀྱང་མ་བྱུངསྟེ༔ ཁོང་རྣམས་ཐམས་ཅད་སྨྱོག་སྨྱོག་པོར་སོང་ངོ༔

དེ་ནས་སང་ཉིན་དབུ་རྩེར་བྱོན་པ་ལ༔ ཟླ་དུས་ཟླ་ལ་བྱོན་ཀྱང་བསུ་བ་མེད༔

[1] B: འཕྱིན་ [2] B: མཆོངས་ [3] B: གཏུམ་ [4] B: གཅིག་

བྱ་སྐད་གཙན་གཟན་རི་དྭགས་བསྒུ་བ་མེད་༔ རྟ་དང་གླང་པོ་ཁྲིའི་རིས་བསྒུ་བ་མེད་༔ སྲས་ལྷུམ་རྒྱལ་པོ་ཡབ་ཡུམ་བསྒུ་བ་མེད་༔ དེ་ནས་རྒྱལ་པོའི་ཕོ་བྲང་བྱོན་པ་དང་༔ སྒོར་ཕྱིན་འཁོར་པ་རྣམས་ཀུན་སྨོས་ནས་སྣང་༔ སློབ་དཔོན་དགོངས་པས་བཙུན་མོས་ལྷོ་ལོང་རིག་༔ སྐར་ཡོག་བྲག་དམར་གཡའ་མ་ལུང་དུ་གཤེགས་༔ གནས་སུ་མ་ཚུགས་སྐར་ཡང་སྒོར་བྱུང་ནས་༔ བྲོལ་སོང་རིག་པ་ཡོད་པས་བསྒུར་འོང་བ་༔ ཕ་རིར་དུ་ཞིང་འགྲོ་ཞིང་འདུག་པ་གཟིགས་༔ ཤིན་ཏུ་མ་དགའ་བ་ཡིས་སེམས་འཁྲུགས་སོ་༔ བསམ་ཡས་ཡུལ་འདིར་མི་འདུག་འགྲོ་སེམས་སྐྱེས་༔ ཡིག་ཚས་དང་ནི་དཔེ་ཆ་ཁུར་ནས་ཕྱིན་༔ ལུང་པའི་ཕུ་ལ་ཞུགས་ཕྱིན་དགོད་ཤོར་བས་༔ ལ་ཁ་དེ་ལ་དགོད་དཀར་ལ་ཁར་ཐོགས་༔ ལ་ཁར་ཞལ་ནི་ཕྱིར་གཟིགས་དམོད་བཙུགས་[1]པ་༔ ངས་ཀུན་དགེ་ལ་དད་སྐྱེས་ཆོས་བཤད་ནའང་༔ བོད་རྣམས་ཉོན་མོངས་སྒྲིབ་པ་མ་འབྱོངས་པས་༔ མང་ཞིག་སེམས་ཅན་ཆ་ལ་གནས་པ་འདྲ་༔ བསྟན་པ་སྤེལ་བས་བསྟན་པ་ནུབ་སྤེ་སོང་༔ རྒྱལ་པོའི་བཙུན་མོ་དུག་ལྷ་མེ་འབར་མ་༔ བེ་རོ་ཙ་ 12b ན་གོད་པོ་དཀར་པོ་ཡིན་༔ བཙུན་མོར་ལས་ཀྱི་རྣམ་སྨིན་ཆེ་འདིར་ཤོག་༔ ང་ལ་མཚང་འཁྲིས་མེད་པས་བསྟན་པ་དར་༔ བེ་རོ་ཙ་ན་ཚད་མར་འཛིན་པར་ཤོག་༔ ལེའུ་བརྒྱད་པའོ་༔

---

9. Kapitel.

༔ དེ་ནས་ལ་བརྒལ་ལུང་ལ་བབས་ནས་བྱོན་༔ ལམ་ཁ་ཞིག་ན་བ་ཅིག་ཤི་ནས་འདུག་༔ ཁང་པ་ཞིག་ན་མགར་བ་བཟོ་བྱེད་སྣང་༔ ཤིན་དུ་བཀྲེས་ནས་མགར་བའི་སྒོར་ཕྱིན་དེ་༔ རྗེ་ལ་རིན་ཅེན་མཁྱེན་པའི་མགར་བ་ལགས་༔ བཟོ་རིག་ཀུན་མཁྱེན་

---

[1] A: བརྩུགས་

ཡོ་མཆིས་དཔོན་བཟང་ལགས་༔ ནང་དྲི་མ་མྱོང་གདུགས་ཀྱི་ཕྱེད་ལ་ཐུག༔ གསུམ་ལྷོགས་ང་ལ་ནང་གི་དྲི་ཞིག་དྲངས་༔ མགར་བས་ཐོས་ནས་ཆུང་མ་ལ་སྨྲས་པ་༔ སྒོ་ཕུབ་འདི་ན་ཤིན་དུ་ངག་འཇམ་ཞིག་༔ དྲི་སྣོང་བ་ནི་སུ་ཡིན་ལྟོས་ལ་ཤོག༔ ཆུང་མས་བལྟས་ནས་མགར་བ་ལ་སྨྲས་པ་༔ གསུང་ངག་འཇམ་པ་བས་ཀྱང་ཞལ་རས་ལེགས་༔ བཀྲེ་སྐྱི་ལྷུམ་ཆོས་ཁྲར་བ་ཞིག་གདའ་༔ དེ་སྐད་གླེངས་པས་བཟོ་འགྲོ་བཅད་ནས་བལྟས་༔ ཞེ་ས་ལུགས་བཞིན་ཕྱུལ་ནས་ནང་སྤྱན་དྲངས་༔ མགར་མོ་སྐྲ་འཁྲུ་རྒྱན་ཆ་རང་འཐག་བཞག་༔ གསོལ་ཟས་དྲངས་ནས་སློབ་དཔོན་དྲི་བདབ་བོ་༔ མདོ་བསྡོ་སློན་ལམ་བདབ་ནས་འདི་སྐད་གསུང་༔ ལམ་ཁ་ཡ་ན་བ་ཞིག་ཤི་ནས་འདུག༔ ཡོན་བདག་ཁྱེད་ཀྱི་མིན་ནམ་གསུངས་ནས་གཤེགས་༔ ལུང་པ་དེ་ལ་བ་ལམ་ཞེས་སུ་བདགས་༔

༔སློབ་དཔོན་གཤེགས་རྗེང་མགར་བ་བ་བཤར་སོང་༔ མགར་མོའི་རྒྱན་ཆས་སྤོར་ནས་མ་རྙེད་དེ་༔ མགར་མོ་ན་རེ་གཞན་ནི་སུ་ཡང་མེད་༔ ད་ནང་བཀྲེ་དེ་ཡིས་བརྐུས་པ་ཡིན་༔ དོ་ནུབ་མི་སླེབ་ལ་འུར་རྒྱུག[13a] ཅིག་ཟེར་༔ བཟོ་བྱེད་མགར་བ་ཤིན་དུ་སྙིང་ན་ནས་༔ མདའ་གཞུ་ཁྱེར་ནས་ཕྱི་ལ་རྒྱུགས་སོང་སྟེ་༔ ལུང་པའི་མདའ་ལ་རྗེས་ཟིན་ཁྲིལ་གྱིས་སླེབས་༔ མགར་བས་སློབ་དཔོན་ཉིད་ལ་འདི་སྐད་སྨྲས་༔ ད་ནང་ཕུགས་སུ་བཙུག་ནས་ཞིམ་དགུ་བྱིན་༔ དེ་ཡི་ལན་དུ་ཆུང་མའི་ལུས་རྒྱན་བརྐུས་༔ ཁྲིལ་མེད་པོ་ཁྱོད་ལེངས་ཀྱིས་གཏང་ངོ་ཟེར་༔ མདའ་ལྟོང་བཙུག་ནས་མེར་གྱིས་བཀང་ནས་བྱུང་༔ སློབ་དཔོན་གཤེགས་པའི་ལོང་ནི་མེད་པས་དེ་༔ སློབ་དཔོན་ལེངས[1] ཀྱི་བདང་ནས་འཛིངས་པ་ཡིས་༔ མདའ་ནི་དཔེ་ཆ་བཟེད་པའི་སྟེང་དུ་ཕོག༔ སློབ་དཔོན་མ་རྨས་མདའ་ལྟོང་འཇུག་ལོང་མེད་༔ མགར་བའི་ལག་

[1] Konjektur für ཟེངས་ von **A** und **B**.

པ་གཡས་གཡོན་བཟུང་ནས་སུ༔ དེ་ནས་སློབ་དཔོན་བདེན་ཚིག་མགར་བར་
གསུངས༔ ང་ནི་རྒྱལ་པོ་ཁྲི་སྲོང་ལྡེའུ་བཙན་གྱི༔ ཐུགས་ཆེས་མཆོད་གནས་དམ་
པ་བྱེད་ཅན༔ བཙུན་མོ་ཚེ་སྤོང་བཟའ་བ་དམར་རྒྱན་ལ༔ སྨོམ་གསུམ་རྩ་བ་དམ་
ཚིག་མ་ཉམས་པར༔ ང་ཡིས་མི་ཚངས་པར་ཡང་མ་སྤྱད་ལ༔ ང་ཡིས་ཁྱོད་ཀྱི་
ཁྲིམས་དུ་ཕྱིན་པའི་དུས༔ ཞང་བློན་སྨྲ་བ་རྣམས་ནི་ཐོས་པ་ལས༔ ཁྱོད་ཀྱི་ཆུང་མའི་
ལུས་ཀྱི་རྒྱན་ཆ་ལ༔ སྨོམ་གསུམ་རྩ་བ་དམ་ཚིག་མ་ཉམས་ཤིང་༔ ངས་ནི་མ་སྦྱིན་
པར་ཡང་མ་བླངས་སོ༔ སེམས་ཅན་ཁྱོད་ཀྱི་འདོད་པ་བསྐང་བའི་ཕྱིར༔ བདག་
གི་སྲོག་ལ་ཆད་པའི་མདའ་དང་གཞུ༔ གཞུ་ཉིད་གསེར་ལ་མདའ་ཉིད་གཡུ་རུ་གྱུར༔
དེ་སྐད་གསུངས་ནས་རྩེ་མོ་གདུག་བྲུས་པས༔ མགར་བའི་མདའ་གཞུ་གསེར་གཡུར་
ཞིངས་ཀྱིས་སོང་༔ མགར་བ་སྐྱེངས་ནས་བཞིན་ལོག་དུག་གེར་ [13b] སྣང་༔ ཁྱོད་ཀྱི་
ཆུང་མའི་ལུས་རྒྱན་བྱིས་པས་ཁྱེར༔ ཐོག་ཁའི་ཉལ་ཉིལ་གསེབ་ནས་ཆུང་མས་རྙེད༔
ང་ནི་མ་སྦྱིན་མི་ལེན་བརྟེ་ཡིན༔ ཁྱོད་ཀྱི་ཆུང་མའི་རྒྱན་ཆ་བརྐུ་སྲིད་དམ༔ དེ་སྐད་
གསུངས་ནས་སློབ་དཔོན་ཕར་ལ་གཤེགས༔ ཡུལ་དེ་ལ་ནི་བ་གླང་བརྒྱག་མདར་
བདགས༔ དེ་ནས་མགར་བ་ཡང་ནི་ཕྱིར་ལོག་གོ༔ ལེའུ་དགུ་པའོ༔

---

10. Kapitel.

༔ དེ་དུས་རྒྱལ་པོ་ཁྲི་སྲོང་ལྡེའུ་བཙན་ནི༔ ཤིན་དུ་ཐུགས་སྨུག་དབུ་གདུམས་
གཟིམས་པ་ལས༔ ཉི་མ་ཚུག་སྙིང་ཕྱུངས་བཞིན་མ་དགའ་ནས༔ སྐུ་བཞེངས་བེ་རོ་
ཙ་ན་སྤྱན་འདྲེན་དུ༔ བྲག་དམར་གཡའ་མ་ལུང་དུ་བྱོན་པའི་ཚེ༔ གནས་ན་མ་
བཞུགས་ཤུལ་ནི་ཏ་རེ་བཞུད༔ གཙན་གཟན་རི་དྭགས་འདབ་ཆགས་མི་རྣམས་ཀུན༔

བྱང་གི་ཕྱོགས་སུ་ཁ་བལྟས་ཏུ་བར་བྱེད༔ ཆོས་ཀྱི་རྒྱལ་པོ་ཁྲི་སྲོང་ལྡེའུ་བཙན་ཡང༔
ཤ་རུས་བྱེ་བ་ཙམ་དུ་མ་དགའོ༔ རྒྱལ་པོས་བཙུན་མོའི་རྩར་འོངས་གྱོད་བདབ་པ༔
སློབ་དཔོན་དགོངས་ན་ཅི་གསུང་ཉན་པས་ཆོག༔ བདག་གིས་རྒྱུ[1]་ལ་སློབ་དཔོན་སྟེན་
ཁགས་ན༔ ཁྱོད་ཉིད་བཞེད་ན་གདན་དུ་འབུལ་ལོ་གསུངས༔ ཤུགས་ལྡན་ལ་ཞོན་
སློབ་དཔོན་འཚོལ་དུ་གཤེགས༔ དགོད་དཀར་ལ་རྩར་མི་ནག་མགར་བ་ཅིག༔ དགོད་
ཅིང་འཇོམ་ཞིང་བྱུང་བ་ཅིག་དང་འཕྲད༔ རྒྱལ་པོས་མི་ཁྱོད་རེ་དགའ་ཞིག་འདུག་པ༔
ཅིག་རྟེད་པ་ཞིག་ཡིན་ནམ་ཅི་ལ་དགའ༔ འདི་ན་ཕར་ལ་མི་ཞིག་སོང་མཐོང་ངམ༔
དེ་སྐད་ཅེས་ནི་རྒྱལ་པོས་གསུངས་པ་དང༔ མི་ནག་མགར་བ་དེས་ནི་འདི་སྐད་སྨྲས༔
མི་ཁྱོད་རྟ་རྟུལ་ཆུ་བཞིན་བྱུང་ 14a བྱུང་ནས༔ གར་རྒྱུག་སུས་བདས་འདི་རུ་ཅི་བྱེད་
པ༔ འདི་ཕར་མི་ཞིག་ཤིན་ཏུ་རིངས་པར་སོང༔ ང་དགའ་བ་ནི་མདའ་གཞུ་འདི་
བྱིན་པས༔ དེ་ལ་དགའ་ཞིང་དགོད་པ་ཡིན་ནོ་ཟེར༔ རྒྱལ་པོས་མགྱོགས་པར་
གཅུམ་ནས་བདས་པ་ཡིས༔ སྐྱི་ཆུའི་རྩ་རུ་ལྷན་དུ་ཕྱིན་ཙ་ན༔ སློབ་དཔོན་ཆུ་ལ་
གོམ་གསུམ་པ་ཞིག་བྱས༔ ཕ་རི་ཕྱོགས་ལ་ཡུད་ཙམ་ཐལ་ནས་སོང༔ ཉི་མ་རྩེར་
གྱིས་ཀྲས[2]་ནས་མ་ཟིན་ཏེ༔ རྒྱལ་པོས་ཁྲས་གདབ་གཡབས་པའི་ཕ་ག་ནས༔ སློབ་
དཔོན་སྤྱན་གྱིས་གཟིགས་ཀྱང་ཆུ་ཆེས་པས༔ བཀྲལ་དུ་མ་ཐར་གྲུ་གོ[3]་མཉན་པ་མེད༔
ལྷུན་རུབ་གྲོང་ཁྱེར་བཙལ་བའི་ལོང་མེད་དོ༔ རྟ་ལས་བབས་ནས་ལྷ་ཕྱག་བཙལ་ནས
ཞུས༔ ང་ཡི་བླ་མཆོད་བཻ་རོ་ཙ་ན་ལགས༔ འཁོར་བའི་སེམས་ཅན་མཐོ་རིས་བླང་
བ་དང༔ སངས་རྒྱས་ཆོས་ཀྱི་བསྟན་པ་སྤེལ་བ་དང༔ བདག་གི་མཆོད་གནས་དམ་
པར་སྤྱན་དྲངས་ན༔ ངན་བྲུ་བོར་ནས་གང་དུ་གཤེགས་པ་ལགས༔ བཙུན་མོ་བཞེད་
ན་གདན་གྱི་གྲོགས་སུ་འབུལ༔ བདག་གི་མཆོད་གནས་དམ་པར་གཤེགས་པ་ཞུ༔

---

[1] Konjektur für རྒྱ von **A** und **B**.   [2] **A**: བཀྲས   [3] **B**: ཀོ

དེ་སྐད་ཅེས་པ་རྒྱལ་པོས་གསོལ་པ་ཡིས༔ སློབ་དཔོན་སྐྱི་ཚུའི་དྲུང་ནས་བཀའ་སྩལ་པ༔ དད་པ་ཅན་གྱི་རྒྱལ་པོ་ཇོ་གཅིག་ལགས༔ བུད་མེད་བྱ་བ་བཙན་དུག་ཏ་ལ་ཡིན༔ སེམས་ཅན་གང་གིས་ཟོས་ཀྱང་འཆི་བར་འགྱུར༔ བུད་མེད་བྱ་བ་ལས་ཀྱི་སྲིན་མོ་ཡིན༔ སེམས་ཅན་གང་གིས་འཁོར་ཡང་ལ་ཁུར་འཆི༔ བུད་མེད་བྱ་བ་དམྱལ་བའི་འདམ་རྫབ་ཡིན༔ སེམས་ཅན་གང་གིས་འཁོར་བའི་འདམ་ལ་འཛིན༔ བུད་མེད་བྱ་[14b]བ་འཁོར་བའི་བཙོན་ར་ཡིན༔ གང་གིས་འབབས་ཀྱང་ཐར་པ་འཐོབ་མི་སྲིད༔ བུད་མེད་བྱ་བ་བདུད་ཀྱི་མྱ་ངན་ཡིན༔ གང་གིས་འབྲེལ་ཀྱང་སྡུག་བསྔལ་ཚད་མེད་སྤྱོད༔ བདག་གི་སེམས་ལ་འདོད་ཆགས་ས་བོན་མེད༔ སེམས་ལ་མེད་པས་ལུས་ལ་ཅི་ལ་སྐྱེ༔ འོ་སྐོལ་འགྲོགས་སུ་བཙུན་མོས་ལྟོ་ལོང་བདབ༔ མ་ཉེས་སུ་ནི་ནམ་ཞིག་མཐའ་དག་འོང༔ སྐར་ལོག་རྒྱལ་པོའི་ཡུལ་དུ་ང་མི་མཆི༔ མཆོད་གནས་གཞན་ནས་ཚོལ་ལ་ལུགས་བཞིན་སྤྱོད༔ ཅེས་གསུངས་སློབ་དཔོན་གར་སོང་ཆ་མེད་ག་ཤེགས༔ རྒྱལ་པོ་མི་ཆད་དྲ་ངལ་ག་མུག་ཚ༔ སྨུན་སྤྲོས་ཡུལ་དེ་ཚ་བ་གྱུ་རུ་གྲགས༔ རྒྱལ་པོ་དེར་ལུས་མགར་བ་སྐར་ལོག་སྟེ༔

༔ཉི་མ་དམར་ཐག་ཆོད་ནས་ཁྱིམ་དུ་སླེབས༔ ཆུང་མ་མདུན་དུ་བྱུང་ནས་འདི་སྐད་ཟེར༔ ཁྱོད་ཀྱིས་བཏྲེ་དེ་ཉིད་མ་བསད་དམ༔ ང་ཡི་ལུས་རྒྱན་བུ་ཚས་ཐོག་ཁར་ཁྱེར༔ ཉལ་ཉིལ་གསེབ་ནས་རྙེད་ནས་ཡོད་དོ་ཟེར༔ མགར་བ་ཁྲོས་ནས་ཆུང་མར་ལན་བདབ་པ༔ ཅི་ག་ཐམས་ཅད་བརྟགས་ནས་མི་ཟེར་བར༔ བཏྲེས་བཀྲུས་སོ་རྒྱུག་ཅིག་ཟེར་ཟེར་ནས༔ ལུང་པའི་མདའ་རུ་བཏྲེ་ཁྲིལ་གྱིས་ཟིན༔ མདའ་གཞུ་བཀང་ནས་ཤིངས་གདང་བཞག་སྐམ་པས༔ ཆོས་དཔེར་ཐོག་ནས་ཁོ་བོ་གསོད་པར་ཟེར༔ ང་རང་གསོད་པའི་ལས་ཤིག་ད་བྱུང་བསམ༔ ཤིན་དུ་འཛིགས་ཤིང་རབ་དུ་བྲེད་པ་ལ༔ གསོད་པའི་ཚུལ་དུ་དེ་ཉིད་མི་འདུག་པར༔ ཚིག་བ་ཤད་འདི་

སྐད་བགྲངས་ནས་གསུངས་པ་ཡིན་༔ བདག་ནི་རྒྱལ་པོ་ཁྲི་སྲོང་ལྡེའུ་བཙན་གྱི་༔
ཐུགས་ཆེས་མཆོད་གནས་དམ་པ་བྱེད་ཙ་ན་༔ བཙུན་མོ་ཚེ་སྤོང་བཟའ་བ་དམར་
15a རྒྱན་ལ་༔ སྡོམ་གསུམ་རྩ་བ་དམ་ཚིག་མ་ཉམས་ཤིང་༔ ངས་ནི་མ་བྱིན་པར་
ཡང་མ་བླངས་སོ་༔ སེམས་ཅན་ཁྱོད་ཀྱི་འདོད་པ་བསྐང་བའི་ཕྱིར་༔ བདག་གི་
སྲོག་ལ་ཚད་པའི་མདའ་དང་གཞུ་༔ གཞུ་ཉིད་གསེར་ལ་མདའ་ནི་གཡུར་གྲུར་
གསུངས་༔ ང་ཡི་མདའ་གཞུ་གསེར་གཡུར་ཡིངས་ཀྱིས་སོང་༔ ཤིན་ཏུ་ངོ་ཚ་མིག་
ཀྱང་ལྟ་མི་ཕོད་༔ དེ་རིང་བདག་ལ་འདི་སྐད་གསུང་དུ་གྲུང་༔ ཁྱོད་ཀྱི་རྩུང་མའི་ལུས་
རྒྱན་བྱིས་པས་ཁྱིར་༔ ཐོག་ཁའི་ཞལ་ཉིལ་གསེབ་ནས་རྩུང་མས་རྟེད་༔ ང་ནི་མ་
སྦྱིན་[1] མི་ལེན་བརྟེ་ཡིན་༔ མགར་མོའི་རྒྱན་ཆ་བཀྱ་བའི་ལུགས་ཡོད་དམ་༔ དེ་སྐད་
གསུངས་ནས་ཡར་ལ་བཞུད་དེ་སོང་༔ ངས་ནི་རྩུར་འོངས་མདའ་གཞུ་བསྟན་པ་ཡིས་༔
མགར་མོ་དགའ་ང་ཤིན་ཏུ་སེམས་གཅོད་དོ་༔ ལེའུ་བཅུ་པའོ་༔

---

11. Kapitel.

༔ དེ་ནས་ནང་པར་ནམ་ལངས་གྲང་སངས་ནས་༔ རྒྱལ་པོ་ཁྲི་སྲོང་ལྡེའུ་བཙན་
ཚ་བ་གྲུར་༔ ཆབ་ཀྱི་ཕ་ཁར་[2] སློབ་དཔོན་བཞུགས་སམ་བལྟས་༔ མ་བཞུགས་ཆབ་
ཀྱི་ཁ་འགྲིམས་[3] གྲུ་ཕབ་སྟེ་༔ མི་རྣའི་སྐྲོག་[4] བླངས་ཆབ་བསྐྲལ་མཉམ་པ་སློག༔ ཆབ་
ཀྱི་ཕ་ཁར་[2] ཐྲོན་ནས་རྗེས་མཐོང་མེད་༔ རྗེས་བཅད་པས་ཀྱང་རྗེས་མ་ཚོད་པར་བརྒྱལ་༔
ཕྱིར་འོངས་མགར་བའི་སྐོར་བབས་དེ་ལ་དྲིས་༔ ཁ་སང་ཁྱོད་ཕྲད་བརྟེ་གར་འགྲོ་ཟེར་༔
ཁྱོད་ལ་གསེར་གཡུའི་མདའ་གཞུ་བྱིན་ཟེར་པ་༔ ཁྱོད་ཀྱིས་བརྟེ་དེ་ལ་ཅི་བྱས་པ་༔

[1] B: བྱིན་ [2] B: ཀར་ [3] B: འགྲིམ་ [4] Konjektur für རྟོ་ von **A** und **B**.

མགར་བས་རྒྱལ་པོ་ཉིད་ལ་གསོལ་པ་ནི༔ བཙེ་འདིར་འགྲོ་བྱ་བ་ཡི་མི་གསུང༔ གར་འགྲོ་ཆ་མེད་བདག་གིས་མ་དྲིས་སོ༔ 15b བཀུས་བཙུགས་མདའ་བརྒྱབ་ཤིན་ཏུ་ངོ་ཆ་ནས༔ རྒྱལ་པོ་ལ་གསངས་གསེར་གཞུ་གཡུ་མདའ་ནི༔ གསོལ་ཟས་བདའ་དཀུ་སྐྱིལ་མ་ཞབས་ཏོག་བྱས༔ དེ་ཡི་དྲིན་ལན་གསེར་གཞུ་གཡུ་མདའ་བྱིན༔ དེ་ནི་མི་མིན་མཆོག་ཏུ་གྱུར་པར་གདའ༔ རིགས་ནི་གར་གདོགས་མིང་ནི་ཇེ་སྐད་བྱ༔ ཉིད་འདེད་པ་ནི་ཅི་ཕྱིར་འདེད་པ་ལགས༔ རྒྱལ་པོས་བཙུན་མོའི་ཐ་སྙད་གསངས་ནས་སུ༔ མི་ལས་མཆོག་ཏུ་གྱུར་པའི་སྐྱེས་བུ་དེ༔ རིགས་ནི་དབུས་ཀྱི་རྣམ་པར་སྣང་མཛད་ལགས༔ མིང་ནི་བཻ་རོ་ཙ་ན་ཟེར་བ་ཡིན༔ བདག་ཕྱི་སློག[1]་པ་མཆོད་གནས་སྤྱན་འདྲེན་ཡིན༔ འབྱོན་དུ་མ་བཞེད་རྒྱ་ནག་ག་ཤེགས་ཡིན་ནམ༔ ད་ལྷ་ཡི་ལུག་ཁྲིམ་དུ་འོངས་པ་ཡིན༔

༔དེ་ནས་དགོད་དཀར་ལར་བྱོན་བསམ་ཡས་ཕེབས༔ བཙུན་མོ་འཁོར་བས་རྒྱལ་པོར་དྲིས་ཀྱིན་སྨྲས༔ རྒྱལ་པོས་བདག་གིས་རྗེས་ཁོ་ནར་བཙུག་བསླགས༔ ཉི་མ་རྒས་ཁར་སྐྱི་ཆུའི་འགྲམ་དུ་སླེབས༔ སྐྱེས་བུ་དེ་ཉིད་རྫུ་འཕྲུལ་ལྡན་ཅིག་གདའ༔ ཁུ་ཡིས[2]་བདབ་ཅིང་གཡོབ་ཀྱིན་བོས་ཙ་ན༔ སྤྱན་ཟུར་ཙམ་གཟིགས་བདག་གིས་ལྷ་ཕྱག་བཙལ༔ འབྱོན་པར་ཞུས་པས་ག་ཤེགས་སུ་མ་བཞེད་པར༔ ཚིགས་སུ་བཅད་པ་འདི་རྣམས་བདག་ལ་གསུངས༔ ཆོས་དང་ཅན་གྱི་རྒྱལ་པོ་ཁྲི་སྲོང་ལགས༔ བྱད་མེད་བྱ་བ་བཙན་དུག་ཧ་ལ་ཡིན༔ སེམས་ཅན་གང་གིས་ཟོས་ཀྱང་འཆི་བ་ཡིན༔ བྱད་མེད་བྱ་བ་ལས་ཀྱི་སྲིན་མོ་ཡིན༔ སེམས་ཅན་གང་གིས་འཁོར་ཡང་ལ་འུར་འཆི༔ བྱད་མེད་བྱ་བ་དམྱལ་བའི་འདམ་རྫབ་ཡིན༔ སེམས་ཅན་གང་གིས་འཁོར་

[1] B: བསླགས (བསླེགས) [2] A: ཁུས

བ་ [16a] འདམ་ལ་འཛིན་༔ བུད་མེད་བྲ་བ་འཁོར་བའི་བཙོན་ར་ཡིན་༔ གང་གིས་
འབགས་ཀྱང་ཐར་པ་ཐོབ་མི་སྲིད་༔ བུད་མེད་བྲ་བ་བདུད་ཀྱི་སྒྱུ་ངན་ཡིན་༔ གང་
གིས་འབྲེལ་ཀྱང་སྡུག་བསྔལ་ཆད་མེད་སྤྱོང་༔ བདག་གི་སེམས་ལ་འདོད་ཆགས་ས་
བོན་མེད་༔ སེམས་ལ་མེད་པར་ལུས་ལ་ཅི་ལ་སྐྱེས་༔ འོ་སྐོལ་འགྲོགས་སུ་བཙུན་
མོས་ལྷོ་ལོང་བཏབ་༔ མ་ཉེས་སུ་ཉི་ནམ་ཞིག་མཐའ་དག་འོང་༔ སྣར་ལོག་རྒྱལ་
པོའི་ཡུལ་དུ་ང་མི་མཆི་༔ མཆོད་གནས་གཞན་ནས་ཚོལ་ལ་ལུགས་བཞིན་སྤྱོད་༔
ཅེས་གསུངས་སློབ་དཔོན་གར་སོང་ཆ་མེད་གཤེགས་༔ དེ་སྐད་ཅེས་པ་རྒྱལ་པོས་
བཀའ་སྩལ་པ་༔ བཙུན་མོ་འཁོར་པ་བློན་པོ་དེ་རྣམས་ཀྱང་༔ མི་དགའི་སེམས་ནི་
ཤིན་དུ་ཀུན་སྐྱེས་སོ་༔

༔དེ་དུས་དེ་ཚེ་བི་རོ་ཙ་ན་ཡིས་༔ ཡེར་པ་གཙུག་རི་སྤྲུངས་པའི་ནགས་ལ་
གཤེགས་༔ ཐུགས་དམ་མཛད་པས་ཀླུ་བཙན་ལྷ་མོ་འདུས་༔ སྤྲེའུས་ཤིང་ཐོག་སྨན་
སྣ་འཐུས་ནས་འདྲེན་༔ ལྷ་མོ་ཀླུ་མོ་བཙན་རྣམས་སྐོར་མཆོད་འབུལ་༔ སློབ་དཔོན་
མཉམ་གཞག་མངོན་པར་ཤེས་པས་གཟིགས་༔ བསམ་ཡས་མི་རྣམས་ཉིད་ལ་ཤིན་
དུ་འཕྱ་༔ སྡིག་ལས་བྱེད་ཅིང་སྦྱིན་པ་གཏོང་འཕྲོ་བཅད་༔ ཚུལ་ཁྲིམས་འཆལ་ཅིང་
སྡོམ་པ་ནོང་པ་ཤོར་༔ སློབ་དཔོན་དེ་ཙུག་བྱེད་ན་ཆོས་རྫུན་ཡིན་༔ སློབ་བུ་སྡིག་པ་
སྣ་ཚོགས་སྤྱོད་ཅིང་སྣང་༔ སློབ་དཔོན་ཤིན་དུ་མི་དགའི་སེམས་སྐྱེས་ནས་༔ འདི་
ནི་ཇི་ལྟ་བུ་ཡིས་ཀློག་ན་དགོངས་༔ ཀླུ་ཆེན་དགའ་བོ་བསྐྱབས་ན་དམར་རྒྱན་གྱི་༔ ལུས་
ལ་ནད་དུ་ཙི་ཙི་ཛྭ་ལ་གཏོང་༔ ནད་དེས་བཙུན་ [16b] མོ་ཤིན་དུ་གདུངས་ཙ་ན་༔ རྫུ་འཕྲུལ་
མོ་མ་རྗེན་པོ་ཅིག་གདང་ལ་༔ ལྷ་མོ་ཡེར་མ་བཙན་རྒོད་བབས་ནས་འཛུག་༔ དེ་ལ་
བཙུན་མོས་མོ་འདེབས་འོང་བར་གཟིགས་༔ སློབ་དཔོན་དགོངས་པས་ཀླུ་ནག་སྙིང་
ནས་དྲངས་༔ འགུགས་བྱེད་ཕྱུག་རྒྱ་ཁྲ་ཚུར་ཉིད་ཀྱིས་བཅིངས་༔ དེ་ན་ཀླུ་ནག་གནས་

པའི་གྲོང་ཁྱེར་འགུལ་༔ དེ་ཡི་ནང་ནས་ཀླུ་ནག་འདམ་འཛིན་ཞེས་༔ སྨོམ་ནག་
རྐང་ལག་སུམ་བརྒྱ་དྲུག་ཙུ་པ་༔ དཔྲལ་བར་མིག་གཅིག་ཁ་ཆུ་དུག་ཏུ་འཛག་༔
དབང་དུ་བསྡུས་ནས་སློབ་དཔོན་སྲུན་སྦྱར་བྱུང་༔ ཁྱོད་ཀྱིས་བདག་ནི་གནས་སུ་
འདུག་མི་སྟེར་༔ སྙིང་ནས་དྲངས་ཤིང་འགུགས་པ་ཁྱོད་ཅི་ཉེས་༔ ཅི་བྱེད་
ཟེར་ནས་ཤིན་དུ་མི་སྡུག་བསྔ་༔ སློབ་དཔོན་ཀླུ་ནག་པོ་ལ་བཀའ་སྩལ་པ་༔ ཁྱོད་ནི་
རི་འདིའི་རྩ་བ་ན་གནས་དེ་༔ ང་ཡང་རི་འདིའི་སྙེད་པ་ལ་གནས་པས་༔ བདག་
གཉིས་གནས་ཀྱིས་བསྡུས་པའི་སྲུན་ཟླ་ཡིན་༔ ང་ལ་དགྲ་བྱུང་ར་མདའ་ཁྱོད་
ཟློག་ཡིན་༔ ཁྱོད་ལས་མཐུ་རྩལ་ཆེ་བ་གང་ཡང་མེད་༔ དམ་ལོང་དམ་
ལོང་ནག་པོ་ཀླུ་ཡི་བུ་༔ དེ་སྐད་གསུངས་ནས་སྙིང་པོ་སྟོང་རྩ་བཟླས་༔ ཤ་སྣ་སྣ་
ཚོགས་གཏོར་སྤྲད་ཀླུ་འགྲུབ་ནས་༔ ཀླུ་ཡང་ཤིན་ཏུ་དགའ་སྟེ་འདི་སྐད་གསུངས་༔
གནས་ཀྱིས་བསྡུས་པའི་ཚང་ཟླ་སྐྱེས་བུ་ཁྱོད་༔ བསྟན་པ་བ་ཞིག་པའི་དགྲ་བོ་གང་ན་
ཡོད་༔ ང་ཡི་ཙི་ཙི་རྡྭ་ལའི་ནད་བཟུང་གཏང་༔ སློབ་དཔོན་ཤིན་ཏུ་དགེས་ནས་ཀླུ་ལ་
གསུངས་༔ མཐུ་དང་སྟོབས་སུ་ལྡན་པའི་ནག་པོ་ཀླུ་༔ ང་ཡི་བསྟན་པ་བ་ཞིག་པའི་
དགྲ་བོ་ནི་༔ བསམ་ཡས་རྒྱལ་པོ་ཁྲི་སྲོང་ལྡེའུ་བཙན་གྱི་༔ བཙུན་མོ་ཚེ་སྤོང་[17a]བཟའ་
བ་དམར་རྒྱན་ཡིན་༔ ང་ཡི་བཀའ་མ་བྱུང་བར་ཀླུ་ཁྱོད་ཀྱིས་༔ ཙི་ཙི་རྡྭ་ལས་བཟུང་
ལ་སྨོམས་ཞིག་གསུངས་༔ སྨོམ་བྱེད་ཕྲུག་རྒྱ་བ་ཞིག་ནས་ཀླུ་བཏང་པས་༔ བསམ་
ཡས་མལ་གོང་སྒང་སྟོན་རྩེ་དཀར་ཕྱིན་༔ བཙུན་མོ་དམར་རྒྱན་ཉལ་བའི་སྟེས་སུ་
མཆོངས་༔ བྱིན་མནན་ཁ་ཡི་ནང་ན་མར་ལ་འཛུལ་༔ སྙིང་གི་དཀར་ནག་མཚམས་
སུ་ཞུགས་ནས་བཟུང་༔ ཡན་ལག་མང་པོས་རྩ་ནི་ཐམས་ཅད་བཀྲུངས་༔ བཙུན་མོ་
ཀླུ་ཡི་དབང་དུ་བསྡུས་ཏེ་བསྡམས་༔ གཉིད་སད་ལུས་ཟ་སྙིང་མ་དགའ་ལ་སྒྲིད་༔ མོ་
མ་ལྷ་སྨན་དགོང་བ་ཞེར་བྱ་བ་ལ་༔ མོ་བདབ་མཐུ་བདབ་བྱས་ཀྱང་མ་ཕན་ནོ་༔ ལོ་

གཅིག་ལོ་གཉིས་རྒྱལ་འབངས་ཀུན་གྱིས་གླིངས་[1]༔ ནད་མཛེ་ཡིན་པར་ཀུན་གྱིས་ངོ་
ཤེས་སོ༔ རྒྱལ་པོ་སྲས་ལྕམ་མཆི་མ་ལ་སྤྲས་བྱས༔ དེ་ཚེ་དེ་དུས་བེ་རོ་ཙ་ན་
ཡིས༔ ཡེར་པའི་བྲག་ཕུག་དཔལ་ལྡན་ལྷ་མོ་བསྒྲུབས༔ འཕྲུལ་གྱི་མོ་མ་ཀུན་
ཤེས་ཐིངས་པོ་ལ༔ ལྷ་མོ་བབས་བྱས་བསམ་ཡས་ཡུལ་དུ་བཏང༔ བསམ་ཡས་
ཕུ་མདའ་མེད་པས་མོ་བཏབ་པས༔ སྣང་སྲིད་ཐམས་ཅད་འཆར་བས་རྣོ་བར་གྲགས༔
རྒྱལ་པོས་བཀའ་སྩལ་མོ་མ་འཁོར་བས་བཀུག༔ མལ་གོང་སྣང་སྟོན་རྩེ་དགུར་མོ་
མ་བྱིན༔ རྒྱལ་པོ་ཡབ་ཡུམ་སྲས་ལྕམ་གཉིས་དང་བཞི༔ འཁོར་མ་ཐམས་ཅད་
སྐོར་བྱུང་མོ་བཏབ་བོ༔ བདག་བཙུན་མོ་ནད་ངན་འདི་ལྟས་ཟིན༔ སྐྱིན་དང་ལེ་ལན་
ཅི་ལྟ་བུ་ནི་ལགས༔ ལྷ་འདྲེ་ཇི་ལྟ་བུ་ནི་གནོད་པ་ལགས༔ རིམ་གྲོ་ཇི་ལྟ་བུ་ནི་ཕན་
པ་ལགས༔ 17b བདག་གི་བཙུན་མོ་འདི་ནི་སོས་པ་ནི༔ ཉིད་ལ་ཡུལ་ཞིང་སྐྱེ་གྲངས་
བཅད་སྦྱིན་ནོ༔ ལེའུ་བཅུ་གཅིག་པའོ༔

---

12. Kapitel.

༔ དེ་ནས་མོ་མས་མོ་བཅས་སྣ་དགུ་བཤམས་ནས་མོ་བཏབ་པའི་ཐ་མ་ལ༔ རྒྱལ་
པོ་ཡབ་ཡུམ་ལ་མོ་ཤར་སྨྲས་པ༔ བཙུན་མོས་ཅི་བསམས་ཐམས་ཅད་ལོག་པར་
སོང༔ བྱས་པའི་ལས་ལ་འབྲས་བུ་མེད་པའི་མོ༔ མི་ཁ་གླེང་ཞིང་ཅོ་ཅོ་དྲྭ་ལས་
ཟིན༔ རྣམ་ཐར་ངོ་ལོག་མེད་པར་ཀུན་གྱིས་ཁུར༔ བླ་མ་བཟང་པོ་གདམས་ངག་
ཕྲུག་པ་ཡོད༔ ངོ་མཚར་གཅིག་ལས་གཅིག་ཆེ་དཔོན་སློབ་གཉིས༔ གཅིག་ལ་
ཅིག་[2]སྐྱོན་མི་འགེལ་མཐོང་ན་དགའ༔ གཅིག་སེམས་གཅིག་ལ་ཆགས་དེ་འབྲལ་མི་

---

[1] B: གླིང

[2] B: གཅིག

ཡོད་༔ ཀླུ་མའི་ཚབ་ཏུ་སློབ་མ་བདང་བ་བསྐྱིལ་༔ བཙུན་མོ་སྙིང་མེད་བྱོལ་སོང་གློ་
བྲུས་ཏེ༔ འདོད་པས་མི་འདོད་པ་ཡི་གནས་སུ་ལྷུངས་༔ ལྟོ་ལོང་སྐྱུར་པ་ཆེན་པོ་བདབ་
པས་ལན་༔ དེ་ཡི་ཚད་པས་ནད་འདི་བྱུང་བ་ཡིན་༔ འདི་ལ་གཞན་གྱིས་ཅི་བྱས་མི་
ཕན་ཏེ་༔ དཔོན་སློབ་གདན་དྲངས་མཐོལ་བཤགས་བྱས་ན་ཕན་༔ རྒྱལ་པོ་སེམས་
ལ་ཞེན་དུ་འཁྲིག་པར་ཞར་༔ བཙུན་མོ་ཞེན་དུ་སྙིང་ནས་ཁས་མ་བླངས་༔ རྒྱལ་
པོས་འཁོར་བ་རྣམས་ལ་བཀའ་སྩལ་པ་༔ རྒྱལ་སྲས་མུ་ཏིག་བཙན་པོ་ཁྲིམ་པ་རྒྱུན་༔
འཁོར་པ་མང་པོ་བྱང་གི་ཕྱོགས་སུ་བཏང་༔ སློབ་དཔོན་ཚོལ་ལས་གདན་དྲོངས་
ཞོག་ཅིག་གསུངས་༔ རྒྱལ་པོས་རྟ་བཟང་འཁོར་ལོ་བཞི་པ་ཆིབས་༔ རོལ་མོ་
འཁོར་མང་ཡར་ཀླུངས་ཞལ་བྲག་ནས་༔ ཨྱོན་པདྨ་འབྱུང་གནས་སྤྱན་འདྲེན་
གཞིགས་༔ དགེ་སྟེང་ [18a] སྤང་ཁར་བྱོན་ནས་བསྐོར་བ་བྱས་༔ ལྷ་ཕྱུག་བཙལ་
ནས་མཆོད་ཕུལ་ཞུས་པ་ནི་༔ ཨེ་མ་ཧོ་༔ ཨྱོན་ཆེན་པོ་པདྨ་འབྱུང་གནས་ལགས་༔
བདག་གི་བཙུན་མོ་ཙི་ཙི་ཛྭ་ལས་ཟིན་༔ ཕན་པ་གཞན་བྱས་ཅི་བྱས་ཅིས་མ་ཕན་༔
མོ་མ་ཀུན་ཞེས་ཐིངས་པོས་མོ་བདབ་པས་༔ སློབ་དཔོན་ཆེན་པོ་པདྨ་སྤྱན་དྲངས་ནས་༔
མཆོད་འབུལ་སྐང་བཤགས་བྱས་ན་ཕན་ཅེས་ཟེར་༔ བྲག་དམར་དཔལ་གྱི་བསམ་
ཡས་གཞིགས་པར་ཞུ་༔ ཨྱོན་པདྨ་འབྱུང་གནས་བཀའ་སྩལ་པ་༔ རིགས་ཆེན་
ལྷ་ལ་བཀའ་འདུས་འཆད་ཐུན་ཛོགས་༔ འཁོར་བའི་ལམ་ལྷ་སྒོ་གཅོད་འཚོལ་བས་
གཞིགས་༔ བདག་ནི་འགྲོ་བའི་དོན་བྱེད་གཡལ་ཆེ་བས་༔ རྒྱལ་པོ་སྤྱན་འདྲེན་འགྲོགས་
ནས་བསམ་ཡས་མཆི་༔ ལྷ་འདྲེའི་སློབ་མ་འབུམ་ཕྲག་མང་པོ་རྣམས་༔ བདག་
གིས་བྲག་དམར་བསམ་ཡས་མ་འཁོར་བར་༔ མཆོད་རྒྱུན་མ་གཅད་[1] བསྟན་པ་གཞུང་
བཞིན་སྐྱུངས་༔ དེ་སྐད་ལྷ་འདྲེ་རྣམས་ལ་བཀའ་སྩལ་ནས་༔ རྟ་བཟང་འཁོར་ལོ་

---

[1] B: བཅད་

བརྒྱུད་པ་ཆིབས་ནས་སྲུ༔ རྒྱལ་པོ་འཁོར་པ་མང་པོས་སྐུ་བསྐོར་ག་ཤེགས༔ རོལ་མོ་སྣ་ཚོགས་མདུན་རྒྱབ་གཡས་གཡོན་འཁྲིགས༔ ཆུ་བོ་ལོ་ཧི་ད་བརྒལ་བསམ་ཡས་ཕེབས༔ ཨོྱན་ཆེན་པོ་པདྨ་འབྱུང་གནས་ལ༔ ལྷ་འདྲེ་མི་གསུམ་ཚོགས་ནས་ལྷ་ཕྱག་འཚལ༔ འདབ་ཆགས་སྤྱིར་ཆགས་སྨིག་ལྗུམ་ཐམས་ཅད་དང་༔ སྨིག་པ་ཁ་བྲག་འགྲིང་བུ་ཐམས་ཅད་ཀྱིས༔ ལྷ་ཕྱག་འཚལ་ཞིང་མཆོད་པ་སྣ་ཚོགས་ཕུལ༔ བཙུན་མོས་ཀྱང་ནི་ལྷ་ཕྱག་མཆོད་པ་ཕུལ༔

༔དེ་ནས་མལ་གོང་[18b]སྐང་སྟོན་རྩེ་དཀར་ག་ཤེགས༔ རོ་མཆོག་ལྡན་པའི་གསོལ་ཟས་སྣ་ཚོགས་དྲངས༔ ཨོྱན་པདྨ་ཡེ་ཤེས་སྤྱན་མངའ་བས༔ དུས་གསུམ་ཐུགས་ལ་གསལ་ལེར་མཁྱེན་ན་ཡང་༔ འགྲོ་བ་ད་ལྟའི་དོན་དང་མ་འོངས་དོན༔ བདག་གི་སློབ་མ་བི་རོ་ཙ་ན་ཉིད༔ སྒྲུབ་པ་གང་ན་བྱེད་ཀྱིན་ཡོད་ཅེས་གསུངས༔ སྐད་མ་ཐེངས་སམ་ད་དུང་ཅི་བྱེད་པ༔ བདག་གི་སྤྱན་སྔར་ཁྲིད་ལས་ཤོག་ཅེས་གསུང༔ རྒྱལ་པོ་ཤིན་དུ་ངོ་ཚ་གནོང་ནས་སྲུ༔ ལོ་རྒྱུས་གདམ་ནི་སྨྲ་མ་ཐོད་པ་ཙུ༔ ལྕམ་དྲལ་འཚོལ་དུ་བཏང་བ་ལ་རེ་ནས༔ ཨོྱན་པདྨ་ཉིད་ལ་འདི་སྐད་གསོལ༔ བེ་རོ་ཙ་ན་བུ་ཚ་མིང་སྲིང་གཉིས༔ ཤིན་དུ་དོན་གལ་ཆེ་བ་གཉེར་དུ་ཐལ༔ ཞག་གསུམ་ཚུན་ལ་སྤྱན་སྔར་འཁོར་དུ་མཆི༔ དེ་ནས་ནང་པར་གདུགས་ཀྱི་རྩེ་ལ་ནི༔ སྲས་ལྕམ་འཁོར་པ་མང་པོ་སླེབས་ནས་བྱུང་༔ རྒྱལ་པོས་སྲས་ལ་དྲིས་པ་སྲས་ཀྱིས་གསོལ༔ བདག་ཅག་བྱང་ཕྱོགས་ཀུན་དང་ཀུན་ཕྱིན་དེ༔ བཙལ་ཞིང་བོ་མོ་སྨྲ་ཤེས་ཀུན་ལ་དྲིས༔ མི་གཅིག་གིས་ཀྱང་མཐོང་བ་མ་བྱུང་བས༔ ཤིན་དུ་ཡི་མུག་ག་ཆད་ད་ལྟ་སླེབས༔ ཡབ་རྗེ་རྒྱལ་པོའི་ཞལ་ནས་འདི་སྐད་གསུངས༔ རྒྱལ་ཁམས་དེ་ཙམ་ཞིག་ནས་མ་བརྙེད་པ༔ གྲོངས་ན་སྤུར་ཡང་བྱ་ཡིས་ཟོས་པར་ཤེས༔ དེ་སྐད་གསུངས་ཤིང་རྒྱལ་པོ་བཤུམས་པར་གྱུར༔ མཆི་མ་ནས་ཙམ་སྲན་ཙམ་རྒྱུན་དུ་བྱུང་༔ དེ་ནས་

བཤུམས་པའི་མཆི་མ་ཕྲུག་གིས་ཕྱིས་༔ རྒྱལ་པོ་ལྷུམ་དྲལ་གཉིས་ཀྱི་སྣ་མཆོད་དེ་༔
ཕྱོན་ཆེན་པོ་ཉིད་ལ་བསྙོར་བ་བྱས་༔ ལྷ་ཕྱག་བཙལ་ཞིང་མཆོད་པ་སྣ་ཚོགས་ཕུལ་༔

19a ༔རྒྱལ་སྲས་ཆེན་པོ་པདྨས་བཀའ་སྩལ་པ་༔ ཁྱེད་ཅག་ལྷུམ་དྲལ་གཉིས་ཀྱིས་འདིར་ཕེབས་ན་༔ བདག་གི་སློབ་མ་བེ་རོ་ག་རྩ་སོང་༔ དེ་ལ་ཡབ་རྗེ་རྒྱལ་པོས་འདི་སྐད་གསོལ་༔ བསྟན་པའི་སྒྲོན་མེ་རྒྱལ་སྲས་ཆེན་པོ་ལགས་༔ བཻ་རོ་ཙ་ན་གར་སོང་ལོ་རྒྱུས་ནི་༔ བདག་གི་བཙུན་མོ་བ་དམར་རྒྱན་མ་ལ་༔ ཆ་མཆིས་པས་ན་སྨན་ཞུར་འཚལ་གྱི་གསུངས་༔ ཡབ་སྲས་གསུམ་པོ་ལངས་ནས་བཞུད་དོ་སྐད་༔ བཙུན་མོའི་སར་བྱོན་རྒྱལ་པོས་འདི་སྐད་གསུངས་༔ བཙུན་མོ་ནད་ངན་འདི་ཡི་འོང་ལུགས་དང་༔ ཁ་སང་མོ་མ་དེ་ཡིས་ཟེར་ལུགས་དང་༔ སློབ་དཔོན་བེ་རོ་ཙ་ནའི་ཞལ་ནས་ཀྱང་༔ ང་ཡི་སེམས་ལ་འདོད་ཆགས་ས་བོན་མེད་༔ སེམས་ལ་མེད་པར་ལུས་ལ་ག་ལ་སྐྱེ་༔ ཡོན་མཆོད་འགྲོགས་སུ་བཙུན་མོས་ལྷོ་ལོང་བདབ་༔ བླ་མཆོད་གཞན་ནས་ཚོལ་གསུངས་བཞུད་པ་ཡིན་༔ སྐྱེས་བུ་དེ་ལ་འདོད་ཆགས་མེད་པར་ངེས་༔ དེ་ནི་སྡོམ་པས་རྫུན་སྤངས་བྱ་བ་ཡིན་༔ སྐྱེས་བུ་ཆེན་པོ་རྫུན་[1]མི་གསུང་བར་ངེས་༔ བཙུན་མོ་ཁྱེད་ཀྱིས་སློབ་དཔོན་འདེགས་པར་དཀའ་༔ སྐུར་པ་ཆེན་པོ་བཏབ་པ་མ་ཡིན་ནམ་༔ ད་ཡང་ཕྱོན་ཆེན་པོའི་སྨྱུན་སྤྲ་ཙ་༔ ལྷ་ཕྱག་བཙལ་ནས་དྲང་པོའི་ཚིག་སྨྲས་དེ་༔ མཐོལ་བཤགས་བྱས་ན་ནད་འདི་སོས་པར་འགྱུར་༔ ལྷུམ་སྲིང་གཉིས་ཀྱང་རྒྱལ་པོའི་གསུང་དང་མཐུན་༔ ཡུམ་ལ་ཤིན་ཏུ་ནན་ཏན་བསྐྱེད་ནས་སྨྲས་༔ ཡུམ་གྱིས་ལེགས་པར་བསམས་ཤིང་དགོངས་པ་ལས་༔ ནད་ངན་ཅི་ཅི་ཛྭ་ལ་འདི་སོས་ན་༔ བདག་ནི་ཅི་ནི་འདྲ་ནའང་འདྲ་སྙམ་སེམས་༔ ད་ 19b ནི་དྲང་པོར་སྨྲ་བར་ཁས་བླངས་སོ་༔ ལེའུ་བཅུ་གཉིས་པའོ་༔

---

[1] B: བརྫུན

13. Kapitel.

༔དེ་ནས་རྒྱལ་པོ་ཁྲི་སྲོང་ལྡེའུ་བཙན་གྱིས་༔ ཨོྒྱན་ཆེན་པོ་རྒྱལ་སར་སྤྱན་དྲངས་ནས་༔ མཆོད་རྫས་སྣ་ཚོགས་པ་ནི་བཤམས་ནས་སུ་༔ ནང་བློན་ཕྱི་བློན་འཁོར་པ་ཐམས་ཅད་དང་༔ སེམས་ཅན་དམ་པ་འབངས་རྣམས་བསྡུས་ནས་སུ་༔ བཙུན་མོ་ཁྲིད་ནས་ གུ་རུར་ཞུ་འབུལ་བཙུག༔ བཙུན་མོས་ལྷ་ཕྱག་བཙལ་ནས་ཞུས་པ་ནི་༔ བསྟན་པའི་སྒྲོན་མེ་ཨོྒྱན་རིན་པོ་ཆེ་༔ བདག་ནི་སེམས་ཅན་གང་ལའང་ཆགས་པ་ནི་༔ མི་སྐྱེ་བ་ཞིག་ཡིན་པ་ལགས་ན་ཡང་༔ སློབ་དཔོན་དགེ་སློང་བེ་རོ་ཙ་ན་དེ་༔ ཅི་བལྟས་པས་ན་ཅི་ཙ་མཛེས་པའི་སྐུ་༔ ཅི་གསུངས་པ་ནི་ཅི་ཙ་བདེན་པའི་གསུང་༔ དེ་ལ་བདག་ནི་ཆགས་པ་ཤིན་ཏུ་སྐྱེས་༔ ཡིད་ཀྱིས་སྨོན་ལམ་ཁོ་ན་ཡང་ཡང་བཏབ་༔ བདག་གིས་ནང་ཅིག་དུས་ན་སྐབས་བཙལ་ནས་༔ རྒྱལ་པོ་རྗེ་ཉིད་གྲོང་ཁྱེར་སྐུ་འཆག་བཏང་༔ བུ་ཚ་མི་སྤྲིང་གཉིས་ཀྱང་རྟེད་མོར་བཏང་༔ འཁོར་བ་རྣམས་ཀྱང་གཡེངས་ཀྱི་བསྐྲད་ནས་སུ་༔ བདག་རང་གཅིག་པུས་སློབ་དཔོན་བསུ་བྱས་ནས་༔ རྒྱལ་ས་ཡང་ཐོག་སྤྱན་དྲངས་བདའ་དགུ་དྲངས་༔ ལས་སྤྱོད་འདི་ལ་སེམས་ཅན་ཀུན་བརྟེན་ནོ་༔ འདི་ལ་མ་བརྟེན་སློབ་དཔོན་ག་ནས་འབྱུངས་༔ བདག་གིས་བགྱིས་ནས་སློབ་དཔོན་སྐུ་ལ་འཇུས་༔ སློབ་དཔོན་ཡེར་གྱིས་དངངས་ནས་འདར་འདར་གྱུར་༔ དགེ་སློང་བེ་རོ་ཙ་ནས་འདི་སྐད་གསུང་༔ འཁོར་པས་ཚོར་ན་བསྟན་པ་ནུབ་སྟེ་འགྲོ་༔ ང་ཡིས་ཕྱི་སྒོ་བཅད་ལ་འོང་གི་གསུང་༔ 20a བདེན་སྐམ་སྐུ་ལ་འཇུས་པ་བཏང་བས་ག་ཤིགས་༔ བསྣད་པས་འགོར་ནས་བལྟ་ཙ་ཕྱིན་ཙ་ན་༔ བཞུད་ནས་མ་བཞེད་བུ་ཚལ་ཕེབས་ནས་ཐལ་༔ དེ་ལ་བདག་ནི་ཤིན་ཏུ་སྙིང་ན་ནས་༔ རྫུན་[1]གྱི་སྤེབ་སྦྱོར་ལེའུ་བསྐྱེབས་ནས་སུ་༔ སྐད་པ་བཏབ་པས་སློབ་དཔོན་འཁོར་མ་བཏུབ་༔ ཉི་མ་བྱང་དུ་འཁྲུམས་ཏུ་སོང་

---

[1] B: བརྫུན

བ་ལགས་༔ རྒྱལ་པོས་བདས་ནས་སླར་ལ་སྤྱན་དྲངས་པས་༔ འབྱོན་དུ་མ་བཞེད་བདག་གི་ངན་མཚང་སྒྲོགས་༔ བསྟན་པའི་སྒྲོན་པེ་སྤྲུལ་སྐ་ཆེན་པོ་ལགས་༔ ནོངས་པ་ཐམས་ཅད་ཁོ་མོ་དངོས་ཀྱིས་བགྱིས་༔ ཅི་ཅི་ཛྭ་ལའི་ནད་ཀྱིས་ཟིན་པ་ཡང་༔ འདི་ཡི་ཆད་པ་ཡིན་ནམ་སེམས་ལ་འཕྲིག་༔ བསྟན་པའི་སྒྲོན་མེ་ཨྱོན་རིན་པོ་ཆེ་༔ སློབ་དཔོན་སྟོར་བ་རྒྱལ་ཁམས་བྲུ་ཚས་བཅལ་༔ བཅལ་བས་མ་བཀྱེད་གང་དུ་ཐལ་བ་ལགས་༔ བདག་གི་ནད་འདི་ཇི་ལྟར་བགྱིས་ན་སོས་༔ དེ་སྐད་ཅེས་པ་བཙུན་མོས་ཞུས་པ་དང་༔ ལྷོ་ལོང་བདབ་པ་མཐོལ་བཤགས་བྱེད་པ་ལ་༔ ཨྱོན་པདྨ་ཤིན་དུ་ཐུགས་དགྱེས་སོ་༔ རྒྱལ་པོ་ལྷུམ་སྤྲིང་རབ་དུ་ཐུགས་དགྱེས་སོ་༔ དེ་རུ་ཚོགས་པའི་མི་རྣམས་ཐམས་ཅད་ཀྱང་༔ སློབ་དཔོན་སྐྱེས་བུ་དེ་ལ་དེ་མི་སྲིད་༔ དེ་ཙམ་འཚོངས་ཟེར་ཀུན་གྱིས་ཁ་སྐྱོ་བྱེད་༔

༔དེ་ནས་ཨྱོན་པདྨས་བཀའ་སྩལ་པ་༔ བཙུན་མོ་ཁྱོད་ནི་མིར་གྱུར་པ་ལ་ཡང་༔ ཉོན་མོངས་པ་ནི་ཤས་ཆེ་བ་ཞིག་འདུག་༔ ཁྱོད་ནི་འདོད་ཆགས་རྒྱ་ལྟར་ཁོལ་བ་ཡིས་༔ སྡོམ་གསུམ་བསྲུང་བའི་སློབ་དཔོན་འཛྭ་བོད་ཡིན་༔ ཁྱོད་ནི་ཞེ་སྡང་མེ་ལྟར་འབར་བ་ཡིས་༔ སྐུར་པ་དེ་ལྟ་བུ་ནི་[20b]འདེབས་ནུས་ཡིན་༔ ཁྱོད་ནི་གཏི་མུག་མུན་ལྟར་གཏིབས་པ་ཡིས་༔ སྐྱོ་ནས་ལས་འབྲས་ངོ་མ་ཤེས་པ་ཡིན་༔ སློབ་དཔོན་སྤྱན་དྲངས་སྐང་མཐོལ་མ་བཤགས་ན་༔ ཅི་ཅི་ཛྭ་ལའི་ནད་ཀྱང་སོས་མི་འགྱུར་༔ ཕྱི་མ་ངན་སོང་གསུམ་འཁོར་མཐར་མེད་སྐྱེ་༔ རྡོ་རྗེའི་དམྱལ་བ་དམྱལ་བ་ཤེམ་[1]པ་ལ་༔ ཐུགས་དམ་རྩ་བར་སྐང་[2]བཤགས་སྤྱན་སྔར་བགྱི་༔ བེ་རོ་ཙ་ན་གར་སོང་གར་ཡོད་ནི་༔ བདག་གིས་མཉམ་གཞག་ལྷ་བསྒོམ་བྱས་ནས་སུ་༔ མངོན་པར་ཤེས་པས་གར་འདུག་བལྟ་བར་བྱ་༔ དེ་སྐད་བཀའ་སྩལ་གུ་རུ་ཐུགས་དམ་བཞུགས་༔ མངོན་ཤེས་

---

[1] A: ཤམ་ [2] B: བསྐོང་

གཟིགས་ནས་གུ་རུས་བཀའ་སྩལ་པ་༔ སློབ་དཔོན་དགེ་སློང་བཻ་རོ་ཙ་ན་དེ་༔ བཙུན་
མོས་མ་ཉེས་སྤྱོ་ལོང་ཆེན་པོས་བགམས་[1]༔ ཤིན་ཏུ་ཡི་མུག་རབ་ཏུ་ག་ཆད་ནས་༔
བསམ་ཡས་དག་གི་ནུབ་བྱང་མཚམས་ཤེད་ན་༔ ར་ས་མུང་བྲན་དོར་སྡེ་དྭགས་
སྲིབ་ཀྱི་༔ ཡེར་པ་གཙུག་རུམ་འབར་བའི་སྐྱིད་པ་ན༔ ནགས་ཚལ་མང་པོ་འཁྲིབས་
པའི་དགོན་པ་རུ་༔ ལྷ་ལུང་དཔལ་གྱི་རྡོ་རྗེའི་བྲག་ཕུག་ན་༔ རི་རྩེ་འདུས་པའི་ལྷ་
ཁང་སྒྲོགས་བཞིན་ན་༔ འགྲེང་མི་མི་ཕྲད་ཐུགས་དམ་བཞུགས་འདུག་གོ༔ ལྷ་དང་ཀླུ་
དང་བཙན་གྱིས་སྟོང་གྲོགས་བྱེད་༔ ལྷ་མོ་ཀླུ་མོས་ཁྲུས་བྱེད་མཆོད་པ་འབུལ་༔ སྤྲེའུ་
བྱང་ཆུབ་སེམས་དཔའ་རྣམས་ཀྱིས་ནི་༔ སྨན་དང་ཤིང་ཏོག་ཐམས་ཅད་དེ་ལ་འདྲེན་༔
ཤིན་ཏུ་སོ་གསོད་སྐྱིད་པར་སྣང་ངོ་ལགས་༔ གསེར་གཡུ་མུ་ཏིག་ལེན་[2]ཕྲན་བཙན་པོ་
ཁྱོད་༔ ཚིབས་པ་ནག་པོ་ཞོན་ལ་ཁྱུག་ལས་ཤོག་༔ དེ་སྐད་ཨོ་རྒྱན་ཆེན་པོས་གསུངས་
པ་ 21a ཡིས་༔ སློབ་དཔོན་ཡོད་པས་ཤིན་ཏུ་འཚེངས་[3]ཤིང་དགོད་༔

༔དེ་ནས་མུ་ཏིག་བཙན་པོས་འགུགས་སུ་བྱོན་༔ ཡེར་པ་གཙུག་རུམ་འབར་
བའི་ནགས་ཚལ་ཕྱིན་༔ སློབ་དཔོན་བཻ་རོ་ཙ་ན་ཉིད་དང་མཇལ་༔ ཚིབས་པ་ནག་
པོས་སློབ་དཔོན་ངོ་ཤེས་ནས་༔ བསྐོར་ཞིང་ལྟེས་བརླག་མཆི་མ་སྤྲན་ཅམ་བྱུང་༔ རྒྱལ་
སྲས་མུ་ཏིག་བཙན་པོས་གསོལ་པ་ནི་༔ སློབ་དཔོན་ཉིད་ལ་སྐྱུར་པ་འདེབས་པའི་མི་༔
ཨ་མ་བཙུན་མོ་མཛེ་ནད་དམ་པོས་ཟིན་༔ ཉིད་ལ་སྐྱུར་པ་བཏབ་པས་ལན་པར་ནི་༔
མོ་མ་ཀུན་ཤེས་ཐིངས་པོས་ངོས་ཀྱང་བཟུང་༔ མོ་བདག་འཁྲིགས་ནས་གུ་རུའི་སྤྱན་
སྔར་མཆིས་༔ ཟླང་པོར་ཆིག་སྨྲས་མཐོལ་བ་ཤགས་བྱས་པས་ནི་༔ གུ་རུ་རིན་པོ་
ཆེ་ཡི་ཞལ་ནས་སུ་༔ ད་ཡང་ཐུགས་དམ་རྩ་བར་སྐང་[4]མཐོལ་དགོས་༔ སློབ་དཔོན་
དགེ་སློང་བཻ་རོ་ཙ་ན་ནི་༔ ཡེར་པ་གཙུག་རུམ་འབར་བའི་དགོན་པར་འདུག་༔ སྤྱན

---

[1] B: འགམས　[2] A: ལན　[3] B: འཚེངས　[4] B: བསྐང

རྡོངས་ཤོག་ཅིག་གསུངས་ནས་བདག་གིས་འོངས༔ ད་ལྷ་ག་ཤེགས་པར་ཞུ་བ་
འབུལ་བ་ལགས༔ དེ་སྐད་གསོལ་པས་སློབ་དཔོན་ཤིན་ཏུ་དགྱེས༔ དགའ་བའི་མི་
ཏ་གཉིས་དང་ཕྲད་དོ་དགའ༔ སྙན་པའི་གཏམ་ཡང་མང་དུ་གྲོས་སོ་དགའ༔ བཙུན་
མོ་དེ་ལ་དེ་ཕན་དེ་རན་འཇེབས༔ ག་རུ་པདྨ་འབྱུང་གནས་བཞུགས་ཡོད་ན༔ ངན་
བུ་ཅིས་དེ་མི་འགྲོ་གསུངས་ནས་ག་ཤེགས༔ ཡུལ་དེའི་ལྷ་ཕྲན་བརྒྱ་དང་ཀླུ་ཕྲན་བརྒྱ༔
ལྷ་མོ་བརྒྱ་དང་ཀླུ་མོ་བརྒྱ་རྣམས་དང༔ སྤྲེའུ་བྱང་ཆུབ་སེམས་དཔའ་རྣམས་ཀྱིས་
ཀྱང༔ སློབ་དཔོན་ཉིད་ལ་སྐྱེལ་པ་བྱས་ནས་སུ༔ སློབ་དཔོན་ཏ་ནག་ཞོན་ནས་
21b བསམ་ཡས་ཕེབས༔ སྐད་སྙན་བྱ་དང་གཅན་གཟན་རིས་བཀྲ་དང༔ རི་དྭགས་
སྤྲ་སྤྲུག་གླང་པོ་ཁྱུང་མཆོག་དང༔ ཅང་ཤེས་ཏ་དང་ཁྱི་རིས་རྣམས་ཀྱིས་ནི༔ སློབ་
དཔོན་མདུན་ནས་བསུས་དེ་སྐོར་བ་བྱེད༔ ལྷ་ཕྱག་བཙལ་ནས་མཆོད་པ་སྣ་ཚོགས་
ཕུལ༔ རྒྱལ་པོ་ཡབ་སྲས་འཁོར་དང་སློབ་བུ་མང༔ ཡུལ་ཁམས་མི་རྣམས་མདུན་
བསུས་སྐོར་བ་བྱས༔ དེ་ནས་བེ་རོ་ཙ་ན་འཁོར་བཅས་ཀྱིས༔ ཨྱོན་ཆེན་པོ་པདྨར་
བསྐོར་བ་བྱས༔ ལྷ་ཕྱག་བཙལ་ཞིང་མཉྫལ་ལན་གསུམ་ཕུལ༔ ཡེར་པ་གཙུག་
ཏུམ་འབར་བའི་ནགས་ཚལ་གྱི༔ ལྷ་ཀླུ་སྤྲེའུ་རྣམས་ནི་སླར་ལོག་སོང༔ དེ་ལ་
མངའ་བདག་རྒྱལ་པོ་ངོ་མཚར་སྐྱེས༔ ཚིགས་སུ་བཅད་པའི་སྙན་ངག་འདི་སྐད་
གསུངས༔

༔དམ་ཚིག་མ་ཉམས་མི་མཆོག་སྐྱེས་བུ་ནི༔ མི་མེད་ཡུལ་དུ་སོང་ཡང་ལྷ་ཀླུས་
མཆོད༔ སྤྲེའུ་དད་སྐྱེས་སྨན་དང་ཤིང་ཏོག་འབུལ༔ དམ་མེད་སྐྱོན་ཅན་དབྱིངས་ནས་
བཙུན་མོ་ནི༔ གྲོང་ཁྱེར་དབུས་གནས་འདུག་ཀྱང་ནད་མཛེས་བཟུང༔ དམ་ལས་
ཉམས་པ་བཙུན་མོ་བགྱིད་བགྱིད་ནས༔ སྐྱེས་བུ་དམ་པ་མཛལ་ལོང་ག་ལ་ཡོད༔

༔དེ་སྐད་ཅེས་གསུངས་ཞབས་ལ་སྤྱི་བོས་གཏུགས༔ གུས་པས་ལྷ་ཕྱག་ལན་

བདུན་བཅལ་ནས་སུ་༔ དེ་ནས་ཨོ་རྒྱན་པདྨའི་འོག་དུ་བཞུགས་༔ ལེའུ་བཅུ་གསུམ་པའོ་༔

---

14. Kapitel.

༔ བོད་འབངས་ཀུན་ཀྱང་སློབ་དཔོན་སྟོར་བརྩེད་པས་༔ ཤིན་ཏུ་དགའ་ནས་སྤྲིན་བཞིན་འདུས་ནས་འདུག་༔ དེ་དུས་རྒྱལ་པོ་ཁྲི་སྲོང་ལྡེའུ་བཙན་གྱིས་༔ བཙུན་མོ་སློབ་དཔོན་མཐོལ་བཤགས་ 22a འབུལ་དུ་བཅུག་༔ བཙུན་མོ་དམར་རྒྱན་ལུས་ཀྱི་བཀོད་པ་ཉམས་༔ ཅོ་བེར་རས་ཀ་ཅིག་ནི་སྐེ་རགས་བཅིངས་༔ རེ་བའི་ཚལ་བུ་ཞིག་ལ་གཡང་ལུགས་བྱས་༔ སྐྲ་བྲེ་ཕྲེ་རྣམས་ཤུ་བས་ཁེངས་པ་བྱས་༔ ཁ་ཡོན་མིག་སློ་ཀང་ལག་འཕྲེང་བ་བྱས་༔ མི་དོག་སྣ་ཚོགས་པ་ཡིས་བཀང་བ་ཡི་༔ བསེ་ཡི་གཞོང་པ་གང་ནི་ལག་དུ་ཐོགས་༔ ལྕམ་དྲལ་གཉིས་ཀྱིས་གཡས་གཡོན་གཉིས་ནས་བཏེན་༔ བསྐོར་བ་བྱས་ཏེ་སློབ་དཔོན་མེ་ཏོག་གཏོར་༔ མིག་ནི་ལྟ་མ་ཡོད་དེ་ཞབས་སྤྱིས་གཏུགས་༔ ངོ་གདོང་ས་ལ་སྦྱར་ནས་འདི་སྐད་སྨྲས་༔ སྔོན་དུས་ལས་ངན་བགྱིས་པས་ལུས་ངན་ཐོབ་༔ བསམ་པ་ངན་པས་ཉིད་ལ་ཆགས་པ་སྐྱེས་༔ སྤྱོད་པ་ངན་པས་སློབ་དཔོན་སྐུ་ལ་འཛུས་༔ ཤིན་ཏུ་གནོང་འགྱོད་སློབ་དཔོན་སྐུ་ལ་མཐོལ་༔ ནད་ངན་མཛེ་ཡིས་གཟུགས་ཕུང་ཁེངས་པ་ཡང་༔ སློབ་དཔོན་ལྷ་ཡི་སྐུ་ལ་འཛུས་པས་ནོངས་༔ ཤིན་ཏུ་གནོང་ངོ་སློབ་དཔོན་ཉིད་ལ་བཤགས་༔ བསམ་པ་ངན་པས་སྐྱེངས་ལ་སྙིང་ན་ནས་༔ སློབ་དཔོན་སྨད་ཅིང་བསྟན་པ་སྣུབ་པ་ཡི་༔ རྫུན་བརྒྱུད་སྒྲུར་ནས་ལྷོ་ལོང་ཆེན་པོ་བདབ་༔ དེ་ཡི་སྐྱོན་གྱིས་གཟུགས་ཕུང་མཛེ་ཡིས་བཀོངས་[1]༔ ཤིན་ཏུ་གནོང་ངོ་སློབ་དཔོན་ལྷ་ལ་མཐོལ་༔ ཡུས་སོ་ཁྲིམས་ལྡན་དེ་ཧེ་སློབ་དཔོན་ལྷ་༔ ཞེས་

---

[1] B: བགོངས་

སྨྲས་ཐལ་མོ་གཉིས་པོ་སྤྱི་བོར་སྦྱར༔ ངོ་གདོང་ས་ལ་སྦྱབ་ནས་ཕྱས་པ་ཡིས༔ ལྷ་སྲས་མིང་སྲིང་གཉིས་ཀྱང་ཟླ་ལ་ཕྱས༔ རྒྱལ་པོ་ཁྲི་སྲོང་ལྡེའུ་བཙན་ཉིད་ཀྱང་བ་ཤུམས༔ དེ་རུ་ཚོགས་པའི་མི་རྣམས་ཀུན་ [22b] ཀྱང་ཕྱས༔ ཨོ་རྒྱན་པདྨ་ཉིད་ཀྱང་སྤྲུན་ཆབ་བྱུང༔ སློབ་དཔོན་དགེ་སློང་བེ་རོ་ཙ་ན་ཡང༔ བཙུན་མོ་དམར་རྒྱན་མ་ལ་སྙིང་རྗེ་སྐྱེས༔

༔དེ་ནས་ཟང་ཟིང་མང་པོ་མཚམས་བཅད་ནས༔ གསེར་དངུལ་གཞོང་པར་སྨན་སྣ་སྣ་ཚོགས་དང༔ འབྲུ་སྣ་སྣ་ཚོགས་བ་དམར་འོ་མར་སྦྱར༔ དཀར་གསུམ་མངར་གསུམ་བཙུན་མོའི་སྤུས་སུ་བཞག༔ ཀླུ་སྒྲུབ་སྙིང་པོ་རྒྱུན་མི་ཆད་པར་བཟླས༔ འགུགས་བྱེད་ལག་པའི་ཕྱག་རྒྱས་བཀུག་ནས་བྲངས༔ ཀླུ་འགུལ་བས་ནི་བཙུན་མོ་སྐད་ངན་ཅེར༔ དེ་ལ་བེ་རོ་ཙ་ནས་འདི་སྐད་གསུངས༔ ལས་ངན་ལུས་ངན་ནད་ངན་བཙུན་མོ་འདི༔ སྐད་ངན་མ་འབྱིན་ཡར་ལ་མགོ་ཐེག་དང༔ ལྷ་ཕྱག་ནུས་ཚད་བདག་ལ་ཚོལ་[1]ཞེས་གསུངས༔ བཙུན་མོ་གློ་སྙིང་མ་བཟོད་འདོན་ཙ་ན༔ འབད་ནས་ཡར་ལངས་སློབ་དཔོན་ལྟ་མ་ཐོད༔ སྣ་གོང་མིག་ཐབ་མགོ་བཀུག་ལྷ་ཕྱག་བཙལ༔ བཙུན་མོ་ཧྲངས་ཀྱིས་འགྱེལ་དེ་བརྒྱལ་ནས་སྐྲང༔

༔དགེ་སློང་བེ་རོ་ཙ་ནས་འདི་སྐད་གསུངས༔ འཛིན་པ་ལག་མངས་ནག་པོ་ཀླུ་ཡི་བུ༔ ང་ནི་ཁྱོད་ཀྱི་སྤྲུན་ཟླ་དགེ་སློང་ཡིན༔ དེ་ན་ཅི་བྱེད་བཙུན་མོ་བཟུང་བ་ཐོང༔ ང་དང་ཐབ་ཏུ་སྒོ་རུ་མི་འོང་ངམ༔ དེ་སྐད་གསུངས་ནས་འགུགས་བྱེད་ཕྱག་རྒྱས་བྲངས༔ བཙུན་མོའི་ཁ་ནས་ཁྲག་ནི་མང་པོ་བསྐྱུགས༔ དེ་ནས་ཆུ་སེར་མང་པོ་བསྐྱུགས་དེ་བྱུང༔ དེ་ནས་རྣག་ནི་མང་པོ་བསྐྱུགས་དེ་བྱུང༔ དེ་ནས་སྦྲོམ་ནག་ལྐམ་ཙམ་བསྐྱུགས་དེ་བྱུང༔ རྒྱལ་པོ་ཡབ་སྲས་ཤིན་ཏུ་འཛིགས་སྐྲག་ནས༔ འབྲོས་

[1] B: འཚོལ་

པར་གཟི་[1]་པ་སློབ་དཔོན་འདི་སྐད་གསུངས་༔ ཡབ་སྲས་མ་འབྲོས་ [23a] མ་འཛིགས་སྨན་འདིས་མཆོད་༔ གསེར་གྱི་གཞོང་པའི་སྨན་དངུལ་གཟར་བུས་གཏོར་༔ སྨོམ་ནག་དེ་ཡི་ལུས་པོ་ཁྱིར་ཕྱུངས་ཀྱང་༔ ཡན་ལག་ཉི་མའི་ཟེར་ཙམ་ནང་ལུས་གདའ་༔ རྒྱལ་པོས་རྫི་སྨན་གཏོར་བའི་ཕན་ཡོན་གྱིས་༔ སྨོམ་དེ་ཛེ་ཆེར་ཁྲི་གུ་ཙམ་དུ་སོང་༔ བཙུན་མོ་བརྒྱལ་བ་སངས་ནས་ཧ་ན་ཟེར་༔ སྨོམ་ནག་དེ་ཉིད་གལ་གུལ་བྱེད་ཙ་ན་༔ སྐད་ངན་འགྲོ་རྣམས་ཅེར་ཅེར་ཧ་ན་ཟེར་༔ སློབ་དཔོན་ཕྱག་གི་སྨོམ་བྱེད་ཕྱག་རྒྱས་བཅིངས་༔ སྨོམ་དེ་འགུལ་མ་ནུས་པར་ལྷན་ནེར་བསྡད་༔ དེ་ནས་ཨྱོན་པདྨ་བཞེངས་ནས་སུ་༔ བཙུན་མོ་དེ་ལ་ལྷགས་ཀྱིས་མཆིལ་མ་བཏབ་༔ ལས་ཀྱིས་མནར་བའི་སེམས་ཅན་སྡིག་ཅན་འདི་༔ ཀླུ་ཡི་ཡན་ལག་མང་པོ་ཁྱེར་འབྱོན་ཤོག་༔ ཀླུ་ལ་ལྷགས་ཀྱིས་མཆིལ་མ་ཐེངས་གསུམ་བཏབ་༔ འཛིན་ཤེས་གཏོང་མི་ཤེས་ཀྱི་གདུག་པ་ཀླུ་༔ ཉ་གྲུམ་མེད་པར་ཡན་ལག་ལུས་འདུས་ཤོག་༔ ད་ནི་ཕྱིན་ཆད་སེམས་ཀྱང་ཞི་བར་བགྱི་༔ ཞེས་གསུངས་སོ་༔ ག་རུའི་མཆིལ་མ་བདུད་རྩི་དང་འདྲ་བས་༔ བཙུན་མོའི་ལུས་ཟུ་ཐམས་ཅད་ནང་ནས་ནི་༔ ཀླུ་ཡི་ཡན་ལག་བརྒྱུང་རྣམས་རང་བྱུང་ངོ་༔ དེ་ནས་བཙུན་མོ་ལུས་སྟོབས་ཤེད་ཀྱང་མེད་༔ ཀླུ་ཡང་ཚོན་གྱི་དྲུ་བུ་བདུལ་བཞིན་སོང་༔ ཀླུ་དེ་ག་རུའི་བཀའ་ཐོས་མཆིལ་ཐོག་པས་༔ ཤིན་ཏུ་སེམས་ཞི་དགའ་བའི་ཡིད་དང་ལྡན་༔ ཀླུ་ཡི་ག་རུ་ཉིད་ལ་འདི་སྐད་གསོལ་༔ བདག་ནི་ཕྱིན་ཆད་སེམས་ཅན་གནོད་མི་བགྱིད་༔ ཕན་པར་བགྱིད་དོ་བསྟན་པ་བསྲུང་བར་བྱ་༔ [23b] ག་རུས་ཀླུ་ལ་དགའ་བོ་མིང་དུ་བཏགས་༔ དེ་ནས་སྨོམ་བྱེད་ཕྱག་རྒྱ་བཀྲོལ་བ་ཡིས་༔ ཀླུ་དེ་ཡུལ་དུ་སྨན་དེ་མཆོངས་ནས་སོང་༔ དེ་ཚེ་དེ་དུས་བཙུན་མོ་ཁྲིམ་དུ་བཏེག་༔ ག་རུ་འཁོར་པ་ཁམས་གསུམ་ཟངས་ཁང་གཤེགས་༔ ལེའུ་བཅུ་བཞི་པའོ་༔

[1] B: གཟིས་

15. Kapitel.

༔དེ་ནས་ནང་པར་སྤྲ་དྲོ་གདུགས་རྩེར་ལ༔ རྡྣ་ཀྲུས་པ་ཁེངས་པའི་སེམས་ཅན་འདུས༔ ལྷ་ཕྱུག་སྐོར་བ་བྱེད་ཅིང་མཆོད་པ་འབུལ༔ སྡོམ་པ་ཤོར་དང་ཚུལ་ཁྲིམས་འཆལ་པ་བསྐྱར༔ ཨོ་རྒྱན་གུ་རུ་པདྨའི་ཞལ་ནས་སུ༔ མངའ་བདག་རྒྱལ་པོ་ཁྱོད་ཀྱི་བཙུན་མོ་འདི༔ སྐྲིབ་པ་འབྱོངས་སམ་མ་འབྱོངས་ལྟ་དགོས་གསུངས༔ ནད་ནི་རུང་ངམ་མི་རུང་ལྟ་དགོས་གསུངས༔ ཁམས་གསུམ་ནུ་གའི་ས་གཞི་ཐམས་ཅད་ལ༔ འོ་མ་སྨན་སྨའི་ཆག་ཆག་བཏབ་ནས་སུ༔ འགྲོ་འདུལ་ཆེན་པོའི་དཀྱིལ་འཁོར་ཞལ་ཕྱེ་ནས༔ ཨོ་རྒྱན་པདྨ་དེ་ཡི་སྟེང་ཁར་བྱོན༔ ཞབས་གཉིས་གཡས་གཡོན་མི་དོག་པདྨ་ནི༔ ལམ་ལམ་རེ་རེ་བརྒྱ་དང་རྩ་བརྒྱད་སོང༔ དེ་རྗེས་ཕར་ལ་བི་རོ་ཙ་ན་ཡིས༔ ཕྱག་བཙལ་ཕྱིན་པས་པདྨ་བཞི་བཅུ་གཉིས༔ དེ་རྗེས་ཕར་ལ་བརྩེགས་སེ་གཡུ་སྒྲ་གཉིས༔ ཕྱག་བཙལ་ཕྱིན་པས་པདྨ་ཉི་ཤུ་ལྔ༔ དེ་རྗེས་ཕར་ལ་རྒྱལ་པོས་ཕྱག་བཙལ་བྱུང༔ པདྨ་བརྒྱད་པ་རེ་རེ་ལམ་ལམ་སོང༔ དེ་རྗེས་ཕར་ལ་བཙུན་མོས་ཕྱག་བཙལ་བྱུང༔ མི་དོག་ཕྱི་མ་མ་སྐྱེས་སྔ་མ་ཆིག༔ དེ་རྗེས་ཕར་ལ་ལྷུམ་སྐྱིད་ཕྱག་བཙལ་བྱུང༔ མི་དོག་ལྔ་པ་རེ་རེ་ལམ་ལམ་སོང༔ དེ་ལ་ཨོ་རྒྱན་པདྨས་བཀའ་སྩལ་པ༔ [24a] བཙུན་མོ་འདི་ལས་སྐྲིབ་པ་ཆེ་བ་ནི༔ མིར་གྱུར་པ་ལ་མེད་པ་ཅིག་ཡིན་སྣང༔ མིང་ཡང་ཁམས་གསུམ་མི་དོག་སྒྲོན་དུ་བཏགས༔ བཙུན་མོ་འདིའི་རིང་ཆོས་ཀྱི་བསྟན་པ་ནུབ༔ བོན་གྱི་བསྟན་པ་དར་ཙམ་ཅིས་ཀྱང་འོང༔ འགྱོད་པ་ཡེ་ནས་མ་སྐྱེས་ཁྱོད་ཅི་ཉེས༔ དེ་ལ་བཙུན་མོས་རབ་ཏུ་བསམས་པ་ནི༔ ང་ཡི་རིང་ལ་ཆོས་ཀྱི་བསྟན་པ་ནུབ༔ ནད་ངན་པ་འདི་ལྟ་བུ་ཡང་བྱུང་ན༔ བུ་ཆ་མིང་སྐྱིད་རྗེས་ལ་མི་དོག་སྐྱེས༔ བདག་ལ་མི་དོག་མ་སྐྱེས་མ་ཆོག་པར༔ ཀང་པ་ཐོག་པས་མི་དོག་ཆིག་འགྲོ་འདི༔ ངས་ནི་ཆོས་གསར་པ་བས་བོན་རྙིང་དགའ༔ གསར་

འགྲོགས་བྱས་པས་རྒྱལ་ས་ཤོར་གྱི་[1]དོགས༔ བདག་ཉིད་ཁོ་ན་སྡིག་ཆེ་ལས་རེ་ངན༔ དེ་བཞིན་ནོངས་པས་འགྱོད་པ་དྲག་པོ་སྐྱེས༔ གཟུགས་ཕུང་འཇིག་པ་ཙམ་དུ་མ་དགའ་ནས༔ གུ་རུའི་ཞབས་ལ་སྤྱི་བོས་གཏུགས་ཏེ་ཏུས༔

༔ལྷ་ཕྲུག་ལན་གསུམ་བཙལ་ནས་ཞུས་པ་ནི༔ དུས་གསུམ་མཁྱེན་པའི་གུ་རུ་ཆེན་པོ་ལགས༔ ང་ནི་སྡིག་ཆེའི་ལས་ངན་མོ་འདི་ཡིས༔ ཇི་ལྟར་བགྱིས་ན་སྡིག་སྒྲིབ་འབྱང་སྙམ་མཆིས༔ ཇི་ལྟར་བགྱིས་ན་ནད་ངན་སོས་ཏེ་མཆིས༔ ཇི་ལྟར་བགྱིས་ན་སློབ་དཔོན་མཉེས་ཏེ་མཆིས༔ ཨོ་རྒྱན་གུ་རུ་ཆེན་པོས་བཀའ་སྩལ་པ༔ སྔོན་ཀྱང་ཟ་མ་མོ་ལུས་ཐོབ་པ་ལ༔ འགྱོད་པ་དྲག་སྐྱེས་ངེས་པའི་དོན་བསྐྱབས་པས༔ བུད་མེད་ལུས་པོར་ལྷ་མོའི་སྐུར་སངས་རྒྱས༔ སྤྲུལ་པས་འཇིག་རྟེན་ཁམས་ན་འགྲོ་དོན་བྱེད༔ བསམ་གྱིས་མི་ཁྱབ་བརྗོད་ཀྱིས་མི་ལང་བཞུགས༔ [24b]དེ་རྗེས་མཐུན་པར་བྱ་ཕྱིར་འགྱོད་པ་བསྐྱེད༔ བདག་གིས་ངེས་པའི་དོན་ནི་བསྐྱབས་ལགས་མོད༔ ལུས་ངག་ཡིད་གསུམ་སྡིག་པ་སྦྱང་བའི་ཕྱིར༔ འདས་དང་མ་བྱོན་ད་ལྟ་བཞུགས་པ་ཡི༔ བླ་མ་འགྲོ་འདུལ་ལྔ་བཅུ་རྩ་བཞིའི་མཚན༔ བསྟན་གཉིས་སྐོར་གསུམ་བརྒྱ་དང་རྩ་བརྒྱད་མཚན༔ བརྗོད་ཅིང་ཕྱག་བཙལ་སྒྲིབ་པ་དེས་བྱང་འོང༔ སློབ་དཔོན་མཉེས་ནས་ནད་ངན་དེ་ཡང་སོས༔ མི་དོག་ཡང་སྐྱེས་ཆགས་ཉམས་མ་ལུས་དག༔ དེ་སྐད་ཅེས་པ་གུ་རུས་བཀའ་སྩལ་པས༔ དེ་ནས་བཙུན་མོས་སླར་ཡང་ཞུ་བ་ཕུལ༔ བདག་ནི་དུད་འགྲོ་གཏི་སྨུག་དབང་དུ་མཆིས༔ བརྒྱ་རྩ་བརྒྱད་པས་གཅིག་ཀྱང་མི་ཐོན་ནོ༔ བསྟན་པའི་སྒྲོན་མེ་པདྨ་འབྱུང་གནས་ལགས༔ ཉིད་ཀྱིས་མཚན་བརྗོད་བདག་གིས་མཚན་ཕྱག་འཚལ༔ བདག་གིས་མཚན་ནི་ཤེས་པར་མི་འགྱུར་རོ༔ ལེའུ་བཅོ་ལྔ་པའོ༔

---

[1] B: ཀྱིས

16. Kapitel.

༔དེ་ནས་གུ་རུ་པདྨ་བཀའ་སྩལ་པ་༔ བཙུན་མོས་སྨྲས་པ་དེ་ནི་ཤིན་དུ་བདེན་༔ བཙུན་མོའི་ལུས་པོ་སྨན་སྣ་དྲི་བཟངས་ཁྲུས་༔ མཆོད་པ་ལྷ་ག་ཤོམས་མར་མེ་བརྒྱ་རྩ་སྦྱོར་༔ ཨོ་རྒྱན་པདྨས་གུ་རུའི་མཚན་བརྗོད་ནས་༔ བཙུན་མོས་མཚན་དེ་ལ་ནི་ཕྱག་རེ་བཙལ་༔ དུས་གསུམ་སངས་རྒྱས་ངོ་བོ་བླ་མ་ལ་༔ སྙོ་[1]ངན་གཡོག་[2]འགྲོགས་བྱས་པ་མཐོལ་ལོ་བཤགས་སོ་༔ བླ་མ་སྐུའི་དམ་ཚིག་ཉམས་པ་ཐམས་ཅད་སྐོངས་[3]གྱུར་ཅིག་༔ འཇིགས་པའི་སྡུག་བསྔལ་སྒྲོལ་བའི་དམ་ཆོས་ལ་༔ ཕྱིན་ལོག་རྒྱབ་ཀྱིས་ཕྱོགས་པ་ཐམས་ཅད་མཐོལ་ལོ་བཤེགས་[4] 25a སོ་༔ བླ་མའི་གསུང་གི་དམ་ཚིག་ཉམས་པ་སྐོངས་གྱུར་ཅིག་༔ དཀོན་ཅོག་གསུམ་པས་བླ་མ་ལྷག་པ་ལ་༔ དད་པ་ཡ་ཟུང་དུ་སྐྱེས་པ་མཐོལ་ལོ་བཤགས་སོ་༔ བླ་མའི་ཐུགས་ཀྱི་དམ་ཚིག་ཉམས་པ་སྐོངས་གྱུར་ཅིག་༔ བླ་མ་མེད་པའི་[5]སངས་རྒྱས་མེད་པ་ལ་༔ ཁྲེལ་མེད་ངོ་ཚ་གཞལ་དུ་བྱས་པ་མཐོལ་ལོ་བཤགས་སོ་༔ བླ་མའི་ཡོན་ཏན་གྱི་དམ་ཚིག་ཉམས་པ་སྐོངས་[6]གྱུར་ཅིག་༔ གདུལ་དཀའི་སེམས་ཅན་རྒྱུད་རྩུབ་འདུལ་བ་ལ་༔ དམ་ཉམས་འཁོན་བཙུགས་འགྲོ་དོན་སྒྲིབས་པ་མཐོལ་ལོ་བཤགས་སོ་༔ བླ་མའི་འཕྲིན་ལས་ཀྱི་དམ་ཚིག་ཉམས་པ་ཐམས་ཅད་སྐོངས་[3]གྱུར་ཅིག་༔

༔གུ་རུ་ཨ་ལ་ལ་ཧོ་༔ ཀློང་དབྱིངས་ཆེན་པོ་རྒྱལ་བ་རྒྱ་མཚོའི་ཚོགས་༔ རྒྱ་མཚོར་སྐུ་འཁྲུངས་ཨོ་རྒྱན་ཡུལ་དུ་བྱོན་༔ རྒྱལ་པོའི་སྲས་མཛད་ཛུ་འཕྲུལ་སྣ་ཚོགས་སྟོན་༔ གུ་རུ་རིན་པོ་ཆེ་ལ་ཕྱག་འཚལ་ལོ་༔ ཤཱཀ་ཐུབ་དྲི་མ་མེད་པའི་སྒྲ་ལ་ཕྱག་འཚལ་ལོ་༔ དེ་བཞིན་གཤེགས་པ་དཀོན་ཅོག་སྤྲིན་ལ་ཕྱག་འཚལ་ལོ་༔ ཐུབ་པ་ཡོན

[1] **A:** སྙོ་ [2] གཡག་ [3] **B:** སྐོང་ [4] **B:** བཤགས་ [5] **B:** པར་
[6] **B:** བསྐོང་

དྲན་འབྱུང་གནས་ལ་ཕྱག་འཚལ་ལོ༔ སེང་གེ་སྒྲ་དང་མཛེས་པའི་དོག་ལ་ཕྱག་འཚལ་ལོ༔ ཤཱཀྱ་ཐུབ་པ་གཟི་བརྗིད་རྒྱལ་མཚན་ལ་ཕྱག་འཚལ་ལོ༔ ཙནྡན་དྲི་མཆོག་དཔལ་ལ་ཕྱག་འཚལ་ལོ༔ ཤཱཀྱ་སྙིང་རྗེའི་རྒྱལ་པོ་ཟེར་ལ་ཕྱག་འཚལ་ལོ༔ ཤཱཀྱ་ཐུབ་པ་སྙིང་རྗེའི་རྒྱལ་པོ་ལ་ཕྱག་འཚལ་ལོ༔ སངས་རྒྱས་དཔའ་བའི་སྤྱན་ལ་ཕྱག་འཚལ་ལོ༔ ཡོངས་སུ་དགོངས་པའི་རྒྱལ་པོ་ལ་ཕྱག་འཚལ་ལོ༔ སངས་རྒྱས་གསེར་གྱི་འོད་ལ་[25b]ཕྱག་འཚལ་ལོ༔ དེ་བཞིན་གཤེགས་པ་འོད་ཀྱི་དཔལ་ལ་ཕྱག་འཚལ་ལོ༔ ཐུབ་པ་ཞི་བའི་དབང་པོ་ལ་ཕྱག་འཚལ་ལོ༔ བདེ་གཤེགས་ཆོ་འཕྲུལ་སྤྲིན་གྱི་དཔལ་ལ་ཕྱག་འཚལ་ལོ༔ སངས་རྒྱས་ཡིད་དུ་འོང་བའི་དབྱངས་ལ་ཕྱག་འཚལ་ལོ༔ སངས་རྒྱས་མི་ལོང་འོད་སྣང་ལ་ཕྱག་འཚལ་ལོ༔ སངས་རྒྱས་གཟུ་བོ་དཔལ་ལ་ཕྱག་འཚལ་ལོ༔ བདེ་གཤེགས་ཉི་མའི་སྙིང་པོ་ལ་ཕྱག་འཚལ་ལོ༔ སངས་རྒྱས་སྨོན་ཀྱི་རྒྱལ་པོ་ལ་ཕྱག་འཚལ་ལོ༔ མངོན་པར་སྤྲུ་བའི་རྒྱལ་པོ་ལ་ཕྱག་འཚལ་ལོ༔ སངས་རྒྱས་རིན་ཅེན་རྒྱལ་པོ་ལ་ཕྱག་འཚལ་ལོ༔ སངས་རྒྱས་འོད་ཟེར་དཔལ་ལ་ཕྱག་འཚལ་ལོ༔ སངས་རྒྱས་དཀའ་ཐུབ་རྒྱལ་པོ་ལ་ཕྱག་འཚལ་ལོ༔ སངས་རྒྱས་གཙུག་ཏོར་སྙིང་པོ་ལ་ཕྱག་འཚལ་ལོ༔ སངས་རྒྱས་ངེས་པར་འོངས་པ་ལ་ཕྱག་འཚལ་ལོ༔ སངས་རྒྱས་སྨོན་ངད་བསྲུང་བ་ལ་ཕྱག་འཚལ་ལོ༔ སངས་རྒྱས་བདེ་བ་ཆེན་པོ་ལ་ཕྱག་འཚལ་ལོ༔ སངས་རྒྱས་མེ་ཏོག་དབང་པོ་ལ་ཕྱག་འཚལ་ལོ༔ སངས་རྒྱས་གྲགས་པའི་དཔལ་ཅེས་བྱ་བ་ལ་ཕྱག་འཚལ་ལོ༔ སངས་རྒྱས་སྤྲུལ་པའི་རྒྱལ་པོ་ལ་ཕྱག་འཚལ་ལོ༔ སངས་རྒྱས་སྒྲ་དབྱངས་མི་ཟད་པ་ལ་ཕྱག་འཚལ་ལོ༔ སངས་རྒྱས་སྨན་པའི་རྒྱལ་པོ་ལ་ཕྱག་འཚལ་ལོ༔ སངས་རྒྱས་འོད་ཟེར་འཕྲོ་བ་ལ་ཕྱག་འཚལ་ལོ༔ སངས་རྒྱས་བཀོད་པའི་[1]རྒྱལ་པོ་ལ་ཕྱག་འཚལ་ལོ༔ སངས་

[1] ཕའི་

རྒྱས་གསེར་གྱི་གཟུ་བ་ལ་ཕྱག་འཚལ་ལོ༔ སངས་རྒྱས་དཔལ་གྱི་རྒྱལ་པོ་ལ་ཕྱག་འཚལ་ལོ༔ སངས་[26a]རྒྱས་སྣང་བ་བརྩེགས་པའི་དཔལ་ལ་ཕྱག་འཚལ་ལོ༔ སངས་རྒྱས་མྱ་ངན་མེད་པའི་དཔལ་ལ་ཕྱག་འཚལ་ལོ༔ སངས་རྒྱས་དགའ་བ་མཆོག་གི་དཔལ་ལ་ཕྱག་འཚལ་ལོ༔ སངས་རྒྱས་གཟི་བརྗིད་དཔལ་ཅེས་ལ་ཕྱག་འཚལ་ལོ༔ སངས་རྒྱས་མང་པོ་འདུ་ཞེས་བྱ་བ་ལ་ཕྱག་འཚལ་ལོ༔ སངས་རྒྱས་ངན་སོང་ཐམས་ཅད་སྦྱོང་ལ་ཕྱག་འཚལ་ལོ༔ སངས་རྒྱས་འཇིག་རྟེན་དགེ་བ་འབུམ་ལ་ཕྱག་འཚལ་ལོ༔ སངས་རྒྱས་རྣམ་པར་རྒྱལ་བ་ལ་ཕྱག་འཚལ་ལོ༔ སངས་རྒྱས་མེ་ཏོག་བཀོད་པའི་རྒྱལ་པོ་ལ་ཕྱག་འཚལ་ལོ༔ སངས་རྒྱས་ཐམས་ཅད་སྣང་བ་ལ་ཕྱག་འཚལ་ལོ༔ སངས་རྒྱས་ཙནྡན་དྲི་ཞེས་བྱ་ལ་ཕྱག་འཚལ་ལོ༔ སངས་རྒྱས་སེང་གེ་འབུམ་གཟུགས་ལ་ཕྱག་འཚལ་ལོ༔ གུ་རུ་ཨ་ལ་ལ་ཧོ༔ བླ་མ་སྤྲུལ་སྐུ་བདག་ལ་དགོངས༔ དུས་གསུམ་སངས་རྒྱས་འཁོར་དང་བཅས༔ བྱིན་རླབས་སྒྲུ་ལུས་འདི་ལ་ཞུ༔ སྤྱི་གཙུག་གཞན་དུ་ཤེས་པར་བྱའོ༔ ཨོཾ་ཨཱཿཧཱུྃ་གུ་རུ་ནིརྨ་ཎ་ཀཱ་ཡ༔ སརྦ་ཤཱཀྱ་མུ་ན་ཡེ་སིདྡྷི་ཕ་ལ་ཧཱུྃ༔ དེ་ལྟར་འདས་པའི་སངས་རྒྱས་ལྔ་བཅུ་ཙ་བཞི་ལ༔ བཙུན་མོས་མཆོན་བརྗོད་ལྷ་ཕྱག་རེ་རེ་བཅལ༔

༔ལུས་ཀྱང་ཞི་ནས་ནད་ཀྱི་སྡུག་བསྔལ་སོས༔ ངག་ཀྱང་ཞི་ནས་རྩུབ་ཚིག་ཡི་མི་སྨྲ༔ སེམས་ཀྱང་ཞི་ནས་ཀུན་ལ་བུ་བཞིན་བྱམས༔ ཡང་ནི་ཁྱོན་བདུ་འབྱུང་གནས་ཀྱིས༔ ད་ལྟ་བཞུགས་པའི་ལྔ་བཅུ་ཙ་བཞི་བརྗོད༔ ཨ་ལ་ལ་ཧོ༔ སྐུ་མདོག་དམར་པོ་ཕྱག་གཡས་རྡོ་རྗེ་གསོར༔ གཡོན་[26b]པ་མེ་ཡི་སྡིག་པ་དམར་པོ་བསྣམས༔ སྐུ་ཡི་ཆ་ལུགས་ཁྲོ་བོའི་ཉམས་བཞི་ལྡན༔ གུ་རུ་རྣམ་པར་གནོན་ལ་ཕྱག་འཚལ་ལོ༔ འཕེལ་འགྲིབ་རྡོ་རྗེ་ཡི་ནི་ཚིག་གཏེར་ཕྱུང་༔ ཨ་ལ་ལ་ཧོ༔

༔ དེ་ནས་ཨྱོན་པདྨ་འབྱུང་གནས་ཀྱིས་༔ མ་འོངས་པ་ཡི་མཚན་བརྗོད་རྒྱུ་སྐོངས་[1]གསུངས་༔ འཁོར་འདས་གཉིས་སུ་མེད་པའི་བན་དྷ་ཙུ་༔ རང་བཞིན་གནས་པའི་རྒྱུ་དངོས་བདུད་རྩིས་བཀང་༔ བླ་མ་བསྟན་གཉིས་སྐོར་གསུམ་ཐུགས་དམ་བསྐང་༔ སྐུ་ལྔ་བདེ་བ་ཆེན་པོའི་ཐུགས་དམ་བསྐང་༔ རྣམ་སྨིན་སྒྱུ་ལུས་སྐྱེ་འཆིའི་བན་དྷ་ཙུ་༔ ཐ་མལ་སྣང་གསུམ་སྦྱོམ་གསུམ་བདུད་རྩིས་བཀང་༔ རིགས་འཛིན་ཀུནྡུ་ར་ཡི་ཐུགས་དམ་བསྐང་༔ མཁའ་འགྲོ་ལས་དབང་ཆོས་མཚོའི་ཐུགས་དམ་བསྐང་༔ བླ་མ་བསྟན་གཉིས་སྐོར་གསུམ་ཐུགས་དམ་བསྐང་༔ སྐུ་ལྔ་བདེ་བ་ཆེན་པོའི་ཐུགས་དམ་བསྐང་༔ སེམས་ཉིད་མ་མཚོས་དིང་འཛིན་བན་དྷ་ཙུ་༔ སྣང་བ་རང་གྲོལ་ཁ་ཡན་བདུད་རྩིས་བཀང་༔ བླ་མ་བསྟན་གཉིས་སྐོར་གསུམ་ཐུགས་དམ་བསྐང་༔ སྐུ་ལྔ་བདེ་བ་ཆེན་པོའི་ཐུགས་དམ་བསྐང་༔ པཧ་ཆེན་བརྒྱ་དང་ཙ་བརྒྱད་ཐུགས་དམ་བསྐང་༔ ཡོ་ཏྲ་བརྒྱ་དང་ཙ་བརྒྱད་ཐུགས་དམ་བསྐང་༔ ཉིང་འཁྲུལ་བག་ཆགས་སྨི་ལམ་བན་དྷ་ཙུ་༔ རྫུན་སྣང་ངོ་བོ་ཡེ་ཤེས་བདུད་རྩིས་བཀང་༔ བླ་མ་བསྟན་གཉིས་སྐོར་གསུམ་ཐུགས་དམ་བསྐང་༔ སྐུ་ལྔ་བདེ་བ་ཆེན་པོའི་ཐུགས་དམ་བསྐང་༔ ཐིམ་གསུམ་སྣང་མཆེད་འཆི་ཁའི་བན་དྷ་ཙུ་༔ ཞེན་ཆགས་ཁམས་འཁྲིས་མེད་པའི་བདུད་རྩིས་བཀང་༔ [27a] བླ་མ་བསྟན་གཉིས་སྐོར་གསུམ་ཐུགས་དམ་བསྐང་༔ སྐུ་ལྔ་བདེ་བ་ཆེན་པོའི་ཐུགས་དམ་བསྐང་༔ ལུགས་འབྱུང་ལུགས་ཟློག་སྲིད་པའི་བན་དྷ་ཙུ་༔ འཁོར་འདས་འོད་བཅུ་རྣམ་བྱུང་བདུད་རྩིས་བཀང་༔ བླ་མ་བསྟན་གཉིས་སྐོར་གསུམ་ཐུགས་དམ་བསྐང་༔ སྐུ་ལྔ་བདེ་བ་ཆེན་པོའི་ཐུགས་དམ་བསྐང་༔ སྐྱོན་བྲལ་ཆོས་ཉིད་མངོན་སུམ་བན་དྷ་ཙུ་༔ ནམ་མཁའ་གསུམ་སྤྲུགས་དབྱིངས་རིག་བདུད་རྩིས་བཀང་༔ བླ་མ་བསྟན་གཉིས་སྐོར་གསུམ་ཐུགས་དམ་བསྐང་༔ སྐུ་ལྔ་བདེ་བ

[1] B: བསྐོང་

ཆེན་པོའི་ཐུགས་དམ་བསྐང་༔ མ་ཟད་མི་ཟད་རྒྱན་འཁོར་བན་དྷ་རུ་༔ སྣང་བ་རང་
སོ་ཟིན་པའི་བདུད་རྩིས་བཀང་༔ བླ་མ་བསྟན་གཉིས་སྐོར་གསུམ་ཐུགས་དམ་བསྐང་༔
སྐུ་ལྔ་བདེ་བ་ཆེན་པོའི་ཐུགས་དམ་བསྐང་༔ ཞི་སྣང་ཁོང་ཁྲོའི་གཏོར་གཞོང་དུ་༔ སྡིག་
སྒྲིབ་ཅན་གྱི་དཔལ་བ་ཞོས་བཙུགས་༔ བྱམས་པ་ལྔ་ཡི་མཐེབ་སྐྱུས་སྦྲན་༔ འཁོར་
གསུམ་ཡོངས་དག་ཛ་གད་གསལ་༔ རྣམ་ཤེས་ཚོགས་བརྒྱད་རཀྟས་བརྒྱན་༔ བླ་མ་
བསྟན་གཉིས་སྐོར་གསུམ་ཐུགས་དམ་བསྐང་༔ སྐུ་ལྔ་བདེ་བ་ཆེན་པོའི་ཐུགས་དམ་
བསྐང་༔ སྡུག་བསྔལ་ཚ་དྲའི་གཏོར་གཞོང་དུ་༔ སེར་སྣ་འཛུར་གེགས་དཔལ་བ་ཞོས་
བཙུགས་༔ སྙིང་རྗེ་ལྔ་ཡི་མཐེབ་སྐྱུས་སྦྲན་༔ མཐོ་རིས་བདུན་ལྡན་ཛ་གད་གསལ་༔
ཉོན་མོངས་དུག་ལྔའི་རཀྟས་བརྒྱན་༔ བླ་མ་བསྟན་གཉིས་སྐོར་གསུམ་ཐུགས་དམ་
བསྐང་༔ སྐུ་ལྔ་བདེ་བ་ཆེན་པོའི་ཐུགས་དམ་བསྐང་༔ སྤྲོ་དགའ་བགས་པའི་གཏོར་
27b གཞོང་དུ་༔ འཆི་བ་ཞུམ་པའི་དཔལ་བ་ཞོས་བཙུགས་༔ དགའ་བ་ལྔ་ཡི་མཐེབ་
སྐྱུས་སྦྲན་༔ སྦྱོར་སྒྲོལ་གཉིས་ཀྱི་ཛ་གད་གསལ་༔ དཀར་དམར་རྩ་སེར་རཀྟས་
བརྒྱན་༔ བླ་མ་བསྟན་གཉིས་སྐོར་གསུམ་ཐུགས་དམ་བསྐང་༔ སྐུ་ལྔ་བདེ་བ་ཆེན་
པོའི་ཐུགས་དམ་བསྐང་༔ རང་གར་ཁོག་པའི་གཏོར་གཞོང་དུ་༔ མི་གཙང་སོ་
གཉིས་དཔལ་བ་ཞོས་བཙུགས་༔ བདང་སྙོམས་ལྔ་ཡི་མཐེབ་སྐྱུས་སྦྲན་༔ ཕུང་པོ་
ལྔ་ཡི་ཛ་གད་གསལ་༔ སེམས་སྤྱོད་དིང་འཛིན་རཀྟས་བརྒྱན་༔ བླ་མ་བསྟན་གཉིས་
སྐོར་གསུམ་ཐུགས་དམ་བསྐང་༔ སྐུ་ལྔ་བདེ་བ་ཆེན་པོའི་ཐུགས་དམ་བསྐང་༔

༔ཨ་ལ་ལ་ཧོ་༔ འདིར་ངན་སོང་གསུམ་གྱི་དགུ་གསུམ་ཉི་ཤུ་རྩ་བདུན་གྱི་ག
རུ་ལ་ཕྱག་འཚལ་ལོ་༔ ཡེ་ཤེས་ལྷ་མོ་ལྔ་སེ་མ་ལ་ཕྱག་འཚལ་ལོ་༔ ཞི་བའི་ལྷ་མོ་
མི་འབྲིད་མ་ལ་ཕྱག་འཚལ་ལོ་༔ སྤྲུལ་པའི་ལྷ་མོ་དབྱངས་ཅན་མ་ལ་ཕྱག་འཚལ་ལོ་༔
བྱིན་རླབས་ལྷ་མོ་དེ་བ་མ་ལ་ཕྱག་འཚལ་ལོ་༔ རྡོ་རྗེ་ཌཱ་ཀི་མ་ལ་ཕྱག་འཚལ་ལོ་༔ རིན་

ཙཎ་ཌཱ་ཀི་མ་ལ་ཕྱག་འཚལ་ལོ༔ པདྨ་ཌཱ་ཀི་མ་ལ་ཕྱག་འཚལ་ལོ༔ ཀརྨ་ཌཱ་ཀི་མ་ལ་ཕྱག་འཚལ་ལོ༔ བུདྡྷ་ཌཱ་ཀི་མ་ལ་ཕྱག་འཚལ་ལོ༔ སྨུག་ནག་ཌཱ་ཀི་མ་ལ་ཕྱག་འཚལ་ལོ༔ ནག་སྨུག་ཌཱ་ཀི་མ་ལ་ཕྱག་འཚལ་ལོ༔ དམར་སྨུག་ཌཱ་ཀི་མ་ལ་ཕྱག་འཚལ་ལོ༔ སྨུག་དམར་ཌཱ་ཀི་མ་ལ་ཕྱག་འཚལ་ལོ༔ ལྗང་སྨུག་ཌཱ་ཀི་མ་ལ་ཕྱག་འཚལ་ལོ༔ སྨུག་ལྗང་ཌཱ་ཀི་མ་ལ་ཕྱག་འཚལ་ལོ༔ མཐིང་སྨུག་ཌཱ་ཀི་མ་ལ་ཕྱག་འཚལ་ལོ༔ སྨུག་མཐིང་ཌཱ་ཀི་མ་ལ་ཕྱག་འཚལ་[28a]ལོ༔ དཀར་སྨུག་ཌཱ་ཀི་མ་ལ་ཕྱག་འཚལ་ལོ༔ སྨུག་དཀར་ཌཱ་ཀི་མ་ལ་ཕྱག་འཚལ་ལོ༔ སེར་སྨུག་ཌཱ་ཀི་མ་ལ་ཕྱག་འཚལ་ལོ༔ སྨུག་སེར་ཌཱ་ཀི་མ་ལ་ཕྱག་འཚལ་ལོ༔ དེ་ལྟར་མ་འོངས་ལྷ་མོ་ཉི་ཤུ་བརྗོད༔ བཙུན་མོས་ལྷ་མོ་རེ་ལ་ཕྱག་བཙལ་བས༔ ལུས་ཀྱང་ཞི་ནས་མཚན་དང་དཔེ་བྱད་ལྡན༔ འོད་དང་ཟེར་ཀྱང་ཕྱོགས་བཅུ་ཀུན་དུ་འཕྲོས༔ ངག་ཀྱང་དུལ་ནས་སྙན་པའི་དབྱངས་དང་ལྡན༔ ཕྱོགས་བཅུའི་འབངས་རྣམས་ཐམས་ཅད་ངག་ལ་འདུ༔ སེམས་ཀྱང་ཞི་ནས་མཉམ་པའི་ཆ་ལ་འཇོག༔ བདག་དང་གཞན་རྣམས་ཕྱོགས་དང་རིས་མི་གཅོད༔ གུ་རུའི་སྐུ་ལ་བསྐོར་ནས་ཕྱག་བྱས་པས༔ རྗེས་ལ་མེ་ཏོག་སྣ་ཚོགས་ལམ་ལམ་སྣང༔ བཙུན་མོ་ཤིན་དུ་དགའ་བའི་སེམས་སྐྱེས་ནས༔ བསྟན་པའི་སྒྲོན་མེ་ཨོ་རྒྱན་ཆེན་པོ་ལགས༔ དྲིན་ལན་ལན་གྱིས་མ་ལོན་ཁོ་མོས་དངོས་ལེན་ནོ༔ ལེའུ་བཅུ་དྲུག་པའོ༔

---

17. Kapitel.

༔ཨོ་རྒྱན་རྒྱལ་པོའི་གདུང་བརྒྱུད་མི་འཆད་ཕྱིར༔ བདག་གི་བུ་མོ་ལྷ་ལྕམ་ཁྲིམས་པ་རྒྱན༔ དྲིན་ཅན་ཉིད་ལ་གཏན་གྱི་གྲོགས་སུ་འབུལ༔ དེ་ལ་མོ་མ་ཀུན་ཤེས་ཐིངས་ཁྲོས་སྨྲས༔ བཙུན་མོས་ཞུས་པ་དེ་ནི་ཤིན་དུ་ལེགས༔ བསྟན་པའི་བདག་པོ་རྒྱལ

སྲས་ཀ་རུ་ལགས་༔ ཀ་རུའི་གདུང་ཆད་སེམས་ཅན་འཚོལ་པར་འགྲོ་༔ འཚོལ་པར་སོང་ན་དུད་འགྲོ་ཕྱུགས་དང་འདྲ་༔ རྒྱལ་རིགས་དྲ་མ་ཆེན་པོ་པད་འབྱུང་ལགས་༔ དངོས་ཀྱིས་མོ་བཞིན་བགྱིས་ན་ཆབ་སྲིད་ཟིན་༔ འདི་ 28b ནི་ཁབ་ཏུ་བཞེས་པའི་རིགས་ལགས་སོ་༔ རྒྱལ་པོ་ཁྲི་སྲོང་ལྡེའུ་བཙན་གྱིས་གསོལ་པ་༔ ཨོ་རྒྱན་རྒྱལ་པོ་པདྨ་འབྱུང་གནས་ལགས་༔ བཙུན་མོས་དྲིན་ལན་བུ་མོ་ཕུལ་བ་འདི་༔ དད་པ་མི་ལྡོག་ཁབ་ཏུ་བཞེས་པར་ཞུ་༔ བུ་མོ་འདི་ལ་འཛིག་རྟེན་གཞན་དག་ནས་༔ འདོད་ནས་ཆོག་སྨོད་འགའ་དང་འགའ་ནི་གདའ་༔ ལས་འཕྲོ་ཅན་ནམ་བུ་མོ་བདག་མཆིས་ཀྱང་༔ རྒྱལ་པོ་དྲ་མ་ཞིག་གི་གྲོགས་བྱེད་ན་༔ ཕྱི་མ་གཞན་ལ་བདག་ནི་མི་མཆི་སྐད་༔ བུ་མོའི་མིང་ཡང་འཕྲུལ་དགུ་སྐྱུར་མར་བཏགས་༔ དེ་ནས་ཨོ་རྒྱན་ཆེན་པོས་བཀའ་སྩལ་པ་༔ བོད་ཁམས་འདི་ཡི་སེམས་ཅན་ཐམས་ཅད་ཀྱིས་༔ པད་འབྱུང་བདག་ཞལ་མཐོང་སྨུམ་མཐོང་གྱིན་དུ་༔ ཆོས་བཤད་བཀའ་རྒྱུན་མི་འཆད་ཐོས་པ་དང་༔ བཻ་རོ་ཙ་ནའི་དགོངས་པའི་བྱིན་རླབས་དང་༔ མངའ་བདག་རྒྱལ་པོའི་འབད་རྩོལ་དད་པ་ཡིས་༔ སེམས་ཅན་ཀུན་གྱི་ཕྱི་རབས་ཨ་ཙང་ཆེ་༔ འདོད་ཆགས་ཆེ་ཞིང་ཆགས་པ་དྲག་པོ་མོ་༔ བཙུན་མོ་འདི་ཡི་སྐྲིབ་པ་བྱང་ནས་འདུག་༔ ཚོགས་རྫོགས་འགྲོད་བཤགས་དེ་ཡི་ཡོན་དན་གྱིས་༔ སང་ཉིན་ཉི་མའི་རྩེ་ལ་སངས་རྒྱས་འགྲོ་༔ རྒྱལ་པོའི་མངའ་འོག་མི་དོག་སྣ་ཚོགས་འཐུས་༔ སང་ཉིན་རྩེ་ལ་ཐམས་ཅད་རྒྱལ་སར་འདུས་༔ དེ་སྐད་ཨོ་རྒྱན་པདྨས་གསུངས་པ་དང་༔ རྒྱལ་པོ་ཡབ་ཡུམ་ཧྲེ་འབངས་ཤིན་ཏུ་དགའ་༔ ཨོ་རྒྱན་ཆེན་པོ་པདྨ་འབྱུང་གནས་ཀྱིས་༔ ལྷ་ལྕམ་ཁྲིམ་པ་རྒྱན་ལ་དགོངས་པ་མཛད་༔ ཕྱི་ཡུལ་བཟང་ལ་ནང་སེམས་དགེ་བས་སྣང་༔ འགྲོ་བའི་དོན་ 29a མཛད་སེམས་ཅན་མཐུན་པར་བྱ་༔ རབས་ཆད་མ་ཞིང་བྱ་བའི་ངག་བཅད་[1]ཕྱིར་༔ ཀ་རུས་ཁབ་ཏུ་བཞེས་

[1] B: གཅད་

པར་ཞལ་གྱིས་བཞེས་༔ དེ་ལ་འཁོར་པ་རྣམས་ཀྱང་དངས་སྐྱོའི་༔ རྒྱལ་པོ་ཡབ་ཡུམ་ཤིན་ཏུ་དགྱེས་པར་གྱུར་༔ བོད་འབངས་རྣམས་ཀྱིས་ནགས་ཚལ་མེ་ཏོག་བཏུས་༔ ལོ་ཏི་ད་ལ་སྐུ་ཁྲུས་བྱས་ནས་སུ་༔ སང་ཉི་རྩེ་ཤར་བསམ་ཡས་ཀུན་ཚོགས་ནས་༔ རྒྱལ་སྲས་པད་འབྱུང་སྐུ་ལ་སྐོར་བ་བྱེད་༔ ལྷ་ཕྱག་མཆོད་འབུལ་མེ་ཏོག་སྣ་ཚོགས་གཏོར་༔ ལ་ལས་ཇ་བཏུང་ལ་ལས་ཆ་ལང་རྗེབ་༔ ལ་ལས་དུང་འབུད་ལ་ལས་སྤྲོས་རིགས་གཏོང་༔ ལ་ལས་དར་འཕྱར་ལ་ལས་གདུགས་ནི་སྐོར་[1]༔ ལ་ལས་རྒྱལ་མཚན་ལ་ལས་ཇ་འཆམས་གར་༔ ཕྱོགས་བཅུ་ཀུན་ཏུ་ལྷ་ཕྱག་བཙལ་བ་ཡིས་༔ ས་གཞི་ཀུན་ལ་མེ་ཏོག་སྣ་ཚོགས་སྐྱེས་༔ ནམ་མཁའ་ཀུན་ལ་མེ་ཏོག་མང་པོ་ཤར་༔ སྤྲིན་པའི་གསེབ་ནས་བར་སྣང་སྒྲ་སྙན་སྒྲོག[2]༔ འདས་པའི་མཁའ་འགྲོ་མང་པོ་དབྱིངས་ན་བཞུགས་༔ མ་འོངས་མཁའ་འགྲོ་མང་པོ་སྤྲུལ་བྱིན་རློབ་༔ ད་ལྟ་བཞུགས་པའི་མཁའ་འགྲོ་མངོན་སུམ་མཐོང་༔ རྒྱལ་འབངས་ཁམས་གསུམ་གླིང་དགུའི་སེམས་ཅན་རྣམས་༔ སྔ་ཕྱི་ད་ལྟ་གསུམ་གྱི་སྒྲིབ་པ་བྱང་༔ ཨྱོན་པདྨས་ཕྱིར་མི་ལྡོག་ལུང་བསྟན་༔ དེ་ནས་ཨྱོན་པདྨ་འབྱུང་གནས་དང་༔ བོད་ཀྱི་དགེ་སློང་བཻ་རོ་ཙ་ན་དང་༔ རྒྱལ་སྲས་མུ་ཏིག་བཙན་པོ་ཁྲིམས་པ་རྒྱན་༔ ཇོམ་མོ་གསུམ་བཅས་ཆིབས་ཧྲ་ནག་པོ་རྣམས་༔ རྒྱལ་པོ་ཁྲི་སྲོང་ 29b ལྡེའུ་བཙན་ཐུགས་དགོངས་བསྐྱུབས་༔ འགྲོ་དོན་མཐར་ཕྱིན་མཛད་ནས་ཞལ་ཕྱག་གཞིགས་༔ ལྷོ་ལོང་བདབ་པ་སངས་པའི་ལེའུ་སྟེ་བཅུ་བདུན་པའོ་༔

---

18. Kapitel.

༔ དེ་ནས་བཀོད་གཞི་བསྟན་པ་ནི་༔ དུས་གསུམ་སེམས་ཅན་རང་བཞིན་གྱིས་༔ གསོན་ཆེ་རིང་ལ་རྟག་པར་རྟོགས་༔ ཤི་ནས་སེམས་ཅན་ཆད་པར་རྟོགས་༔ རྟག་

[1] B: བསྐོར་   [2] B: སྒྲོགས་

ཆད་འཕྲེང་ལ་སྨུ་བྲུས་ནས་༔ སྤྱོད་པ་ཅབ་ཙུབ་རྒྱུན་དུ་གནས་༔ གསོག་འཇོག་འདུ་
བྱེད་བདེ་སྡུག་གཡེངས་༔ མ་རིག་ལས་སྒྲིབ་རྒྱུ་རྐྱེན་བསྐྱེད་༔ དེ་བཞིན་ཉིད་ཟབ་
དོན་མ་རྟོགས་༔ ཉེས་པ་ལྟ་ཡིས་ས་གཏིང་འཕྲུལ་༔ འཇིག་རྟེན་དྲུག་གི་འཁོར་བར་
བརྒྱུད་༔ སྲིད་གསུམ་སྐྱེ་བ་བཞི་རུ་འཁོར་༔ ཁྱད་པར་སེམས་ཅན་ལས་ཀྱིས་མནར་༔
འཁྲིག་ཆགས་གཡེམས་པའི་ལས་ངན་གྱིས་༔ ཉོན་མོངས་དུག་ལྔས་བདེ་མི་སྟེར་༔
སེམས་ནི་ཕྲུར་[1]ཡེངས་ཧ་རྒོད་འདྲ་༔ འཁྲིག་པས་འཁོར་བའི་ས་བོན་བདབ་༔ ཆགས་
པས་ཐར་པའི་ལམ་དང་བྲལ་༔ འཇིག་རྟེན་དྲུག་གི་ཕྱོགས་བཅུ་ན་༔ གནས་དང་
འབྱུང་བའི་སེམས་ཅན་རྣམས་༔ སྡིག་པའི་ལས་ལ་སྤྱོད་རྣམས་ཀྱིས་༔ སྐུ་གསུམ་
སྒྲུབ་པའི་ལམ་འགགས་ནས་༔ མཐར་ཐུག་ལྟ་བ་དེ་ཉིན་ལ་༔ ཡང་དག་སྤྱོད་པ་
འགག་ཡང་མེད་༔ ལ་ལ་སྒྲིབ་པ་བཅུ་ལ་སྤྱོད་༔ ལ་ལ་གཡེང་བའི་ལས་ལ་སྤྱོད་༔
ལ་ལ་རྟོག་འཛིན་ལས་ལ་སྤྱོད་༔ ལ་ལ་དོན་མེད་ལས་ལ་སྤྱོད་༔ ལ་ལ་གཡོ་སྒྱུའི་
ལས་ལ་སྤྱོད་༔ ལ་ལ་མི་དགེའི་ལས་ལ་སྤྱོད་༔ ལ་ལ་རྟོགས་འདོད་ལས་ལ་སྤྱོད་༔
ལ་ལ་ཁྲམ་ 30a ཟོག་ལས་ལ་སྤྱོད་༔ ལ་ལ་འགྱུར་ལྡོག་ལས་ལ་སྤྱོད་༔ ལ་ལ་བཅས་
བཅོས་[2]ལས་ལ་སྤྱོད་༔ ལ་ལ་གནས་བདེའི་ལས་ལ་སྤྱོད་༔ ལ་ལ་ཡུལ་སྲིད་ལས་
ལ་སྤྱོད་༔ ལ་ལ་ཁྲམ་འཚོག་ལས་ལ་སྤྱོད་༔ ལ་ལ་ལྟོགས་འགོང་ལས་ལ་སྤྱོད་༔
ལ་ལ་འདུ་བྱེད་ལས་ལ་སྤྱོད་༔ ལ་ལ་རྩོད་དང་ཤགས་[3]འགྱེད་སྤྱོད་༔ ལ་ལ་མི་
གཅིག་སྐྱན་གྲགས་སྤྱོད་༔ ལ་ལ་ཐེར་ཟུག་ལས་ལ་སྤྱོད་༔ ལ་ལ་འཇིགས་པ་བཅུ་
དྲུག་སྤྱོད་༔ དེ་ལྟར་ལོག་སྤྱོད་སྣ་ཚོགས་ཀྱིས་༔ འཇིག་རྟེན་དྲུག་ཏུ་སྤྱོད་པ་རྣམས་༔
སྡུག་བསྔལ་བཅུ་དྲུག་མཐའ་རྒྱས་པས་༔ པད་འབྱུང་ཁབ་བཞེས་དོན་མ་གསལ་༔
རྒྱལ་སྲས་པདྨ་འབྱུང་གནས་ང་༔ འགྲོ་བ་སེམས་ཅན་དོན་མཛད་པས་༔ སེམས་

[1] **B**: འཕྲུར་ (ཡིངས་ = གཡེངས་) [2] **A**: བཅས་བཅས་ [3] **A**: ག་ཤགས་

ཅན་རྣམས་དང་མཐུན་པར་བསྟུན༔ རབས་བཅད་མ་ཞིང་ངག་གཅད་ཕྱིར༔ ཡུལ་
མི་མཐོ་རིས་ངན་སོང་གསུམ༔ ལྷུང་དང་རྫོད་དང་གོལ་བ་དང༔ གླིན[1]་ཀླུགས་
བཀྲིས་སྤྲོད་སྤྲོད་ཞིང་འཁོར༔ སྐྱེ་དང་རྒ་དང་ན་དང་འཆི༔ བཅལ་དང་རྩོལ་དང་
དགྲ་དང་གཉེན༔ ལྷ་རྣམས་གནས་སུ་ལྷུང་བ་དང༔ གཡོ་འཁྲུག་སྡུག་བསྔལ་
བ་ཤད་མི་ལང༔ ལྷ་མིན་རྫོད་དེ་གཞན་སྨོད་དང༔ མི་བདེ་སྡུག་བསྔལ་བསམ་མི་
ཁྱབ༔ མི་རྣམས་འཁོར་དང་འགྱུར་པ་དང༔ ཆགས་པའི་སྡུག་བསྔལ་བསམ་མི
ཁྱབ༔ ཁྲོལ་སོང་གླིན་དང་ཀླུགས་པ་དང༔ རྨོངས་པའི་སྡུག་བསྔལ་བསམ་མི་
ཁྱབ༔ ཡི་དྭགས་བཀྲིས་དང་སྐོམ་པ་དང༔ ལོག་རྟོག་སྡུག་བསྔལ་བསམ་མི་ཁྱབ༔
དམྱལ་བ་རྫོད་ 30b དང་སྦྱོང་བ་དང༔ ཚ་གྲང་སྡུག་བསྔལ་བསམ་མི་ཁྱབ༔ བར་
དོར་གནས་ངན་ཡིན་དང་འཚོལ༔ འཇུག་ལྡོག་སྡུག་བསྔལ་བསམ་མི་ཁྱབ༔ འཁོར་
བ་མི་རྟག་འགྱུར་ཞིང་ལྡོག༔ འཇིག་རྟེན་སྡུག་བསྔལ་བསམ་མི་ཁྱབ༔ ཀུན་ལ་
བརྒྱད་ཀྱིས་ཁྱབ་པར་གནས༔ ཁམས་གསུམ་འཁོར་བའི་སེམས་ཅན་ནི༔ མ་རིག་
ཀློང་ན་གནས་ལ་ཡིན༔ མི་དགེའི་ལས་ལ་ཆེ་འཁྲིལ་འགྲོ༔ འཁོར་བར་སྐྱེ་བ་རྟེ་
གྲོག་འདྲ༔ དེ་ལས་ཐར་ཅིང་བདེ་བའི་ལམ་འགྲོ་ཕྱིར༔ འཛམ་གླིང་རྒྱལ་པོ་ཁྲི་
སྲོང་ལྡེའུ་བཙན་གྱི༔ ལྷ་ལྕམ་འཕྲུལ་དགུ་སྒྱུར་མ་ཁབ་དུ་བཞེས༔

༔བོད་དང་ཞང་ཞུང་གཉིས་ཀྱི་མཚམས་སུ་བྱོན༔ མ་ཕམ་གཡུ་མཚོ་ནག་མོའི་
འགྲམ་དུ་བཞུགས༔ པདྨ་རྒྱས་པའི་ལྷ་ཁང་མཆོད་པ་ཕུལ༔ ཕྱོན་ཆེན་པོས་
འཁོར་ལ་བཀའ་སྩལ་པ༔ མ་ཕམ་གཡུ་མཚོ་ཧ་ལམ་ཉིན་གཅིག་འཁོར༔ ཧྲ་ན་ཀོ
ཤའི་མཚོ་ནི་འདི་དང་འདྲ༔ བདག་བསྐྱེད་ལུམ་ནི་དོན་གྱིས་རྟོགས་པར་བགྱི༔ ཡིད་
གཞུངས་འདི་ལ་སྐོར[2]་བ་འཁོར་གསུམ་བསྐོར༔ སངས་རྒྱས་གཞན་ནས་བཙལ་དུ

[1] B: ཀླིན་ [2] B: བསྐོར་

མེད་དེ་ཐོབ་༔ ཨོྃ་ཐོར་ཅིག་དགུ་ལྡན་དཔེ་བྱས་ནས་༔ པདྨ་རྒྱས་པའི་ལྷ་ཁང་ཨེ་
མ་ཧོ་༔ སྣོད་མིན་ལོག་ལྟ་ཅན་ལ་གསང་བར་འོས་༔ ཕོ་མོ་དད་པ་ཅན་ལ་འཆད་
པར་འོས་༔ ཉམས་མི་ང་བར་སྐྱོར་[1]བ་འདི་ལ་སྐྱོར་[1]༔ ཕྱི་ནང་གསང་བའི་མཆོད་པ་
སྣ་ཚོགས་ཕུལ་༔ ལས་འཕྲོ་དག་པས་ངན་སོང་ཡུལ་མི་འགྲོ་༔ ལྷ་ཁང་འདི་དོན་
ལྟ་ཞེས་སྨྲོན་རྣམས་སོལ་༔ དེ་བས་རྣར་ཉན་གོམས་པས་བསྒྲོད་པར་རིགས་༔ འདི་
བསྐོར་མཆམས་ 31a མེད་ལྟ་བྱས་བྱང་བར་འགྱུར་༔ གཡུ་མཚོར་བཀྲུས་འཕྲངས་
བདེ་ཆེན་མཁའ་སྤྱོད་འགྲོ་༔ བྱང་སེམས་གདུང་བརྒྱུད་མི་རྗེ་ལྷ་ཡི་སྲས་༔ དེ་ཕྱིར་
རྫོགས་ལྡན་གསུམ་ལྡན་གཉིས་ལྡན་དུས་༔ འཇིག་རྟེན་ནད་མེད་ཚེ་རིང་ཕུན་སུམ་
ཚོགས་༔ ངོ་ཚ་ཞེས་དང་སྦྱིན་དང་ཚུལ་ཁྲིམས་སྤྱོད་༔ ཕུན་སུམ་ཚོགས་པས་ཁོང་
ད་ཚུད་པ་ཡིན་༔ དེ་ལྟར་རྩོད་ལྡན་དུས་དེ་འཇིག་རྟེན་ན་༔ ཚེ་དང་ནད་མེད་ཕུན་སུམ་
ཚོགས་པས་དམན་༔ གཡོ་དང་སྒྱུ་དང་དྲེགས་པ་ཕྲག་དོག་ལྡན་༔ ཞེས་རབ་ཞན་
ཅིང་ལོག་པར་ལྟ་བ་དང་༔ ལས་ངན་ལ་སོགས་ཀུན་ལ་དགའ་བ་ཡིན་༔ ཐྲུགས་
རྫའི་འོད་ལྡན་ཉི་མ་ཤར་བ་ལ་༔ འཆོག་པར་བྱེད་རྣམས་ངེས་པར་མི་དགའ་བས་༔
བུད་མེད་ཞིན་དུ་བརྟག་པར་དཀའ་བ་ཡིན་༔ བུད་མེད་བརྟག་པ་བུད་མེད་མཁས་པ་
ཡིན་༔ བྱ་བ་ཐམས་ཅད་ལེགས་པར་བརྟགས་ནས་བྱ་༔ བུད་མེད་མ་བརྟགས་
བསྟེན་པ་བདུད་ཀྱི་ལས་༔ ཕྱི་རབས་རྗེས་སུ་འཇུག་པ་རྣམས་ཀྱི་དོན་༔ འཕེལ་
འགྲིབ་མེད་པ་མ་ཕམ་གཡུ་མཚོ་ལྟར་༔ འཕྲུལ་དགུ་སྒྱུར་མའི་[2]ལྷ་ལྷམ་བརྟག་པར་
བྱ་༔ ས་ཡི་ལྷ་མོ་རྟག་[3]ཏུ་འཇུག་པ་ཡིན་༔ གཉེན་པོ་བཟང་བའི་བེ་རོ་ཙ་ན་ཁྱོད་༔
གནས་མཆོག་དམ་པ་བློ་[4]བ་སྤྱོ་བའི་ཡུལ་༔ བལ་པོའི་ཡུལ་དེ་ཡ་བྱ་ཡ་འགལ་ནས་༔
བལ་མོ་ཤྲཱི་དེ་བ་སྦྲུན་བྲོངས་ཞོག་༔ མཚན་ཉིད་ཚང་བའི་མཚན་རྟགས་མི་བསླུ་ངེས་༔

[1] B: བསྐྱོར་ [2] བའི་ [3] B: བརྟག [4] བློ་ B: བློ་བ་

ཆིབས་པ་ཧྲ་ནག་ཆིབས་ནས་སྤྲུན་འདྲེན་བཏང་༔ ཚོད་པ་མཆི་བ་བལ་པོའི་ཡུལ་དུ་སླིབས་༔ ནགས་ཚལ་གོ་ 31 b རིམ་ཡིད་དུ་འོང་བ་ནས་༔ བལ་ཡུལ་ཡང་ལེ་ཤོད་ཀྱི་བྲག་ཕུག་ཕྱིན་༔ ལྷ་ལྕམ་བལ་མོ་ཤཱཀྱ་དེ་བ་ལ་༔ དངོས་ངན་བི་རོ་ཙ་ན་བགྱི་བ་རེས་༔ ཚོགས་སུ་བཅད་པ་འདི་སྐད་ཅེས་སྨྲས་པ་༔ འདི་ན་མཆིས་པའི་བི་རོ་ཙ་ན་ཡིས་༔ ཕྲོག་མའི་དུས་ནས་ད་ལྟ་ཡན་ཆད་དུ་༔ སྡིག་པ་མི་དགེའི་ལས་རྣམས་ཅི་བགྱིས་པ་༔ དུས་གསུམ་བདེ་གཤེགས་རྣམས་ལ་མ་བཤགས་པས་༔ རྒྱལ་པོའི་བཙུན་མོས་བདག་ལ་ལྟོ་ལོང་བཏབ་༔ བདག་གིས་མ་ཉེས་ནམ་ལངས་ཉེས་པ་སངས་༔ བཙུན་མོ་ནད་མཛེ་བྱུང་བས་སློབ་དཔོན་བསྟེན་༔ མཛད་སྤྱོད་འདི་ཡི་དོན་རྣམས་བཤད་འཚལ་དགོངས་༔ བསྟན་པའི་སྒྲོན་མེ་པདྨ་འབྱུང་གནས་ལ་༔ བཙུན་མོས་དྲིན་ལན་ལྷ་ལྕམ་ཁྲིམ་རྒྱན་ཕུལ་༔ ཁབ་ཀྱི་དམ་པ་འཕྲུལ་དགུ་སྐྱུར་མ་བཞེས་༔ ཡུམ་གྱིས་བཀྲ་ཤིས་མཚན་ཧྲགས་ཡོད་དམ་མེད་༔ ས་ཡི་ལྷ་མོ་བསྟན་མས་བཟང་ངན་ཤེས་༔ ཤིན་དུ་བློ་གསལ་ཁྱོད་དང་གཉིས་ཀྱིས་རྟོག་༔ གསང་བའི་གཏེར་ཐུབ་སྒྲིག་ལུས་ཆགས་མེད་འོང་༔ ལེའུ་བཅོ་བརྒྱད་པའོ་༔

---

19. Kapitel.

༔ དེ་ལ་བལ་མོ་ཤཱཀྱ་དེ་བས་སྨྲས་༔ རྒྱལ་པོའི་སྲས་མོ་ལྷ་གཅིག་བརྟག་པ་ལ་༔ ང་བས་ཡུལ་ཁམས་དེ་ཡི་མི་རྣམས་མཁས་༔ རིག་པ་བློ་གསལ་ཆེ་བ་མ་ལགས་ཏེ་༔ མ་དྲིས་འཆད་པ་ཟླ་མོ་གཡོག་མོ་མཁས་༔ རྒྱལ་སྲས་གསུང་ན་བཀའ་སྐུལ་བཞིན་དུ་མཆི་༔ ཉིད་དང་འགྲོགས་ནས་བོད་དུ་འགྲོ་བར་བགྱིད་༔ ཆིབས་ཧྲ་ནག་པོར་ཆིབས་ནས་གཡུ་མཚོར་སླེབ་[1]༔ བི་རོ་ཙ་ན་དང་འགྲོགས་བསམ་ཡས་ཕྱིན་༔

---

[1] B: སླིབས་

ཁམས་ 32a གསུམ་མི་རྟོག་སྤྲོལ་གྱི་ནགར་བསྟོད༔ བཻ་རོ་ཙ་ནས་བསམ་ཡས་པ་རྣམས་ལ༔ པད་རྒྱས་ལྷ་ཁང་མ་ཕམ་གཡུ་མཚོ་རུ༔ རྒྱལ་པོའི་སྲས་མོ་འགུགས་པར་སྒྲ་བསྒྲགས་སོ༔ ཡུལ་ཁམས་མི་རྣམས་ཤིན་དུ་སྤྲོ་བ་སྐྱེས༔ ཇོ་འབངས་ཐམས་ཅད་བསུ་བ་ལ་གཤེགས་སོ༔ སྔོན་པོའི་བུ་མོ་གཙང་མ་ཐམས་ཅད་དང་༔ དམངས་ཀྱི་བུ་མོ་གཙང་མ་ཐམས་ཅད་དང་༔ ཁྲིའུ་གཙང་མ་ཁམས་གསུམ་ནགར་འདུས༔ བལ་མོ་ཤཱཀྱ་དེ་བས་མཚན་བཏགས་པས༔ མགོ་མཇུག་ལེགས་པའི་ཡོན་ཏན་མཚན་ལེགས་བཟང༔ འདྲ་བའི་དཔེ་ནི་ཨུཏྤལ་ལོ་མ་འདྲ༔ མིག་ནི་ཟར་མའི་མི་རྟོག་འདྲས་བུ་འདྲ༔ དཔྲལ་བའི་གདེངས་ཆེ་ཟླ་བ་ཉ་བ་འདྲ༔ སྨིན་མའི་དཀྱུས་རིང་ཡི་གེ་ན་རོ་འདྲ༔ མཁུར་ཚོས་བཀྲག་གསལ་དུང་ཕོར་མཚལ་འདྲེས་འདྲ༔ ཤངས་ཀྱི་དབྱིབས་ལེགས་རིན་ཆེན་སྣ་ཚར་འདྲ༔ མཆུ་ལེགས་སྨུ་ཁྲུད་ཆ་ག་བདང་བ་འདྲ༔ བཞད་པའི་ཚེམས་ལེགས་ལྷ་ཆོ་བ་གམ་འདྲ༔ གསུང་དབྱངས་སྙན་དེ་ནེ་ཙོའི་ཙོང་སྐད་འདྲ༔ གྲོག་མའི་དབྱིབས་ལེགས་ལྷ་ཡི་ཐེམ་སྐས་འདྲ༔ མགྲིན་པའི་གསང་རྡོད་དངུལ་གྱི་བུམ་པ་འདྲ༔ ཐུགས་ཀྱི་ཕྱུགས་སྐྱོམས་གསེར་གྱི་སྤུང་པོ་འདྲ༔ གསོལ་ལེགས་དངུལ་དཀར་གཤང་ཆུང་ཁ་སྦྱུབ་འདྲ༔ སྐེད་པའི་[1] སྐབས་[2] ཕྱེད་གཞུ་མོའི་འཆང་[3] བ་འདྲ༔ འདོམས་[4] ཀྱི་མཚན་མ་པད་འདབ་བརྒྱ་དྲུག་འདྲ༔ བྱིན་པའི་གདུབ་འཁྱིལ་རི་དྭགས་ཨེ་ན་འདྲ༔ ལུས་ཀྱི་བཀོད་པ་རིན་ཆེན་ཕུང་པོ་འདྲ༔ གཟུགས་ཀུང་རན་པའི་ཚད་དང་ལྡན་པར་གདའ༔ མི་རིང་མི་ཐུང་མི་སྦོམ་མི་ཕྲ་ལྡན༔ དྲི་ 32b ཞིམ་ག་པུར་ཙན་དན་དྲི་མ་མནམ་[5]༔ རྒྱལ་པོའི་སྲས་མོ་ལྷ་ལྷམ་ཁྲིམ་པ་རྒྱན༔ རྒྱལ་སྲས་པདྨ་ཁབ་ཏུ་བཞེས་པ་འདི༔ མི་གཞི་ལེགས་ལ་རབ་ཏུ་མཛེས་པར་གདའ༔ འདྲ་བ

[1] B: ཀེད་ [2] B: སླབས་ [3] B: ཆང་ [4] B: མདོམས་ [5] A: རྣམ་

བཅུ་བདུན་ཕྱི་ཡི་ཡུལ་ལ་ཚད༔ དེ་ལ་ས་ཡི་ལྷ་མོ་བསྟན[1]མ་ལ༔ ཉང་གི་སྐྲིབ་པ་ཆེ་ཆུང་ཁྲོད་ཀྱིས་ཧོག༔ དེ་སྐད་བེ་རོ་ཙ་ནས་སྨྲས་པ་དང༔ ས་ཡི་ལྷ་མོ་བསྟན[1]མས་བཀའ་སྩལ་པ༔ རྒྱལ་པོའི་སྲས་མོ་ལྷ་ལྕམ་ཁྲིམ་རྒྱན་འདི༔ འབྱུང་བཞིས་བསྐྱེད་པས་ཕྱི་ཡུལ་རབ་ཏུ་མཛེས༔ རྣམ་ཤེས་སེམས་ཀྱིས་བསྐྱེད་པ་ལུང་མ་བསྟན༔ ཉང་གི་ཚོགས་བརྒྱད་ཞེན་དུ་དགེ་མི་དགེ༔ ཉོན་མོངས་ས་བོན་ཟད་པས་དད་པ་ཆེ༔ སྦྱིན་པ་རྒྱ་ཆེན་གཏོང་ནུས་བརྩོན་འགྲུས་ཆེ༔ ཚུལ་ཁྲིམས་གཙང་མ་བསྲུང་ནུས་ཤེས་རབ་ཆེ༔ སྒྲུབ་པ་དང་དུ་ལེན་ནུས་སྤོབས་པ་མཐོ༔ བྱམས་པའི་སེམས་ལྡན་ཆོས་སྤྱིར་དཀའ་སྤྱོད་ནུས༔ ངེས་པའི་དོན་རྟོགས་བདེན་པའི་ཚིག་སྟོན་ནུས༔ སེམས་ཉིད་ས་བོན་བསྐྱེད[2]མེད་དོན་རྟོགས་པས༔ ཚེ་འདིའི་སྣང་བ་ཡིད་ལ་མི་འདུག་གོ༔ སྟེན[3]པའི་ས་རུ་མཐུན་པའི་ཡུམ་དུ་བཟང༔ དེ་སྐད་བསྟན་མས་མཚན་ནི་བཟང་པོར་གསོལ༔ སྲིད་པས་བཀོད་པའི་གཙུག་ལག་གཞུང་བཞིན་དུ༔ གནམ་སྨན་བདུད་གཙོང་སྲི་མནན་བྱུར་ཕུད་དོ༔ འདྲེ་བཀར་ལྷ་གསོལ་དཔལ་སྐྱབས་གཡང་སློང་ངོ[4]༔

༔ དེ་ནས་གཡུ་མཚོའི་འགྲམ་གྱི་ཕོ་བྲང་དུ༔ གཡུ་ཁྲི་སྔོན་པོ་ལ་ནི་ལྷ་ལྕམ་བཞག༔ གསེར་ཁྲི་སེར་པོ་ལ་ནི་རྒྱལ་བས་བཞུགས༔ ཁྲིའུ་དང་ནི་བུ་མོའི་ཚུལ་དུ་ཚོགས༔ ཡེ་ཤེས་མཁའ་འགྲོ་མང་པོས་བཀྲ་ཤིས་བརྗོད༔ འཇིག་ 33a རྟེན་མཁའ་འགྲོ་མང་པོས་གསོལ་བ་འདེབས༔ འགྱུར་མེད་རི་རབ་བརྩུགས་བཞིན་ཚེ་སྲོག་བསྲིངས༔ དང་པོ་ཨྱོན་པདྨ་འབྱུང་གནས་ཉིད༔ འཇིག་རྟེན་མི་ཡུལ་ཀླ་མར་གཤེགས་ཙན༔ ཨྱོན་ཡུལ་གྱི་དྷ་ན་ཀོ་ཤར་བྱོན༔ དྲི་མེད་མདངས་ལྡན་པད་སྡོང་འཁྲུངས་དུས་སུ༔ མཐུ་སྟོབས་བྱིན་རླབས་དྲེགས་པའི་ལྷ་འདྲེ་རྣམས༔ དམ་ལ་བཏགས་པས་པདྨ་རྒྱས་པར་ཚོགས༔ ཨྱོན་པདྨ་འབྱུང་གནས་ཉིད་ལ་གསོལ༔

[1] B: བཏན [2] B: སྐྱེ [3] B: བསྟེན [4] སློན་ནོ

བདག་ཅག་རྣམས་ནི་ཨྱོན་པདྨ་ཡིས༔ དམ་ལ་བཏགས་ཤིང་ལུང་ནི་ཐོག་ལགས་
པས༔ བོད་ཀྱི་རྒྱལ་པོའི་སྲས་མོ་ཁྲིམ་རྒྱན་འདི༔ བྱ་བ་འདོད་འཇུག་སྤྲོས་པ་
མེད་ལ་སྤྱོད༔ རྒྱལ་པོའི་སྲིད་འཛིན་སེམས་ཅན་འདྲེན་དོན་དུ༔ བཙུན་མོར་བཞེས་
པ་རྒྱལ་སྲས་ཤིན་ཏུ་ལེགས༔ རབ་ཏུ་ལེགས་པས་སྨོན་ལམ་རེ་རེ་འདེབས༔ དེ་
བཞིན་སྔགས་སྤྱོད་དམ་པའི་རིག་[1]ཅན་ལྔ༔ ཐེག་པ་ཆེན་པོའི་རིག་[1]ཅན་ལྷ་ཚངས་
པས༔ ལྷ་ལྕམ་ཁྲིམ་པ་རྒྱན་ལ་འདི་སྐད་གསོལ༔ ཤིན་ཏུ་མཛེས་མ་འཕྲུལ་དགུ་
སྒྱུར་མ་འདི༔ དེ་ལ་འདི་ནི་སྐུ་གསུང་ཐུགས་ཡོན་འཕྲིན༔ དབུ་ལོ་ཨུ་ཏྤལ་ལོ་མ་
འདྲ་བ་འདི༔ བདེ་བར་གཤེགས་པ་དབུ་ལ་བཀུར་བའི་རྟགས༔ ཡེ་ཤེས་ལྷ་དང་
གཉིས་མེད་སྨོན་ལམ་འདེབས༔ མིག་གཉིས་ཟེར་སྣང་མེ་ཏོག་འདྲ་བ་འདི༔ བདེ་
སྟོང་ལོངས་སྤྱོད་བདེ་བ་རྒྱས་པའི་རྟགས༔ སྣང་སྲིད་ས་ལེར་གསལ་བར་སྨོན་ལམ་
འདེབས༔ དཔྲལ་བའི་གདེངས་ཆེ་ཟླ་གསལ་ཚ་འདྲ་འདི༔ མཆོག་ཐུན་དངོས་གྲུབ་
མཐའ་རུ་རྒྱས་པའི་རྟགས༔ འདོད་པའི་ཐིག་ལེ་ཟླ་གསང་སྨོན་ལམ་ 33b འདེབས༔
སྨིན་མ་ཡི་གེ་ན་རོ་འདྲ་བ་ནི༔ གསང་སྔགས་བསྟན་པ་དབུས་སུ་འབྱུང་བའི་རྟགས༔
བསྟན་ཞབས་གཏེར་གྱིས་སྐྱོང་བར་སྨོན་ལམ་འདེབས༔ མཁུར་ཚོས་བཀྲག་གསལ་
དྭང་ཕོར་མཚལ་འདྲ་ནི༔ མ་ནོར་ངེས་པའི་ས་ལ་གཏེར་སྦྱིད་རྟགས༔ སྐབས་སུ་
སྤྲུལ་སྐུ་འབྱུང་བར་སྨོན་ལམ་འདེབས༔ ཤངས་དབྱིངས་[2]རིན་ཆེན་སྣ་ཚར་འདྲ་བ་ནི༔
འཛིག་རྟེན་མི་ཡུལ་ལས་ཅན་འབྱུང་བའི་རྟགས༔ ཀུན་ལ་མ་ལུར་བྱམས་པའི་སྨོན་ལམ་
འདེབས༔ མཆུ་ལེགས་སྨུ་ཁྲུད་ཆ་ག་འདྲ་བ་ནི༔ བསྟན་པ་འཛིན་སྐྱོང་བསྲུང་གསུམ་
དར་བའི་རྟགས༔ ལྷ་མིའི་ལོ་ཙྪར་འགྱུར་བར་སྨོན་ལམ་འདེབས༔ བཞད་ཚེམས་
ཟླ་ཅོ་བ་གམ་འདྲ་བ་ནི༔ ཐུགས་རྗེ་ཆེན་པོའི་བསྟན་པ་ཆགས་པའི་རྟགས༔ སྙིང་

[1] A und B: རིགས་ [2] A: དབྱིབས་

པོ་མ་ཆེ་འདྲེན་པར་སྨོན་ལམ་འདེབས་༔ ཚོམས་རྩེ་ལ་མེ་ཏོག་དམར་པོ་འདྲ་བ་ནི་༔
རིགས་དྲུག་སེམས་ཅན་ཆོས་ལ་བཀོད་པའི་རྟགས་༔ ཉོན་མོངས་སྒྲིབ་པ་སེལ་བར་
སྨོན་ལམ་འདེབས་༔ སྨྲ་བའི་ལྟགས་བདེ་བར་སྣང་གློག་[1]འདྲ་ནི་༔ ཉན་འཆད་སྒོམ་
པས་འགྲོ་བ་འདུལ་བའི་རྟགས་༔ གཏེར་ཆོས་བསྟན་པ་དར་བར་སྨོན་ལམ་འདེབས་༔
གསུང་དབྱངས་ནེ་ཙོའི་ཙོང་སྐད་འདྲ་བ་ནི་༔ སེམས་ཅན་མགུ་བྱེད་བདེ་གཤེགས་
མཉེས་པའི་རྟགས་༔ ཛ་གླིང་དབྱངས་ཀྱིས་ཁྱབ་བར་སྨོན་ལམ་འདེབས་༔ ཨོག་
རབྱིབས་ལྷ་ཡི་ཐེམ་སྐས་འདྲ་བ་ནི་༔ འཁོར་བའི་སེམས་ཅན་ཐེག་དགུས་འདྲེན་པའི་
རྟགས་༔ སྐྱེ་བ་རྣམ་བཞི་ཀུན་སྒྲོལ་སྨོན་ལམ་འདེབས་༔ མགུར་གྱི་གསང་དོད་
རྡུལ་བུམ་འདྲ་བ་ནི་༔ སྨྲོན་མེད་ཡོན་དན་ཚང་བའི་བཀའ་དང་ལུང་༔ 34 a བདུད་རྩིའི་
གཏེར་ཆོས་སྟོན་པར་སྨོན་ལམ་འདེབས་༔ ཐུགས་ཀྱི་ཕྲུགས་སྐྱོམས་གསེར་སྦྲང་འདྲ་
བ་ནི་༔ ཆོས་ལ་ཕྱོགས་རིས་མེད་པ་སྤྱི་སྐྱོམས་རྟགས་༔ གང་ཞར་ཐུག་ཐུད་གྲོལ་
བར་སྨོན་ལམ་འདེབས་༔ གསོལ་ཞིགས་དངུལ་དཀར་སྦུབ་པ་འདྲ་བ་ནི་༔ སེམས་
ཅན་འགྲོ་དོན་སྐྱོ་དུབ་མེད་པའི་རྟགས་༔ འཁོར་བའི་གཅོང་ནད་ཐོན་པར་སྨོན་ལམ་
འདེབས་༔ སྐེད་པའི་སྐབས་ཕྱེད་གཞུ་འཆང་འདྲ་བ་ནི་༔ སྐྱོན་ཡོན་རྩ་བ་དགེ་སྡིག་
འབྱེད་པའི་རྟགས་༔ སྐྱོན་བོར་ཡོན་དན་རྫོགས་པར་སྨོན་ལམ་འདེབས་༔ བྱིན་པ་
རི་དྭགས་ཨེ་ན་ཡ་འདྲ་ནི་༔ ཐེག་འོག་གོང་མའི་ལམ་སྟེགས་ཡིན་པའི་རྟགས་༔ ས་
བཅུ་རིམ་གྱིས་བགྲོད་པར་སྨོན་ལམ་འདེབས་༔ སྐུ་ལུས་རིན་པོ་ཆེ་ལྷུར་བཀྲ་གསལ་
ནི་༔ གསང་སྔགས་ཐླ་མེད་ཚེ་གཅིག་སངས་རྒྱས་རྟགས་༔ སྦྱོར་སྒྲོལ་ཚད་ཕྱིན་
གནས་སྟོབས་སྨོན་ལམ་འདེབས་༔ སྐྲ་ལུས་རན་པའི་ཚད་དང་ལྡན་པ་ནི་༔ སྒོ་གསུམ་

[1] A: ཀློག་

ཞི་དུལ་བཟོད་པ་བསྒོམ་[1]པའི་རྟགས་༔ སེམས་ཅན་ཡིད་འཇུག་མགོན་སྐྱབས་སྨོན་
ལམ་འདེབས་༔

༔བལ་མོ་ཤཱཀྱ་དེ་བས་མཚན་བརྟགས་པས་༔ འགྲོ་བ་སེམས་ཅན་རྣམས་ཀྱི་
དོན་སླད་དུ་༔ ཀླུ་ཡི་རྒྱལ་པོ་གཙུག་ན་རིན་ཅེན་དང་༔ ཚངས་པ་གཙུག་ཕུད་འཛིན་
པ་འཁོར་དང་བཅས་༔ གནོད་སྦྱིན་སྐར་མདའ་གདོང་ནི་འཁོར་དང་བཅས་༔ མི་ནི་
དྲི་མེད་གྲགས་པ་འཁོར་དང་བཅས་༔ གསང་སྔགས་ཟླ་བ་གཟུང་མ་མཚན་ལྡན་ཡིན་༔
སྐྱེ་བ་འདི་ལ་སངས་རྒྱས་འཐོབ་པའི་རྟགས་༔ འཁོར་བའི་གནས་སྒོ་གཅོད་པར་སྨོན་
ལམ་འདེབས་༔ དེ་ཡང་དོན་དུ་འདི་ལྟར་རོ་༔ 34b སེམས་ཅན་རྣམས་ཀྱི་མཚན་ཉིད་
ནི་༔ གནས་ལ་ཆགས་ཤིང་[2]ཁྱིམ་ལ་དགའ་༔ དེ་དག་དེ་ལས་སྒྲོལ་[3]བའི་ཕྱིར་༔ ལན་
ཅིག་ཁྲིམ་པ་རྒྱན་ཞེས་པའི་༔ དེ་ནས་ཁྱིམ་པ་ཁྱིམ་དུ་འབྱིན་༔ དེ་ཕྱིར་ཁྱིམ་ཐབ་ཅེས་
པའོ་༔ ལེའུ་བཅུ་དགུ་པའོ་༔

---

20. Kapitel.

༔དེ་ཚེ་དེ་དུས་ལྷ་ལྕམ་ཁྲིམ་པ་རྒྱན་༔ ཕྱི་ཡུལ་བཟང་ལ་ནང་སེམས་དགེ་བ་
མོ་༔ ལྷ་ལྕམ་ཁྲིམ་རྒྱན་བག་དང་ལྡན་པ་ལ་༔ དཀུན་ཟླ་ཐ་ཆུང་[4]ཉ་ཡི་མི་ལམ་ན་༔
འོད་ནག་འདོམ་གང་ཁོང་དུ་སོང་བ་རྨིས་༔ གཉིད་སད་ཙ་ན་ལུས་ལྕི་ཁོང་བ་འདྲར་༔
ཡིད་འཕྲུགས་སྙིང་གཙུ་གཟུགས་ཕུང་ཀུན་མ་བདེ་༔ འཕྲིག་པ་སྐྱེས་ནས་ཀུན་ལ་ན་
བ་ཤད་གསངས་[5]༔ དམར་རྒྱན་མ་ལ་ཇི་ལྟར་བྱུང་བ་བཤད་༔ བ་དམར་རྒྱན་མས་
བུ་མོར་འདི་སྐད་བརྗོད་༔ ཕྱོན་པ་ལྔའི་ཐུགས་རྗེའི་སྤྲུལ་པ་དང་༔ སེམས་ཅན་རྣམས་
ཀྱི་སྤྱི་མཐུན་བསོད་ནམས་ཀྱིས་༔ བོད་ནི་མི་ནག་བསྟན་པ་དར་བའི་རྟགས་༔ དེ་སྐད་

[1] B: སྒོམ་ [2] A: ཞིང་ [3] B: བསྒྲལ་ [4] B: ཆུངས་ [5] B: གསང་

བྱས་ནས་ལྷ་ལྕམ་ལྷ་བསངས་བྱས་༔ ཕྱི་དེའི་ལོ་དུས་སྐྱ་ལ་[1]སྲས་གཅིག་འཁྲུངས་༔
འཁྲུངས་པའི་དུས་དེར་ཀུན་ཀྱང་སྤྲོ་བ་སྐྱེས་༔ དེ་ལ་འདུས་ནས་ཀུན་ཀྱང་ལྟད་མོ་
ལྟ་༔ ཨ་ཅང་མཚན་དང་མ་ལྡན་གཏི་ཐུག་ནས་༔ མི་རྣམས་ཀུན་གྱི་[2]ཁ་དམར་ངན་པ་
བཏགས་༔ ཨོ་རྒྱན་གུ་རུ་པདྨ་འབྱུང་གནས་ཉིད་༔ རྣམ་པ་ཐམས་ཅད་མཁྱེན་གྱིས་
གསལ་བར་གཟིགས་༔ བདུད་ཀྱིས་སླུ་བ་[3]ཡིན་པར་ངོ་མཁྱེན་ཅིང་༔ འདུལ་བའི་
དུས་ལ་མ་བབ་བདུད་མ་གསུངས་༔ བདུད་ཀྱང་གུ་རུའི་བུ་རུ་སྤྲུལ་པ་སྟོན་༔ སློབ་
དཔོན་པད་འབྱུང་བུ་རུ་མིང་བཏགས་ནས་༔ ཞི་བས་བསྐྱངས་ལ་ད་ 35a གཟོད་འདུལ་
བར་དགོངས་༔ མ་བུ་སར་སར་གཉིས་ཀ་ཐབ་ལ་རྒྱུག་༔ ཁང་མཐིལ་ལག་མཐིལ་
པདྨའི་རི་མོ་ཡོད་༔ བུ་དེ་སེམས་ཅན་གཞན་པས་སྐྱེ་བ་དྲག་༔ ཕ་ནི་ཞེ་སྡང་བདུད་ཀྱི་
བུ་ཡིན་པས་༔ ལེགས་སུ་བཅོས་ཀྱང་རང་གི་རྒྱུ་ཉིད་གཙོ་༔ སེམས་ཅན་ཤ་དང་
ཁྲག་ལ་དད་ཀྱང་ཆེ་༔ རུས་པ་ཁྲལ་ཁྲོལ་མིག་མཐོང་ཐམས་ཅད་ཀྱང་༔ ཀེང་རུས་
གོ་བོ་བཞིན་དུ་མེད་ཀྱིན་གཏོང་༔ དེ་ཉིད་མཐོང་བས་ཐམས་ཅད་འཁྲིག་པ་སྐྱེས་༔ མིང་
ཡང་པདྨ་འབྱུང་གནས་ཆུང་བར་བཏགས་༔ སྐྱེས་ནས་ཡབ་ལ་ཆོས་སློབ་མི་ཉན་པར་༔
ཡབ་ལ་གསོལ་པ་པད་འབྱུང་ཆེན་པོ་ལགས་༔ གཞན་ལ་ཕན་པ་མི་སློབ་དཀའ་ལས་
ཆེ་༔ བདག་རང་ཉིད་ལ་ཕན་པ་སློབ་པ་ཡིན་༔ ཁ་རུ་ཟ་བའི་ཟས་སུ་ཤ་ཞིམ་པས་༔
སེམས་ཅན་གསོད་ན་གསད་ཀྱིན་ཟ་བ་ཡིན་༔ ལུས་ལ་གོན་པའི་གོས་སུ་པགས་པ་དྲོ་༔
སེམས་ཅན་བསད་ནས་བཤུ་ཡིན་གྱོན་པ་ཡིན་༔ ཛག་སྤྱང་ཀུན་མ་བརྐུ་བའི་ཆོས་ཤིག་
སློབ་༔ པད་འབྱུང་གོ་བོ་བདག་ལ་ཐུགས་རྗེས་གཟུང་[4]༔ དེ་སྐད་ཅེས་པ་ཡབ་ལ་
གསོལ་པ་དང་༔ ཨོ་རྒྱན་པདྨས་བཀའ་སྩལ་པ་༔ སེམས་ཅན་ཉོན་མོངས་སྙིང་རེ་རྗེ་༔
སྐྲ་མའི་ཕུང་པོ་ཉོན་རེ་མོངས་༔ འབྲས་བུ་སེམས་འདི་ཉམ་རེ་ཐག་༔ བདེན་ཚིག

[1] B: ལས་ [2] B: གྱིས་ [3] B: བསླུས་པ་ [4] B: གཟུངས་

བརྒྱ་སྟྲུས་གཅིག་མི་གོ་༔ གོལ་བའི་སེམས་ཅན་སྡིག་ཅན་ཅིག་༔ བདག་གི་གནས་
འདིར་སྐྱེས་པར་དཔྱད་[1]༔ གཞན་ལ་སྙིང་རྗེ་ཆུང་ལུགས་དང་༔ རང་ལ་བསོད་ནམས་
དྲག་ཚུལ་དང་༔ ཤ་དང་ཁྲག་ལ་དད་ཚུལ་དང་༔ སྡིག་པའི་ལོག་ 35b ཆོག་སྦྱ་
ལུགས་དང་༔ ཞེ་སྡང་བདུད་ཀྱི་རིགས་ཤིག་ཡིན་༔ སེ་འཕང་ནག་པོའི་བུ་ཡིན་
འདུག་༔ ཆོས་ལ་བར་ཆད་བྱེད་པར་ངེས་༔ འཁོར་གྱི་སེམས་ཅན་སླད་མ་ཀུན་༔
འདི་ཡི་ཚིག་ནི་མ་ཉན་ཞིག་༔ དེ་སྐད་ཅེས་པ་བཀའ་སྩལ་ཏོ་༔ པད་འབྱུང་གོ་བོ་ང་
ནག་སོང་༔ མཚང་ཐོག་བར་དེར་མནོ་བསམ་བཏང་༔ ཤིན་དུ་ཞི་བྲུས་[2]བསླུ་བ་དྲན་༔
ཉིན་བཞིན་ཕ་མར་བསྐོར་བ་བྱས་༔ ལྷ་ཕྱུག་ལན་བརྒྱ་རྩ་བརྒྱད་བཙལ་༔ ཁྲུས་བྱས་
མེ་ཏོག་བརྒྱ་རྩ་ཕུལ་༔ དེ་ལྟར་བྱ་བ་བྱས་ནས་སུ་༔ ཡབ་ཀྱི་གསེར་གྱི་ཁ་ཊྭཱཾ་ག་ལ་༔
རྩེད་ཚུག་[3]བྱས་ནས་རྩེ་མོ་བཙུགས་༔ རྒྱུག་འཁྲོར་བྱབ་[4]པའི་ཚུལ་བྱས་བརྒྱབ་༔ གུ་
རུ་པདྨ་འབྱུང་གནས་ལ་༔ གསེར་གྱི་ཁ་ཊྭཱཾ་ག་མ་ཐུག་པར་༔ དངུལ་གྱི་རྩེ་མོ་བརྒྱབ་
པའི་སར་༔ ཟངས་ཀྱི་རྡོ་རྗེར་ཕྲལ་གྱིས་སོང་༔ གསེར་གྱི་ཁ་ཊྭཱཾ་ག་བརྒྱབ་པའི་སར་༔
མེ་ཏོག་པདྨར་ལམ་གྱིས་སོང་༔ པད་ཆུང་སྐྱེངས་ནས་ངུ་ཚུལ་བསྟན་༔ དེ་ལ་ཡབ་
ཀྱིས་བཀའ་སྩལ་པ་༔ བུ་ཁྱོད་མ་ལ་སྐྱེས་ཙ་ན་༔ མཚན་དང་མ་ལྡན་འཇིགས་པ་
ཅིག་༔ རང་གི་གཟུགས་ཀྱི་ཕུང་པོ་ལ་༔ ཚེར་མ་གཅིག་ཀྱང་མི་བཟོད་པར་༔ གཞན་
དག་སེམས་ཅན་མང་པོ་ཡི་༔ སྲོག་བཅད་པགས་པ་གོས་གྱོན་ཟེར་༔ ག་ལའི་
སེམས་ཅན་བདུད་རིགས་གཅིག་[5]༔ བདག་ཉམས་གཞན་ལ་བླང་ངོ་ཚོག་༔ མ་ནོར་
བདེན་པའི་དོན་བསྟན་ན་༔ མི་བདེན་ཕྱིན་ཅི་ལོག་ཏུ་བྱེད་༔ པདྨའི་བསྟན་པ་བསྒྲུབ་
སྐམ་ནས་༔ གསེར་གྱི་ཁ་ཊྭཱཾ་ག་ང་ལ་བརྡེག་༔ གསེར་གྱི་ཁ་ཊྭཱཾ་ག་ང་མི་གསོད་༔ དངུལ་

[1] B: འབྱུང་ [2] B: ཀྲུས་ [3] B: རྩེ་བཙུགས་ [4] B: ཕུབ་ [5] B: ཅིག་

གྱི་ཁ་ཧཱུྃ་ང་གསོད་དུ༔ ང་ལ་སྲོག་གི་ལན་ཆགས་[36a]མེད༔ དབྱུལ་ཧཱུྃ་བརྡེག་པ་དངོས་གྲུབ་མཆོག༔ དོན་དམ་བསྟན་ཀྱང་མི་ཉན་པས༔ བདེན་པའི་ས་བོན་ཁྱོད་ལ་མེད༔ དཔེར་ན་སེམས་ཅན་བློ་ལོག་གིས༔ ཕྱུགས་རྗེ་གསེར་དུ་བཞུ་བ་འདྲ༔ དེ་འདྲའི་སེམས་ཅན་སྡིག་ཅན་ཁྱོད༔ དམྱལ་བར་འགྲོ་བའི་སྐྱེ་ཤིང་གཅིག[1]༔ ངན་སོང་གསུམ་གྱི་རྨང་རྗེ་གཅིག[1]༔ བདེན་པའི་ས་བོན་ཁྱོད་ལ་མེད༔ སྡུག་བསྔལ་སྨིན་པའི་ས་བོན་ཡོད༔ སེམས་ཅན་ཉོན་མོངས་ཉོན་རེ་མོངས༔ ཞེས་གསུངས་ཡབ་ཀྱི་བསྟན་པ་མ་ཉན་ནས༔ པད་ཆུང་གོ་བོ་སྲུ་ངན་ཁོང་དུ་ཤི༔ ཤི་ནས་ཡབ་ཡུམ་འཁོར་ཀུན་སྲུ་ངན་བྱེད༔ གཉེར་པ་སེ་འཕང་ནག་པོའི་བུ་ཡིན་འདུག༔ ལྷ་ལྕམ་ཁྲིམས་རྒྱན་མ་ནི་རོ་ལ་འཇུས༔ བུ་འབོད་སྲུ་ངན་སྨྲེ་སྔགས་དུ་མ་འདོན༔ ཡོན་པདྨ་སྲུ་ངན་ག་ལ་བྱེད༔ མ་དུ་མ་དུ་ཁྲིམས་པ་རྒྱན༔ ཨུ་བུ་ཅག་གི་བུ་མ་ཡིན༔ ལ་ལ་ལྷ་ཡི་ཐུགས་རྗེའི་བུ༔ ལ་ལ་བགེགས་ཀྱིས་[2]བར་གཅོད་བུ༔ ལ་ལ་བདུད་ཀྱིས་དགོད་པའི་བུ༔ ལ་ལ་དམྱལ་བའི་ལན་ཆགས་བུ༔ ལ་ལ་སྲིན་གྱིས་བསླུས་པའི་བུ༔ དྲིན་ལ་ལན་གྱིས་སློན་པའི་བུ༔ བརྒྱ་དང་སྟོང་ལ་འགའ་རེ་ཙམ༔ ཅིར་ཡང་བུ་ཞེས་བྱ་བའི་རྒྱུ༔ སྔོན་ཆེ་སྐྱེ་བ་གོང་མ་ལ༔ ལས་ངན་བྱས་པའི་ལན་ཆགས་ནི༔ ཤིན་ཏུ་མི་བཟད་དོས་དྲག་པས༔ བུ་རུ་སྐྱེས་ནས་སྙིང་ལ་སྙེག༔ དེ་ལ་ཆགས་པར་མ་གྱུར་ན༔ དོན་གྱིས་འབྲས་བུ་དེ་ཡིས་སྟེད༔ ཅེས་གསུངས་པས༔ ལྷ་ལྕམ་ཁྲིམས་པ་རྒྱན་འཁོར་སྲུ་ངན་བྱེད་པ་ཀུན་གྱི་སྲུ་ངན་ཐམས་ཅད་དགེ་བའི་ལས་ལ་སྦྱོར་པ་མཐོང༔ གཉེར་པ་སེ་[36b]འཕང་ནག་པོ་སྲུ་ངན་གྱིས་ཟིན་སོང་ངོ༔ ལེའུ་ཉི་ཤུ་པའོ༔

[1] B: ཅིག་ [2] B: གྱི་

21. Kapitel.

༔ ཁྲིམ་རྒྱུན་དོན་མེད་སྒྲིད་ལུག་[1]སྐྱེ་བ་ཞུས་ ༔ སེ་འཕང་ནག་པོ་པད་ཚུང་གོ་
གདོང་གཉིས་ ༔ སྔ་མ་གར་སྐྱེས་ཕྱི་མ་གང་དུ་སྐྱེ་ ༔ བྱང་ཆུབ་སྐབས་ནི་ཡོད་མེད་
གསུང་བར་ཞུ་ ༔ དེ་ལ་ཨོ་རྒྱན་པདྨས་བཀའ་སྩལ་པ་ ༔ ཚོལ་མེད་ཕ་དང་བུ་སྲིང་
འཐབ་རྩོད་བྱེད་ ༔ སྔ་མ་འཐབ་ལ་རབ་ཏུ་རྟུབ་པ་དང་ ༔ ཕྱི་མ་ཁྲོ་ལ་རབ་ཏུ་ཆེག་པ་
ཅན་ ༔ འདི་ནས་མི་གནས་བདུད་ཀྱི་ཆུ་བོ་བཞི་ ༔ སེམས་ཅན་ཐམས་ཅད་དེ་ལ་
འཛིགས་ཤིང་སྐྲག་ ༔ ཕྱིན་ལོག་དད་པས་འཁོར་བ་སྟོངས་ཀྱིས་དོགས་ ༔ སྨྲ་སྤྲགས་
མྱ་ངན་དུས་པས་ལོག་ཡོང་རེ་ ༔ ལས་འཕྲོ་མེད་པའི་སེམས་ཅན་སྡིག་ཅན་མང་ ༔
ཤིན་ཏུ་གྲངས་མང་བསམ་གྱིས་མི་ཁྱབ་བོ་ ༔ སྐྱོན་གྱི་གོང་པོ་ཁྲིམ་ཐབ་ངོ་མ་ཤེས་ ༔
འཇིག་རྟེན་ལས་ནི་བྱས་ཀྱིན་ཡང་བྱེད་དགོས་ ༔ བྱང་ཆུབ་མེད་པས་ཤི་ནས་ཟིན་པ་
ཡིན་ ༔ འཁོར་བའི་ལུས་འདི་བླངས་ཀྱིན་ཡང་ལེན་དགོས་ ༔ འཁོར་བའི་བཙོན་ནས་
ཐར་པའི་དུས་མི་འོང་ ༔ ཉོན་མོངས་ལོག་པར་འཁྲུལ་པའི་བུ་མོ་རྣམས་ ༔ རང་
དབང་ཡོད་དུས་མཁྲང་ཆེ་སློམ་རིང་དྲན་ ༔ འཁོར་བ་རྒྱུན་མི་འཆད་ནི་བུད་མེད་ཡིན་ ༔
སྲིན་མོ་དངོས་སུ་བྱུང་བའི་མགོ་ནག་མ་[2] ༔ གཟུགས་ཕུང་དཀྱིལ་དུ་དམྱལ་བའི་ཟངས་
ཅིག་སྐྱེས་ ༔ བཙོ་བསྲེག་སྡུག་བསྔལ་ཐམས་ཅད་དེ་ལས་འབྱུང་ ༔ མཐོ་རིས་ཐར་
པའི་འབྲུབ་ཁང་ཟངས་དེ་ཡིན་ ༔ བདེ་བ་མི་བདེ་བཙོ་སྦྱང་ཟངས་དེས་བྱེད་ ༔ བུད་
མེད་བྱ་བ་དམྱལ་བའི་ཟངས་ཀ་ཡིན་ ༔ ཁྱོད་དང་འགྲོགས་ན་དམྱལ་བའི་ཟངས་སུ་
37a འཚོད་ ༔ དམྱལ་བའི་ཟངས་སུ་བཙོ་གལ་བདག་ལ་མེད་ ༔ བུད་མེད་བྱ་བ་
བདུད་ཀྱི་བཙོན་ར་ཡིན་ ༔ ཁྱོད་དང་འབྲེལ་ན་བདུད་ཀྱི་བཙོན་ར་སྐྱེ་ ༔ བདུད་ཀྱི་

---

[1] **B:** ལུགས་ [2] **B:** མོ་

བཙོན་རང་སྟོད་གལ་བདག་ལ་མེད་༔ བུད་མེད་བྱ་བ་གཤིན་རྗེའི་གདོས་ཐག་ཡིན་༔
ཁྱོད་ལ་དད་ན་གཤིན་རྗེའི་གདོས་ཀྱིས་འདོགས་༔ གཤིན་རྗེའི་གདོས་གལ་པད་འབྱུང་
བདག་ལ་མེད་༔ བུད་མེད་བྱ་བ་དུག་གི་འདམ་རྫབ་ཡིན་༔ ཁྱོད་ལ་དད་ན་དུག་འདམ་
འཚོད་པ་ཡིན་༔ གསོད་པའི་དུག་འདམ་བཀལ་གལ་བདག་ལ་མེད་༔ ཁ་དོག་རྒྱས་
པའི་བུད་མེད་ནི་༔ སྡོམ་པ་འཁྲོག་པའི་ཇག་པ་ཡིན་༔ སོ་ཐར་འདུལ་ཁྲིམས་མེད་པ་
ཡི་༔ སོ་སོ་སྐྱེ་བོ་ངན་སྐྱོག་གོལ་༔ པད་འབྱུང་ང་ལ་དགོས་པ་མེད་༔ རྗེས་འཇུག་འདོད་
པའི་སྡུག་བསྔལ་ཞི་བྱའི་ཕྱིར་༔ ཚད་མེད་བཞི་དང་ལྡན་པའི་ཁྱིམ་པ་རྒྱན་༔ མ་ཕམ་
གཡུ་མཚོ་ཧྣ་ན་ཀོ་ཤའི་མཚོ་༔ པདྨ་རྒྱས་པའི་ལྷ་ཁང་གཞལ་ཡས་སུ་༔ ཤིན་དུ་མོས་
གུས་ཆེ་བའི་ཁྱིམ་རྒྱན་བཞུགས་༔ ཁྱོད་ནི་སྡིག་སྐྱོན་མ་གོས་རྨི་ལམ་ན་༔ ནམ་
མཁའི་མཐོང་ནས་འཇའ་ཚོན་སྐས་ཀ་བརྩུགས་༔ སྐས་གཞུག་ཁྱོད་ཀྱི་དཔུང་པ་
གཉིས་སུ་བཞག་༔ གདང་བུའི་སྟེང་ལ་རྡོ་རྗེ་སེམས་དཔའ་བྲོན་༔ མཚན་དང་དཔེ་
བྱད་ལྡན་པ་སྤྱི་གཙུག་ཐིམ་༔ སྐུ་ལས་འོད་འཕྲོས་སྟོང་གསུམ་གསལ་བ་སྨིས་༔
གཉིད་སད་ལུས་བདེ་ཤིན་དུ་ཡིད་ཀྱང་སྤྲོ་༔ དངོས་གྲུབ་མཆོག་དགོངས་ཤིན་དུ་མི་ལ་
གསང་༔ ལྷ་ལྕམ་སྐུ་ལ་སྲས་གདམས་མཚན་དཔེ་ལྡན་༔ སྲས་དེ་ཐབས་ཤེས་
སྤྲུལ་པའི་སྐུ་ཡིན་པས་༔ 37b དགོས་འདོད་རེ་སྐོང་ཅི་འདོད་ཡིད་ལ་སྤྱོད་༔ དགུང་
ལོ་གཅིག་ལོན་ཤེས་རབ་ཚད་དུ་ཕྱིན་༔ དགུང་ལོ་གཉིས་ན་སྙིང་རྗེའི་སེམས་དང་ལྡན་༔
དགུང་ལོ་གསུམ་ན་ཡབ་ལ་ཆོས་འདྲི་སྤྱོབས་༔ ཡབ་ཀྱིས་བསྟན་པ་ཙམ་གྱི་སྲས་
ཀྱིས་རྟོགས་༔ སྐྱོན་སྤངས་ཡོན་དན་སྙན་པའི་སྒྲ་གྲགས་སོ་༔ མིང་ཡང་སྙན་ཆེན་
དཔལ་འབྱོངས་ཞེས་སུ་བཏགས་༔ འགྲོ་གླིང་ཡི་གེ་སྤྱི་ཚུགས་ཡི་གེ་སོགས་༔ ཡིག
རིགས་མི་གཅིག་བདུན་ཙུ་རྩ་ལྷ་ཞེས་༔ འཇིག་རྟེན་དག་ན་མི་དགེའི་ཆགས་སྣང་རྟོག་༔
འདི་དོན་མ་རྟོགས་ཐོས་པ་མི་གསོག་ན་༔ མ་རིག་རྣམ་རྟོག་དྲ་བའི་རྒྱུན་མི་གྲོལ་༔

7

ཆོས་ལ་སྤྱོད་དཀོན་དེ་བས་ཐེག་ཆེན་དཀོན༔ མ་ནོར་སྟོན་དཀོན་དེ་བས་མོས་པ་
དཀོན༔ དེ་ཕྱིར་ང་ཡི་བུ་ཡིན་སྐལ་བ་བཟང༔ བློ་ཆུང་འཕྱུར་འཇུག་ཆོས་
ལ་ཕྱོགས་ཆ་ཆེ༔ ལོག་ལྟའི་ཚིག་གིས་འགྲོ་བའི་དོན་མི་འགྲུབ༔ དེ་བཞིན་
དགོངས་སམ་ལྷ་ལྕམ་ཁྲིམ་པ་རྒྱན༔ བུ་འདི་ནོར་ཡོད་བུ་མེད་ཅིག་ལ་སྟེར༔
ལུས་ངག་ཡིད་གསུམ་དལ་མེད་ནོར་བསགས་ནས༔ ལུས་སེམས་བྲལ་འགྲོ་དྲན་
པ་འཛིན་མི་དགོས༔ ནོར་བས་ལུས་བཞག་ལྷ་སྤྲུལ་བུ་མི་དགོས༔ རིག་པ་སྣ་
ཚོགས་འཐས་འཆི་མ་དྲན་བཅས༔ དེ་ལ་བུ་བྱིན་ཕན་ཐོགས་ཆེར་འོང་གསུངས༔

༔རྒྱལ་པོའི་སྲས་མོ་ལྷ་ལྕམ་ཁྲིམ་པ་རྒྱན༔ སྨྲེ་སྔགས་ངུ་བ་ཤུམ་ཞེན་དུ་ངུ་
བ་ཤུམ་བྱས༔ བ་དམར་རྒྱན་མ་ཁ་རུ་ས་འགམས་ངུས༔ ཆོས་རྒྱལ་ཁྲི་སྲོང་ལྡེའུ་
བཙན་འདི་སྐད་གསུང༔ དམར་རྒྱན་ཁྱོད་ཀྱིས་ལེགས་པ་ཅི་ཞིག་བྱས༔ མཁས་
པ་བི་རོ་ཙ་38 a ནར་ལྟོ་ལོང་བདབ༔ ཉང་དུ་མཛེ་བྱུང་བ་དེ་མ་དྲན་ནམ༔ མོ་བསྣུར་
དཔྱད་ལྟོ[1] བྱས་པ་མ་དྲན་ནམ༔ ཁྱོད་ཁམས་བདེ་བ་སློབ་དཔོན་དྲིན་ལས་བྱུང༔ ཕས་
བུ་འབོགས་ལ་ཨ་སྨད་ཅི་ལ་ངུ༔ སློབ་དཔོན་མ་ཉེས་ན་གང་དགར་སྦྱིན་པས་ཆོག༔
ཆོས་རྒྱལ་ཆེན་པོས་དེ་སྐད་གསུངས་པ་དང༔ བ་དམར་རྒྱན་མོ་མ་མགལ་པོ་བདབ་
བཞེངས༔ ཀྱེ་མ་ཀྱེ་ཧུད༔ དྲིན་ལན་གཞལ་དུ་བཙུན་མོ་དམར་རྒྱན་ངས༔ རྒྱལ་
ཁམས་མངའ་མཛད་མཐའ་ཡི་འདོད་མི་ལ༔ ཁྲིམ་རྒྱན་མ་སྦྱིན་བླ་མ་ཁྱོད་ལ་ཕུལ༔
བུད་མེད་ལུས་ལ་ས་ཇོ་མིན་པ་སྐྱེ༔ པད་ཆུང་གོ་བོང་ཡི་བུ་མིན་དེ༔ གཉེར་པ་
སེ་འཕང་ནག་པོའི་བུ་ཡིན་གསུངས༔ བུ་འདིས་ཆོས་ལ་བར་ཆད་བྱེད་ངེས་པས༔
འཁོར་བ་སེམས་ཅན་སྨད་མ་ཀུན་གྱིས་ཀྱང༔ འདི་ཡི་ཚིག་ལ་ཁྱོད་རྣམས་མ་ཉན་

[1] ལྟོ irrtümlich, offenbar durch das vorhergehende ལྟོ་ལོང་ veranlasst.

གསུངས་༔ ཐེ་བྲག་མ་འདྲེས་ཤུགས་མཆོད་འདོད་དོ་གསུངས་༔ བོད་དུ་སློབ་
དཔོན་གདུང་བརྒྱུད་བྱུང་ན་བསམ་༔ ཞེས་བརྗོད་ཅིང་དུས་སོ་༔

༔ལྷ་ལྕམ་ཁྲིམ་པ་རྒྱན་གྱིས་འདི་སྐད་ཞུས་༔ བར་ཆད་རྐྱེན་མང་ཟ་མ་མོ་ཡི་
ལུས་༔ སྐྱེ་རྒྱལ་མེད་ན་བུད་མེད་ལུས་འདི་ཧུལ་༔ དཔེར་ན་སྐྱེས་བུ་ཡོན་དན་སྣ་
དགུ་ལྡན་༔ དཔའ་རྩལ་ཆེ་བའི་མཚན་དུ་བཏགས་པ་ཡིན་༔ འདུན་གྲོས་ངོས་ནས་
གཙོ་བོར་མཚན་དུ་བཏགས་༔ རིག་བྱེད་ངོས་ནས་བཟོ་བོར་མཚན་དུ་བཏགས་༔
ཞེས་གསུངས་སོ་༔ ཨྱོན་པདྨའི་ཞལ་ནས་འདི་སྐད་གསུངས་༔ ཡུལ་ནི་ངན་ལམ་
རལ་གསུམ་བྱ་བ་ན་༔ སྣ་[1] བཟའ་རེ་མ་བྱ་བའི་བུ་ཤི་ནས་༔ ནོར་རྫས་ 38 b ཡོད་
དེ་བུ་མེད་ཟེར་ནས་ངུ་༔ ཕ་མ་གཉིས་ལ་བུ་དེ་སྲིན་པ་ན་༔ སངས་རྒྱས་བསྟན་པ་
འདི་ལ་ཕན་ཐོགས་འོང་༔ བ་ཤད་བརྒྱུད་[2] སྒྲུབ་བརྒྱུད་[2] ཉི་མ་ཤར་བ་འདྲ་༔ ཡེ་ཤེས་
མཁའ་འགྲོ་མང་པོས་བཀྲ་ཤིས་བརྗོད་༔ འཇིག་རྟེན་མཁའ་འགྲོ་མང་པོས་གསོལ་
བ་འདེབས་༔ འགྱུར་མེད་རི་རབ་བཙུགས་བཞིན་ཚེ་སྲོག་བསྲིང་༔ རྒྱལ་པོའི་
སྲས་མོ་ལྷ་ལྕམ་འདི་ལ་ནི་༔ ལྷ་སྲིན་སྡེ་བརྒྱད་རྣམས་ལ་བཀའ་བཙན་ཞིང་༔ སྐྱེ་
འགྲོ་སེམས་ཅན་དོན་བྱེད་པ་ཞིག་འཁྲུངས་༔ ངེས་པར་ཐུགས་དང་མཚན་ཉིད་གསལ་
བར་སྨྲ་༔ པད་འབྱུང་བསྟན་པ་སྤེལ་ནུས་པ་ཅིག་འཁྲུངས་༔ ལུས་སེམས་དཔལ་
ཤར་བོད་ཀྱི་རྒྱན་དུ་བྱོན་༔ ཕ་མ་གཉིས་ལ་བུ་བྱིན་ཡིད་ཆེས་པས་༔ ཆོས་སྒོར་
བཙུད་པས་འདི་ལྟར་ཤེས་པར་བྱེད་༔ རྩེད་མོར་ཆོས་ཉན་པ་དང་འཆད་པ་དང་༔
འབྲི་ཀློག་མིན་པ་མི་བྱེད་པ་ཅིག་བྱུང་༔ ཆེར་སོང་ལས་འབྲས་ཁྲུད་མི་གསོད་པ་བྱུང་༔
སྐབ་དཔལ་བརྩེགས་ཅོག་རོ་ཀླུའི་རྒྱལ་མཚན་༔ རྨ་རིན་མཆོག་དང་ཞང་བན་ཡེ་ཤེས་
སྡེ་༔ ལོ་ཙྪ་བཞི་བྱོན་དུས་སུ་མཚན་ཉིད་གསན་༔ མཚན་ཉིད་མ་ལུས་དཔེ་དོན་

---

[1] B: སྤ [2] B: རྒྱུད་

7*

གཞི་ལ་མཁས་༔ དེ་དུས་བི་མཱ་མི་ཏྲ་རྒྱ་གར་ནས་༔ བསམ་ཡས་སྤྱན་དྲངས་བྱོན་པ་ལ་༔ སྒྱུ་འཕྲུལ་ཞི་ཁྲོ་རྫོགས་པར་གསན་༔ བི་མཱའི་ལོ་ཙཱ་མཆིམས་པ་ཡོན་འབར་དང་༔ གཉགས་བན་ཛྙཱ་ན་ཀུ་མཱར་བྱ་བ་བཞུགས་༔ གསང་སྔགས་ཚུར་གསན་མཚན་ཉིད་ཕར་ལ་བཤད་༔ ཕར་སློབ་ཚུར་སློབ་མཛད་ནས་སྤྲོས་པ་བཅད་༔ སེམས་ཕྱོགས་མ་ལུས་ནན་ཏར་མཁས་པ་མཁྱེན་༔ དེ་ནས་ཡུལ་ནི་ 39 a ངན་ལམ་རལ་ཡུལ་བྱོན་༔ ནམ་མཁའ་ཆེ་ནི་བཤད་ཀྱིན་ཡོད་ཙ་ན་༔ ཕྱིན་པདྨ་འབྱུང་གནས་ཐུགས་དགོངས་ལ་༔

༔བཟང་པོ་ངན་པས་ཆུད་གསོན་མེད་དམ་ཅི་༔ ཆོས་འཆད་སློབ་མར་སློབ་དཔོན་ངན་པ་ཡིན་༔ བླ་མའི་ཀང་འདྲེན་པ་ལ་སློབ་མ་མཁས་༔ དུས་ལ་མ་བབ་འགྲོ་དོན་བར་གཅོད་ཡིན་༔ མགོ་ལ་རང་ཡུ་བཙུགས་ནས་ཕྱིར་ལོག་བསྐོར་༔ དེ་འདྲའི་དཔོན་སློབ་གནས་ངན་ལེན་པའི་རྒྱུ་༔ ནན་ཏར་[1]དགེ་བའི་ཆོས་ཅིག་བྱེད་འདོད་ན་༔ དམ་པ་རྣམས་ཀྱིས་སྨོད་ཅིང་བཞད་གད་རྒྱུར་༔ མ་སོང་བྱེད་དགོས་འཇིག་རྟེན་སྤངས་བྱས་ནས་༔ བསྟན་པའི་སྒོར་ཞུགས་རབ་ཏུ་བྱུང་བ་བྱས་༔ རྒྱུགས་[2]སྲིས་འབུན་གཏོང་ནོར་གྱི་རྒྱུར་ལོག་བྱེད་༔ ལུས་ངག་ཡིད་གསུམ་གཡེང་བར་གནས་པ་ནི་༔ དམ་པ་རྣམས་ཀྱིས་སྨོད་ཅིང་བཞད་གད་རྒྱུ༔ དགེ་བའི་རྩ་བ་སྟོན་དུ་མ་སོང་བར་༔ ཤེས་བྱ་ཤེས་བྱེད་རྟོགས་པར་ཆོས་སྐད་ཟེར་༔ གོ་ཡུལ་ཚིག་ལ་སངས་རྒྱས་འདོད་པ་ཡང་༔ དམ་པ་རྣམས་ཀྱིས་སྨོད་ཅིང་བཞད་གད་རྒྱུ་༔ སོ་སོ་ཐར་པའི་བསླབ་བྱ་ཙམ་ཡང་མེད་༔ སྡོམ་པ་གསུམ་ལྡན་ཡོད་པར་ཁས་ལེན་ཀྱང་༔ དམ་པ་རྣམས་ཀྱིས་སྨོད་ཅིང་བཞད་གད་རྒྱུ་༔ ཚེ་འདི་རང་འཕྱུང་སྒྲུབ་ལས་མི་ཤེས་པར་༔ མཁས་བཙུན་བཟང་གསུམ་འཛོམ་པར་ཁས་ལེན་ཀྱང་༔ དམ་པ་རྣམས་ཀྱིས་སྨོད་ཅིང་བཞད་

[1] B: ལྟར་ [2] B: བརྒྱགས་

གད་རྒྱུ་༔ ཕན་སེམས་ཚུང་ཟད་ཙམ་ཡང་མེད་པར་ནི་༔ མི་སྡུད་སེམས་ཅན་འགྲོ་
དོན་བྱེད་པ་ཡང་༔ དམ་པ་རྣམས་ཀྱིས་སྨོད་ཅིང་བཞད་ 39b གད་རྒྱུ་༔ སེམས་ཅན་
དོན་དུ་རྟོགས་[1] པའི་གདེངས་མེད་པར་༔ དམ་ཚིག་སྡོམ་པ་མི་བསྲུང་མི་མགོ་བསྐོར་༔
དམ་པ་རྣམས་ཀྱིས་སྨོད་ཅིང་བཞད་གད་རྒྱུ་༔ ཆོས་འདི་བྱེད་བློ་ཙམ་གྱིས་གོ་མི་ཆོད་༔
བླ་མ་མཚན་ཉིད་ལྡན་དང་འཕྲད་དགོས་གསུང་༔ གང་བྱུང་བྱུང་དང་ཕྲད་པས་མི་
འོང་གསུང་༔ བླ་མ་བཟང་པོ་འཚོལ་འཚོལ་འདོད་འདོད་ནས་༔ བདུད་དང་འཕྲད་
པའི་ཉེན་ཡོད་བརྟག་པ་གཅེས་༔ བདུད་ནི་ཆོས་པར་ཅིས་ཀྱང་བརྫུ་བ་ཡིན་༔ སྡིག་
པ་མི་དགེའི་ལས་སྦྱོར་བདུད་ཡིན་ནོ་༔ མི་ལ་གཞན་སྐྱོན་མང་པོ་བགྲང་བགྲང་[2] ནས་༔
རང་སྐྱོན་སེལ་བར་མི་བྱེད་བདུད་ཡིན་ནོ་༔ རིགས་ངན་འཕྲུལ་དབྱུལ་ངོ་ཚ་ཁྲེལ་གདོང་
མེད་༔ གདམས་ངག་ཅི་ཙམ་བཤད་ཀྱང་གཟུང་འཛིན་ཆེ་༔ གདམས་ངག་ཆོས་
ཐོབ་བརྩིས་ནས་བཤད་པར་རིངས་༔ སྨྱ་གེའི་དུས་ཀྱི་ཟོང་བཞིན་ཕྲག་བཙོངས་[3] བྱེད་༔
བདུད་ནི་སློབ་མར་བརྫུས་པ་བརྟག་པར་དཀའ་༔ གང་ཞེ་ན་༔ དམ་ཚིག་མེད་པ་༔
རྫུན་[4] ཆེ་བ་༔ ཁྲེལ་མེད་པ་༔ གདོང་ཆུང་བ་༔ རང་འདོད་ཆེ་བ་༔ ཕྱོགས་ཆ་
ཆེ་བ་༔ བསམ་པ་ངན་པ་༔ དཔེ་བརྐུ་བ་༔ གཞོགས་ངོམ་བྱེད་པ་༔ བཀའ་
བསླུ་[5] བ་༔ དད་པ་ཆུང་བ་༔ འཇབ་མཁས་པ་༔ བྱི་ལ་ལྟར་ཕྱིར་འབྲམས་དོན་
ཆུང་བ་༔ ནོར་ཆུང་བ་ལ་སོགས་ཀྱི་སྐྱོན་རྫོགས་པ་༔ དེ་འདྲའི་སློབ་མ་བསྟན་པ་ལ་
བགོད་ཀྱང་༔ ཕན་ཐོགས་པར་མི་འོང་གནོད་པ་སྐྱེལ་པ་ལ་དགོངས་ནས་༔

༔ཨོ་རྒྱན་པདྨ་འབྱུང་གནས་ཀྱིས་[6] ༔ སྤྲང་ཀན་ཅིག་ཏུ་སྤྲུལ་༔ དཔལ་དབྱངས་
ཆོས་འཆད་པའི་ཆོས་གྲར་ཕྱིན་༔ ཉིན་ཅིག་ཆོས་ 40a གྲར་སྤྲང་པོ་ཀན་པོ་བྱུང་༔ ཕྱུག་

---

[1] B: རྟོག་ [2] B: བགྲངས་བགྲངས་ [3] B: བཙོང་ [4] B: བརྫུན་

[5] B: སླུ་ [6] B: ohne Interpunktion.

མི་འཚལ་ཞིང་ཞྭ་མི་འབུད་པར་ཆོས་ཉན་ཀྱིན[1]་འདུག་༔ རེས་ཡིན་ཡིན་ཟེར་རེས་མིན་
མིན་ཟེར་རོ་༔ དེ་ནས་ཆོས་སྟོན་གྲེས[2]་ཙ་ན་༔ སློན་ཨཱ་ཙ་ཪྻ་དཔལ་དབྱངས་ཟེར་
ནས་སྒྲ་ཆེ་ཙམ་ན་༔ ནམ་མཁའ་ཆེ་ལྟ་སྒོམ་ཤན་མ་ཕྱེད་པ་ཅིག་འཆད་ཀྱིན་གདའ་ཟེར་
སོང་༔ སློན་ཆེན་དཔལ་དབྱངས་སྙམ་ན་ད་རུང་སེམས་ཐག་མ་ཆོད་བྱུང་སྙམ་༔ སྤྲང་
པོ་དེ་བཙལ་བས་བརྙེད[3]་ནས་གདམས་ངག་ཞུ་བྱས་པས་༔ ཁྱེད་དགེ་བ་ཤེས་ང་ལ་
གདམས་ངག་མ་ཞུ་ཞིག་ཟེར་༔ འོ་ན་ད་གི་དེ་གསུངས་ཕྱིར་ཞུ་དགོས་བྱས་པས་སློན་
བརྒྱུད་ལེའུ་ཉིས་བརྒྱ་ཞེ་གཉིས་པ་གནང་ནས་སྤྲང་པོ་གར་སོང་ཆ་མེད་སོང་༔ སློན་
གྱི་ཐུགས་ལ་མིང་ཡང་མ་དྲིས་པས་༔ གསོལ་བ་ཇི་སྐད་བྱས་ནས་གདབ་སྙམ་ནས་
ཤིན་དུ་མ་དགེས་པར་ཡོད་ཙ་ན་༔ ནམ་ཕྱེད་ལ་སྤྲང་པོ་ཉི་མའི་སྙིང་པོ་ཡིན་གསུང་༔ དེ་
ནས་ཨོ་རྒྱན་པདྨ་འབྱུང་གནས་ཀྱིས་སློན་ཆེན་ལྷའི་ཡུལ་དུ་ལུང་བསྟན་ཏོ་༔ སྒྲོན་མ་རྣམ་
པ་དྲུག་ནི་༔ ལྟ་བ་ཡང་དག་སྒྲོན་མ་མའི་དོན་དུ་མཛད་དོ་༔ ཞུ་ལན་སྒྲོན་མ་སྣ་ནམ་
ཕྱོང་ཁྲིའི་དོན་དུ་མཛད་དོ་༔ བཞི་པ་སེམས་ཙན་སྤྱིའི་དོན་དུ་མཛད་པར་གདའོ་༔ མན་
ངག་སྤྲུལ་པའི་འཁོར་ལོ་འདི་ཉིད་ཉི་རོངས་ཟངས་ཀྱི་དབེན་ཙར་མཁའ་འགྲོ་མ་རྡོ་རྗེ་
བཟང་མོས་ནམ་གྱི་གང་ལ་གསུངས་པར་གདའོ་༔ ག་རུའི་དགོངས་པ་ལ་ད་བསྒོམ་
དགོས་སྙམ་ནས་༔ དགོན་པ་མཐའ་དག་འཁྱིམས་ནས་དགོན་པ་དེར་བརྟགས་ཏེ་བཞུག
གོ་༔ དེ་ནས་ཀྱུ་ཤུལ་གྱིས་རྫ་ལྷུང་མོར་ཡང་བཞུགས་ 40b སོ་༔ དེ་ནས་ངན་ལམ་
གྱི་དགོན་པ་ཅིག་ན་བཞུགས་ཙ་ན་༔ དཀྱིལ་འཁོར་ཞལ་ཕྱེ་ནས་ལོ་མཚམས་བཅད་ནས་
བཞུགས་པས་༔ གཏོར་མ་ལུད་པ་མར་མེ་རྒྱུན་མི་འཆད་པ་༔ སྤོས་རྒྱུན་མི་འཆད་
པ་༔ ཐམ་ཁྲི་ཞལ་བཞད་པ་༔ ཕུར་བུ་རྩེད་བྲོ་བྱེད་པ་ལ་སོགས་པ་རྟགས་བཟང་
པོ་ཡོད་པ་ལ་༔ ཞང་པོས་པའི་མི་ཤར་བྱུང་བུ་བྱས་ནས་མི་མང་པོ་བསད་ལ་༔ མས་

---

[1] B: གྱིན་ [2] B: གྱིས་ [3] B: རྙེད་

སློབ་དཔོན་ལ་དབེན་པའི་སྒོ་ཕུག་ནས༔ ཞང་པོ་ཀུན་གྱི་སྡིག་བཤགས་བྱ་དགོས་བྱས་
པས༔ སློབ་དཔོན་གྱིས་དེའི་སྡིག་བཤགས་ངས་མི་ཡོང་༔ མའི་ངག་ཡིན་གྱི་
མི་གཙོག་པར་ཞུ་བྱས་པས༔ ཕྱིས་མནོ་བསམ་བཏང་ནས་མའི་ངག་བཙད་ན་མི་རུང་
སྙམ༔ མ་རྨན་ཞང་པོ་ཀུན་ལ་ཡར་ཤོག་བྱས་པས༔ ཞང་པོ་ཀུན་ཁལ་ཁུར་མང་
པོ་བཀལ་ནས་བྱུང་ཙ་ན༔ གུ་རུ་ལ་དན་ཆོག་གི་སེལ་བྱུང་ནས༔ དཀྱིལ་འཁོར་
ཀུན་ཀྱང་སོག་སོག་པོར་གྱུར་དེ་གཏོར་མ་ལ་ཧམ་པ་ཆགས༔ ཞུན་མར་ཤི་ལ་ཁད༔
སྤོས་དུད་རྒྱུན་ཆད༔ ཁྲི་ཞལ་ཀུན་ཀྱང་ཅུ་ལ་ཁད༔ དེར་སློབ་དཔོན་བཀའ་ནས
ཞང་པོ་ཀུན་ལ་པན་མི་ཐོགས་པར་འདུག་གི༔ ཁྱོད་རང་ལོག་ལས་སོང་ཞིག་བྱས་
པས༔ འོ་ན་ངེད་རྣམས་དགྱལ་བར་ལྷུང་༔ ཚ་བོའི་བསྟན་པ་ལ་གནོད་ན་ངེད་ལོག་
པས་ཚོག་གི༔ ཀ་ཙ་ཀུན་ཀྱང་ཚོགས་དང་གཏོར་མའི་རྒྱུ་གྱིས་ཤིག་ཟེར་ནས་སོང་
ངོ༔ དེར་གུ་རུས་ཀ་ཙ་ཀུན་ནང་དུ་འཛུག་མ་འདོད༔ རྩ་བར་ཡོད་ཙ་ན༔ སྤྱིང་
མོ་ཆུང་ཤོས་བྱུང་ནས༔ ཨ་མ་ན་བས་ཨ་པོ་མར་བོས་ཤོག་ཟེར་བར་ཁྱོད་རང་ལོག་
ང་མི་ཡོང་བྱས་ནས་མ་ 41a ཕྱིན༔ འབྲིང་མོ་བྱུང་བས་ཀྱང་མ་ཕྱིན༔ ཆེན་མོ་བྱུང་
ནས་ང་འཆི་བར་འདུག་གོ་ཟེར་བར[1]༔ དེར་མི་འཆི་ལས་ཆེ་སྙམ་ནས་གཏོར་མ་བཏང་༔
དངོས་གྲུབ་བླངས་དཀྱིལ་འཁོར་བསྡུས་ནས༔ མར་ཕྱིན་ཙ་ན༔ ཨ་མ་ཁང་པའི་
རྒྱབ་ན་གྱུ[2] བྱ་འཛིན་གྱིན་གདའ་ནས༔ བྱ་བར་གཙོད་མ་བྱུང་ངམ་ཡར་ལོག་ཟེར་
བས༔ གུ་རུས་ཀྱང་ལན་མ་བླན་པར་ཡར་ཕྱིན་ཙ་ན༔ དགོན་པའི་ནང་ན་མི་རེང་
སྐྱ་བོ་བཞི་བྱུང་[3] ནས༔ གུ་རུའི་ཐུགས་ལ་མི་ཡ་གི་ཀུན་གྱིས་ཞང་པོའི་ཀ་ཙ་བྲེར་
ལས་ཆེ་སྙམ་ནས་ཕྱིན་ཙ་ན༔ མི་དེ་འཚུབ་ནག་ཆེན་པོ་ཞིག་ཏུ་སོང་༔ གུ་རུ་དེའི་
ནང་དུ་ཚུད་ནས་ཞབས་སྣད་སྤྱན་མདོངས་ནས་རྒྱ་མཚོའི་སློ་ལ་བོར་སྙམ་བྱེད་པ་ཅིག༔

---

[1] **B:** ནས་ [2] **B:** ཏྲུ་ [3] **A und B:** བྱས་

དེར་སྐང་བཤགས་མང་པོ་མཛད་པས༔ དམ་ཚིག་གི་ལྷ་མོ་པྲ་མོ་ཏ་བྱ་བ་ཞིག་བྱུང་ནས༔ མིང་པོ་ཁྱོད་རང་སྤྱོད་པ་ཇིངས་པས་ལན༔ བར་གཅོད་དུ་དེའུ་སོང་༔ ད་བཀྲ་ཤིས་པར་འོང་གི༔ ཁྱོད་རང་གི་རྩོལ་སྒྲུབ་ལ་རྟགས་པ་ཡིན༔ ད་གནས་འདི་བཀྲ་མི་ཤིས་པས་འདིར་མ་སྡོད[1]༔ ཙ་མཚམས་ཡ་གི་ན་ཀི་རམ་ཛ་མོ་བྱ་བ་ཡོད་ཀྱི་དེར་སོང་ཟེར་ནས༔ གཡོག་ནི་ལྡོང་ཁྲིས་བྱས་ནས་དེར་ལོ་གསུམ་བཞུགས་ཙ་ན༔ དབང་ཕྱུག་མ་ཉི་ཤུ་རྩ་བརྒྱད་བྱུང་ནས༔ ཕྱུག་གྱུང་འགྱེལ་བ་བཞིན་མཛད་དེ༔ གུ་ཙ་ད་འདིར་མ་བཞུགས་པར༔ ཡར་ཀླུངས་ན་ཙ་ར་ཆེ་ཆུང་བྱ་བ་ཡོད་པས༔ དེ་ཙ་གཤེགས་ཟེར་བར་བྱོན་ནས་བཞུགས་པ་ལ༔ ཆེ་བར་བཞུགས་ཆུ[2]་དུར་སྐྱོ་སངས་མཛད་པ་ལ༔ ནམ་ཅིག་སྣ་ནམ་ལྡོང་ཁྲི་ 41b ཆུ་འཆུར་ཕྱིན་ཙ་ན༔ གུ་ཙའི་རྩ་ན་མི་དཀར་པོ་ཐོད་དཀར་པོ་བཅིངས་ཤིང་ལག་ན་བ་དན་དཀར་པོ་ཐོགས་པ་ཅིག་ན་རེ་༔ གཉན་ཨཱ་ཙ་ཙ་དཔལ་དབྱངས་བྱ་བ་ཁྱོད་ཀྱིས་འགྲོ་བ་མི་ཐུལ་གྱི༔ དགའ་ལྡན་ལྷའི་གནས་སུ་སྟོན་པ་ལ་གཤེགས་ཟེར་ནས་འདུག་སྐད༔ སྣ་ནམ་ལྡོང་ཁྲིས་ཆེད་དུ་མ་གཟུང་ཙ་ན༔ ཞག་གསུམ་གྱི་ནང་པར་ནམ་མཁའ་ནས་མར་ལ༔ གསེར་གྱི་སྐས་ཀ་ཅིག་བྱུང་༔ སྒྲ་དང་རོལ་མོ་དང་༔ མཆོད་པའི་བྱེ་བྲག་མང་པོས་བསུས་ནས༔ གུ་ཙས་སྐས་ལ་འཛེགས་ནས་གཤེགས་པ་ལ་སྣ་ནམ་ལྡོང་ཁྲི་ལ་ནི[3]་བསམ་པ་མང་པོ་བཏོག་ནས་གུ་ཙ་ཐུགས་རྗེ་རེ་ཆུང་ན་ཞུས་པས༔ ཀླུ་བོ་ལ་ཤ་ཚ་སློབ་པའི་ཚུལ་དུ༔ གུ་ཙས་སྣ་ནམ་ལྡོང་ཁྲིའི་དོན་ཞུ་ལན་སྒྲོན་མ་བཙམས་སོ༔ གུ་ཙ་དགའ་ལྡན་ལྷའི་ཡུལ་དུ་སྟོན་པ་མཛད་དོ༔ ལེའུ་ཉེར་གཅིག་པའོ༔

---

[1] B: བསྡད [2] B: ཆུང [3] B: ནི་མ་བསམ

22. Kapitel.

༔ ཕོ་གྱོང་བཟའ་རྒྱལ་མོ་བཙུན་ལ་གསུངས་པ་༔ ཨོ་རྒྱན་པདྨ་འབྱུང་གནས་ངས་༔ ཟག་བཅས་མཐོང་ཤེས་ཉི་ཤུ་ལྔ་༔ དམྱལ་བ་ཡི་དྭགས་དུད་འགྲོ་དང་༔ ལྷ་མ་ཡིན་དང་གླིང་བཞིའི་མི་༔ རྒྱལ་ཆེན་བཞི་དང་སུམ་ཅུ་རྩ་གསུམ་དང་༔ འཐབ་བྲལ་དགའ་དང་དགའ་ལྡན་འཕྲུལ་དགའ་དང་༔ གཞན་འཕྲུལ་དབང་བྱེད་བསམ་གཏན་བཞི་༔ སྐྱེ་མཆེད་མུ་བཞི་དང་ནི་ཉེར་ལྡོའ་༔ སྐྱེ་གནས་ཟག་པ་བཅས་པ་ང་ཡིས་ཤེས་༔ ཁམས་ཀྱི་ཟག་པ་བཅས་པ་ང་ཡིས་ཤེས་༔ སྲིད་པའི་ཟག་པ་བཅས་པ་ང་ཡིས་ཤེས་༔ མ་ 42a རིག་ཟག་པ་བཅས་པ་ང་ཡིས་ཤེས་༔ ལྟ་བའི་ཟས་པ་བཅས་པ་ང་ཡིས་ཤེས་༔

སྟོད་མངའ་རིས་བསྐོར་[1]་གསུམ་རྒྱལ་པོ་གང་བྱུང་ནི་༔ ད་ནི་ཧོ་ནུབ་སྲིན་ཡུལ་ཕྱིན་འོག་ཏུ་༔ ལོ་ནི་བརྒྱད་བརྒྱ་བདུན་ཅུ་ནས་༔ ས་ཏོར་ཁྲིམས་འཇིག་རྒྱུབ་འགྱུར་ཡང་ཡང་འབྱུང་༔ རྒྱལ་པོ་སྟག་གི་ལོ་པ་ལྷ་འབྱུང་སྟེ་༔ ཡར་ཀླུངས་ནང་ནས་ལྷུགས་པོ་སྟག་ལོ་པ་༔ མངའ་རིས་བསྐོར་[1]་གསུམ་ལྷུགས་པོ་སྟག་ལོ་པ་༔ ཤར་གྱི་ཕྱོགས་ནས་རྒྱ་ནག་ཀ་ཤི་ཀ་༔ མེ་པོ་སྟག་གི་ལོ་པ་ནམ་མཁའི་མིང་༔ ཏོར་རྒྱལ་བྲམ་ཟེ་ཟླ་གསལ་འཛོམས་༔ རྒྱལ་བརྒྱུད་སྐད་གདངས་སིལ་ཆད་གཉིས་སུ་འགྱུར་༔ སྐད་གདངས་དུད་འགྲོའི་མིང་ཅན་གཉིས་གཉིས་ལོན་༔ མེ་པོ་ཏ་ཡི་ལོ་ལ་ར་སར་ནི་༔ འདས་པ་ཡན་ཆད་གདུང་རབས་ཉི་ཤུ་རྩ་གཉིས་སོ་༔ གནམ་ལྡེ་འོད་སྲུངས་མན་ཆད་སིལ་བུར་ཆད་༔ ལྷ་འདྲེ་ཁེངས་ལོག་སེམས་ཅན་བསོད་ནམས་ཟད་༔ གནམ་ལྡེ་ཁྲི་ལྡེ་ཅན་ལ་མི་འཆམ་འཁྲུག་༔ གདུང་སིལ་ཞུགས་པས་མི་བདེ་རླུང་ཚུབ་ལྡང་༔ གཉིས་ཀ་ཡབ་གྲོངས་རྡིང་ལ་སྐྱེས་པས་ལན་༔ གནམ་ལྡེ་མར་

[1] B: སྐོར་

མིའི་འོད་ཀྱིས་བསྲུང་བ་འབྱུང་༔ དབུ་གཡོར་གཉིས་ཆད་འཁྲུག་པ་ཆེན་པོ་འབྱུང་༔
འོད་སྲུངས་གདུང་བརྒྱུད་མངའ་རིས་སྟོད་དུ་འབྲོས་༔ མགོན་གསུམ་སྟོད་དུ་གྲགས་
པའི་བཀྲ་ཤིས་མགོན་༔ གདུང་བརྒྱུད་ཡབ་སྲས་གསུམ་པོ་རབ་དུ་འབྱུང་༔ རྒྱ་བོད་
42b ལོ་པཎ་[1]བསྟན་པ་གསོ་བ་འབྱུང་༔ བོད་ཁམས་ས་ཏོར་ཁྲིམས་སྒྲིལ་ཟེར་ལ་
བདག་བྱེད་འབྱུང་༔ ས་ཏོར་དམག་ཁ་ནང་དུ་སྟོན་པ་འབྱུང་༔ ཀློ་ཡི་དོམ་སྒྲོ་ནག་
པོ་ཁ་བྱེ་འཁྲུག་༔

༔ལོ་གང་ལ་ཡོད་[2]པ་ནི་༔ ཀློ་མོན་ཟད་པའི་རྒྱ་གར་ཕོ་མོ་ལྕགས་ཕོ་སྟག་ལོ་
པ་༔ ཧྲུ་ལ་ཧུ་ཡིས་བསྟན་པ་གཏོར་བ་འབྱུང་༔ ཀོང་ཡུལ་ཆ་གར་སེ་ཕོ་མོ་སྟག་༔
ཏོར་གྱི་རྒྱལ་པོ་བོད་དམག་ གདུང་བརྒྱུད་དུ་༔ རྒྱ་གར་བྲམ་ཟེ་སླུ་གསལ་སྐྱེ་བ་
བཞེས་[3]༔ བསྟན་ལོ་གང་ཙི་བ་ནི་༔ སངས་རྒྱས་བསྟན་པ་ལྔ་བརྒྱ་ཕྲག་བདུན་
རྫེས་༔ ལྔ་བརྒྱ་ཕྲག་གསུམ་ལྷགས་མོ་སྤྲུལ་ནས་ནི༔ མཁའ་ལ་གནམ་ལྕགས་སྒྲ་
ཆེན་བསྒྲགས་༔

༔ས་ཏོར་བསྟན་པ་མཆན་མོར་འགྱུར་༔ མཚན་མོ་ཨེ་སྐད་ཟེར་བ་ནི་༔

༔སྔོན་འདས་དུས་ན་རྒྱ་གར་དུ་༔ སངས་རྒྱས་གཏྨ་དག་གི་འགྲམ་དུ་༔ མཉན་
པས་གྱུ་གཏོང་མ་འདོད་དེ་༔ གཙུ་[4]ད་མ་གྱུ་བཙས་གཞོམས་ཤིག་ཟེར་༔ ང་ལ་གྱུ་
བཙས་མེད་ཅེས་ནམ་མཁའ་ལ་༔ ཀློ་ཡི་ཕྱོགས་ནས་བྱང་གི་ཕྱོགས་ལ་གཤེགས་༔
མཉན་པས་མཐོང་ནས་འགྱོད་པ་དྲག་པོ་སྐྱེས་༔ སྤྱིན་གནས་དེ་ལྟ་བུ་བདག་གིས་མ་
བསྒྲལ་སྙམ་༔ ཞིན་དུ་རབ་དུ་འགྱོད་དེ་ས་ལ་འགྲེལ་༔ ཚུང་མས་མིང་ནས་བོས་
ད་མགོ་ནས་བདེག་༔ བུ་ལྟ་ཀུ་མ་ཡར་ལ་ལོངས་༔ བརྒྱལ་སངས་དྲན་པ་བརྙེད་[5]
ནས་སུ་༔ རྒྱལ་པོ་གཟུགས་ཅན་སྙིང་པོའི་མདུན་དུ་ཕྱིན་༔ རབ་དུ་བྱུང་བ་ཐམས་

[1] B: པན་ [2] B: འོང་བ་ [3] B: བཞེས་ [4] B: གཙྭུ་ [5] B: རྙེད་

ཅད་ལས་༔ གྲུ་བཅས་མི་འདོད་པའི་ 43a དམ་བཅས་༔ མཉན་པ་ཚེ་ཡི་དུས་བྱས་ནས་༔ ལྷ་དབང་བརྒྱ་བྱིན་བུ་རུ་སྐྱེས་༔ འཆི་ལྟས་རྣམ་པ་ལྔ་བྱུང་ནས་༔ སྡུག་བསྔལ་སྨྲེ་སྔགས་འདོན་པ་ལ་༔ ལྷ་ཡི་དབང་པོ་བརྒྱ་བྱིན་དྲིས་༔ བུ་ཁྱོད་སྨྲེ་སྔགས་ཅི་ལ་འདོན་༔ བདག་ནི་ལྷ་ཡི་བདེ་བ་དང་བྲལ་ནས་༔ ཕག་མོའི་མངལ་དུ་སྐྱེ་བར་འགྱུར་༔ མི་དགེ་སྤྱོད་པས་དེ་ལ་སྨྲེ་སྔགས་འདོན་༔ ལྷ་དབང་བརྒྱ་བྱིན་བཀའ་སྩལ་པ་༔ དཀོན་ཅོག་གསུམ་ལ་སྐྱབས་འགྲོ་བ་༔ དེ་ནི་ངན་སོང་མི་འགྲོ་སྟེ་༔ ལྷ་ཡི་ལུས་འདི་སྤངས་ནས་ཀྱང་༔ ལྷ་ལུས་ཉིད་ནི་ཐོབ་པར་འགྱུར་༔ དེ་ནས་ལྷའི་བུས་སྐྱབས་འགྲོ་བྱས་༔ ངན་སོང་ཐར་ནས་དགའ་ལྡན་ལྷ་ཡུལ་སྐྱེས་༔ ལྷ་ཡི་བུའི་མངོན་པར་ཤེས་པ་ཡིས་༔ རྒྱལ་པོ་མི་[1]བྱིན་མཐའ་ཁོབ་རྒྱལ་པོར་སྐྱེས་པར་ཤེས་༔ དེ་ཡི་བུ་རུ་བདག་ནི་སྐྱེ་བར་འགྱུར་༔ མི་བདེ་བ་ཡིས་[2]སྨྲེ་སྔགས་འདོན་པར་འགྱུར་༔ ལྷ་ཡི་དབང་པོ་བརྒྱ་བྱིན་ལུས་བཟང་པོ་༔ མིག་སྟོང་དང་ལྡན་པས་གཟིགས་ཏེ་༔ མཐོ་རིས་སྐྱེ་བར་འདོད་དམ་༔ ཚེ་རིང་ཡུན་དུ་གནས་པར་འདོད་དམ་༔ ཉི་ཟླ་གཉིས་ལ་དབང་པའི་[3]བདག་པོར་འདོད་དམ་༔ འཛིག་རྟེན་པའི་རྒྱལ་པོར་འདོད་དམ་༔ དེ་ལ་སོགས་པ་ནི་བདག་གིས་སྦྱིར་བར་ནུས་༔ ཁམས་གསུམ་མཆོག་ལས་འདས་པ་ནི་མ་ཡིན་ནོ་༔ སྨོན་ལམ་གང་བདབ་འགྲུབ་པར་སྨོན་ལམ་ཐོབ་༔ ཅེས་སྨྲས་སོ་༔ ལྷའི་བུས་རྫུ་འཕྲུལ་སྟོབས་དང་ལྡན་པས་༔ སངས་ 43b རྒྱས་ཀྱི་བསྟན་པ་ལ་བཀུར་སྟི་བྱེད་པ་༔ ཆོས་ཀྱི་རྒྱལ་པོར་སྨོན་ལམ་བཏབ་༔ ལས་གང་བྱེད་པ་ནི་བཙོམ་ལྡན་འདས་ལ་གུས་བཏང་བའི་སྨོན་ལམ་འབྱུང་༔ མ་འོངས་བསྟན་ཞབས་ལྔ་བརྒྱ་ཐྲག་གསུམ་ན་༔ མེ་མོ་ཕག་གླང་བཀྲ་མི་ཤེས་པ་འབྱུང་༔ རྒྱ་བོད་ཧོར་སྟོད་ཧོར་སྨད་འཐུང་[4]དུས་ན་༔ ཞེ་སྣང་ལས་གྱུར་དམག་འཁྲུག་དང་༔ འདོད་ཆགས་ལས་གྱུར་མུ་གེ་དང་༔ གཏི་མུག

[1] B: མེས [2] B: ཡི [3] B: བའི [4] B: ཐུང

ལས་གྱུར་ནད་ཡམས་དང་༔ སེམས་ཅན་མི་སྐྱིད་སྡུག་པའི་དུས་གཅིག་འབྱུང་༔ བོད་ཡུལ་ལོ་ཧི་ཏ་ཡི་འགྲམ་༔ ཡར་ཀླུངས་ནང་ནས་ནམ་སྨིན་བསྐྱེད་པ་འབྱུང་༔ ལྷ་དབང་བརྒྱ་བྱིན་ལུང་བསྟན་ནས་༔ སྤྲུལ་པའི་རྒྱལ་པོ་མིག་གསུམ་ལག་པ་བཞི་༔ ལྷོ་གཉིས་གཞུ་འདོམ་བཅོ་བརྒྱད་མཐོ་བཅུ་པ་༔ ཞུབ་ཅན་འབུམ་གྱིས་བསྐོར་བ་འབྱུང་༔ མི་སྲིད་སྲིད་པའི་ལྟུགས་སྨི་ཅན་༔ འཁོར་དུ་རོ་ལངས་བདུན་གྱིས་བསྐོར་༔ རྒྱལ་པོ་དེ་ཉིད་གྲོངས་ནས་སུ་༔ ཧོར་སྤྲུས་བྱིང་གི་ལུས་སུ་སྐྱེ་༔ དེ་ལ་བུ་ནི་དད་པ་ཅན་གཅིག་དང་༔ དད་པ་མེད་པ་གཉིས་འབྱུང་སྟེ་༔ རྒྱལ་སྲིད་ལ་ནི་མི་འཆམ་པར་༔ ཞང་བློན་རྣམས་ནི་འཁྲུགས་ནས་སུ་༔ དགེ་འདུན་རྣམས་ནི་གསོད་པར་འགྱུར་༔ བླ་མཆོད་རྣམས་ནི་ཆུ་ལ་བསྐྱུར་༔ མི་ལུས་སེམས་ཅན་སྣ་ཚོགས་མགོ་བོ་ཅན་༔ ཤ་ཟ་ཁྲག་འཐུང་རྟུང་རེག་བྱེད་པ་ནི་༔ ཉིས་མེད་སེམས་ཅན་མང་པོ་སྙིང་རེ་རྗེ་༔ གནམ་ལ་འཕུར་རྒྱ་ས་ལ་འཛུལ་རྒྱ་དང་༔ བར་ན་འགྲིམ་རྒྱ་སེམས་ཅན་དལ་དུ་མེད་༔ མཐོ་བའི་མཁར་ 44 a རྣམས་འབེབས་སུ་འོང་༔ བཙན་པའི་རྫོང་རྣམས་འཇིག་ཏུ་འོང་༔ དམའ་བའི་ཡུལ་རྣམས་འཕྲོག་ཏུ་འོང་༔ ནོར་ཕྱུགས་གཞན་དུ་གཅོད་དུ་འོང་༔ མི་ཧ་མང་པོ་གྲི་ཙ་གསོད་དུ་འོང་༔ དེ་ཡི་ཀློག་ཐབས་གྲ་ནུབ་ཡར་ཆེན་དུ་༔ ཆོས་བདག་སྐྱེས་པའི་ཡུལ་དུ་འདི་ལྟར་བྱ་༔ ངས་ལུང་བསྟན་པ་བྱང་མིང་གནམ་སའི་བདག་༔ ཁྲི་སྲོང་ལྡེའུ་བཙན་འཕྲིན་ལས་སྤྲུལ་པ་དེ་༔ ཇི་བཞིན་འདྲ་བ་ལྡེ་གུ་ལྷ་བཞེངས་ནས་༔ རྣམ་ཐར་གྱང་རིས་དག་ལ་བྲི་བར་བྱའོ་༔ ཤེལ་གྱི་མཆོད་རྟེན་དབུ་གསུམ་གཅིག་ཀྱང་བཞེངས་༔ མར་མེ་སྤོས་དང་མེ་ཏོག་རྫི་དང་སྨན་༔ ཡོན་ཆབ་ཞལ་ཟས་སྣ་ཚོགས་མཆོད་པས་མཆོད་༔ སྦྱིན་བདག་ཉིད་ནི་མངའ་རིས་རྒྱལ་པོ་དང་༔ རྒྱ་ནག་རྒྱལ་པོར་རིག་པར་བྱའོ་༔

༔འདས་པ་ཅི་ཙམ་འབྱུང་བ་ནི་༔ ལྷ་དབང་བརྒྱ་བྱིན་གྱི་བུ་དགེ་གནས་གཙང་

མ་ལུས་རིགས་བདུན་བརྒྱུད་དུ་མི་ལུས་བླངས་པ་༔ སྟོད་མངའ་རིས་གུ་གེ་པུ་རངས་སུ་འབྱུང་༔ མཚན་ནི་རཏྣ་ཀཱིརྟི་ལྷེ་བཙན་ཞེས་བྱའོ་༔ ལོ་ནི་ལྕགས་ཕོ་སྟག་གི་ལོ་པ་འབྱུང་༔ དཔུང་པ་གཉིས་སུ་སྨེ་བ་ལྷའི་མིག་འདྲ་༔ འདི་ཡི་གདུང་བརྒྱུད་འཛིན་པའི་བཙུན་མོ་ནི་༔ ལྷ་མོ་པུཎྜ་རི་ཀ་ཆེ་འཕོས་པ་༔ ཁ་ཆེ་དགེ་འདུན་བཟང་པོ་ངར་[1] ཐང་དུ་གུམ་༔ ས་ཕོ་སྤྲེའུ་[2]ལོ་ལ་མི་ལུས་བླངས་༔ སྒྲོལ་མའི་སྤྲུལ་པ་ཁྲི་རྒྱན་ཞེས་བྱའོ་༔ དེ་ལས་ཕུན་སུམ་ཚོགས་པ་ལྷེ་བཙན་ཞེས་བྱ་བ་༔ འོད་གྲགས་ལྷ་ཁྲི་བཙན་པ་མཆེད་གཉིས་འབྱུང་༔ དེ་གཉིས་སངས་རྒྱས་དང་བྱང་ 44b ཆུབ་སེམས་དཔའ་སྟེ་༔ བསྟན་པ་ལ་ཕན་པའི་བྱ་བ་བྱེད་དོ་༔ ཡབ་ནི་འཇམ་དཔལ་སྤྲུལ་པར་རིག་གོ་༔ སྲས་ཆེ་བ་མེ་ཕོ་སྟག་ལོ་པ་༔ སྤྱན་རས་གཟིགས་ཀྱི་སྤྲུལ་པར་རིག་༔ ཆུང་བ་ནི་རྟའི་ལོ་པ་འོང་༔ ཕྱག་ན་རྡོ་རྗེའི་སྤྲུལ་པར་རིག་༔ འདི་ལ་བཙུན་མོ་བཞི་འབྱུང་ངོ་༔ གླང་ལུག་ཁྱི་འབྲུག་གི་ལོ་པ་འབྱུང་ངོ་༔ བསམ་ཡས་དབུ་རྩེ་དང་༔ ཡར་ཆེན་ལྷ་ཁང་ལ་གསེར་ཐོག་དང་གཡུ་ཐོག་འགེལ་[3]བར་འགྱུར་རོ་༔ པུ་རངས་གསེར་ཁའི་གསེར་ཕུད་ཞབས་ཏོག་བྱེད་༔ རྒྱལ་པོའི་བྱ་བ་རྣམ་བཞི་བྱེད་དེ་༔ ང་ཡི་སྐུ་གཟུགས་ཆེན་མོ་བཞེངས་༔ ངས་བརྩམས་ཆོས་རྣམས་དར་དུ་འཇུག་༔ འདི་ཡི་བླ་མ་ལུང་དུ་བསྟན་པ་ནི་༔ སྐྱོན་མེད་ཡོན་ཏན་ཚང་བའི་བཀའ་དང་ལུང་༔ མཆོག་རབ་པ་ཞེས་གྲགས་པ་འབྱུང་བར་རིག་༔ མཉན་པ་གྲུ་གཏོང་མ་འདོད་ཆུང་མ་དེ་༔ མདོ་ཁམས་རྒྱལ་པོ་སྣ་མཚར་ཞེས་བྱར་སྐྱེ་༔ མཆོད་གནས་བདུན་བརྒྱ་རྒྱལ་སྲིད་མངའ་ཐང་ཆེ་༔ དེ་བཞག་ཉིང་ལ་ཐར་པའི་འབྲས་བུ་ཐོབ་༔ རྣམ་གསུམ་བློ་དང་ལྡན་པ་རིགས་ཀྱི་བུ་༔ དགུང་ལོ་གསུམ་ན་ཤེས་རབ་ཚད་དུ་ཕྱིན་༔ སེང་ཧའི་[4]མིང་ཅན་སློབ་སྐྱེས་པ་འབྱུང་༔ མཉེས་པར་བྱས་རྐྱེན་དེ་ལས་དགེ་སྡིག་འབྱེད་ཤེས་པ་༔ རྣམ་པར་སྨིན་པ་བྲ་མོ་ལ་

---

[1] B: ངར་ [2] B: སྤྲེའུའི་ [3] B: འགྲེལ་ [4] B: སེཏྟའི་

འཛོམ་པ་༔ རྣམ་པར་གནག་པའི་ལས་མི་བྱེད་པ་༔ རྣམ་པར་དཀར་བའི་ལས་བྱེད་པ་༔ མི་དགེ་བཅུ་སྤངས་དགེ་བཅུ་སྤྱོད་དོ་༔ ཞང་བློན་འབངས་དང་བཅས་པ་དེའི་རྗེས་སུ་ཞུགས་པས་༔ རྒྱལ་པོ་དད་པ་མེད་པ་དེ་རྨི་ལམ་ནཉི་ཟླ་ནག་པོ་ཐང་ལ་ལྷུང་བ་དང་༔ རི་ 45a ཀླུངས་འོད་ཀྱིས་ཁེངས་པ་དང་༔ རོལ་མོའི་སྒྲ་དང་༔ ས་གཡོ་བ་ཆེན་པོ་འབྱུང་༔ མོ་ཕྲ་རྩེས་ཧྲུ་ཐིག་གཙུག་ལག་དཔྱད་ལ་སོགས་པ་བྱེད་པར་འགྱུར་རོ་༔ ཀྱེ་མ་ཀྱི་ཧུད་དགོངས་པ་ངན་པ་འབྱུང་སྲིད་༔ ཕྱུ་ནས་བྲག་[1] རལ་མདའ་རྟ་མཆོ་འཁྲུག་༔ བར་དུ་མི་བདེ་བའི་འཚུབ་མ་ལྷང་ངོ་༔ སྟོད་སྨད་དམག་གིས་ཁྲིད་ནས་གཉིས་ཕམ་པར་འགྱུར་༔ མིའི་ནང་ནས་མཆོག་ཏུ་གྱུར་པ་༔ སྐུ་ཆེ་ལ་བར་ཆོད་བྱུང་དོགས་ཡོད་པས་ཟབ་[2] པ་གལ་ཆེ་༔ སངས་རྒྱས་བསྟན་པ་ཡུན་རིང་དུ་གནས་པར་བྱ་བ་དང་༔ དམ་པའི་ཆོས་མི་ནུབ་པར་བྱ་བ་དང་༔ སེམས་ཅན་ཐམས་ཅད་ངན་སོང་ནས་དྲང་པའི་[3] ཕྱིར་༔ སྔོན་གྱི་ལས་མི་བདེན་ཟེར་བ་དང་༔ འཕྲུལ་གྱི་རྒྱེན་མི་བདེན་ཟེར་བ་དང་༔ འཕགས་པའི་ཐུགས་རྗེ་མི་བདེན་ཟེར་བ་དང་༔ ཨོྱན་པདྨའི་གཏེར་མ་མི་བདེན་ཟེར་བ་དང་༔ ངའི་ཆོས་བརྒྱུད་འཛིན་པ་ལ་ཡིད་ཆེས་པར་བྱ་བའི་ཕྱིར་༔ ལུང་དུ་བསྟན་པ་གསུངས་པའོ་༔

༔དེ་ནས་དཔེ་[4] དཀར་རྒྱལ་པོས་ཞུས་པ་༔ སེམས་ཅན་ནམ་མཁའི་མཐའ་དང་མཉམ་པ་ལ་༔ འཇིག་རྟེན་ལས་ལ་གྲུབ་པའི་བདེ་སྡུག་གཉིས་༔ སྔོན་གྱི་སྨོན་ལམ་སྟོབས་ཀྱིས་བྱུང་ཚུལ་གསུང་བར་ཞུ་༔ ཤཱཀྱ་ཐུབ་པའི་ཞིང་ཁམས་མི་མཇེད་འདིར་༔ གང་ལ་གང་འདུལ་དེ་ལ་དེ་འདུལ་དུ་༔ འགྲོ་དོན་ཟད་པ་མེད་པ་ཡི་[5]༔ རྒྱལ་སྲིད་ཆོས་སྲིད་ཅི་ཙམ་འབྱུང་༔ ཞེས་ཞུས་པས་༔

---

[1] A: ཁྲག་ [2] B: གཟབ་ [3] B: བའི་ [4] B: པེ་ [5] B: མེད་པར་བྱེད་པ་ཡི་

ཨོྱན་པདྨས་བཀའ་སྩལ་པ་༔ ཉོན་ཅིག་དཔེ་[1] དཀར་རྒྱལ་པོ་ཁྱོད་༔ མ་འོངས་གདུག་པ་ཅན་[45b] གྱི་གླིང་རྣམས་འབྱུང་༔ ཤར་ནི་ཤ་ཟ་གདུག་པ་ཅན་གྱི་གླིང་༔ ཟས་སུ་མི་ཤ་ཟ་བ་འབྱུང་༔ སྐོམ་དུ་མི་ཁྲག་འཐུང་བ་འབྱུང་༔ ལས་སུ་དམག་ལས་བྱེད་པ་འབྱུང་༔ ལྷོ་ནི་ཆོས་ཀུན་གདུག་པ་ཅན་གྱི་གླིང་༔ ལ་རྐུབ་འཕྲེད་རྐུབ་ཡུལ་ཡང་རྐུབ་༔ ཀུན་ཛག་ཨར་སྦྱང་[2] སྐར་ཚོགས་ཙམ་༔ སྐྱིགས་མེད་ཁྲུ་ཡིས་འཚོ་བ་འབྱུང་༔ ནུབ་ནི་དམེ་རུམ་གདུག་པ་ཅན་གྱི་གླིང་༔ དེ་བསྒྲུབ་པའི་གནས་མ་ཡིན་༔ སྡིག་པ་རྣམ་སྨིན་མི་འཛེམ་དང་༔ བྱང་ནི་བསམ་པ་རྣམ་པར་མ་དག་གདུག་པ་ཅན་གྱི་གླིང་༔ ཉན་པ་དང་༔ བསམ་པ་དང་༔ མགོ་འཚོ་[3]བ་དང་༔ ཞིང་ཆུ་སྐྱེས་ཀྱི་འདབས་[4] བཞིན་དུ་འགུལ་ལོ་༔ དབུས་སུ་མི་སྐྱིད་གདུག་པ་ཅན་གྱི་གླིང་༔ དམག་སྟོང་དང་བཅས་༔ གནོད་སྦྱིན་དང་༔ སྲིན་པོ་དང་༔ ནག་པོ་ཆེན་པོ་༔ བགེགས་དང་ལོག་འདྲེན་བར་དུ་གཅོད་པ་ཐམས་ཅད་འབྱུང་ངོ་༔ སངས་རྒྱས་བསྟན་པ་ནི་ཉམས་༔ སེམས་ཅན་བདེ་སྐྱིད་ནི་ཟད་༔ ཆར་ཆུ་དུས་སུ་མི་འབབ་༔ ས་ལ་སྐྱེས་ཚོད་བསྐམས་༔ མི་ནད་དང་ཕྱུགས་ནད་དང་༔ དམག་འཁྲུག་སྣ་གེ་ནི་འབྱུང་༔ མི་དགེ་མི་ཡིས་བྱས་པས་དུས་ངན་འབྱུང་བར་འགྱུར་རོ་༔ རྒྱལ་སྲིད་ཆོས་སྲིད་ཇི་ཙམ་འབྱུང་༔ ངས་ལུང་བསྟན་པ་བཞིན་དུ་༔ སྤོབས་པ་མི་ཟད་པར་བྱེད་པ་༔ ཡེ་ཤེས་ཕུང་པོ་རྣམ་པར་དག་པ་༔ བྱམས་པ་ཆེན་པོ་དང་ལྡན་པ་༔ སྙིང་རྗེ་ཆེན་པོ་དང་ལྡན་པ་༔ སུམ་ཅུ་རྩ་གསུམ་གྱི་ལྷའི་བུ་དག་འདུ་བ་༔ ལྷའི་བུ་ཆེན་པོ་བཞིས་ཀྱང་ཕྱོགས་བཞི་བསྲུང་བ་༔ རྒྱ་[46a] མཚོར་མཆིས་པའི་ཀླུའི་རྒྱལ་པོ་མ་དྲོས་པ་དང་༔ དགའ་བོ་དང་༔ འཇོག་པོ་དང་༔ མཐའ་ཡས་ལ་སོགས་པའི་ཀླུ་བྱེ་བ་ཁྲག་ཁྲིག་དུ་མས་ཡོངས་སུ་བསྲུང་[5] བར་བྱེད་པ་༔ ས་བླའི་གནོད་སྦྱིན་དག་

[1] B: པེ་ [2] B: ཨ་ར་སྦྱང་ [3] B: འཚོ་ [4] B: འདབ་མ་ [5] B: སྲུང་

གིས་བླ་གབ་བྱེད་པ་༔ ལུས་རིས་མི་ལུས་བླངས་པ་༔ ག་[1]གེ་ཕུ་རངས་མང་ཡུལ་
ད་༔ ནཱ་ཛ་ཀྲི་ཏྲེ་བཙན་ཞེས་བྱ་བ་༔ ཐུགས་པོ་སྟག་གི་ལོ་པ་ཅིག་འབྱུང་༔ དེ་ལ་
ཕུན་སུམ་ཚོགས་པ་ཏྲེ་བཙན་ཞེས་བྱ་བ་གཅིག་འབྱུང་༔ དེ་གཉིས་ཀྱི་རིང་ལ་སངས་
རྒྱས་དང་བྱང་ཆུབ་སེམས་དཔའི་བྱ་བ་བྱེད་པ་༔ ཡབ་འཇམ་དཔལ་གྱི་སྤྲུལ་པ་༔
སྲས་སྤྱན་རས་གཟིགས་ཀྱི་སྤྲུལ་པ་༔ འདི་ནི་ལུང་དུ་བསྟན་པ་མང་དུ་བཤད་མི་དགོས་
ཏེ་༔ སྐྱེས་པ་དང་བུད་མེད་༔ ཁྱིའུ་དང་བུ་མོ་ལ་སོགས་པ་༔ རི་དྭགས་དང་གཅན་
གཟན་༔ འདབ་ཆགས་༔ བ་གླང་༔ བོང་བུ་ལ་སོགས་པ་ཐམས་ཅད་བདེའོ་༔ རྣལ་
འབྱོར་པ་བསམ་གྱིས་མི་ཁྱབ་པ་དང་༔ བསམ་གཏན་པ་དཔག་ཏུ་མེད་པ་དང་༔ ཆོས་
ཀྱི་མཛོད་ཡོངས་སུ་འཛིན་པ་༔ སེམས་ཅན་ཐར་པ་ལ་འཛུག་པ་༔ ཆོས་ཀྱི་རོ་ལ་སྤྱོད་
པ་༔ འདོད་ཆགས་ཞེ་སྡང་གཏི་མུག་གིས་མ་གོས་པ་༔ འདི་ལྷ་བུའི་མཛད་སྤྱོད་ནི་༔
བཤད་མི་འཚལ་གྱི་གསུངས་༔ ཧ་ཞལ་ཞེས་བྱ་བ་ཉིད་དུ་༔ སྟོན་དུ་བྲམ་ཟེའི་བུ་མོ་ཙ་
མི་ཡིས་༔ བཅོམ་ལྡན་འདས་ཀྱི་ཆོས་ཀྱི་ཁྲི་ཡི་རྩར་༔ བུ་ཆུང་བསྐུལ་ཏེ་དེ་ནི་སྐྱེས་པར་
བརྩམས་༔ བྲམ་[46b] ཟེས་འདི་ནི་ཁྱོད་ཀྱི་ཡིན་ནོ་བསྐོན་༔ ངན་སོང་རྣམ་སྨིན་བཤད་
ན་སྐྱི་ཤ་འབུད་[2]༔ དེ་ནས་བསམ་ཡས་སྒྲ་སྒྱུར་གླིང་ཉིད་དུ་༔ མུ་སྟེགས་ཀྱིས་ནི་ཀཱ་མ་
ཤཱི་[3]ལ་བཀྲོངས་༔ མ་འོངས་སྡུག་བསྔལ་གཅོད་པའི་རྒྱལ་པོ་ནི་༔ ནམ་མཁའི་མིང་
ཅན་བྱ་བ་གཉིས་སུ་འབྱུང་༔ གཅིག་ནི་ཀཱ་མ་ཤཱི་ལར་རིག་པར་བྱ་༔ དེས་ནི་ང་ཡི་
བསྟན་པ་སྤེལ་༔ ཆོས་བཅུ་ལ་ནི་མཆོད་པ་བྱེད་༔ གཅིག་ནི་མུ་སྟེགས་སྐྱེ་བ་སྟེ་༔ དེས་
ནི་ང་ཡི་བསྟན་པ་སྣུབ་༔ གཏེར་ཆོས་ལོག་པར་ལྷ་[4]བརྒྱད་སྒྲོམ་༔ ཟང་ལོང་ཟིང་ལོང་
ཚབ་ཚུབ་འགེངས་༔ ཕག་རི་མཁར་ཞེས་བྱ་བ་ཉིད་དུ་༔ དགེ་སློང་ཀོ་ཀ་ལི་ཞེས་བྱ་བ་༔
སྐྱེ་བ་བརྒྱའི་ཐ་ངའི་ཆོས་ཀྱི་བསྟན་པ་འཛིན་སྐྱོང་སྤེལ་གསུམ་བྱེད་པ་༔ བསམ་གཏན་

[1] A: ཙུ་ [2] A: སྦུད་ [3] B: ཤཱི་ [4] B: ལུ་

ཕོ་མོ་ལྷ་བརྒྱུས་བསྐོར་བ་༔ འཕྲུལ་ཞིག་ཆེན་པོ་ཞེས་བྱ་བ་འབྱུང་ངོ་༔ ཞེས་གསུངས་སོ་༔

༔འདི་འདྲའི་དུས་སུ་སྐྱེ་བ་སྐམ་༔ བསོད་ནམས་མ་བསགས་ཟེར་ཞིང་ཡི་མུག་འབྱུང་༔ བུ་རངས་མི་བདེ་འཛིགས་པ་བརྒྱད་རྣམས་དར་༔ གུ་གེ་ཁྲིམས་མ་ཟེན་པས་བགེགས་རྣམས་ལྡང་༔ ཞང་ཞུང་པ་རྣམས་ལོག་པའི་ལམ་ལ་ཞུགས་༔ གཡོ་ཁྲམ་མགོ་སྐོར་ཡིད་མི་བྱེས་པ་འབྱུང་༔

༔བཙུན་མོ་བཀའ་ཐང་ཡིག་༔ སྟོད་མངའ་རིས་བསྐོར་གསུམ་རྒྱལ་པོ་གང་༔ ལོ་གང་གི་ལོ་༔ ལོ་གང་ལ་བསྟེ་༔ མཚན་ཇི་སྐད་ཟེར་༔ སྐྱེ་བ་གང་བླངས་༔ བཙུན་མོ་སྨྲས་དང་བཅས་པ་༔ འདུས་པ་ཇི་ཙམ་འབྱུང་ཞུས་པས་༔ ཨོ་རྒྱན་པདྨ་འབྱུང་གནས་ 47a ཀྱིས་བཀའ་སྩལ་པ་༔ ཡུམ་ཆེན་བཙུན་མོས་ཕྱི་རབས་བོད་ལ་དགོངས་༔ བུ་ཚལ་གསེར་གྱི་ལྷ་ཁང་འདྲ་བ་བཞེངས་༔ ཨོ་རྒྱན་བདག་ལ་ཞུས་པ་ཤིན་ཏུ་ལེགས་༔ ལེའུ་ཉེར་གཉིས་པའོ་༔

༔བཙུན་མོ་བཀའི་ཐང་ཡིག་རྫོགས་སོ་༔ སྐལ་ལྡན་ལས་འཕྲོ་ཅན་དང་འཕྲད་པར་ཤོག་༔ ས་མ་ཡ་༔ རྒྱ་རྒྱ་རྒྱ་༔ གཏེར་རྒྱ་༔ སྦས་རྒྱ་༔ གསང་རྒྱ་༔ གབ་རྒྱ་༔ གཏད་རྒྱ་༔ ཁམས་གསུམ་ཟངས་ཁང་གླིང་ནས་སྤྲུལ་སྐུ་ཨོ་རྒྱན་གླིང་པས་སྤྱན་དྲངས་པའོ་༔ ཆོས་སྦྱིན་རྒྱ་ཆེར་སྤེལ་ཕྱིར་དགའ་ལྡན་ཕུན་ཚོགས་གླིང་དུ་པར་དུ་བསྒྲུབས་༔

མངྒ་ལཾ་༔

———oOo———

ÜBERSETZUNG

མཁྱེན་རབ་དབང་ཕྱུག་བློ་ལྡན་མཆོག་སྲིད་རྩལ།།

Abbildung 3.

ཁམས་གསུམ་དབང་སྡུད་གུ་རུ་པདྨའི་རྒྱལ།།

Abbildung 4.

1. Kapitel.

In den drei Zeiten der Vergangenheit, Zukunft und Gegenwart hat es zwar zahllose edle Fürstinnen gegeben, doch haben sie aus Scheu vor der Schreibkunst keine schriftlichen Aufzeichnungen hinterlassen. Gopā-Yaçodharā[1] und einer Schar anderer Fürstinnen sind freilich der Sinn der Worte und die mystischen Symbole der Rede in ihren Herzen aufgegangen. Dank den Lehren, in dem erleuchtenden Spiegel der Religion offenbart, ist das Saṁsāra überwunden und das Meer des Elends ausgetrocknet. Verehrung gebührt daher Buddha, dem Herrn, dem schön Anzuschauenden. Es ist die Religion, welche das Elend der Wesen beseitigt und sie beschützt; doch die Sinne der Menschen gehen in ihren Zielen weit auseinander; aber vermittelst der zwölf Predigten und des edeln achtgliedrigen Pfades ist ihnen das Nirvāṇa absoluter Befreiung und Ruhe sicher. Verehrung gebührt daher der Religion, die solche vortreffliche Wirkungen hervorbringt. Wer die beiden Klassen, den Herrn der Weisen (*Munīndra*) und seine Schüler und Hörer (*Çrāvaka*), wer die beiden Arten von Pratyekabuddha, welche die Sünde der Wurzel der Existenz

[1] Buddhas Gattin, die in den nördlichen Texten sonst entweder Gopā oder Yaçodharā genannt wird. Es scheint, als wenn der Verfasser unter den beiden Namen zwei verschiedene Frauen verstände.

überwunden haben, wer den Jina, den Leiter aller, und die Scharen seiner geistigen Söhne als einen juwelgleichen wünschenswerten Besitz 2a betrachtet, bezeigt der unersättlicher Religionsübung obliegenden Geistlichkeit Verehrung. Ihr, im Saṁsāra befangene, im Elend wandelnde, die ihr die Erlösung nicht in euere Hand nehmt, wie bedauere ich euch!

Hier folgt die Darlegung der Aufzeichnung der Ansprachen an die königlichen Frauen der drei Ahnherren[1], welche die rotgesichtigen Piçāca bezwungen haben. Von der Zeit des gÑa-k'ri btsan-po bis auf die Zeit der drei späteren sDe[2] hat es 75 Fürstinnen gegeben, deren Reihe in der vierzigsten Generation ihr Ende erreichte, so heißt es. Als die die Wesen selig machende Buddha-Lehre herrschte, in Tibet aber die Bon-Religion verbreitet, der Buddhismus aber noch nicht verbreitet war, saß hier in dem gleichsam in dichte Finsternis eingehüllten Gebiet von Tibet der große Mann von Udyāna auf einem Tron von Gold und Türkisen. Der König, um seine Verehrung zu bezeigen, wollte ihm einen Tempel[3] weihen und fragte ihn, welcher Art derselbe sein solle. Padmasambhava von Udyāna erwiderte: „Im Einklang mit dem Vinaya, Sutrānta und Abhidharma soll er errichtet werden; um das Rad des Dharma zu drehen, auf daß die Lehre nicht untergehe, soll er errichtet werden. 2b Als ein Freudenpark für die Geistlichkeit, gemäß dem exoterischen Vinaya[4], soll er errichtet werden; im Einklang mit den esoterischen Sutāntra[5],

---

[1] *mes-dpon gsum,* die drei Könige Sroṅ-btsan sgam-po, K'ri-sroṅ lde-btsan und K'ri Ral-pa-can (CHANDRA DAS, Dictionary, p. 974 a).

[2] Eine sagenhafte Dynastie von sechs Herrschern (*stod* und *smad*, drei frühere und drei spätere) mit dem Familiennamen *sDe.*

[3] *p'yag rten.*

[4] *p'yi ạdul-ba.*

[5] *naṅ mdo sde.*

nach der Art des Sumeru im Zentrum, umgeben von den vier Dvīpa, den kleinen Dvīpa und Sonne und Mond, soll er errichtet werden; im Einklang mit dem mystischen Abhidharma[1] soll er als Wohnstätte für Werke in Tat, Worten und Herz errichtet werden; im Einklang mit den mystischen Zaubersprüchen der Vergeltung[2] soll er zur Ausführung aller Maṇḍala errichtet werden". Auf das Befragen des Königs, nach welchem Vorbilde man dabei verfahren solle, richtete er an einem Orte halbwegs zwischen Indien und China[3] den Bau nach dem Vorbild des vor Zeiten erbauten Vihāra von Otantapurī[4] ein. Am achten Tage des mittleren Herbstmonats des Erde-männlichen-Tiger Jahres (737 A. D.), einem Wasser-männlichen-Drachen Tage, einem Donnerstag im Gestirn *Lag-sor*, bezwang Padma von Udyāna das Erdreich. Das untere Stockwerk, im Einklang mit Indien, war als das Gefilde des Nirmāṇakāya, das mittlere Stockwerk, im Einklang mit China, als das Gefilde des Saṁbhogakāya, das obere Stockwerk, im Einklang mit Tibet, als das Gefilde des Dharmakāya errichtet.[5] Was die schweren Holzbalken betrifft, die von unten her als Stütze dienten, so besaß das untere Stockwerk solche aus Zedernholz, das mittlere aus Weidenholz und das obere aus Fichtenholz. Da der Haupttempel in drei Stilarten, als Symbol des Gefildes des Trikāya, drei Vorbilder darstellte, so wurde er

---

[1] *gsaṅ-ba mṅon-pa;* die Bedeutung von *rgya p'rag* (Lesart von **B**) ist mir unverständlich.

[2] *ạbras-bu gsaṅ sṅags.*

[3] *rgya dkar nag-gi mts'ams.*

[4] Der Text schreibt °*pūrī*. Dieses Kloster wurde im Jahre 1203 durch die Mohammedaner zerstört.

[5] Abweichend von *Sanang Setsen* und *rGyal-rabs* (T'oung-Pao, 1908, pp. 20, 23, 24), die beide das untere Stockwerk tibetisch und das obere indisch machen und auch nicht die Symbolik des Trikāya mit den drei Stockwerken verbinden.

„Haupttempel der drei Stilarten" genannt. Ba dMar-rgyan[1] errichtete den Tempel des Kupferhauses der drei Welten. ąBro bza Byaṅ-c'ub-sgron-ma erbaute den Tempel dGe-rgyas. P'o-gyoṅ rgyal-mo btsun erbaute den Tempel Bu-ts'al gser-k'aṅ. Vier Stūpa, vier Schätze an Metallen, vier Steinsäulen,[2] vier kupferne Hündinnen,[3] Eisenketten[4] und anderes befanden sich in dem großen Haupttempel des Königs, und ähnliche Dinge in allen übrigen. Dieses bSam-yas, von außen mit einer schwarzen Mauer umgeben, wurde im mittleren Herbstmonat des Wasser-männlichen-Pferd Jahres (741) ohne Hindernisse von seiten der Dämonen nach Verlauf von fünf Jahren vollendet.[5] Am fünfzehnten Tage des mittleren Wintermonats wurde unter dem Streuen von Blumen 3a eine religiöse Feier veranstaltet, die einundzwanzig Tage dauerte. Darauf hielt man die Einweihung ab. Unter Anwesenheit der fünf Königinnen, welche die armen Wesen vor der Sünde bewahren und zur Tugend führen, nämlich mC'ims bza-ma, der königlichen Hauptge-

---

[1] Beiname der *Ts'e-spoṅ bza*, der im weiteren Verlauf des Textes bald so, bald nur *dMar-rgyan* geschrieben, auch mit dem eigentlichen Namen selbst verbunden wird. Die Erbauung dieses Tempels wird ihr auch im *rGyal-rabs* zugeschrieben (T'oung Pao, 1908, p. 32). Der Tempel *dGe-rgyas* heißt dort *dGe-rgyas bye-ma.*

[2] *rdo riṅ.* — Die Metallschätze waren wohl in den Stūpen geborgen.

[3] *zaṅs-kyi ḱyi-mo bži,* wohl als Tempelwächter nach Art der chinesischen Löwen aus Stein oder Bronze gedacht. Nach der Lebensbeschreibung des Padmasambhava (Kapitel 62, Schluß) befanden sich die vier kupfernen Hündinnen oben auf den Steinsäulen (wohl steinerne Piedestale), und diese vor den vier Toren der den Tempel umziehenden schwarzen Mauer; die Eisenketten werden dort nicht erwähnt.

[4] *lcags-ťag,* vermutlich zur Befestigung an den Figuren der Hündinnen.

[5] Nach der Lebensbeschreibung (l. c.) gleichfalls in fünf Jahren, doch mit dem Datum *stag-nas lo lṅa šiṅ ṕo rta-la ąbyoṅs*, d. i. vom Jahre 749 bis 753. Das Jahr 749 stimmt mit Csoma's Berechnung überein (s. T'oung-Pao, 1908, p. 34, Note).

mahlin,[1] mK'ar-c'en bza mts'o-rgyal, der zweiten, ạBro bza byaṅ-c'ub-ma, der dritten, bTsun-mo Ts'e-bza Me-tog-sgron und bTsun-mo P'o-gyoṅ rgyal-mo btsun, und unter Anwesenheit des in der ganzen Welt nicht seinesgleichen findenden Adels wurde das herrliche bSam-yas geweiht. Der treffliche, ausgedehnte Bau, aus guten Materialien errichtet, ein Symbol kraftvollen Lebens,[2] ein zweites Vajrāsana (Buddhagayā), in dem sich Indien und Tibet vereinigten,[3] war so vollendet. Und dem ist der Umstand zu verdanken, daß es ein für alle Mal entschieden war, daß die Übersetzer und Paṇḍits in Tibet ihren Wohnsitz nahmen. Die trefflichsten Gelehrten aus den Reichen unter der Sonne wurden nach bSam-yas berufen und übertrugen das Wort Buddhas und die Çāstra, den Ruhm Indiens.[4] In dem Maße, wie die Sonne der heiligen Religion aufging, breitete sie (die Religion) sich wie in einer Ebene aus[5] in allen Gauen von Tibet. Des Königs Macht dehnte sich nach allen Richtungen, nach oben, nach unten und nach der Mitte aus. Seine Feinde überwand der Götterkönig, und ihr Glanz verblasste. Vom Fahnenruhm[6] war das Reich[7] erfüllt. Adel und Volk lebten in einem Zustand eines so hohen

---

[1] Nach dem *rGyal-rabs* (T'oung Pao, 1908, p. 19) war sie dagegen Nr. 4 und Ts'e-spoṅ bza (hier Ts'e-bza wegen des Versmaßes) die Hauptgemahlin, worauf auch der obige Titel *btsun-mo* hindeutet.

[2] *srog sra mts'an.*

[3] Nach **B**: der Reichtum Indiens und Tibets.

[4] *rgya-gar grags ts'ad.*

[5] *t'aṅ-mar brdal.* Es ist interessant, daß sich nach JÄSCHKE (s. v. *rdal-ba*) dieselbe Phrase bei Milaraspa findet.

[6] Wörtlich: ‚von den Fahnen des Ruhmes'. Das Wort *ba-dan* (entlehnt von Sanskrit *patāka*) findet sich z. B. in *dPag-bsam ạkri-śiṅ* (der tibetischen Prosabearbeitung der Avadānakalpalatā), p. 9, Zeile 17, in Verbindung mit *gdugs*, *rgyal-mts'an* und *rluṅ-yab.*

[7] *ñi og* ‚unter der Sonne', analog dem chinesischen *t'ien-hsia.*

Glücks, das, wie bekannt, den dreiunddreißig Göttern gleichkam, und hatten die zur Seligkeit führende Stufenleiter erklommen. Alle Wesen waren auf die Religion bedacht und vollbrachten Werke zukünftigen Heils in ausgedehntem Maße. Erstes Kapitel: Die Vollendung von bSam-yas.

---

2. Kapitel.

Die Zauberer trugen vier Zauberlieder vor: der Lehrer Padmasambhava, rDo-rje bdud-ạjoms von sNa-nam, Çākyaprabha aus der Familie mCʻims, und Šud-pu dpal-gyi seṅ-ge 3b, diese vier sangen jeglicher je ein Lied. Der große Mann von Udyāna[1] ließ sich also vernehmen:

Lied 1. Hūṁ! Den weißen Götterstein setze nicht in Bewegung, nimm dich in acht[2] —
Setzest du den weißen Götterstein in Bewegung, hüte dich vor den Göttern!

---

[1] Auch in der „Lebensbeschreibung" tritt er als Liedersänger auf. Im 53. Kapitel bezwingt er die Dämonen, die eine Hungersnot über Nepal gebracht haben, mit einem Liede (*glu*) von sechzehn Versen: „Ihr verderbliche unerträgliche Harmstifter wirkt Buddhas Gebot entgegen. So wie die Lotusblume nicht von dem Fehler des Schmutzes befleckt ist, lebt nach Wunsch in Frieden dahin! Der Yogin, erfahren in den besten Methoden der Bannungen, wird sich doch von euern Fesseln befreien. Ihr vier Sünder seid unwissend; meine Lehren habe ich aufgezeichnet und den Schatz verborgen, — weshalb sollten die schwer zu bekehrenden Wesen der Welt meine Schatzlehre zurückweisen? Durch das bloße Niederschreiben derselben wird sich Buddhas Lehre mehren. Vom Haken des Erbarmens getrennt (an den sie sich klammern sollten), auf wen sollen die Wesen des Kaliyuga ihre Hoffnung setzen? Stellt euer Übeltun ein und hütet meinen Schatz!" Im 61. Kapitel, als er beim König Kʻri-sroṅ anlangt, weigert er sich, diesen zuerst zeremoniell zu begrüßen, und besteht darauf, daß der König sich zuerst vor ihm verneige. Seine Forderung begründet er in einem langen Liede, in dem er sich selbst und seine Fähigkeiten, bis zum Größenwahn gesteigert, verherrlicht.

[2] *cog-ge-žog*, sonst nicht belegt; offenbar volkstümliche onomatopoetische Bildung im Sinne des Abwehrens; beachte den Gebrauch nach dem Imperativ.

Die großen Krankheitsdämonen[1] der Quellen rühre nicht auf, nimm dich in acht —
Rührst du die großen Krankheitsdämonen der Quellen auf, hüte dich vor den Wassergeistern!

Die bunte Giftschlange fange nicht, nimm dich in acht —
Fängst du die bunte Giftschlange, hüte dich vor dem Gift!

Den ehrwürdigen Zauberer errege nicht, nimm dich in acht —
Erregst du den ehrwürdigen Zauberer, hüte dich vor seiner Kraft!

An dies herrliche bSam-yas rühre nicht, nimm dich in acht —
Rührst du an dies herrliche bSam-yas, hüte dich vor dem Niedergang der Lehre!

Dies war sein Vortrag. rDo-rje bdud-ạjoms[2] von sNanam sprach:

Lied 2. Hūṁ! Der am Himmel dahinfliegende Vogel ist nicht furchtsam;
Wenn der am Himmel dahinfliegende Vogel furchtsam wäre,
Hätte er geringen Nutzen von den ausgebreiteten Schwingen.

---

[1] *gñan.*

[2] D. h. der mit dem Donnerkeil (vajra) den Māra Bezwingende. Im Bericht des *rGyal-rabs* über die Tempelweihe wird er nicht genannt.

Der in den Wellen schwimmende Fisch ist nicht furchtsam;
Wenn der in den Wellen schwimmende Fisch furchtsam wäre,
Hätte er geringen Nutzen von seiner Geburt im Wasser.

Ein Eisenball[1] wird nicht von einem Stein zerbrochen;
Wenn ein Eisenball von einem Stein zerbrochen würde,
Nützte dem Eisen das Schmelzen und Hämmern gar wenig.

Der ehrwürdige Zauberer wird vom Feinde nicht vernichtet;
Wenn der ehrwürdige Zauberer vom Feinde vernichtet würde,
Nützte ihm wenig die durch Meditation erlangte Zaubermacht über das Menschenleben.

Dies war sein Vortrag. Aus dem Munde des Çākyaprabha aus der Familie mC'ims[2] kam es:

Lied 3. Hūṁ! Jener kostbare goldene Zauberbaum
Dringt mit seiner schwarzen Wurzel in das Reich der Erdgeister ein,
Sein Gipfel erreicht das selige Götterland;
Mit seinen Ästen erreicht er zwar nicht den Pfad des Mittelraums,
Doch kommen seine Blätter ins tibetische Land.

---

[1] *ga-ru = gar-bu.*

[2] Der zweite der sogenannten „sieben Probeschüler" (T'oung-Pao, 1908, p. 9). Der Bericht des *rGyal-rabs* erwähnt ihn nicht als Sänger.

Das Junge des fleischfressenden Löwen
Hat zwar noch nicht das Vollmaß der drei Geschicklichkeiten erlangt,
Doch werden alle andern Klauentiere von vornherein von ihm besiegt.

4a Das Junge des geflügelten Garuḍa
Hat zwar noch nicht das Vollmaß der Flugkraft erlangt,
Doch werden alle andern Geflügelten von vornherein von ihm besiegt.

Der junge Sproß des ehrwürdigen Zauberers
Hat noch nicht das Vollmaß der Meditation-Zauberkraft erreicht,
Und doch werden alle Feinde von vornherein von ihm besiegt.

Dies war sein Vortrag. Šud-pu dpal-gyi seṅ-ge,[1] der sich über den Tod eines Feindes freute, sang mit gefalteten Händen folgendes Lied.

Lied 4. Wenn die Dreiheit Buddha, Dharma und Saṁgha
Der Sitte gemäß versammelt sind,
Schlägt es wie Donner in den Kopf der fünf feindlichen Gifte[2] ein.[3]

---

[1] Der Baumeister des weißen Stūpa von *bSam-yas* (T'oung-Pao, 1908, p. 31; der Setzer hat an dieser Stelle nachträglich die Anfangsbuchstaben der beiden Zeilen vertauscht; lies Šud-pu und Dharmapāla). Im Liederkatalog des *rGyal-rabs* (Ibid., p. 45) rangiert er unter den Beamten, hier unter den Zauberern.

[2] Oder: der mit den fünf Giften (s. Jäschke, Dictionary v. *dug*) versehenen Feinde [des Buddhismus].

[3] *cam-cam* ist, wie aus der dritten Strophe hervorgeht, mit *c'em-c'em* gleichzusetzen und ein das Rollen des Donners symbolisierendes Adverb; *aḳrig-pa* wird von plötzlich auftretenden atmosphärischen und optischen Erscheinungen gebraucht.

Die Dreiheit Messer, Pfeil und Speer
Schlägt wie Donner in den Kopf der Männer im blühenden Alter ein.

Die Dreiheit Zauberspruch, Beschauung und Geisterwaffen[1]
Von den ehrwürdigen Zauberern gehandhabt
Schlägt wie Donner in den Kopf der wortbrüchigen feindlichen Dämonen ein.

Dies war sein Vortrag. *Zweites Kapitel*: Die vier Zauberlieder.

---

3. Kapitel.

Die Herren[2] sangen ein Freudenlied von dreizehn Strophen:

Lied 5. 1. O tibetisches Land, mit den fünf Arten der Edelsteine angefüllt!
Schwarzköpfiges Volk und Adel wir, genießend die fünf Arten Getreide!
Du Erde von dBus, wo die Sonne Wärme und Kälte[3] gleichmäßig verteilt!
Wie freue ich mich, als Fürst von Tibet geboren zu sein!

---

[1] *zor*, Waffen, die bei den Streuopfern (*gtor-ma*) zur Bekämpfung der bösen Geister gebraucht werden, wie Messer, Schwert, Schlinge, Bogen mit Pfeilen u. a. (s. JÄSCHKE, Dictionary, p. 490b). Die Lesart *zir* von **B** scheint auf einem Versehen zu beruhen.

[2] Das Thema ihres Liedes ist die Einführung des Buddhismus in Tibet und die Segnungen, die er dem Lande bringt. Nach dem Bericht des *rGyal-rabs* (T'oung-Pao, 1908, p. 45) hätten die adligen Herren ein Lied „von den wunderbaren Goldblumen" (*ya-mts'an gser-gyi me-tog*) gesungen.

[3] *ts'a bran* = *ts'a gran;* **B** liest *gran*.

2. Aus sorgfältig aufgespeicherten Gütern bildet sich Besitz,
Aus Nachdenken bei Tag und Nacht bildet sich der Verstand,
Aus den Vertretern des Adels bilden sich die Parteien;
Wie freue ich mich über den König K'ri-sroṅ ldeu-btsan!

3. Der Ahnherr T'o-t'o sñan-šal führte zuerst die Religion ein,
Sroṅ-btsan sgam-po führte buddhistische Sitten ein,
K'ri-sroṅ ldeu-btsan breitete die Grundlage der Religion aus, —
Wie freue ich mich, daß wir zum Guten emporgeführt werden!

4. 4b Die Wesen beschreiten den Pfad der Erlösung zu den hohen Gefilden,
Das tibetische Volk ist in die zehn Tugenden eingetreten,
Der Weise von Za-hor, Bodhisattva, ist erschienen, —
Wie freue ich mich, daß wir nicht mehr zum Bösen hinabgezogen werden!

5. Den zehn Sünden, dem Pfeiler der Lehre, schwören wir ab;
Des Lehrers Abzeichen, die wir uns zu eigen gemacht, sind unserem Herzen lieb;
Ablassend vom Treiben der vergänglichen Welt, wenden wir uns den zehn Religionsübungen[1] zu, —
Wie freue ich mich, des Buddha Lebensgang zu kennen!

---

[1] Aufgezählt bei SARAT CHANDRA DAS, Tibetan-English Dictionary, p. 429 a.

6. Der die drei Zeiten kennende Meister Padmasambhava
Ist in einem herrlichen, wunderbaren Leibe geboren und unsterblich;
Mit Zauberkräften ausgestattet, vermag er den Sumeru in die Höhe zu heben, —
Wie freue ich mich über die Ankunft des Zweiten Buddha, des Donnerkeilträgers!

7. Die boshaften Dämonen von Tibet hat er gebannt;
bSam-yas ist hoch wie ein Bau von Dämonen und höher als irgendein Bauwerk der Menschen;
Dieser mein Haupttempel von bSam-yas in den drei Stilarten
Gleicht nicht einem gewöhnlichen Bau, sondern einer natürlichen Schöpfung, — wie freue ich mich darüber!

8. Dank unsern Eltern begehen wir keine sündigen Handlungen,
Um unseres Lebens willen lassen wir nicht ab von der heiligen Religion,
Zum Besten dieses Zeitalters wird das Reich von der Religion beschützt,
Zum Besten unserer Nachkommen üben wir die Götterlehre, — wie freue ich mich darüber!

9. Nach außen wird das Reich wie eine Rinder- oder Schafherde behütet,
Nach innen wird das Reich wie ein Sohn behütet,
Nach der Mitte wird das Reich wie ein Sklave behütet,

Des Königs Majestät übt die Religion, — wie freue ich mich darüber!

10. Gibt es wohl etwas Herrlicheres als dies?
Wird doch der Nacken dessen, der sich umwendet, um nach Reichtum zu streben, gebrochen;
Die Dreiheit „Tat, Wort und Herz" ist das Mittel der Bekehrung zur Tugend, —
Wie freue ich mich, daß die Wesen zur Seligkeit geleitet werden!

11. Ihr schlechten und törichten Tibeter, höret auf die Religion!
Wer für die Wolfahrt der Wesen sorgt, schafft sich sein eigenes Glück!
Ist die Geburtsform der Verdammten 5a überwunden, gibt es keine Wiederkehr mehr!
Der Buddhalehre Lebensbaum ist aufgepflanzt, — wie freue ich mich darüber!

12. Almosenspenden, die auf schlechten Boden fallen, tragen keine Frucht;
Der gute vortreffliche Boden ist die Geistlichkeit in ihren beiden Hauptklassen;
Wer ihr spendet, wird die große Macht segensreicher Verdienste erlangen
Und zuletzt die Seligkeit erreichen, — wie freue ich mich darüber!

13. Durch die Kenntnis von Tugend und Sünde sind sich die Adligen des Schamgefühls bewußt;

9

Als Heilmittel für die Zähmung des rohen Geistes
Sind viele Sūtra, Tantra und Çāstra übersetzt worden;
Wie freue ich mich, daß wir nun schreiben und lesen
und uns der Beschauung widmen.

Drittes Kapitel: Das Freudenlied der Herren.

---

4. Kapitel.

Der Königssohn Mu-tig btsan-po trug einen Lobgesang vor. Der Gelehrte (i. e. Çāntirakṣita) sang das Lied „vom weißen Rosenkranz der Meditation".[1] Nam-mkʻai sñiṅ-po[2] trug fünf Liebeslieder vor. Pa-tsʻab ñi-ma trug fünf Lieder des Mitleids vor. γYu-sgra sñiṅ-po trug vier Freudenlieder vor. Cʻos-kyi bzaṅ-po trug fünf Lieder „vom Gleichmut" vor. Legs-sbyin ñi-ma trug fünf Lieder „vom Gabenspenden" vor. Yon-tan mcʻog trug fünf Lieder „von der lieblichen Beredsamkeit" vor. Saṅs-rgyas ye-šes trug fünf Lieder „von dem Erreichen gemeinsamer Ziele" vor. ạPʻags-pa šes-rab trug fünf Lieder „von dem Wirken für das Heil" vor. rGyal-ba mcʻog-dbyaṅs[3] behandelte „das Freisein von der Sünde der Leidenschaft"; kLu-yi rgyal-mtsʻan[4] behandelte „das Freisein von der Sünde des Nicht-wissens"; dGoṅs-pa gsal behandelte „das Freisein von der Sünde der Habgier"; bKra-šis mkʻyen-ạdren behandelte „das Freisein von

---

[1] Übereinstimmend mit *rGyal-rabs* (Tʻoung-Pao, 1908, p. 44), wo der Titel des Liedes gleichlautend ist (*sgom ṗreṅ dkar-po*).

[2] Singt nach dem *rGyal-rabs* die Weise „vom Schweben des Garuḍa am Himmel" (*mḱa-la ḱyuṅ ldiṅ*).

[3] Einer der „sieben Probeschüler" (Tʻoung-Pao, 1908, p. 9, Note).

[4] Von *Cog-ro;* er ist als Kenner der Sprache von Udyāna bekannt (s. Einführung, S. 4, Note).

der Sünde häretischer Lehren".[1] Dri-med zla-šar behandelte „die Leere aller existierenden Dinge"; kLu-yi dbaṅ-po behandelte „das Fehlen der Merkmale"; gÑan-cʿen dpal-dbyaṅs behandelte „das Fehlen der Wünsche";[2] 5b sKa-ba dPal-brtsegs[3] „das Fehlen der Abhisaṁskāra". dPal-gyi seṅ-ge behandelte „die Erinnerung an die Unreinheit des Leibes" (*kāyasmṛtyupasthāna*); Vairocana[4] behandelte „die Erinnerung an den Ursprung der menschlichen Natur entsprechend den Nidāna" (*dharmasmṛtyupasthāna*); Ye-šes mtsʿo-rgyal[5] behandelte „die Erinnerung an das durch Empfindungen hervorgebrachte Unheil" (*vedanā smṛtyupasthāna*); dPal-gyi ye-šes[6] behandelte „die Erinnerung an die Vergänglichkeit der Existenz" (*cittasmṛtyupasthāna*). Ferner gab es unter den Liedern solche, die Wesenheit und Materie behandelten, und andere, deren Thema *nirukti* (*ṅes-tsʿig*) und *garbhārtha* (*sñiṅ-po don*) waren. Der verschiedenen Arten waren tausendfünfhundert. Man kann sie kurz als Svastika des Vorhangs des Himmels und Svastika des Vorhangs der Erde bezeichnen. Unter den Freude erzeugenden Liederzyklen wurden neun Lieder von Brahma und den Göttern oben vorgetragen. Die Titel dieser neun Lieder lauten: *Sa yol padma* (‚Lotus des Erdvorhangs'), *Bar yol lan ạdebs* (‚Erwiderung auf den Vorhang des Mittelraums'), *sMa-*

[1] Es handelt sich hier um die vier Arten von *zag-pa*, die CHANDRA DAS (Dictionary, p. 1089b) aufzählt; als dritte führt unser Text *sred-pa* an, während DAS *srid-pa* (‚weltliche Sünden') schreibt.

[2] Oder Leidenschaftlosigkeit (*apraṇihita*).

[3] Als Übersetzer im Kanjur und Tanjur bekannt; abgebildet bei A. GRÜNWEDEL, Mythologie des Buddhismus, S. 49 (vergl. S. 56). In der Lebensbeschreibung wird er Kapitel 71 erwähnt.

[4] Nach dem *rGyal-rabs* singt er das Lied *dbyaṅs-yig ḳug-pa* „das Hervorlocken der Musiktöne".

[5] S. Einführung, S. 4, Note: „die Tibeterin Ye-šes ạtsʿo-rgyal".

[6] Als Übersetzer im Kanjur bekannt.

t'e bcu (,die zehn sMa-t'e'), *He-su ạdu*, *K'yams k'a-ral*, *Zur-med* (,nicht-eckig'), *Zlum-po* (,rund'), *gLeṅ re-tri*, *ạJig-rten lha* (,die Götter der Welt'). Lieder der Menschen des Mittelraums gab es fünf: das Lied des Schwiegervaters „von dem goldenen Maṇḍala mit den vier Dvīpa und den kleinen Dvīpa", das Lied der Schwiegermutter „von dem Fund der sieben Wunschjuwelen", das Lied der Braut „von den acht glückverheißenden Schätzen", das Lied des väterlichen und mütterlichen Onkels „vom frischen Wasser und vom reinen Blumensaft". Wechsellieder auf die Nāga unten gab es dreizehn: das Lied der gSan-pa duṅ „die Gebäude der Wasserdrachen", das Lied der gNas-pa rgya-mts'o „über die Richtungen, in denen die vier großen Ströme[1] fließen", das Lied der gZigs-pa ñi-zla „über den meilenweiten Ruhm der Planeten und Gestirne", das Lied der Zar ts'ags „über der Trennung und Vereinigung Leid und Freud'", das Lied der Ba-dan mdzes-pa (,Schöne Flagge') „über die Herzensfreude an edeln Getränken", das Lied der ạP'an-gdugs gziṅs-krog „über die heimliche Vereinigung der Liebe", das Lied der Mandhārava „über Darbringung von Getränken an die Edeln", das Lied der Jungfrau Tsam-po-k'a „*P'o-krog daṅ mo-krog*",[2] das Lied der Ra-ra-na-ya „über die heimlich gesummten Lieder der Männer",[3] das Lied der ,U-mo-ta „wie man andern die Verstimmung verscheucht",[4] das Lied der Me-tog padma „vom Zauber der Liebe", 6a das Lied der Byuṅ-rabs rin-po-c'e „von den Haustieren", das auch später noch viel Beachtung fand, und das

[1] Ganges, Indus, Brahmaputra und Sutlej.

[2] Der männliche und weibliche *krog* (?).

[3] *mi lkog glu*; ein heimlich gesummtes Lied, das andere nicht hören können (CHANDRA DAS, Dictionary, p. 81a).

[4] *gžan sun ạdon; sun-pa*, verstimmt, müde sein. **B** liest *mun*, „bei andern die Finsternis, Unwissenheit vertreiben".

Lied der C'u-rta gser-sga (,Wasserroß mit goldenem Sattel') „von dem verständigen[1] Geschlecht der Rosse". Solche Wechselgesänge wurden von Adel und Volk vorgetragen. Das Mantrayāna und Vajrayāna war ihnen ein besonders hoher Genuß. Während der dreizehn Jahre,[2] welche die Einweihung von bSam-yas dauerte, fand täglich eine Versammlung in mTs'o-mo mgul statt, in der jeglicher ein Lied vortrug. Das vierte Kapitel, genannt *k'og p'ub.*[3]

---

5. Kapitel.

Der Dharmarāja K'ri-sroṅ ldeu-btsan lud den großen Mann von Udyāna, Padmasambhava, in das mittlere Stockwerk des großen Haupttempels ein. Dort saß er durch den Segen seines Erbarmens auf kostbarem Tron; Scharen seiner Schüler, die aus den Lichtstrahlen seines Leibes entstanden, hatten sich zu vielen Hunderttausenden angesammelt und vollzogen die heilige Umwandlung, verneigten sich vor dem Göttlichen und brachten reichlich Opferspenden dar. Am Himmel gingen zahlreiche hell-leuchtende Regenbogen auf, und auf dem Erdboden entsprossen schöne Blumen in großer Zahl. In allen zehn Weltrichtungen ließen sich viele wohltönende Stimmen vernehmen. Der Große von Udyāna, Padmasambhava, verkündete fünf Mal: „Da ich durch Werke in Tat, Wort und Gedanken die Lehre von den Geheimzaubersprüchen vorgetragen, sind durch Gabenspenden die Sünden in Tat, Wort

---

[1] *caṅ* (= *ci yaṅ*) *śes,* nach *Zamatog* eine Bezeichnung für Pferde.

[2] Poetische Übertreibung; nach dem *rGyal-rabs* war es ein Jahr. Die Zahl dreizehn scheint durch die Addierung dieses einen Jahres zu den zwölf Jahren des Tempelbaues suggeriert zu sein.

[3] Vielleicht: das Innere nach außen kehren, das Oberste zu unterst kehren.

und Gedanken gereinigt. Ihr in allen Gebieten der Welten der zehn Himmelsrichtungen Bekehrungen vollziehende, zahllose Nirmāṇakāya, erscheint hier, um das Heil der Wesen zu bewirken!" Auf die Nirmāṇakāya machte diese Absicht einen tiefen Eindruck, und ohne am Eintritt gehindert zu werden, vermittelst religiöser Aussprüche, die sie hersagten, brachten sie am

ཟབ་གཏེར་བསྟན་པ་རྒྱལ་མཚོད་ཨུ་རྒྱན་གླིང་།།

Abbildung 5.

Abend in dem großen Haupttempel von bSam-yas dem Padma von Udyāna Opferspenden dar. Um Mitternacht bezwangen sie in der Felsgrotte von 6b mCʿims-pʿu in bSam-yas die schädlichen Dämonen von Tibet. In der Morgendämmerung begaben sie sich nach der Kristallfelsgrotte (*šel-gyi brag-pʿug*) von Yar-kluṅs (Yarlung). Um diese Zeit brachten dem Padma von Udyāna Vairocana, Dri-med zla-šar, Yar-rje brtsegs-se und

Yon-tan mc'og in dem Tempel der Lotuskristallgrotte (*Padma šel-p'ug*) Opfergaben dar. Durch den Segen davon entsandte der Körper des Padma viele Lichtstrahlen nach den vier Himmelsrichtungen und den acht dazwischenliegenden Punkten. In die Weltgegenden des Ostens erstrahlte weißes Licht. Um der Hölle die Tür des Zornes zu verschließen und des daraus erwachsenden Segens halber, drang das Licht bis zum Götterberge Gyaṅ-rdo[1] in den dunklen Schluchten von Koṅ-po (*Koṅ-po roṅ-nag*) und verschwand allmählich im Wasser der chinesischen Meere. In die Weltgegenden des Nordens erstrahlte grünes Licht. Um den Preta die Tür der Leidenschaft zu verschließen und des daraus erwachsenden Segens halber, drang das Licht verblassend bis zum Berge ạT'sub-po in dBu-ri-rluṅ und verschwand allmählich im Boden des Landes Ge-sar mts'on. In die Welt des Westens erstrahlte rotes Licht. Um den Tieren die Tür der Dummheit zu verschließen, drang das Licht verblassend bis auf den Gipfel der Berge im Distrikt γYas-ru (‚rechtes Horn') in der Provinz gTsaṅ und schmolz im Lichte dahin in Don-po in mṄa-ris bskor-gsum. In die Welt des Südens erstrahlte blaues Licht. Um den Menschen die Tür des Neides zu verschließen und Heil daraus zu stiften, drang das Licht verblassend wie ein Regenbogen bis an die Grenze von China und Mon, traf den Gipfel des Berges Sul-maṅ in Ru-lag und verschwand inmitten von mTs'o-gliṅ-dgu in sNubs. In die Welt der Gegend der Mitte erstrahlte gelbes Licht. Um den Asura die Tür des Stolzes zu verschließen, verschwand das Licht in den Bergen von Zo-t'aṅ goṅ-po im Yar-kluṅs Tal, schmolz im Lichte dahin inmitten von P'yug-mo am Himmelssee (*gNam-mts'o*, Tengri nōr), verschwand im Ṣee

---

[1] Auch *Gyaṅ-to*, *Gyaṅ-mto* (s. T'oung-Pao, 1901, p. 30).

K'ri-šod rgyal-mo in Tibet und drang verblassend 7a in die Mitte des türkisfarbenen Manasarovara-Sees. In den fünf Gegenden, nämlich in den vier Himmelsrichtungen und in der Mitte, leuchtete sein Antlitz, und Padma von Udyāna, voller Freuden zum Heil der Wesen wirkend, brachte den gleich bSam-yas von selbst entstandenen Bergen, Seen und Himmelsrichtungen die fünf Arten von Opfergaben, Medikamente, *rag*(?) und Streuopfer dar. Dann erschienen die Fünf Brüder (*mc'ed-po lṅa*)[1], den Padmasambhava zu besuchen, stellten sich vor ihm auf, umwandelten ihn, verneigten sich vor dem Göttlichen, brachten ihm Opfergaben dar und ließen sich also über das Ziel ihrer Wünsche vernehmen: „Wir Fünf Brüder wollen dem Kreislauf die Tür verschließen, und da es 84000 in die Lehre einführende Tore gibt, bitten wir dich, auf Grund der Sammlung von Buddhas Wort, in dem der Sinn der Lehre vollständig vereinigt und erläutert ist, uns die vollkommene Lehre der wirklichen Bedeutung und Wahrheit vorzutragen" Der Große von Udyāna verkündete folgendermaßen: „Eure Bitte, ihr fünfe aus edlem Geschlecht, ist vortrefflich. Kraft der fünf Gifte treiben die Wesen alle im Kreislauf herum. Um der Wiedergeburt in den fünf Zuständen ein Ende zu machen, soll „das Meer der Lehre der Sammlung von Buddhas Wort"[2] erklärt werden." Er setzte sich auf den Löwentron, mit den Figuren von sieben Vetāla geschmückt; er nahm den Stab mit Kristallgriff (?*šel-gyi p'yags šiṅ*) und die goldene

[1] Wie aus einer Stelle im 6. Kapitel hervorgeht, sind sie Vertreter der vier Himmelsrichtungen und der Mitte.

[2] *bKa-ạdus c'os-kyi rgya-mts'o.* Nach CHANDRA DAS (Dictionary, p. 64 a) eine Art ritueller Beobachtung der *rDzogs-c'en* Sekte der Altbuddhisten, in der eine besondere Gottheit mit ihren Begleitern abgemalt wird. Hier muß es sich aber wohl um ein Werk der rÑin-ma oder aus der Schule des Padmasambhava handeln.

Pātra in die Hand, und seine Schüler knieten vor ihm mit gefalteten Händen. In der durch Zauberkraft geschaffenen Kristallfelsgrotte saß er und erklärte fünf Sūtra und sieben Tantra aus der Sammlung des Buddhaworts. Zu dieser Zeit versammelten sich im Osten zahlreiche Götter und Göttinnen der Welt und ließen, aus den Wolken herab bunte Seidenfahnen schwingend, wohllautende Stimmen ertönen. Darauf kamen viele Menschen herbei. Darauf gingen sie nach der Ebene von Padma brtsegs-pa. Fünftes Kapitel: Aussendung der Emanationen.

---

6. Kapitel.

7b Darauf verneigten sich jene Männer. „Wie heißt dieser Berg? Wie heißt dieser Fels? Wie lauten euere Namen? Wo weilt Padmasambhava von Udyāna?" Ihnen erwiderte Padma von Udyāna: „Dieṣes Berges Name ist Padma brtsegs-pa;[1] dieses Felsens Name ist Lotuskristallgrotte; ich bin das leitende große Wesen Padmasambhava; meine Begleiter hier sind die heiligen Fünf Brüder, welche „das Meer der Lehre der Sammlung von Buddhas Wort" hören wollen. Edle Herren! der Himmel ist von Seidenflaggen erfüllt; die ganze Erde ist vom Ton der Musikinstrumente erfüllt; mit dem auf einem Wagen gestellten goldenen Rade vollziehen viele meiner Anhänger treffliche Umwandlungen von einem Ende zum andern. Höchst wunderbare, große Erscheinungen begeben sich. Wie heißt das Land, aus dem ihr gekommen seid? Wie ist euer Name? Und wohin wollt ihr nun gehen?" Als Padma von

[1] Übereinandergetürmt wie Lotusblütenblätter, ein häufiger und glücklicher Vergleich (z. B. im *Shambhalai-lam-yig*). Von einer Paßhöhe aus gesehen, macht das Rundpanorama der umliegenden Berge ganz den Eindruck der Blütenblätter, wie sie im Lotuskelch angeordnet sind.

Udyāna so gesprochen hatte, verneigten sich ihm die Männer zu Füßen und berührten sie mit ihrem Scheitel. „Wir sind am Ziel unserer Wanderung angelangt, wie sind wir froh und glücklich! Unser Wunsch ist erfüllt, wie sind wir froh und glücklich! Wir schauen das Antlitz des Nirmāṇakāya, wie sind wir froh und glücklich! O großer Mahāguru! Unser Vaterland ist China; was unsern Namen betrifft, so heißen wir die schwarzen Du-har. Die in unserem Lande zirkulierenden Reichtümer sind zwar unfaßbar groß, doch befinden sich die Wesen im Zustand der Geburt und des Todes, der Vereinigung und der Trennung. Der Grund dafür ist, daß uns ein Mann fehlt, der den zur Seligkeit führenden Pfad der Erlösung lehrte, und daher sind wir gekommen, um jetzt dich, großer Guru, einzuladen. Leuchte der Lehre, erhabener Leib, der jenseits von Geburt und Tod ist, geruhe, als Opferpriester des Königs von bTsoṅ-k'a mit uns zu 8a kommen!" Als sie mit diesen Worten ihr Gesuch vorgebracht hatten, verkündete der große Mann von Udyāna nach einigem Nachdenken: „Ihr Nirmāṇakāya, schwarze Du-har, ihr erscheint als Männer von sanfter Rede, innerem Frieden, großem Erbarmen und vollkommener Seelenruhe! Ich aber predige gerade den Fünf Brüdern der vier Himmelsrichtungen und der Mitte die Lehre der Sammlung des Buddhaworts, und da ist es nicht passend, diesen Unterricht abzubrechen. Vairocana jedoch ist ein Mann, der die Fähigkeit besitzt, alle Gestalten anzunehmen und sich zu verwandeln. Ihn will ich als Opferpriester eueres Königs und als Leuchte der Lehre dahingeben. In indischer und tibetischer Sprache Bewanderter, Vairocana, du, von leuchtendem Verstand, an Weisheit und Wissen klar, von scharfsinniger Gelehrtheit, sehr groß in Bußübungen, von schneller Auffassung, standhaften Sinnes gegen die Sünden, die aus der

Wahrnehmung (*vedanā*) entstehen, erbarmungsreich und durch deine Heiligkeit den Stolz bekämpfend, von mir brauchst du keine Lehren mehr zu empfangen, denn wir sind eines Sinnes. Doch dieses Wort des Padmasambhava nimm dir zu Herzen, o Sohn: die Beschauung baut sich aus zwei Stadien auf, die von oben nach unten steigen und von unten hinaufsteigen; die Grundlage ist großes Erbarmen, davon mache reichen

བསྟན་པའི་པད་ཚལ་བཞད་པའི་གཉེན་པོ་རོ་ཙ་ན་ར་ཀྵིཏ།།

Abbildung 6.

Gebrauch; der rechte Pfad aber führt über die zehn Pāramitā". Auf diese Worte erwiderte Vairocana: „Wenn der zweite Buddha, Padmasambhava, einen Befehl erläßt, dann müssen selbst die in den Höllenregionen Verdammten gehen. Ein Befehl von Padmasambhava wird ohne Einmischen der Dämonen selbst von den Rakṣa-Rākṣasa[1] ausgeführt werden.

[1] Im Texte *rakṣa srin-po*.

Nach dem Befehl des Herrn werde ich gehen“. Nachdem er so gesprochen, ließ er sein Pferd satteln und nahm Abschied von Padma, dem Großen von Udyāna. Allen seinen Schulfreunden rief er gute Wünsche zu und brach auf. Er reiste in Gesellschaft der Meister, der Du-har. Da entstand in den beiden brTsegs-se γyu-sgra [8b] Sehnsucht nach ihm, sie folgten ihm nach, und als sie auf ihrer Wanderung nach Ña-maṅ-lcags hineingekommen waren, sprach Vairocana also zu ihnen: „Ihr beiden lieben Freunde der Götter und des Meisters, um des Guru Befehl nicht zu brechen, bin ich gegangen. Ihr beide begleitet mich nun nicht weiter, sondern kehrt von hier aus zurück! Die des Guru Wunsch zuwiderhandeln, werden in der Hölle wiedergeboren“. Die brTsegs-se γyu-sgra erwiderten: „Der Eid, durch den die Götter, Lehrer und Freunde gebunden sind, ist in gleicher Weise streng. Wir werden dich nach bTsoṅ-k'a in China geleiten und dann zurückkehren. Darum sprich nicht solche Worte! Wenn wir nach Dol-t'aṅ-t'aṅ gekommen sind, und wenn dann König K'ri-sroṅ ldeu-btsan von der Sache erfahren hat, sollen erst recht unsere Wünsche zur Geltung kommen, und er soll befehlen, daß Vairocana nicht weiterziehe, sondern hier bleibe“. Die Meister, die schwarzen Du-har, sagten so: „Ihr Leuchten der Lehre, ihr beiden brTsegs-se γyu-sgra, ihr, der Glanz von dBus, nach diesem kurzen Geleit kehrt nun zurück! Wenn ihr das Geleite bis nach China gegeben habt und dann erst zurückkehren werdet, werden uns üble Nachreden von seiten des Königs und Volkes treffen. Auch hat euch der Meister (Padmasambhava) kein Wort davon gesagt, uns zu begleiten. Wenn wir gar drei Opferpriester vor unsern König bringen, wird sich der König nicht freuen, darum fliehet, ihr beide! Diese Geschichte wird gewiß das Gespräch von König und Volk werden. Der Weg, den wir von hier zu wandeln haben, ist weit, und auch Padma von Udyāna wird uns sicherlich grollen. brTsegs-se γyu-sgra, so geht denn weg von hier!" Wiederum ergriff Vairocana das Wort: „Da kein Befehl des Guru vorliegt, so begleitet ihr beide mich nicht weiter! Für die Wesen der drei Welten ist es weit schrecklicher, 9a den Befehl eines Lama zu verletzen als einmal Mord zu begehen. Solchen steht die Hölle in sicherer Aussicht, auch wenn sie von Anfang an in unerhörter Weise sündlos und tugendhaft gewesen sind. Ihr beide besteigt diesen meinem Selbst ähnlichen Rappen und begebt euch zu dem Guru!" Mit diesen Worten stieg er von seinem Rappen ab, und als er den beiden Freunden die Zügel in die Hand gab, stieß das Pferd wiehernd einen deutlichen Schrei des Unmuts aus. Aus beiden Augen rollten[1] ihm Tränen herab, von der Größe eines Eies. Da richtete Vairocana einen Sang an sein Pferd:

Lied 6. Auf die Leuchte der Lehre, den Meister Padma,
Haben alle Wesen der drei Welten ihre Hoffnung gesetzt.
Ich reise nun als sein Stellvertreter in das Land China
Und habe mir einen angenehmen Klosteraufenthalt gewählt.
Deiner, o Rappe, bedarf ich nicht mehr zum Reiten während der Reise.
Ihr beide mir ähnliche brTsegs-se γyu-sgra,
Versprecht, daß ihr den Rappen nicht elend machen werdet.

[1] *byis*, offenbar bisher unbelegtes Pertektum zu *ạbyid-pa*.

Wenn du, mein Rappe, der du des Meisters Padma
Eilbote in den zehn Weltgegenden warst,
Deinen Leib abgeworfen hast, wirst du die Erlösung erlangen
Und für die Verbreitung der Lehre eifrig tätig zu Don-yod in ạPʻan-yul wiedergeboren werden.

Auf diese Worte hin hörten des Rappen Tränen auf. Die beiden brTsegs-se γyu-sgra sprachen also: „Die Leuchte der Lehre, der Meister Padma, hat in der Welt eine große Zahl von Schülern, und der Schüler Lebenssaft gleicht seinem Geiste. Wenn wir zwei Brüder dich in das Land geleiten, wird der König grollen, und über unsere Reisegesellschaft ist Vairocana entsetzt. Auch der Guru dürfte uns wohl grollen. Darum wollen wir nun von hier aus zurückkehren". Als sie so gesprochen, nahmen die beiden Brüder eine Handvoll 9b Edelsteine aus ihren Haaren[1] und übergaben sie ihm. Dies ist das sechste Kapitel.

---

7. Kapitel.

Darauf nahmen sie Abschied und trennten sich. Die beiden brTsegs-se γyu-sgra begaben sich mit dem Rappen nach dem Fels von Padma brtsegs-pa. Die schwarzen Du-har mit ihren Gefolgsleuten gingen in den Haupttempel von bSam-yas in den drei Stilarten, in die Tempel der kleinen Dvīpa,

[1] *ral-ga.* Diese Wortform scheint den Padma-Texten eigentümlich zu sein. JÄSCHKE (Dictionary, p. 525a) zitiert aus dem *Pad-ma t'an-yig* die Ausdrücke *dar-dkar-gyi ral-gu* und *ral-ka* mit einem Fragezeichen. Offenbar ist *ral-ka* gleich *ral-gu*, wie auch CHANDRA DAS (Dictionary, p. 1170) annimmt, der das Wort erklärt: Ornamente, Edelsteine wie Türkise, Korallen u. a. zum Schmuck des Haares. *spar-ta* statt *spar-ba* oder *spar-gaṅ* ist noch zu belegen. An der Schreibung, die in beiden Drucken identisch ist, ist nicht zu zweifeln.

in die drei Dvīpa-Tempel der Herrin (*Jo-mo gliṅ gsum*) und nach mC'ims-p'u ka-c'u, um Opfer darzubringen, die Götter zu verehren und heilige Umwandlungen zu vollziehen. Über Vairocanas Reise nach China war König K'ri-sroṅ ldeu-btsan keineswegs erfreut, und in dem Gedanken, daß es dann in Tibet keine Übersetzer der heiligen Schriften und gelehrte Lochāva gäbe, und daß des Lehrers Abreise hinausgeschoben werden müsse, ließ er in mC'ims-p'ui brag-dmar des herrlichen bSam-yas in Gegenwart des königlichen Gefolges, seiner Gemahlinnen, seines Sohnes und seiner Tochter, der beiden Geschwister, und der tausend Klassen tibetischer Edelleute dem Vairocana einen feierlichen Empfang zuteil werden. Seidenflaggen wurden gehißt, Muscheltrompeten geblasen, Gongs und Zimbeln geschlagen; mit heiligen Umwandlungen, Anbetung der Götter und Opfergaben wurde er geehrt. Darauf schritten sie in den großen Haupttempel von bSam-yas und brachten ihm wohlschmeckende Speisen sowie den Sinnen schmeichelnde und dem Herzen willkommene Gegenstände von ganz hervorragender Qualität dar. Der König, seine Gemahlinnen, die Geschwister und Minister bestürmten Vairocana drei Jahre lang mit Bitten. Die schwarzen Du-har wurden mit ihrem Gefolge nach China gesandt, und nach drei Jahren schickte man ein Schreiben dorthin. Der große Gelehrte Vairocana ging zum Zweck der Meditation nach Brag-dmar γya-ma-luṅ (‚Rotfels-Schiefertal'), und als der Meister am andern Morgen, um sein Mahl zu nehmen, hinausging, wurde er von den Enten des Bezirks von bSam-yas bewillkommnet; darauf wurde er 10a von schönhaarigem Rotwild bewillkommnet, dann von den waldgenährten Raubtieren, dann von den verständigen Edelrossen, dann von den Leittieren der Rinder, dann von den klugen Hunden. Endlich wurde er von den königlichen Kindern, dem Geschwisterpaare, und dann vom Könige mit seinen Frauen, den Ministern und dem Volke bewillkommnet. Darauf betraten sie den Haupttempel von bSam-yas und bewirteten ihn mit trefflichen Speisen von auserlesenem Geschmack. Alsdann sagten sie Sūtra und Gebete her und gingen fort. Nun erschienen insbesondere, als die Dunkelheit der Nacht einbrach, Māra, Yama, die Rākṣasa und Yakṣa, um den Meister zu besuchen und ihm Opfergaben darzubringen. Um Mitternacht erschienen die Gottheiten des Jahreszyklus, der Nakṣatra und Planeten sowie die Nāga und gÑan, um den Meister zu besuchen und ihm Opfergaben darzubringen. In der Morgendämmerung erschienen die Srid-bskos p'ra und die Deva, um den Meister zu besuchen und ihm Opfergaben darzubringen. Darauf erschienen bei Sonnenaufgang die Scharen der Götter der Weisheit, um die Opfergaben der fünf begehrenswerten Gegenstände darzubringen. Wenn die Sonne im Osten stand, taten die sieben Vetāla dort Dienste. In solcher Weise verweilte der Gelehrte Vairocana drei Jahre lang in der Felsgrotte von γYa-ma luṅ (‚Schiefertal‘), vom König K'ri-sroṅ ldeu-btsan unterhalten. Durch seine Meditationen breitete er die Lehre aus. Die in den Reichen wohnenden Wesen legten alle die zehn Sünden ab und übten die zehn Tugenden. Zu dieser Zeit waren im allgemeinen die Wesen des Landes Tibet sämtlich siegreich über ihre Begierden.

Dazumal herrschte unter allen vornehmen Frauen 10 b eine große Liebeslust und heftige Begierden. Unter diesen befand sich des suveränen Fürsten Gemahlin Ts'e-spoṅ bza, mit Beinamen dMar-rgyan (‚Roter Schmuck‘); in der ganzen Welt gab es keine größere Leidenschaft als die ihrige. Sie hörte zwar nicht bei dem Gelehrten Vairocana die heilige

Schrift und das wahre Wort, doch faßte sie eine Leidenschaft für den Meister, und sündige Gedanken blitzten im Herzen der Königin auf. Sie sann darauf, wie sie sich einmal mit dem Meister in Liebe vereinigen könnte, und Wünsche in Gedanken entsendend, verbarg sie sich in ihrer Seele. Zur Zeit, als der Meister am Morgen zu seiner Mahlzeit ging, sandte sie den König auf einen Spaziergang in die Stadt, schickte ihre Kinder, die beiden Geschwister, zum Spielen aus, jagte die Leute ihres Gefolges weg, und nachdem sie so die Menschen einen nach dem andern getäuscht hatte,[1] ging sie allein dem Meister entgegen und lud ihn ein, in das oberste Stockwerk der Königsresidenz von sGaṅ-sṅon rtse-dgu (‚Neungipfliger Blauer Hügel') in mK'ar-ạbar mal-goṅ zu kommen. Sie setzte ihm verschiedene Speisen von trefflichstem Geschmack vor, und als der Meister die vorgesetzten Speisen genossen hatte, erhob er sich und wollte nach γYa-ma luṅ weggehen. Da bat ihn die Königin Ba dMar-rgyan: „Meister, ich habe dich nach sGaṅ-sṅon rtse-dgu eingeladen, weil mich Liebe zu dir erfaßt hat; indem ich immer an den Meister dachte, bin ich zu dir, Meister, in Liebe entbrannt, da in deinem Anblick das Schöne, in deinen Worten das Wahre liegt.[2] Doch du unbekümmert

---

[1] Dies muß wohl der Sinn der Stelle sein, die verderbt zu sein scheint. Beide Drucke haben dieselbe Lesart: *sems-can p̣yi-mas bsu-bai rtiṅ-la-ni.* Ich schlage vor, *bsu* in *bslu* zu verbessern, was den obigen Sinn ergibt. Der Schreiber des für den Druck bestimmten Manuskripts hatte offenbar schon das Wort *bsus* des folgenden Verses im Kopfe, als er *bslu* schreiben wollte, und vergaß infolgedessen das *l*; solche Fälle sind bei tibetischen Kopisten ebenso häufig als bei uns. Das Wort *p̣yi-mas* fasse ich als Adverb in dem Sinne, den Jäschke (Dictionary, p. 349 a) der Verdopplung *p̣yi-ma p̣yi-ma* beilegt. Sonst bedeutet *sems-can p̣yi-ma* (vgl. fol. 11 b, Schluß) „die später lebenden Menschen, posteri, Nachwelt".

[2] Die Stelle wird deutlicher durch die Parallelstelle fol. 19 b: *ci bltas-pas na ci-ru mdzes-pai sku, ci gsuṅs-pa ni ci-ru bden-pai gsuṅ.*

10

darum sagst nichts, du unbekümmert darum bist nicht in einem Menschenleibe geboren". Als sie so gesprochen, umfaßte sie des Meisters Leib. Der Meister war ganz furchtbar erschrocken, 11a die Sinne schwanden ihm, und wie ein auf den Boden geworfenes Ei nach oben aufspringt und dann nach unten in Stücke bricht, zitterte er am ganzen Leibe. Nachdem er mit Mühe seine Gedanken in Ordnung gebracht und seinen Verstand wiedergewonnen hatte, redete er die Königin an: „Wenn mich die Leute deines Gefolges sehen oder wahrnehmen, wird die Lehre des Buddha zugrunde gehen; ich war indessen auf meiner Hut und habe das Außentor verschlossen; durch dieses will ich nun zurückkehren". Mit diesen Worten ging er fort. Während die Königin noch in Gedanken versunken war, hatte sich der Meister wahren Herzens losgerissen[1] und war bereits ganz und gar durch die Tür verschwunden und entflohen. Dies ist das siebente Kapitel.

---

8. Kapitel.

Während die Königin in der Hoffnung, daß er zurückkäme, noch eine Weile sitzen blieb, erkannte sie schließlich, daß er nicht mehr erscheinen würde, sondern zur Tür hinausgegangen war. Der Meister war indessen schon oben auf der Höhe des Bu-ts'al Tempels angelangt. Die Königin gab sich ihren Gedanken hin und verfiel in großen Herzenskummer. „Du, Meister, zu sagen, daß ich in dieser Menschenwelt die Lehre zum Untergang bringe!" Mit solchen

---

[1] *btaṅ*, da ihn die Königin festgehalten hatte. Deutlicher ist die Parallelstelle fol. 20a: *bden sñam sku-la ạjus-pa btaṅ-bas gšegs* ‚wahren (aufrichtigen) Herzens machte er sich von mir, die seinen Körper gefaßt hielt, los und ging fort.'

Schmähworten kehrte sie in ihr Haus zurück. „Möchten die Götter herabsteigen, möchten die Dämonen herabsteigen!" Mit solchen Worten raste sie. Die Bänder ihres Gewandes zerschneidend, sich der Fransen entledigend, brachte sie sich nach Art zerzauster Bettler Nägelwunden bei. Unter Schluchzen und Weinen erschien sie vor ihrem Gefolge. „Was ist der Königin Schlimmes begegnet? Was ist dir widerfahren? Worüber jammerst du?" So fragte ihr Gefolge. Die Königin gab ihrem Gefolge zur Antwort: „Etwas Schreckliches und Unerhörtes ist mir widerfahren. Holet ihr geschwind den König hierher!" Das Gefolge eilte zum Könige, und der große Dharmarāja vernahm des Gefolges Worte. „Die Königin 11 b sagt, holet den König herbei! Etwas Schreckliches und Unerhörtes ist mir widerfahren. Holet den König geschwind herbei, so sagte sie. Der König geruhe, geschwind hinaufzukommen". Der König begab sich, nicht sehr erfreut, in den Palast. Die Königin, das Gesicht dem Boden zugekehrt, lag weinend da. Der König redete die Gemahlin also an: „Was ist dir Schlimmes begegnet, daß du weinst, so furchtbar weinst? Was ist so Schreckliches und Unerhörtes geschehen? Erhebe doch deinen Kopf!" Nachdem der König mit eigener Hand den Kopf der Gemahlin aufgerichtet hatte, saß die Königin aufrecht[1] da und schluchzte und weinte. Sie tat, als wenn sie kein Wort hervorbringen könnte, und sich selbst auf ihre Füße stellend, ließ sie ein hinreichendes Maß von Zeit verstreichen. „Während ich heute morgen an einem menschenleeren Platze Gebete hersagte, erschien der Meister, faßte[2] und packte mich, zerschnitt meine Bänder und riß meine Fransen ab, wie ihr hier seht! Er zerzauste meinen Leib und

[1] *yar-la ljog byas*, sonst nicht belegt.

[2] Nach **B**: sprang auf mich zu.

10*

entstellte mich mit solchen Nägelwunden". Als die Königin so gesprochen, waren des Königs Minister und alle Gefolgsleute, ohne sich erst zu beraten, nur einer Meinung über die Sache. „Er ist todeswürdig, wir müssen ihn töten. Auch wenn wir ihn nicht töten, wollen wir ihn doch verfolgen; auch wenn wir ihn nicht verfolgen, schleppen wir ihn aus der Felsgrotte heraus, schlagen ihn, binden ihn und speien ihn an".[1] Als die Minister und das Gefolge so gesprochen hatten, verkündete der große König die folgenden Worte: „Dieser trefflichste der Männer, dieser Heilige hat noch nicht den Leidenschaften der Welt abgesagt. Er, der gekommen ist, um die Gabenspenderin zu fassen, wird sich im Urteil aller späteren Wesen deren Tadel zuziehen. Die Grundsätze der Geistlichkeit werden untergehen.[2] 12 a Von der Ansammlung unserer Verdienste bleibt auch nicht ein Bruchteil bestehen. Das ist wahrlich keine Freude, wie sollte es auch anders sein?" Nachdem er so gesprochen, verhüllte er sein Haupt und setzte sich. Obwohl die Königin ihr Gefolge durch Reden beeinflußte und aufreizte, in der Hoffnung, ein Mittel zu finden, des Meisters Leib zu verletzen, so wurde doch nicht einmal zur Sprache gebracht, auch nur einmal auf seinen Schatten zu treten,[3] und sie alle wurden verwirrt.[4]

Als man darauf am folgenden Tage in den Haupttempel ging, kam (der Meister) am Vormittag zu seiner Mahlzeit heraus, doch fand keine Begrüßung statt. Die Vogelstimmen,

---

[1] *ťoṅ* scheint ein unbekannter Imperativ zu sein.

[2] *nub-tu ťo-ba yin; ťo-ba*, sonst nicht belegt, scheint futurische Kraft zu haben. Gewöhnlich steht dafür *nub-ste soṅ*, wie z. B. weiter unten (fol. 12 a, Schluß).

[3] *grib-ma ạgom-pa gcig*. Vergl. das Zitat bei CHANDRA DAS, Dictionary, p. 292 b: das Treten auf den Schatten eines Lamas ist sündhaft.

[4] *myog-myog-po*, offenbar = *ñog-ñog-pa*.

die Raubtiere und das Rotwild begrüßten ihn nicht. Die Pferde, die Rinder und das Hundegeschlecht begrüßten ihn nicht. Die königlichen Geschwister und das Königspaar begrüßten ihn nicht. Darauf ging er in den Palast des Königs und trat in das Tor ein; es wurde ihm offenbar, daß die Gefolgsleute von Sinnen waren. Der Meister dachte nach und erkannte die Umtriebe[1] der Königin. Er kehrte wieder um, ging nach Brag-dmar γya-ma-luṅ, trat in seine Wohnstätte ein, und als er wieder zur Tür hinausging, kamen die Tiere, die von der Sache Kunde hatten, um ihn zu begrüßen. Er ging zu den Bergen auf der andern Seite, wälzte sich weinend auf dem Boden und blieb dort eine Zeit lang liegen. Er wurde tief bekümmert, und sein Sinn verwirrte sich. Da entstand in ihm der Entschluß, nicht mehr nach dem Bezirk von bSam-yas zu gehen, und sein Schreibgerät und seine Bücher tragend, reiste er ab. Als er in den oberen Teil des Tales gelangt war, entfuhr ihm ein Lachen. Daher wird die Paßhöhe dGod dkar la-k'a[2] (‚Weiße Paßhöhe des Lachens') genannt. Auf der Paßhöhe schaute er sich um und stieß einen Fluch aus: „Obwohl ich die Lehre vom Glauben an die Tugend gepredigt habe, sind die Tibeter noch nicht von der Befleckung mit der Sünde gereinigt; groß ist die Zahl der Sünden, die sich gleichmäßig auf diese Wesen verteilt. Ich habe die Lehre vermehrt, und doch wird die Lehre zugrunde gehen. Die königliche Gemahlin ist vom Feuer der fünf Gifte entflammt, und Vairocana 12b ist ein weißer Geier. Möge die Königin noch in dieser Existenz die Früchte ihrer

[1] *lto-loṅ*, wörtlich: Magen und Eingeweide. Vergl. *dku-lto*.

[2] Vermutlich identisch mit dem Paß Gokharla auf unseren Karten, nordwestlich von Sam-ye; auf der von der Royal Geographical Society publizierten Karte mit der Höhe von 16620 Fuß bezeichnet

Taten ernten, und da ich keinen heimlichen Fehl habe, die Lehre sich verbreiten, und Vairocana ein gerechtes Urteil finden!" Dies ist das achte Kapitel.

---

9. Kapitel.

Darauf überschritt er den Paß und stieg in das Tal hinab. An der Wegseite lag eine verendete Kuh.[1] In einem Hause, so schien es ihm, war ein Schmied bei seiner Arbeit beschäftigt. Da er sehr hungrig war, trat er in die Tür des Schmiedes ein. „O Schmied, der du aus den Steinen die Juwelen herauskennst, in aller Kunsttätigkeit Erfahrener, das Gekrümmte (Eisen) erweichender Herr, Trefflicher du, ich habe noch kein Frühstück gehabt; nun, da die Hälfte des Vormittags dahingegangen, setze mir Ausgehungertem ein Frühstück vor!" Als der Schmied dies vernommen, sagte er zu seinem Weibe: „Im Toreingang steht ein Mann von sehr sanfter Rede, der um eine Mahlzeit bettelt; geh und sieh doch, wer es ist." Die Frau schaute nach und sprach zum Schmiede: „Sein Aussehen[2] ist noch hübscher als seine sanfte Rede; es ist ein geistlicher Herr, mit Tonsur auf dem Scheitel,[3] der religiöse Bücher trägt". Nachdem sie so gesprochen, stellte er die Arbeit ein, schaute auf, komplimentierte ihn nach den Regeln

---

[1] Kadaver und Skelette von Rindern, Pferden, Schafen usw. sind ein auf den Wegen Tibets ganz gewöhnlicher Anblick.

[2] *žal-ras*, sonst nicht belegt.

[3] *spyi zlum*. Vergl. JÄSCHKE, Dictionary, p. 492a: *dge-ạdun dbu-zlum*, Geistliche mit verhülltem Kopf; dagegen CHANDRA DAS (Dictionary, p. 1101 b): mit rasiertem Kopf. In demselben Sinne wird in der Umgangssprache *mgo ril* (V. C. HENDERSON, Tibetan Manual, p. 55, Calcutta, 1903) gebraucht. Vergl. E. SCHLAGINTWEIT, Die Lebensbeschreibung von Padma Sambhava, II. Teil, S. 525.

der Höflichkeit und lud ihn ins Haus ein. Die Frau des Schmiedes, da sie ihr Haar gewaschen, hatte ein eigenhändig gewebtes Zierstück[1] abgelegt. Nun trug sie Speisen auf, und der Meister nahm die Mahlzeit ein. Mit einem Sūtra sprach er den Segen, sagte ein Gebet her und fragte dann: „Oben auf dem Wege liegt eine verendete Kuh; Gabenspender, gehört sie nicht dir?" Mit diesen Worten entfernte er sich. In jenem Tale spricht man jetzt noch von dem „Kuhweg".

Nachdem der Meister gegangen, entfernte sich der Schmied, um die Kuh zu zerschneiden.[2] Der Frau des Schmiedes aber war ihr Zierstück abhanden gekommen, und sie konnte es nicht finden. Sie sagte zu ihm: „Niemand sonst ist hier gewesen; jener Geistliche von heute morgen muß es gestohlen haben; wenn er heute abend nicht kommt, eile ihm schleunigst nach!" 13a Der mit seiner Arbeit beschäftigte Schmied war sehr bekümmert, nahm Pfeil und Bogen[3] und eilte hinaus. Er nahm die in den unteren Teil des Tales führenden Spuren auf und erreichte nach vielen Windungen

---

[1] Der Haarschmuck der Frauen ist außerordentlich mannigfaltig und wechselt von Stamm zu Stamm. Auf Zeug aufgereihte Türkisen und Korallen kommen am meisten zur Verwendung. Hier handelt es sich wohl um ein Band zur Befestigung des Haares.

[2] Um ihr Fleisch zur Nahrung zu benutzen. Man ißt gewöhnlich verendete Tiere in Tibet; geschlachtet wird nur selten und bei besonderen Anlässen.

[3] Bogen und Pfeile, die ich in Tibet gesehen, sind alle chinesischer Herkunft, ebenso ROCKHILL (Notes on the Ethnology of Tibet, p. 711). Früher jedoch scheint der Bogen (und zwar der Typus des einfachen Bogens, während der chinesische zum Typus des sogenannten zusammengesetzten Bogens gehört) größere Ausdehnung besessen zu haben. Er war, wie noch jetzt der Kugelbogen in Sikkim, aus Bambus verfertigt (*od-mai gžu*). Diesen Ausdruck (Bambusbogen) übersetzt E. SCHLAGINTWEIT (Abhandlungen der Bayerischen Akademie, 1899, S. 434) „Bogen mit der Gurgelsehne", indem er *od-ma* = *og-ma* = *lkog-ma* vermutet.

sein Ziel. Da redete der Schmied den Meister also an: „Heute morgen, als du meine Behausung betreten, habe ich dir wohlschmeckende Speisen gegeben. Zum Entgelt dafür hast du meiner Gattin Haarschmuck gestohlen. Schamloser, du, nun habe ich dich gestellt!“[1] Mit diesen Worten setzte er die Pfeilkerbe auf die Sehne und machte sich völlig schußbereit. Der Meister hatte keine Zeit mehr sich zu entfernen; er war nun einmal gefangen[2] und setzte sich darum zur Wehr.[3] Der Pfeil traf oben auf die Bücher, die er vor sich hielt. Der Meister war unverwundet, und ohne ihm Zeit zu lassen, den Pfeil wieder anzulegen, packte er den Schmied an beiden Händen und schleuderte ihm die Wahrheit ins Gesicht: „Da ich des Königs K'ri-sroṅ lde-btsan getreuer Opferpriester zu sein gelobt habe, bin ich der Königin Ts'e-spoṅ bza Ba dMar-rgyan gegenüber, ohne meinen Eid, die Wurzel der drei Gelübde, zu brechen, rein geblieben. Als ich in dein Haus kam und das bereitete Frühstück verzehrte, habe ich deiner Gemahlin Haarzierstück, da es mir nicht gegeben war, ohne meinen Eid, die Wurzel der drei Gelübde, zu brechen, nicht genommen. Damit jedoch der Wesen und deine Begierden erfüllt werden, sollen der Pfeil und Bogen,

---

[1] *liṅs-kyis gtaṅ-ṅo.* Vergl. JÄSCHKE (Dictionary, p. 547 b): *liṅs gtoṅ-ba*, durch Jagen erlangen, erjagen; *liṅs btaṅ-ba*, erlegtes oder gefangenes Wild.

[2] *liṅs-kyi btaṅ-nas*, so lese ich statt *ziṅs* des Textes, das keinen Sinn hat und einfach verschrieben ist. Es ist klar, daß die kurz vorhergehende Phrase hier wiederholt sein soll. Der Schmied ruft ihm zu: nun habe ich dich gepackt; der Meister sieht ein, daß es zur Flucht zu spät, und daß er in dieser Klemme gefangen ist.

[3] *ạdziṅs-pa*, kämpfen (nach JÄSCHKE); doch hier ist nur von passivem Widerstand die Rede; vielleicht auch: sich kampfbereit machen, Kampfstellung einnehmen. Ich bin diesem Worte sonst nicht begegnet. BELL (Manual of Colloquial Tibetan, Calcutta, 1905, p. 392) schreibt dem Worte auch die Bedeutung ‚fechten‘ zu.

die nach meinem Leben zielten, der Bogen in Gold, der Pfeil in Türkis verwandelt werden". Mit diesen Worten berührte er die Spitze, und des Schmiedes Pfeil und Bogen wurden ganz und gar zu Gold und Türkis. Der Schmied war beschämt, und plötzlich[1] kam ihm sein Unrecht zum Bewußtsein. 13b „Deiner Gattin Haarschmuck ist von dem Söhnchen verschleppt worden; zwischen dem Kehricht unter dem Dache wird sie ihn finden. Ich bin ein Geistlicher, der nicht Gegebenes nicht nimmt, und ich sollte deiner Gattin Haarschmuck gestohlen haben?" Nach diesen Worten ging der Meister weg. Dieser Bezirk wird *Ba-glaṅ brlag-mda* (‚Unterer Teil des Tales, wo die Kuh vernichtet ist') genannt. Auch der Schmied kehrte alsdann heim. Dies ist das neunte Kapitel.

---

10. Kapitel.

Um diese Zeit verbrachte der König K'ri-sroṅ ldeu-btsan in sehr düsterer Stimmung verhüllten Hauptes die Nacht. Als es tagte, war er übel gelaunt, als wenn ihm das Herz aus dem Leibe gerissen wäre. Er erhob sich und ging, um Vairocana zu sich zu rufen, nach Brag-dmar γya-ma-luṅ, wo er indes nicht verweilte; da machte er sich auf den Weg nach Ha-re. Die Raubtiere, das Rotwild, die Vögel und Menschen alle schauten in der Richtung nach Norden und weinten. Der Dharmarāja K'ri-sroṅ ldeu-btsan war übler Laune, als wenn ihm Fleisch und Knochen abgetrennt würden. Der König begab sich zu seiner Gemahlin und schüttete seinen Kummer aus. „Wenn ich an den Meister denke, glaube ich

---

[1] *tug-ger*, wohl = *tug-gis*, bei CHANDRA DAS, Dictionary, p. 517b.

seine Worte zu hören. Wenn ich gehe[1] und den Meister finde, will ich dich ihm, wenn du wünschest, auf immer geben".[2] Mit diesen Worten bestieg er sein starkes Roß[3] und ging den Meister zu suchen. Am Fuße des Passes dGod-dkar traf er einen schwarzen Mann, einen Schmied, der lachte und lächelte. Der König sagte: „Du, Mann, bist ja in freudiger Stimmung. Hast du etwas gefunden, oder worüber freust du dich? Hast du hier oder weiter fort einen Menschen vorübergehen sehen?" Als der König diese Worte gesprochen, antwortete der schwarze Mann, der Schmied, also: „Du, Mann, der du wie ein schweißtriefendes Pferd hier erschienen bist, 14a wohin eilst du? Von wem bist du vertrieben? Was tust du hier? Ein Mann ist hier sehr geschwind vorbeigekommen. Meine frohe Stimmung ist durch diese Gabe von Pfeil und Bogen veranlaßt; darüber freute ich mich und lachte". Der König fuhr rasch zusammen und eilte fort. Da gelangten beide zusammen an den Fluß sKyi-c'u. Der Meister machte im Wasser die „drei Schritte"[4] und verschwand dann in einem Augenblick in der Richtung der jenseitigen Berge. Als die Sonne hoch am Himmel stand und zur Rüste gehen wollte, hatte er ihn noch nicht eingeholt. Während der König vom Wasserschaum bespritzt und bedeckt wurde, warf ihm von der anderen Seite her der Meister nur einen flüchtigen Blick zu;[5] der Fluß war

---

[1] *rgyu*, konjiziert statt des sinnlosen *rgya* des Textes.

[2] *gtan-du ạbul-lo*. Weiter unten (fol. 14a, Schluß): *gtan-gyi grogs-su ạbul*, zur ständigen Freundin geben.

[3] *Šugs-ldan*, wahrscheinlich Name des Pferdes.

[4] Gegen Himmel, Erde und Unterwelt.

[5] Die Konstruktion des Satzes ist nicht sehr durchsichtig, wird aber aus der Parallelstelle im folgenden 11. Kapitel klar, wo der König die Geschichte wiederholt. Statt *spyan-gyis gzigs* ‚mit einem Auge sehen, flüchtig hinschauen', ist dort deutlicher gesagt *spyan-zur tsam gzigs* ‚nur mit einem Winkel des Auges hinschauen, kaum eines Blickes würdigen'. Der König versucht erst, den Fluß

aber stark geschwollen, und er konnte ihn nicht überschreiten, auch war kein Fährmann mit Boot da. Die Dunkelheit war eingebrochen, so daß es zu spät war, die Stadt zu erreichen. Daher stieg er vom Pferde ab, verneigte sich vor ihm wie vor einem Gott und bat: „O du mein Opferpriester Vairocana! Da ich dich als Führer zur Seligkeit für die Wesen des Saṁsāra, als Vermehrer der Lehre der Buddhareligion und als meinen heiligen Opferpriester berufen habe, wohin gehst du und verlässest mich? Wenn die Königin wünscht, will ich sie dir als ständige Freundin geben. Bitte, komm als mein heiliger Opferpriester zurück!" Als der König mit diesen Worten seine Bitte vorgetragen, erwiderte der Meister von der Nordseite des Flusses sKyi-c'u her: „Gläubiger König, lieber Herrscher! Weiberwerke sind wie das starke Gift *Hala*; die Wesen, die es verzehren, werden des Todes sein. Weiberwerke sind wie Rākṣasī bei der Arbeit; den Wesen, die von diesem Strudel gepackt werden, ist rascher Tod gewiß. Weiberwerke sind wie der Pfuhl der Hölle; die Wesen, die von diesem Strudel gepackt werden, fassen Schmutz an. Weiberwerke 14b sind wie der Kerker des Kreislaufs; wer davon befleckt wird, wird unmöglich der Erlösung teilhaftig. Weiberwerke sind wie das Unheil des Māra; wer damit in Berührung kommt, erfährt unermeßliches Elend. In meiner Seele ist nicht ein Keim von Leidenschaft; da er nicht in der Seele ist, wie sollte er im Körper entstehen? Zum Zweck unserer Vereinigung hatte die Königin Intrigen geschmiedet. Doch wann wird es an den Tag kommen, wer unschuldig ist?

---

zu durchreiten (die in Tibet übliche Art des Flußübergangs), wird aber durch den hohen Wellengang gehindert und bei dieser Gelegenheit vom Wasser bespritzt. Bei ihrer Tiefe und ihrem rapiden Gefälle werfen die tibetischen Bergflüsse oft Wellen auf, die dem Ozean alle Ehre machen würden.

Kehre zurück! Ich gehe nicht mehr in des Königs Land. Suche dir einen andern Opferpriester, ganz nach der Sitte verfahrend". So sprach der Meister und setzte allein seinen Weg fort. Der König war nicht müde,[1] aber sein Pferd war matt, erschöpft und heiß, und es war dunkel. Dieser Ort heißt nun *Tsʻa-ba gru* (,Heißer Winkel'). Der König blieb dort zurück, während der Schmied heimkehrte.

Als die Sonne sich gerötet hatte, gelangte er nach Hause. Seine Frau trat vor ihn hin und sagte: „Du hast doch nicht etwa jenen Geistlichen getötet? Meinen Haarschmuck hat das Söhnchen unter das Dach verschleppt; ich habe ihn zwischen dem Kehricht gefunden, und da ist er". Der Schmied erwiderte zornig seiner Frau: „Ohne erst alles ordentlich zu durchsuchen, hast du gleich darauflos gesagt: ,der Geistliche hat es gestohlen, laufe ihm nach!' Im unteren Teile des Tales holte ich den Geistlichen nach vielem Hin und Her ein, machte mich mit Pfeil und Bogen schußbereit und dachte schon: ,Jetzt habe ich ihn mir erlegt'. Der Pfeil traf indes seine heiligen Bücher, und er packte mich, um mich zu töten. Ich dachte, daß die Reihe nun an mich gekommen sei, um selber umgebracht zu werden, und schwebte in ganz entsetzlicher Angst. Das Morden war aber nicht sein Fall, sondern er gab eine Erklärung ab und sprach so mit wohlberechneten Worten: ,Da ich des Königs Kʻri-sroṅ ldeu-btsan getreuer Opferpriester zu sein gelobt habe, habe ich der Königin Tsʻe-spoṅ bza Ba dMar-rgyan 15a gegenüber meinen Eid, die Wurzel der drei Gelübde, nicht gebrochen, noch habe ich,

[1] *mi cʻad*, nicht gebrochen in seiner Kraft; vergl. das Wort *ga-cʻad-pa*, ,ermattet', dem analog *ga-mug*, offenbar synonym mit *yi-mug* gebildet zu sein scheint. In fol. 18b dieser Schrift kommt die Verbindung *šin-tu yi-mug ga-cʻad* vor.

was mir nicht gegeben ward, genommen. Damit jedoch der Wesen und deine Begierden erfüllt werden, sollen der Pfeil und Bogen, die nach meinem Leben zielten, der Bogen in Gold, der Pfeil in Türkis verwandelt werden'. So sprach er. Mein Pfeil und Bogen wurden ganz und gar zu Gold und Türkis. Ich schämte mich sehr und vermochte nicht die Augen aufzuschlagen. Darauf richtete er folgende Worte an mich: ,Deiner Gattin Haarschmuck ist von dem Söhnchen verschleppt worden; zwischen dem Kehricht unter dem Dache wird sie ihn finden. Ich bin ein Geistlicher, der nicht Gegebenes nicht nimmt, und es sollte mir in den Sinn kommen, der Schmiedin Haarschmuck zu stehlen?' Nach diesen Worten zog er bergaufwärts ab, und ich bin hierher gekommen." Dann zeigte er ihr Pfeil und Bogen, und der Schmiedin Herz war zwischen Freude und Weinen geteilt. Dies ist das zehnte Kapitel.

---

11. Kapitel.

Am andern Morgen schaute von Tagesanbruch bis Mittag König K'ri-sroṅ ldeu-btsan in *Ts'a-ba gru* nach, ob sich der Meister am andern Ufer des Flusses befände. Er war aber nicht da. Da trieb das Ufer des Flusses entlang ein Boot hinab; ein Mann nahm das Roß beim Leitseil[1] und setzte sie über den

[1] Meine Verbesserung *sgrog* statt des sinnlosen *dro* (beide Wörter mit derselben Aussprache: *ḍo*) gründet sich auf die Tatsache, daß man noch heutzutage in Tibet ein Pferd in dieser Weise über einen tiefen Fluß schafft. Ein im Boote sitzender Mann faßt das Tier an der Halfter und läßt es so hinter dem Boote her schwimmen. Die Böte sind bekanntlich rund und korbförmig, und bestehen aus harten Yakhäuten, die über einem Rahmen von Weidenholz befestigt sind. Ein Spezimen eines solchen Bootes, von mir aus Ost-Tibet mitgebracht, befindet sich im Field Museum, Chicago.

Fluß, worauf der Fährmann wendete. Als er ans andere Ufer gelangte, war nichts zu sehen. Die Spuren waren ausgetilgt, und die Abdrücke der noch vorhandenen Spuren waren zu schwach geworden. Daher kehrte er um, stieg zur Tür des Schmiedes herab und fragte ihn: „Sage mir, wohin der Geistliche gegangen ist, der dir gestern begegnete. Du sagtest doch, er habe dir Pfeil und Bogen von Gold und Türkis gegeben. Was hast du für diesen Geistlichen getan?" Der Schmied sagte zum Könige: „Der Geistliche hat über die Geschäfte, die ihn hierher führten, gar nichts gesagt; sein Reiseziel ist mir unbekannt, auch habe ich ihn nicht danach gefragt. 15b Ich hatte ihn im Verdacht des Diebstahls, schoß einen Pfeil auf ihn ab und schämte mich dann sehr. Was den goldenen Bogen und Türkispfeil betrifft, den ich vor dem König verborgen hielt, so hatte ich ihn mit wohlschmeckenden Speisen und Gaben bewirtet, und als Gegengeschenk gab er mir den goldenen Bogen und den Türkispfeil. Er ist wahrlich kein gewöhnlicher Mensch, sondern der trefflichsten einer. Zu welchem Geschlechte gehört er denn? Wie ist sein Name? Du, der du ihn verfolgst, warum verfolgst du ihn eigentlich?" Der König, den Namen seiner Gemahlin aus dem Spiele lassend, erwiderte: „Dieser Heilige, der trefflichste unter den Männern, ist ein Mitglied des Geschlechts rNam-par snaṅ-mdzad[1] von dBus und wird mit Namen Vairocana genannt. Ich jage hinter ihm her, denn er ist der von mir berufene Opferpriester. Er will aber nicht zu mir kommen. Ob er wohl nach China abgereist ist?" Dann machte er sich in verzweifelter Stimmung auf den Weg nach Hause auf.

Über den Paß dGod-dkar gelangte er nach bSam-yas.

---

[1] Tibetische Übersetzung des Namens Vairocana.

Die Königin und das Gefolge bestürmten den König mit Fragen. Der König erzählte: „Ich hatte so recht die Verfolgung aufgenommen und ihm nachgesetzt, als ich bei Sonnenuntergang an das Ufer des sKyi-c'u gelangte. Dieser Heilige ist aber ein Mann von Zauberkräften. Vom Wasserschaum bedeckt und bespritzt, rief ich ihn an, und nur mit dem Augenwinkel sah er nach mir herüber, während ich ihm wie einem Gott Verehrung bezeigte und ihn zur Umkehr bat. Doch er wollte nicht kommen und sagte mir die folgenden Verse her: ‚Gläubiger König K'ri-sroṅ! Weiberwerke sind wie das starke Gift Hala; die Wesen, die es verzehren, werden des Todes sein. Weiberwerke sind wie Rākṣasī bei der Arbeit; den Wesen, die von diesem Strudel gepackt werden, ist rascher Tod gewiß. Weiberwerke sind wie der Pfuhl der Hölle; die Wesen, die von diesem Strudel gepackt werden, 16 a fassen Schmutz an. Weiberwerke sind wie der Kerker des Kreislaufs; wer davon befleckt wird, wird unmöglich der Erlösung teilhaftig. Weiberwerke sind wie das Unheil des Māra; wer damit in Berührung kommt, erfährt unermeßliches Elend. In meiner Seele ist nicht ein Keim von Leidenschaft; da er nicht in der Seele ist, wie sollte er im Körper entstehen? Zum Zweck unserer Vereinigung hatte die Königin Intrigen geschmiedet. Doch wann wird es an den Tag kommen, wer unschuldig ist? Kehre zurück! Ich gehe nicht mehr in des Königs Land. Suche dir einen anderen Opferpriester, ganz nach der Sitte verfahrend‘. Mit diesen Worten setzte der Meister, ohne daß man weiß, wohin er ging, seinen Weg fort.“ Als der König so gesprochen, bemächtigte sich der Königin, des Gefolges und der Minister eine recht übellaunige Stimmung.

Zu dieser Zeit begab sich Vairocana in den Wald von

Yer-pa gtsug-ri spuṅs-pa und gab sich Meditationen hin. Da versammelten sich die Nāga und bTsan mit der Lha-mo, Affen pflückten Fr̨üchte und Heilkräuter, die sie ihm vorsetzten. Lha-mo, die Nāgī und bTsan umwandelten ihn und brachten Opfergaben dar. Der Meister erlangte das Gleichgewicht der Seele und sah vermittelst der Abhijñā, daß die Leute von bSam-yas sich über ihn lustig machten, sündige Handlungen begingen, das Almosenspenden einstellten, daß ihre Moral in Verfall geriet, und daß durch ihre Verfehlungen übernommene Pflichten verletzt wurden, daß nach ihrer Meinung der Meister, wenn er so handle, ein Heuchler sei, und daß seine Schüler vielfache Sünden begingen. Da bemächtigte sich des Meisters eine gar üble Laune, und er sann darauf, eine solche Gesellschaft auf den rechten Weg zu bringen. Er bannte den großen Nāga Nanda und sandte durch ihn dem Leibe der dMar-rgyan die Krankheit des Aussatzes. Als die Königin von dieser Krankheit 16b große Schmerzen litt, sandte sie nach einer geschickten zauberkundigen Wahrsagerin. Da stieg Lha-mo von Yer-ma btsan-rgod herab und trat ein. Die Königin befahl[1] ihr, die Lose zu werfen. Der Meister zog durch seine Meditation mit ganzer Kraft die schwarzen Nāga herbei und hielt sie durch die Handstellung (mudrā) der Beschwörung in seiner Faust gefesselt. Da erzitterte die Stadt durch die Anwesenheit der schwarzen Nāga. Unter diesen befand sich der schwarze Nāga ạDam-ạdzin (‚Der Schmutz Anfassende'), der einer schwarzen Spinne gleich 360 Füße und Hände und ein Auge auf der Stirn hatte; der Giftspeichel floß ihm um den Mund. Nachdem der Meister ihn unter seine Macht gezwungen, erschien er vor ihm: „Warum lässest

[1] *gzigs.*

du mich nicht in Ruhe? Du hast mich mächtig angezogen[1] und beschworen, was ist widerfahren? Was soll ich tun?" So sprach er mit mürrischem Blick. Der Meister redete den schwarzen Nāga also an: „Du hausest am Fuße dieses Berges, ich hause auf des Berges Mitte; daher sind wir beide nachbarlich verbundene Brüder. Mir ist ein Feind erstanden, der durch deinen Beistand abgewendet werden soll. Keine größere Zauberkraft gibt es als die deine. Nimm ein Gelübde auf dich, Sohn des schwarzen Nāga!" Nach diesen Worten rezitierte er das *sÑiṅ-po stoṅ-rtsa.* Mit Fleisch und mannigfachen Opfergaben wurde der Nāga gebannt, der dann in freudiger Stimmung also sprach: „Heiliger, du, mein nachbarlich verbundener Bruder! Wo ist der die Lehre vernichtende Feind? Ich habe doch schon die Krankheit des Aussatzes entsandt." Der Meister freute sich sehr und sagte zu dem Nāga: „Mit Kraft und Stärke ausgerüsteter schwarzer Nāga! Mein die Lehre vernichtender Feind ist des in bSam-yas weilenden Königs K'ri-sroṅ ldeu-btsan Gemahlin Ts'e-spoṅ 17a bza Ba dMar-gyan. Weil meine Worte nicht beachtet werden, halte du, Nāga, sie, die vom Aussatz ergriffen ist, daran gefesselt." Er löste die ihn bindende Mudrā und ließ den Nāga frei, der sich nach Mal-goṅ sGaṅ-sṅon rtse-dgu in bSam-yas begab. Die Königin dMar-rgyan wälzte sich auf ihrer Lagerstätte. Er preßte ihre Waden und schlich sich durch ihren Mund nach unten ein. Er trat an die Stelle ein, wo die Grenze zwischen dem Weißen und Schwarzen des Herzens ist, und hielt sie gefangen. Mit seinen zahlreichen Gliedern reckte er alle ihre Adern aus. So war die Königin, unter des Nāgas Macht gebracht, gefesselt. Als sie erwachte, hatte

[1] Dieser aus Goethe's Faust entlehnte Ausdruck entspricht ganz der tibetischen Phrase *sñiṅ-nas draṅs.*

sie keine Lust zu essen, und ihr Körper war wie gelähmt. Die Wahrsagerin mischte[1] göttliche Arzneien, doch obwohl sie Lose warf und Hexenkünste anwandte, war alles nutzlos. Ein Jahr, zwei Jahre lang sagten beständig der König und das ganze Volk: „Wir alle wissen, daß es der Aussatz ist." Der König und seine beiden Kinder benetzten ihre Kissen mit Tränen. Um diese Zeit bannte Vairocana in der Felsgrotte von Yer-pa die dPal-ldan Lha-mo.[2] Als die zauberkundige Wahrsagerin Kun-šes T'iṅs-po stieg Lha-mo herab und wurde in den Bezirk von bSam-yas gesandt. In bSam-yas warf sie allenthalben[3] die Lose, und da das ganze Saṁsāra dabei zum Vorschein kam, erlangte sie den Ruf der Geschicklichkeit. Der König erließ einen Befehl, und die Wahrsagerin wurde von seinem Gefolge herbeigeholt. Die Wahrsagerin ging nach Mal-goṅ sGaṅ-sṅon rtse-dgu. Der König, Vater und Mutter, die beiden Kinder, im ganzen vier, und alle Gefolgsleute erschienen in der Tür und warfen Lose: „Meine Gemahlin ist von solcher bösen Krankheit ergriffen. Welcher Art ist ihre Vergehung und Verfehlung? Welcher Art sind die Dämonen, die ihr Harm zufügen? Was für Zeremonien werden wirksam sein? 17b Wer diese meine Gemahlin heilen wird, dem werde ich der Ausdehnung und Zahl nach fest abgegrenzte Landesbezirke schenken." Dies ist das elfte Kapitel.

---

[1] *dguṅ bšer bya-ba* (?).

[2] Çrīdevī, s. A. GRÜNWEDEL, Mythologie des Buddhismus, S. 175 und die Abbildungen S. 66, 173.

[3] *p̄u-mda med-pas*, ohne Unterschied zwischen dem oberen und unteren Teile des Tales, d. h. überall im ganzen Orte. Vergl. analog gebildete Redensarten wie *ñin-mts'an med-par* ‚Tag und Nacht ununterbrochen'; *dbyar dgun ston dpyid med-par* ‚das ganze Jahr hindurch, perennirend'. Im Anfang des 12. Kapitels: *ṅo lkog med-par* ‚ohne Rücksicht auf Öffentliches und Privates, ganz offen, ohne Geheimnistuerei'. Weitere Beispiele bei JÄSCHKE, Dictionary, p. 418b oben.

12. Kapitel.

Darauf verfertigte die Wahrsagerin die Lose und ordnete neun Arten derselben an; endlich, als sie das Los geworfen, und das Los für den König, Vater und Mutter, zum Vorschein kam, sagte sie: „Alle Gedanken der Königin sind den Weg des Unrechts gewandelt. Ein Weib, das keine Vergeltung für sein Tun findet, wird nach der gewöhnlichen Rede der Menschen vom Aussatz erfaßt. Die Zeremonie der Befreiung davon muß von allen in breitester Öffentlichkeit bezeugt werden.[1] Ein guter Lama ist reich an Ratschlägen. Die größten unter den hervorragenden sind die beiden Meister, die sich gegenseitig freuen zu sehen, daß sie keine Last der Sünden drückt, die unzertrennliche Freunde sind, einer an dem andern hängend. Der den Lama[2] vertretende Schüler[3] ist entlassen worden, und seine Tätigkeit lahmgelegt.[4] Die Königin ist herzlos und hat nur den Verstand eines Tieres; mit ihren Begierden ist sie in einen Zustand geraten, in dem sie nicht mehr begehrt. Als Entgelt für die großen Intrigen, die sie gesponnen, und für die Lästerungen, die sie ausgesprochen, ist zur Strafe dafür diese Krankheit entstanden. Was andere in dieser Sache tun könnten, ist von keinem Wert; es wird vielmehr gut sein, daß der Meister[5] eingeladen und die Sühne vornehmen wird." Im Herzen des Königs wurden große Zweifel rege; die Königin gab ihre Schuld im Herzen, aber nicht mit dem Munde zu. Der König erließ an seine Gefolgsleute den Befehl: „Meine

---

[1] *Ḱur* (?).

[2] D. i. Padmasambhava.

[3] D. i. Vairocana.

[4] *bskyil*, bedeutet wörtlich: einpferchen (von Vieh); eindämmen, stauen (einen Fluß).

[5] Padmasambhava.

königlichen Kinder Mu-tig btsan-po und K'rom-pa rgyan[1] sollen mit zahlreichen Begleitern nach Norden entsandt werden, um den Meister[2] zu suchen und hierherzubringen." Der König bestieg einen vierrädrigen Wagen mit trefflichen Pferden und ging unter Musik mit zahlreichem Gefolge, um Padmasambhava von Udyāna aus der Kristallgrotte von Yar-kluṅs einzuholen. Er gelangte nach dGe-steṅ 18a spaṅ-k'a, machte eine heilige Umwandlung, verneigte sich vor ihm wie vor einem Gott, brachte ihm Opfergaben dar und trug dann folgende Bitte vor: „Ach! Großer Mann von Udyāna, Padmasambhava! Meine Gemahlin ist vom Aussatz erfaßt. Was etwa andere Nützliches tun könnten, hat durchaus keinen Wert. Die Wahrsagerin Kun-šes T'iṅs-po hat die Lose geworfen und gesagt, daß es heilsam wäre, wenn der große Meister Padma herberufen und durch Opfergaben die Sühne vollziehen würde. Ich bitte dich daher, nach dem herrlichen bSam-yas in Bragdmar zu kommen." Padmasambhava von Udyāna antwortete: „Fünfter aus edlem Geschlecht, vollendeter Sammler der Schriften und Erklärungen des Buddhaworts, du bist mit der Bitte gekommen, daß den fünf Pfaden des Saṁsāra die Tür verschlossen werde. Da es von großer Wichtigkeit ist, daß ich zum Heil der Wesen wirke, so will ich mich dem König auf seine Einladung hin anschließen und nach bSam-yas gehen. Ihr viele hunderttausende Dämonen, meine Schüler, ohne mich nach bSam-yas in Brag-dmar zu geleiten, schützet hier sorgfältig die ununterbrochen zu ehrende Lehre!" Als er diese Ansprache an die Dämonen gerichtet hatte, bestieg er den achträdrigen Wagen mit trefflichen Pferden. Der König und

[1] Die Tochter des Königs, deren Name an dieser Stelle zum ersten Male genannt wird.

[2] Vairocana.

sein zahlreiches Gefolge zogen dahin, indem sie ihn von allen Seiten umringten. Vorne, hinten, rechts und links mischten sich die Klänge der Musikinstrumente. Sie überschritten den Fluß Lohita und gelangten nach bSam-yas. Dem großen Mann von Udyāna, Padmasambhava, bezeigten die drei Klassen der Götter, Dämonen und Menschen, die sich angesammelt hatten, wie einem Gotte Verehrung. Die Vögel, die mit Klauen versehenen Tiere, alle die mit ungeteilten Hufen und alle, deren Hufe geteilt sind nach Art des Buchstabens e (ཹ), erwiesen ihm göttliche Verehrung und brachten verschiedene Opfergaben dar. Auch die Königin erwies ihm dieselbe Verehrung und brachte Spenden dar.

Darauf gingen sie nach Mal-goṅ 18b sGaṅ-sṅon rtse-dgu und setzten ihm mannigfache Speisen von trefflichstem Geschmack vor. Padma von Udyāna, der das Auge der Weisheit besaß und die drei Zeiten klar in seinem Geiste erschaute, sagte: „Zum gegenwärtigen und künftigen Heil der Wesen ist mein Schüler Vairocana gerade irgendwo mit der Vollziehung von Bannungen beschäftigt." „Soll man ihm nicht Nachricht senden,[1] oder was sonst soll geschehen?" „So geht und führet ihn zu mir!" also sprach er. Der König schämte sich ganz empfindlich, doch außerstande, den wahren Sachverhalt der Geschichte zu erzählen, sagte er, in der Hoffnung auf die zur Suche ausgeschickten Geschwister, zu Padma von Udyāna also: „Um Vairocana machen meine Kinder, die beiden Geschwister, die größten Anstrengungen; in spätestens drei Tagen werden sie vor mir erscheinen." Darauf langten anderen Tages gerade zur Mittagszeit der Sohn und die Prinzessin mit ihrem zahlreichen Gefolge an. Der König befragte den Sohn,

---

[1] *skad ťeṅs*, sonst nicht belegtes Verbum.

der ihm erwiderte: „Wir sind nach Norden in allen Richtungen gewandert, und suchend haben wir alle, die zu reden verstehen, Mann oder Weib, gefragt. Von jenem einen Manne aber haben wir keine Spur gesehen, daher haben wir es in großer Verzweiflung aufgegeben und sind nun hier angekommen." Aus dem Munde des väterlichen Herrn, des Königs, kamen folgende Worte: „Da ihr ihn in diesem großen Königreiche nicht gefunden habt, werden sicher die Vögel, wenn er sterben sollte, seinen Leichnam verzehren." Damit brach der König in Weinen aus, und unter seinen Tränen flossen solche von der Größe einer Erbse. Darauf trocknete er seine Tränen mit der Hand ab. Unter der Führung[1] des Königs und der beiden Geschwister machten sie die Umwandlung um den Großen von Udyāna, erwiesen ihm Verehrung wie einem Gott und brachten ihm mannigfache Opferspenden dar.

19a Der große Königssohn Padma sagte: „Ihr beiden Geschwister, die ihr hierher gekommen seid, sagt mir, wohin ist mein Schüler Vairocana gegangen?" Ihm antwortete der väterliche Herr, der König: „Leuchte der Lehre, großer Königssohn! Was die Geschichte von der Abreise des Vairocana anbelangt, so ist mir soeben eine Nachricht von meiner Gemahlin Ba dMar-rgyan-ma zugekommen, die mir sagen läßt, daß sie mich gebührend zu informieren wünscht." Der König und seine beiden Kinder sagten: „Erheben wir uns und brechen auf!" Sie begaben sich dahin, wo die Königin war, worauf der König folgende Worte sprach: „Zieht man den Ausbruch dieser bösen Krankheit bei der Königin, den Ausspruch der Wahrsagerin von gestern und des Meisters Vairocana Worte in Erwägung, die lauten: 'In meiner Seele ist nicht ein Keim

[1] *sna mtsʻon-te = sna ḳrid-de; mtsʻon-pa* ‚Führer' (CHANDRA DAS, Dictionary, p. 1042).

von Leidenschaft; da er nicht in der Seele ist, wie sollte er im Körper entstehen? Zum Zweck der Vereinigung von Gabenspenderin und Priester[1] hatte die Königin Intrigen geschmiedet; suche dir einen anderen Opferpriester!' (und mit diesen Worten entfernte er sich), so ist es gewiß, da dieser Heilige sicherlich keine Leidenschaft hat und seinem Gelübde nach die Lüge meiden muß, daß der große Heilige keine Lüge sagt. Gemahlin, es ist in deinem Interesse, den Meister in seiner Aussage zu stützen. Hast du nicht große Lästerungen ausgestoßen? Nun sprich vor dem Großen von Udyāna, ihm göttliche Verehrung bezeigend, die Wahrheit, und du wirst von deiner Krankheit geheilt werden, wenn du die Beichte abgelegt hast." Auch die beiden Geschwister, in Übereinstimmung mit des Königs Worten, sagten zu der Mutter mit großem Eifer: „Die Mutter überlege es sich wohl und denke nach; wenn sie dann von dieser bösen Krankheit, dem Aussatz, geheilt sein wird, wird sie in ihrem Herzen genau so denken, wie jetzt wir."[2] Da nun 19b versprach sie die Wahrheit zu sagen. Dies ist das zwölfte Kapitel.

---

13. Kapitel.

Darauf lud König K'ri-sroṅ ldeu-btsan den Großen von Udyāna auf den Tron ein, setzte verschiedene Opfergegenstände in Bereitschaft und versammelte die Minister des Hauses, die Minister der Staatsangelegenheiten, das ganze Gefolge und die Besten des Volkes. Er führte seine Gemahlin und hieß

[1] *yon mč od*; im Gebrauch dieser Phrase weicht dies Zitat von den früheren Stellen, fol. 14b (S. 58) und 16a (S. 61), ab, wo das Wort *o-skol* gebraucht ist.

[2] *ci ni ạdra — ạdra*, qualis — talis; *sñam sems = sñams-su sems; na aṅ = na yaṅ*. Wörtlich: von welcher Beschaffenheit auch unsere Gedanken sein mögen, mögen unsere Gedanken sein, wie sie wollen, in gleicher Weise wirst du im Herzen denken.

sie ihr Gesuch bei dem Guru vorbringen. Die Gemahlin erwies ihm göttliche Verehrung und trug ihre Bitte vor: „Leuchte der Lehre, Schatz von Udyāna, ich bin ein leidenschaftliches Geschöpf.[1] Wiewohl er in der Tat nicht mehr dem Wechsel der Wiedergeburten unterliegt, hat mich doch zu dem Meister, dem Bhikṣu Vairocana, da in seinem Körper, wenn ich ihn schaute, für mich das Schöne lag, da in den Worten, die er sprach, für mich das Wahre lag,[2] mächtige Liebe ergriffen. In meiner Seele sandte ich wieder und wieder Wünsche nach ihm. Einst, als ich eines Morgens eine Gelegenheit suchte, sandte ich den König, den Herrscher, auf einen Spaziergang in die Stadt, schickte die Kinder, die beiden Geschwister, zum Spielen aus, trieb mein Gefolge fort, um seine Aufmerksamkeit abzulenken, und dann ging ich allein zum Empfang dem Meister entgegen, lud ihn in das oberste Stockwerk der Königsresidenz ein und setzte ihm wohlschmeckende Speisen vor. Auf solches Verfahren bauen ja alle Menschen. Doch der Meister, unbekümmert darum, auf welchem Wege ist er geboren?[3] Nachdem ich so getan, umfaßte ich den Leib des Meisters. Der Meister erschrak gewaltig[4] und zitterte. Der Bhikṣu Vairocana sprach diese Worte: ‚Wenn mich das Gefolge wahrnimmt, wird die Lehre unter-

---

[1] Dies ist eine etwas freie Wiedergabe des Textes. Wörtlich: Was meine Leidenschaft zu welchem Wesen betrifft, oder (wenn du wissen willst), welches Wesen ich liebe, es ist der Meister, zu diesem hat mich Liebe ergriffen. Der Phrase *gaṅ-la* entspricht das folgende *de-la*, und *c'ags-pa-ni* wird am Schluß mit den Worten *c'ags-pa śin-tu skyes* wieder aufgenommen.

[2] Vergl. oben Kapitel 7, S. 145.

[3] D. h. er ist nicht als gewöhnlicher Mensch geboren. Vulgär würde man sagen: doch den Meister rührte das nicht, der hat ja kein menschliches Herz. Der Vers entspricht dem Sinne nach der Stelle fol. 10b (S. 51): *ạdi-la ma brten ḳyed kyaṅ sku mi ạḳruṅs.*

[4] *yer-gyis*, sonst nicht belegt.

gehen; durch das von mir verschlossene Außentor will ich zurückkehren.' 20a Aufrichtigen Herzens machte er sich aus meiner Umklammerung los und ging fort. Ich blieb sitzen, wartete, schaute ihm nach, doch er war fort und begehrte mich nicht; bereits hatte er den Bu-ts'al erreicht, und damit war es zu Ende. Um ihn trug ich schweren Herzenskummer, spielte ein Stück lügenhafter Komödie, stieß Flüche aus, doch vermochte ich nicht den Meister zu wenden. Als die Sonne nach Norden gewandelt und untergegangen war, trieb ich den König hinaus und lud ihn wieder ein, doch er wollte nicht kommen; da machte ich meinem verhaltenen Ingrimm[1] Luft. Leuchte der Lehre, großer Nirmāṇakāya, alle diese Vergehen habe ich selbst begangen. Daß ich von der Krankheit des Aussatzes getroffen bin, ist dies wirklich die Strafe dafür? In meinem Herzen regen sich Zweifel daran. Leuchte der Lehre, Schatz von Udyāna, nach dem Meister, den wir verloren, hat mein Sohn das ganze Land abgesucht und ihn trotz allen Suchens nicht gefunden. Wohin hat er sich gewandt? Und in welcher Weise kann ich von dieser Krankheit geheilt werden?" Nachdem mit diesen Worten die Königin ihre Bitte vorgetragen, empfand Padma von Udyāna über die Beichte ihrer Intrigen herzliche Freude, und ebenso der König mit den beiden Geschwistern. Die Männer aber, die dort versammelt waren, sagten: „Der Meister, dieser Heilige, ist natürlich unanfechtbar,[2] der kann lachen!"[3] und gaben so ihrer Verstimmung Ausdruck.

---

[1] *mts'aṅ*, s. CHANDRA DAS, Dictionary, p. 1086b.

[2] *de-la de mi srid*, den trifft es nicht, dem ist nichts anzuhaben, dem kann nichts passieren, auf den fällt keine Schuld, da ihn seine geistliche Stellung vor Verdacht schützt. Siehe JÄSCHKE, Dictionary, p. 582a, *srid-pa* I, 2 gegen Schluß: to be obliged, it is my lot, to deserve.

[3] *de tsam ạts'eṅs*, zufrieden, glücklich sein (bei Milaraspa); *tsam*, nur so.

Darauf nahm Padma von Udyāna das Wort: „Du, o Königin, obwohl in menschlicher Gestalt geboren, bist eine hochgradige Sünderin. Deine Leidenschaft kocht wie Wasser; hast du doch den die drei Gelübde bewahrenden Meister zu umfassen vermocht! Dein Grimm flammt wie Feuer; 20b bist du doch fähig gewesen, solche Lästerungen auszustoßen! Deine geistige Dunkelheit sammelt sich wie ein Heer schwarzer Wolken an; weißt du doch in deinem Wahnsinn nicht, welche Vergeltung deinen Taten folgen wird! Wenn der Meister nicht herberufen und eine Beichte mit Sühnopfern nicht stattfinden wird, wirst du von der Krankheit des Aussatzes nicht geheilt werden. Zuletzt wirst du in den drei Klassen der Verdammten herumgewirbelt in der Hölle Avīci wiedergeboren werden. In der Vajra-Hölle[1] und in der Hölle Šom-pa...[2] Das Gelübde muß von Grund auf erfüllt und die Beichte öffentlich abgelegt werden. Um ausfindig zu machen, wohin Vairocana gegangen ist und wo er sich jetzt aufhält, will ich meinen Geist konzentrieren, die Beschauung auf die Götter richten und durch die Abhijñā seinen Aufenthalt erforschen."

Nach diesen Worten begann der Guru seine Meditation, und nachdem er mit der Abhijñā geschaut hatte, sprach er: „Der Meister, der Bhikṣu Vairocana, befindet sich infolge[3] der großen Intrigen der Königin, die ihm aber nichts anhaben

---

[1] *rDo-rjei dmyal-ba* wird wohl identisch sein mit *rdo-rje me lce* ‚eine Hölle mit Feuerflammen, die der Spitze des Vajra gleichen' (CHANDRA DAS, Dictionary, p. 706a), häufig abgebildet.

[2] Hier scheint aus Versehen im Texte ein Vers ausgelassen zu sein, da sich dieser Vers mit dem folgenden inhaltlich nicht verbinden läßt. Letzterer enthält einen neuen, selbständigen Gedanken, wie auch daraus hervorgeht, daß er weiter unten von Mu-tig btsan-po wörtlich wiederholt wird.

[3] *bgams*, *ạgams*, scheint hier die von JÄSCHKE (Dictionary, p. 93a) nur als westtibetisch bezeichnete Bedeutung ‚bedrohen' zu haben.

konnten, in sehr düsterer Stimmung und abgespannt in der Richtung nordwestlich von bSam-yas, in der Mitte von Yer-pa gTsug-rum ạbar-ba an der Schattenseite von Ra-sa myaṅ-bran dor-sde dvags, in einer von vielen Wäldern bedeckten Wildnis, in dem vierseitigen Tempel von Ri-rtse ạdus-pa (‚Versammlung der Berggipfel') in der Felsgrotte von Lha-luṅ dpal-gyi rdo-rje, meditierend, ohne mit einem aufrechtstehenden Menschen zusammenzutreffen. Die Götter, Nāga und bTsan, leisten ihm zu Tausenden Gesellschaft; Lha-mo und die Nāgī ehren ihn mit Waschungen und Opfergaben. Die Bodhisatva in Gestalt von Affen setzen ihm alle Arzeneien und Früchte vor, und er scheint sich recht behaglich[1] und glücklich zu fühlen. Nimm Gold, Türkisen und Perlen, kleiner bTsan-po, du, besteige den Rappen und geh, ihn hierher zu berufen." Als der Große von Udyāna so gesprochen, 21 a lachte der Meister (Vairocana) sehr befriedigt.

Darauf machte sich Mu-tig btsan-po auf, ihn zurückzuberufen und gelangte in den Wald von Yer-pa gtsug-rum ạbar-ba. Als er den Meister Vairocana traf, erkannte der Rappe den Meister, umwandelte ihn, beleckte ihn mit der Zunge und vergoß erbsengroße Tränen. Der Königssohn Mu-tig btsan-po trug seine Bitte vor: „Ein Mensch, der gegen dich, Meister, Lästerungen ausstößt, wird, wie meine Mutter, die Königin, von der Krankheit des Aussatzes fest umstrickt; daß es die Strafe für den ist, der dich lästert, hat auch die Wahrsagerin Kun-šes T'iṅs-po erkannt. Da aber die Wahrsagerin Zweifel hegte, sind wir vor den Guru (Padmasambhava) gegangen. Nachdem sie (die Königin) die Wahrheit gesprochen und ein Geständnis abgelegt hatte, tat der Guru

[1] *so-gsod* = *so bsod* (JÄSCHKE, Dictionary, p. 578a, *so* III; CHANDRA DAS, Dictionary, p. 1283a, = *skyid-po*).

Rin-po-c'e den Ausspruch, daß nun das Gelübde von Grund auf erfüllt und die Beichte abgehalten werden müsse, und daß der Meister, der Bhikṣu Vairocana, in der Wildnis von Yer-pa gtsug-rum ạbar-ba weile und eingeladen werden solle; daher bin ich gekommen. Nunmehr gewähre mir die Bitte, zu uns zu kommen." Als er mit diesen Worten sein Gesuch vorgebracht hatte, war der Meister hocherfreut. „Zwei Fröhlichen, Reiter und Roß, bin ich begegnet; wie freue ich mich! Wohltönender Worte habe ich viele vernommen; wie freue ich mich! Der Königin Heil zu bringen ist nun willkommene Gelegenheit. Wenn der Guru Padmasambhava dort weilt, warum sollte ich nicht gehen?" Mit diesen Worten machte er sich auf. Die hundert kleinen Götter und hundert kleinen Nāga jenes Ortes, die hundert Göttinnen und hundert Nāgī, und die Bodhisatva in Affengestalt gaben dem Meister das Geleit, der den Rappen bestieg 21 b und nach bSam-yas gelangte. Die Vögel mit wohllautenden Stimmen, die buntgezeichneten Raubtiere, das schönhaarige Rotwild, die Leittiere der Rinder, die verständigen Pferde und das Hundegeschlecht gingen dem Meister zum Willkomm entgegen, umwandelten ihn, bezeigten ihm Verehrung wie einem Gott und brachten mannigfache Opfergaben dar. Der König, Vater und Sohn mit Gefolge, zahlreiche Schüler und Leute aus allen Gauen gingen ihm zum Willkomm entgegen und vollzogen heilige Umwandlungen. Darauf machte Vairocana mit Gefolge eine heilige Umwandlung um den Großen von Udyāna, Padma, bezeigte ihm Verehrung wie einem Gott und brachte ihm dreimal Mannḍala dar. Die Götter, Nāga und Affen aus dem Walde von Yer-pa gtsug-rum ạbar-ba kehrten wieder um. Darüber empfand der Herrscher, der König, Staunen und sprach folgendes Gedicht in Versen:

Durch deine heiligen Gelübde unverletzter trefflichster Heiliger,
Da du in ein unbewohntes Land gekommen, bist du von Göttern und Nāga geehrt worden;
Affen brachten gläubigen Sinnes dir Arzeneien und Früchte dar.
Die Königin, in der Sphäre des Unheiligen und Sündhaften,
Ist, als sie mitten in der Stadt weilte, vom Aussatz geschlagen worden.
Da, ihr Gelübde brechend, die Königin so gehandelt hat,
Gewähre uns der verehrte Heilige eine Audienz, — wann wirst du Muße dazu haben?

Als er diese Worte gesprochen, berührte er seine Füße mit dem Scheitel, bezeigte ihm respektvoll siebenmal göttliche Verehrung und setzte sich dann unter[1] Padma von Udyāna. Dies ist das dreizehnte Kapitel.

14. Kapitel.

Das ganze Volk von Tibet war über das Wiederfinden des verlorenen Meisters hocherfreut und sammelte sich Wolken gleich an. Zu dieser Zeit hieß der König K'ri-sroṅ ldeu-btsan seine Gemahlin dem Meister die Beichte ablegen. 22a Die körperliche Konstitution der Königin dMar-rgyan war zerrüttet, sie trug einen Mantel[2] aus einem Baumwollstück[3] und hatte einen Gurt darum geschlungen; ein Stück Zeug aus Ziegenhaar benutzte sie als Überwurf. Die Stellen, wo ihre Haare

---

[1] D. h. auf einen Sitz, der tiefer war als der des Padma.

[2] *tse-ber* = *ts'em-ber?*

[3] Während sonst tibetische Bekleidungsstoffe stets aus Wolle gewebt sind. Die Baumwolle, ein spezifisch indisches Erzeugnis, lernten die Tibeter wie die Chinesen erst von Indien her kennen.

ausgefallen waren, waren mit Geschwüren bedeckt; ihr Mund war verzogen, ihre Augen verdreht, und ihre Hände und Füße gelähmt. Einen mit verschiedenen Blumen angefüllten Lederkorb hielt sie in der Hand, und die beiden Geschwister stützten sie zur Rechten und Linken. Sie machte eine heilige Umwandlung und streute Blumen vor dem Meister. Ohne imstande zu sein, ihn mit den Augen anzuschauen, berührte sie mit dem Scheitel seine Füße. Die Augen[1] an den Boden heftend, sprach sie folgendermaßen: „Da ich in früherer Zeit schlechte Taten begangen habe, habe ich einen schlechten Körper erlangt;[2] schlechten Herzens habe ich eine Leidenschaft für dich gefaßt; mit böser Tat habe ich des Meisters Leib umfaßt. Sehr schuldbewußt und reuevoll beichte ich dem Meister. Mein Körper ist von dieser bösen Krankheit des Aussatzes erfüllt, da ich durch Berührung des Leibes des göttlichen Meisters gesündigt habe. Sehr schuldbewußt lege ich dem Meister mein Bekenntnis ab. Schlechten Herzens, voll Scham und Kummer, schmähte ich den Meister und spann ein die Lehre vernichtendes Lügengewebe.[3] Durch diese Verfehlung ist mein Körper vom Aussatz behext. Sehr schuldbewußt beichte ich dem göttlichen Meister. Ich habe eine falsche Anklage gegen dich erhoben, du tugendhafter, verehrungswürdiger[4] Meister, du Gott!" Mit diesen Worten legte sie die beiden Handflächen auf den Scheitel, preßte ihr Gesicht auf den Boden und weinte. Die beiden Königskinder, die Geschwister, weinten im Verein. Auch der König K'ri-

---

[1] Wörtlich: das Gesicht.

[2] Nämlich den eines Weibes.

[3] *rdzun brgyud*; letzteres offenbar = *rgyud* ‚Faden, Kette' (vergl. a yarn of lies).

[4] *rdo-rje*, Vajra.

sroṅ ldeu-btsan selbst brach in Tränen aus. Alle dort versammelten Männer 22 b weinten. Dem Padma von Udyāna selbst feuchtete sich das Auge. Der Meister, der Bhikṣu Vairocana, empfand Mitleid mit der Königin dMar-rgyan-ma.

Darauf stellte er viele Dinge in einem magischen Kreise auf, verschiedene Arzeneien in einem goldenen und silbernen Gefäße und verschiedene Getreidearten mit der Milch einer roten Kuh vermischt. Die drei weißen und die drei süßen Dinge[1] ordnete er auf dem Polster der Königin an. Dann rezitierte er ununterbrochen das Nāgārjuna-hṛdaya[2] und vollzog Beschwörungen mit der Mudrā der beschwörenden Hand. Da regte sich der Nāga, und der Königin entfuhr[3] ein Schrei. Zu ihr sprach Vairocana folgende Worte: „Königin von schlechten Werken, schlechtem Körper und schlechter Krankheit, äußere keine schlechten Reden mehr! Erhebe den Kopf, verehre die Götter und bitte[4] mich um Ausübung meiner Macht.“ Da die Königin einen unerträglichen Schmerz in Lungen und Herz verspürte, konnte sie sich nur mit Mühe erheben, war aber nicht fähig, den Meister anzuschauen; sie hielt ihre Augen auf die Nase gesenkt, beugte den Kopf und erwies den Göttern Verehrung. Da brach die Königin plötzlich[5] zusammen und wurde ohnmächtig.

Der Bhikṣu Vairocana sprach folgende Worte: „Vielhändiger Sohn des schwarzen Nāga, der du sie gefaßt hältst, ich bin der Bhikṣu, dein Bruder. Was tust du dort? Laß die Königin aus deiner Umklammerung los! Willst du nicht an das Tor kommen, um mir zu begegnen?“ Indem er so

---

[1] Quark, Milch und Butter; Melasse, Honig und Zucker.

[2] *kLu-sgrub sñiṅ-po.* [3] *tser*, zu *adzer-ba?*

[4] Nach der Lesart von **B**; nach **A**: suche von mir zu erlangen.

[5] *hraṅs-kyis*, offenbar = *har-gyis.*

sprach, beschwor er mit der beschwörenden Mudrā, und die Königin spie viel Blut aus ihrem Munde; darauf kam viel gelbes Wasser,[1] das sie ausspie, zum Vorschein; dann kam viel Eiter, den sie ausspie, zum Vorschein; dann kam eine schwarze Spinne von der Größe eines Schuhes, die sie ausspie, zum Vorschein. Der König, der Vater und sein Sohn, gerieten in großen Schrecken, und als sie sich zur Flucht anschickten,[2] sprach der Meister folgende Worte: „Vater und Sohn, fliehet nicht, 23a fürchtet nicht, mit dieser Arzenei sollt ihr opfern; die Arzenei in dem goldenen Gefäße sollt ihr mit silbernem Löffel ausgießen! Da die schwarze Spinne nun aus ihrem Körper entfernt ist, sind ihre inneren Organe in einem Zustand, als hätte ein Sonnenstrahl ihre Glieder durchdrungen." Der König goß die flüssige Arzenei aus, und durch ihre wohltätige Wirkung wuchs die Spinne mehr und mehr und wurde so groß wie ein Hündchen. Als die Königin aus ihrer Ohnmacht erwachte, sagte sie „Ha-na!", und als die schwarze Spinne hin- und herkroch,[3] stieß sie nochmals einen Schrei aus[4] und sagte zitternd: „Ha-na!" Der Meister machte sie unschädlich durch die Mudrā der Handfesselung,[5] die Spinne war dadurch unfähig, sich zu bewegen und blieb ruhig[6] liegen. Darauf erhob sich Padma von Udyāna und warf mit seiner Zunge Speichel nach der Königin,[7] indem er sagte: „Du unter

---

[1] *c̒u-ser*, Serum oder Eiter. Ich gebe absichtlich die wörtliche Übersetzung ‚gelbes Wasser', da der tibetische Begriff etwas vag und ‚Eiter' durch das folgende *rnag* ausgedrückt ist.

[2] *gzo, gzos* = *bzo, bzos*; hier Hilfsverbum = *byas, bgyis.*

[3] *gal-gul byed.*

[4] *tser tser.* Vergl. vorhergehende Seite, Note 3.

[5] *p̒yag-gi sdom-byed* ist der besondere Name dieser magischen Fingerstellung.

[6] *lhan-ner*; die Bedeutung ergibt sich aus dem Zusammenhang.

[7] Jäschke (Dictionary, p. 209, v. *gtor-ba*) erwähnt das Auswerfen von Speichel in das Ohr einer Person für Heilzwecke.

der Schuld deines Tuns leidendes Geschöpf, du Sünderin! Mögen die vielen Glieder des Nāga aus dir weichen!" Nach dem Nāga warf er dreimal Speichel mit der Zunge, indem er sagte: „Der du verstehst, sie festzuhalten, aber nicht verstehst sie loszulassen, verderblicher Nāga! Von ihrer Lähmung befreit, sollen sich die Glieder frei mit dem Körper vereinigen! Von jetzt ab soll ihre Seele Frieden haben." Da des Guru Speichel dem Nektar (*amṛta*) gleich war, nahmen in dem Körper der Königin alle die Adern, die durch des Nāga Glieder ausgereckt worden waren, wieder ihre natürliche Form an. Die Königin war danach noch schwach an Körperkraft. Der Nāga aber hatte das Aussehen eines Knäuels gefärbter Wollfäden[1] angenommen. Da der Nāga des Guru Worte vernommen hatte und von seinem Speichel getroffen worden war, wurde er gar zahm und redete in freudiger Stimmung den Guru also an: „In Zukunft will ich den Wesen keinen Harm mehr zufügen, sondern zu ihrem Heile wirken; die Lehre will ich beschützen!" Der Guru gab dem Nāga den Namen Nanda.[2] Darauf befreite er ihn aus der Mudrā der Handfesselung, und der Nāga entfernte sich springend[3] an seinen Ort. Dann stieg die Königin in ihr Haus hinauf.[4] Der Guru begab sich mit seinem Gefolge in den Tempel des Kupferhauses der drei Welten.[5] Dies ist das vierzehnte Kapitel.

---

[1] Nämlich seinem Aussehen (*bžin*) nach so durcheinander gewirrt wie die Fäden im Bottich des Färbers, mit Rücksicht auf die Schlangennatur des Nāga, und in seinem Gebahren (*brtul*) lag er ebenso friedlich und regungslos da wie ein Wollknäuel.

[2] Tib. *dGa-bo* ‚der Freudige'.

[3] *sbaṅ* (?) *de mc'oṅs-nas*.

[4] *bteg*, hier auffallend intransitiv gebraucht.

[5] *K'ams-gsum zaṅs-k'aṅ*, einer der Tempel von *bSam-yas*, errichtet von der Königin Ts'e-spoṅ bza (T'oung Pao, 1908, p. 32).

15. Kapitel.

Darauf versammelten sich andern Tags vom frühen Morgen bis zum Mittag kostbar geschmückte Menschen, um unter Verehrung der Götter und Umwandlungen Opfergaben darzubringen und wiederholt von der Versäumnis der Pflichten und dem Verfall der Tugend zu sprechen. Aus dem Munde des Guru Padma von Udyāna kam es: „Herrscher und König, ob deiner Gemahlin Sünden gesühnt sind oder nicht, muß sich nun zeigen; ob ihre Krankheit berechtigt war oder nicht, muß sich nun zeigen." Nachdem man in allen Plätzen, wo die Nāga der drei Welten hausen, milchhaltige Arzeneien gesprengt hatte, errichtete man ein die Wesen bekehrendes großes Maṇḍala, und Padma von Udyāna trat oben auf dasselbe. Unter seinen beiden Füßen, dem rechten wie dem linken, kamen Lotusblumen hervor, und zwar auf jedem Pfade, den er beschritt, je 108. Hinter ihm her kam Vairocana, sich verneigend, und 42 Lotusblumen erschienen. Hinter diesem her kamen die beiden brTsegs-se γyu-sgra sich verneigend, und 25 Lotusblumen erschienen. Hinter diesen her schritt der König sich verneigend, und je acht Lotusblumen kamen auf seinen Pfaden hervor. Hinter ihm schritt die Königin sich verneigend, aber hinter ihr entstanden keine Blumen, und die vor ihr verbrannten. Hinter ihr erschienen die Geschwister sich verneigend, und je fünf Blumen kamen auf ihren Pfaden hervor. Zu ihnen sagte Padma von Udyāna: 24a „Unter den Menschgeborenen gibt es offenbar niemand, dessen Sünden größer wären als die dieser Königin. Und dabei führt sie den Beinamen 'die mit Blumen geschmückte der drei Welten'.[1] Zu Lebzeiten dieser Königin nimmt die Lehre der Religion

[1] *K'ams-gsum me-tog sgron.*

ab. Woher kommt also die Verbreitung der Lehre der Bon? Was ist dir widerfahren, daß gar keine Reue bei dir entstanden ist?" Da gab sich die Königin diesem Gedanken hin: „Wenn zu meinen Lebzeiten die Lehre der Religion abnimmt, und solche böse Krankheit über mich gekommen ist, wenn hinter meinen Kindern, den Geschwistern, Blumen gewachsen, für mich aber keine Blumen gewachsen, und nicht genug damit, von meinem Fuß getreten die Blumen verbrannt sind, wenn es so steht, da hänge ich lieber der alten Bonreligion als der neuen Lehre an;[1] und ich fürchte, daß die neuen Alliierten Absichten auf den Königstron haben.[2] Doch da ich durch große Sünden und böse Taten so gefrevelt habe, hat mich mächtige Reue ergriffen. Da eine solche Zerrüttung des Körpers wahrlich kein Vergnügen ist, habe ich des Guru Füße mit dem Scheitel berührt und geweint."

Unter dreimaliger Verneigung fragte sie dann: „Großer Guru, der du die drei Zeiten kennst, ich, das sündige, Böses stiftende Weib, wie soll ich verfahren, um Sühnung meiner Sünden zu erwirken? Wie soll ich verfahren, um Heilung von meiner Krankheit zu erwirken? Wie soll ich verfahren, um Freude in dem Meister zu erwirken?" Der große Guru von Udyāna erwiderte: „Wer in einer früheren Existenz den

---

[1] In der tibetischen Geschichte der Bon-Sekte (*rGyal-rabs Bon-gyi ạbyuṅ-gnas*) wird die Königin tatsächlich als Anhängerin der Bon-Religion bezeichnet (siehe meine Übersetzung in T'oung-Pao, 1901, p. 42).

[2] Wörtlich: ich fürchte, da die Anhänger der neuen Religion (*gsar*) sich verbündet haben, daß ihnen die Herrschaft zufallen könnte; der Sinn von *gsar* ergibt sich aus dem vorhergehenden *č'os gsar-pa* und kann sich nur auf den Buddhismus und seine Anhänger beziehen. Die Königin, von der wir aus anderen Quellen wissen, daß sie später nach dem Tode des Königs tatkräftig in die Politik des Landes eingriff, scheint einen ganz richtigen politischen Instinkt besessen zu haben; wenigstens gibt ihr die Geschichte Tibets, das sich zu einem Pfaffen- und Kirchenstaat ausgewachsen hat, völlig recht.

Körper einer Hexe[1] erlangt und durch lebhafte Reue die unmittelbare Erkenntnis der Wahrheit gewonnen hat, wird im Körper einer Frau oder im Körper einer Göttin erwachen,[2] als Verwandlung in der Welt zum Heile der Wesen wirken und unfaßbar in Gedanken und unerreichbar in Worten leben. 24b Um Versöhnung zu erreichen, muß man Reue erzeugen. Ich habe in der Tat die unmittelbare Erkenntnis der Wahrheit gewonnen. Um die Sünden in Werk, Worten und Herz zu sühnen, sage die Namen der 54 die Wesen bekehrenden Lamen her, welche in der Vergangenheit, Zukunft und Gegenwart leben, sowie die 108 Namen der drei Abschnitte der beiden Lehren,[3] bezeige Verehrung, und du wirst von deinen Sünden gereinigt werden. Da der Meister sich freut, wird auch die

---

[1] *za-ma-mo*, ist ein den Texten der Altbuddhisten eigentümliches Wort, dessen Bedeutung noch nicht gesichert ist. CHANDRA DAS (Dictionary, p. 1088b, zitiert ein Wort *za-ma* im Sinne von ‚Frau'; diese Bedeutung paßt hier nicht, weil die *za-ma-mo* sich durch die Wiedergeburt als Frau (*bud-med*) verbessert, also etwas Minderwertiges sein muß. Nach G. SANDBERG (Handbook of Colloquial Tibetan, p. 205) sind *ma-mo* weibliche Geister bösen Charakters. Ich vermute, daß *za-ma-mo* eine Hexe, Zauberin oder dergleichen bezeichnet, und stütze mich dabei auf folgende Stelle aus dem *Padma-ạbyuṅ-gnas-kyi γyaṅ-ạbum sgrub-ťabs*, fol. 34b, wo es heißt: *ye-šes mk̄a-ạgro byin-rlab-can, ạjig-rten lha-mo mťu-rtsal-can, k̄yod-ni za-ma-moi lha; duṅ-gi lha-mo bud-med dkar-mo-ni, dbu-skra γyui ljaṅ-lo-can, za-ma-moi lha, duṅ-gi lha-mo bud-med lus-la bsruṅ-cig.* ‚Ḍākiṇī der Weisheit, segensreiche, Göttin der Welt, zauberkundige, du bist die Gottheit der Hexen; muschelweiße Göttin, weiße Frau, mit einem türkisblauen Haaraufsatz im Haupthaar, Gottheit der Hexen, muschelweiße Göttin, behüte den Leib der Frauen!" Wenn demnach die *za-ma-mo* unter dem Schutze der Ḍākiṇī stehen, so scheint die Annahme gerechtfertigt, daß sie irgendwie an deren Zaubernatur teilnehmen. Auch liegt in dieser Stelle wie im obigen Texte ein gewisser Zusammenhang zwischen *za-ma-mo*, Frau und Göttin vor. Das Wort bedarf natürlich weiteren Studiums und engerer Begrenzung der Bedeutung.

[2] *lha-moi skur saṅs-rgyas*, scheint hier geradezu den Sinn ‚wiedergeboren werden' zu haben.

[3] Die des Buddha und des Padmasambhava.

böse Krankheit geheilt werden; auch Blumen werden hervorsprossen,[1] und dein Sinn wird völlig[2] klar werden.“ Als der Guru diese Worte gesprochen hatte, richtete die Königin nochmals eine Bitte an ihn: „Ich stehe im Bann tierischer Unwissenheit; von den 108 kann ich auch nicht einen herausbringen. Leuchte der Lehre, Padmasambhava, du selbst rezitiere die Namen, ich will mich vor den Namen verneigen, denn ich weiß die Namen überhaupt nicht.“ Dies ist das fünfzehnte Kapitel.

---

16. Kapitel.

Darauf tat der Guru Padma den Ausspruch: „Was die Königin sagt, ist sehr wahr. Der Königin Leib soll mit wohlriechenden Arzeneien gewaschen, die fünf Opfergaben sollen bereitet, und hundert Lampen angezündet werden.“ Padma von Udyāna rezitierte dann die Namen der Guru, und die Königin verneigte sich bei jedem Namen.

Die sich gegen die Wesenheit[3] der Buddhas der drei Zeiten und gegen die Lamas unter dem Einfluß ihrer Bosheit verschworen haben, sollen beichten. Alle Gelübde gegen den Leib der Lamas, die verletzt worden sind, sollen erfüllt werden.

Alle, welche der von dem Unheil der Furcht erlösenden heiligen Religion unrechterweise den Rücken zugekehrt haben, sollen beichten. Alle Gelübde gegen die Worte der Lamas, die verletzt worden sind, sollen erfüllt werden.

Diejenigen, in welchen ein unziemlicher[4] Glaube an die

---

[1] *skyes-c̒ags.*

[2] *ma-lus = ma-lus-par.*

[3] *ṅo-bo*, d. i. Padmasambhava selbst; er heißt auch *Saṅs-rgyas t̒ams-cad adus-pai ṅo-bo* ‚die Wesenheit aller vereinigten Buddhas‘.

[4] *ya-zuṅ*, scheint in der Bedeutung mit *ya-ma-zuṅ* identisch zu sein.

über dem Triratna stehenden Lamas[1] entstanden ist, sollen beichten. Gelübde gegen das Herz der Lamas, die verletzt worden sind, sollen erfüllt werden.

Die den Lamas und Buddhas ohne Unterschied schamlose und schändliche Dinge zugeschrieben haben, sollen beichten. Gelübde gegen die guten Eigenschaften der Lamas, die verletzt worden sind, sollen erfüllt werden.

Sünden, begangen zum Heil der Wesen durch Verletzung von Gelübden und Erregung von Streit, um die schwer zu bekehrenden Geschöpfe mit rauher Fessel zu bändigen, sollen gebeichtet werden. Gelübde gegen die Werke der Lamas, die verletzt worden sind, sollen erfüllt werden.

Guru *alalaho!* Der Ansammlung des siegreichen Meeres[2] der großen Ausdehnung, ihm, der im Meere geboren, im Lande Udyāna erschienen ist, der als Königssohn mannigfache Zauberverwandlungen gezeigt hat, dem Guru Rin-po-c'e Verehrung.[3] Verehrung dem Çākyamuni mit der fleckenlosen Rede. Verehrung dem Tathāgata Ratnamegha (*dKon-cog-sprin*). Verehrung dem Muni Guṇasambhava (*T'ub-pa Yon-tan ạbyuṅ-gnas*). Verehrung dem Siṁhanāda (*Seṅ-ge sgra*) und Laṭitaketu (*mDzes-pai tog*).[4] Verehrung dem Çākyamuni Tejadhvaja (*gZi-brjid rgyal-mts'an*). Verehrung dem Saugandhaçrīcandana (*Tsandan dri-mc'og dpal*). Verehrung dem

---

[1] Die bekannte buddhistische Glaubensformel ist im Lamaismus in der Weise modifiziert, daß noch vor dem Buddha die Zuflucht zum Lama angerufen wird.

[2] *rgyal-ba rgya-mts'o.* Es ist seltsam, hier diesem Ausdruck zu begegnen, der jetzt Titel des Dalai-Lama ist.

[3] Sein Name geht dem des Buddha voran.

[4] In der Liste der „Tausend Buddhas" (in fünf Sprachen, herausgegeben von dem lCaṅs-skya Lalitavajra, Peking, 2 Vols.) findet sich unter Nr. 787 der Name Laṭita = *Mdzes-pa*; Nr. 309 Laṭitavikrama = *mDzes-par gšegs-pa*; Nr. 806 Laṭitakrama = *mDzes-par gšegs-pa.* Kein einziger der im obigen Texte aufge-

Çākya genannt Karuṇarāja (*sÑiṅ-rjei rgyal-po zer*). Verehrung Çākyamuni Karuṇarāja (*sÑiṅ-rjei rgyal-po*). Verehrung dem Buddha Çūranetra (*dPa-bai spyan*). Verehrung Yoṅs-su dgoṅs-pai rgyal-po. Verehrung dem Buddha Suvarṇa-prabha (*gSer-gyi od*). Verehrung dem Tathāgata Prabhaçrī (*Od-kyi dpal*). Verehrung dem Muni Çāntīndra (*T'ub-pa ži-bai dbaṅ-po*). Verehrung dem Sugata Prātihārya-meghaçrī (*C'o-ạp'rul sprin-gyi dpal*). Verehrung dem Buddha Manojñāghoṣa (*Yid-du oṅ-bai dbyaṅs*).[1] Verehrung dem Buddha Ādarça-aṁçu (? *Me-loṅ od-snaṅ*). Verehrung dem Buddha gZu-bo dpal. Verehrung dem Sugata Sūryagarbha (*Ñi-mai sñiṅ-po*). Verehrung dem Buddha Dhūparāja (*sPos-kyi rgyal-po*). Verehrung dem Abhivākyarāja (? *mṄon-par smra-bai rgyal-po*). Verehrung dem Buddha Ratnarāja (*Rin-cen rgyal-po*). Verehrung dem Buddha Raçmiçrī (*Od-zer dpal*). Verehrung dem Buddha Taparāja (*dKa-t'ub rgyal-po*).[2] Verehrung dem Buddha Uṣṇīṣagarbha (*gTsug-tor sñiṅ-po*). Verehrung dem Buddha Nistaraṇa (*Ṅes-par oṅs-pa*). Verehrung dem Buddha Surabhigandha (? *sPos ṅad-bsuṅ-ba*).[3] Verehrung dem Buddha Mahāsukha (*bDe-ba c'en-po*). Verehrung dem Buddha Puṣpendra (*Me-tog dbaṅ-po*). Verehrung dem Buddha genannt Kīrtiçrī (*Grags-pai dpal*). Verehrung dem Buddha Nirmāṇarāja (*sPrul-pai rgyal-po*). Verehrung dem Buddha Nirghôṣatīvra (*sGra-dbyaṅs mi-zad-pa*). Verehrung dem Buddha Bhaiṣajyarāja (*sMan-pai rgyal-po*). Verehrung

---

zählten Namen ist in dieser Liste vorhanden, obwohl die einzelnen Bestandteile mancher Namen in beiden identisch sind.

[1] In der Liste der „Tausend Buddhas" findet sich als Nr. 636 Manojñāvakya = *Yid-du oṅ-bai gsuṅ*.

[2] In der Liste der „Tausend Buddhas" Nr. 336 Mahātapa = *dKa-t'ub c'en-po;* Nr. 701 Kuçalaprabha = *dKa-t'ub*.

[3] In der Liste der „Tausend Buddhas" Nr. 138 Surabhigandha, aber durch *sPos-kyi dri žim-po* übersetzt.

dem Buddha Hutārci (? *Od-zer ạp'ro-ba*).[1] Verehrung dem Buddha Vyūharāja (*bKod-pai rgyal-po*). Verehrung dem Buddha Suvarṇa —? (*gSer-gyi gzu-ba*). Verehrung dem Buddha Çrīrāja (*dPal-gyi rgyal-po*). Verehrung dem Buddha Abhayakūṭaçrī (*sNaṅ-ba brtsegs-pai dpal*).[2] Verehrung dem Buddha Açokaçrī (*Mya-ṅan med-pai dpal*).[3] Verehrung dem Buddha Nandottaraçrī (*dGa-ba mc'og-gi dpal*). Verehrung dem Buddha Tejaçrī (*gZi-brjid dpal*). Verehrung dem Buddha genannt Bahusamavāya (? *Maṅ-po ạdu*). Verehrung dem Buddha Apāyasarvaçodhana (*Ṅan-soṅ t'ams-cad sbyoṅ-ba*). Verehrung dem Buddha Lokakalyāṇalakṣa (*ạJig-rten dge-ba ạbum*). Verehrung dem Buddha Vijaya (*rNam-par rgyal-ba*). Verehrung dem Buddha Puṣpavyūharāja (*Me-tog bkod-pai rgyal-po*). Verehrung dem Buddha Sarvābhaya (? *T'ams-cad snaṅ-ba*). Verehrung dem Buddha genannt Candanagandha (*Tsandan dri*). Verehrung dem Buddha Siṁhalakṣarūpa (*Seṅ-ge ạbum gzugs*). Guru *alalaho!* Möge der Nirmāṇakāya des Lama meiner gedenken, mögen die Buddhas der drei Zeiten mit ihrem Gefolge diesen Täuschungsleib segnen! Möge ich in einem anderen Scheitel das Bewußtsein erlangen! Oṁ, ā, huṁ! Guru nirmāṇakāya, sarvaçākyamunaye siddhighatra hūṁ![4] So verneigte sich die Königin jedesmal vor den 54 Buddhas der Vergangenheit, sooft ihre Namen rezitiert wurden.[5]

---

[1] In der Liste der „Tausend Buddhas" Nr. 498 Hutārci = *Od ạp'ro;* Nr. 23 Arciṣmāna = *Od ạp'ro.*

[2] Das Wort *snaṅ-ba* dient in der Liste der „Tausend Buddhas" zur Wiedergabe von 1) loka, 2) avabhāsa, 3) abhaya.

[3] Der Name Açoka erscheint in der Liste der „Tausend Buddhas" dreimal: Nr. 25, 193 und 368.

[4] So im Texte transkribiert.

[5] Aufgezählt sind nur 50 Namen, wenn man Padmasambhava an der Spitze mitrechnet.

Wenn der Körper sich beruhigt hat, ist das Unheil der Krankheit geheilt; wenn die Rede sich beruhigt hat, werden keine rauhen Worte mehr gesprochen; wenn die Seele sich beruhigt hat, liebt man alle wie seinen eigenen Sohn. Ferner rezitierte Padmasambhava die 54 gegenwärtigen [Buddhas]. *Alalaho!* Verehrung dem bezwingenden Guru, dem rotfarbigen, der in der rechten Hand den Donnerkeil schwingt, in der linken Hand den feurigen, roten Skorpion hält und in seiner Kleidung die vier Abstufungen des Zornes repräsentiert. Er setzte den Schatz der Worte des Donnerkeils des Wachstums und des Verfalls [der Lehre] auseinander. *Alalaho!*

Darauf rezitierte Padmasambhava von Udyāna die Namen der zukünftigen [Buddhas] und gab die Mittel zur Erfüllung der Gelübde[1] gegen sie an. Die Schädelschale[2] des einheitlich wirkenden Saṁsāra und Nirvāṇa[3] ist mit dem Nektar der durch ihre Eigennatur[4] bestehenden Dinge gefüllt. Das dreifache Gelübde gegen die beiden Lehren des Lama soll erfüllt werden. Das Gelübde gegen das große Heil der „Fünf Körper"[5] soll erfüllt werden.

Die Schädelschale von Geburt und Tod, dem Täuschungsleibe der Vergeltung, ist mit dem Nektar der drei gewöhnlichen Verpflichtungen[6] in Werk, Wort und Herz gefüllt. Das Gelübde gegen den Vidyādhara Kuñjara[7] soll erfüllt werden.

---

[1] *rgyu-skoṅs.*

[2] *bandha.*

[3] Zwischen beiden besteht kein Unterschied (*gñis su med-pa*), da die Erkenntnis des Samsāra die Triebfeder des Wunsches wird, ihm zu entrinnen (*ạdas*).

[4] *raṅ-bžin,* svabhāva.

[5] *ṡku-lṅa,* s. A. GRÜNWEDEL, Mythologie des Buddhismus, S. 182.

[6] *sdom gsum,* aufgezählt bei JÄSCHKE, p. 297 b; und CHANDRA DAS, p. 722 a.

[7] So im Texte transkribiert.

Das Gelübde gegen den Ḍāka Las-dbaṅ cʿos-mtsʿo soll erfüllt werden. Das dreifache Gelübde gegen die beiden Lehren des Lama soll erfüllt werden. Das Gelübde gegen das große Heil der „Fünf Körper“ soll erfüllt werden.

Die Schädelschale der ungekünstelten Beschauung der Seele ist mit dem Nektar ..[1] der Selbstbefreiung von den Erscheinungen gefüllt. Das dreifache Gelübde gegen die beiden Lehren des Lama soll erfüllt werden. Das Gelübde gegen das große Heil der „Fünf Körper“ soll erfüllt werden. Das Gelübde gegen die 108 großen Paṇḍita soll erfüllt werden. Das Gelübde gegen die 108 Übersetzer[2] soll erfüllt werden.

Die Schädelschale des Traumes der Leidenschaft der niederen Illusionen[3] ist mit dem Nektar der Weisheit vom Wesen der trügerischen Erscheinungen erfüllt. Das dreifache Gelübde gegen die beiden Lehren des Lama soll erfüllt werden. Das Gelübde gegen das große Heil der „Fünf Körper“ soll erfüllt werden.

Die Schädelschale der Todesstunde ....[4] ist mit dem Nektar der Begierdelosigkeit und des Nicht-hängens an der Welt gefüllt. Das dreifache Gelübde gegen die beiden Lehren des Lama soll erfüllt werden. Das Gelübde gegen das große Heil der „Fünf Körper“ soll erfüllt werden.

Die Schädelschale der Welt, in der Sitten entstehen, Sitten sich ändern, ist mit dem Nektar der zehn reinen Strahlen des Saṁsāra und Nirvāṇa gefüllt. Das dreifache Gelübde gegen die beiden Lehren des Lama soll erfüllt werden. Das Ge-

---

[1] *kʿa-yan?*

[2] *lo-tsā.*

[3] *ñiṅ-ạkʿrul* scheint Analogiebildung zu *ñiṅ-sprul*, *ñiṅ-lag* zu sein, also ‚Illusionen des zweiten Grades‘, ‚sekundäre Täuschungen‘.

[4] *tʿim gsum snaṅ-mcʿed?* Letzteres vielleicht = *skye-mcʿed.*

lübde gegen das große Heil der „Fünf Körper“ soll erfüllt werden.

Die Schädelschale, in der die sündenlose Existenz erkenntlich ist, ist mit dem Nektar gefüllt, der die drei Himmel erschütternde Region kennt. Das dreifache Gelübde gegen die beiden Lehren des Lama soll erfüllt werden. Das Gelübde gegen das große Heil der „Fünf Körper“ soll erfüllt werden.

Die Schädelschale, in der endlose und unerschöpfliche Segnungen angesammelt sind, ist mit dem Nektar der dauernden Erscheinungen gefüllt. Das dreifache Gelübde gegen die beiden Lehren des Lama soll erfüllt werden. Das Gelübde gegen das große Heil der „Fünf Körper“ soll erfüllt werden.

In die Opferschale des Hasses und Zornes hat man für die Sündenbefleckten herrliche Speisen gelegt; besprenkelt mit dem Symbol *mt'eb-skyu*[1] der fünf Arten der Liebe (*maitrī*), werden sie von dem Jagat[2] der Reinheit der drei Kreise[3] erhellt. Mit dem Safte[4] der acht Ansammlungen der Erkenntnis (*vijñāna*) sind sie geschmückt. Das dreifache Gelübde gegen die beiden Lehren des Lama soll erfüllt werden. Das Gelübde gegen das große Heil der „Fünf Körper“ soll erfüllt werden.

In die Opferschale des unglücklichen Herzens[5] hat man

[1] Nach CHANDRA DAS, Dictionary, p. 602 a, ein einem Finger ähnliches Symbol bei dem *gtor-ma*.

[2] *dza-gad*.

[3] *ąk'or-gsum yoṅs-dag*. Nach CHANDRA DAS, l. c., p. 193 a, *ąk'or-gsum rnam-par dag-pa*, Almosenspender, Almosen und Empfänger, wenn die drei reine Motive haben. Hier ist aber wohl an etwas Abstraktes und Mystisches zu denken. Die ganze Mystik der Padmasambhava-Schule ist uns ja noch unbekannt. Nach DESGODINS, Dictionnaire, p. 130 = trimaṇḍala, die drei Kreise, was, wie z. B. Pfeil, Schwert und Lanze, Anarchie bedeutet.

[4] *rakta*.

[5] *citta*.

für die habgierigen Preta[1] herrliche Speisen gelegt; besprenkelt mit dem Symbol *mt'eb-skyu* der fünf Arten des Erbarmens, werden sie von dem Jagat des siebenfachen Himmels[2] erhellt. Mit dem Safte der fünf Gifte des Unheils sind sie geschmückt. Das dreifache Gelübde gegen die beiden Lehren des Lama soll erfüllt werden. Das Gelübde gegen das große Heil der „Fünf Körper" soll erfüllt werden.

In die Opferschale der Freude und der Furcht hat man für die, so ihre Feinde fürchten, herrliche Speisen gelegt; besprenkelt mit dem Symbol *mt'eb-skyu* der fünf Freuden, werden sie von dem Jagat der Vereinigung und Befreiung erhellt. Mit dem Safte des weiß-roten Eiters sind sie geschmückt. Das dreifache Gelübde gegen die beiden Lehren des Lama soll erfüllt werden. Das Gelübde gegen das große Heil der „Fünf Körper" soll erfüllt werden.

In die Opferschale . . .[3] hat man für die 32 Unreinen herrliche Speisen gelegt; besprenkelt mit dem Symbol *mt'eb-skyu* der fünf Arten des Gleichmuts (*upekṣa*), werden sie von dem Jagat der fünf Skandha erhellt. Mit dem Safte der von der Seele betriebenen Beschauung sind sie geschmückt. Das dreifache Gelübde gegen die beiden Lehren des Lama soll erfüllt werden. Das Gelübde gegen das große Heil der „Fünf Körper" soll erfüllt werden.

Alalaho! Verehrung hier den neun mal drei oder 27 Guru der drei Höllen. Verehrung der Göttin der Weisheit Lā-sema. Verehrung der Göttin der Ruhe Mi-ạbyed-ma. Verehrung

[1] *ạjur-gegs.* Nach CHANDRA DAS, l. c., p. 461 a, eine Art Preta, deren Kehle so zusammengeschnürt ist, daß kaum ein Tropfen Wasser durchfließen kann.

[2] *mt'o-ris bdun-ldan,* wohl wegen der sieben Vorzüge, die ihm zugeschrieben werden, und die CHANDRA DAS, l. c., p. 603 a, aufzählt.

[3] *raṅ-gar k'og-pa?*

der Göttin der Verwandlung Sarasvatī (*dByaṅs-can-ma*). Verehrung der Göttin des Segens Devī.[1] Verehrung der Vajraḍākiṇī (*rDo-rje ḍā-ki-ma*). Verehrung der Ratnaḍākiṇī (*Rin-c'en ḍā-ki-ma*). Verehrung der Padmaḍākiṇī.[2] Verehrung der Karmaḍākiṇī. Verehrung der Buddhaḍākiṇī. Verehrung der braun-schwarzen Ḍākiṇī. Verehrung der schwarz-braunen Ḍākiṇī. Verehrung der rot-braunen Ḍākiṇī. Verehrung der braun-roten Ḍākiṇī. Verehrung der grün-braunen Ḍākiṇī. Verehrung der braun-grünen Ḍākiṇī. Verehrung der azurblau-braunen Ḍākiṇī. Verehrung der braun-azurblauen Ḍākiṇī. Verehrung der weiß-braunen Ḍākiṇī. Verehrung der braun-weißen Ḍākiṇī. Verehrung der gelb-braunen Ḍākiṇī. Verehrung der braun-gelben Ḍākiṇī. So rezitierte er die zwanzig Göttinnen[3] der Zukunft, und die Königin verneigte sich vor jeder Göttin.

Ihr Leib hatte Ruhe erlangt und nahm Form und Proportion an, Licht und Strahlen in alle zehn Gegenden entsendend. Ihre Rede war bezähmt und wohllautender Töne voll; alles Volk der zehn Gegenden hielt sie durch ihre Worte zusammen. Ihre Seele hatte Ruhe erlangt, und ihr inneres Gleichgewicht war hergestellt. „So bin ich jetzt nicht mehr von den anderen verschieden.“ Als sie unter Verneigungen den Leib des Guru umwandelte, kamen hinter ihr mannigfache Blumen allerwegen hervor. Die Königin sagte freudigen Herzens: „Leuchte der Lehre, du Großer von Udyāna, zum Entgelt für deine Wohltat sollst du nicht bloßen Dank empfangen, ich will dir durch die Tat erkenntlich sein.“ Dies ist das sechzehnte Kapitel.

---

[1] Im Text *de-ba-ma*, tibetisiertes Femininum zu *deva;* vgl. das folgende *ḍā-ki-ma* = *ḍākiṇī*.

[2] Dieser und die beiden folgenden Namen im Texte transkribiert.

[3] Aufgezählt sind 21.

17. Kapitel.

„Auf daß das Geschlecht der Könige von Udyāna nicht aussterbe, will ich dir meine Tochter, die Prinzessin K'rom-pa rgyan, gnädig zur Lebensgefährtin geben."[1] Da sprach die Wahrsagerin Kun-šes T'iṅs-po zu ihm: „Dieser Vorschlag der Königin ist ganz vortrefflich. Herr der Lehre, Königssohn, Guru! Wenn des Guru Geschlecht ausstirbt, werden die Wesen in Verwirrung geraten; wenn sie in Verwirrung geraten sind, werden sie den Tieren und dem Vieh gleich sein. Vielbewanderter, großer Padmasambhava aus königlichem Stamm, wenn du dem Lose entsprechend handelst, wirst du die Herrschaft erlangen. Diese 28b zur Gemahlin zu nehmen, ist für dich angemessen." Der König K'ri-sroṅ ldeu-btsan bat ihn: „König von Udyāna, Padmasambhava! Die dir von der Königin zum Lohn gegebene Tochter bitte ich dich, unerschütterlichen Glaubens zur Gemahlin zu nehmen. Zwar ist meine Tochter von anderen in dieser Welt begehrt worden, so daß hie und da welche sein werden, die mich tadeln werden. Obwohl ich vom Glück begünstigt bin und[2] eine solche Tochter besitze, so brauche ich mich nicht, wenn ich sie jetzt zur Gefährtin eines vielbewanderten Königs mache, später an einen andern zu wenden." Der Tochter verlieh man den Beinamen ạP'rul-dgu sgyur-ma.[3] Darauf ergriff der Große von Udyāna das Wort: „Alle Geschöpfe dieses Landes von Tibet haben mein, des Padmasambhava, Antlitz leibhaftig geschaut[4] und die Erklärung der Religion wie das Buddhawort ununterbrochen gehört; dank dem Segen der Meditationen des Vairocana und

[1] Worte der Königin.

[2] *am* ‚oder' = ‚und was dasselbe besagen will'.

[3] ‚Eine, die Zauberverwandlungen annimmt.'

[4] *gyin* (= *kyin*)-*du* ‚nachdem'.

den Anstrengungen und dem Glauben des Herrschers, des Königs, werden die Nachkommen aller Geschöpfe großen Segen[1] empfangen. Die Sünden dieser Königin, der von großen Begierden und starker Leidenschaft beseelten,[2] sind nun gesühnt. Dank der durch ihre Verdienste vollkommenen Reue und Beichte wird morgen beim Aufgang der Sonne[3] Buddha erscheinen. Des Königs Untertanen sollen mannigfache Blumen pflücken und sich morgen bei Sonnenaufgang sämtlich um den Königstron scharen." Über diese Worte des Padma von Udyāna freuten sich der König, Vater und Mutter, die Herren und das Volk überaus. Dann sagte der Große von Udyāna, Padmasambhava: „Auf die Prinzessin K'rom-pa rgyan hatte ich bereits meine Gedanken gerichtet; in ihrem Äußeren erscheint sie schön und in ihrem Herzen tugendhaft. Durch das Wirken zum Heil der Wesen 29a wird sie die Geschöpfe in Harmonie bringen. Um dem Gerede vom Aussterben meines Geschlechts und von meiner Kinderlosigkeit ein Ende zu machen, verspreche ich, der Guru, sie zur Frau zu nehmen." Darüber war das Gefolge aufrichtig erfreut. Das Königspaar, Vater und Mutter, waren entzückt. Das Volk von Tibet pflückte Blumen im Walde und badete sich im Lohita; am andern Morgen versammelte sich mit Sonnenaufgang ganz bSam-yas und vollzog Umwandlungen um den Königssohn Padmasambhava. Unter Verneigungen brachte man Opfergaben dar und streute mannigfache Blumen. Einige schlugen Trommeln, andere ließen Zymbeln ertönen.

---

[1] *,a-caṅ c'e;* sonst nicht belegt.

[2] *c'ags-pa drag-po-mo*, auffallende grammatische Bildung, Apposition zu *btsun-mo.*

[3] *ñi-mai rtse-la*, nicht in den Wörterbüchern, vergl. weiter unten *ñi rtse śar* ,die Spitze der Sonne kommt heraus'.

Einige bliesen Muscheltrompeten, andere gaben Räucherwerk verschiedener Art dahin. Sie führten Tänze auf, einige mit Flaggen, andere mit Schirmen, die sie runddrehten, einige mit Standarten, andere mit Pauken in der Hand. Durch die Verneigungen, die sie nach allen zehn Himmelsrichtungen machten, sproßten in allen Gefilden mannigfache Blumen auf; in allen

ཆགས་མེད་སྐྱོན་གྲོལ་པདྨ་འབྱུང་གནས་དཔལ།།

Abbildung 7.

Himmeln entstanden viele Blumen; aus den Wolken ertönten im Luftraum wohllautende Stimmen. Viele Ḍāka der Vergangenheit weilten in den himmlischen Regionen; viele Ḍāka der Zukunft segneten das vollendete Werk; die Ḍāka der Gegenwart waren leibhaftig sichtbar. Der König und das Volk sowie die Geschöpfe der neun Länder (*dvīpa*) der drei Welten sühnten ihre vergangenen, zukünftigen und gegenwärtigen

Sünden. Padma von Udyāna prophezeite ihnen die Aussicht auf das Nirvāṇa (*anāgāmin*). Darauf bestiegen[1] Padmasambhava von Udyāna, der tibetische Bhikṣu Vairocana, der Königssohn Mu-tig btsan-po und die K'rom-pa rgyan mit drei Nommo[2] schwarze Reitpferde.[3] Der König K'ri-sroṅ 29b ldeu-btsan vollzog Meditationen und begab sich, um das Heil der Wesen

ཡོན་དན་ཀུན་རྫོགས་པདྨ་སམ་བྷ་ཝ།།

Abbildung 8.

zu erreichen, in die Kristallgrotte (*šel p'ug*). Siebzehntes Kapitel: die Reinigung von der Anzettelung der Intrigen.

[1] Das Verbum ist nicht ausgedrückt.

[2] Bedeutung unbekannt. Aus der Endung *-mo* geht hervor, daß es sich um Frauen handelt.

[3] *c'ibs-rta* (sonst nicht belegt). Dies bedeutet den Abschluß der Hochzeitszeremonie.

18. Kapitel.

Darauf [sprach Padmasambhava]:

„Folgendes ist die Lehre in ihrer Grundlage. Die Wesen der drei Zeiten richten durch ihre eigene Natur (*svabhāva*) während ihrer Lebenszeit ihre Wahrnehmungen auf das Beständige; infolge des Sterbens richten die Wesen ihre Wahrnehmungen auf das Vergängliche. Nachdem sie an die äußerste Grenze des Haftens an dem Beständigen und Vergänglichen angelangt sind, befindet sich ihr Tun in einem schnell dahinfließenden Strome. Der Saṁskāra der Ansammlung von Reichtümern treibt sie zwischen Glück und Unglück hin und her. Das Nichtwissen (*avidyā*) erzeugt die Ursache der Sünden. Den tiefen Sinn der Wesenheit (*tattva*) verstehen sie nicht. Infolge der fünf Vergehen entsteht das Haften am Boden der Erde (?).[1] In den Kreislauf der sechs Welten übergehend, werden sie in den vier Geburtsformen der drei Welten umhergetrieben. Insbesondere werden die Wesen durch ihre Handlungen geplagt. Infolge der schlechten Handlungen des Paarungstriebes und der Buhlerei gewähren die fünf Gifte der Sünden keine Glückseligkeit: ein der Lust fröhnender Sinn gleicht einem wilden Pferde. Die Paarung streut den Samen des Kreislaufs aus, und die Liebesleidenschaft schneidet vom Pfad der Erlösung ab. Die Wesen, die in den zehn Gegenden der sechs Welten weilen und entstehen, werden durch ihr Wandeln in den Werken der Sünde von dem Pfade, der zu dem Trikāya führt, abgetrieben, und derer, die im Trachten nach der Erreichung des Endzieles einen guten Lebenswandel führen, sind nur wenige. Einige wandeln in den zehn Sünden, andere wandeln in den Werken des Vergnügens, andere wan-

---

[1] *sa gliṅ ạṗ ul?*

deln in den Werken des Zweifels, wieder andere wandeln in nutzlosen Werken; einige wandeln in Werken des Betrugs, andere wandeln in Werken des Lasters, andere wandeln in Werken der Neugierde, wieder andere wandeln in Werken 30a der Lüge; einige wandeln in Werken des Wankelmuts, andere wandeln in Werken der Heuchelei,[1] wieder andere wandeln in Werken eines bloß zeitlichen Glücks;[2] einige gehen nur in Werken der Landesregierung auf, andere gehen in Werken eines Zensors der Lügner auf; einige wandeln in Werken der Dämonenbehexung,[3] andere wandeln in Werken der Saṁskāra, wieder andere bewirken Streit und Kampf; einige handeln für den Ruhm eines einzigen Mannes, andere wandeln beständig in derselben Bahn; wieder andere bewirken die sechzehn Schrecken. Da so durch die verschiedenen verkehrten Handlungen die sechzehn Arten des Elends der in den sechs Welten Wandelnden einen weiten Umfang angenommen haben, ist der Zweck[4] der Heirat des Padmasambhava klar. Ich, der Königssohn Padmasambhava, zum Heil der Geschöpfe und Wesen wirkend, habe die Wesen in Eintracht versöhnt. Um dem Gerede von dem Aussterben des Geschlechts und der Kinderlosigkeit ein Ende zu machen, (habe ich so gehandelt).[5] Das Menschenland, der Himmel und die Hölle; sittlicher Fall, Streit und Irrtum; Dummheit, Hunger, Handeln und Kreislauf; Geburt, Alter, Krankheit und Tod; Suchen und Streben, Feind und Freund; die Höllenfahrt der Götter; das Unheil der Aufregung des Geistes sind un-

---

[1] *bcas-bcos* fasse ich = *ts'ul-ạc'os* (s. v. *ạc'os-pa*).

[2] *gnas-bde*, verkürzt für *gnas-skabs-kyi bde-ba*.

[3] *ltogs-ạgoṅ*. Vgl. *ltog-ạdre*, *ltogs-ạdre*, Dämon.

[4] *don-ma* auffallend für *don*.

[5] Der Verfasser ist hier aus der Konstruktion gefallen, denn es fehlt der Nachsatz, um diesen Gedanken weiterzuspinnen.

13*

erklärliche Dinge. Die Kämpfe der Asura, das Tadeln des Nächsten und das Unheil eines unseligen Zustandes sind unerfaßlich. Der Kreislauf und Wandel der Menschen, das Unheil der Leidenschaft sind unerfaßlich. Die Dummheit und Stummheit der Tiere, das Unheil der geistigen Finsternis sind unerfaßlich. Der Hunger und Durst der Preta, das Unheil falschen Wissens sind unerfaßlich. Die Kämpfe und 30b Reinigung der Hölle, das Unheil der Hitze und Kälte[1] sind unerfaßlich. Das Verweilen im Zwischenzustand, das Annehmen des Bösen und das Suchen danach, das Unheil des Eingehens und der Wiederkehr sind unerfaßlich. Das Unbeständige und Veränderliche des Kreislaufs, sowie die Wiederkehr in denselben, das Unheil der Welt ist unerfaßlich. Im ganzen gibt es acht solcher zu erfassenden Punkte. Die Wesen des Kreislaufs der drei Welten beharren in der Sphäre der Unwissenheit und wandeln in den Werken der Sünde dahin, sich an das Leben klammernd, gleich Saftfrüchten, die im Saṁsāra gewachsen sind. Damit sie davon befreit werden und den Pfad der Tugend beschreiten, hat der König des Jambudvīpa, K'ri-sroṅ ldeu-btsan, die Prinzessin ạP'rul-dgu sgyur-ma verheiratet."

Sie begaben sich an die Grenze von Tibet und Žaṅ-žuṅ (Guge) und weilten an dem schwarzen Ufer des Manasarovara Türkis-sees. In dem Tempel Padma rgyas-pa brachten sie Opfergaben dar. Der Große von Udyāna sprach zu seiner Umgebung: „Der Manasarovara Türkis-see kann in einer Tagereise zu Pferde umritten werden und ist darin dem See von Dhanakoça vergleichbar. Prüfen wir nun wahrheitsgemäß die Mutter, mit der ich zeuge. Wenn man lebhaften Geistes diesen

[1] Nämlich in der Hölle.

See dreimal umwandelt, kann man niemand anders als Buddha suchen und ihn erlangen. Nach dem Vorbild des Tempels T'or-cog dgu-ldan[1] von Udyāna verdienst du, o Heiligtum von Padma rgyas-pa, den Unempfänglichen und Häretikern verborgen zu werden; doch gläubigen Männern und Frauen verdienst du erklärt zu werden. Durch furchtloses Umwandeln dieses Tempels, durch das Darbringen mannigfacher äußerer, innerer und geheimer Opfergaben werden die das Glück ihrer Taten Genießenden nicht in das Reich der Hölle fahren. Der Nutzen dieses Tempels, muß man wissen, besteht darin, daß er die Sünden entfernen soll. Daher sollen die, welche mit den Ohren zu hören gewohnt sind, dahin pilgern. Seine Umwandlung 31 a wird von den fünf Todsünden reinigen. Das Baden und Trinken in dem Türkis-see führt zu grossem Heil und zum Genuß des Himmels. Die Nachkommen derer, die reinen Herzens sind, werden Herrscher der Menschen und Göttersöhne sein. Daher herrscht im Kṛtayuga, im Tretayuga und Dvāparayuga keine Krankheit in der Welt, und das Leben ist lang und vortrefflich. Die Menschen haben Schamgefühl und üben Wohltätigkeit und Tugend. Vollkommenheit ist ihnen eingepflanzt. Im Kaliyuga sinken in der Welt Lebenszeit, Krankheitlosigkeit und Vollkommenheit herab. Voll List und Betrug, Stolz und Neid, an Weisheit schwach und sündiger Gedanken voll, haben sie ihre Freude an schlechten Werken. Jetzt ist die leuchtende Sonne des Erbarmens aufgegangen, die sicherlich keine Freude daran hat, andere zu versengen. Die Frauen genau zu prüfen ist eine schwierige Aufgabe; prüft man die Frauen, so sind die Frauen scharfsinnig. All ihr Tun muß gut geprüft werden. Sich auf die Frauen ver-

[1] ‚Mit neun Haarschöpfen versehen.'

lassen, ohne sie zu prüfen, ist Teufels Werk. Zum Nutzen der kommenden Generationen soll die Prinzessin ạPʻrul-dgu sgyur-ma, wie der Manasarovara Türkis-see, der nicht fällt noch steigt, geprüft werden. Die Göttin der Erde[1] soll zu dieser Prüfung ernannt werden. Trefflicher Freund, Vairocana, du, aus Ya-bu ya-ạgal im Lande Nepal, dem trefflichen Ort, dem heiligen, herzerfreuenden Lande, hole die Nepalesin Çākyadeva her! Untrüglich fürwahr sind die in ihren Qualitäten vollständigen Vorzeichen. Einen Rappen besteige und entsende die Einladung!" Er begab sich in das heiße Land Nepal, und nachdem er die Wälder, 31 b einen lieblicher als den anderen, passiert hatte, gelangte er an die Felsgrotte von Yaṅ-le-šod in Nepal. An die Prinzessin, die Nepalesin Çākyadeva, richtete der abgemagerte Vairocana folgende in Versen abgefasste Rede: „Der hier vor dir steht, ich bin es, Vairocana; da die Sünden und tugendlosen Werke, die ich von Anfang an bis jetzt begangen habe, den Sugata der drei Zeiten nicht gesühnt sind, hat mir die Gemahlin des Königs Nachstellungen bereitet. Ich aber war schuldlos und bei Tagesanbruch von Schuld gereinigt. Die Königin wurde vom Aussatz ergriffen und wünschte im Vertrauen auf den Meister eine Erklärung der Bedeutung dieser Geschehnisse. Der Leuchte der Lehre, Padmasambhava, hat die Königin zum Dank die Prinzessin Kʻrom rgyan gegeben. Unter dem Namen ạPʻrul-dgu sgyur-ma hat er sie zur Gemahlin genommen. Besitzt die Gemahlin glückliche Vorzeichen oder nicht? Die Göttin der Erde bsTan-ma kennt das Gute und Böse. Du bist sehr klugen Verstandes, und ihr beide sollt sie prüfen. Du bist fähig, dich mit dem Geheimen zu befassen, denn dein Leben

---

[1] *sa-yi lha-mo.*

und Leib sind leidenschaftlos.“ Dies ist das achtzehnte Kapitel.

---

19. Kapitel.

Ihm antwortete die Nepalesin Çākyadeva: „Um des Königs Tochter, die Prinzessin, zu prüfen, gibt es in jenem Lande geschicktere Männer als mich. Mein Wissen und meine Klugheit sind nicht groß, und ich besitze nur die Geschicklichkeit einer Helferin oder Dienerin, die Unbekanntes erklärt. Wenn aber der Königssohn so befiehlt, will ich nach seinem Wort gehen. In deiner Gesellschaft will ich denn nach Tibet reisen.“ Auf dem Rappen gelangten sie an den Türkis-see. Zusammen mit Vairocana traf sie in bSam-yas ein und wohnte in K‘ams-32a gsum me-tog sgrol-gyi na-ga. Vairocana rief den Leuten von bSam-yas zu, sie sollten die Königstochter aus dem Tempel Pad-rgyas am Manasarovara Türkis-see herholen. Die Leute des Bezirks freuten sich sehr darüber. Die Herren und das Volk alle zogen zum Willkomm entgegen. Die Beamtentöchter, alle in reinen Kleidern, die Mädchen des Volks, alle in reinen Kleidern, und die Jünglinge, rein gekleidet, versammelten sich in K‘ams-gsum na-ga. Die Nepalesin Çākyadeva prüfte die Zeichen und schloß aus den trefflichen Eigenschaften des Hinterkopfes, daß die Zeichen trefflich und gut seien. Die Symmetrie ihres Körpers[1] war gleich den Blättern des Utpala-lotus. Ihre Augen waren den Samen der Sesamblüten gleich. Die hohe Wölbung ihrer Stirn war dem Vollmond gleich. Die Länge ihrer Brauen war dem Buchstaben o (ོ) gleich. Der Schimmer ihrer Wangen war einem Gefäß von Muschelschale

---

[1] *ạdra-ba.* Über diese Bedeutung des Wortes s. W. W. ROCKHILL, Udānavarga, p. 131, Note 3.

gleich, in dem Zinnoberrot gemischt ist. Die Form der Nase war hübsch, einem vollendeten Edelstein gleich. Die Lippen waren hübsch und bildeten einen Rand, wie der Saum eines Gewandes. Ihre lächelnden Zähne waren hübsch, den Zinnen der Göttertempel (?)[1] gleich. Ihre Worte waren wohllautend, dem Plauderton[2] eines Papageis gleich. Die Form des Halses war hübsch, einer Götterleiter gleich. Die heimlich hervorragenden Teile des Nackens glichen einem silbernen Weihwassergefäß. Des Busens Mitte war gleichmäßig eben, einer goldenen Wiese gleich. Der Busen[3] war hübsch, einem auf die Seite gelegten silberweißen kleinen Tamburin gleich. Ihre Lenden waren so geformt, daß sie aussahen, als hielte sie einen Bogen. Die Abzeichen des Mons Veneris waren sechzehn Lotusblättern gleich. Die Wade, von einem Ring umschlossen, glich der Eṇa-Antilope. Die Gestalt ihres Körpers glich einem Haufen Edelsteinen. Ihre Figur besaß wohlproportionierte Maße, war nicht zu lang und nicht zu kurz, nicht zu dick und nicht zu dünn. Ihr Duft 32b war wie der Wohlgeruch von Kampfer und Sandel. Ja, die Königstochter, die Prinzessin K'rom-pa rgyan, sie, die der Königssohn Padma zum Weibe genommen, war hübsch in ihrem Körperbau und in der Tat sehr schön. Sie besaß das Ebenmaß der siebzehn körperlichen Formen in ihrem Äußeren.[4] „Göttin der Erde bsTan-ma, du sollst nun das Maß ihrer inneren dunklen Eigenschaften prüfen," also sprach Vairocana. Da ergriff die Göttin der Erde bsTan-ma das Wort: „Die Königstochter, die Prin-

---

[1] *lha ts'e ba-gam;* fol. 33 b (S. 90, letzte Zeile) *lha tse* geschrieben; vermutlich ist *lha rtse* ‚Göttergipfel' zu lesen.

[2] *coṅ skad = gcoṅ skad.*

[3] *gsol.*

[4] *p'yi-yi yul,* die Welt der äußeren Erscheinungen.

zessin K'rom rgyan hier, ist, soweit ihre Zeugung aus den vier Elementen in Betracht kommt, in ihrem Äußeren sehr schön. Soweit sie von dem Geist des Vijñāna erzeugt ist, ist sie unvergleichlich. In den inneren acht Gaṇa ist sie sehr tugendhaft, und da der Same des Lasters und der Sünde in ihr nicht vorhanden, ist sie groß im Glauben. Ihre Wohltätigkeit ist ausgedehnt, ihre Opferfähigkeit und ihr heiliger Eifer sind groß. Ihre Moral ist rein, ihre Keuschheit und Weisheit groß. Ihre Kraft, Dinge auszuführen und ernstlich durchzusetzen, sowie ihr Selbstvertrauen sind hoch. Mit einem liebenden Gemüt begabt, ist sie fähig, um der Religion willen Buße zu vollziehen. Die unmittelbare Wahrheit erkennend, ist sie fähig, das Wort der Wahrheit zu lehren. Den Samen des Geistes erzeugend, erfaßt sie den Sinn des Nicht-Seins, und daher haben die Erscheinungen dieses Lebens in ihrer Seele keinen Raum. Um die harmonisch in sich abgeschlossene Mutter, die sich in dem Stadium befindet, wo man sich auf sie verlassen kann, steht es vortrefflich."[1] Mit solchen Worten schilderte bsTan-ma die Zeichen als gut.

Entsprechend dem Kern der von der Welt eingesetzten Wissenschaft überwinden Himmelarzeneien die Teufel und Krankheitsdämonen und vertreiben das Unglück; durch das Austreiben der Geister und Gebete zu den Göttern erfleht man Reichtum, Beistand und Segen.[2]

Darauf setzte man im Palast am Ufer des Türkis-sees die Prinzessin auf einen blauen Türkistron; auf einem gelben Goldtron saß der Siegreiche. Von Scharen von Jünglingen und Mädchen waren sie umringt. Viele Ḍāka der Weisheit sprachen Segensworte. 33a Viele Ḍāka der Welt entsandten Gebete: „Du, wie der unveränderliche Sumeru aufgepflanzt,

[1] Die Übersetzung dieses Passus ist zweifelhaft.

[2] Diese Stelle beruht sicher auf späterer Interpolation; sie paßt nicht in den Zusammenhang.

möge deine Lebensdauer und dein Leben verlängert werden! Padmasambhava von Udyāna, erster! Als wir zu dem Lama im Menschenland in der Welt kamen, begaben wir uns nach Dhanakoça im Lande Udyāna. Es war zu der Zeit, als du aus dem fleckenlosen, glänzenden Lotusstengel geboren wurdest, da banntest du durch den Segen deiner Kraft die stolzen Dämonen. Nun in Padma rgyas-pa versammelt, beten wir zu dir, Padmasambhava von Udyāna. Wir sind von Padma von Udyāna gebannt worden und unter den Einfluß deiner Ermahnungen gekommen. Die tibetische Königstochter K'rom rgyan hier, obwohl ihr der Wunsch des Handelns kommt, wandelt im Zustand absoluter Untätigkeit. Daß der Königssohn sie zur Gemahlin genommen hat, um die Herrschaft des Königs zu ergreifen und die Wesen zu leiten, ist sehr gut; es ist ganz vortrefflich, und wir werden jeglich Gebete entsenden." In derselben Weise richteten die fünf Kenner der heiligen Zaubersprüche und der das Mahāyāna kennende Gott Brahma an die Prinzessin K'rom-pa rgyan folgende Worte: „Sehr schöne ạP'rul-dgu sgyur-ma, folgende Botschaft bringen wir dir als Gabe mit Tat, Wort und Gedanken dar. Dein Haupt[1] gleicht den Blättern des Utpala-lotus; dies ist ein Zeichen dafür, daß du die Sugata auf dem Haupte trägst; wir wollen dafür beten, daß du unvergleichlich wie der Gott der Weisheit sein mögest. Die beiden Augen gleichen den runden Sesamblüten; dies ist ein Zeichen dafür, daß die Fülle deiner Kontemplation an Glückseligkeit ausgedehnt ist; wir wollen dafür beten, daß dir

---

[1] Hier folgt die symbolische Deutung der vorher aufgezählten Schönheitsmerkmale, die an dieser Stelle mit denselben Worten wiederholt werden, jedoch mit einigen unbedeutenden Abweichungen im Wortlaut. So ist oben (Kap. 19, S. 199) der Vergleich mit den Utpala-blättern auf die Symmetrie des Körpers (*ạdra-bai dpe*) bezogen, hier aber auf den Kopf (*dbu*).

die Welt der Erscheinungen glänzend leuchte. Die hohe Wölbung der Stirn ist dem hellen Vollmond gleich; dies ist ein Zeichen dafür, daß die Siddhi des trefflichen Zustandes der Abstraktion die weiteste Ausdehnung erlangt hat; wir wollen dafür beten, daß deine Wünsche wie die Flecken des Mondes verborgen sein mögen.[1] 33b Die Brauen sind dem Buchstaben o gleich; dies ist ein Zeichen dafür, daß die Lehre von den geheimen Zaubersprüchen in der Mitte entsteht; wir wollen dafür beten, daß du vom Schatz[2] der Lehre beschützt werdest. Der Schimmer der Wangen gleicht der zinnoberroten Farbe in einer muschelweißen Schale[3]; dies ist ein Zeichen dafür, daß da in der Erde, wo mit Sicherheit Agat[4] vorkommt, ein Schatz verborgen ist; wir wollen dafür beten, daß du zur rechten Zeit als Nirmānakāya geboren werdest. Die Form der Nase ist einem vollendeten Edelstein gleich; dies ist ein Zeichen dafür, daß du die würdigste in der Menschenwelt bist; wir wollen dafür beten, daß du gegen alle ohne Unterschied liebevoll seiest. Die Lippen sind hübsch und bilden einen Rand wie den Saum eines Gewandes; dies ist ein Zeichen dafür, daß sich die Anhänger, Schützer und Bewahrer der Lehre ausbreiten; wir wollen dafür beten, daß du ein Lotsāva der Götter und Menschen werden mögest. Die lächelnden Zähne sind den Zinnen der Göttertempel (?) gleich; dies ist ein Zeichen dafür, daß du die Lehre des großen Er-

---

[1] Wörtlich: die Flecken deiner Wünsche wie die des Mondes; *t'ig-le* bedeutet ursprünglich ein Textilmuster, z. B. die Kreuze in den Wollstoffen, daher auch Mondflecke; *šar-gyi t'ig-le* oder *rdul-gyi t'ig-le* sind Synonyme für Mond.

[2] *žabs* (?) *gter*.

[3] Das oben (S. 88, Z. 9) hinzugesetzte *ạdres* ist hier ausgelassen.

[4] *ma-no*, wohl Transkription des chinesischen *ma-nao* ‚Agat', dessen buntfarbiges Geäder auf die weißroten Wangen anspielt.

barmers (*Mahākaruṇa*) liebst; wir wollen dafür beten, daß du den Māṇi des Herzens mit dir führest. Das Zahnfleisch[1] ist einer roten Blume gleich; dies ist ein Zeichen dafür, daß die Wesen der sechs Klassen in die Religion eingeführt sind; wir wollen dafür beten, daß Sünden und Vergehen entfernt werden mögen. Deine redende Zunge erscheint glücklich, einem Blitze gleich;[1] dies ist ein Zeichen dafür, daß durch Anhören, Predigen und Meditieren die Geschöpfe bekehrt werden; wir wollen dafür beten, daß sich die Lehre von der Religion des Schatzes[2] verbreite. Der Wohllaut deiner Worte gleicht dem Geplauder eines Papageis; dies ist ein Zeichen dafür, daß sich die Sugata, welche die Wesen zufrieden machen, freuen; wir wollen dafür beten, daß durch den Wohllaut von Pauken und Flöten Bekehrungen vollzogen werden mögen. Die Form des Halses[3] ist einer Götterleiter gleich; dies ist ein Zeichen dafür, daß die Wesen des Kreislaufs von den neun Wagen[4] geleitet werden; wir wollen um völlige Befreiung von den vier Geburtsformen beten. Die heimlich hervorragenden Teile des Nackens gleichen einem silbernen Weihwassergefäß; wir wollen dafür beten, daß die durch fehlerlose Vorzüge vollständigen Buddhaworte und Prophezeiungen, 34a sowie die Schatzreligion des Nektars gelehrt werden. Des Busens Mitte ist gleichmäßig eben, einer goldenen Wiese gleich; dies ist ein Zeichen dafür, daß der Scheitel derer, die unparteiisch gegen die Religion sind, gleichmäßig eben ist; wir wollen um Befreiung von den

---

[1] In der vorhergehenden Aufzählung nicht erwähnt.

[2] Hier ist wohl in erster Reihe an die *gter-ma* genannten Schriften der rÑiṅ-ma-pa Sekte zu denken.

[3] *,og*, vorher *lkog-ma.*

[4] *t'eg dgu*, ein dem Padmaismus eigentümlicher, noch nicht aufgeklärter Terminus.

in uns aufsteigenden Gedanken beten. Der Busen ist hübsch, einem auf die Seite gelegten silberweißen Tamburin gleich;[1] dies ist ein Zeichen für die unermüdliche Wirksamkeit zum Heil der Wesen und Geschöpfe; wir wollen um Austreibung der Krankheiten des Saṁsāra beten. Die Lenden sehen aus, als hielte sie einen Bogen; dies ist ein Zeichen dafür, daß sich Fehler und Vorzüge[2] an der Wurzel in Tugenden und Sünden teilen; wir wollen dafür beten, daß die Fehler abgelegt und die Vorzüge zur Reife gelangen mögen. Die Wade ist der Eṇa-Antilope gleich; dies ist ein Zeichen dafür, daß es einen Ruheplatz am Wege des Hīnayāna und Mahāyāna[3] gibt; wir wollen dafür beten, daß du der Reihe nach die zehn Stufen (*daçabhūmi*) durchwandeln mögest. Dein Körper glänzt wie ein Edelstein;[4] dies ist ein Zeichen dafür, daß in dieser einen Lebensperiode der erhabenen geheimen Zaubersprüche ein Buddha (auftreten wird?); wir wollen dafür beten, daß uns die Kraft erhalten werde, durch die Abfassung von Zaubersprüchen zu erlösen, wenn wir einmal dahin gelangt sind.[5] Dein Körper besitzt wohlproportionierte Maße; dies ist ein Zeichen dafür, daß friedliche Bekehrung durch die drei Tore (Werk, Wort

---

[1] Der oben (S. 88, Z. 14) gebrauchte Zusatz *gšaṅ č'uṅ* ist hier ausgelassen, was die Stelle natürlich sinnlos macht.

[2] *skyon yon; yon = yon-tan*, wie aus der Verbindung mit *skyon* und dem im folgenden Satze gebrauchten *yon-tan* hervorgeht.

[3] *t'eg og goṅ-ma* ‚das untere und obere Yāna'.

[4] Abweichend von der obigen Stelle (S. 88, Z. 16): ‚gleicht einem Haufen Edelsteine'.

[5] Dieser Vers: *sbyor sgrol ts'ad p'yin gnas stobs* ist durch die Prägnanz des Ausdrucks bemerkenswert und so in Prosa aufzulösen: *sbyor-nas sgrol-bai ts'ad-du p'yin-pas gnas-pai stobs*. Das zu *sbyor* zu ergänzende Objekt ist das vorhergehende *gsaṅ sṅags*; *ts'ad*, das Vollmaß, das gebührende Maß, in Verbindung mit *p'yin-pa* „es soweit bringen, soweit kommen"; *gnas-stobs*, die Fähigkeit, dabei zu bleiben, das einmal Errungene festzuhalten, das Beharrungsvermögen.

und Gedanke), Geduld und Beschauung da sind; wir wollen für den Schutz der Wesen, die sich bemühen, beten."

Nachdem die Nepalesin Çākyadeva die Zeichen geprüft, sind zum Nutzen der Geschöpfe und Wesen der Nāga-König Ratnacūḍa, Brahma mit dem Pfau und Gefolge, der Yakṣa sKar-mda gdoṅ,[1] mit Gefolge und von den Menschen Vimalakīrti [hier erschienen]. „Du, die du die Wurzel der geheimen Zaubersprüche erfaßt hast, bist mit allen guten Merkmalen versehen; dies ist ein Zeichen, daß du in dieser Existenz die Buddhawürde erlangen wirst; wir wollen dafür beten, daß das Tor zum Ort des Saṁsāra verschlossen werde. So soll es zum Heile sein!" 34b Was die Merkmale der Wesen betrifft, so haften sie an ihrem Wohnsitz und freuen sich an ihrem Hause. Um sie davon zu befreien, hat einmal K'rom-pa rgyan die Hausbesitzer in ihren Häusern belehrt und wird daher ‚Hausherd' genannt. Dies ist das neunzehnte Kapitel.

---

20. Kapitel.

Um diese Zeit hatte die Prinzessin K'rom-pa rgyan, die in ihrem äußeren Wesen Vortreffliche, in ihrem inneren Wesen Tugendhafte, die keusche Prinzessin K'rom rgyan, am fünfzehnten Tage des letzten Wintermonats einen Traum: ihr träumte, daß ein schwarzer Lichtstrahl von sechs Fuß Länge in ihr Inneres eindringe. Als sie erwachte, war ihr Leib schwer, und ein Zittern ging durch ihr Inneres. Ihr Sinn war verstört, ihr Herz zusammengekrampft, und ihr ganzer Körper in einem unbehaglichen Zustand. Ein ängstlicher Verdacht stieg in ihr auf, so daß sie niemand davon erzählte und die Sache geheim-

---

[1] D. h. ‚der das Gesicht einer Sternschnuppe hat'.

hielt. Nur der dMar rgyan-ma erzählte sie, wie es sich zugetragen hätte. Ba-dmar rgyan-ma sprach zur Tochter folgendermaßen: „Dafür, daß dank der Inkarnation des Erbarmens des Padma von Udyāna und dank den allgemeinen, damit harmonierenden Verdiensten der Geschöpfe Tibet nicht untergehen, sondern die Lehre sich ausbreiten wird, ist dies ein Vorzeichen.“ Nachdem sie so gesprochen, brachte die Prinzessin den Göttern Weihrauch dar. Ein Jahr danach schenkte sie einem Sohne das Leben, und zur Zeit, als er geboren wurde, freuten sich alle, scharten sich um ihn und sahen sich das Schauspiel an. Da sie aber fanden, daß er keine glückverheißenden[1] Vorzüge besaß, nannten ihn alle Männer einen bösen Preta. Der Meister Padmasambhava von Udyāna, vermöge seiner Allwissenheit, durchschaute die Sache deutlich. Er wußte wohl, daß er von Māra hintergangen worden war, doch da die Zeit für seine Bekehrung noch nicht gekommen war, predigte er dem Māra noch nicht. Māra war denn in der Tat als eine Inkarnation im Sohne des Guru erschienen. Der Meister Padmasambhava verlieh dem Sohne einen Namen, wartete dann ruhig ab und 35a dachte daran, ihn zu dem rechten Zeitpunkt zu bekehren. Mutter und Sohn[2] eilten einst beide zur Feuerstelle, und da zeigte sich, daß er auf den Fußsohlen und den Handflächen das Bild eines Lotus hatte. Dieser Sohn wuchs schneller[3] heran als andere Geschöpfe; als Sohn des feindseligen Māra, der in Wirklichkeit sein Vater war, wäre auch bei richtiger Behandlung die Grundlage seines Wesens immer vorherrschend geblieben. Er hatte einen großen Hang nach dem Fleisch und Blut der Geschöpfe; sah er mit

[1] *,a-cañ*, vergl. oben S. 82, Z. 13 und S. 191.

[2] *sar-sar?*

[3] *drag* = *drags*.

seinen Augen weißschimmernde[1] Knochen, so schlang er das ganze Gerippe wie ein Geier herunter und gab es wieder von sich. Alle, die das anschauten, faßten ängstlichen Verdacht. Man gab ihm den Beinamen „Jüngster des Padmasambhava". Als er herangewachsen war, vermochte er nicht bei seinem Vater die Religion zu lernen, sondern sprach zum Vater: „Großer Padmasambhava! Nicht lehren, was andern nützlich ist, bringt große Kümmernis; ich will dich daher lehren, was dir nützlich sein soll. Unter den Speisen, die mit dem Munde verzehrt werden, ist das Fleisch am wohlschmeckendsten; wenn man die Geschöpfe tötet, soll man die Getöteten verzehren. Was die Kleidung anlangt, die wir am Leibe tragen, halten Felle am wärmsten; hat man die Geschöpfe getötet, soll man sie abhäuten und sich bekleiden. Ja, es ist eine Lehre von Räuberei, Bettelei und Dieberei, die ich vortrage. Padmasambhava, habe Erbarmen mit mir Geier!" Als er solche Worte zu dem Vater geäußert, sprach Padma von Udyāna: „Ach wie mitleiderregend sind doch die Sünden der Geschöpfe! Ach über die Sünden, die aus der Anhäufung der Täuschung entstehen! Ach, wie ist sein Herz von der Vergeltung gequält! Von den hundert Versicherungen, die er gibt, versteht er auch nicht eine. Er ist der sündigste der irrenden Geschöpfe, und es bleibt zu erwägen, ob er hier in meinem Wohnort aufwachsen soll.[2] Mit andern hat er nur wenig Mitleid, doch pocht er auf seine eigenen Verdienste; er hat den Hang zu Fleisch und Blut und redet die verkehrten 35 b Worte der Sünde: gewiß ist er ein Abkömmling des feindseligen Māra und fürwahr ein Sohn des schwarzen Se-ạp'aṅ. Sicherlich wird er der Religion Hindernisse bereiten, doch alle späteren Ge-

---

[1] *k'ral-k'rol = k'rol-krol.*

[2] Nach **B**: als der sündigste wird er hier aufwachsen.

schöpfe des Samsāra sollen nicht auf seine Worte hören." Mit diesen Worten schloß er seine Rede. Der Geier des Padmasambhava verfärbte sich, und in einem Moment, wo ihn sündige Gedanken befielen, ließ er alle vernünftigen Erwägungen einschlummern und sann auf einen Streich. Täglich vollzog er Umwandlungen um seine Eltern, verneigte sich hundertundachtmal vor ihnen, badete sich und brachte ihnen hundert Blumen dar. Nachdem er solcherweise verfahren, nahm er des Vaters goldenes Khaṭaṅga, tat, als wenn er damit spielen wollte, pflanzte es mit der Spitze in die Erde, lief dann herum und so weiter, drehte es dann schnell um und schleuderte es. Der Guru Padmasambhava aber wurde von dem goldenen Khaṭaṅga nicht getroffen. Die silberne Spitze verwandelte sich deutlich an der Stelle, wo sie aufschlug, in ein kupfernes Vajra, und an der Stelle, wo das goldene Khaṭaṅga aufschlug, verwandelte sich der Pfad in Lotusblumen. Der kleine Padma war beschämt und brach in Tränen aus. Da sprach zu ihm der Vater: „Mein Sohn, als du der Mutter geboren wurdest, warst du ein Gegenstand des Schreckens, da du keine Vorzeichen besaßest. Unfähig, in deinem eigenen Leibe auch nur einen Stachel zu ertragen, hast du vieler anderer Geschöpfe Leben geraubt und ihre Felle zur Kleidung gebraucht. Du bist einer aus dem Geschlechte des Māra, ein Geschöpf des Ga-la.[1] Während ich den Sinn untrüglicher Wahrheit lehre, die sich andere zu Herzen nehmen, tust du Unwahres und Verkehrtes. In dem Gedanken, die Lehre des Padma zugrunde zu richten, hast du nach mir mit dem goldenen Khaṭaṅga geschlagen; doch das goldene Khaṭaṅga tötet mich nicht. Um mich mit dem silbernen Khaṭaṅga zu töten, — so treffen mich

---

[1] ? Sollte *Ga-la* für *Ka-la* = *Kāla* verdruckt sein?

14

solche Unglückszufälle des Lebens 36a nicht; ein Schlag mit dem silbernen Khaṭaṅga bringt die höchste Siddhi hervor. Da du nicht auf die Lehre des wahren Sinnes hörst, besitzest du nicht den Samen der Wahrheit. Um ein Gleichnis zu gebrauchen, Wesen von verkehrten Gedanken sind wie Feuerstein, den man in Gold umschmelzen möchte. Und solch ein sündiges Geschöpf bist du. Du bist ein Baum, der in die Hölle hineinwächst, ein Grundstein der drei Verdammnisorte. Den Samen der Wahrheit besitzest du nicht, aber den reifen Samen des Elends. O über die Sünden, die Sünden der Geschöpfe!" So sprach er. Da des Vaters Lehre nicht unterging, starb der kleine Padma, der Geier, bekümmerten Herzens. Nach seinem Tode klagten Vater und Mutter und das ganze Gefolge. „Er war in der Tat der Sohn des schwarzen gÑer-pa Se-ạp'aṅ und ergriff Besitz vom Leibe der Prinzessin K'rom rgyan-ma." Den Sohn rufend, stießen sie viele Wehklagen aus. Padma von Udyāna sagte: „Wozu klagt ihr? Weine nicht, weine nicht, K'rom-pa rgyan, denn er war ja nicht unser Sohn. Einige sagen, er war der Sohn des Erbarmens der Götter, andere, der Sohn der Feindschaft der Dämonen; einige, ein von Māra verwünschter Sohn, andere, ein Sohn des Unheils der Hölle; einige, ein von den Rākṣasa umgarnter Sohn; ein Sohn, der trotz unserer Wohltaten vertrieben wurde: unter hundert und tausend Fällen gibt es solcher nur wenige. Worin auch immer die Ursache zu dem sogenannten Sohne liegen mag, es ist gewiß das Unheil, das uns aus dem Begehen einer bösen Tat in der früheren Geburt einer vormaligen Lebensperiode erwachsen ist. Da dies Unheil eine unerträgliche erdrückende Last war, ist er uns als Sohn geboren worden und hat sich in unser Herz eingeschlichen. Wenn wir ihn auch nicht geliebt haben, so haben wir ihn nur für diesen Zweck, kraft der Wiedervergeltung, erlangt.“ So sprach er. Die königliche Gemahlin K'rom-pa rgyan und ihr Gefolge, alle, die da klagten, erblickten nun in allen ihren Klagen die Betätigung frommer Werke, und damit war es mit dem Unheil, das gÑer-pa Se-36bạp'aṅ nag-po hervorgebracht, gänzlich zu Ende. Dies ist das zwanzigste Kapitel.

---

21. Kapitel.

K'rom rgyan, von Widerwille über all das Zwecklose erfaßt, fragte: „Se-ạp'aṅ nag-po, der die beiden Gesichter des kleinen Padma und des Geiers zeigt, wo war er früher geboren, und wo wird er später geboren werden? Kraft deiner Bodhi künde mir das Seiende und Nicht-seiende.“ An sie richtete Padma von Udyāna das Wort: „Ohne Mühe führten Vater und Sohn Streit: im ersten Kampfe waren sie sehr rauh, später im Zorne waren sie sehr erbittert. Von da ab waren die Wohnsitze der Menschen die vier Ströme des Māra, vor denen alle Geschöpfe sich fürchten. Da sie am Unrecht hängen, fürchten sie sich vor dem Gedanken der Leere des Saṁsāra, und wieder und wieder ertönen darüber ihre Klagen, ihr Jammern und Weinen. Der sündigen Wesen ohne die Segnungen verdienstlicher Handlungen sind viele; übergroß ist ihre Zahl und in Gedanken unfaßlich. Hausväter kennen nicht die Anhäufung ihrer sittlichen Mängel und müssen, da sie sich einmal den weltlichen Geschäften hingegeben haben, sie wieder und wieder weiterführen; wer ohne die Bodhi dahingeschieden ist, um den ist es geschehen. Wer einmal diesen Leib des Saṁsāra angenommen hat, muß ihn wieder und wieder annehmen. Die Zeit der Befreiung aus dem Kerker des Saṁsāra ist für ihn noch nicht gekommen. Die Mädchen, die in Täuschung

14*

über ihre Sünden und Vergehen dahinleben, werden sich der ganzen Größe und Ausdehnung derselben erst bewußt, wenn die Zeit ihrer Unabhängigkeit da ist. Wie der ununterbrochene Strom des Saṁsāra sind die Weiber, wie die leibhaftige schwarzköpfige Rākṣasī, der mitten im Leibe ein Stück Kupfer der Hölle gewachsen ist: im Feuer geläutert ist es, und alles Unheil entsteht daraus. Die Feuerstellen der mT'o-ris T'ar-pa[1] sind aus jenem Kupfer, und die Reinigung von Tugend und Laster vollzieht man mit diesem Kupfer. Der Weiber Tun ist wie dieses Kupfer der Hölle: vereinigen sie sich mit dir, wirst du im Kupfer der Hölle 37a gekocht werden. Die Strafe, im Kupfer der Hölle gekocht zu werden, kann mir nicht aufgezwungen werden. Der Weiber Tun ist wie der Kerker des Māra: verbinden sie sich mit dir, bist du im Kerker des Māra. Die Strafe, im Kerker des Māra zu sitzen, kann mir nicht aufgezwungen werden. Der Weiber Tun ist wie die Fesseln des Yama: wenn sie dir anhängen, bist du von Yamas Fesseln gebunden. Der Zwang von Yamas Fesseln kann mich Padmasambhava nicht treffen. Der Weiber Tun ist wie ein Sumpf von Gift: wenn sie dir anhängen, wirst du im Giftsumpf gekocht. Der Zwang, den mörderischen Giftsumpf zu überschreiten, kann mich nicht treffen. Die farbenprächtigen Weiber sind Räuber, die [Männer] von den Pflichten abwendig machen; der Gebote des Pratimokṣa und Vinaya unkundige Laien (Pṛthagjana) wenden sich irrend zum Bösen ab. Ich Padmasambhava habe kein Verlangen nach solchen. Um die Leiden derer, die mir nachzufolgen wünschen, zu lindern, verweiltest du, die vier unermeßlichen Vorzüge[2] besitzende K'rom-pa

---

[1] Scheinen eine Klasse von Zauberern unter den Tantrikern zu sein (Himmelsbefreier?).

[2] *ts'ad-med bži*, s. T'oung Pao, 1908, p. 20.

rgyan, in dem unvergleichlichen Tempel Padma rgyas-pa am Türkis-see Manasarovara, am See Dhanakoça, von glühender Andacht erfüllt. Unberührt von den Flecken der Sünde, träumtest du, daß aus der Himmelsöffnung eine Regenbogenleiter herabgelassen, und daß das Ende der Leiter auf deine beiden Schultern gelegt wäre, daß auf den Sprossen Vajrasatva wandele, der mit guten Vorzeichen und Schönheiten ausgestattete, dessen Scheitel im Verschwinden war, und daß aus seinem Leibe dreitausend helle Lichtstrahlen hervordrängen. Als du erwachtest, empfandest du körperliches Wohlbehagen und seelische Freude. Die höchste Siddhi erhoffend, hieltest du es vor den Menschen streng geheim. Der königlichen Prinzessin wird ein Sohn geboren werden, einer von guten Vorzeichen. Dieser Sohn ist erfinderischen Geistes, ein Nirmāṇakāya: 37b jeglichen Wunsch erfüllt er, und was man wünscht, steht mit seinem Herzen im Einklang. Ein Jahr nur verfließt, und er wird das Maß der Weisheit erreichen; in seinem zweiten Jahre wird er das Herz des Erbarmens besitzen; in seinem dritten Jahre wird er den Mut haben, an den Vater religiöse Fragen zu richten. Über des Vaters Lehren wird der Sohn nachdenken; er wird die Sünde vermeiden und wegen seiner Tugenden berühmt werden. Man wird ihm den Namen *sÑan-c'en dpal-dbyaṅs* (Mahākarṇaçrīghoṣa?) verleihen. Die Schrift von Dramila (*ạGro-ldiṅ*), die Schrift *sPyi-ts'ugs*, fünfundsiebzig der verschiedenen Schriftarten wird er wissen. Über den Hang zur Sünde in den Welten wird er nachdenken: wer die Bedeutung davon nicht erkennt und das Gehörte nicht in sich aufnimmt, wird nicht aus dem Strome[1] der Unwissenheit und des Zweifels befreit. Köstlich ist der Wandel im Sinne

---

[1] *dra-bai* (?) *rgyun;* vielleicht ist *ạdra-bai* zu lesen.

der Religion, doch köstlicher ist das Mahāyāna; köstlich ist es, Untrügliches zu lehren, doch köstlicher ist Andacht. Daher wird er mein Sohn sein, ein Glückskind. Sein kleiner Verstand wird aufwärtsgerichtet, und seine Parteinahme für die Religion immer größer, denn mit unfrommen Worten wird das Heil der Wesen nicht erreicht. Ist das nicht dein Gedanke, Prinzessin K'rom-pa rgyan? Ein solcher Sohn wäre ein Juwel, für einen Sohnlosen ein Geschenk. Wenn er in Werken, Wort und Herz unermüdlich Schätze aufgehäuft hat, braucht man die Erinnerung an ihn nicht festzuhalten, auch wenn sein Leib, von der Seele getrennt, dahingegangen ist; denn seine innern Schätze soll man höher achten als seine leibliche Verfassung; seine mannigfachen Talente sind so stark, daß sie auch nach seinem Tode, ohne daß man ihrer gedenkt, zu einem hohen Alter weiterleben.[1] Wem ein solcher Sohn verliehen ist, dem ist großes Heil erwachsen." So sprach er.

Da weinte des Königs Tochter, die Prinzessin K'rom-pa rgyan, unter Wehklagen und weinte immer wieder. Ba-dmar rgyan-ma berührte mit ihrem Gesicht den Boden und weinte. Der Dharmarāja K'ri-sroṅ ldeu-btsan sprach folgendermaßen: „dMar-rgyan, was hast du Gutes getan? Dem gelehrten Vairocana 38a hast du Nachstellungen bereitet, und Aussatz bildete sich in deinem Leibe, — erinnerst du dich nicht? Wie wir die Lose verglichen, prüften und untersuchten, erinnerst du dich nicht? Dein Leib wurde nur durch die Gnade des Meisters gesund. Wenn der Vater den Sohn preisgibt,[2] worüber weint ihr, Mutter und Tochter? Wenn der Meister nicht davon leidet, weshalb sollten wir Gabenspender?" Als der große Dhar-

---

[1] *brgas*, sonst nicht belegtes Perfekt zu *rga-ba*.

[2] *ạbogs-pa* ist hier als Transitiv gebraucht, in einem Sinne, den die Wörterbücher nicht anführen.

marāja so gesprochen hatte, warf Ba-dmar rgyan einen Kinnbacken zum Wahrsagen hin und stellte ihn auf, mit den Worten: „Kye-ma kye-hud![1] Ich, dMar-rgyan, königliche Gemahlin dank dem Lohne für meine guten Handlungen, habe die K'rom rgyan nicht einem Manne gewährt, der nach den unserem Königreiche untertänigen Grenzgebieten trachtet, sondern habe sie dir, dem Lama, geschenkt. Im Leibe eines Weibes entsteht die Geburt, nicht Erde und Steine. Der kleine Padma aber, der Geier, ist nicht unser Sohn, sondern der Sohn des gÑer-pa se-ạp'aṅ nag-po, sagt man. Da dieser Sohn offenbar der Religion Hindernisse in den Weg stellte, werden alle Nachkommen der Wesen des Saṁsāra sagen, daß ihr nicht auf seine Worte hören sollt; sie werden sagen, daß wir bestrebt waren, ihn (Padmasambhava) mit besonders lauterer Kraft[2] zu ehren. Wir dachten nur an die Weiterentwicklung des Geschlechtes des Meisters in Tibet." So sprach sie und weinte.

Die Prinzessin K'rom-pa rgyan sprach folgendermaßen: „Zahlreich sind die Ursachen für die Unfälle, die den Körper eines Weibes bedrohen. Ohne eine erfolgreiche Geburt siecht der Leib einer Frau dahin. Hat sie zum Beispiel einen Sohn mit mannigfachen Vorzügen geboren, so verleiht man ihm den Namen *dPa-rtsal c'e-ba* (‚Große Heldenkraft'); legt man Nachdruck auf guten Ratschlag, verleiht man ihm den Namen gTsobo (‚Herr'); legt man Nachdruck auf Kenntnisse, verleiht man ihm den Namen bZo-bo (‚Verfertiger, Kunsthandwerker')." So sprach sie. Aus dem Munde des Padma von Udyāna kam folgende Rede: „Wenn in Ral-gsum (‚Drei Täler') im Lande Ṅan-lam ein Sohn mit Namen sGa-bza re-ma gestorben ist, werden sie darüber weinen, daß sie Reichtümer, 38b aber keinen

[1] Unübersetzbare Interjektionen.

[2] *bye-brag ma-ạdres šugs.*

Sohn haben; wenn den beiden Eltern jener Sohn geschenkt werden wird, wird von diesem der Lehre des Buddha Heil erwachsen. Wenn man durch Predigen [der Religion] Nachkommen erzielt, gleichen die Nachkommen der aufgehenden Sonne."

Da sagten viele Ḍāka der Weisheit Segenssprüche her, viele Ḍāka der Welt verrichteten Gebete und verlängerten die Lebensdauer [so stark], wie der unveränderliche Sumeru aufgepflanzt ist. Da wurde der Tochter des Königs, jener Prinzessin, da die acht Klassen der Götter, Rākṣasa usw. strengen Befehl hatten, ein Sohn geboren, um für das Heil der Geschöpfe und Wesen zu wirken, einer, der die Zaubersprüche sicher und die Metaphysik[1] deutlich vortragen sollte. Ein Sohn, fähig, die Lehre des Padmasambhava auszubreiten, wurde geboren. Mit Leib und Seele ward er ein Heilbringer und ein Segen für Tibet. Da die Eltern in die Gabe des Sohnes Vertrauen hatten, wurde er in das Tor der Religion eingelassen und entwickelte folgende Fähigkeiten. Spielend studierte er die Religion, predigte, schrieb und las, und das war alles, was er tat. Als er erwachsen war, verachtete er nicht die Lehre von der Wiedervergeltung. Als die vier Lotsāva dPal-brtsegs[2] von sKa-ba und kLui rgyal-mts'an[3] von Cog-ro, Rin-mc'og von rMa[4] und Ban (=Ban-dhe) Ye-šes sde[5] von Žaṅ erschienen, hörte er Metaphysik bei ihnen. So wurde er in den Beispielen, in dem Sinne und in der Grundlage des ganzen Gebietes der Metaphysik bewandert.

---

[1] *mts'an-ñid.*

[2] Skr. Çrīkūṭa, s. S. 131.

[3] Skr. Nāgadhvaja, s. S. 130.

[4] Einer der „sieben Probeschüler". Vergl. T'oung Pao, 1908, p. 9, Note 2.

[5] Skr. Prajñāsena.

Als um diese Zeit Vimalamitra[1] aus Indien auf eine Einladung hin nach bSam-yas gekommen war, studierte er gründlich bei ihm die Magie der Verwandlungen in Gottheiten von milden (çānta) und zornigen (krodha) Formen. Der Lotsāva Vimala weilte bei Yon-ąbar von mC'ims und bei Ban[-dhe] Jñānakumāra von gÑags. Die geheimen Zaubersprüche hörte er bald hier, bald trug er dort Metaphysik vor, und so bald hier, bald dort lernend, schloß er seine Tätigkeit ab und wurde ein gründlicher Kenner aller geistigen Richtungen. Darauf 39a begab er sich nach Ral-yul[2] im Lande Ṅan-lam und war dort damit beschäftigt, über die Größe des Himmels zu predigen. Indessen war Padmasambhava folgender Meditation hingegeben:

„Wird nicht immer das Gute vom Bösen aufgezehrt?[3] Nach der Anschauung eines Schülers, der schon Predigten hält, taugt der Meister nichts mehr. Einem Lama den Boden unter den Füßen wegzuziehen,[4] darauf verstehen sich die Schüler, und damit wird vorzeitig das Heil der Wesen geschädigt. Wenn sie sich solche Einbildung in den Kopf gesetzt haben (?),[5] werden sie sich immer im Kreise der Wiederkehr [in neue Geburtsformen] befinden. Ein solches Verhältnis zwischen Lehrer und Schüler führt zu unerquicklichen Zuständen. Will man einen so recht moralischen Lehrsatz aufstellen, werden die Heiligen geschmäht und zum Gegenstand

---

[1] Im Texte: Vimāmitra; in der Lebensbeschreibung kommen beide Formen des Namens vor; in Kapitel 80 derselben wird seine Berufung nach Tibet erzählt, in Kapitel 81, wie er seine Zauberverwandlungen zeigt.

[2] Vorher Ral-gsum.

[3] *med dam ci*, im Sinne einer rhetorischen Frage.

[4] *bla-mai rkaṅ ądren-pa*, wörtlich: einem Lama die Füße wegziehen, d. h. ihn in Verruf bringen, ihm den Boden abgraben.

[5] *mgo-la raṅ yu* (?) *btsugs-nas.*

des Gelächters. Wer, auf das Zukünftige bedacht (?),[1] der Welt entsagt hat, in das Tor der Lehre eingetreten und Geistlicher geworden ist, soll sparsam in bezug auf seine Nahrung sein und sich von Geldgeschäften[2] und Besitz abwenden. Weilt man mit Werken, Wort und Herz in Zerstreuungen, werden die Heiligen geschmäht und ein Gegenstand des Gelächters. Bevor die Wurzel der Tugend zum Vorschein kommt, muß man die religiöse Terminologie kennen, um das Wissenswerte und das Wissen zu verstehen. Denn begehrt man den Buddha in der Sprache des Alltags,[3] werden die Heiligen geschmäht und zum Gegenstand des Gelächters. Hat man nicht einmal die Lehren des Pratimokṣa inne, so werden, auch wenn man sich zum Halten der drei Gebote verpflichtet hat, die Heiligen geschmäht und zum Gegenstand des Gelächters. Ohne die Werke zu verstehen, welche auf die Vernichtung dieser Lebensperiode abzielen, werden, auch wenn man gelobt hat, sich den drei Eigenschaften der Gelehrsamkeit, Gewissenhaftigkeit und Güte zu nähern, die Heiligen geschmäht und zum Gegenstand des Gelächters. Hat man nicht einmal ein wenig hülfreiches Herz, so werden, auch wenn man unausgesetzt sorgt[4] und für das Heil der Wesen wirkt, die Heiligen geschmäht und zum Gegenstand des Gelächters. 39b Ein Mann, der, ohne Vertrauen in die zum Heil der Wesen führende Erkenntnis, seine Gelübde nicht bewahrt, ist ein Betrüger; dadurch werden die Heiligen geschmäht und zum Gegenstand des Gelächters. Nach diesem Grundsatz zu handeln erreicht man nicht durch seinen eigenen Verstand allein; man

---

[1] *ma-soṅ* (= *mi oṅ?*) *byed dgos.*

[2] *ạbun* (= *bun*) *gtoṅ*, Geld ausleihen.

[3] *go-yul tsʿig-la*, in gemeinverständlichen Worten.

[4] *mi sdud*, s. CHANDRA DAS, Dictionary, p. 959 a.

muß auch mit einem Lama, der die Metaphysik besitzt, zusammenkommen, sagt man. Wer das Vergangene in sich aufgenommen hat, kündet auch die Zukunft. Ein trefflicher Lama sucht und sucht und begehrt und begehrt [die Lehre], und es ist wichtig für ihn zu prüfen, ob Gefahr vorhanden ist, daß er mit Māra zusammengetroffen sei. Denn Māra hat sich schon auf alle Art in einen Mönch verwandelt. Eine Kombination sündiger und lasterhafter Handlungen ist das Werk des Māra. Wer sich im Aufzählen der vielen Fehler anderer nicht genug tun kann, ohne seine eigenen Fehler abzulegen, ist ein Werk des Māra. Ein Mensch von niederer Geburt, zugleich arm und ohne Schamgefühl, wird seine Neigungen zum Bösen behalten, wie viele gute Ratschläge man ihm auch gepredigt haben mag. Wer darauf rechnet, durch Ratschläge die Religion zu gewinnen, dem ist geschwindes Predigen recht: solche Predigten werden wie Waren zur Zeit einer Hungersnot abgesetzt, und es ist schwer zu prüfen, ob sich da nicht Māra in einen Schüler verwandelt hat. Ist also jemand ein Mensch ohne Gelübde, ein großer Lügner, ein Schamloser, ein Kleinmütiger, ein großer Egoist, ein großer Parteigänger, einer von bösen Gedanken, ein Bücherdieb, ein Verleumder,[1] ein Gleisner, ein Kleingläubiger, ein in Hinterlist Erfahrener, einer, der wie eine Katze rückwärts herumschleicht[2] und von geringem Nutzen ist, einer, der arm an geistigen Schätzen usw. ist und Überfluß an allen Fehlern hat, ein solcher Schüler wird, auch wenn er offiziell zur Lehre zugelassen ist, nicht zum Segen gereichen, vielmehr Harm stiften."

Nachdem er diesen Gedankengang verfolgt hatte, ver-

---

[1] *gžogs ńom byed-pa;* vergl. DESGODINS, Dictionnaire, p. 859: *gžogs sloń*, zweideutig reden; *gžogs smod*, von anderen Böses reden.

[2] *p'yir abyams*, vermutlich = *ạk'yams*.

wandelte sich Padmasambhava von Udyāna in einen alten Bettler und begab sich in die Lehrschule, wo dPal-dbyaṅs die Grundsätze der Religion erläuterte. Eines Tages erschien in der 40a Lehrschule der alte Bettler; ohne eine Verbeugung zu machen, ohne seine Mütze abzunehmen, blieb er da sitzen und hörte dem Vortrag zu. Bald sagte er ja, bald sagte er nein. Als darauf ein religiöses Fest gegeben[1] wurde, sagte er: „sÑan Ācārya dPal-dbyaṅs!", dann sagte er mit lauter Stimme: „Du hast da einen vorher nicht erklärten Unterschied in der Meditation über die Größe des Himmels erläutert!" und ging fort. Während sÑan-c'en dPal-dbyaṅs darüber nachdachte, kam ihm die Idee: „Ich muß der Sache doch auf den Grund kommen!" Er ging also auf die Suche nach dem Bettler, und als er ihn gefunden hatte, bat er ihn um Unterweisung. Der erwiderte: „Du wirst doch nicht von mir, einem Laienbruder, Unterweisung verlangen!" Als er aber dann seine Bitte wiederholte, gewährte er ihm Kapitel 242 der „Mündlichen Belehrungen",[2] worauf der Bettler verschwand. sÑan befand sich, da er ihn nicht einmal nach seinem Namen gefragt hatte und sich sagte, daß er im Laufe der Unterhaltung diese Frage hätte stellen müssen, in sehr schlechter Stimmung und sagte um Mitternacht: „Der Bettler ist wohl Sūryagarbha!"[3] Da richtete Padmasambhava in den Gefilden der Götter folgende Ermahnung an sÑan-c'en: „Was die sechs Leuchten[4] betrifft, so hat die Leuchte der Rechtgläubigkeit

[1] *gyes = bgyes*, zu *ạgyed-pa*, nicht zu *ạgye-ba*; **B** liest *gyis = bgyis*.

[2] *sñyan brgyud.*

[3] *ñi-mai sñiṅ-po.*

[4] *sgron-ma rnam-pa drug*, nach Chandra Das (Dictionary, p. 338 b): die sechs Predigten des Nā-ro (*Nā-ro c'os drug*). Es ist nicht anzunehmen, daß hier eine Anspielung auf den zeitlich weit späteren Nā-ro vorliegt; es wird wohl ein besonderer Terminus der Altbuddhisten sein. Drei der Leuchten werden ja

zum Heile der Mutter gewirkt, die Leuchte der Beantwortung der Fragen hat zum Heile von lDoṅ-k'ri in sNa-nam gewirkt; die vierte wird zum allgemeinen Heile der Wesen wirken. Das ‚Zauberrad der Unterweisung'[1] wird bei der Einsiedelei von Ñi-roṅs-zaṅs die Ḍākiṇī rDo-rje bzaṅ-mo (Vajrabhadrā) um Mitternacht predigen." In dem Gedanken, daß er nun über des Guru Abschiedsworte meditieren müsse, trat er eine Wanderung von Kloster zu Kloster an und gab sich in diesen Klöstern Betrachtungen hin. Dann hielt er sich in rDza-lhuṅ in C'u-šul[2] auf. 40b Dann, dieweil er in einem Kloster von Ṅan-lam verweilte, eröffnete er eine Maṇḍala-Zeremonie und weilte dort, indem er sich ein Jahr von der Welt abschloß. Als die für die Opfergaben verwendete Butter unaufhörlich kochte, als der Weihrauch unaufhörlich brannte, als endlich das Zornesantlitz lächelte, als die Spitze des Zauberdolches tanzte, und andere treffliche Vorzeichen da waren, töteten seine Oheime viele Männer?[3] ...

Die Mutter erbrach die Tür der Einsiedelei für den Meister, und als sie sagte, daß die Sünden aller Oheime gesühnt werden müßten, erwiderte der Meister: „Zur Sühnung ihrer Sünden bin ich[4] nicht gekommen; doch bitte ich die Mutter, sich in ihren Worten nicht unterbrechen zu lassen." Denn bei näherer Überlegung fiel es ihm ein, daß es unpassend sei, der Mutter das Wort abzuschneiden. Da ließ

---

mit Namen genannt. Wie viele Aussprüche des Padmasambhava, ist diese Stelle sehr mystisch.

[1] *man-ṅag sprul-pai ạk'or-lo* (upadeçanirmāṇacakra?).

[2] Zwei Tagereisen südlich von Lhasa, s. ROCKHILL, Tibet, JRAS, N. S.. Vol. XXIII, p. 78.

[3] Dies wie die im folgenden geschilderten Ereignisse in Verbindung mit dem Maṇḍala sind mir unverständlich. Was der eingeschobene Satzteil *p'ai mi šar byaṅ-bu byas nas* bedeuten soll, weiß ich auch nicht. Die Übersetzung des Folgenden ist so wörtlich als möglich gehalten.

[4] *ṅas mi yoṅ*, auffallend statt *ṅa;* doch am Schlusse der letzten Zeile dieser Seite *ṅa mi yoṅ*.

die alte Mutter alle Oheime nach oben kommen, lud allen Oheimen viele Lasten auf, und während dies geschah, fand bei dem Guru die Reinigung von den Gelübden statt. Da wurden die Maṇḍala alle dunkelfarbig, und Begier entstand nach den Opfergaben. Die geschmolzene Butter hörte zu kochen auf[1]; der Rauch des Weihrauchs stockte; alle Zornesgesichter begannen zu weinen. Da sprach der Meister: „Da von den Oheimen allen kein Heil kommt, so möget ihr zurückkehren und gehen! Nun sollt ihr zur Hölle fahren; wenn der Lehre des Neffen Harm entsteht, sollt ihr zurückkehren und für alle Dinge, für die zum Opfer erforderlichen Materialien sorgen!" Auf diese Worte gingen sie fort. Da wollte der Guru[2] nicht in alle die Dinge hineingehen, sondern blieb dicht davor. Die jüngere Schwester erschien, und nachdem sie gesprochen: „Du kehr mit den Worten zurück: 'da die Mutter krank ist, ruf den jüngeren Gatten herunter, komm!', ich will nicht hingehen," 41 a drang sie nicht weiter vor. Die mittlere Schwester erschien und drang auch nicht weiter vor. Die ältere Schwester erschien und mit den Worten: „So will ich denn sterben!" ließ sie, ohne zu sterben, hohen Mutes das Opfer fahren. Nachdem sie das Maṇḍala, durch welches man die Siddhi erlangt, wieder zusammengesetzt hatte, ging sie herab; die Mutter lag hinten im Hause an den Blattern[3] nieder und sagte: „Dem Sohne soll kein Leid geschehen, er soll hinaufkommen!" Der Guru, ohne eine Antwort zu geben, ging hinauf. Da erschienen in dem Kloster vier Männer *(reṅ skya-bo?)*, und in Gegenwart des Guru[4] kamen diese Männer hohen Mutes an und trugen die Sachen der Oheime fort; dann verschwanden sie in einem schwarzen großen Wirbelwind.[5] Der Guru geriet in diesen hinein, verletzte sich an den Füßen, erblindete an den Augen und hatte das Gefühl, als würde er auf den Boden des Meeres[6] geschleudert.

Da veranstaltete er viele Sühnopfer und Sühngebete, als die Göttin der Gelübde Pramoha[7] erschien und sagte: „Mein

---

[1] *śi-la k'ad;* wörtlich: war daran zu ersterben.

[2] Wie aus dem Schlusse dieses Kapitels hervorgeht, ist unter dem Guru *sÑan-c'en dpal-dbyaṅs* zu verstehen.

[3] *gru-bu = grum-bu, ạbrum-bu.*

[4] *gu-rui t'ugs-la.*

[5] *ạts'ub*, sonst nur verbal belegt.

[6] *rgya-mts'oi sle.* [7] So im Texte transkribiert.

Bruder, das ist die Vergeltung für dein rohes Tun; so mußte es dir eines Tages zum Schaden ausschlagen. Es soll dir aber nun zum Segen gereichen, daß dein Eifer im Betreiben deiner Studien zum Stillstand gelangt ist. Da dieser Ort nun unselig ist, so verweile hier nicht länger, sondern begib dich nach Ki-ram rdza-mo dort drüben an der Grenze.“ Er ging also über lDoṅ-k'ri in γYog und verweilte dort drei Jahre. Da erschienen die 28 Īçvarī,[1] ließen sich plötzlich vor ihm wie eine einstürzende Mauer auf den Boden fallen und sagten: „Der Guru soll nun hier nicht länger verweilen, sondern nach dem Orte, genannt Ru-ra c'e-c'uṅ (‚Großes und Kleines Ru-ra‘) am Yar-Kluṅs (Yarlung) gehen.“ Er begab sich also dorthin und wohnte dort, wohnte in dem Großen Ru-ra und suchte in dem Kleinen Ru-ra Trost in seinem Kummer. Eines Tages begab er sich nach lDoṅ-k'ri und 41b C'u-ạc'u in sNa-nam, als vor dem Guru ein weißer Mann erschien, der einen weißen Turban umgebunden hatte und in der Hand eine weiße Flagge hielt. Der sprach: „gÑan[2] Ācārya dPal-dbyaṅs, da du die Wesen nicht bekehrt hast, so begib dich zu dem Lehrer in den Gefilden der Götter, dem Tuṣita-Himmel.“ Bevor er lDoṅ-k'ri in sNa-nam erreicht hatte, kam am Morgen des dritten Tages vom Himmel eine goldene Leiter herab: Gesang, Musik und Opfergaben vieler Art bewillkommneten ihn; der Guru stieg an der Leiter herauf und langte an. Zahlreiche Wünsche für lDoṅ-k'ri bei sich tragend, bat der Guru in einem Augenblick[3] um Erbarmen, und wie man einem Freunde Zuneigung

---

[1] Sie erscheinen als Schutzgöttinnen eines Tempels in bSam-yas (T'oung Pao, 1908, p. 27); die Masken dieser Göttinnen erscheinen in den Tanzspielen der rÑiṅ-ma Lamas (JASB, Vol. 73, Part I, 1904, Extra No., p. 95).

[2] Hier *gÑan*, vorher *sÑan* geschrieben.

[3] *re c'uṅ-na* = *re-žig*.

lehrt, bereitete der Guru zum Heil von lDoṅ-k'ri in sNa-nam die „Leuchte der Beantwortung der Fragen". Der Guru machte sein Erscheinen in den Gefilden der Götter, im Tuṣita-Himmel. Dies ist das einundzwanzigste Kapitel.

---

22. Kapitel.

Zu P'o-gyoṅ bza, der königlichen Gemahlin, sprach er: „Ich, Padmasambhava von Udyāna, besitze die fünfundzwanzig Abhijñā der Sündenqualen:[1] Die Preta und Tiere der Hölle, die Asura und die Menschen der Vier Kontinente, die Vier Mahārāja[2] und die Dreiunddreißig Götter, die Himmelsregion der Kampflosen,[3] die Region Nirmāṇarati[4] im Tuṣita-Himmel, die vier Dhyāna-Stufen der Himmelsregion Paranirmita-vasavartin[5] und die vier Gebiete, auf welche die Sinnesorgane beschränkt sind,[6] sind die fünfundzwanzig.[7] Die Qual der Geburtsformen kenne ich, die Qual der Welt kenne ich, die Qual der Existenz kenne ich; 42a die Qual des Wissens kenne ich, die Qual der Beschauung kenne ich.

Was die Geschichte der Könige des oberen mṄa-ris bskorgsum betrifft, so entsteht, nachdem sie in Srin-yul[8] im Süd-

---

[1] *zag bcas*, von WASILJEW (Der Buddhismus, Band I, S. 290) als „der qualvolle Zustand alles Weltlichen" erklärt.

[2] D. h. der Himmel, den sie bewohnen.

[3] *ạt'ab-bral-dag*, „die Kampflosen", da sie nicht an den Kämpfen gegen die Asura teilnahmen; sie bewohnen den dritten Himmel. Vergl. E. BURNOUF, Introduction à l'histoire du Buddhisme indien, Vol. I, p. 605; F. KÖPPEN, Religion des Buddha, Band I, S. 252.

[4] *aṗrul-dga.*

[5] *gžan ạṗrul dbaṅ byed.* Über diesen und den vorigen Himmel s. A. GRÜNWEDEL, Buddhistische Kunst in Indien, 2. Aufl., S. 61.

[6] *skye mc'ed mu bži.* Vergl. DESGODINS, Dictionnaire, p. 63 b.

[7] D. h. Regionen, auf die sich meine Fähigkeit der Abhijñā erstreckt.

[8] Land der Rākṣasa (vgl. Lebensbeschreibung, Kapitel 97 und 107).

westen angelangt sind, seit 870 Jahren immer wieder Verrohung, da das Gesetz von Sa-hor[1] zerstört ist. Der im Tiger-Jahre geborenen Könige entstehen fünf: von Yar-kluṅs her der vom Eisen-männlichen-Tiger-Jahre; in mṄa-ris bskor-gsum der vom Eisen-männlichen-Tiger-Jahre; von der Ostseite her, nach China zu, Ka-ši-ka; der vom Feuer-männlichen-Tiger-Jahre, Nam-mk'ai miṅ;[2] der Mongolenkönig Bram-ze Zla-gsal ạjoms.[3] Das Königsgeschlecht sMad-gdeṅs spaltet sich in zwei Linien, die beide den Namen von Tieren führen.[4] Im Feuer-männlichen-Pferde-Jahre hat es in Ra-sa[5] bis in die Vergangenheit hinauf zweiundzwanzig Geschlechter gegeben. Bis auf gNam-lde od-sruṅs gerieten sie in Verfall. Die Dämonen wandten sich dem Stolze zu, und die Verdienste der Wesen waren erschöpft. Unter gNam-lde k'ri-lde-can war Zwietracht und Aufruhr. Als die Leidenschaften sich zu beruhigen begannen, erhob sich der Sturm des Unheils. Zwei Söhne wurden nach dem Tode ihres Vaters zum Entgelt dafür geboren. Es erstand gNam-lde mar-mei od-kyis bsruṅ-ba.[6] In der Periode dBu-γyo trat eine Spaltung des Geschlechts ein, und damit brach ein großer Aufruhr aus. Das Geschlecht des Od-sruṅs floh in den oberen Teil von mṄa-ris; es sind die segensreichen Beschützer, bekannt als die drei oberen Beschützer. Die drei dieses Geschlechtes, der Vater und zwei Söhne, werden Geistliche. Von den indischen und tibetischen 42b Übersetzern und Paṇḍita geht die Heilung der Lehre aus, und ich werde über die herrschen, welche das Gesetz von Sa-hor im Lande

[1] Die Lehre des Padmasambhava.

[2] ‚Name des Himmels'.

[3] ‚Der Brahmane, der den Mondglanz übertrifft'.

[4] *Dud-ạgroi-miṅ-can*, ist vielleicht selbst als der Name zu betrachten.

[5] ‚Ziegenland', nach CHANDRA DAS alter Name für Lha-sa.

[6] D. h. gNam-lde, vom Licht der Lampe bewacht.

15

Tibet zusammenfassend vortragen. Im Heere von Sa-hor entsteht ein Lehrer.[1]

Was das Jahr betrifft, in welchem es stattfand, [so ist es das Jahr], in dem Männer und Frauen von Indien, mit Ausnahme des südlichen Mon, dem Eisen-männlichen-Tiger-Jahre angehören. Die Lehre des Hū-la-hu[2] wird sich ausbreiten. In C̓a-gar-se in Koṅ-yul[3] wird im weiblichen-Tiger-Jahre der König der Mongolen in einem tibetischen Kriegergeschlechte die Geburtsform des indischen Brahmanen sKu-gsal annehmen. Was die Berechnung des Jahres nach der Lehre anbelangt, so ist es 507 Jahre nach der Lehre des Buddha. Im Jahre 503, einem Eisen-männlichen-Schlangen-Jahre, ertönt am Himmel des Donners laute Stimme.

Es entsteht der Name „Lehre von Sa-hor". Mit der Bezeichnung dieses Namens hat es folgende Bewandtnis.

Einst in vergangenen Zeiten befand sich Buddha am Ufer der Gaṅgā. Der Fährmann wollte ihn aber nicht fahren, sondern verlangte, daß Gautama zuerst das Fährgeld erlegen solle. Dieser sagte, daß er kein Fährgeld besitze, und begab sich am Himmel entlang von Süden nach Norden. Als der Fährmann dies gewahrte, befiel ihn heftige Reue. Von dem Gedanken erfüllt, daß er einen solchen der Wohltätigkeit würdigen Mann nicht übergesetzt habe, bereute er tief und fiel zu Boden. Seine Frau rief ihn bei Namen, stützte seinen Kopf und trug ihn, schreiend, als wenn es ihr Sohn wäre, nach oben. Nachdem er aus der Ohnmacht erwacht war und das Bewußtsein

[1] Der folgende Satz *lho-yi dom* (oder *ṅom*, Ortsname?) *sgro nag-po k̓a bye ạk̓rug* ist mir unverständlich. In den „Ansprachen an die Minister", fol. 31 a, kommt der Passus vor: *šar p̓yogs gser zam ser-poi nor sgo p̓ye, lho p̓yogs dom sgro nag-poi pa ni bsdams.*

[2] Der persisch-mongolische Khan Hulagu, 1258—1265.

[3] Distrikt östlich von Lhasa.

wiedererlangt hatte, ging er zu dem König Bimbisāra und gelobte, von sämtlichen Geistlichen kein Fährgeld mehr zu verlangen. 43a Als der Fährmann gestorben war, wurde er als Sohn des Götterkönigs Indra wiedergeboren. Da sich die fünf Vorzeichen des Todes bei ihm einstellten, stieß er schmerzliche Klagen aus, worauf ihn der Götterkönig Indra fragte: „Mein Sohn, worüber erhebst du Klagen?“ „Ich soll nun die Seligkeit der Götter verlieren und im Schoße einer Sau wiedergeboren werden; da ich in Sünden wandele, darüber erhebe ich Klagen.“ Der Götterkönig Indra sprach: „Wer zu dem Triratna seine Zuflucht nimmt, der fährt nicht zur Hölle; obwohl du dann diesen Götterleib aufgibst, wirst du wieder einen Götterleib erlangen.“ Darauf nahm der Göttersohn seine Zuflucht [zu dem Triratna] und wurde, der Hölle ledig, im Göttergefilde Tuṣita wiedergeboren. Kraft der den Göttersöhnen eigenen Abhijñā wußte er dann, daß er als der König Me-byin,[1] als der König der Grenzbarbaren wiedergeboren werden sollte. „Als dessen Sohn soll ich wiedergeboren werden; über mein Unglück will ich Klagen erheben.“ Der Götterkönig Indra sagte: „Begehrst du, in einem trefflichen Körper, fähig mit tausend Augen zu schauen, in den Gefilden der Seligen wiedergeboren zu werden? Begehrst du lange Zeit dort zu weilen? Willst du der Sonne und Mond gebietende Herrscher sein? Willst du ein König der Weltbewohner sein? Dies und anderes vermag ich zu gewähren. Die trefflichen drei Welten (trilokya) zu verlassen geht aber nicht an. Welches Wunschgebet du sprechen mögest, das soll dir in Erfüllung gehen.“ Der Göttersohn, mit der Kraft zauberischer Verwandlungen ausgestattet, 43b ein Verehrer der

[1] Nach B: *Mes-byin.*

15*

Lehre des Buddha, tat das Wunschgebet, daß er ein Dharmarāja werden wolle. Was nun die Werke betrifft, die er tut, so wird seine frühere Handlung, daß er den Bhagavat nicht fahren wollte, wirksam. In fünfhundertunddrei zukünftigen Trägern der Lehre entsteht das von den Feuer-weiblichen-Schwein- und Rind-Jahren ausgehende Unheil. Zur Zeit des Verfalls von China, Tibet, der oberen und unteren Mongolei, entsteht kriegerischer Aufruhr aus dem Zorn, Hungersnot aus der Leidenschaft, Epidemie aus der Dummheit, kurz, eine Zeit des Unglücks für die Wesen. Am Ufer des Lohita in Tibet kommt von Yar-kluṅs her die Ursache der Vergeltung. Nach der Prophezeiung des Götterkönigs Indra entsteht ein Nirmāṇarāja mit drei Augen, vier Händen und zwei Zungen von achtzehn Klafter Länge und zehn Klafter Höhe, von hunderttausend Gepanzerten umgeben. Mit eisenfarbigen Flecken von der Länge eines Menschen, ist er von einer Gefolgschaft von sieben Vetāla umringt. Nachdem dieser König verschieden ist, wird ein Mongolensohn in der Körperform eines Byiṅ (? ein Dämon?) wiedergeboren. Diesem erstehen zwei Söhne, ein gläubiger und ein ungläubiger. Durch ihren Streit um die Herrschaft empören sich die Minister; die Geistlichen werden getötet, die weltlichen und Opferpriester ins Wasser geschleudert werden. Wesen mit menschlichem Körper und solche mit mehreren Köpfen essen Fleisch, trinken Blut und zerschlagen alles; die zahlreichen unschuldigen Wesen sind dabei zu bedauern. Die am Himmel fliegenden, die am Boden kriechenden, die in der Luft wandelnden Geschöpfe sind ruhelos. Die hohen Schlösser 44a werden niedergerissen, die starken Festen zerstört, die tiefgelegenen Bezirke geplündert werden. Das Vieh wird tödlich ins Herz gestochen, Menschen und Rosse in Menge mit dem Messer gemordet werden. Das

Mittel zur Abwehr dafür wird in dem Lande, wo der Mond aufgegangen ist, in Gra-nub yar-c'in, folgendermaßen sein. Nach meiner Prophezeiung wird der Herr des Himmels und der Erde von Byaṅ-miṅ, dank seiner Werke eine Inkarnation des K'ri-sroṅ ldeu-btsan, ein getreues Bild des Gottes lDe-gu errichten und seine Lebensgeschichte auf Wandgemälden darstellen lassen. Einen Kristallstupa mit drei Spitzen wird er auch erbauen und mit Lampen, Weihrauch, Blumensaft, Arzeneien, Weihwasser, Speisen und verschiedenen anderen Spenden Opfer darbringen. Die Gabenspender selbst werden der König von mṄa-ris und der Kaiser von China sein, so soll man wissen.

Was die Zahl der Vereinigungen betrifft, die stattfinden, so nimmt der Sohn des Götterkönigs Indra, der den reinen Leib des Ortes der Seligkeit besitzt, siebenmal menschliche Gestalt in einem Geschlechte an und erscheint im oberen mṄa-ris, Gu-ge und Pu-raṅs; er wird den Namen Rāja Karti-lde-btsan führen. Was das Jahr betrifft, so erscheint er als einer vom Eisen-männlichen-Tiger-Jahre. Auf beiden Schultern hat er Flecken gleich Götteraugen. Die sein Geschlecht fortführende Gemahlin ist die Fürstin Puṇḍarīkā,[1] die ihre Existenzform wechselt und in dGe-ḍdun bzaṅ-po ṅa-ra[2] t'aṅ in Kashmir stirbt. Im Erde-männlichen-Affen-Jahre wird sie einen menschlichen Körper annehmen und, eine Verwandlung der Tārā, K'ri-rgyan heißen. Von ihr stammt P'un-sum-ts'ogs-pa lde-btsan, der zwei Söhne hat, die beiden Brüder Od-grags lha k'ri btsan-pa. Diese beiden, in ihrer Eigenschaft als Buddha und 44b Bodhisatva, werden für die Lehre Werke des Heils stiften. Der Vater ist eine Inkarnation des Mañjuçrī; der

[1] Im Texte transkribiert.

[2] Nach B: *ṅar.*

ältere Sohn, einer vom Feuer-männlichen-Tiger-Jahre, eine Inkarnation des Avalokiteçvara; der jüngere ist im Pferde-Jahre gekommen und eine Inkarnation des Vajrapāṇi. Dieser hat vier Gemahlinnen, die dem Rind-, Schaf-, Hund- und Drachen-Jahre angehören. Den Haupttempel von bSam-yas und den Tempel von Yar-c'en wird er mit einem Golddach und Türkisendach bedecken lassen und die ersten Erträgnisse aus den Goldminen von Pu-raṅs darbringen. Die vier Taten eines Königs vollbringend, wird er eine große Statue von mir errichten und die von mir festgestellten Lehrsätze verbreiten lassen. Was die Prophezeiungen des Lamas hierüber anbelangt, so wird er wegen seiner fehlerlos-vorzüglichen vollständigen Befehle und Ermahnungen unter dem Namen des „Allervortrefflichsten" (*mC'og rab-pa*) berühmt werden. Die Frau jenes Fährmanns, der nicht fahren wollte, wird unter dem Namen sKa-mts'ar als Frau des Königs von Amdo[1] wiedergeboren werden. Wenn sie infolge der ihr zu Gebote stehenden großen Herrschaftsmacht siebenhundert Heiligtümer gegründet hat, wird sie die Frucht der Befreiung erlangen. Ein Sohn des mit dreifachem Verstand begabten Geschlechtes wird schon im dritten Lebensjahre das Maß der Weisheit erreichen; er heißt Siṁha,[2] und Freude wird von ihm ausgehen. Infolge dieser Freudenwirkung versteht er den Unterschied zwischen Tugend und Sünde. Den Spitzfindigkeiten[3] der Vergeltungslehre aus dem Wege gehend, wird er keine schwarzen Taten begehen, sondern nur rein weiße Taten vollbringen. Die zehn Sünden meidend, wird er die zehn Tugenden üben. Die Minister samt dem Volke wandeln seinen Spuren nach, bis ein

---

[1] *mDo k'ams.*

[2] Nach **B**: Siddha.

[3] *pra-mo.*

ungläubiger König erscheint, der träumen wird, daß Sonne und Mond auf Nag-po t'an herabfallen, daß Berge und 45a Flüsse von Licht erfüllt seien, daß Musik ertöne und ein großes Erdbeben entstehe. Dann wird er die Lose berechnen, die Wissenschaft des Wahrsagens durch buntfarbige Fäden befragen und anderes dergleichen tun. *Kye-ma kyi-hud!* Böse Gedanken werden wohl entstehen. Im oberen Teile des Tales spalten sich die Felsen[1], im unteren Teile des Tales[2] gerät der See in Aufruhr. In der Luft erhebt sich der Sturm des Unheils. Das obere und das untere Heer, dorthin geführt, werden beide überwältigt werden. Das Erscheinen des Trefflichsten unter den Menschen ist von größter Bedeutung, da zu befürchten steht, daß der Lebensdauer Gefahr droht. Damit des Buddha Lehre lange Bestand haben, daß die heilige Religion nicht untergehen möge, um alle Wesen der Hölle zu entreißen, um derentwillen, die da sagen, daß die Wirkung der früheren Werke nicht wahr sei, daß die Wirkung der unmittelbaren Ereignisse nicht wahr sei, daß das edle Mitleid nicht wahr sei, daß der Schatz des Padma von Udyāna nicht wahr sei, um Glauben an die einzuflößen, welche den Stamm meiner Schule fortsetzen, habe ich diese Prophezeiungen verkündet."

Darauf fragte der König dPe-dkar: „Geruhe doch zu sagen, wie sich bei den Wesen Glück und Unheil, die den Enden des Himmels an Umfang gleichkommen und in ihren irdischen Werken bestimmt sind, kraft früherer Gebete entwickeln. In diesem Reich und Weltall des Çākyamuni, wieviele weltliche und geistliche Herrschaften werden entstehen, um jeden in der

---

[1] Die Lesart von **B** ist wahrscheinlicher als die von **A**.

[2] *mda* = *mdo.*

für ihn passenden Weise zu bekehren und in unerschöpflicher Weise für das Heil der Geschöpfe zu wirken?"

Padma von Udyāna sprach: „Höre, du König dPe-dkar! In Zukunft werden bösartige 45b Länder entstehen. Im Osten das bösartige Land der Kannibalen: als Nahrung nehmen sie Menschenfleisch zu sich, für ihren Durst trinken sie Menschenblut, als Beschäftigung huldigen sie dem Kriegshandwerk. Im Süden das bösartige Land der Räuber: auf den Pässen, auf den Seitenwegen, im ganzen Lande treiben sie ihr Unwesen; Diebe und Räuber sind zahlreich wie die Sterne ,Ar-spań[1] und leben mit leichter Mühe von ihren Herden. Im Westen das bösartige Land der Geizhälse: diese haben keinen festen Wohnsitz und gehen nicht der Vergeltung für ihre Sünden aus dem Wege. Im Norden das bösartige Land derer, deren Gedanken völlig unrein sind: im Hören und Denken ist ihr Kopf verwirrt, und wie die Blätter eines im Wasser wachsenden Baumes,[2] werden sie hin und her bewegt. In der Mitte das bösartige Land der Unglücklichen: mit einem Heer von Tausend erscheinen die Yakṣa, Rākṣasa, Mahākāla, die Dämonen bGegs und die zur Sünde verführenden Harmstifter werden alle erscheinen. Die Lehre Buddhas ist geschädigt, das Glück der Wesen zu Ende. Regen fällt nicht zur rechten Zeit; was im Boden gewachsen ist, ist von der Hitze vertrocknet; Menschen- und Viehkrankheiten, Kriegsaufruhr und Hungersnot entstehen. Durch die Sünden, welche die Menschen begangen haben, wird eine böse Zeit entstehen. Wie sich immer die weltliche und geistliche Regierung gestalten möge, so werden sie nach meiner Prophezeiung mit unerschöpflichem Mut beschützt werden

---

[1] B: ,A-ra-sbrań.

[2] Wahrscheinlich ein Baum, dessen Blätter sich ins Wasser hinabsenken.

von denen, die den reinen Skandha der Weisheit, von denen, welche die große Liebe, von denen, welche das große Erbarmen besitzen, von denen, welche die Söhne der Dreiunddreißig Götter versammeln, von den vier großen Göttersöhnen, welche die vier Weltgegenden beschützen, von den 46a im Meere befindlichen Nāgarāja Anavatapta, Nanda, Takṣaka, Ananta und den vielen anderen Millionen Nāga. Er, der ein von den ‚Yakṣa über der Erde' verfertigtes Obergewand besitzt, dessen Körperform den Menschenleib angenommen hat, der Rāja Karti-lde-btsan wird in Gu-ge, Pu-raṅs und Maṅ-yul erstehen als einer, der zum Eisen-männlichen-Tiger-Jahre gehört. Ihm wird ein Sohn geboren, namens P'un-sum-ts'ogs-pa lde-btsan. Zu Lebzeiten dieser beiden wandelt man in der Bahn des Buddha und der Bodhisatva. Der Vater ist eine Inkarnation des Mañjuçrī, der Sohn eine Inkarnation des Avalokiteçvara. Die Prophezeiung inbezug darauf braucht nicht weitläufig auseinandergesetzt zu werden: Männer und Frauen, Knaben und Mädchen usw., Wild, Raubtiere, Vögel, Rinder, Esel usw. befinden sich alle wohl. In Gedanken unfaßbare Yogin, unermeßliche Anhänger des Dhyāna, die den Schatz der Religion in sich Aufnehmenden, die in die Erlösung eintretenden Wesen, die nach dem Geschmack der Lehre Handelnden, die mit Leidenschaft, Zorn und Dummheit Nicht-bekleideten, was die Lebensgewohnheiten dieser betrifft, so will ich mich nicht darüber verbreiten. An einem Orte, genannt rTa-žal (‚Pferdegesicht') lebte vormals die Tochter eines Brahmanen Cāmī,[1] die ihren kleinen Sohn zu dem Trone der Lehre des Bhagavat brachte. Als jener heranzuwachsen begann, 46b verleugnete ihn der Brahmane als seiner Tochter Sohn. Bei der

[1] Text *Tsa-mi*.

Predigt über die Vergeltung in der Hölle schwillt uns die Haut an.[1]

Darauf wird im Tempel der Übersetzer[2] von bSam-yas Kāmaçīla von den Tīrthika getötet. Könige, das Unheil der Zukunft zu steuern, werdẹn zwei erstehen, genannt Nam-mk'ai miṅ-can (‚den Namen des Himmels habend'). Unter dem einen ist Kāmaçīla zu verstehen: dieser wird meine Lehre mehren und am zehnten jedes Monats mir opfern. Der andere ist ein Abkömmling der Tīrthika: dieser wird meine Lehre zugrunde richten; über die Schatzreligion[3] wird er mit acht häretischen Gedanken meditieren und bald hier, bald da irdische Güter[4] hastig anhäufen. In dem Orte P'ag-ri mk'ar wird der Bhikṣu Ko-ka-li in seiner hundertsten und letzten Geburtsform[5] die Lehren meiner Religion erfassen, beschützen und mehren. Von fünfhundert meditativen Männern und Frauen umgeben wird ein sogenannter großer ạK'rul-žig[6] entstehen." So sprach er.

In solcher Zeit entsteht im Gedanken an die Geburtsformen Verzweiflung, wenn man sich sagen muß, daß man keine Verdienste aufgehäuft hat. In Pu-raṅs verbreiten sich die acht Schrecken des Unheils; in Gu-ge erheben sich, da man dem Gesetz nicht folgt, die Dämonen bGegs; die Bewohner von Žaṅ-žuṅ betreten den Pfad der Verkehrtheit. Lug und Trug, Täuschung und Verschlossenheit entstehen.

So hat im bTsun-mo bkai-t'aṅ-yig Padmasambhava die Fragen beantwortet, welcher König im oberen mṄa-ris bskor-

---

[1] *skyi-ša ạbud; skyi-ša*, ‚äußere und innere Haut' (Desgodins).

[2] *sgra sgyur gliṅ.* Vergl. T'oung-Pao, 1908, p. 28.

[3] *gter-c'os*, d. i. die esoterische Lehre des Padmasambhava.

[4] *zaṅ loṅ ziṅ loṅ.*

[5] *skye-ba brgyai t'a.* Vergl. *t'a-ma* und *t'a* bei Desgodins, p. 441 a.

[6] Nach Chandra Das (Dictionary, p. 202 a) ein Lama, der über die Theorie der Leere meditiert.

gsum gewesen, welches Jahr es gewesen, auf welches Jahr es berechnet worden sei, wie er hieße, welche Geburtsform er angenommen, und wieviele Vereinigungen der königlichen Gemahlin mit ihren Söhnen stattgefunden hätten. Die große Mutter, die königliche Gemahlin,[1] sagte: „Im Gedenken an die zukünftigen Geschlechter von Tibet habe ich den Tempel Bu-ts'al gser[2] errichtet. Der von Udyāna hat mir vortrefflich berichtet." Dies ist das zweiundzwanzigste Kapitel.

Das bTsun-mo bkai-t'aṅ-yig ist beendet. Möge ich mit den Heiligen und Seligen zusammentreffen! Samāya, r̃gya rgya rgya. gTer-rgya, sbas-rgya, gsaṅ-rgya, gab-rgya, gtad-rgya.[3]

Aus dem Tempel des Kupferhauses der Drei Welten[4] ist dies Buch durch den Nirmāṇakāya, den aus dem Lande Udyāna, hervorgezogen worden.[5] Zur Vermehrung der religiösen Gaben ist die Drucklegung im Kloster dGa-ldan p'un-ts'ogs erfolgt.

---

[1] Die im Eingang des Kapitels erwähnte Königin *P'o-gyoṅ bza.*

[2] In bSam-yas. Vergl. T'oung-Pao, 1908, p. 32.

[3] Geheimzauberformeln der rÑiṅ-ma.

[4] *K'ams-gsum zaṅs-k'aṅ gliṅ*, der von der Königin Ts'e-spoṅ bza in bSam-yas errichtete Tempel. Vergl. T'oung-Pao, 1908, p. 32.

[5] *spyan-draṅs-pao.* Der Sinn dieser Phrase kann nur der sein: die Handschrift des Werkes war von Padmasambhava in dem betreffenden Tempel hinterlegt und ist später durch eine von ihm selbst ausgehende Inspiration dort aufgefunden worden. Ebenso heißt es am Schlusse des *rGyal-po bkai t'aṅ-yig: Gu-ru U-rgyan gliṅ-pas dGe-ba mt'ar-rgyas-gliṅ-nas spyan-draṅs-pao.* „Durch den Guru, den vom Lande Udyāna, aus dem Tempel dGe-ba mt'ar-rgyas-gliṅ herbeigeschafft, hervorgezogen." Das Wort *spyan-ạdren-pa* wird vornehmlich vom Heraufbeschwören der Geister gebraucht. Ganz analog hier: die alte Handschrift wird heraufbeschworen, zitiert, ans Licht gezogen.

ANHANG

Über die Zeit der Abfassung der Lebensbeschreibung des Padmasambhava

I. Kolophon der Peking-Ausgabe des *Paḍma bkai t'aṅ-yig*, gedruckt 1839

Text

1) ཅེས་དཔལ་སངས་རྒྱས་གཉིས་པ་ཨོཾ་ཌྜི་ཡ་ནའི་སློབ་དཔོན་ཆེན་པོ་པདྨ་འབྱུང་གནས་ཀྱི་རྣམ་པར་ཐར་པ་གཏེར་ཁ་གོང་འོག་བ་ཁལ་སྨུག་པོ་སོགས་གཏེར་སྟོན་མང་པོར་རྒྱས་བསྡུས་དང་། གདུལ་བྱའི་བློ་དང་བསྟུན་པའི་རིགས་མི་གཅིག་པ་སྣ་ཚོགས་སྣང་ཞིང་། པདྨ་བཀའི་ཐང་ཡིག་ལ་ཡང་རྡོ་རྗེ་གླིང་པ་སངས་རྒྱས་གླིང་པ་སོགས་གཏེར་ཁ་འགའ་ཡར་འདུག་པའི་རྒྱལ་སྲས་ལྷ་རྗེ་གཏེར་སྟོན་ཀྱུང་པའི་སྐྱེ་བ་བཅུ་གསུམ་བླངས་པ་ཡར་རྗེ་ཨོ་རྒྱན་གླིང་པས་བཀའ་འདུས་ཆོས་ཀྱི་རྒྱ་མཚོས་ཐོག་དྲངས་ཆོས་བཀའ་མཐའ་ཀླས་པ་བཏོན་པས་གཏེར་སྟོན་དུ་གྲགས་ཤིང་པདྨ་བཀའི་ཐང་ཡིག་འདི་ཉིད་ཆུ་འབྲུག་ཟླ་བ་བཞི་པའི་ཚེས་བརྒྱད་གཟའ་ཟླ་བ་དང་སྐར་མ་དབོ་འཛོམས་པའི་ཉིན་ཡར་ཀླུངས་ཤེལ་གྱི་བྲག་རྫོང་པདྨ་བརྩེགས་པའི་ངོས་པདྨ་ཤེལ་ཕུག་གི་སྒོ་སྲུང་ཁྲབ་འཇིག་ཆེན་པོའི་ཐུགས་ཀ་ནས་གུ་རུ་ཨུ་རྒྱན་གླིང་པས་ལས་ལྡན་གྱི་གྲོགས་གཞུ་ཀུན་ར་བ་རྗོར་པ་སྒོམ་[1]ཤཱཀ་དང་བཅས་གཏེར་ནས་སྤྱན་དྲངས་པ་ལ་ཡི་གེར་ལྷད་ཞུགས་པའི་དཔེ་སྣ་ཚོགས་ཤིག་འདུག་པ།

---

[1] So verbessert nach der *Kam-kyo* Edition (s. unten, Abschnitt II). Die Peking-Ausgabe liest རྗོར་བསྒོམ་, was offenbar ein Versehen ist.

2) ལོ་ཆེན་བཻ་རོའི་རྣམ་འཕྲུལ་གཏེར་སྟོན་ཤེས་རབ་འོད་ཟེར་གྱི་དགོངས་པ་སྐོང་སྐད། རྒྱ་གར་གྱི་རྒྱལ་རིགས་སྨྲ་ལ་པ་ཆེན་པོ། བོད་ཡུལ་འདིར་གནམ་གྱིས་བསྐོས་པའི་རྒྱལ་པོ་དཔལ་ཕག་མོ་གྲུ་པའི་མདུན་ན་འདོན། ཏོར་མི་དབང་བསོད་ནམས་སྟོབས་རྒྱལ་གྱིས་སྦྱིན་བདག་མཛད། གཏེར་སྟོན་གྱི་ཕྱག་བྲིས་མའི་བུ་ཡིག་སོགས་ཡི་གེ་རྙིང་པ་ཁུངས་བཙུན་རྣམས་ལ་བརྟེན་ནས་པཎ་ཆེན་རི་ཟངས་དོག་པས་ཞུས་དག་པའི་འཕྲོང་རྒྱས་དཔལ་རིའི་པར་ཞེས་ཚད་ཐུབ་དུ་བྱེད་ནའང་འཁྲིན་ལས་ཊ་ཙང་ཆེས་པའི་ཡིག་འབྲུ་འཐོར་བ་དང་མི་གསལ་བ།

3) ཁ་ཡར་འདུག་པ་ཨོ་བྲག་སྤྲུལ་སྐུའི་ཆོས་འབྱུང་དང་སོག་བཟློག་པ་བློ་གྲོས་རྒྱལ་མཚན་ཞེས་རྣམ་དཔྱོད་དང་ལྡན་པ་དེས་བཙམས་པའི་ཨོ་རྒྱན་ཆེན་པོའི་རྣམ་ཐར་ལྟར་གཏེར་སྟོན་རྡོ་རྗེ་གྲོ་ལོད་ཀྱི་ལུང་བསྟན་དཔེ་རྙིང་པ་ལྷུགས་སྨྱུག་མ་ནས་རྙེད་པ་མཆོག་སྤྲུལ་ལེགས་ལྡན་རྡོ་རྗེའི་དུས་ཧུགས་སོགས་གསལ་པོར་སྣང་བས་གསར་དུ་བཙུག་པ་ཙམ་ལས་བཅོས་མེད་འདི་དཔལ་ཨོ་རྒྱན་ཆེན་པོའི་ཟབ་གཏེར་ནས་ལུང་གིས་ཟིན་པ་གྲོང་སྨད་པ་སངས་རྒྱས་རྒྱ་མཚོས་པར་གསར་པ་ཞིག་བསྐོས་ན་ཞེས་བསྐུལ་བས་རྐྱེན་བྱས། རང་ཉིད་ཀྱང་མི་ཕྱེད་པའི་དད་པས་ཡིད་དྲངས་དེ་ཁ་བ་རི་པ་རྣམས་ལ་གཅིག་དུ་ཕན་པའི་ཆོས་སྦྱིན་མི་ཟད་པའི་པར་ཟ་ཧོར་གྱི་རིགས་ལས་སྤྲུགས་པ་ཀུན་པོ་ཆ་མཆོག་འདུས་པ་རྩལ་པདྨ་མིང་བདགས་རྡོ་རྗེ་ཐོགས་མེད་རྩལ་དུ་འབོད་པས་པར་བྱང་བཅས་དེ་འདུ་བགྱིས་ནས་ཤིང་ཡོས་དགའ་ལྡན་ཕུན་ཚོགས་གླིང་དུ་བསྒྲུབས་པའོ།།

4) སླར་ཡང་རྒྱལ་བ་གཉིས་པ་ཀུན་དགའ་བཟང་པོ་པའི་དམ་པ་ཆོས་ཀྱི་རྒྱལ་སྲིད་ཆེན་པོ་ལ་མངའ་གསོལ་བའི་མཁན་ཆེན་དཔལ་ལྡན་ཆོས་སྐྱོང་བའི་བཀས་གནང་ཇི་ལྟར་ཐེབས་པ་བཞིན། ཡངས་པའི་ས་སྟེང་གི་དཀྱིལ་འཁོར་ཐམས་ཅད་ལ་གཞལ་དུ་མེད་

པའི་སྟོབས་ཀྱི་གོམ་པས་རྣམ་པར་གནོན་པའི་ས་སྐྱོང་བླ་མ་ཀུན་དགའ་འཕྲིན་ལས་རྒྱ་
མཚོའི་སྡེ་ཞེས་བྱ་བས་དཔལ་སྡེ་དགེ་ལྷུན་གྲུབ་སྟེང་གི་རྒྱལ་ཁབ་ཕྱོགས་ཐམས་ཅད་
ལས། རྣམ་པར་རྒྱལ་བའི་བསྟི་གནས་སུ། དགའ་ལྡན་ཕུན་ཚོགས་གླིང་གི་པར་
ཡིག་དཔྱད་པ་གསུམ་གྱིས་རྣམ་པར་དག་པ་ཉིད་ཁྲངས་ལྡན་གྱི་ཕྱི་མོར་བཅོལ་ནས།
ཆོས་སྦྱིན་མི་ཟད་པའི་རྒྱུན་གྱི་ཕྱི་མོར་བསྐྲུབས་པས། ཕྱོགས་དུས་དང་གནས་སྐབས་
ཐམས་ཅད་དུ་དར་ཞིང་རྒྱས་པའི་རྒྱུར་གྱུར་ཅིག། སརྦ་མངྒ་ལཾ།།

5) བསྟན་འགྲོ་སྤྱི་སྒེར་ཡོངས་ལ་བཀའ་དྲིན་འཁོར་ཐབས་མ་མཆིས་པ་དུས་
གསུམ་རྒྱལ་བ་ཀུན་གྱི་སྤྱི་གཟུགས་ཨོ་རྒྱན་སངས་རྒྱས་གཉིས་པ་སློབ་དཔོན་ཆེན་པོ་
པདྨ་འབྱུང་གནས་ཀྱི་རྣམ་པར་ཐར་པ་པདྨ་བཀའི་ཐང་ཡིག་སུ་གྲགས་པ་སྐྲུབས་མགོན་
རྒྱལ་མཆོག་ལྔ་པ་ཆེན་པོས་ཆོས་སྦྱིན་མི་ཟད་པ་པར་བྱང་དང་བཅས་པ་བཀའ་དྲིན་དུ་
སྩལ་བ་དང་། ས་སྐྱོངས་སྡེ་དགེ་བའི་པར་དུ་བསྐྲུན་པ་ཇི་བཞིན་བཅོས་ལྷད་མེད་པར་
ཌཱ་ཀཱི་ཤྲཱི་ཚུང་སྐྱུ་ཧོ་ཐོག་ཐུར་འབོད་པས་ལྷག་བསམ་རྣམ་པར་དག་པས་རྒྱུ་རྐྱེན་སྦྱར་ཏེ་
ཆོས་སྦྱིན་མི་ཟད་པའི་རྒྱུན་གྱི་ཕྱི་མོར་སྤྲོད་གསལ་ཁྲི་བཞུགས་བཅུ་དགུ་པ་ས་ཕག་རྒྱལ་
ཟླ་བའི་མར་ངོའི་ཆོས་བཅུ་མཁའ་འགྲོ་འདུས་པའི་དུས་ཆེན་ཁྱད་པར་ཅན་ལ་ལེགས་
པར་བསྐྲུབས་ཟིན་པ་དགེ་བས་རྒྱལ་བསྟན་རིན་པོ་ཆེ་ཕྱོགས་དུས་ཀུན་ཏུ་དར་ཞིང་རྒྱས་
ལ་ཡུན་རིང་དུ་གནས་པ་དང་། བདག་སོགས་འགྲོ་བ་མ་ལུས་པ་ཨོ་རྒྱན་སངས་རྒྱས་
གཉིས་པས་རྗེས་སུ་འཛིན་པའི་རྒྱུར་གྱུར་ཅིག།

Übersetzung

1) „So ist denn das Originalmanuskript[1] der Lebensbeschreibung des herrlichen zweiten Buddha, des großen Lehrers von Udyāna, Padmasambhava, ans Licht gekommen, wie das Werk *Goṅ-og ba-k'al smug-po* und andere Handschriften vollständig oder verkürzt, nicht in einer, sondern in verschiedenen mit dem Geiste der Bekehrung harmonierenden Versionen auf uns gekommen sind. Was nun das *Padma bkai t'aṅ-yig* betrifft, [so kam es dadurch zustande], daß vermittelst des Vajradvīpin und Buddhadvīpin[2] und einiger anderer Handschriften der oben residierende Königssohn, der Götterherr *(devasvāmin)*, der Handschriftenentdecker[3], der dreizehn einzelne Geburtsformen angenommen hat, der Herr der drei oberen Klassen der Wesen,[4] der aus dem Lande Udyāna, unendliche religiöse Lehren geleitet vom „Meere der Religion der Sammlung seiner Worte“[5] verkündet hat. So entstand das als *gter-smyon*[6] bekannte *Padma bkai t'aṅ-yig*, mit dem es folgende Bewandtnis hat. Es war im Wasser-Drachen-Jahre[7], am achten Tage des vierten Monats, einem Montag, der mit dem Gestirn *dbo* (11. Mondstation) zusammentraf, daß vom Herzen des großen Viṣṇu weg, des Torwarts der Lotus-Kristallgrotte bei dem Tempel *Padma brtsegs-pa* in der Kristall-Felsenfeste[8] am Yar-kluṅs, der Guru, der vom Lande Udyāna, den Hor-pa vom Kloster *(ārāma) Las-ldan-gyi grogs-gžu* durch die Kraft seiner Meditation das Manuskript aus den dortigen Schätzen hervorziehen ließ: dasselbe enthielt aber mannigfache Beispiele verdorbener Lesarten.

---

[1] *gter-k'a*, ‚Schatzquelle'. [2] *rdo-rje gliṅ-pa saṅs-rgyas gliṅ-pa.*

[3] *gter-ston.* [4] *yar-rje.*

[5] *bka-ạdus č'os-kyi rgya-mts'o.* Vgl. S. 136.

[6] Scheint die Bedeutung von „ursprüngliche handschriftliche Aufzeichnung“, „erste Version“ zu haben.

[7] Die Nummer des Zyklus ist nicht angegeben. Es kann sich nur um das 26. Jahr der vier ersten Zyklen handeln, also um die Jahre 1051, 1111, 1171, 1231. Letzteres Jahr ist das wahrscheinlichste, weil erstens nach der Tafel *Reu-mig* in dem betreffenden Jahre 1231 der Guru *C'os-dbaṅ* versteckte Bücher aus *gNam-skas-brag* erlangte (S. 8), was somit für die damalige Zeit eine Periode der Auffindung von Handschriften andeutet, und weil zweitens sich dieses Datum 1231 am nächsten den folgenden Daten, besonders dem der ersten Drucklegung, anschließt.

[8] *šel-gyi brag rdzoṅ.* Alle diese Namen sind uns im *bTsun-mo bka-t'aṅ* begegnet.

2) Um den Wunsch des Handschriftenentdeckers Šes-rab od-zer, einer Inkarnation des großen Locāva Vairo[1], zu erfüllen, haben der Minister des aus der indischen Dynastie der großen Sāla stammenden, hier in Tibet vom Himmel eingesetzten Königs dPal P'ag-mo gru-pa (geb. 1302) und der Mongolenfürst bSod-nams stobs-rgyal [das Werk] patronisiert: fußend auf einer Kopie des Originalmanuskripts des Entdeckers der Handschrift und auf anderen alten authentischen Quellen hat der Paṇ-c'en Ri-zaṅs tog-pa den revidierten Druck von dPal-ri in ạP'yoṅ-rgyas[2] hergestellt: obwohl er sich dabei an das rechte Maß hielt, waren doch einzelne Stellen von allzu wichtigen Sachen verdorben und unklar.

3) Der kompetente[3] Sprul-sku c'os-ạbyuṅ aus Lho-brag und der Sog-bzlog-pa[4] Blo-gros rgyal-mts'an, zwei Männer von kritischer Urteilskraft, präparierten eine Lebensbeschreibung des Großen von Udyāna, für die sie die von dem Handschriftenentdecker rDo-rje gro-lod prophezeiten alten Bücher aus lCags-smyug-ma erlangten, so daß ihr Werk in deutlicher Weise als günstiges Omen des Gottes Legs-ldan rdo-rjei-dus[5] in seiner höchsten Inkarnation erschien. Was nun diese erneuerte und unverfälschte Version betrifft, so hat, ergriffen von einer Prophezeiung im „Tiefen Schatze“[6] des herrlichen Großen von Udyāna, Saṅs-rgyas rgya-mts'o von Groṅ-smad (1652—1703) eine neue Serie von Drucktafeln schneiden lassen, und seine Ermunterung zeitigte weitere Folgen. Denn von unserem unveränderlichen Glauben angetrieben, hat dieses den Bewohnern der Schneeberge einzigartig heilsame, an religiöser Wohltätigkeit unerschöpfliche Buch der alte Tantriker[7] aus einer Familie von Za-hor, C'a-mc'og ạdus-pa rtsal pad-ma

---

[1] D. i. Vairocana.

[2] Distrikt von Lho-k'a in Zentral-Tibet (CHANDRA DAS, Dictionary, p. 852b).

[3] *k'a-yar ạdug-pa*, einer Aufgabe gewachsen sein.

[4] D. i. der Mongolenvertreiber.

[5] Vermutlich eine Form des Mahākāla. S. GRÜNWEDEL, Mythologie des Buddhismus, S. 177, wobei die dort gegebenen Ausführungen über die Tätigkeit dieses Gottes als Inspirator besonders zu beachten sind. Nach freundlicher Mitteilung von Herrn Prof. GRÜNWEDEL ist diese Gottheit vielleicht identisch mit *mGon-po legs-ldan*, der als Inspirator des Abhayākaragupta in einem Album des Berliner Museums (Originalmitteilungen der Ethnol. Abt., 1885, S. 110, Nr. 20) abgebildet ist, eine Darstellung, die mit *mGon-po gri-gug* identisch ist.

[6] *zab-gter*. [7] *sṅags-pa rgan-po*.

16*

mit Namen, oder rDo-rje t'ogs-med rtsal genannt, nachdem er die Druckplatten vereinigt hatte, im Holz-Hase-Jahre (1674) in dGa-ldan p'un-ts'ogs glin drucken lassen.

4) Ferner hat entsprechend der Weisung des großen Gelehrten dPal-ldan c'os skyoṅ-ba (ernannt zum großen Regenten der heiligen Religion der Familie des zweiten Jina Kun-dga bzaṅ-po), der alle Bezirke auf der Oberfläche der weiten Erde mit den Schritten seiner unermeßlichen Kraft bezwingende, erdbeschützende *(bhūmipāla)* Lama Kun-dga ạp'rin-las rgya-mts'oi-sde[1] in einem alle Weltgegenden übertreffenden Ruheplatz des königlichen Palastes von dPal sDe-dge lhun-grub-steṅ (d. i. Derge) den Druck von dGa-ldan p'un-ts'ogs gliṅ einer dreimaligen Revision unterzogen, bis er sich zuletzt in völliger Reinheit und auf solider Grundlage zeigte, und endlich dank einem Strome unerschöpflicher, religiöser Wohltätigkeit das Buch gedruckt. Möge es sich in allen Gegenden und Zeiten, in allen Orten und bei allen Gelegenheiten verbreiten! All Heil! *(sarvamaṅgalaṁ)*.

5) Er, die Gnadenquelle für die gesamten allgemeinen und besonderen Angelegenheiten der Lehre, dem Kreislauf der Geburten entrückt, die Verkörperung aller Sieger *(Jina)* der drei Zeiten, der zweite Buddha von Udyāna, der große Meister Padmasambhava — seine Lebensbeschreibung, bekannt unter dem Namen *Padma bkai t'aṅ-yig*, hat der fünfte große Dalai-Lama[2] in seiner unerschöpflichen religiösen Wohltätigkeit als ein Gnadengeschenk zum Druck gestattet. Daher hat denn, da die Ausgabe des erdbeschützenden sDe-dge-ba (Derge) unverfälscht und nicht entstellt ist, [unter Zugrundelegung dieser] Lhag-bsam rnam-par dag-pa mit dem Titel Ta-kuo-shih[3] lcaṅ-skya hutuktu — wie denn eine Ursache mit der anderen verknüpft ist — in einem unerschöpflichen Strome religiöser Wohltätigkeit letzthin, im 19. Jahre der Tronbesteigung von Tao-Kuang[4] (1839), entsprechend dem Erde-

[1] Ein Regent von Tibet dieses Namens regierte 1659—1667. Da dieser 1667 starb, kann er hier nicht in Frage kommen, weil ja der Druck von *dGa-ldan* erst 1674 erfolgte. Aus der Erwähnung von Derge geht wohl genügend hervor, daß es sich hier um eine andere Persönlichkeit, einen einheimischen König des großen Staates Derge in Ost-Tibet, handelt, von dem die Tibeter behaupten, daß er so groß wie Himmel und Erde *(gnam-sa c'en-po)* sei.

[2] *Nag-dbaṅ blo-bzaṅ rgya-mts'o*, 1617—1680.

[3] Tib. *Tā-kau-śri* = 大國師, etwa, 'Reichsgroßmeister', oder 'Reichsgroßpräceptor'.

[4] Tib. *Srid-gsal*, wörtliche Übersetzung.

Schwein-Jahre, am 10. Tage in der ersten Hälfte des Monats rGyal (Dezember), am Feste der Versammlung der Ḍāka, das Werk in hervorragend schöner Weise drucken lassen. Mögen die Tugendhaften das Kleinod der Lehre des Siegers *(Jina)* in allen Weltgegenden verbreiten, und möge sie lange bestehen bleiben! Mögen ich und die anderen Wesen sämtlich Nachfolger des zweiten Buddha von Udyāna werden!"

II.

Im tibetischen Dorfe Chiapi, vier Tagereisen westlich von der chinesischen Stadt Li-fan im Norden der Provinz Sze-ch'uan, erlangte ich im Herbst 1909 eine schön gedruckte, reich illustrierte Ausgabe der Lebensbeschreibung, die, nach den Angaben des Kolophons, „im Kloster von Kam-kyo lhun-ạgrub-don, in der königlichen Residenz Nor-bu gliṅ-gis yaṅ-rtse im Lande dBus in rGyal-mo ruṅ", d. i. im Gebiete der Kin-ch'uan, gedruckt worden ist. Dieser Druck, den ich nach dem Druckort als *Kam-kyo* Edition bezeichne, scheint mit der Peking-Ausgabe im allgemeinen übereinzustimmen. Das Kolophon ist dasselbe wie das oben I, § 1 mitgeteilte, ausgenommen die langatmige Einleitung. Es beginnt mit den Worten: *ću ạbrug*, also mit dem Datum der Auffindung des Manuskripts und schließt mit *draṅs-pao* (Peking: *draṅs-pa-la*), während der Schlußsatz fehlt. Auf diese übereinstimmende Partie folgt ein in der Peking-Ausgabe fehlender, wichtiger Passus:

ཤོག་སེར་ཤོག་དྲིལ་གཅིག་འདུག་ཅིང་། ཡི་གེ་སཾསྐྲྀཏའི་ལུགས་སུ་འདུག་པ་ལས་
མ་དག་པ་ཚིག་གཅིག་ཀྱང་མེད་པར་ཕབ་པའོ།།

„Das Manuskript befand sich auf gelbem Papier, auf einer einzigen Papierrolle. Die Schrift war im Stil des Sanskrit und so fixiert, daß auch nicht ein einziges unreines (d. h. unleserliches) Wort da war."

Die Handschrift war also ebenso beschaffen wie die des *Lha-ạdre bkai t'aṅ-yig* (S. 3), und die Tatsache, daß die Schrift eine indische und nicht tibetisch war, spricht für die Altertümlichkeit des Manuskripts.

III.

Aus den vorstehenden Dokumenten lassen sich für die Geschichte der Lebensbeschreibung die folgenden Tatsachen feststellen:

1) Auffindung der Originalhandschrift im Jahre 1231.

2) Editio princeps im Druck, Anfang des 14. Jahrhunderts unter der Regierung des P'ag-mo-gru, herausgegeben vom P'aṇ-c'en Ri-zaṅs tog-pa; bekannt als der revidierte Druck von dPal-ri in ạP'yoṅ-rgyas.

3) Zweiter Druck, auf Grund neu gefundener Handschriften hergestellt, auf Veranlassung des Regenten Saṅs-rgyas rgya-mts'o (1652—1703), der die Drucktafeln schneiden ließ, im Kloster dGa-ldan p'un-ts'ogs gliṅ im Jahre 1674 besorgt.

4) Dritter Druck von Derge, auf einer Revision des dGa-ldan-Druckes basiert und kurz nach diesem hergestellt.

5) Der Fünfte Dalai-Lama (1617—1680) sanktioniert die Lebensbeschreibung und gestattet ihren Druck in den Klöstern der orthodoxen gelben Kirche.

6) Daher vierter Druck von Peking im Jahre 1839, Wiederabdruck der Ausgabe von Derge, veranlaßt von dem lCaṅ-skya Hutuktu Lhagbsam rnam-par dag-pa, dem offiziellen Oberhaupt der gelben Sekte in Peking.

Daß es tatsächlich mehr gedruckte Ausgaben gibt als die im Kolophon berichteten, wissen wir. Die erwähnte *Kam-kyo* Edition ist ein Beispiel dafür. Ich kenne ferner einen Druck, den ich 1908 in Darjeeling erlangte, und der entweder in einem Kloster von Sikkim oder Süd-Tibet hergestellt worden ist. Leider ist das Kolophon desselben fast unleserlich, weicht aber von dem der Peking-Ausgabe völlig ab. Daß es eine von dieser verschiedene Rezension gibt, ist durch den GRÜNWEDEL'schen Holzdruck erwiesen, den E. SCHLAGINTWEIT[1] teilweise mit der Peking-Ausgabe verglichen hat. Nach ihm stellt sich dieser Holzdruck oder die im Besitze GRÜNWEDEL's befindliche Kopie desselben „als eine Umarbeitung des großen Hauptwerkes", d. h. der Peking-Ausgabe, dar; „der Text ist in Prosa in fließender Sprache geschrieben und hat den Zweck der Unterweisung in der Buddha-Lehre in der Form, welche ihm die tibetischen Lamas gaben. Vieles ist ausgelassen, dogmatische Ausführungen dagegen sind hinzugesetzt. Eigennamen sind geändert, ebenso Ortsnamen. Der geschichtliche Inhalt des Hauptwerkes kommt in der Prosa-Umarbeitung nicht zur Geltung, für die Lehrzwecke hielt man ihn ersichtlich entbehrlich; die Angaben sind gekürzt, so daß der Sinn kaum erkennbar ist." Soviel steht sicher

[1] Die Lebensbeschreibung von Padma Sambhava, I. Teil. Abhandlungen der Bayerischen Akademie, 1899, S. 420—421.

fest, daß wir zwei verschiedene Rezensionen vor uns haben, eine ausführlichere in Versen, vertreten durch die Drucke von *dGa-ldan, Derge, Peking* und *Kam-kyo*, und eine kürzere in Prosa, vertreten durch GRÜNWEDEL's Kopie und die Bearbeitung in Lepcha, die sich dieser anzuschließen scheint; die Prosa-Bearbeitung dürfen wir wahrscheinlich als die in Sikkim übliche Rezension bezeichnen. SCHLAGINTWEIT's Ansicht, daß letztere aus der versifizierten Version geflossen sei, kann nicht ohne weiteres angenommen werden; die beiden Versionen müßten erst gründlich, wenigstens in den wesentlichen Bestandteilen, kollationiert werden. Es könnte ebensogut auch umgekehrt sein, daß die poetische oder östliche Version der südlichen Prosa-Version ihre Entstehung verdankt und zeitlich später als diese ist; ja, noch weit wahrscheinlicher scheint es, daß beide Rezensionen auf zwei verschiedene handschriftliche Überlieferungen zurückgehen. Und für diese Annahme geben uns die Nachrichten in dem oben mitgeteilten Kolophon selbst einen Fingerzeig.

Denn wir ersehen aus § 3, daß der Druck von dGa-ldan, d. i. die Vorlage zu den Drucken von Derge und Peking, nicht auf die im Jahre 1231 entdeckte Originalhandschrift zurückgeführt wird, sondern auf eine damals ganz neu bearbeitete Lebensbeschreibung zweier kritisch veranlagter Autoren, die neu entdeckte Handschriften für diesen Zweck benutzten. Da nun die Peking-Ausgabe weiter nichts als ein Abdruck der Derge-Ausgabe ist und letztere nur eine Revision der dGa-ldan-Ausgabe darstellt, so ist es völlig klar, daß „die erneuerte und unverfälschte Version" des 17. Jahrhunderts eben mit der uns jetzt vorliegenden ausführlicheren poetischen Version identisch ist. Da sich ferner diese Erneuerung des Werkes in Gegensatz stellt zu der Editio princeps aus dem Anfang des 14. Jahrhunderts, in welcher „einzelne Stellen von allzu wichtigen Sachen verdorben und unklar waren", so ist mit großer Wahrscheinlichkeit anzunehmen, daß diese Ausgabe die Stammmutter der uns jetzt vorliegenden südlichen Prosabearbeitung ist. Gegeben sind zwei Tatsachen: 1) das wirkliche Vorhandensein zweier verschiedener Rezensionen, die eine ausführlicher, die andere kürzer, die eine verständlich, die andere oft undeutlich; 2) der historische Bericht über die Entstehung zweier Rezensionen im Kolophon der Peking-Ausgabe. Da nun nach den hier gemachten Angaben die ausführlichere Rezension mit dem zweiten Druck von 1674 identisch ist, so ist die Folgerung logisch und berechtigt, daß die jetzt existierende

Prosaversion von dem ersten Drucke des 14. Jahrhunderts, der seinerseits auf die 1231 gefundene Originalhandschrift zurückgeht, legitim herstammen muß.

Trifft also meine Hypothese zu, dann ist die südliche Rezension, nicht, wie SCHLAGINTWEIT annahm, aus der östlichen abzuleiten, vielmehr ist beiden eine selbständige Entstehung zuzuschreiben. Beide sind verschiedene Redaktionen, die auf Grund verschiedener alter Handschriften entstanden sind, und der Prosaversion ist ein höherer Grad von Altertümlichkeit zuzuschreiben. Daraus folgt, daß beide Versionen getrennt studiert werden müssen, und daß erst ein eingehendes vergleichendes Studium derselben ein Urteil über den mehr oder weniger authentischen Charakter der ihnen zugrunde liegenden Quellen ermöglichen wird.

Es war also mehr als eine alte Handschrift vorhanden, die für die Redaktion der zum Druck bestimmten Ausgaben der Lebensbeschreibung verwendet wurde. Das Datum 1231 für die Entdeckung iner derselben in einer Grotte, die mit dem Leben und Treiben des Padmasambhava in so inniger Beziehung steht, liefert die untere Abgrenzung für die Abfassung des Werkes selbst: es muß in seinen wesentlichen Teilen vor dieser Zeit vorhanden gewesen sein. Der tibetische Bericht über diese Entdeckung verdient volle Glaubwürdigkeit, wenn wir ihn im Lichte der jüngsten archäologischen Funde betrachten. Das Manuskript der Lebensbeschreibung war nach der Überlieferung auf eine einzige Rolle gelben Papiers geschrieben (siehe oben II). Die Rolle ist die alte Form des tibetischen Buches. P. PELLIOT[1] ist so glücklich gewesen, in der „Grotte der Tausend Buddhas" in Kansu solche alttibetischen Rollenhandschriften zu entdecken, die mindestens aus dem neunten oder zehnten Jahrhundert stammen dürften. Wenn wir die Geschichte dieser alten Handschriften und der alten Bücher genauer kennen lernen werden, so wird sich gewiß mancher Anhaltspunkt für eine deutlicher umschriebene zeitliche Ansetzung der Originalhandschrift der Lebensbeschreibung ergeben, deren Entstehung wir nach unserer gegenwärtigen Kenntnis zwischen das neunte bis zwölfte Jahrhundert fixieren dürfen. Die Vermutung ist ferner gestattet, daß diese Originalhandschrift bereits im neunten Jahrhundert vorhanden gewesen sein *kann*, einmal vom rein technischen

[1] La Mission Pelliot en Asie centrale, Hanoi, 1909, p. 26.

Standpunkte, weil wir jetzt wissen, daß es tibetische Papierrollen aus dieser Zeit wirklich gibt, sodann von inneren historischen Gesichtspunkten aus, weil es ungleich wahrscheinlicher ist, daß ein Werk wie die Lebensbeschreibung des Padmasambhava unmittelbar nach dem Tode des „Meisters" als einige Jahrhunderte später entstanden ist. Es ist ein Buch nach einem einheitlichen, wohl durchdachten, ja raffiniert berechneten Plane angelegt, aus einem Guß geschaffen; es ist bewußt gewollte Komposition und Intention, die einen denkenden und arbeitenden Autor voraussetzt und den Gedanken ausschließt, daß hier Legenden oder volkstümliche Traditionen von einer späteren Hand zusammengetragen seien. Die Grundbestandteile gehen vielmehr offenbar auf die Zeit des Padmasambhava selbst zurück, auf sein Leben, seine Taten und Meinungen, sicher auch auf Aufzeichnungen, die er selbst hinterlassen hat. Ist er doch vielfach schriftstellerisch tätig gewesen, als Übersetzer von Sanskrit-Werken[1], als Verfasser originaler Schriften, die noch heute einen wichtigen Bestandteil der Literatur der Altbuddhisten bilden. Im 53. Kapitel der Lebensbeschreibung heißt es, als Padmasambhava in Nepal, um einer dort herrschenden Hungersnot zu steuern, seine Schatzlehre aufzeichnet:

ཏ་ལ་མཐིང་ཤོག་གྲོ་ག་སྐྱང་ནུལ་བ།
གསེར་དངུལ་ཟངས་ལྕགས་བཻ་ཌཱུ་རྻ་གཡུ་མཚལ།
སྣག་ཚ་ལ་སོགས་བྲིས་ཤིང་ཞུས་དག་མཛད།

„Auf hellblaues Papier von der Palmyrapalme und auf geglättete Birkenrinde schrieb er mit gold- und silberfarbenen[2], kupfer- und eisenfarbenen, lapis-lazuli-, türkis- und mennigfarbenen Tinten und machte so Korrekturen."

[1] T'oung Pao, 1908, p. 35. Im Tanjur (Rezension von *sNar-t'aṅ*), Vol. 85, fol. 259a, erscheint er zusammen mit Vairocana als Übersetzer eines Mantra *mK'a-ạgro mei-dkyil-ạk'or-gyi rim-pa;* er ist Verfasser der Hevajrasādhanam (*dGyes-rdor sgrub-t'abs*) in Vol. 22.

[2] Gold- und silberfarbene Handschriften auf dunkelblauem oder schwarzem Papier genießen noch heutzutage das höchste Ansehen. Nach dem *Grub-mt'a šel-kyi me-loṅ* ließ der Sa-skya Paṇḍita die ersten Exemplare des Kanjur und Tanjur in Gold geschrieben herstellen (Anfang des 14. Jahrhunderts). König P'ag-mo-gru ließ einen Kanjur in Goldschrift abfassen; Grags-pa rgyal-mts'an ließ den Kanjur auf Goldtafeln schreiben, ein anderes Exemplar in Goldschrift, ein drittes in einer Legierung von Gold und Silber, drei andere mit Tinte. Geser Khan (in der mongolischen Version) besaß einen Kanjur und

Es kann kaum bezweifelt werden, daß viele seiner Aussprüche, besonders die ihm in den Mund gelegten Lieder, in der Lebensbeschreibung wie im *bKa-t'aṅ sde-lṅa,* zeitgenössischen Aufzeichnungen zugeschrieben werden müssen, während natürlich die zahlreichen späteren Ausschmückungen des Legendenbuches keineswegs in Abrede gestellt werden sollen. Auf eines ist indessen der Hauptnachdruck zu legen: Padmasambhava ist eine Persönlichkeit von so markantem Charakter, von so scharf geprägter Eigenart, wie sie in der ganzen langen Geschichte des Buddhismus sich nicht wiederholt. Dieser Charakter mit einer etwas wunderlich-unbestimmten Mischung von Faust und Mephistopheles, mit den Elementen eines Don Juan als Grundstoff und einer Überschicht von Ahasver, halb und halb das anachronistische Vorbild des Bruders Medardus in Hoffmanns „Elixiren des Teufels", aller Wahrscheinlichkeit nach ein geborener Sadist, im Grunde vielleicht ein guter Kerl und doch hundsgemein, Heiliger, Wollüstling und Satan in einer Person, dieser rätselhafte Charakter mit all seinen wahnsinnigen, aber wohl gerade deshalb auf Wahrheit beruhenden Widersprüchen kann nicht von einer späten Nachwelt künstlich zurechtgezimmert, geschweige denn erfunden worden sein; er muß wirklich gelebt haben und ist uns so lebendig, so naturgetreu gezeichnet wie ein zeitgenössisches Porträt. Und dies wäre meines Erachtens Grund genug, um die Abfassung der Lebensbeschreibung so nahe als möglich an das Datum seines Todes heranzurücken. Vergessen wir nicht, daß, wie im Anfang des Kolophons (§ 1) ausgesprochen ist, auch die tibetische Tradition selbst dem Padmasambhava den Grundbestandteil der Lebensbeschreibung zuweist, und daß dieses Kolophon von einer gegnerischen Sekte, der orthodoxen gelben Kirche, herstammt.

Woher dieses Interesse der Gelben an den Roten? Woher all diese lobenden und verhimmelnden Prädikate, die sie auf den zweiten Buddha herabregnen lassen? Woher das Bestreben, sein Buch so hochzustellen, zu drucken (und gar hervorragend schön zu drucken) und den Gläubigen zur Erbauung zu empfehlen? Diese Bewunderung ist nicht erst

Tanjur in Goldschriften. Im Westen läßt sich Gold- und Silberschrift, besonders auf purpurfarbenem Pergament, zuerst im byzantinischen Reiche nachweisen, von wo sie bald nach Italien und Frankreich eingeführt wurde, um im Martinskloster zu Tours einen hohen Grad von Vervollkommnung zu finden. Nach Tibet ist die Idee jedenfalls von Byzanz über Persien und Kaschmir gewandert (oder über Turkistan durch Vermittlung der Manichäer?).

jüngeren Datums, sondern setzte, wie wir sehen, bereits im 17. Jahrhundert ein: denn der rechtgläubige Saṅs-rgyas rgya-mts'o bekundete ein unverhülltes aktives Interesse an dem Werke. Und gar erst der fünfte Dalai-Lama! Er, der die Mongolen ins Land rief, um seine Gegner, die Altbuddhisten, erbarmungslos abschlachten zu lassen, erteilt dem heiligsten ihrer Bücher gnädigst den Segen und sein Imprimatur! War es politische Berechnung, um durch solche Großmut auf die rebellischen Gemüter der Gegner einzuwirken, war es lediglich literarischer Eifer, oder was sonst? Wir wissen es nicht. Vielleicht sind wir geneigt, uns die Gegensätze zwichen den Sekten im Lamaismus zu schroff vorzustellen. Vielleicht ist das Interesse der Masse an der vergötterten Gestalt des Padmasambhava zu tief und nachhaltig, als daß die leitende Kirche zu einem ernstlichen Widerstande bereit wäre. Genug, wir lernen hier die interessante Tatsache kennen, daß Padmasambhava auch von der gelben Sekte platonisch geliebt, gedruckt und gelesen wird. Auch andere padmaistische Schriften sind in Peking von den Gelben veröffentlicht worden, und sogar das orthodoxeste Kloster Kumbum[1] hat ein langes Gebet an Padmasambhava (105 fols.) herausgegeben. Diese Konzession an die Gegner ist gewiß nicht ausschließlich von religiösen, sondern auch von politischen Beweggründen geleitet; hat doch schließlich das ganze Sektengetriebe ebensosehr politische als religiöse Färbung. Die gegenwärtig herrschende Kirche verdankt ihre politische Vormacht dem besonderen Schutze der chinesischen Kaiser; der Groll ihrer Feinde ist nur latent gebunden. Eine Änderung im Kurs der unsicheren chinesischen Politik, wie sie sich gegenwärtig anbahnt, mag sehr wohl imstande sein, die Stellung der Gelbmützen zu erschüttern und die lang verhaltene Agitation der Rotmützen in Bewegung zu setzen. In Ost-Tibet, wie ich mich persönlich überzeugen konnte, nehmen diese überall unter der Ägide einheimischer Fürsten eine dominirende Stellung ein, und auch in anderen Teilen des Landes ist ihnen die Majorität des Volkes zugetan. Mir scheint, daß Padmasambhava seine Rolle noch lange nicht ausgespielt hat, und daß, wenn sich einmal die Gelegenheit bieten wird, hinter der blutgefüllten Schädelschale, die sein Standbild in der Linken hält, der Vorabend einer blutigen, religiösen und politischen Revolution in Tibet lauert.

[1] Wo auch eine Schule für die Praxis der Tantra besteht, gegründet im Jahre 1650 von Legs rgya-mts'o.

INDEX

THE JOURNAL OF AMERICAN FOLK-LORE

VOLUME XXIV

LANCASTER, PA., AND NEW YORK

Published for the American Folk-Lore Society

G. E. STECHERT & CO., AGENTS

NEW YORK: 151-155 WEST 25TH STREET PARIS: 76 RUE DE RENNES

LONDON: DAVID NUTT, 57, 59 LONG ACRE

LEIPZIG: OTTO HARRASSOWITZ, QUERSTRASSE, 14

MDCCCCXI

reference, since the works of Henry More, the Platonist, are somewhat extensive. The tale is, in fact, retold (from Weinrich's preface to Pico della Mirandola's *Strix*) in More's *Antidote against Atheism*, Book iii, chapter 8. Oddly enough, Kühnau neglects to mention that More (Book iii, chapter 9) also gives a full account of Cuntze's *post-mortem* exploits.

The genuine vampire, as Kühnau rightly says, is especially a creature of the Slavic imagination. Vampire stories, he adds, are hardly current in Silesia to-day, and, where they have survived, the vampire has sunk to the position of a *poltergeist* (p. xxxiii). There are, however, a good many Icelandic stories which come close to vampirism, and the whole subject awaits its investigator.

Lack of space forbids further citation of specimens from Kühnau's admirable collection. We must be content with recommending it to all students of folk-lore and kindred subjects.

G. L. K.

DER ROMAN EINER TIBETISCHEN KÖNIGIN. Tibetischer Text und Uebersetzung. By BERTHOLD LAUFER. Leipzig, Otto Harrassowitz, 1911.

Dr. Berthold Laufer, who not long ago presented us with an excellent book on "Chinese Pottery of the Han Dynasty," in which he combines the standpoint of an eminent practical collector with that of a student of Chinese literature, gives us in the present volume a specimen of his learning as a Tibetan scholar. He began the translation of this work in Darjeeling, while on a journey to Tibet, and what he had occasion to see and hear in the eastern part of that mysterious country became a great help to him in his translation. Readers ought not to expect a novel in our sense of the term, but the story told reveals a mine of information throwing light on the culture and ethnography of this "hermit kingdom," a name which now no longer applies to Corea. We learn a good deal of what is new about the religious and mythological features of Tibetan life, which was of especial interest to the author on an important expedition undertaken on behalf of the Field Museum of Natural History in Chicago, where he holds the position of curator. He is going to embody the material contained in this work for a future full publication on the mythology and rites of the Buddhists in Tibet.

An introduction prepares the reader for the understanding of literary technicalities. It is followed by the Tibetan text, beautifully printed by the W. Drugulin offices in Leipzig, and the author's German translation with copious notes; an appendix containing an essay in Tibetan, with the author's translation and notes, on the life of the second Buddha Padmasambhava; and an alphabetical index. A number of attractive illustrations of the Tibetan Pantheon, drawn by Professor Grünwedel of Berlin, have been added. Dr. Laufer's new work is beyond doubt an addition to our Orientalist literature which is as important as it is welcome.

FRIEDRICH HIRTH.

T'OUNG PAO

通報

OU

ARCHIVES

CONCERNANT L'HISTOIRE, LES LANGUES,
LA GÉOGRAPHIE ET L'ETHNOGRAPHIE
DE
L'ASIE ORIENTALE

Revue dirigée par

Henri CORDIER
Membre de l'Institut
Professeur à l'Ecole spéciale des Langues orientales vivantes
ET
Edouard CHAVANNES
Membre de l'Institut, Professeur au Collège de France.

VOL. XII.

LIBRAIRIE ET IMPRIMERIE
CI-DEVANT
E. J. BRILL
LEIDE — 1911.

Berthold Laufer: *Der Roman einer Tibetischen Königin.* Tibetischer Text und Übersetzung. — Leipzig, Harrassowitz, 1911; in-8° de X + 264 p.

Depuis les beaux travaux de Grünwedel et de Laufer lui-même, on connaît mieux la personnalité de ce fameux Padmasambhava qui est regardé par la plus ancienne secte bouddhique du Tibet, la secte rÑiṅ-ma-pa, comme son fondateur et son patron. Parmi les écritures saintes de cette secte, c'est la vie de Padmasambhava qui tient la première place; au second rang en importance vient un recueil de cinq traités primitivement indépendants les uns des autres, qui contiennent des allocutions adressées par Padmasambhava à diverses catégories de personnes; le troisième de ces traités nous montre Padmasambhava dans ses rapports avec des princesses; c'est celui que Laufer a publié et traduit sous le titre un peu libre: le roman d'une reine Tibétaine.

Ce texte doit, comme celui de la vie de Padmasambhava, avoir été écrit entre le neuvième et le douzième siècle; il nous apporte donc des renseignements sur la civilisation et sur les modes de penser du Tibet à une époque très reculée; il nous montre les débuts de la religion bouddhique et son opposition avec les sentiments naturels des indigènes; au point de vue philologique, il nous présente la langue tibétaine dans un état plus archaïque que le style du Kanjur et du Tanjur.

Le traité traduit par Laufer comprend quatre parties distinctes: la première raconte, sous une forme d'ailleurs moins complète que ne le font les annales royales; la fondation du Temple de Sam-yas vers le milieu du huitième siècle de notre ère; puis viennent les poésies religieuses et magiques qui furent chantées lors de la consécration du Temple. La seconde partie traite de l'amour et des souffrances de la reine qui s'éprend du moine Vairočana, veut le séduire, n'y réussit pas et l'accuse alors d'avoir tenté de la violer; Vairočana s'enfuit; le roi, qui regrette son départ, va à sa recherche et lui offre de lui donner la reine pour «perpétuelle amie»; mais Vairočana gagne au large et la reine tombe malade à cause d'un enchantement qu'a jeté sur elle le moine vindicatif; sur l'intervention de Padmasambhava lui-même, la reine confesse ses péchés et se trouve guérie. La troisième partie est l'histoire de la princesse qui fut donnée en mariage au saint homme Padmasambhava, lequel la prit pour femme sans aucun scrupule de conscience. Enfin la quatrième partie renferme diverses prédictions de Padmasambhava.

Dans un appendice, Laufer a cherché à reconstituer la physionomie singulière de Padmasambhava, mélange de Faust et de Méphistophélès, saint et Satan en une même personne, à certains égards don Juan qui se plaît aux femmes et qui est payé de retour. Pourquoi ce patron de la secte rouge du Tibet a-t-il été adopté par la secte jaune qui a multiplié les publications à son sujet? Laufer croit que c'est pour des raisons de prudence politique qui se trouveraient justifiées le jour où la secte rouge, beaucoup plus puissante au Tibet qu'on ne le croit communément, viendrait à reprendre l'avantage sur la secte jaune dont la suprématie n'est guère maintenue aujourd'hui que par l'influence du gouvernement Chinois.

Ed. Chavannes.

O. Franke: *Ostasiatische Neubildungen*. Beiträge zum Verständnis der politischen und kulturellen Entwicklungs-Vorgänge im Fernen Osten. — (Hamburg, 1911, Verlag von C. Boysen; in-8° de X + 395 p.).

Nous ne pouvons que nous féliciter de ce que M. Franke se soit décidé à réunir en un volume les nombreux articles qu'il avait publiés ici et là sur l'évolution de la Chine moderne; ces petits mé-

Revue Internationale d'Ethnologie et de Linguistique

ANTHROPOS

Ephemeris Internationalis Ethnologica et Linguistica

Rivista Internazionale d'Etnologia e di Linguistica

Revista Internacional de Etnología y de Lingüística

International Review of Ethnology and Linguistics.

Internationale Zeitschrift für Völker- und Sprachenkunde.

Band / Tom. VII 1912.

Mit 31 Tafeln
99 Textillustrationen

Avec 31 planches
99 gravures de texte

Im Auftrage der Österreichischen Leo-Gesellschaft,
Mit Unterstützung der Deutschen Görres-Gesellschaft

Herausgegeben

unter Mitarbeit zahlreicher Missionäre von P. W. SCHMIDT, S. V. D.

„Anthropos“-Administration: St. Gabriel-Mödling bei Wien, Österreich.

Druck und Verlag der Mechitharisten-Buchdruckerei in Wien, VII.

the direction of his "guns", why should it not be possible to direct them once in a direction quite opposed to that which he intended to direct them formerly?

But there is still another kind of reflection which rises to my mind. If Mr. FRAZER praises so emphatically the dangerous character of his "guns", has he sufficiently paid attention to the speed with which, in our rash-living time, guns and cannons and dreadnoughts become antiquated and, thus, are rejected as useless? Now the notorious *débâcle* which the "guns" of Mr. FRAZER have suffered in one of the most illustrious of all his theories, viz. that of the absolute prim-itivity of the Aranda, makes me fear that also Mr. FRAZER's "guns" are already over-reached by this rapidity of development of our days. Indeed it begins to be every day more clear that his purely 'psychological' methods, devoid of serious cognition of technological and linguistic matters, are insufficient to resolve the great problems of ethnology. I need not insist on this weak point of the works of Mr. FRAZER, as Dr. GRAEBNER has pointed it out sufficiently in his "Methode der Ethnologie" (p. 67—69).

But it should be accentuated still more that Mr. FRAZER himself declares *expressis verbis* that he has not the ambition to give his work as true science, which has never been otherwise defined than as *cognitio certa et evidens*. Mr. FRAZER is in so high a degree and to so large an extent contented with mere probabilities and plausibilities, with "Anschaulichkeiten", as we say in German, that one may doubt if he takes his works as creations of a scientist or as creations of an artist, a poet. And in this doubt one may be confirmed by seeing how much weight Mr. FRAZER seems to give to "Stimmungen" and how he endeavours to produce them in his readers by his picturesque descriptions which, indeed, are often wonderful. It is clear that on the general reader he exerts by such means the same mighty influence which always proceeds from poetical creations. But, naturally, poetical beauties cannot be, for ever, substitutes for firm and solid truths, and so, I fear, many of the theories of Mr. FRAZER will be detected to be no more than very spirited *lusus ingenii* which are abandoned as soon as the simple and grave power of truth appears.

Now, if some of Mr. FRAZER's theories are rejected by their own creator, if others are overthrown by deeper researches of other scholars, is it not possible that nothing is left to the terrible "guns" but the ammunition which was intended to serve them? But with regard to ammunition Mr. FRAZER knows himself very well that it is quite indifferent to what guns it is charged in, that is, if they be of the right calibre. May it not be that they could be used to destroy just that position which Mr. FRAZER had the intention to defend?

P. W. SCHMIDT, S. V. D.

Berthold Laufer. *Der Roman einer tibetischen Königin.* Tibetischer Text und Übersetzung. Leipzig. OTTO HARASSOWITZ. 1911. X+264 SS.

Wir freuen uns, auf ein Werk hinweisen zu können, welches eine beträchtliche Förderung unserer Kenntnis der Literatur-, Kultur- und Religionsgeschichte von Tibet bedeutet, von jenem Land, dessen Erforschungsgeschichte in so glorreicher Weise mit der Geschichte der katholischen Missionen verbunden ist.

BERTHOLD LAUFER gehört zu den Forschern, die es nicht nur wagen, schwierige und wenig behandelte Gebiete frisch anzugreifen, sondern die auch den noch größeren Mut besitzen, die Schranken ihres Wissens vor dem Leser zu bekennen. Eine kleine Ahnung davon, was für ein schwieriges Problem in der Übersetzung des ersten tibetischen „Romans", um bei LAUFER's Betitelung zu bleiben, vorlag, ersehen wir aus einem Vergleich der LAUFERschen Arbeit mit E. V. SCHLAGINTWEIT's Übersetzung der Lebensgeschichte des Padmasambhava, einem aus demselben Kulturkreis stammenden Werk. Man kann da nur staunen über die bedeutende Fertigkeit LAUFER's als Übersetzer, der nicht nur den SCHLAGINTWEIT'schen „Gurgelsehnenbogen" in einen einfachen Bambusbogen verwandelte, sondern auch klaren Sinn statt vieler anderer mysteriöser Ausdrücke SCHLAGINTWEIT's zu schaffen wußte. In einer literarhistorischen Einleitung zeigt LAUFER zunächst, daß das vorliegende Werk ein Teil eines aus fünf Stücken bestehenden größeren Werkes, des *bKā thang sde lnga*, der „Fünf Bücher der Ansprachen", Padmasambhava's, ist. Es handelt sich in jenem Werk um Ansprachen an die Dämonen, den König, die königlichen Frauen, die Übersetzer und die Minister. Das vorliegende

Buch enthält die Ansprachen an die königlichen Frauen und besteht aus folgenden vier Teilen: 1. Die Erbauung der Tempel von *bSam yas*; 2. die Liebes- und Leidensgeschichte der Königin *Thse spong bza*; 3. die Geschichte der Prinzessin *Khrompa rgyan*; 4. Padmasambhava's Ansprachen an die Königin *Phoyong bza*. Der interessanteste Teil des Buches ist ohne Frage der zweite, die Liebesgeschichte der Königin *Thse spong bza*. Dessen Inhalt ist in kurzem wie folgt:

„Die schwarzen *Duhar* aus China erscheinen vor Padmasambhava und bitten ihn, als Lehrer zu dem König von *Tsongkha* zu kommen. Der Meister weigert sich, selbst zu kommen und schickt den Priester Vairocana an seiner statt. Eine Strecke Weges wird Vairocana von zwei Freunden begleitet, welche dann mit Tränen Abschied von ihm nehmen. Da König *Khri srong* aber nicht gewillt ist, seinen besten Übersetzer nach China ziehen zu lassen, hält er denselben durch allerhand Mittel zurück. Damals grassierte eine ‚Epidemie heftiger Liebesleidenschaft' unter den Frauen von Stand, und die Königin *Thse spong bza* verliebte sich in den Mönch Vairocana, da sie ‚in seinem Anblick das Schöne und in seinen Worten das Wahre fand'. Die Königin ladet den Mönch zu einer auserlesenen Mahlzeit im obersten Stock des Palastes ein und wirft sich bei dieser Gelegenheit plötzlich dem Ahnungslosen an den Hals, ihm ihre Liebe bekennend. Vairocana erschrickt zu Tode und ringt nach Fassung. Wir erwarten nun, daß er auf sein Mönchsgewand weisen und sich mit dem Schilde seines Keuschheitsgelübdes verteidigen wird. Aber nichts von alledem. Seine Antwort gipfelt in der Banalität: ‚Was werden die Leute dazu sagen!' Dann entflieht er durch das Außentor. Aus der zurückbleibenden Königin wird eine Frau Potiphar. Sie zerzaust ihr Gewand, bringt sich Nägelwunden bei und schreit nach ihrem Gefolge und dem König. Sie überzeugt ihre Umgebung von ihrer Unschuld und der Tücke des Vairocana, welcher mit kalter Nichtachtung gestraft wird. Deshalb begibt sich letzterer auf die Wanderung. An dieser Stelle des Romans wird man mit Interesse die Benennung von Lokalitäten nach Ereignissen aus dem Leben des Heiligen bemerken, eine Eigentümlichkeit der padmaistischen Literatur, sowie der Geschichten des Milaraspa. Der König, welcher über den Verlust Vairocanas untröstlich ist, begibt sich auf die Reise, um den Entflohenen zu suchen und zurückzubringen. Er erreicht den Flüchtling am Flusse *sKyi[d] chu*, welchen er des hohen Wellenganges wegen nicht durchreiten kann. Er ruft daher den am Nordufer befindlichen Vairocana an und bittet ihn, zurückzukehren und seine Frau als ständige Freundin anzunehmen. Vairocana aber beschuldigt die Königin und sucht das Weite. Während sich das Volk in schlechten Witzen über den Mönch ergeht, rächt sich dieser an der Königin, indem er ihr durch den Naga Nanda den Aussatz schickt. Vairocana ist aber zur selben Zeit auf die Rettung der Königin bedacht und sendet ihr die Göttin *Srīdevī* in Gestalt einer Wahrsagerin ins Haus. Die Wahrsagerin verkündet aus den Losen die Schuld der Königin und empfiehlt, Padmasambhava einzuladen, damit dieser die Zeremonie der Entsühnung vornehme. Vor diesem Heiligen gerät der König in empfindliche Verlegenheit, da er nicht weiß, wie er ihm Vairocana's Entfernung erklären soll. Da entschließt sich die Königin endlich zu einem Geständnis der Wahrheit. Aber erst eine Beichte mit Sühnopfern vor Vairocana kann sie vom Aussatz heilen. So wird denn der Königssohn ausgesandt, den Meister Vairocana nach *bSam yas* zurückzuholen und nun beichtet die Königin vor ihm in solch rührender Weise, daß alle Anwesenden in Tränen ausbrechen. Darauf findet die Zeremonie der Heilung statt. Vairocana beschwört den im Körper der Königin befindlichen Naga, welcher in Form einer schwarzen Spinne ausgespien wird, und die Königin ist geheilt. Noch fehlt aber die wahre Reue, und Padmasambhava ist erst befriedigt, als die Königin, welche im Herzen der Bonreligion zugetan bleibt, eine lange Reihe von Buddhanamen ihm nachgebetet hat."

Dies in kurzem ein Überblick über das „romanhafteste" Kapitel des Werkes, nach LAUFER's Inhaltsangabe. Das wenige wird schon genügt haben, zu zeigen, daß wir es hier mit einem höchst eigenartigen Erzeugnis der Literatur zu tun haben. Die Ausbeute, welche das Buch im ganzen dem Kulturhistoriker, dem Folkloristen, dem Geschichtsforscher, dem Religionsforscher und dem Archäologen bietet, ist denn auch ganz erstaunlich. Es soll nun im folgenden nicht versucht werden, die Frage nach der Bedeutung des Buches in jeder der angedeuteten Richtungen erschöpfend zu behandeln. Es sollen nur einige durch die Veröffentlichung angeregte Fragen in betreff tibetischer Folklore und Archäologie kurz besprochen werden. Für den Erforscher der tibetischen Volkspoesie ist es von größtem Interesse, daß in Kap. 2 bis 4 des Werkes eine Anzahl alter Volkslieder, welche angeblich bei der Einweihung des Tempels von *bSam yas* gesungen worden sind, mitgeteilt worden. Wie LAUFER richtig bemerkt, erinnern diese Lieder in ihrem Charakter stark an gewisse Lieder des Milaraspa [1]. Obgleich ich LAUFER's Bemerkung gern zustimme, möchte ich noch hinzufügen, daß alle diese Lieder, die des Milaraspa sowohl wie einige der Padmasambhava-Verehrer, sehr stark an eine Gruppe der von mir veröffentlichten Ladakher Volkslieder anklingen, und zwar an die mit *Gling glu* bezeichneten Gesänge. Solche Lieder habe ich veröffentlicht unter Nr. 21 bis 29 meiner „Ladakhi Songs" und im „Indian Antiquary" vol. XXX, p. 359, in meinem Artikel „A Bonpo Hymnal" [2]. Außer dem veröffentlichten *Gling glu* gibt es natürlich noch viele unveröffentlichte Lieder gleichen Charakters in Ladakh. Es sind dies Lieder der vorbuddhistischen Religion, nicht nur Ladakh, sondern ganz Tibet zugehörig. Es sind dies Lieder, in welchen die Mythologie der Kesar-Sage herrschend ist. So wird z. B. in dem Lied Nr. 3 des vorliegenden Romans der Weltenbaum der vorbuddhistischen Religion gefeiert. Dieser Baum hat seine Wurzeln in der „Unteren Nagawelt" *(gYog klu)*; streckt seine Zweige über die Erde (*Bar btsan* „die feste Mitte"; in diesem Fall *Bod yul*, Tibet genannt); und reicht mit seinen Zweigen in das Götterreich *(lHa yul)*. In der Übersetzung bringt LAUFER die Stellung des Baumes nicht klar zum Ausdruck, und zwar deshalb, weil er statt *Klu*, Naga, Erdgeister setzt. Wenn auch die tibetischen *Klu* kaum je über der Erdoberfläche sichtbar werden, so hausen sie doch, auch unter der Erde, immer im Wasser, in Seen, Flüssen und in unterirdischen Kanälen, welche, nach der Meinung der Tibeter, Flüsse und Seen verbinden. Aus der vorliegenden LAUFER'schen Arbeit ebenso wie aus seinen früheren sehr wertvollen Milaraspa-Veröffentlichungen erkennen wir, daß das der Kesar-Mythologie angehörige *Gling glu* nicht nur in Ladakh, sondern auch im mittleren Tibet zuhause gewesen sein muß. Ja noch mehr, wir erkennen auch, daß der Charakter dieser Hymnen seit der Zeit des Milaraspa (um zunächst nur bis zum 11. Jahrhundert zurückzugehen) bis zur Jetztzeit derselbe geblieben ist. Nach LAUFER würden wir sogar Volksliedern aus dem 8. Jahrhundert im Roman begegnen. In der sehr wertvollen chronologischen Übersicht über die Entwicklung der Padmasambhava-Literatur (S. 245, 246) führt uns LAUFER in überzeugender Weise bis zum Jahr 1231 n. Chr. zurück, also bis zu dem Jahr, in welchem viele alte Rollenhandschriften in Tibet aufgefunden wurden. LAUFER neigt zu der Ansicht, daß es sich bei diesen Handschriftenfunden um echte Altertümer, etwa aus dem 8. Jahrhundert, gehandelt habe, und nicht um ein Verstecken und Wiederauffinden von erst kurz vor 1231 entstandenen Literaturgebilden. Ließe sich einmal das zwölfhundertjährige Alter des Kernes der Padmasambhava-Literatur klar erweisen, so würde ich mich mit vielen andern ob dieses Gewinnes für das tibetische Altertum herzlich freuen. Aber bis jetzt können wir uns in dieser Sache nicht über Vermutungen hinauswagen. In betreff des 22. Kapitels des Romans hält ja auch LAUFER seine eben erwähnte Ansicht nicht aufrecht, sondern teilt dieses Kapitel ohne weiters einer späteren Zeit, wohl um 1231 n. Chr., zu. Nun, inbezug auf solche prophetische Kapitel, wie wir eines im 22. des Romans vor uns haben, kann ich bestätigen, daß es sich dabei leicht um spontane Neubildungen handelt. Die in Kyelang kursierende, dem Lama *bKrashis bstan 'aphel* zugeschiebene Ausgabe des *Padma bkā thang* z. B. enthält in dem letzten Kapitel Bemerkungen über den westtibetischen König *Sengge rnam rgyal* und seine Zeit.

Was nun aber gleich in den ersten Kapiteln des vorliegenden Romans auf eine spätere Zeit als das 8. oder 9. Jahrhundert weist, sind die auf den *bSam yas*-Tempel bezüglichen Daten im Sechziger-Zyklus. Diese stammen kaum aus den ersten Jahrhunderten tibetischer Geschichtsschreibung. Diese meine Behauptung stütze ich auf die Ergebnisse der archäologischen Forschung in Tibet. Der Kalender, welchen die Tibeter im 7. Jahrhundert von den Chinesen übernommen hatten, kannte nur den zwölfjährigen Zyklus. Dies wird durch Dr. STEIN's Ausgrabungen in Turkestan bestätigt. Der sechzigjährige Zyklus wurde erst im Jahre 1026 n. Chr. mit dem Zyklus Nr. 1 in Zentraltibet eingeführt. Im westlichen Tibet lernte man den sechzigjährigen Zyklus sogar noch viel später kennen. Auch der zwölfjährige Zyklus wurde zuerst nur sparsam

---

[1] Siehe Dr. LAUFER's Herausgabe von einigen dieser Lieder im Archiv für Religionswissenschaft, Bd. IV, p. 1 ff., und Denkschriften der Kaiserl. Akad. d. Wissensch. in Wien Bd. XLVIII, p. 1 ff.

[2] Vergleiche mit diesen Volksliedern die folgenden Milaraspalieder: Archiv für Religionswissenschaft, Bd. IV, p. 16, *Nga ni ngar seng dkarmoi bu*; p. 18, *seng gangsla 'agyingba spar mi 'akhyag*; p. 31, *dbus ribo mchog rab mchod rtenla.*

gebraucht. So finden wir z. B. keine Spur von ihm auf den berühmten alten Steindenkmälern von Lhasa. In den von Dr. STEIN in der Taklamakhan-Wüste und am Lob Noor ausgegrabenen tibetischen Dokumenten (zwischen 2000 bis 3000 an Zahl) findet sich die Datierung im Zwölfer Zyklus recht häufig. Durch diese archäologischen Funde erhalten nun auch die widersprechenden Zeitangaben der tibetischen Chroniken ihre rechte Beleuchtung. Alle diese Daten im Sechziger Zyklus stammen nicht aus den ersten Jahrhunderten tibetischer Geschichtsschreibung, sondern aus viel späterer Zeit. Sie wurden von der Phantasie der Geschichtsschreiber hervorgerufen. Hierbei möchte ich betonen, daß die westtibetische Chronik *(Ladvags rgyalrabs)* allein den spätereren Überarbeitungen entgangen zu sein scheint. Jedenfalls dient es durchaus zu ihrer Empfehlung, daß sie für die ältesten Zeiten gar keine Daten bringt, daß sie erst im 10. Jahrhundert mit dem Zwölfer Zyklus einsetzt, und den Sechziger Zyklus noch viel später gebraucht. Im Licht der Archäologie erübrigt sich also LAUFER's Klage über die Verwirrung der tibetischen Chronologie im 8. und 9. Jahrhundert. Nebenbei möchte ich bemerken, daß das Ladakher Geschichtswerk nicht mit den übrigen zentraltibetischen Werken vermengt werden sollte, wie bisher vielfach geschehen ist. Dieses Werk ist offenbar im Westen verfaßt worden und zeigt auch in seinen ältesten Teilen besonderes Interesse für westliche Verhältnisse.

In betreff des Romans müssen wir also sagen, daß die darin vorkommenden Daten auf das 13. und nicht auf das 8. oder 9. Jahrhundert weisen.

Unter den vielen wertvollen kulturgeschichtlichen Stücken des Romans fielen mir im besonderen zwei auf; nämlich, der Mantel aus Baumwollgewebe und der vierrädrige Wagen. Sollte der Gebrauch der Baumwolle für tibetische Kleidung schon im 8. Jahrhundert aus Indien eingeführt worden sein? Der vierrädrige Wagen ist mir aber ganz unerklärlich in einem Lande, in welchem bis zum heutigen Tage nicht einmal zweirädrige Wagen gebraucht werden, wenn auch die Engländer den sogenannten „Taschilama" mit einem Automobil beschenkt haben.

Der Hauptwert des Romans beruht aber auf dem Wissenszuwachs, welcher der Erforschung der tibetischen Religionsgeschichte zuteil wird. LAUFER betrachtet die Herausgabe des Romans als Vorarbeit zu einer von ihm versprochenen Behandlung der ältesten buddhistischen Sekte Tibets, der rNyingmapas. Nun, eine derartige Arbeit von einem Forscher wie LAUFER soll uns willkommen sein. Aber schon an dem vorliegenden Roman, dessen 21. Kapitel im besonderen religiösen Fragen gewidmet ist, läßt sich ermessen, mit was für Schwierigkeiten die Behandlung dieses Themas verbunden ist. LAUFER hat ganz recht, wenn er sagt, daß man dem ältesten in Tibet eingeführten Buddhismus Unrecht tue, wenn man in ihm weiter nichts als Tantrismus sehen wolle. Das stimmt mit den Ausgrabungen, welche schon viele Fragmente von tibetanischen Mahayanawerken aus dem 8. Jahrhundert zutage gefördert haben.

Des Dankes aller Tibetforscher ist LAUFER gewiß für die schwere Arbeit, der er sich mit der Herausgabe des Romans unterzogen hat. Er hat seine Aufgabe meisterlich gelöst.

Erwähnt werden sollen auch die interessanten, von Prof. Dr. A. GRÜNWEDEL gezeichneten Illustrationen nach tibetanischen Originalen, welche dem Werk beigegeben sind. Mir fielen besonders zwei Bilder auf S. 116 auf. Der dort dargestellte Turban mit dem nach oben gekehrten Zipfel findet sich sehr viel auf alten tibetanischen Wandgemälden aus dem 11. und 12. Jahrhundert. Der Turban war offenbar damals in Tibet beliebt.

A. H. FRANCKE.

I. **Carl Strehlow.** *Die totemistischen Kulte der Aranda und Loritja-Stämme.* II. Abteilung: Die totemistischen Kulte des Loritja-Stammes. Veröffentlichungen aus dem Städtischen Völker-Museum Frankfurt a. M. I. J. BAER & Co., Frankfurt a. M. 75 SS. Folio. Preis: Mk. 12.—.

II. **Francis C. A. Sarg.** *Die australischen Bumerangs im Städtischen Völker-Museum.* Veröffentlichungen aus dem Städtischen Völker-Museum Frankfurt a. M. III. J. BAER & Co., Frankfurt a. M. 40 SS. Folio. Preis: Mk. 4.—.

I. Schon mehrfach hatte ich Gelegenheit, in dieser Zeitschrift Teile der umfassenden und gründlichen Monographie über die beiden Stämme der Aranda und Loritja in Zentral-Australien

071

在中国和日本具有神秘象征的鱼

$1.00 per Year JULY, 1911 Price, 10 Cents

The Open Court

A MONTHLY MAGAZINE

Devoted to the Science of Religion, the Religion of Science, and the Extension of the Religious Parliament Idea

Founded by EDWARD C. HEGELER.

THE FISH AS A MOTIVE IN CHINESE ART.
A bronze vase of the Han Period. (See page 399.)

The Open Court Publishing Company

CHICAGO

LONDON: Kegan Paul, Trench, Trübner & Co., Ltd.

Per copy, 10 cents (sixpence). Yearly, $1.00 (in the U.P.U., 5s. 6d.).

Entered as Second-Class Matter March 26, 1897, at the Post Office at Chicago, Ill. under Act of March 3, 1879.

THE OPEN COURT

A MONTHLY MAGAZINE

Devoted to the Science of Religion, the Religion of Science, and the Extension of the Religious Parliament Idea.

VOL. XXV. (No. 7.) JULY, 1911. NO. 662

THE FISH AS A MYSTIC SYMBOL IN CHINA AND JAPAN.

BY THE EDITOR.

CHINA is perhaps not as rich in folklore as India, for the Chinese are more prosaic and less poetic than other Asiatics; nevertheless the mystical significance of the fish appears as predominant here as in any other country, and the same must be said of Japan.

Professor Hirth publishes in his *Scraps from a Collector's Note Book*[1] an attractive picture which illustrates an episode of an ancient Chinese fairytale taken from the *Lieh sien chuan*. The story reminds us of Arion riding on a dolphin, the more so as the hero is a musician and his name K'in Kau, the first part of which means "lute."

The story goes that the king of the country had engaged K'in Kau as court musician on account of his musical talent, but in addition to his musical accomplishments the royal court musician indulged in some magic feats, among which his preference for living in the water is most noticeable. He used to swim the rivers of China and haunt the ocean. Finally he disappeared from his home and was no longer seen. His relatives and friends built a little temple by the riverside in memory of him, but how great was the general astonishment of the inhabitants when after 200 years K'in Kau returned by the riverside riding on a huge red carp. He carried a sword in his hand and a sun-hat on his back, tokens of his adventures and journeys in distant parts of the world.

It will not be difficult to recognize in K'in Kau a fairy-tale representation of the hero of resurrection and of life immortal. He

[1] Published by E. J. Brill, Leyden, 1905.

is the solar deity that disappears in the western ocean and after crossing the waters of the deep where lies the realm of the dead, returns in the east with undiminished vigor. Time does not affect him, and centuries are to him no more than so many hours to a mortal man.

The fate of K'in Kau reminds us of European fairy-tales. In the Greek story Arion is represented as a human being, a mortal

K'IN KAU ON THE RED CARP.
After a painting by Hwang Hau.

man, but when we consider that the story is a fairy-tale and originally an ancient myth, we shall not miss the meaning of it if we look upon him as a god, either Dionysus or Eros or a kindred deity that travels over the ocean on a fish.

The story of K'in Kau also reminds us of Rip van Winkle, who disappears for a long time but comes back and is astonished at the changes which in the meantime have occurred in the world.

Washington Irving incorporates in his story of Rip van Winkle the materials of those ancient German fairy-tales which are preserved in "The Sleeping Barbarossa," and also in the legend of the monk of Heisterbach who being alone in the woods one morning, forgot himself, the world and time in an ecstatic state of heavenly rapture, and lived as it were for a moment in eternity. When he

K'IN KAU ON THE RED CARP.
Sketch by Hokusai.

returned to his earthly existence, a century had elapsed and he found the conditions of the monastery in which he had stayed entirely changed.

The fairy-tale of K'in Kau is very popular in Eastern Asia, and it was quite natural that it traveled also to Japan where it has been illustrated by the famous Hokusai, who pictures K'in Kau on a big carp which seems to swim through clouds, part of the fish being hidden in the fog.

KWAN-YIN ON THE FISH.
By Hokusai.

The same artist furnishes us with a beautiful picture of Kwan-yin on the fish. This divinity is a female form of Buddha which originated in China. She is considered the divinity of mercy, charity, love and motherhood, so that her pictures are very similar in spirit to those of the Virgin Mary in Christianity. It is not

KWAN-YIN AND THE FISH.

In the Pei-lin at Singan-fu. After a Chinese color-print.

impossible that the prototype of Kwan-yin is an ancient Chinese goddess who became thus transformed when Buddhism entered the country and changed its traditions. She is also claimed to be of Indian origin. That Kwan-yin is somehow connected with the fish appears from the fact that dolphins sometimes ornament the pedestal of her statue and Hokusai paints her as riding on a fish.

Among the new acquisitions of the Field Museum of Natural History of Chicago,[2] we find several beautiful Kwan-yin figures of a special type, different from the Kwan-yin riding on the fish and representing her as a poor woman, without ornaments, carrying a fish to market.

A poem accompanies a picture of this figure which is preserved in the Museum Pei-lin of Singan-fu and dated 1451:

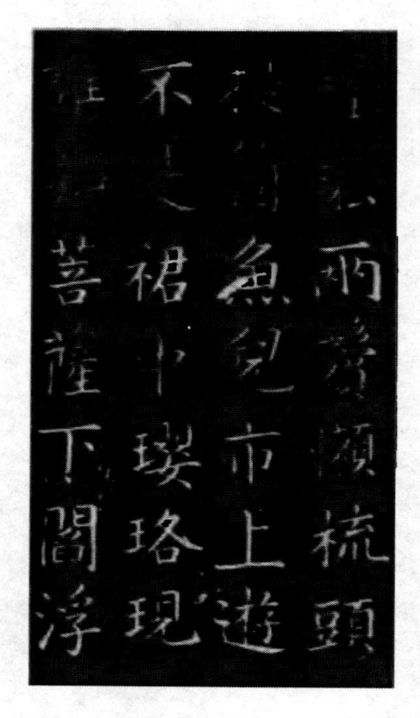

> "Her hair dishevelled over the two temples, she is too easy-going to comb her hair;
> Holding a fish she goes to market.
> Not wearing her petticoat and her glittering necklace,
> Who would divine that it is a Bodhisatva descending on Jambudvipa (the universe)?"

Judging from the poem this goddess is regarded as a divine in-

[2] We here publicly express our thanks to the Field Museum of Natural History of Chicago for permission to utilize its new collection of Asiatic antiquities recently procured through Dr. Berthold Laufer, even before the objects have been catalogued; and also for the generous courtesy of supplying us with photographs of several monuments. The director, Mr. F. J. V. Skiff, as well as Dr. Laufer, have thereby rendered us no small and thoughtful help in our researches, and enabled us to render important material accessible to our readers.

carnation which unbeknown to mortal ken represents divinity on earth.

The frequency of Kwan-yin with the fish indicates what a favorite this peculiar goddess was, and she must have been a saviour in female form.

Among the seven popular gods of Japan the goddess of divine love Benten corresponds to this special conception of Kwan-yin and is practically identified with her. A beautiful carving of this goddess in high relief is preserved in the Field Museum. Here she is represented carrying a fish like Kwan-yin. (See our frontispiece.)

Another one of these seven gods of bliss (*Shichi Fukujin*) is always represented with rod and fish. Mr. Teitaro Suzuki in his article on "The Seven Gods of Bliss" (*Open Court*, XXI, 400) says of him: "Ebis—in spite of his name which means 'foreigner' or 'stranger'—is a thoroughly indigenous production of Japan. He belongs to the mythical age of Japanese history. He was the third child of Izanagi-no-Mikoto, the first mythical hero of Japan, and was the younger brother of the famous sun-goddess Amateras. He somehow incurred the displeasure of his elders and was expelled to the Western sea, where he spent his remaining life as a fisherman. Accordingly, he always wears an ancient Japanese court dress, carrying a fishing rod in his right hand and a large reddish braize under his left arm. This fish, which is zoologically known as *pagrus cardinalis* or *major*, is considered by the Japanese the most delicious provision on the table, and as indispensable at all important festivals as is turkey at an American Thanksgiving dinner."

Ebis appears usually in the company of Daikok, another of the seven jolly gods easily recognized by the money-dripping mallet in his hand. Mr. Suzuki says:

"Daikok may be said to be principally a patron of farmers, and Ebis of merchants and tradesmen. The birthday of Ebis which falls in November, is celebrated by the commercial people, especially the dry-goods dealers, by offering the public a special sale. Some think that any fancy needle work made of the material bought on Ebis day brings the owner good luck."

A drawing by Hokusai is characteristic of the influences which these divinities exercise upon Japan. It represents four of the gods of bliss. Ebis with the fish is uppermost at the right hand, while underneath we see Daikok who has just thrown his mantle over a carrot-like plant with two roots. It is a *daikong* (literally translated "horse radish") a typically Japanese plant, which is one of

THE SEVEN GODS OF BLISS.

DAIKOK. EBIS.

Japanese medallion.

DAIKOK. EBIS.

From photographs of impersonators.

the most popular of their vegetables. In English it is called the "gigantic Japanese radish."

FOUR GODS OF BLISS.

Another picture of four gods of the seven shows a carriage drawn by two dappled stags. Jurojin, the god of longevity, is the charioteer and blows a big trumpet. Bishamon, the god of strength and wealth, gallantly helps the goddess Benten, the Japanese Venus, to enter the carriage. The god Ebis flies high in the air on his fish smiling with glee upon some poor fellows who are in desperate pursuit after good fortune. One of them is turned over in the blizzard, while the other one gesticulates wildly with his hands in despair at not being able to reach the god of luck. Everything typifies the spirit of good humor for which Ebis has been especially famous.

We add on the next page an illustration of a scene in Japanese

GODS OF BLISS AND LAUGHING CHILDREN.
By Hokusai.

folklore in which a ragged demon carrying a flask and a fish is accosted by a hungry friend of the animal world. We reproduce the picture from a collection of Hokusai's drawings but are unable to offer an explanation.

The figure of a carp is commonly used as a paper flag all over Japan denoting male heirs or boys.

We learn from an interesting essay by Berthold Laufer on "Chinese Pottery of the Han Dynasty" that during the Han period in China cooking-stoves were buried in the graves of the dead obviously with the same purpose as when the Egyptians painted all kinds of refreshing meats and drinks on the walls of their funerary chambers. These pictorial supplies were intended to provide the

JAPANESE DEMON WITH FISH.

dead with sufficient food so that they would not go about as hungry ghosts molesting their descendants and other people with frightful apparitions. Mr. Laufer says on the subject: "The burial of clay cooking-stoves in the imperial graves of the Han dynasty is expressly mentioned in the 'Annals of the Later Han Dynasty.' Two were used for the emperor, but there can be no doubt that they were then a favorite mortuary object also for all classes of people."

FUNERARY CLAY STOVES FOUND IN A TOMB OF THE HAN PERIOD.

But the peculiarity which causes these stoves to be of interest to us in connection with the fish appears in the fact that some of them bear on their top plain pictures of fishes. They may have no other intention than to indicate the food to be used by the spirit of the deceased, but they are evidence that fish was supposed to be an acceptable diet for the dead.

We may add in this connection that the fish was a favorite ornament in those days in ancient China. We reproduce here from the same source a bronze basin of the Han dynasty the inscription of which declares that this basin is dedicated to the memory of the teacher by his sons and grandsons of the third generation. The

BRONZE BASIN WITH THE DOUBLE FISH.

words of the inscription begin with the characters "great year"; then follows the date; further down the words "to the deceased master by the third round of sons and grandsons." The Chinese inscription in the corner explains the subject to be a "pair-of-fishes basin," and it is dated "Han dynasty Ch'u P'ing (i. e., First Peace Period), fifth year (194 A. D.)"

Here we see the fish used in connection with honor paid to the dead, and here too we find the fish doubled, in the same way as in the zodiac, in Indian scriptures and on Indian coins as well as frequently also in the Christian catacombs.

Another instance of the double fish pattern for funerary use has been found on a bronze mirror of the Sung period discovered in a grave of the Shantung province (Laufer, *op. cit.*, Plate LXXIII, No. 7). A. Volpert (*Anthropos,* Vol. III, p. 16) describes a number of mortuary stone chambers of the Han period and mentions that in one of them he saw two rows of fishes represented on the lower edge of the lateral stone slabs enclosing the coffin.

BRONZE VASE OF HAN PERIOD.

Concerning the fish as an ornament Dr. Laufer add as a foot-note (*loc. cit.*): "The fish is indubitably one of the most ancient motives in Chinese art. I have here inserted a Han bronze vase after the *Hsi ch'ing ku chien* (Book 21, p. 19) called 'vase with wild ducks and fishes,' showing ducks holding eels in their bills, and others with fishes in front of them, besides rows of swimming fishes (probably carp) with tortoise interspersed."

We must remember that tortoises have a similar significance as the fish, being a common emblem of longevity. The same is true of birds of passage such as wild ducks, wild geese and wild swans. I am unable to explain why some ducks are represented holding eels in their bills.

There are many more traces of mysterious fishes and fish sym-

THE FISH WITH MONSTER AND TIGER.
Three panels from monuments of the Han period.

bols on the ancient monuments of the Middle Kingdom but the explanation of their meaning has in most instances been lost. Chavannes has published in his *La sculpture sur pierre en Chine* a great number of reproductions of ancient monuments and illustrations to which we have no key. We find for instance a stone bas-relief illustrating an army of fishes going to war, thus presupposing the existence of a Chinese fish-epic which may have been a battle of the fishes corresponding to the Homeric Battle of the Frogs and Mice.

Other Chinese illustrations of the fish bear a close resemblance to European legends in which the fish symbolizes the sun. We must remember that according to the Babylonian and Hebrew world-conceptions the waters were divided into the waters above the firmament and the waters in the deep under the firmament. The former are the waters of the clouds, the source of rain and occasionally the cause of a deluge; the latter comprise the ocean and the waters below the earth coming forth in the form of springs. The sun-god passes through these waters either as a fish or in his barge. The sun-barge was known to both the Egyptians and Babylonians. In Greece and Rome the idea changes to a chariot or a wheel but we may assume that the idea of the sun as a fish is the older. This conception explains also why Oannes the Babylonian mediator between God and mankind appears as a fish emerging in the morning from the Erythrean sea in the East and descending in the evening into the Western Ocean.

The same legend must have existed in China although none such has been discovered and does not now seem to be extant. But we reproduce here from Chavannes[3] several panels which seem to bear witness to a similar myth. In one of them we see a monster in dragon form pursuing a fish and being in turn pursued by a tiger. Another panel shows the same combination except that the fish is held by a man. A third panel represents another scene of the same incident. It shows the dragon and the tiger running away in the other direction. Above the tiger floats a fish, while underneath we see the same man holding a fish and below him another fish. No explanation is given.

Are we not justified in identifying the fish here with the sun and may we not assume that the Chinese at a certain period of their mythical development were in possession of the same conception of the sun as a fish? In such a case the scenes on these panels would symbolize an eclipse just as German myths account for the same phenomena by saying that the sun is swallowed up by a wolf. This view is strengthened by another monument which pictures a similar monster turning against a man who holds in his hands a face representing the sun in a style very similar to that in which

[3] *Mission archéologique dans la Chine septentrionale,* 2 vols., Paris, 1909.

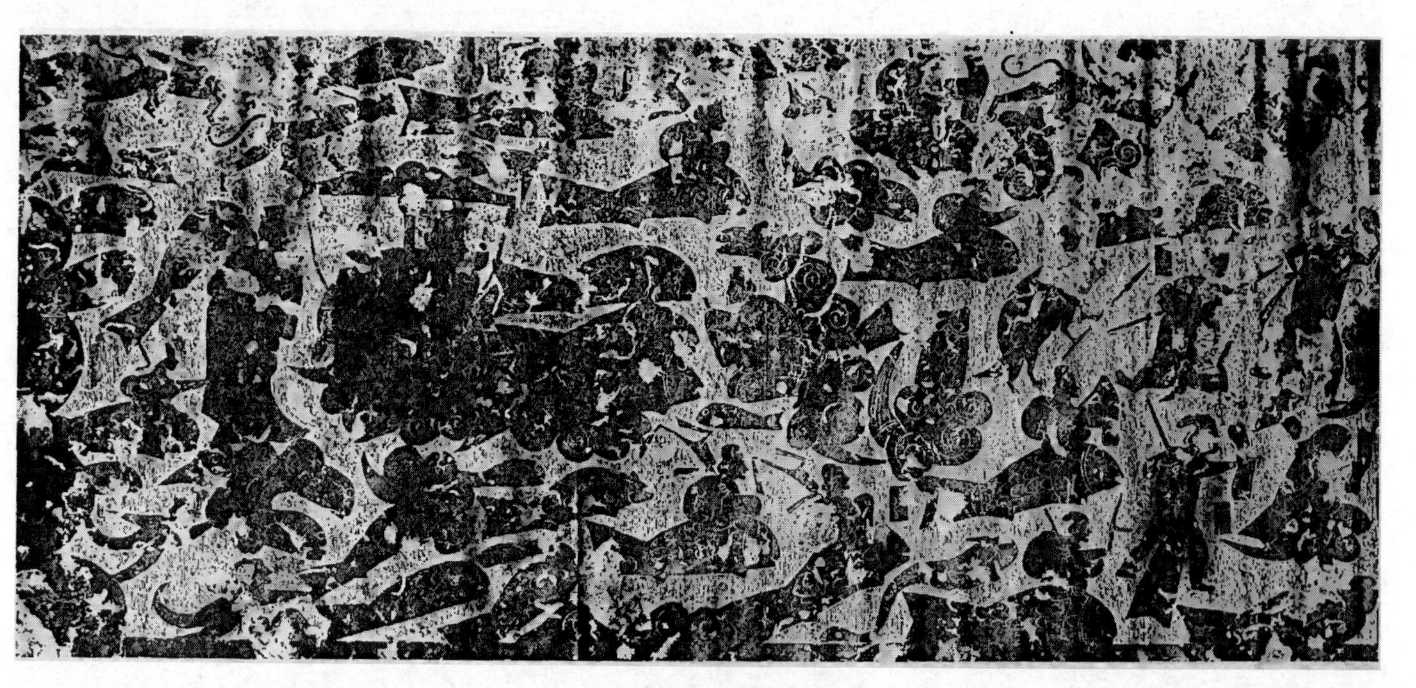

THE BATTLE OF THE FISHES.

The original is on a stone bas-relief of the Han dynasty forming part of the sepulchral chamber of the Wu family preserved in Shantung Province at the foot of the Wu-tse-shan. These sculptures may be dated roughly at about 150 A. D. The photograph has been made from an original rubbing taken from this bas-relief, in the Field Museum, and our attention has been called to it by Dr. Berthold Laufer of that institution. He writes: "The idea of the fish representing a warrior is, curiously enough, also expressed by a famous Confucian scholar of the later Han Dynasty, Ma Yung (79-166 A. D.) who interprets its scaly armor as a symbol of martial efficiency."

the sun is frequently pictured by prehistoric peoples in Mexico and other places.

Corresponding in China to the Babylonian Oannes who revealed to mankind the arts of writing, agriculture, and other means of

GRAVESTONE OF HAN DYNASTY.
Forming part of a mortuary chamber.

civilization, stands Fuh-Hi who is generally pictured with the mystic tablet containing the first symbols of the Yang and Yin, the mysteries of heaven and earth. It is a very strange coincidence, if not positively the indication of an historical connection, that this same Fuh-Hi together with his consort and retinue is pictured as possessing a fish-tail. This monument appears in the same place as those mentioned before on the fourth stone in the rear compartment among many other strange figures and is here reproduced from the same

FUH-HI AND NÜ-WA WITH FISH-TAILS, ACCOMPANIED BY FISH-TAILED RETAINERS.
After Chavannes.

source. Fuh-Hi's connection with the water further appears from the fact that the writings which he reveals to mankind are carried

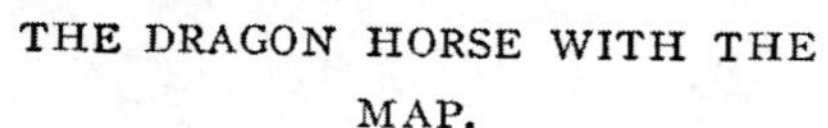

THE DRAGON HORSE WITH THE MAP.

THE DRAGON HORSE WITH THE SCROLL.

by a tortoise emerging from the waters of the Ho,[4] and that the dragon-horse which bore the mystic tablet rose from the same river.

The dragon-horse (*Lung Ma*) is also called a hornless dragon

[4] Yellow River or Huang-Ho, commonly known as Ho which means the river.

and among the dragon tribe it is said to be the most honored one, the Yellow Dragon. Yellow has become the imperial color in the course of history, presumably because it was the color of the Buddhist monks who came dressed in yellow robes. And the mysterious animal that brought to Fuh-Hi the elements of writing came from

MONSTER APE WITH FISH AND MAN.
From a bas-relief of the Han Dynasty after Chavannes.

the Yellow River. The elements of writing are sometimes said to be written on a scroll, sometimes on a map or tablet and we here offer two illustrations representing both interpretations. We must bear in mind that the interpretations are more recent and the original tradition simply insisted on a divine revelation which Fuh-Hi received through supernatural animals.

From other monuments we here reproduce from the same source a very strange illustration for which no explanation is offered. It shows a savage ape in the center with a man on his right hand and a fish on his left.

The fish figures also among the Chinese symbols of good luck, and besides the single fish we find the double fish and also the twin fish. The double fish is frequently used as an artistic ornament,

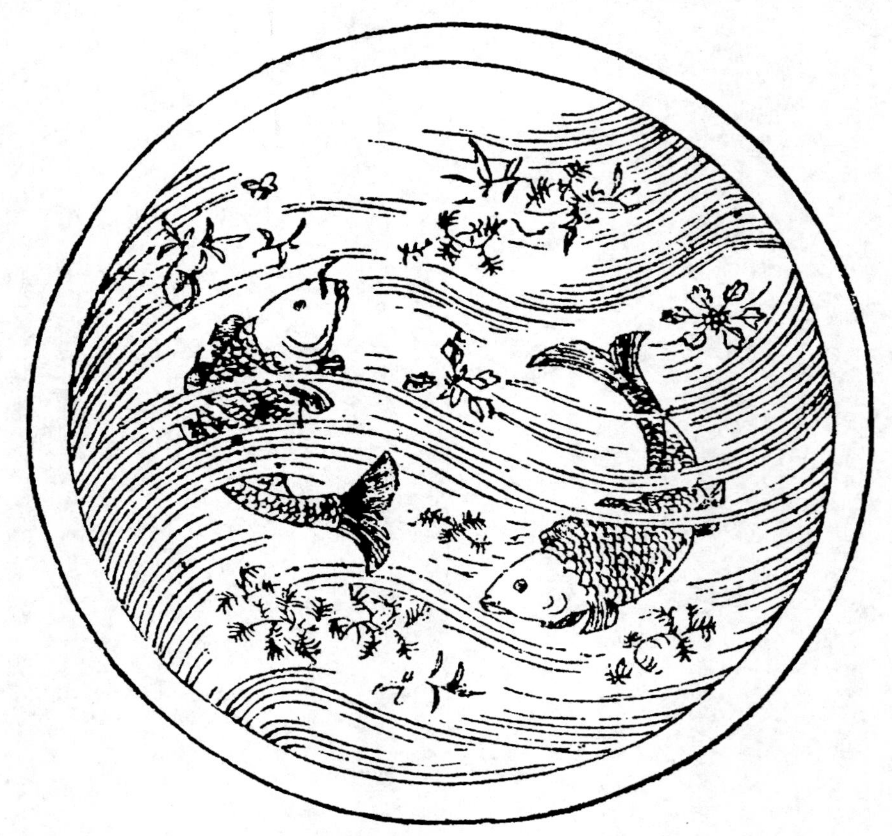

THE DOUBLE FISH AS ORNAMENT.
From *Fang shih mo pu* (1588), in the possesssion of Dr. Laufer.

for a religious symbol originally used for protection naturally changes little by little into a purely ornamental design. This is true of the cross in Christianity, of the swastika, of the solar wheel so frequent in prehistoric monuments, especially in Mycenae, and of other symbols. We reproduce here a design taken from a Chinese book in the possession of Dr. Berthold Laufer which shows the double fish moving playfully in the water among fish green. The design in this case is apparently artistic but the position of the double fish is the same that we find in funerary offerings and also in the pictures of the constellation Pisces.

Dr. Laufer informs us that the fish has become the symbol of harmony and marital union. The idea is based on the observation that the fish can live only in the water and is therefore in harmony with that element (expressed by the phrases *yü shui hsiang ho,* "the mutual harmony of the fish and the water," or *yü shui ho huan,* "fish and water are happy in their union").

Different from the double fish is the twin fish which is peculiar to China. The double fish has made its way from Babylon over Europe into the symbols of modern astronomy, but the twin fish

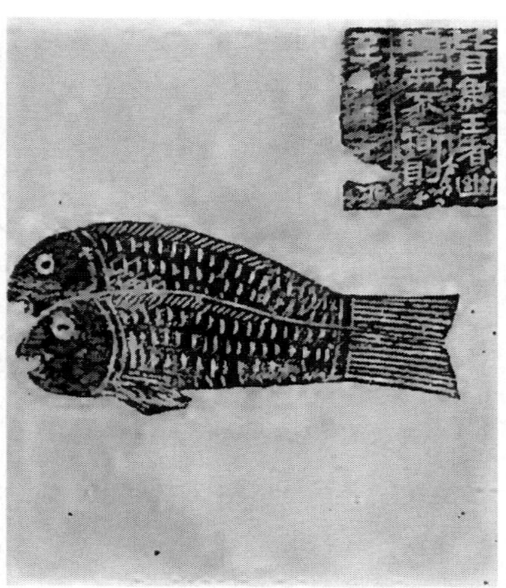

THE FISH A LUCKY OMEN. THE TWIN FISH A LUCKY OMEN.
Nos. 96 and 97 of Chavannes, Plate XLVIII, entitled *Les objets merveilleux de bon augure, d'après le Kin che souo.*

together with other twin formations, a twin duck, other twin birds, a twin horse, etc., are not found elsewhere so far as we know.

The fish as a good omen appears with one special application in the shape of a carp jumping up a cataract, referring to the passing of a government examination. Such illustrations are sent to the successful candidate as congratulations. Dr. Laufer sends us the following explicit explanation:

"A frequent subject in Chinese and Japanese art is a carp attempting to swim against a stream or to jump over a waterfall. This originally goes back to the ancient legend that the sturgeons ascend the Yellow River in the third month of each year and those among them which succeed in passing over the rapids of the Dragon-

Gate (*Lung-men*) become transformed into dragons. It is obvious that this notion sprang from the name of the Dragon-Gate; it is usually understood in a figurative sense for successful graduation at the literary examination. The young student is looked upon as a fish who after passing the cataract of the examination becomes a dragon, as in the good old times the German freshman, or fox, was called an ass and became promoted to the title of horse in his

JUMPING THE FALLS.
Chinese symbol of an examination. From *Fang shih mo pu,* in the possession of Dr. Laufer.

capacity of *Bursch* as a full-fledged university student. A picture of a carp trying to jump the fall, presented to the assiduous young scholar, accordingly implies the wish, 'may you succeed and prosper in the competitive examinations!' The fish is therefore, in this case, the symbol of diligent perseverance and endurance."

Other interesting information concerning the fish has been communicated to us by Dr. Laufer. He says: "There are several references in Chinese literature to written messages that have been found in the bellies of fishes. In an ancient song it is said: 'A stranger having come from afar has presented me with two carps. I bade my servant cook them and, lo! a letter written on silk is discovered in them.' Hence expressions like 'fish-document,' 'pair of fish' or 'pair of carp' have come to assume the meaning of letter. An emperor of the Han dynasty when hunting in his park once killed a wild goose to whose foot a piece of cloth was attached, containing the words, 'Su-Wu and his companions are away in a certain marsh.' At once messengers were despatched to the Hiung-nu and the prisoners believed dead were released.' Hence the origin of the phrase *yü yen wang lai,* 'the coming and going of fish and goose,' meaning the same as correspondence.

"The faculty of knowing man's heart is attributed to fish. Kiang T'ai Kung was a virtuous statesman living in the twelfth century B. C., and his virtue was even acknowledged by the fishes for which he angled. Though he had the eccentric habit of angling with a straight iron rod without bait, thus offering no inducement to the fishes, they were attracted simply by his virtue and voluntarily impaled themselves on his hook. This has given rise to the familiar saying: 'Kiang T'ai Kung is fishing—only those that are willing are taken,' employed as illustration of spontaneity of action. He is supposed to have sat on his fishing perch in entire disregard of the entreaties of the numerous ministers of State who begged him to come down and become engaged in political affairs. Hence the proverb: 'See him seated on his fishing-terrace, he will not move,' which is said of one who takes no interest in an affair. He did not come down until the king himself besought him and then he exchanged the straight rod for the staff of civil office. (A. H. Smith, *Proverbs from the Chinese,* p. 94).

"In regard to two celebrated beauties in Chinese history it is recorded that they washed clothes by the river-side, and that the fish, illuminated by the light of their resplendent countenances, were dazzled and sank to the bottom (A. H. Smith, *Proverbs and Common Sayings from the Chinese,* p. 122)."

In addition to the coincidences between Chinese monuments and western mythology we must include one more remarkable case, which is the combination of the fish and the bird. This reminds us of the goddess Astarte in Hierapolis with the two emblems, the fish and the dove, and we find the same combination in the catacombs where the fish is explained as a symbol of Christ and the dove either as the dove of peace sent out by Noah or as the Holy Ghost. The Chinese bird used in conjunction with the fish is explained as the heron, but the position is very similar to that of the fish and dove as it appears in the *Roma Sotterranea.*[5]

THE BIRD AND THE FISH ON THE BOTTOM OF A BRONZE BASIN DATED 138 A. D.

From a Chinese book in the possession of Dr. Laufer.

From a number of illustrative Chinese pictures we select one taken from a Chinese book entitled *Kin Shih So,* also in the possession of Dr. Laufer.

[5] See "The Fish and the Dove," *The Open Court,* March, 1911.

The facts here presented prove that the fish was held in awe in Eastern Asia as well as in Europe, in Egypt and in ancient Babylon. In prehistoric times it possessed a religious sanctity. It was a symbol of immortality as which it is found in different styles in graves, and it is freely used as an emblem of good luck. Most popular, however, is its use in connection with the female Saviour who in one of its most favorite forms appears as a woman carrying a fish in a basket.

072

景净——景教碑铭作者

$1.00 per Year AUGUST, 1911 Price, 10 Cents

The Open Court

A MONTHLY MAGAZINE

Devoted to the Science of Religion, the Religion of Science, and the Extension of the Religious Parliament Idea

Founded by EDWARD C. HEGELER.

THE SARCOPHAGUS OF LIVIA PRIMITIVA.
In the Catacombs. (See pages 481-484.)

The Open Court Publishing Company

CHICAGO

LONDON: Kegan Paul, Trench, Trübner & Co., Ltd.

Per copy, 10 cents (sixpence). Yearly, $1.00 (in the U.P.U., 5s. 6d.).

Entered as Second-Class Matter March 26, 1897, at the Post Office at Chicago, Ill. under Act of March 3, 1879.

THE OPEN COURT

A MONTHLY MAGAZINE

Devoted to the Science of Religion, the Religion of Science, and the Extension of the Religious Parliament Idea.

VOL. XXV. (No. 8.) AUGUST, 1911. NO. 663

KING TSING, THE AUTHOR OF THE NESTORIAN INSCRIPTION.

BY BERTHOLD LAUFER.

NO man of culture who takes an interest in the history of Christianity should fail to make himself acquainted with the Nestorian monument which is the greatest historical document produced by the Christian religion in Eastern Asia; and no student of Chinese ought to neglect to make it the basis of a thorough and untiring study. In making accessible to the general public a well printed text of the famous inscription accompanied by Alexander Wylie's excellent translation, the Open Court Publishing Company has merited the thanks not only of Chinese scholars but also of the public at large.[1] Their unpretentious and yet fruitful little book is well fitted to be placed as a text-book in the hands of university students or young missionaries who could select no better guide than this marvelous inscription to sharpen their sagacity in unravelling Chinese constructions and phrases and to familiarize them with the methods of Chinese philology.

It is not generally known that the Nestorian inscription is a literary production of the highest order, a perfect understanding of which requires the most extensive knowledge of ancient Chinese in all its various branches of style and literature. The following notes which do not lay claim to any originality of research may therefore be welcome to students.

The text of the Nestorian inscription is regarded by Chinese

[1] *The Nestorian Monument; an Ancient Record of Christianity in China*, Chicago, 1909. This pamphlet was published with special reference to the replica of the Nestorian monument recently acquired by the Metropolitan Museum of Art of New York.

scholars as a composition of considerable literary merit, and remains up to the present day one of the finest examples of Chinese erudition and elegance in style. The emperor K'ang-hsi, decidedly a good judge on such matters, greatly appreciated the style of the monument, and the abundance of metaphors and literary allusions have ever endeared it to Chinese scholars since the days of its discovery in 1625. The author of the inscription was the first to be confronted with the difficult task of rendering Christian terms into Chinese, and was quite right in following a sanctioned Chinese usage of borrowing quotations from Confucian, Buddhist, and Taoist writers. There is, accordingly, a double signification inherent in many terms used in the inscription, and a Chinese scholar of wide reading will experience the same sensation of enjoyment in perusing it as, e. g., a humanist of the sixteenth century in studying a theological treatise written in a gracefully flowing Ciceronian Latin. Father Henri Havret who has devoted a life of study to our inscription published the most profound investigation on this subject betraying a truly stupendous erudition.[2] He had a Chinese savant prepare a list of these borrowings, with the result that more than thirty phrases were found to be derived from the Book of Mutations (*Yih-king*), nearly as many from the Book of Songs (*Shih-king*), and about twenty from the Book of Annals (*Shu-king*). The so-called classical literature (*king*) furnishes altogether a total of about 150 allusions. The historians yield a tribute of over a hundred other terms, the philosophers about thirty, and the remainder is made up by various collections.

To quote a few examples: All divine attributes occurring in the inscription are derived from the *Tao-Teh king* of Lao-tse,—eternity, veracity, tranquility, priority of existence, intelligence, independence, profoundness, spirituality, mysterious causality of all beings; the term *San-i* (lit. Three-One) denoting the Trinity is met with in the historical Annals of Sze-ma Ts'ien and in the History of the Former Han Dynasty (*Ts'ien Han shu*) where it refers to the three unities Heaven, Earth, and Chaos to which the emperor offered a large sacrifice every third year. Curiously enough, the word *A-lo-ha* formed to signify the Hebrew word *Elohim* can be traced back to Buddhist sources which, as the Saddharmapundarikasutra, translated into Chinese early in the fifth century, employ this term as the equivalent of Sanskrit *Arhat*. Another much more common way

[2] *La stèle chrétienne de Si-ngan-fou*, in 3 parts. Part I, (Shanghai, 1895) contains the text in facsimile reproduction; Part II (*ibid.*, 1897) gives the history of the monument (420 pp.) and Part III (*ibid.*, 1902) the translation with admirable commentary, unfortunately a fragment edited after his death.

of writing this word in Chinese is *Lo-han,* and the Chinese-Jewish inscriptions of K'ai-fung fu use this form for the transcription of the name Abraham.

The Nestorian inscription is, after all, not an exception in this respect, though exceptionally well and carefully written, for the Mohammedan and Jewish inscriptions of China are framed on the same principle and also teem with classical allusions and selections. It should be well understood that this process of language is not wholly identical with what has been practised all over the world when new religions were preached and a new terminology had to be coined for them; Nestorians, Mohammedans, and Jews were not satisfied merely to form the necessary words for their doctrines, but shot far beyond this mark in parading with verbose quotations from Chinese classics, and forcing them into a new meaning which the uninitiated could not always grasp at once. In this connection it may be interesting to refer to the Buddhist studies of the author of the Christian inscription.

The fact that the Nestorian missionary Adam, presbyter and chorepiscopos, and papas of China, called in Chinese *King Tsing,* which means "illustrious and pure," was interested in Buddhist literature and actually engaged in the translation of a Buddhist work from Uigur, a Turkish language, into Chinese, was first established by Dr. I. Takakusu, professor of Sanskrit and Pali at the University of Tokyo, in an article published in the Journal *T'oung Pao* (Vol. VII, 1897, pp. 589-591). In the Chinese Buddhist Tripitaka, there is a book extant under the title *Chêng-yüan sin ting Shih kiao mu-lu,* i. e., Catalogue of Buddhist Books newly drawn up in the period *Chêng-yüan* (785-804 A. D.), compiled by Yüan-Chao, a priest of the *Si-ming* Monastery in Si-ngan fu. In this work, Takakusu discovered a passage relating to the Nestorian missionary, translated by him as follows:

"Prajña, a Buddhist of Kapiça in North India, traveled through Central India, Ceylon, and the islands of the Southern Sea (the Malayan Archipelago) and came to China, for he had heard that Mañjuçri was in China.[3]

"He arrived at Canton and came to the upper province (northern China) in 782 A. D. He met a relative of his in 786 who had arrived in China before him. Together with King Tsing (Adam), a Persian priest of the monastery of *Ta-Ts'in* (Syria), he translated

[3] This is apparently an allusion to the famous mountain Wu-t'ai-shan in Shansi Province, the temples on which are devoted to the cult of this Bodhisatva.

the Satparamitasutra[4] from a text in the *Hu* (Uigur) language, and completed the translation of seven volumes.

"At that time, however, Prajña was not familiar with the *Hu* language, nor did he understand the Chinese language; and King Tsing did not know Sanskrit, nor was he versed in the teachings of the Buddhists. Thus, though they pretended to be translating the text, yet they could not in fact obtain half of its gems (i. e., its real significance). They were seeking vain glory for themselves, regardless of the utility of their work for the public. They presented a memorial (to the emperor), expecting to get their work propagated. The emperor (Tai-Tsung, 780-804 A. D.) who was intelligent, wise, and accomplished, and who revered the canon of the Buddhists, examined what they had translated, and found that the principles contained in it were obscure and the wording diffuse.

"Moreover, since the Samghārāma (lit. the park of the clergy, i. e., monastery) of the Buddhists and the monastery of Ta-Ts'in (i. e., the Nestorians) differed much in their customs and their religious practices were entirely opposed to each other, *King Tsing* (Adam) ought to hand down the teaching of Messiah (*Mi-shih-ho*), and the Çramana, the sons of Çākya, should propagate the Sutra of the Buddha. It is desirable that the boundaries of the doctrines may be made distinct, and the followers may not intermingle. Orthodoxy and heterodoxy are different things just as the rivers *King* and *Wei* have different courses."

It seems that the last clause is part of an imperial edict. The year is not given in which the translation alluded to was made, but as Prajña did not reach Si-ngan fu until 782, and as the Nestorian monument was erected in 781, it seems that this translation work took place after the time of the inscription. At all events, this striking passage throws light on Adam's literary inclinations and ambitions, and his interest in the study of Buddhist literature. It was most natural for him, as Takakusu justly remarks, to obtain a knowledge of Buddhism in order to learn the correct religious terms in which to express his ideas to the people.

The Chinese characters representing the word "Messiah" in the above document are phonetically the same as in the inscription except that the syllable *shih* is expressed by a different character, but one having the same sound. The Sutra translated by Adam and Prajña is preserved in the Buddhist canon but is attributed exclusively to the latter (in Nanjio's Catalogue No. 1004); the question as to whether the existing translation is identical with the

[4] Treatise of the Six Perfections (*pāramitā*).

one made by both has not yet been investigated. There is no doubt that an examination of this Sutra may shed some light on the phraseology of the inscription.

Father Havret,[5] when commenting on this passage, is doubtless right in considering the account of Yüan-Chao exaggerated. In opposition to Takakusu he prefers to conjecture that King Tsing took up this Indian moral treatise in the expectation of finding Christian doctrines attested therein. He might have believed that Buddhist books owed their first inspirations to Christianity with as much good faith as de Guignes later recognized a "false gospel" in the well-known Sutra of the Forty-Two Articles, the first Buddhist work translated into Chinese. The reproaches indirectly addressed to King Tsing by Yüan-Chao for having attempted to confound two doctrines, the one true, the other false, Havret is inclined to think, render this explanation sufficiently probable. The choice made by him for this venture was fortunate, for he could have made use of such moral categories as occur in the last part of the Sutra in question, for instance, charity, morality, patience, energy, contemplation, wisdom. However it may be about these conjectures, Havret concludes his argument, we must insist on the fact that King Tsing was fond of mental labors, and that his researches in Buddhist literature doubtless dating back much earlier had accustomed him to, and endeared to him, the terminology of this religion.

I concur with F. Havret in the supposition that the vast Chinese erudition embodied in the text of the monument cannot be the individual work of King Tsing alone, but that he availed himself of the assistance of a native scholar, and, even more likely, of several scholars. He must certainly be credited with having prepared the first draught of the document which he submitted to his staff of learned assistants together with suggestions and recommendations. Presumably the text has been revised and rewritten several times before receiving its final shape from the hands of the chief editor King Tsing who was surely justified in signing the article with his name, as expressly stated in the inscription that it is composed (*shu*) by him.

F. Havret most felicitously points out also the Buddhist influence in the very name of King Tsing. Just as the Buddhist monks after ordination abandoned their family names and surnames of worldly origin and chose a monastic name usually composed of two words, sometimes a translation or reminiscence of

[5] *Op. cit.* Part III, p. 6 (Shanghai, 1902).

some Indian name, so the presbyter Adam adopts the two words *king tsing* meaning "illustrious and pure," the word *king* being the appellation of his religion (*king kiao*). Other analogous Nestorian names appear in the inscription, as *King T'ung* and *King Fu.* Moreover, he assumes the prefix *sêng* before his name, a Chinese abbreviation of the Sanskrit word *samgha* denoting the Buddhist clergy and a Buddhist priest; as a matter of course, it serves to *King Tsing* merely as a translation of the Syriac word *qassisa,* "priest." Also in his designation as "the priest of the temple of Ta-Ts'in," the word *sze* for temple is derived from Buddhism, and the style of wording *Ta-Ts'in sze* for "Syrian church" is fashioned after Buddhist models.

073

种痘传入远东考

$1.00 per Year SEPTEMBER, 1911 Price, 10 Cents

The Open Court

A MONTHLY MAGAZINE

Devoted to the Science of Religion, the Religion of Science, and the Extension of the Religious Parliament Idea

Founded by EDWARD C. HEGELER.

THE LAST SUPPER.
A mosaic in Ravenna regarded as the oldest known presentation of that event.
(See "Pagan and Christian Love-Feasts," p. 520.)

The Open Court Publishing Company

CHICAGO

LONDON: Kegan Paul, Trench, Trübner & Co., Ltd.

Per copy, 10 cents (sixpence). Yearly, $1.00 (in the U.P.U., 5s. 6d.).

Entered as Second-Class Matter March 26, 1897, at the Post Office at Chicago, Ill. under Act of March 3, 1879.

THE INTRODUCTION OF VACCINATION INTO THE FAR EAST.

BY BERTHOLD LAUFER.

IN view of the astonishing wealth of medical illustrative material coming down from the times of classical antiquity and the Middle Ages, it is a matter of surprise to find in this line a blank in the history of the Far East. It is true a large number of the medical books published in China are fairly well illustrated with woodcuts exhibiting the surface characteristics of pathological phenomena, particularly of skin-diseases, and we even hear of careful paintings (water colors) representing infantile eruptions apparently observed and noted down.[1] But there is no artistic element in these productions which even fail in their purpose to impart instruction, and Chinese art is entirely devoid of subjects derived from the activity of the medical profession.

No portrait of any famous physician—and there is a large number of those on record—has been handed down by the brush of an artist, nor are there any pictorial representations of physicians in their intercourse with patients. The sick-bed was not a recognized and approved sphere for the exercise of academic painting, and as portraiture has always been the weak point in Chinese art, because of the lack of individual power, we may safely say that Chinese painters would never have had the ability to portray a sick person in unmistakable distinction from a healthy individual. I have met several finely built and venerable looking Chinese physicians, and when observing them at their work I liked to imagine what fine pictures worthy of a great native artist they would make, if depicted in the act of feeling the pulse, the cornerstone of their practice, or while jotting down their prescriptions with mysterious dashes of the brush. In the catalogues of painters and paintings where all

[1] M. Courant, "Catalogue des livres chinois," *Bibl. nat.*, Vol. II, p. 123. Paris, 1903.

the standard subjects are carefully enumerated, the healing art is also conspicuous by its absence. I have inquired and searched in vain for medical pictures in China.

In Japan, conditions are in general about the same, though at least some exceptions seem to exist. W. Anderson[2] describes a medical roll (*yamai no sōshi*) from Japan as follows: "A series of representations of various morbid conditions, amongst which may be recognized carbuncle, bursal and other tumors, paralysis of the lower extremities, gangrene, acne rosacea, lycanthropy, eye diseases, abdominal dropsy, intestinal fistula, gastric fistula (a man whose mouth is obliterated is introducing food through an aperture in the region of the stomach), and elephantiasis. Descriptive text at end of roll which is 360 inches long." The original is said to be traceable to a painter of the twelfth century; this one was copied in 1780 by Imamura and recopied in 1788 by Kumashin. This picture, No. 276 of the collection in the British Museum, perhaps deserves the attention of students of the history of medicine.

The Japanese colorprint reproduced in our frontispiece is in the possession of the Field Museum, Chicago, and is of great interest in the history of civilization.

The subject of this print (26×37 cm.) is the introduction of vaccination into Japan, as is plainly shown by the explanatory labels added to the two principal figures. The devil on the right is designated as *jitsu-wa akuma bōsōshin,* "really the devil, the spirit of small-pox," and makes his escape from the new young genius riding on a cow's back and chasing him with a long spear. This one is interpreted as *seikoku Oranda gyūtō-ji,* "the youth of vaccination (lit. cow-pox), Holland being the country of his origin." He has three tufts of hair on his head and is clad like a Japanese boy. The small-pox devil is the well-known type of *oni*, only covered with a fur apron and gaiters, of red skin-color, and with animal claws on hands and feet. He wears a straw hat with rim turned up, from the center of which a top-knot and a pair of horns stick out. A paper *gohẹi* is stuck into the hair (see further below).

The artist who produced this print is Shuntei, his signature (*Shuntei-gwa*, "picture of Shuntei") and seal being placed in the left lower corner, and the print was published in the first month of spring, i. e., February (*mō-shun*) of the year 1850, the third year of the period *Kaie* with the cyclical sign *ka-no-e-inu* (on the margin of the right upper side).

[2] *Catalogue of a Collection of Japanese and Chinese Paintings in the British Museum*, p. 139, London, 1886.

According to E. F. Strange,[3] Shuntei, more fully Katsugawa Shuntei, was a pupil of Shunyei; he was an invalid and made but few prints most of which were issued by the publisher Murataya. He lived about 1800-20, and, in addition to book-illustration, produced broadsheets of interest and originality. Among them the most notable are legendary or historical scenes. These are executed with considerable dramatic force and are generally printed in a characteristic color scheme, of which grays, greens, and yellows are the prevailing tints. His color is more harmonious and delicate and his drawing finer when he is at his best, even than in the work of Toyokuni, while his dramatic power and intensity are as great. Early impressions by this artist, with the fine old colors, are by no means common; the later reprints are worthless from the collector's point of view.

Shuntei is said to have died in 1825 at the age of about forty. I have no means to verify this date; should it be correct, we are certainly compelled to admit that the print under consideration presents either a later reprint or a posthumous edition. Because of his poor health Shuntei produced but few works, all of which are now rare.

This cut is interesting from two points of view. It reveals the imaginative power of Eastern artists who even in modern times create new personifications relating to inventions and ideas introduced from abroad. The new method of vaccination leads to the conception of a powerful lucky genius, riding on a cow and driving out with the force of his spear the disease of small-pox. Thus a new deity sprang up shortly before 1850. But the artist did not strain his imagination by attempting to lay down a new type for his novel subject, though its foreign origin might have well tempted his efforts in that direction; he did not represent his new god after a Dutch fashion or in any other foreign style, but made him plainly a Japanese. He is one of that numerous class of joyful muscular lads bestowing bliss on mankind whom we meet so frequently in China in the retinue of Buddhist and Taoist saints and deities, and his costume corresponds to this notion. Even the fact that he is riding on a cow's back, though a most felicitous and cleverly chosen motive in connection with the idea of vaccination, is by no means a novelty; on the contrary, the figure of a boy astride a buffalo or ox occurs so frequently in painting or moulded in bronze or pottery that it is familiar to everybody in Japan and China. The small-pox devil is the typical Japanese *oni* or the Chinese *kuei*, so there is obviously

[3] *Japanese Illustration*, p. 38, London, 1899.

no trace of a foreign feature in the picture. The task set before the artist has been accomplished solely by the use of expedients drawn from the domain of native ideas. The old types sanctified and honored by tradition are utilized to express an imported idea; the old form is made to fit a new content. Indeed, if we had only the bare picture before us without the comment of the additional printed matter, we could easily realize that it represents a helpful good genius expelling a bad demon and ridding the country of his presence. It has occurred a hundred and a thousand times in history that new ideas, usually of a religious character, have been introduced from outside into another civilization, and that the native national types and styles already in existence have been chosen to lend them artistic expression. But not all of these cases are of such plain and authentic evidence as the present one, and its very recentness renders it the more valuable for an intelligent appreciation of the psychical basis of similar events.

A rather long inscription composed by Sōsai Setto is spread over the upper part of the print. It opens by relating that in former times only inoculation was known; that it commenced in China under the Emperor Jên-Tsung (1023-1063 A. D.) of the Sung dynasty and consisted chiefly in administering the virus into the nostrils;[4] that of the various methods of vaccination the latest and best was discovered in Holland by Edward Jenner in the Bunkwa period (1804-17). This error of the Japanese author is not surprising but indeed excusable, since in Japan knowledge of European countries was at that time limited, and acquaintance with Western medicine and science had heretofore been derived from Dutch teachers like Engelbert Kämpfer (1651-1716) who, though a German, was considered a Hollander by the Japanese, because he was in the service of the Dutch East India Company. The Japanese report on our picture goes on to describe briefly Jenner's discovery by transferring cow-pox to a baby's arm, whereupon all the people of Holland were

[4] There were two chief methods of inoculation in vogue in China, the wet and the dry methods; in the former a piece of cotton impregnated with the virus was inserted in the nose; the latter mode was to dry the crusts, reduce them to powder, and to blow this powder up the nose. Yet another way was to dress the child with clothes that had been worn by some one afflicted with small-pox. The date of the beginnings of inoculation is not yet satisfactorily ascertained. A. Wylie (*Notes on Chinese Literature,* p. 103) remarks that small-pox has engaged the attention of the Chinese from near the commencement of the Christian era, and that inoculation has been practised among them for a thousand years or more. But the only evidence produced is a treatise on the disease published in 1323 and reprinted in 1542. Dr. Lockhart, the father of medical missions in China, is quoted as saying (*Medical Missions in China,* p. 226) that inoculation was introduced in 1014, which is practically the same as the above Japanese statement.

operated on, and the new method was then introduced into China, where it was compared with the old methods. "When the physicians and people of China found that there was no better way than the new method of vaccination, they had all reasons for it expounded in a book which was distributed throughout China and then sent to Japan. Afterwards, all nations adopted this method, and the old fashions were abolished."

There is an Uta appended by Fukakawa Mannin, reading:

"Hōsō no kami to wa tare-ka nazuke-ken,
Akuma gedō no tatari nasu mono."

"Whatever the Spirit of Small-pox may be called,
He is a devil, the curse of heretic teaching."

According to Aston (*Shinto*, p. 194, London, 1905), small-pox is a *kijin biō*, or demon-sent disease. The color red is freely employed in combating it. The candles at the bedside are red, and the clothing of the patient and nurse. The god of small-pox is worshiped with offerings of red *gohei* (there is here some confusion of ideas) and of red *adzuki* beans. Red paper is hung around the necks of the bottles of *sake* offered to him. Red *papier maché* figures of Daruma are placed near the sick-bed.

We have observed that the demon of small-pox on our print is colored red and wears a *gohei* on his head. In Chinese medicine, all diseases are connected with the principles of heat and cold, and small-pox is caused by the heat principle, which may account for the employment of the red color.

According to B. H. Chamberlain,[5] vaccination was officially adopted in Japan in 1873 as the outcome of the efforts of Sir Harry Parkes, with the result that whereas the percentage of pox-pitted persons was enormous only a quarter of a century ago, such disfigurement is now scarcely more common than at home. Nevertheless, a Pock-mark Society is believed to be still in existence, though its ranks have been sadly thinned by vaccination.[6]

Vaccination was first introduced to the notice of the Chinese by Dr. Pearson[7] at Canton, who wrote a tract on the subject; this was afterwards translated into Chinese by Sir G. Staunton and published

[5] *Things Japanese*, pp. 212, 319, 3d ed., London, 1898.

[6] *Ibid.*, p. 373. F. v. Wenckstern (*A Bibliography of the Japanese Empire*, p. 142, London, 1895) quotes a notice under the title "Vaccination and Small-pox in Japan" (*Indian Medical Record*, Vol. III, p. 128, Calcutta, 1892) which is not accessible to me.

[7] Formerly at the head of a vaccination institute in London founded in 1799 by the advocates of Jenner's theory; then in the service of the East India Company in China.

in 1805 with the title *T'ai-si chung tou k'i fa,* "The European Method of Vaccination (lit. Inoculation)."[8] With some modifications, the same pamphlet was published shortly afterwards by the missionary Wilhelm Lobscheid in Hongkong (*Ying-ki-li kuo sin ch'u chung tou k'i shu,* "Treatise on the Method of Vaccination, as newly invented in England").[9]

I have never had occasion to look into this treatise myself, but know its contents merely from the brief analysis given by J. v. Klaproth.[10] According to his statement it consists of seven leaves of large octavo size, and the back of the title-page is adorned with the colored illustration of a cow-pock, an arm on which is indicated the spot to be inoculated, the lancet and the small ivory spatula for holding the lymph. The interesting historical fact may be gleaned from this tract that Staunton after describing Jenner's discovery and its marvelous effects goes on to narrate that the new treatment rapidly spreading throughout Europe, Asia and America, had also reached Manila, where it gained such a high reputation that the Spanish governor spared no money but fitted up a ship in which to send small children to China for the propagation of this pock-matter. In this way it came to Macao in 1805, where the best results were shown.

Dr. Pearson carried on the work of vaccination among the Chinese with great vigor and perseverance, and the new practice soon sprang into favor among them, for, though very conservative in their habits and judgments, they take to a new method quite readily when once thoroughly convinced of its benefit. In the course of the winter and spring months of 1805-6, there was an epidemic of small-pox, and thousands were vaccinated. Even many Chinese who had been instructed by Dr. Pearson practised it extensively, not only under his immediate inspection but in distant places as well. Later on, there was certainly occasional opposition on the part of native physicians and the Buddhist priesthood who had derived a certain income from practising inoculation and from the people's offerings to the small-pox deities in times of visitation of this plague. But despite such local prejudices as occurred also in our countries, the Chinese soon recognized the benefit of vaccination which is now almost universally practised by them. In the country they vaccinate from child to child, or from arm to arm, without procuring fresh

[8] A. Wylie, *Notes on Chinese Literature,* 2d ed., p. 103, Shanghai, 1901.

[9] *Memorials of Protestant Missionaries to the Chinese,* p. 186, Shanghai, 1867.

[10] *Archiv für asiatische Litteratur, Geschichte und Sprache,* Vol. I, pp. 111-113, St. Petersburg, 1810.

cow-lymph.[11] Their long continued practice of inoculation had doubtless prepared them for the reception of the new remedy which indeed has nowhere met with an open hostility or demonstration, another instance of their tolerance and liberal spirit. When inoculation was introduced into England from Turkey in 1718 by Lady Montague and was first tried on condemned criminals in 1721, the divines were indignant at such interference with Providence. Taking Job's boils for his text, Edward Massey, lecturer of St. Albans, is said to have preached the following words at St. Andrews, Holborn, in 1722:

"I shall not scruple to call that a diabolical operation which usurps an authority founded neither in the laws of nature or religion, which tends in this case to anticipate and banish Providence out of the world, and promote the increase of vice and immorality." How much more enlightened and grateful was the attitude of the Chinese and Japanese towards the adoption of vaccination!

[11] For a full history of the subject in China see J. Dyer Ball, *Things Chinese*, pp. 750-761, 4th ed., Honkong, 1903.

074

汉代中国墓雕

CHINESE GRAVE-SCULPTURES
OF THE HAN PERIOD

BY

BERTHOLD LAUFER

TEN PLATES AND FOURTEEN TEXT-FIGURES

LONDON
E. L. MORICE

NEW-YORK
F. C. STECHERT & Co.

PARIS
E. LEROUX
1911

PRINTED FOR THE AUTHOR BY W. DRUGULIN LEIPZIG

TO

PROF. EDOUARD CHAVANNES

THESE PAGES ARE GRATEFULLY INSCRIBED

The relics of stone sculpture left to us from the Han period (B.C. 206—221 A.D.) fall into three classes: (1) mortuary chambers built of stone slabs, (2) stone pillars erected in front of them, and (3) stone vaults sheltering the coffin. Inscription tablets of the same epoch, giving historical records, are sometimes also adorned with floral and other designs, but are of secondary importance for archæological purposes.

Of mortuary chambers, that in honor of the *Wu* family datable to 147 A.D. has become best known by the ingenious study of Prof. CHAVANNES in his meritorious publication "La sculpture sur pierre en Chine au temps des deux dynasties Han", Paris, 1893. Unfortunately, the slabs constituting the funeral temple of *Wu* had been thrown into disorder long ago and, on being excavated, were haphazardly united again in a building constructed for the purpose, so that only an ideal reconstruction of the original arrangement of the slabs along the walls and the roof can be attempted. CHAVANNES ("Note préliminaire sur les résultats archéologiques de la mission" etc., in Comptes Rendus de l'Académie des Inscriptions, Paris, 1908) visited the Hiao-t'ang-shan in 1907 and discovered that the mortuary chamber of that place is still intact and thus presents to us the only known example of such a building in good preservation. The other mortuary chamber near Kin-hiang mentioned by Chavannes was inspected also by me in January 1904, being prompted to do so by a passage in the Chinese chronicle of that district alluding to its existence.

1

It is due to the efforts of CHAVANNES that the illustrations of the pillars belonging to the sepulchre of *Wu* are now made accessible, in his monumental work "Mission archéologique dans la Chine septentrionale" (two volumes, Paris, 1909); he has discovered further three other pairs of similar pillars in the district of Têng-fêng in Honan Province, dated A.D. 118, 123, and the third probably 123, respectively. There are also stone chambers open in front, with two columns posed on stone pedestals, dividing the hall into three parts. These columns also are usually carved with sculptures, and even provided with a date-mark.

Besides a repetition of the bas-reliefs of *Wu*, the reproduction of which is here far superior to that in the former publication, he reproduces also the stones brought home by Prof. FISCHER, rubbings of some bas-reliefs near Ya-chou in Szechuan, obtained by Captain D'OLLONE, and a number of rubbings from stones the localities of which remain unascertained. Two of these, Nos. 187 and 189, I am able to identify, as photographs of the stones themselves have been published by Father A. VOLPERT.[1] These stones were discovered by VOLPERT himself; and rubbings taken afterwards by Chinese seem to have then fallen into the hands of CHAVANNES.

They belong, as do also the majority of CHAVANNES' rubbings of *provenance inconnue*, it would seem, to the third class of Han sculpture-work described by VOLPERT in the article above referred to. These stone vaults are composed of six slabs, the lateral sides being about 2 m long, the two slabs at the head and foot being square; the slabs are well hewn and carefully joined, they vary of course in size, and are from 10 cm

---

[1] A. VOLPERT, Gräber und Steinskulpturen der alten Chinesen, *Anthropos*, Vol. III, 1908, pp. 14—18, with 3 plates illustrating 7 grave-stones. As will be seen from his Plate III, the two stones there figured are identical with stones I and II published by FISCHER in *T'oung Pao*, 1908.

to 30 cm thick. In many cases these slabs are left without any sculpture; in others, four sides are covered with carvings; in still others, only two; and in some, only the lid. It is always the inner sides of the slabs that bear the sculptures. This obviously indicates that their purpose was to serve the dead, not the living; they were not monuments to remind posterity of the life and doings of a bygone age, or to keep alive the memory of the dead person; but they were deposited in the grave, with face turned towards its inmate, solely for his enjoyment and recreation. They were the result of a mortuary art which was destined not to see the light, but to slumber the eternal sleep with the deceased. Some of these slabs are remarkable for their technique and artistic execution. Most carvings, in distinction from the bas-reliefs of Wu-liang, are worked in high-relief, raised about 6 mm above the surface of the stone; on others, also hollow incised carvings occur in the surface of the stone, which is only rudely hewn out, but not polished. The latter process may presumably lay claim to greater antiquity.

The grave-vaults called *kuo* 槨 or 礡, enclosing the coffin, are mentioned in literature as early as the Chou dynasty, and, as the composition of the Chinese character points out, were built of wood or stone, — in ancient times probably more frequently of wood, that being the cheaper material. There are instances on record of vaults having been built of solid stone at the time of the Chou, but these records are so scanty as to warrant only the conclusion that this took place merely in exceptional cases (De Groot, The Religious System of China, Vol. I, p. 288).[1] The example quoted by this author from the *Si-king tsa ki* — to the effect that the tomb of King Siang of

[1] Compare also Chavannes, Les mémoires historiques de Se-ma Ts'ien, Vol. II, pp. 4 and 176, for mention of stone sarcophagi in the history of the house of Ts'in.

1*

Wei (B.C. 334—319) entirely constructed of veined stone and over eight feet high contained no trace of a coffin, goes to show that vaults and coffins were not always differentiated, and that the corpse was plainly deposited in the vault without being separately enclosed. This fact is corroborated from the actual finds *in situ* in the Han graves of Shantung, where in many cases the stone vault serves also the function of the coffin as well, and was simply looked upon as the coffin or a substitute for it. The results of archæological investigation, carried on so far to a limited extent, seem to teach that this point was in the main the outcome of an economic question; i. e., well-to-do people who could afford having both had a wooden coffin placed in a stone vault, while the poor had to be content with the one or the other. At all events, the material at present available allows the inference that in the Han period the erection of stone vaults for burial was by no means rare; that they are found scattered over a large geographical area, and are sometimes of huge dimensions and executed in an admirable style of solidity and beauty.

I propose to make known in the following pages eight newly discovered carved slabs forming parts of stone vaults of the Han period in the province of Shantung. In regard to their discovery, I believe I must restrict myself to a statement of the plain objective facts as laid down under each heading.

The stone (1.10×0.80 m) represented in Plate I originates in the district of *Sze-shui* 泗水縣 in the prefecture of Yen-chou. About 50 *li* eastward from the present district-city, near the sources of the Sze River, there is the site of the ancient town, called *Pien* 卞縣 at the time of the Han dynasty, the ruins of which are still visible. Along the road leading in a westerly direction from these remains is a large tomb rising about 1 m above the ground. It was covered with the

Plate I.

sculptured stone here figured, the right side and lower right corner being unfortunately slightly damaged. Also the surface has suffered somewhat from the ravages of time, the explanatory brief inscriptions originally engraved beside the figures being so much effaced that they have become illegible. Otherwise this relief represents one of the best works of Han lapidary art, in that the human figures are full of life and treated with great care. The scene of action is laid, as usually at that period, in the open spacious hall of a building. There are two distinct buildings here represented, though the one is posed on the top of the other, resulting in the appearance of a two-story house. This, however, is not the case, or was not the artist's intention, as the upper structure is provided to the right with a large entrance-gate, a double-winged door with a threshold and a lintel being plainly outlined. Such a door would have no meaning in an upper story, so that this building must be conceived of as being located behind the front building, on the same level with it. It is true, there is no space left between the two, perhaps owing to lack of room, but it will be noticed that the lower building is much higher (about one-third) than the upper one. Both houses have gabled roofs. To the left of the door the half-figure of a man in profile is visible, presumably looking out of a window, as is the case in several miniature houses of Han pottery. Another squatting figure, turning his back to him and looking in the opposite direction, has a demoniacal bearded face, with a pointed tuft of hair on the head.

Below, we see in the right corner a man squatting on the floor, his hands folded over his breast, the head slightly bent downward, not lacking in a dignity of expression which is well brought out in his stern face with long drooping mustache. Two other men are entering the room, the one in front prostrating himself humbly, just about to knock his forehead on the ground, the other man standing behind him in the attitude of making a deep reverential bow. Behind the pillar there is a man standing upright. These are all clad in long flowing robes reaching down to the feet, apparently fastened around the waist with a girdle, and with baggy drooping sleeves; on the whole, not unlike the Japanese kimono. The way the collar fits around the neck may be seen to advantage in the figure of the host.

There is a small object in the room, just below the face of the kotowing man, which cannot be made out, except that there is a square pedestal with an indefinable something on its top.

The stone slab figured on Plate II (0.90×0.85 m) comes from a mountain *Liang-ch'êng* 兩城, 60 *li* south of *Tsi-ning chou.* In ancient times two towns *Mao* (毛) *ch'êng* and *K'uang* (匡) *ch'êng* were situated there in close proximity, whence the present village has derived the name *Liang ch'êng* 'Two-Towns.' The slab was found near an open mortuary chamber, partially sticking out of the soil, the relief turned upward; and beneath it there was a stone bowlder a foot thick.

The lower section of the relief is occupied by three rows of figures of sitting men, altogether twenty,—six in the upper and seven in the two other rows. The upper six are grouped in pairs looking at each other, they are bareheaded, have their hair parted in the middle, and seemingly a somewhat thickened knot at the occiput, while the rest are adorned with high caps. All of them have their hands hidden in the sleeves which they have bundled up into a muff.

The upper panel is filled by two joined trees symmetrically arranged, their gnarled trunks touching one another above the ground, and then rising in a curve to join again in their branches, which are interlocked by knots. The space between the trunks is occupied by the figure of a man. Long leaves

a *b*

Plate II.
Sculptured Grave-Stone
a. Front-View. *b*. Side-View.

are delineated as growing from the top of the trees, and eleven birds (magpies) are perching on them, while a bird on the wing is in the left and right corner. The perching bird, which is the first starting from the left, with a long-pointed tail-feather, seems to represent a different species from the others. Two horses are standing in the shadow of the trees; their position towards the tree is the same as that depicted in a bas-relief of Wu-liang. In front of each horse there is a bird.

This tree bears an unmistakable resemblance to the one figured several times on the bas-reliefs of Wu-liang (*Sculpture*, Plates V, X and XX), and explained by CHAVANNES (*Sculpture*, p. 29) as the tree *ho-huan*,[1] which has this particular feature, that all its branches are interlaced. But on the *Wu* reliefs, the tree consists only of a single trunk; in one case (l. c., Pl. X, also in BUSHELL, Chinese Art, Vol. I, Fig. 16) the tree has a forked trunk, in curious adaptation to the whole geometric and symmetric cast of this tree design. Compared with these three representations, the tree on our high-relief displays, despite the artificial character of the motive, a remarkably free natural treatment. A very similar tree, with two horses in its shadow, occurs also on a grave-stone illustrated by A. VOLPERT (in *Anthropos*, Vol. III, Pl. opposite p. 16); the reproduction does not come out very well, so that I do not feel prepared to say positively whether this is a single tree or one composed of two trunks.

While the tree on our Plate II doubtless agrees in its outward appearance with the *ho-huan* of Wu-liang, it presents in the two joined trunks another characteristic which calls to mind the motive of the "joined trees" (*mu lien li*, i. e., the principle of the union of trees) appearing among "the mar-

---

[1] 合歡 Acacia Nemu, s. BRETSCHNEIDER, Botanicon Sinicum, Part III, No. 324.

Fig. 1.
The Motive of "Joined Trees"
on a Han Bas-Relief
(from an original rubbing).

vellous objects of good foreboding," and briefly commented on in "Chinese Pottery of the Han Dynasty," pp. 284—286.

To render comparison easy, I insert here these two patterns after drawings made exactly from the illustrations in the

Kin-shih so, which, in their turn, are reproduced from rubbings.

One of them is here illustrated twice. It occurs on a stone slab belonging to the tomb of Wu-liang in a whole series of so-called "marvellous objects of good omen" 祥瑞圖. This slab is unfortunately damaged to a great extent, as may be gathered from Plate XLVII in CHAVANNES' *Mission*, where it is reproduced in its entirety. In Fig. 1 the panel containing the tree pattern is after a rubbing in my possession, and in Fig. 2 the same design is reproduced from a drawing made with great care and exactness from the illustration in the *Kin-shih so* (section *shih so*, Vol. IV). I have explained on a former occasion (Chinese Pottery, p. 70) owing to what agencies the condition of the bas-reliefs has gradually deteriorated, and why the two brothers *Fêng*, the authors of that monumental work, had a better opportunity for obtaining faithful reproductions before the year 1821, the date of its publication. Fig. 3 shows the same pattern, but executed in a different way, on a monument erected in 171 A.D. in honor of an official *Li Si* in

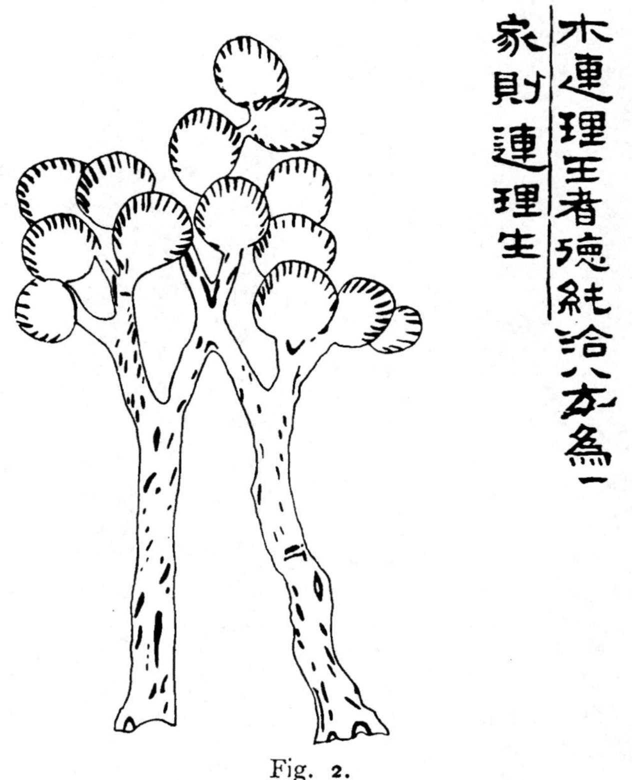

木連理王者德純洽八方為一
家則連理生

Fig. 2.
The same as Fig. 1 after a drawing made from *Kin-shih so*.

Ch'êng hien, Kansu Province. Thus the peculiar character of this design may be accounted for by the fact that it was worked up in the far west of China, in a geographical area differing from that of Shantung in many respects. In this case, this motive is also conceived of as a "marvellous object of good omen," and grouped together with three others in one composition, which may now be viewed in CHAVANNES' *Mission*, No. 167.

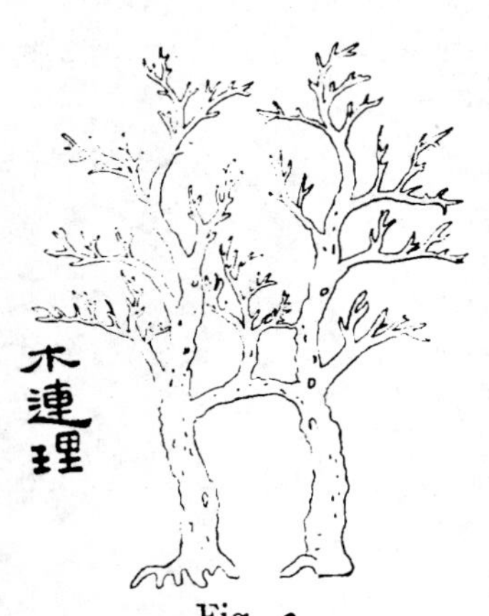

Fig. 3.
The Motive of "Joined Trees" on a Han Bas-Relief of 171 A. D.
(Drawing after *Kin-shih so*).

There is certainly, as close inspection will show, a noteworthy distinction in style between the representation of this subject among the objects of good omen and that on my grave-stone (Plate II), which seems to be inspired on the one hand by a more naturalistic tendency, and on the other hand by a certain process of assimilation to the *ho-huan* tree; while the former designs are somewhat crudely outlined and of a strictly conventional character. The union of the trees is here accomplished merely by the trunks being bridged over by a connecting bough, while on the grave-stone the motive is expressed with more intense emphasis by a complete knotting of all the branches.

I believe that an explanation of the origin of this curious art-motive may be offered from the domain of Chinese folklore. G. SCHLEGEL, in a study, "Parallèles en Folklore," (in Mélanges Harlez, Leiden, 1896, p. 274), calls attention to the "love-trees" (*arbres d'amour*) of Chinese popular notion. After reminding us of Ovid's story of Philemon and Baucis, who were transformed by Jupiter into an oak and a linden tree, whose branches became inextricably intertwined, and of Tristan and

Isolde, buried by King Marco in the same marble tomb, on which a vine and a rose-bush planted by him so strongly embraced each other that no human force was capable of separating them, he goes on to tell the following story from the *Lieh i chi.* "At the time of the Chou dynasty, a certain Han P'êng, secretary to K'ang, king of the principality of Sung had a very beautiful wife, named Ho, who had the misfortune to have the king fall in love with her. He had her husband cast into prison, where he subsequently committed suicide. The king led the widow one day to a high terrace, where he expressed his feeling, when the virtuous lady flung herself from the tower and met instantaneous death. In her girdle a letter was found in which she asked the king to grant her as a last favor, to be buried in the same tomb with her husband. But the king, jealous even after her death, had them buried in two opposite tombs. During the night two trees grew over their graves, and within ten days reached such a size that their roots became united and their branches intertwined. The people, touched by this event, called them trees of love."

Mayers (The Chinese Reader's Manual, p. 47) gives a variant of this legend from the *Sou shên ki.* According to this account, the bodies of the couple were caused by the enraged tyrant to be interred at a distance from each other; but, to the amazement of all, the two coffins sprouted into growth, the vaults became united in one, and over the branches of the tree which grew up from the tomb there hovered perpetually two birds like the *yüan-yang*, the male and female mandarin-duck, singing a dirge in harmonious chorus.

In the *T'u shu tsi ch'êng* this subject is discussed in Section 20, Chapter 309. Besides quoting the same story from the *Sou shên ki*, two further records are given from the *Shu i ki.* The one is a little song of the time of the Contending States running thus:

戰國時諸侯苦秦之難
有民從征戍秦不返
其妻思之而卒既葬
塚上生木枝葉皆向
夫所在而傾因謂之相思木

"At the time of the Contending States, the nobles (marquises) suffered grief from Ts'in;
There were people who joined the warlike expedition against Ts'in, but did not return.
Their wives, longing for them, died away; and when buried,
Trees grew over their graves, the branches and leaves of which turned toward
Where their husbands were, and because of their leaning they called them love-trees."

The other reference of the *Shu i ki* relates to Chao Kien of Ts'in 秦趙閒, who possessed "a love-plant" 相思草 in the shape of a stone bamboo 石竹 (a kind of chrysanthemum: BRETSCHNEIDER, Botanicon Sinicum, Part II, No. 156), the knots of which were mutually connected; four other fancy names are given for this plant, like "the plant of mournful wives" 愁婦草 and "a widow's straw man" 孀草人, etc.

Li Shih-chên, the well-known author of the natural history *Pên ts'ao kang mu* in the latter half of the sixteenth century quotes the *Ku kin shih hua* 古今詩話, a work of the Sung dynasty, to the effect that the tree called "child of love" 相思子 is round and red, and that old men told a story that there was once a man deprived of his wife, who, longing for her, shed tears under a tree and died, hence its name; but that this tree is not identical with the love-tree on the grave of Han P'êng, which is the catalpa-tree with the principle of joining 連理梓木; some say that it is a species of maritime red-bean, a point not yet investigated.

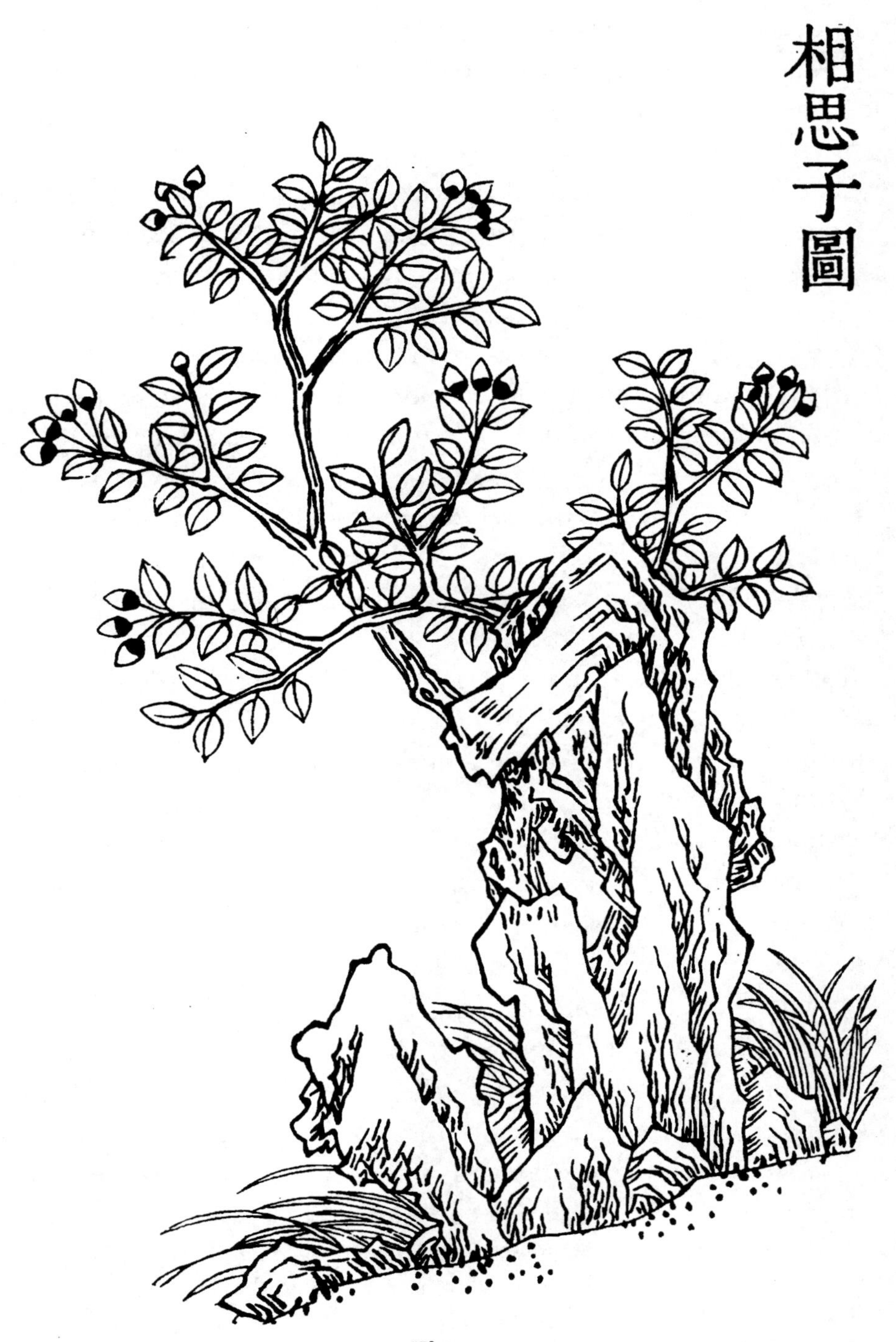

Fig. 4.
The plant called "Child of Love"
(from *T'u shu tsi ch'êng*).

What is clear is, that the designation "love-tree" first occurs in connection with the story of Han P'êng, and is the outgrowth of popular lore. We certainly need not bother our heads about the botanical species corresponding to that tree of poetical imagination. The name appealed to the minds of the people and was applied later on to several plants, as some designate a red bean by that name, and others a tree. According to Li Shih-chên, "this tree grows in Kuang-tung, over ten feet high, and is of a white color; its leaves resemble those of the *huai* tree (*Sophora japonica*), its flowers are similar to those of *tsao kia* (*Gleditschia sinensis*), and its pods are like those of the pea; its seeds are as big as a small bean, and if cut asunder, half red and half black; they are used locally for inlaying head-ornaments." So far as I am aware, this tree has never been identified.

Fig. 4 shows the illustration of the love-tree given in the *T'u shu tsi ch'êng* which does not correspond to that description. Two plants are sprouting from behind a rock, one of them sending an offshoot transversely reclining over the neighboring stem, so that a "union" of two plants seems to have been brought out also here.

While the reminiscence of the old Han motive of "joined trees" is very weak in this picture, it is quite alive in a woodcut from the hand of Ting Yün-p'êng, a painter working towards the end of the Ming dynasty, and noted for his exceedingly fine and delicate lines in ink-sketches.[1] Ting's design is here reproduced in Fig. 5, from the ***Fang-shih mo p'u***, a collection of engravings on ink-cakes, published in 1588

[1] I have from him a complete set of 18 large scrolls representing the 18 Arhat, and a series of humorous scenes from incidents in the life of Buddhist monks. His handwriting is so peculiarly fine and pedantic, that I can easily detect any forgeries of his work, which are very numerous in Peking and still manufactured.

(WYLIE, Notes on Chinese Literature, p. 146), with the inscription laid on the back of the ink-cake. This is not published in GILES's "Introduction to the History of Pictorial Art," but is important in that the wording shows the artist's dependence on and obligation to the Han prototypes of the design. The seal under the drawing reads Nan-yü 南羽, the title of Ting, with which all his wood-engravings are signed.

The poem of four lines signed *Yü-lu*, and with the seal *Kien* (建印) attached, accordingly by *Kien Yü-lu*, reads as follows:

Fig. 5.
"Joined Trees"
by Ting Yün-p'êng
(from *Fang-shih mo p'u*).

"Arrangement of Trees in Union.

Those trees connected by a branch,—what a singular twig!
Beneficial clouds cover it with the flavor of the fragrant plant *yü* and the sweet dew;
The K'i-lin appears, and the phenix of auspicious omen comes with presents;
Only the virtuous actions of the emperor and the good sages are equal to it."

We remember that the "sweet dew" (*kan-lu*),[1] the K'i-lin,

[1] Compare Fig. 6, drawn from the bas-relief of Li Si, representing the tree from which the sweet dew falls down, and the man who receives it on his palms.

and the phenix appear among the marvellous objects of good omen on the Han bas-reliefs; and Ting's design is so strikingly identical with that on the bas-relief of Li Si (Fig. 3), as I pointed out formerly, that he must have seen a copy of it.

In the same book, another curious drawing of the same artist will be found, designated as 連理石 "rocks in connected

Fig. 6.
The Tree of Sweet Dew
on a Han Bas-Relief
(drawing after *Kin-shih so*).

arrangement" and here reproduced in Fig. 7 to show the analogy to the tree design.

A close study of Chinese landscapes will probably reveal the fact that this motive is brought out, though perhaps also unconsciously, in the midst of natural scenery. It occurs, e.g., in a snow landscape by Li Ti 李迪 (twelfth century)[1] which is

[1] A native of Ho-yang in Yünnan (GILES, Introduction etc., p. 123).

reproduced in No. 71 of the Kokka. A peasant is returning home, leading his buffalo, and two bare, snow-laden trees arise in the background. Their trunks are joined in the middle, as may be gathered from the skeleton-sketch in Fig. 8.

It may be that this or a similar legend, like that of Han P'êng, suggested the artistic motive of the "joined trees," or at least influenced the artists of the Han period in shaping it. For the rest, the "joining" and doubling not only of trees, but also of animal and human creatures, seem to have been quite a favorite conception of that time; and it appears that these ideas, inclusive of those underlying the marvellous objects of good omen, had grown out of favorite popular traditions and the ancient national mythology, so few traces of which have unfortunately survived. On the bas-reliefs of Wu-liang, we meet, e. g., a dragon with two heads, probably impersonating lightning (CHAVANNES, Sculpture, p. 65), the fish with double body 比目魚 (Ibid., p. 36), and the bird with two heads 比翼鳥 (Ibid., p. 35), the two latter being counted among the marvellous objects of good omen.[1] On Plate III,

連理石

Fig. 7.
"Joined Rocks"
by Ting Yün-p'êng
(from *Fang-shih mo p'u*).

[1] Compare also CHAVANNES, Les mémoires historiques de Se-ma Ts'ien, Vol. III, p. 426.

I have grouped the design of this bird, reproduced from the *Kin-shih so* (Fig. 2), with a unique piece of Han pottery discovered by me in *Si-ngan fu* last year (Fig. 1). This plastic figure moulded in clay affords a good idea of the real appearance

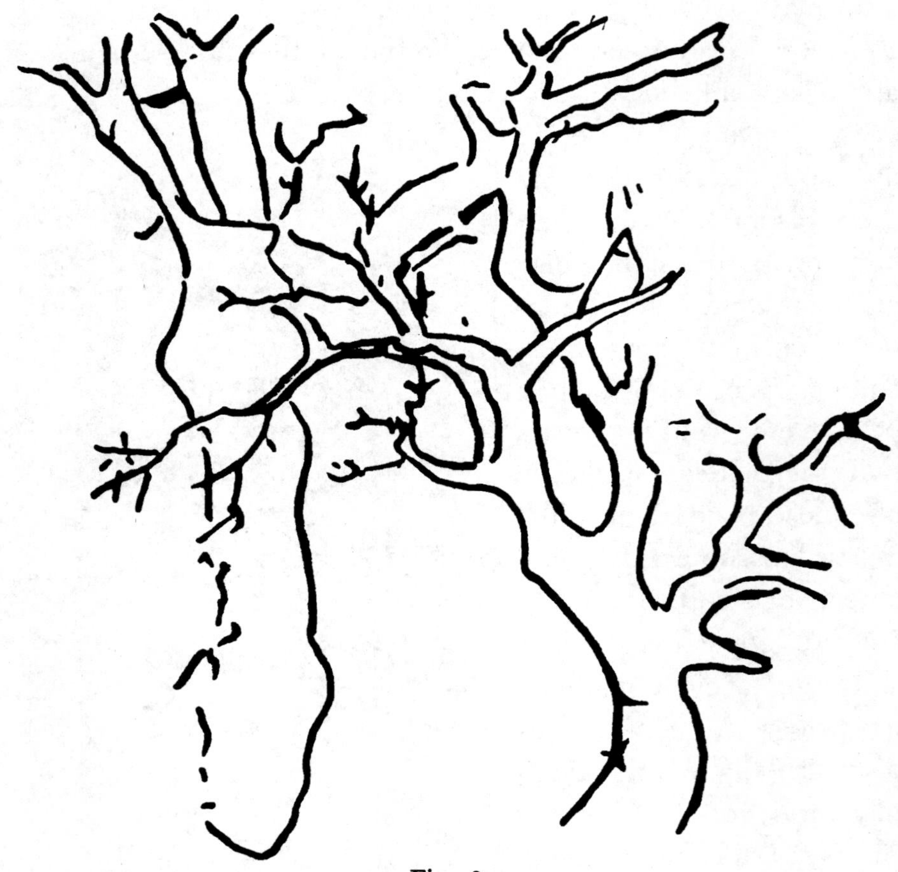

Fig. 8.
Sketch from a Landscape by Li Ti.

of such doubled creatures in the popular imagination. The bird intended is evidently a duck with but one body and one pair of webbed feet. There is a division-line incised, running over the neck and head, the artist doubtless having in mind to produce two different heads united in one; there is only one beak, or two half-beaks are supposed to have

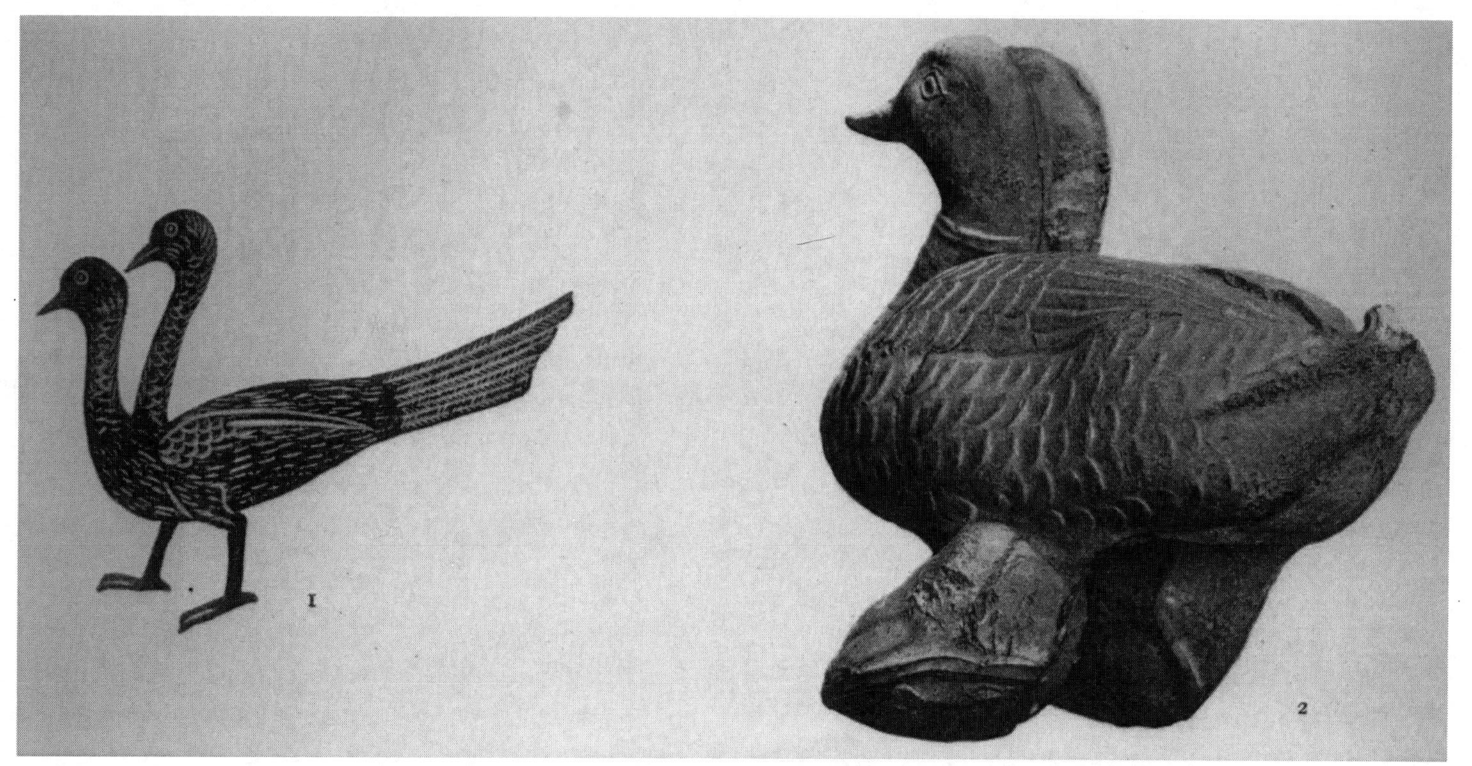

Plate III.
1. Double Bird, from Drawing in *Kin-shih so.*
2. Double Duck of Han Pottery in Laufer's Collection, Field Museum, Chicago.

grown together into one; but beneath the beak and on the breast there are two oval cavities to mark division again. Otherwise it is one uniform bird. Wings and feathers are cleverly brought out in the clay. The figure is 16.5 cm high, and measures in length 21.5 cm from tail to beak.

I cannot help thinking also that this artistic conception had its basis in a popular notion and has sprung perhaps from the idea of the male and female mandarin-duck, the *yüan-yang* 鴛鴦 noted among the Chinese people for their mutual attachment, and therefore the recognized emblem of conjugal affection and fidelity. They are called *p'i niao* 匹鳥 "associated birds," for the reason that, if the one is captivated by man, the other will die at once (*San ts'ai t'u hui*, Section on Birds, Ch. II, p. 13 b). This statement goes back to the *Ku kin chu*, written in the fourth century by Ts'uei Pao (*Pên ts'ao kang mu*, Ch. 47, p. 6 b).

If the archæologist has the right to sound also the human keynote in the monuments of antiquity, and to interpret with sympathetic imagination psychological phenomena expressed in them, I should feel like remarking that this mortuary piece of pottery seems to me to have been buried in the grave of a couple who had lived in great mutual devotion and affection, and implied the wish, "may you continue to be faithful to each other like the mandarin-ducks, which, during life and death, are but one."

In Fig. 9, the illustration of the *pi i niao* from the *San ts'ai t'u hui* may be added, because it is interesting to see how such ideas, when once conceived, hold sway over the minds of the people, how they are worked out in later ages, with attempts to make out a definite bird species with a local habitat. "In the country Kie-hiung," says the *San-ts'ai*, "there is the bird with coupled wings. The *Êrh-ya* has it that it lives in the southern regions; if the wings are not coupled, it

2*

cannot fly; they call it *kien-kien.* The commentary adds: it resembles the wild duck (*fu*), and is of dark-red color; each has one eye and one wing which in mutual connection enable

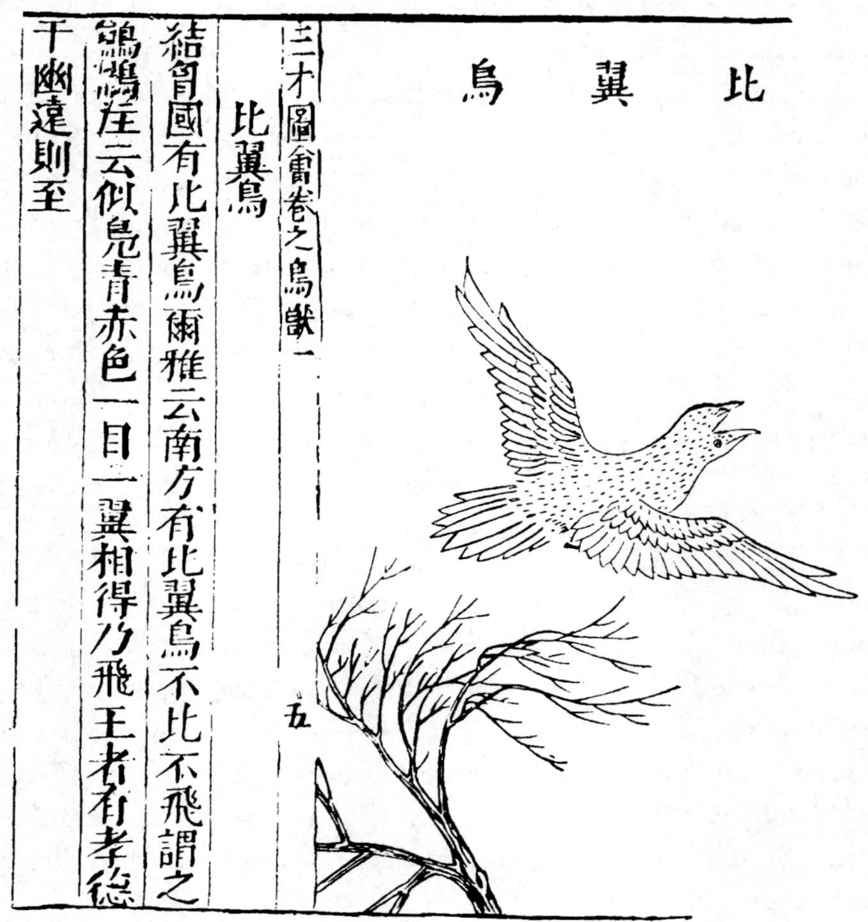

Fig. 9.
The Bird with Doubled Wings
(from *San ts'ai t'u hui*).

it to fly. When the ruling prince has the virtue of filial piety which spreads into far distant lands, then it appears."

The stone of our Plate II is provided on its lateral face with a most interesting carving in high relief (Plate II, b). We see there the figure of a man holding the sun-ball on his hands, with arms stretched straight over his head; a quadruped monster is running towards him, and the impression is given, as if the man were shielding or hiding the sun from a suspected attack of this monster. That the circular object in question is really the sun, is evidenced by the fact that the well-known figure of the three-footed crow is engraved in it, and that the design thus depicted is the thought conveyance by which the idea of the sun is expressed on the Han bas-reliefs, as the figure of the toad in a circle characterizes the moon. The sun with the emblem of the crow on a Han bas-relief will be found in Fig. 14 of BUSHELL's "Chinese Art", Vol. I and in CHAVANNES' *Mission*, No. 53. In Fig. 10 two birds of this type are illustrated from two engravings in the *Fang-shih mo p'u.*

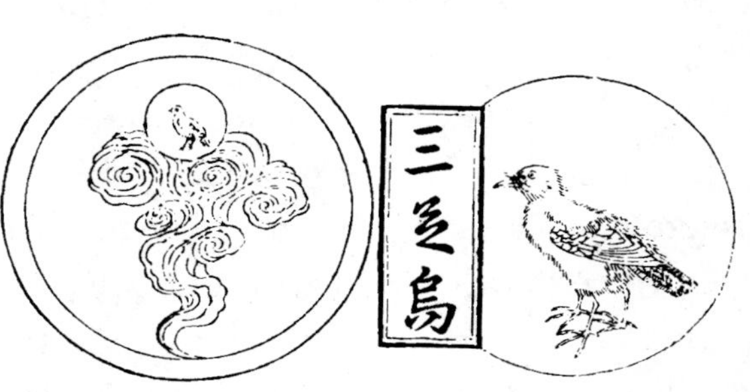

Fig. 10.
The Solar Bird with Three Feet
(from *Fang-shih mo p'u*).

It is evident that the scene in our relief presents the echo of some solar myth, but so far we have no contemporaneous records which might throw light on this subject.

In its composition, and partially in its contents, this relief reminds one of those on the east and west pillars of Wuliang's tomb, now first published in CHAVANNES' *Mission.* In the representation No. 72, a man *en face*, holding a fish in front, is depicted; beneath him, a running hydra with elongated curved neck, followed by a running monster with wide-open jaws, of the same description as that on our Plate II, b. In No. 66 we notice on the top a man in profile, with his lower body terminating in a fish-tail, and a fish standing erect in front of him; below, the same type of hydra in the same position as on No. 72; then a man holding a fish similar to the fish-holding man on the top of No. 72; and finally a fish engraved on the bottom of the relief. Again, turning to No. 64, we observe on the top a single fish with scales clearly indicated, a running hydra with stripes on neck and body, which is followed by a running tiger. Apparently these three reliefs, so uniform in subject and composition, have a mythological significance in common; the rôle assigned in our relief (Plate II, b) to the sun is manifestly taken here by the fish. There the monster has intentions on the sun, who is protected by the man; here, on the fish. That the fish is the object of the attack, is shown by the design on No. 64, where there is a single fish above the monster, and no man. That the man is ready to protect the fish, is brought out by his clutching it in his hands; and his deep interest in the fish is expressed in No. 66, where he bows over the fish with hands folded as if in prayer, and himself partakes of the nature of a fish. Might he be a fish-spirit? Might the man with the fish, attacked by the swift monster, bear some relationship to the man holding the sun against the same creature? Would finally, in view of these related designs, the equation of the sun with the fish be justifiable? [1]

Plate IV represents a carved slab that once formed the headpiece of a stone vault in the calcareous mountains near *Kia-hiang hien.*

The incised drawing on this grave-stone (0.67×0.47 m) is somewhat obliterated, and represents a three-storied palace flanked by roofed pillars. In the lower hall a person is sitting, and watchmen armed with lances are guarding the en-

[1] Dr. PAUL CARUS, following my suggestion, has meanwhile reproduced these three panels side by side in the July number of *The Open Court* (1911, p. 400) and is inclined to regard this representation as symbolizing an eclipse of the sun.

Plate IV.

Plate V.

trance. Very curious is a circular ring graved in the centre of the upper story, to my knowledge not to be found in any other bas-relief. It is intersected by two diagonal poles the ends of which are inserted into the corners of the lateral pillars. I do not venture to express an opinion on the significance of this ring. Windows of a circular shape, as is well known, are found in modern buildings, but so far none of this kind has been discovered in a house of the Han time, either in pottery or depicted in stone.

The grave-stone in Plate V (0.56×0.44 m), broken along the upper edge, is a fragment found in the mountains south of *Kia-hiang*. The relief is divided into two panels. The upper scene shows a box-shaped low chariot with high eight-spoked wheel, and trotting horse in the harness, the driver seizing the bridle tightly; a man is walking behind; a single horse (probably carrying an outrider) with saddle and stirrup is in front. The picture below illustrates a hunting-scene in a familiar composition. Two men with narrow caps and tight-fitting clothes are shouldering hunting-nets with long handles, and walking behind two slender greyhounds galloping side by side in the pursuit of two hares attacked in front by a man aiming with a powerful crossbow. The hunters' stratagem, accordingly, was to waylay the game scared up and chased by dogs into the fire-zone.

A similar scene is depicted among the reliefs of the village *Tsiao-ch'êng*, and illustrated after the *Kin-shih so* in "Chinese Pottery," p. 270. It will be noticed that the two compositions agree closely, the only difference being that the huntsman on the left side here holds a greyhound by a halter, and an additional bird and a dog that appear along the upper edge.

In his "Mission," CHAVANNES has reproduced under No. 176 a stone from the *Tsin-yang-shan* on which in the lower panel the same scene is repeated.

We have seen in the Han pottery vases which are covered with relief-bands that the representation of hunting-scenes was a favorite subject of the Han period in connection with the dead. Let us also remember, that, among the many groups accompanying a funeral procession in Peking, there is a sportsman's outfit consisting of hunting-hawks, hunting-dogs, a mule laden with a Mongol hunting-tent, and an unsaddled horse (W. GRUBE, Zur Pekinger Volkskunde, p. 43).

The bas-relief on the grave-stone in Plate VI (0.74×0.60 m), originating in the mountains southward from *Kia-hiang*, is unfortunately badly damaged, and much effaced on its right side. A close examination, however, and a comparison with corresponding subjects on stones in a better state of preservation, render a plausible interpretation possible.

The bas-relief presents three different scenes in horizontal panels. The lower section on the left-hand side describes a variant of the representation of kitchen-work (as figured in "Chinese Pottery of the Han Dynasty," p. 87). Also here the kitchen is built in an open room, with a large cooking-range and a covered kettle on top of it; a kneeling figure in front of the range is poking the fire; two fishes and a pig's head, to be utilized as articles of food, are suspended from a rack on the wall, as well as a rectangular tray, apparently made of bamboo sticks, such as those which we find moulded in the clay on coeval mortuary stoves of pottery. The space adjoining the kitchen is unfortunately too much effaced to allow of definite identification. The upper parts of two men, with profiles beautifully carved, stand out clearly.

The central panel is a repetition of the motive "The Search for the Tripod Vessel," as illustrated and described in "Chinese Pottery" pp. 75—76.[1] It is a matter of profound regret that

[1] A new graphic account of this story may now be seen in CHAVANNES' *Mission*, No. 148, on a stone from *Liu-kia ts'un*. Also here the pulley is

Plate VI.

the surface of the stone has here suffered so much that many details are lost, for this representation differs in many respects from the two hitherto known, and is much more vivid, with a gleam of realism. To the left below, a boat, and a man rowing it, are visible, and a tall man, straddling, is pulling the rope fastened to the bronze tripod. A dignified person, standing, has taken his place behind this rope. The

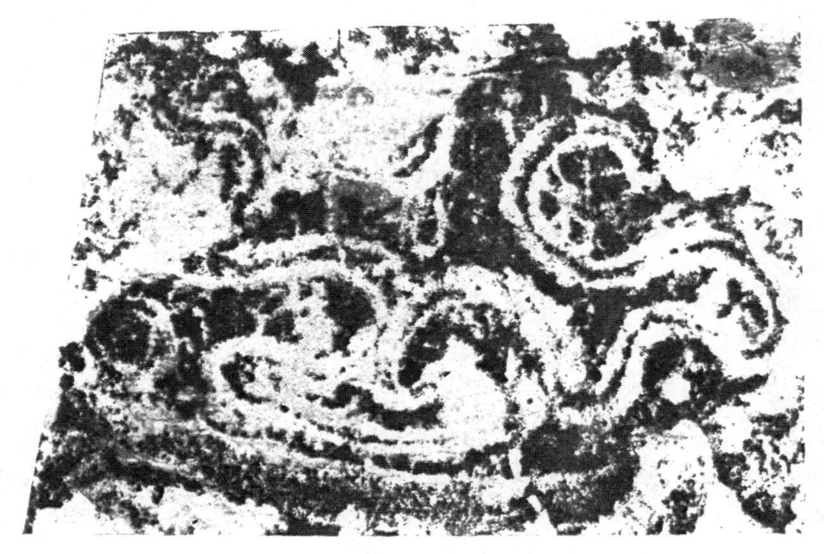

Fig. 11.
The Bronze Tripod Vessel
on the Bas-Relief in Plate VI
(from a rubbing).

bronze vessel in the centre is remarkable for the ornamentation brought out on its outside, and is here reproduced from a rubbing in Fig. 11.

On the top, the head of a curious animal appears, holding an inverted vessel in its mouth; it perhaps stands for the dragon which, according to tradition, appeared to bite the rope in two, and caused the cauldron to drop and disappear.

---

shown; a dragon-head emerging from the vessel which is a regular Han *ting* 鼎; and a man crawling over a bridge is supporting it from beneath.

In the upper panel five personages are represented,—the young king Ch'êng (Ch'êng Wang) of the Chou dynasty, in the middle; two attendants on the right; the Duke of Chou (Chou Kung) and the Duke of Lu (Lu Kung), his councillors, on the left. Of this scene, three designs are known,—one in Wu-liang's tomb (*Sculpture*, Pl. XXVIII, third panel = *Mission*, No. 128; also BUSHELL, Fig. 5); one on the Hiao-t'ang-shan (*Sculpture*, Pl. XXXIX = *Mission*, No. 48); one in the village of Lu (*Lu-ts'un*) (*Sculpture*, Pl. XLIII, third panel; also in *Kin-shih so, shih-so*, Vol. IV). The latter representation comes nearest to that on our bas-relief.

The same scene is repeated, though in a somewhat different version, on the bas-relief reproduced in Plate VII, in the central panel. Here the young king, whose youthfulness is indicated by his small stature in proportion to the men of his retinue, is surrounded by two umbrella-bearers, a flag-bearer on the right, and three spear-bearers on the left. The bronze halbert-like spear called *ko* is a weapon peculiar to the Chou and Han periods. In the upper panel are shown two open chariots covered only by a canopy, and seating each two men, the driver in front and the owner behind him. The horses are of the heavy, broad-chested Ferghana breed. The lower margin is filled by the monster called *huang lung* "the yellow dragon," with long open jaws, protruding vibrating tongue, a set of sharp teeth, a pair of antelope-horns curved backward, a pair of rudimentary wings, four-clawed feet, and long-stretched scaly body. A genius provided with feathered bird-wings, a feather barret, and a feather apron around his loins, is riding astride the monster's back.[1]

DR. BUSHELL (Chinese Art, Vol. I), who presents the same

[1] "In representing the bodies of genii, one gives them a plumage, and their arms are changed into wings, with which they soar in the air."—FORKE, Lun-Hêng, Part I, p. 330.

Plate VII.

Plate VIII.
Yellow Dragon on Han Bas-Relief
from I-chou fu.

type in Fig. 11 (which by some inadvertence is placed upside down), calls this creature simply the dragon *lung* (p. 37), and jumps at the conclusion that this is the earliest known representation of the Chinese dragon *lung*. The indiscriminate designation of all these monsters as dragons is rather unfortunate, and at the outset handicaps any serious attempts to trace the iconography and mythology of these various forms. In the present case it is decidedly the *huang lung*, a species in itself, not the *lung* which is frequently depicted on the bas-reliefs, but with strikingly different means of artistic expression. For the rest, in the figure of Bushell, only the left side of the rubbing is reproduced, while the right section contains another monster of almost dinosaurus shape, but not scaly. The relief in its entirety is now illustrated in CHAVANNES' *Mission*, No. 54.

To furnish further material for the study of the *huang lung* which will render it clear that it is entirely distinct from the dragon *lung* and also from the hydra-like monster called *ch'ih*, I herewith reproduce in Plate VIII a bas-relief of the Han time (0.50×0.25 m) heretofore unpublished, and discovered near the city of *Yi-chou fu* in the southern part of Shantung. The rubbing of this stone was obtained by me in *T'ai-ngan fu* in January, 1904. Here we see the yellow dragon turning its head backward and raising its right foot. The scales are treated quite geometrically in horse-shoe-like half-circles, finally winding up in a row of four consecutive spirals. This design may be compared with the same monster in CHAVANNES' *Mission*, No. 8, derived from the pillars of T'ai Shih, which likewise is turning its neck and head, but is not lifting the fore-paw; nor is it so massively built, but slender-bodied, and covered with scales of a more realistic conception. Other *huang lung* may be studied in *Mission*, Nos. 23 and 36.

The identification of these mythical creatures with the *huang lung* is justified by the design among "the marvellous objects of good omen" united on one of the bas-reliefs of Wu-liang. There we see the same reptile lifting the right fore-paw as that in Plate VIII, of the same description as those enumerated previously (here repeated after the *Kin-shih so* in Fig. 12) and interpreted as the *huang lung* or yellow dragon on a contemporaneous label engraved in the stone. The inscription reads, as has been explained by CHAVANNES (Sculpture, p. 32), "If the ponds are not drained to catch the fish, then the yellow dragon walks in the pond." (Compare also MAYERS, Chinese Reader's Manual, p. 142, at foot of page.)

Fig. 12.
Yellow Dragon on Han Bas-Relief
(From *Kin-shih so*).

This grave-stone (0.82×0.66 m) sculptured in low relief comes from the village of *Hua-lin* 華林, situated in the mountains of Kia-hiang. The slab is broken into two pieces, the relief, however, having suffered no damage. A farmer, in ploughing the field, hit against the vault and lifted this stone. There were other remains hidden in the soil on his property; but he could not be induced to dig them up, as, after the first excavation, two death-casualties ensued in his family, sufficient cause to intimidate him, on the ground of the logic *post hoc ergo propter hoc.*

The relief on the stone (0.84×0.65 m) in Plate IX is one of the finest high-reliefs known. It originates on a mountain near the village *Lü* 呂村 south of Kia-hiang. The place where it was found is not far from the ruins of the ancient city of Tsiao-ch'êng, where many Han tombs have been discovered. It is surmounted by a gable-shaped top-piece like

Plate IX.

the one on the Hiao-t'ang-shan (*Sculpture*, Pl. XL), which would warrant the supposition that it originally belonged to a stone chamber or sacrificial tomb, but not to a stone vault enclosing the coffin, which does not occur in this shape.

The gable is occupied by two large birds, with two broad upright tail-feathers, probably peacocks. (Compare similar birds on the houses of the Hiao-t'ang-shan, *Sculpture*, Pl. 36, 37.) The geometrical designs below, the wave pattern frequent on Han pottery, the lozenge pattern current on Han bricks, and the textile drapery enclosing the relief on both sides, are all favorites of the period. The representation on the relief, though virtually and essentially a mythological subject, presents a strongly geometrical aspect in the spiral curves in which the dragons are conceived, and in the spiral motives below, with triskeles-shaped birds and purely ornamental triskeles attached to them. Behind the dragon's head in the upper left corner, the figure of a man with high pointed cap will be observed, his body terminating in a fish-tail and resting or hovering on a cloud. A celestial genius, he is apparently associated with the dragon, alluring, instigating, and directing him. The large central figure is so fantastic that it defies any plausible definition. The left knee is bent, the right leg stretched far behind. The left arm terminates in a bird's head, presumably so also the right; note, too, the large full figure of a bird behind his right foot; the face is that of a human being; a horn-like object proceeds from the occiput, perhaps connected with the head-dress. The breast is covered, seemingly with a feather-dress, while the rest of the body appears nude. The dragons belonging to the type *ch'ih* have no horns, and smooth slender bodies without scales.

An aerial or rather atmospheric scene of a related character is met with on a bas-relief of Wu-liang (*Sculpture*, Pl. XXXII, third panel). In the second panel the phenomena of thunder and lightning, and in the third those of rain, are represented. Here the clouds are conceived of as birds ending in double rows of spirals, or as spiral-shaped cloud-patterns with bird-heads attached. Winged genii moving and pushing the clouds are interspersed and send down rain, by which the procession of men in the fourth panel is affected. One genius is occupied in directing a cloud towards a passing chariot, and a dragon with his head and front-feet emerging from below the clouds is spurting water towards the god representing Ursa major.

I believe that a similar atmospheric phenomenon, though in a different style, is expressed on our grave-stone in Plate IX: the birds are symbolic of the clouds, the dragons are endowed with the power of sending rain, and the two genii are coaxing them in order to induce them to rain.

The relief on the stone in Plate X (1.30×0.81 m) coming from the mountains south of Kia-hiang offers great difficulties to an interpretation, as the surface is to a certain extent worn off. The relief is framed by a pattern of lozenges on three sides, and the representation below is enclosed by wave-bands. Four chariots with two inmates in each, followed by a groom on horseback, form an independent view in the upper panel. The remainder is occupied by a two-storied palace posed on pillars, and flanked by two turrets built on double columns and three-storied, each story being roofed, and the third overtopping the roof of the central pavilion. Two rampant birds looking away from each other in a somewhat heraldic style are on the top of the roof, and too large in proportion. In the open hall below there are two figures, sitting and in profile, two bowing in front of them, and two others standing behind. This composition, particularly in the two prostrate men, one placed above the other, reminds one of the scene on one of Wu-liang's reliefs in CHAVANNES' *Sculpture*, Pl. XX, for which, however, no explanation is given on

Plate X.

p. 52. This scene is a variation of that in Pl. X, also unidentified, but interpreted by BUSHELL (Chinese Art, Vol. I, p. 41), who has reproduced it in Fig. 16, as the reception of Mu-Wang by Si-Wang-mu. This interpretation is very ingenious, and also plausible to a high degree; but it should be accepted only with the reservation that it is possible, as no explanatory inscription pointing to such a comment is given on the bas-relief itself. It is not possible to apply this motive to our relief under consideration, as Si-Wang-mu, with her court in the upper story, is here wanting. Further, we should take notice of that huge, weird, lizard-like monster mysteriously emerging from the lower roof, where its tail is curved in a spiral, and winding along the right turret to place its neck and mouth around a disc in which also some monster is depicted. It seems that this reptile forms the centre and nucleus of the mythical tradition here represented. It may be allowed to call to mind the legend about the birth of Pao-se, born from a young girl who became pregnant from a black lizard. This one was the transformation of the foam of two divine dragons who had appeared at the time of the Hia dynasty (CHAVANNES, Les mémoires historiques de Se-ma Ts'ien, Vol. I, p. 282).

In the interpretation of the subjects and objects represented on the sculptured stone work of the Han time, it is always necessary to fall back on Chinese ideas, as they are all inspired by accounts of Chinese history or notions of Chinese mythical lore. They must be understood in close connection with indigenous tradition, and not detached from the culture sphere from which they have sprung. The neglect of this principle and of a comparative study of the available reliefs caused the failure of Prof. FISCHER to understand the meaning of the upper scene on his stone II, reproduced in *T'oung Pao,* 1908 (opp. p. 580 = *Mission*, No. 171). To grasp the significance of the female deity there depicted, we need not, as Mr. Fischer insists, have our imagination carried away to Egypt. We have here before us a representation of an ancient Chinese astral deity, the well-known Spinning Damsel.[1] On the Hiao-t'ang-shan she is figured as a real star goddess, a girl working at a loom, with three stars over her head, which are α, η, and γ, Lyræ (BUSHELL, Chinese Art, Vol. I, p. 38, with Fig. 14 = *Mission*, No. 53; CHAVANNES, *Sculpture*, p. 84). Huai-nan-tse, who died in B.C. 122, has narrated her romantic love-story with the Cowherd, the star Aquila, from whom she was separated all the year round by the Milky Way, and whom she was allowed to meet only on the seventh night of the seventh month on a bridge formed on the sky by a flock of magpies (MAYERS, Chinese Reader's Manual, p. 97; DE GROOT, Les fêtes annuelles, Vol. II, p. 436; W. GRUBE, Zur Pekinger Volkskunde, p. 76; STENZ, Beiträge zur Volkskunde Süd-Schantungs, p. 57). A parallel to Fischer's relief is offered by the pillar of Nan-wu-yang (*Mission*, No. 155), third panel. Here the spinning-maid is working at her loom, and the avenue is formed of three magpies on the wing in front of her. Strings are fastened to their bodies, and their ends held in the girl's hand. The scene on Fischer's stone is somewhat different. The three magpies are drawn there in the same way, and also the frame of the spinning-wheel is visible. The girl's face and upper body appear in front of this frame; and she is leaning forward, giving signs with her hands, for obviously it is the day when the cowherd is allowed to approach her. The cowherd is represented in the central figure with

[1] According to the investigation of CHAVANNES (Les mémoires historiques de Se-ma Ts'ien, Vol. III, p. 339, Note 2), it is from the second century before our era that the stars have been regarded as the residences of certain deities.

wide-open mouth which is so conspicuously delineated that it can escape nobody's attention. This characteristic signifies that he is shouting; and he shouts to the magpies or to his sweetheart, or maybe to both, announcing his arrival. The girl has heard and understood his yell, for she has directed the magpies to fly towards him, and remains standing in anxious expectation. Whether the figure squatting behind the spinning-maid is Si-wang-mu, who according to tradition took her up to the celestial region, or some astral deity, is useless to speculate on; the bird-headed figure on the right is surely meant to designate some star god.

Under the Emperor Wên of the Ts'i dynasty, a custom sprang up that on the evening of the festival of the seventh day of the seventh moon women should ascend a terrace and thread seven needles in honor of the Weaver. Tu-ling nei-shih, the gifted daughter of the great Ming painter K'iu Ying, has left us a good painting narrating this observance, which will be found in No. 147 of the Kokka (1902). In the palace an artificial hill was erected, and robes were worn, on the *p'u-tse* of which a picture of the magpie-bridge was embroidered (GRUBE, l. c., p. 78). The magpies render help, remarks E. Box in his able study of Shanghai Folklore (*Journal China Br. R. A. S.*, Vol. XXXVI, Shanghai, 1905, p. 146), by spreading their wings, and thus making a bridge for the herd-boy to cross the river to meet his true love. Also in Shanghai, according to the same author, women try in the moonlight at night to thread a needle, holding it up to the light of the moon, or placing it on paper, or floating it in water. If at the first attempt they succeed in threading the needle, they regard it as a prophecy of great good luck, and that they will be clever in all emergencies.

———

The representations on the Han bas-reliefs are the most precious documents at our disposal for the study of the culture-life of the ancient Chinese. They display to us their houses and palaces, their activity in the kitchen with a felicitous realism, their indoor and outdoor doings, their feastings and amusements, their means of transportation, their costumes, weapons, and sports, their musical instruments and household utensils; and last not least, the favorite mythical conceptions of those days. This material is of such great importance that it deserves the closest study in all its details. Years ago I conceived the plan of having drawings made of all culture-objects appearing on the bas-reliefs, and of arranging them in proper groups, to form the basis for an atlas depicting the ancient culture of China by way of reconstruction. The pottery, bronze, iron,[1] and jade of the Han period will be laid under contribution to the same end, and it is hoped that it will be possible to bring this publication out in a few years.

The history of the mime is a subject which has commanded the attention of orientalists and ethnologists for a decade, but no notable contribution to this topic has so far come out from the Chinese field. To show the culture-historical significance of the Han bas-reliefs, I propose to consider briefly what can be gleaned from them in this line.

The Chinese have never been the strictly serious people whom we like to make them out, in viewing them under the ruling influence of their rigid ethical system. They were always fond of games and pastimes, and seldom missed an occasion for plays and merry-making. That there was also a merry old China during the Han time, we readily grasp from

---

[1] In my collection in the Field Museum, Chicago, consisting of over 6000 objects of Chinese antiquities and 5000 specimens from Tibet, there are also a dozen iron objects of the Han period, — a large cooking-stove with inscription, cooking-kettles, lamps, spears, coin-moulds, and others.

a series of reliefs the subjects of which are music, dancing, and jugglery, the three intimately connected one with another and presumably interrelated since of old. Considering the fact that the designs met with on the Han reliefs are on the whole severe and dignified, and even seem to bear out a tendency to impart moral instruction, it is the more noteworthy to find also such scenes of popular jollification in connection with the mortuary abode. From this we may infer that such entertainments were very dear to the people of that age, and played an important rôle in their daily life. Everything placed in the mortuary chamber, or there represented by the means of art, had the significance of a living reality, and the beloved dead were supposed to continue to enjoy those pleasures which had been favorites with them during life.

The following theatrical representations have become known.

1. A regular representation of magic art is illustrated on a bas-relief of Wu-liang (*Sculpture*, Pl. XIV (p. 46) = *Mission*, No. 104), third panel, scene to the right. The formal character of the performance is shown in the three spectators solemnly taking their seats on cushions spread on the ground. One of them gesticulating with his hands addresses a question or gives instruction to one of the two magicians facing the audience. Their paraphernalia are displayed in front of them in the shape of a mat, dishes, a plate, a kettle, and a magic square. CHAVANNES (p. 46) regards these objects as the utensils of a repast; but I am under the impression that it would be more appropriate to the situation to interpret them in the sense indicated, as the outfits of the jugglers for the performance of their tricks. Working in exactly the same manner, one can daily observe them in modern China. Two of their associates are entertaining the guests by acrobatic feats, — one dancing, as symbolized by his fluttering sleeves; the other

3*

crawling on his hands, head downward and feet upward,— both performing on vessel-shaped objects or drums (?).

2. A scene in the stone chamber of Wu-liang (*Sculpture*, Pl. XXIII): a juggler performing feats over five vessels placed in a row, holding a fan in the right hand stretched upward, face upward, assisted by two men on either side. The one on the left hands him an object having the appearance of an umbrella, evidently a servant who is responsible for the artist's paraphernalia being brought in at the right moment. The other man, prostrate, apparently attempts to walk on his hands, and is perhaps the comical clown, who clumsily tries to imitate the master performer, and is still an accompanying feature in all good Chinese jugglers' shows. On the right of the picture is the musical orchestra playing to the performance, as music is also nowadays indispensable for any performance of whatever kind. Only three of the musicians are actually at work; they are divided into two groups,—three women and three men facing each other. The foremost woman plays on the lyre *kin* 琴, the second man blows a long flute held in vertical position, and the third man blows a horizontal pipe.

3. A scene on one of the reliefs of the Hiao-t'ang-shan (*Sculpture*, Pl. XXXIX), in the fifth row on the right-hand side: a ball-juggler tossing seven balls at a time into the air; behind him a performer kneeling, and holding a pyramid of four acrobats hanging on a pole with two crossbars; two boys standing on their hands and clinging to the upper bar, one grasping by his hand another man, who freely dangles in the air, while his counterpart stands on his head and clings to the upper bar with his right foot, supporting his head on the lower crossbar, — a feat which in one or another variation may still be seen in our circuses. There is also an orchestra; but of the instruments, only a short flute held in an oblique position may be discerned. We accordingly observe two types

of flute, a short and a long one; good examples of the latter may be seen on the following plate (*Sculpture*, Pl. XL), where two marching flute-players precede a procession of horseback-riders and chariots.

4. In his "Mission archéologique," CHAVANNES has published a number of Han bas-reliefs, the rubbings of which he obtained on his journey in Shantung, but which he has not been able to identify as to locality. Among these there are several grave-stones with remarkable scenes falling under this category. On the stone from *Tsiao-ch'êng ts'un* (No. 151) — which, despite its doubtful authenticity, seems to me genuine, — we see a juggler playing with nine balls at a time, two in his hands, the others in the air, and another in the act of turning a somersault. Between them are two drum-players working vehemently with sticks on a drum which is suspended by means of two straps from a bar resting on a pole. The same contrivance is familiar to us from a scene in one of the reliefs of the Hiao-t'ang-shan (*Sculpture*, Pl. XXXVII = *Mission*, No. 45, upper panel, centre) where an orchestra is seen riding in a chariot,[1] four musicians playing presumably reed organs, and two drum-players above them. Also here they are very emotional in brandishing their pair of sticks with arms lifted high, and represented as almost dancing. The drum is remarkable, because on no other bas-relief is it so clearly outlined and decorated. It is of the same barrel shape as the modern instruments; and the ornamentation, evidently painted on, allows of the conclusion that the barrel was then also made of wood, and the two side-openings were certainly covered with skins. In front of this drum there is a hanging flat metal (bronze) bell, of a type similar to that figured by BUSHELL under Fig. 63

---

[1] This chariot is also reproduced by BUSHELL, Chinese Art, Vol. I, Fig. 9.

in his "Chinese Art," Vol. I.[1] In this case the drum is attached to the canopy of the chariot, supported upon a central pole. The canopy ends on both sides in a dragon-head, — a feature which does not occur in other chariots; it therefore seems to be a peculiar characteristic of this orchestral vehicle, and may be accounted for by the presence of the drum. Indeed, we find also in modern China the frames in which drums and bells are suspended, being adorned with carved dragon-heads (occasionally also bird-heads) in the two upper corners.[2] Mr. A. C. MOULE, in his excellent paper "A List of the Musical and other Sound-producing Instruments of the Chinese,"[3] has also reproduced this chariot in his Plate XIII for its great historical importance, and identifies this drum with the *kao*, "a chariot drum used in war," mentioned in several ancient books. This may be, but the fact should not be overlooked that this chariot, although like one in appearance, is not a war-chariot, but is taking part in a peaceful festival procession of the "Great King" 大王, expressly so designated; also the players on the reed organ, an instrument of joy, would be out of place and to no purpose on a war-chariot.

On the bas-relief first referred to (*Mission*, No. 151) we notice a striped dog, or rather tiger, under the drum-pole; it is turning its head backward, and has its mouth open to indicate that it is roaring. Also on the four following representations to be mentioned the same animal appears in the same place, and is apparently intended to convey the idea of a wood-carving to serve as a base or stand, as the pole passes right through it. In the upper panel three figures of men are seated, — the one on the right in profile, playing a large reed-organ;

---

[1] Belonging to the class *k'ing* 磬; see VAN AALST, Chinese Music, p. 49 (Shanghai, 1884).

[2] See examples in VAN AALST, l. c., pp. 48, 49, 54, 56, 78.

[3] *Journal of the China Branch of the R. As. Soc.*, Vol. XXXIX, 1908.

the one on the left *en face*, holding a seven-stringed lyre (the *kin*, the Japanese *koto*) which is here well delineated; he apparently is pausing in his play. The central figure has the hands folded over his breast, and seems to be a mere looker-on and auditor.

5. On the bas-relief in *Mission*, No. 158, third panel, we witness a dancing-scene, a couple, evidently a man and a woman, engaged in a contre-dance; the man wearing a short jacket and trowsers, the woman clad in a long gown with trail covering her feet and unusually long cuffs attached to her sleeves (as has also the man). The effect of the dance appears largely to rest on the bold vibrating motions of these sleeve-tails which are now waved over the head, now seem to touch the ground. The same drum as before, and the brave drummers are represented as holding their arms in almost the same way, and in the same general posture.

6. In bas-relief No. 160 we notice the same pair of drummers, the drum being protected by a canopy. Here, each is handling a pair of big wooden mallets; and their position indicates that beating ensues regularly in time, and rhythmically. The first tone is struck with the right hand of A and the left hand of B simultaneously against the lower edge of the drum-skins; and the second is sounded with A's left and B's right hand, probably against the upper edges. The mode of suspension of the drum differs here from that in the other cases, in that it is fastened to two wooden cross-poles running from the ceiling of the room towards the middle part of the upper edge of the drum, to join there the central pole stuck through the barrel, as a black incision in the middle of the drum here clearly indicates. This instrument comes very near to the type described by Moule (l. c., p. 55) under the name *ying-ku* as "a barrel-shaped drum supported in a horizontal position by a post which stands on a foot made of four

wooden tigers arranged in the form of a cross. The post passes through the drum, and has a large silk canopy fixed to its top." (Compare Fig. 13.) The performers are here two jugglers, one ball-acrobat who works with four balls and catches them on his forehead, and a man dancing on his belly. In the upper panel a man is playing on a double reed organ, and another on a double bagpipe, the other instruments not being clearly visible.

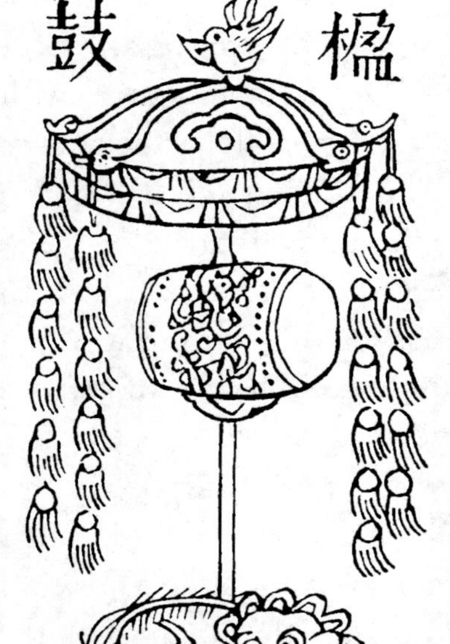

Fig. 13.
Drum called *ying-ku*
(From *Shêng mên yo chi*).

7. Very elaborate is the theatrical scene on bas-relief No. 163, where a variety of dancing, jugglery, acrobating, and music are combined. A slender woman in long flowing dress, girdled around the waist, with trail extending to both sides, is in the act of dancing, as illustrated by the long fluttering sleeves; those of her male partner, who is dancing on two big balls under his feet, are still longer. Though his body is represented *en face*, his head is in profile, so that he can look at his lady. Above this couple (that is to say, behind them) there are three clever acrobats walking on their hands; the drummers are the same as before; among the musicians, also one with a double reed organ, and in the upper row one with a lyre, are noticeable; this last man holds the instrument transversely over the railing, in the same manner as in No. 151, only in the opposite direction.

It may not be superfluous to add that all these performances bear a purely worldly character; above all, the dances have no religious significance, but seem to be a merely secular entertainment performed by a professional class of dancers. The religious dances of the ancient Chinese were all pantomimes, given exclusively by a group of men, holding or brandishing some object in their hands like battle-axes, bucklers, plumes, oxtail-brushes, or flags; while on the bas-reliefs, as we saw, a man and a woman dance conjointly.[1] The composition in No. 149 is instructive in this respect, because it allows the inference that the entertainment is given in the house in connection with the celebration of a big slaughtering-feast. A busy activity is displayed in the kitchen, centring around an energetic hog-killing. One man drags a pig in, another thrusts a knife into the heart of an animal which he has thrown on the ground and grasps by its feet. Above, two ball-players and drummers with an orchestra are seriously at work, and their courage is heightened by the expectation of some share in a dish of pork.

8. A single dancing woman may be represented also on the stone No. 182, which CHAVANNES designates as "stone of Tsi-ning chou." When I obtained a rubbing of this stone in *T'ai-ngan fu* in January 1904, the locality was given to me as *Pai-yang ts'un* 白楊村, a village in Tsi-ning chou. This relief is very curious, as only women are outlined there, in very crude shapes, without any attempt having been made to draw the faces, which are lacking in eyes, noses, and mouths. The standing dancer is in style not unlike that in No. 163; three kneeling women are in the same panel, and one figure in the centre defies explanation. This scene is laid in the lower story of a house, while the upper story is occupied by a row of three sitting women, evidently spectators of the performance.

[1] **Compare also No. 156, Pillar of *Nan-wu-yang*, fourth panel, a woman dancing in long dress, and her male partner dancing on his hands, with orchestra of four.**

9. A snake-juggler is, in all likelihood, figured on the second stone from *Liu-kia ts'un* (*Mission*, No. 148, second panel): one man holds a powerful cobra; his companion, carrying a sword on his back, and turning his head away from the approach of the serpent, performs the drumming. Both figures are strikingly characterized as non-Chinese by their peculiar costumes, head-dresses, and queer physiognomy. Their long mustaches, with ends turned up in an approved style of modern times,—which, for the rest, is merely a revival of an ancient Turkish and Hungarian fashion,[1]—conspicuously betray the foreigner. They are probably real cobra-jugglers from India: the ornament on the head of the man with the cobra is very similar to the figure of the Çrīvatsa (in Chinese *p'an ch'ang*, see GRUBE, Zur Pekinger Volkskunde, p. 141, No. 4), now one of the eight precious symbols (*pa-pao*, Skr. *aṣṭaratna*) of Buddhism: while the decoration on the other man's head seems to denote a tortoise-shell comb, such as the Singhalese of nowadays wear. Also the presence of the cobra seems to point in the direction of India.

There is, further, a curious illustration of acrobatic feats handed down in the *Kin shih t'u shuo* (Vol. I, p. 24), first published in 1743 (new edition, 1893, 4 v., 4°); it is engraved in stone, forming part of the remains of a temple built in 126 A.D. ten *li* north of *Têng-fêng hien*, in the province of Honan. We see there (Fig. 14) two saddled horses running in flying gallop.[2] On the first, a woman is standing on her head, holding the bridle with her hands supported on the front part of the saddle. The following horse is occupied by

[1] It is an interesting survival that also in the modern Chinese theatre the stage-fool with white-daubed face appears with big turned-up mustache.

[2] The first of these horses has been figured also by S. REINACH, La représentation du galop dans l'art ancien et moderne, p. 91 (Paris, 1901), as an example of this motive of art.

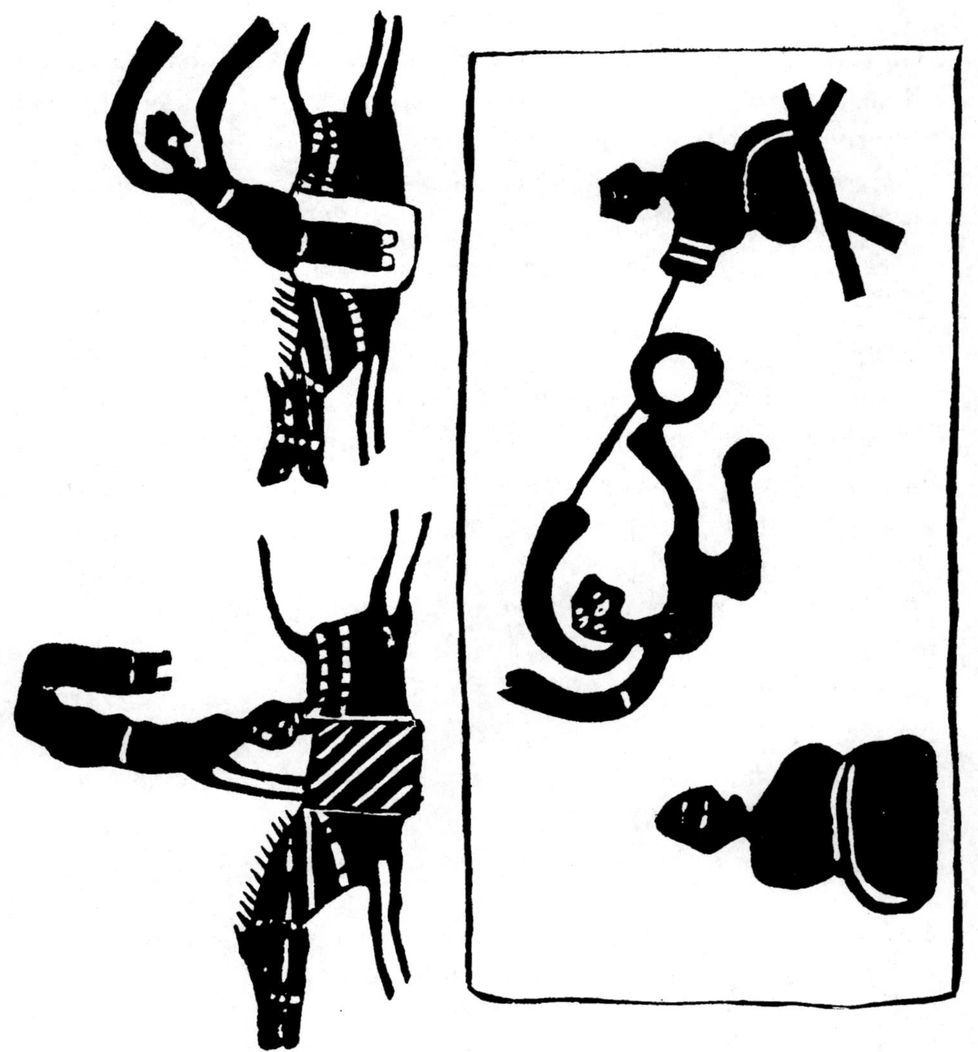

Fig. 14.
Equestrian Acrobats and Football Match
on a Han Bas-Relief of 126 A. D.
(from *Kin shih t'u shuo*).

a man sitting sideways and keeping balance by swinging his arms in their long sleeves.[1]

The other scene shows a football match,—at least, this is

[1] The explanation of the Chinese editor runs thus: 兩人走馬而舞爲角抵戲. The last clause can hardly be accepted as a correct inter-

the editor's opinion (索毬而蹋踘), and I believe he is right. The two players are armed with sticks, a large ball between them; one of them is making for a high leap to kick the ball with his right foot, and striking it at the same time with his stick. It will be noticed that this figure, with excessively long sleeves, is dressed and postured, particularly in the treatment of the arms, like the dancers on the bas-reliefs. In all probability, this is the oldest representation of a football-match on record.[1] Also on a pillar of the mother of K'ai, a football-player is evidently represented (*Mission*, No. 25).

The representation of comedians and their feats on the ancient monuments sacred to the dead finds its counterpart in a custom of the present time of having theatricals played 唱戲 two days before the funeral takes place, for four consecutive days. Though this custom has now become obsolete in most parts of China, it still prevails in *Pao-ting fu*, where also equestrian women are invited (L. WIEGER, Morale et Usages, 2d ed., Ho-kien fu, 1905, p. 535). This is a regular class of horse acrobats called *pao ma hieh-ti* 跑馬解的 or flying courtesans *fei ch'ang* 飛娼. The tricks performed by them on the occasion of a funeral, as described by the Chinese informant

---

pretation. Prof. H. A. GILES, The Home of Jiu Jitsu (*Adversaria Sinica*, No. 5, Shanghai, 1906, pp. 133—134), has fully described the sport of *Kio-ti* "butting," which "apparently consisted in putting an ox-skin, horns and all, over the head, and then trying to knock one's adversary out of time by butting at him after the fashion of bulls, as in the illustration annexed." This is taken from the *San-ts'ai t'u hui*, and certainly bears no point of similarity with the feat on the Han bas-relief; it is also hard to see how two people vaulting on horses galloping one behind the other could butt each other, unless our author here understands something else by *kio-ti*.]

[1] Football was much cultivated in the Han period, as has been proved through ample literary quotations by Prof. H. A. GILES in his interesting paper "Football and Polo in China" (*Adv. Sin.*, No. 4, pp. 87—98). See also STEWART CULIN, Korean Games, pp. 40—41 (Philadelphia, 1895), and HIMLY in *T'oung Pao*, Vol. VI, 1895, p. 273.

of F. WIEGER, standing erect on horseback 立的馬上, or head downward 腦瓜適下, or standing on one foot only 一條腿在馬上立着, almost fit the above Han bas-relief in Fig. 14 as an explanatory text, and we may conclude that such bohemians of the equestrian art were organized as early as the Han period, and also then took part in funeral ceremonies.

075

在历史观点下看现代中国收藏品

THE
AMERICAN MUSEUM
JOURNAL

VOLUME XII, 1912

NEW YORK

PUBLISHED BY THE

AMERICAN MUSEUM OF NATURAL HISTORY

1912

MODERN CHINESE COLLECTIONS IN HISTORICAL LIGHT

WITH ESPECIAL REFERENCE TO THE AMERICAN MUSEUM'S COLLECTION REPRESENTATIVE OF CHINESE CULTURE A DECADE AGO

By Berthold Laufer

THE transformation of the Chinese Empire from a theocratic-patriarchal system of government into a modern commonwealth on a constitutional and republican basis, effected within the span of a few months, is sure always to remain one of the unique phenomena in contemporaneous events and certainly one of far-reaching consequence for the future history of the world. Whether there possibly is a causal connection between this singular fact of the rejuvenation of the oldest existing nation and the construction of the greatest wonder of modern engineering, the Panama Canal, is a matter to be left for individual speculation. Certain it is that the China of the future will rank as the second greatest republic, and that the completion of the canal will bring into closest touch the two foremost republics of the world. The republican idea reverberates over the waters of the Pacific from one shore to the other. The Pacific now recapitulates the spectacle seen when culture development was largely concentrated around the Mediterranean, and reached its climax in the republican governments of Greece and Rome.

The fundamental reform of Chinese government, of law, finance and education, of commercial and industrial factors will naturally result in a proportionate change of the entire culture of the country. Such a change has gradually set in since 1900 and has gone a rapid pace during the last

Masks used in mystery plays in Peking, at the left an aërial demon, at the right a graveyard ghoul. The central mask represents one of the four Great Kings of Heaven; in the gates of almost every Buddhistic temple in China are colossal clay statues showing the golden crown, the large rings in the ears, the wide open mouth surrounded by flames

Chinese ancient bronzes. Some of the bronzes in the American Museum are 3000 years old. The "flower vase of a hundred rings" represents the Sung dynasty, 960–1126 A. D.

few years. The days of antiquity which once formed the source of a delightful object-lesson for the ethnologist have thoroughly vanished, and the process of modernization is pervading all departments of activity. In this state of affairs, we are bound to raise the question, what is the present significance of ethnological collections made in China a decade ago? Nobody competent to judge will hesitate to say that the same importance is due to them as to collections secured in Japan before the era of the restoration. A scholar who recently tried to make a collection in China wrote to me on his return to Europe a short while ago: "You deserve congratulation for having seized the right opportunity; it is impossible to do at the present time what could be done ten years ago."

It should be borne in mind that the ethnology of China is a subject of greater complexity than that of primitive groups of peoples, and that the extent of a country equaling the United States in area tends to set a well-limited purpose before the eyes of the individual explorer. Something like a complete collection from China does not exist anywhere nor is it ever likely to exist in any museum; but there is ample reason for satisfaction, that we now discover in our collections many series of objects which exist no longer in China.

The Chinese collection in the American Museum illustrates the home industries and the social life of the common Chinese people of ten years ago and represents China as a living culture organism. The collection was made according to a scheme similar to the one which an ethnologist would follow up in the study of a primitive group. However simple and plausible this may sound, the fact remains that such a plan had never before been carried

In the antique cloisonné of China there were used enamels in solid pieces and in a powdered state to show thirty-one different shades. The secret of many of the colors of the Ming dynasty is now lost

out, as illustrated by all museums of Europe in which China is represented merely by a fortuitous accumulation of curios picked up at random here and there.

The most costly porcelains and the superb treasures of imperial palaces do not reveal the spirit of the Chinese people; but we see in their daily life surroundings, in their games and pastimes, in their shows and masquerades, in their domestic cult and decorative art, precious documents bearing on their psychology. The tendency to systematic effort brings out also the idea that many Chinese methods and techniques are just as primitive and surely as ancient as those of the so-called primitive races, and that it is only a comparatively higher development and a greater unity and uniformity of thought as the final result of this vast culture area, which seemingly impress upon China the stamp of a singular position. Her agricultural implements still bear the indelible character of a prehistoric antiquity and have hardly undergone any signal change during four thousand years. In the treatment of copper and iron, the ancient methods as practiced in the bronze and iron ages are still partially adhered to, and the technique of basketry may tempt the student to comparison with the productions of our California Indians. The Chinese composite bow, in all probability the best bow ever made, is the same as the one used by the ancient Persians, Babylonians, Egyptians and Greeks; and this is not the only instance where China can triumphantly furnish the real thing which we would seek in vain in the other centers of ancient civilizations. In fact up to the fatal year 1900, China was the only country where the life of antiquity was really still alive, and whence a sound basis for an attempt at its reconstruction could be derived.

These chances are now upset, the romance of China has died away with the end of the chivalrous Manchu dynasty. The products of home industries will give way to the clatter of machinery and foreign imports. In this rapid period of transition and radicalism, most of the things displayed in our collections now belong to the past and have become, so to speak, antiquities all of a sudden overnight. For example, it would be impossible at the present time to duplicate the collections of armor, because the military examinations in which all these weapons were formerly employed have been abolished for a number of years, and the makers of them have consequently run out of business. In 1902 I chanced to meet but one man in a suburb of Peking, capable of manufacturing bows, arrows, cross-bows and halberds in compliance with the official regulations; and all paraphernalia required in the training by the competitors for military posts could then be procured even in complete sets only with a large amount of labor, study and time. These now represent precious records of the past whose primary ethnological importance cannot be underrated. In the same manner, costumes, personal ornaments, kitchen and household utensils, furniture, coins, weights and measures, means of heating and lighting, means of transportation, games and sports, religious customs have rapidly changed or wholly disappeared under the influence of the intruding foreign ideas. The flag of the new republic will doubtless complete this great movement and have many other surprises in store for us.

Chinese collections, and especially the very complete collection in the American Museum, have thus become of historical significance in that they are illustrative of the life of imperial China of bygone days. In the present stage of our political, commercial and industrial relations with the East, everything that pertains to China seems to us of paramount importance, practical and theoretical. If the manufacturers of this country had taken the trouble to study the native industries of the Chinese and their products in museum collections with a view to adapting our manufactures to their peculiar needs, American business with China would have assumed much larger dimensions. But we are confronted with more ideal tasks than that: if fate has treated us kindly in presenting us with a share of the big inheritance of Chinese culture, it seems to me it becomes also our moral obligation in the interest of the living and the future generations, to preserve the record of this story in the memory of man. Ethnologists are a life-saving crew which have the duty of rescuing perishing cultures and peoples from wreck. When China shall take her place among the nations of the world, the time will also come that students will flock to our museums to study her ancient culture seriously, and that Chinese collections made in the past will be treated with the same respect as are now Siebold's Japanese collection in Holland or the Cook Polynesian collection in London.

Editor's Note: Dr. Berthold Laufer, Oriental explorer and scholar, is curator of East Asiatic ethnology in the Field Museum of Natural History, Chicago. From 1901 to 1904 he was leader of a Chinese expedition for the American Museum of Natural History, carried on under the auspices of the East Asiatic Committee with Jacob H. Schiff the chief supporter. This time he gathered together the largest and most representative collection ever brought out of China.

076

菲尔德博物馆藏中国圣母像

$1.00 per Year JANUARY, 1912 Price, 10 Cents

The Open Court

A MONTHLY MAGAZINE

Devoted to the Science of Religion, the Religion of Science, and the Extension of the Religious Parliament Idea

Founded by EDWARD C. HEGELER.

SESENHEIM, THE HOME OF GOETHE'S FRIEDERIKE.
(See pages 25-35.)

The Open Court Publishing Company

CHICAGO

Per copy, 10 cents (sixpence). Yearly, $1.00 (in the U.P.U., 5s. 6d.).

Entered as Second-Class Matter March 26, 1897, at the Post Office at Chicago, Ill. under Act of March 3, 1879.

THE OPEN COURT

A MONTHLY MAGAZINE

Devoted to the Science of Religion, the Religion of Science, and the Extension of the Religious Parliament Idea.

VOL. XXVI. (No. 1.) JANUARY, 1912. NO. 668

THE CHINESE MADONNA IN THE FIELD MUSEUM.

BY BERTHOLD LAUFER.

WHEN I was traveling through China in search of relics of the past, I was always on the lookout for an opportunity to discover ancient remains of Christianity. In 1901, I had the good fortune in Peking to come upon two scrolls painted in watercolors originating from the Jesuit school of artists engaged in the court-studios of the emperors K'ang-hi and K'ien-lung during the eighteenth century. Both represent madonnas with a background of palace buildings in Italian Renaissance style. Both these pictures, with a number of others, are published in a paper by the present writer entitled "Christian Art in China" (*Mitteilungen des Seminars für orientalische Sprachen*, Berlin, 1910).

The beginnings of Christian painting in China coincide with the arrival of the great Jesuit missionary, Matteo Ricci, in 1583, who deeply impressed the minds of the Chinese with wood-engravings brought from his home in Italy. The Chinese art-historians themselves connect with his name the introduction of the European method of perspective drawing and date from his time the foreign influence exerted on indigenous art. We know that one famous artist at the close of the Ming period, and a contemporary of Ricci, Tung K'i-ch'ang or Hüan-Tsai (1555-1636), was indebted to the Jesuits for a number of European subjects which he copied with his brush and left to us in a remarkable album.

Early in 1910, I was surprised to find in the mansion of an official in Si-ngan fu a Christian madonna holding a child in her arms. It was painted in the Chinese style of watercolors on a large paper scroll (measuring 1.20×0.55 m.) and is reproduced as the frontispiece of this issue. The most striking feature of this representation is that, while the Virgin evidently betrays her European origin, the child is conceived of as a Chinese boy with a small tuft of hair on his head, clad in a red coat with green collar and holding in his left hand a Chinese book with brown wrapper on which is pasted a paper slip for the title of the work. From this we may infer that the artist was not one of the foreign Jesuits, but some Chinese painter.

The madonna, exhibiting a Byzantine style, if I am not mistaken, is limned in a light-yellowish brown set off from the darker brown of the background, the nimbus and the bodice being dark-red in color. Her pallium is flowing down in many elegant folds, without covering her feet. The face is somewhat schematic, but the hands are admirably treated. When I was shown this painting, my first impression was that it also had emanated from the school of the eighteenth century Jesuit painters headed by Joseph Castiglione and Jean-Denis Attiret. But several Chinese experts living in Si-ngan fu came forward to inform me that this picture could not come down from the K'ien-lung epoch (1736-1795), but could only be a production of the later Ming period (sixteenth century). Their verdict was judiciously based on a technical feature. Chinese scrolls are usually mounted on silk, two broad rectangular pieces framing the picture on the upper and lower borders, and two narrow oblong strips surrounding the lateral margins. The textures of these silks under the Ming and previous dynasties were distinctly different from those woven under the present Manchu dynasty, and an experienced connoisseur can make a clear distinction between the productions of the two periods. This diversity holds good also for the silks on which the paintings are made, so that a Ming picture on silk can always be told from one of a later date. However, it is customary to remount pictures because the ancient silk mountings decay rapidly. Thus the painting of the madonna had been mounted anew about a year before I received it; but the art-experts who rendered me this service assured me that they had seen it in its original state, that the silk on which it had been mounted was the characteristic product of the Ming period, and that accordingly the work itself belonged to that time. There was no reason to discountenance this judgment. The men whom I consulted were not concerned in the transaction and were old friends of mine of many years' standing who know that I am only a seeker for truth, without any inclination to make things older than they are. Nevertheless, I made a search for any scraps that might have been left of the former silk mounting but—as any one familiar with Chinese conditions may anticipate—without success. Such remains wander into the waste-basket of oblivion, instead of being preserved as relics. Collectors of ancient scrolls may draw a lesson from this case. They should see to it that if any are remounted some samples of the old textile should be preserved which may eventually serve as important documentary evidence in making out the period of the picture in question.

I then took my madonna over to the mission of the Franciscans in Si-ngan fu of whose hospitality I retain the most pleasant remembrances. The bishop, Monseigneur Gabriel Maurice, a man of as noble and fine a character as of wide scholarship, expressed his admiration for this picture, saying that he had never seen a similar one during his lifelong residence in the city. He also summoned the Chinese fathers to view this singular discovery, and amazement and joy were reflected in their keen intelligent eyes. I asked them what they thought of it, without telling them of my experience reported above. They arrived at the conclusion that it was executed by a Chinese, not a European artist, in the Wan-li period (1573-1620) of the Ming dynasty. On inquiry whether it would not be possible to connect the work with the Jesuits of the eighteenth century, they raised a lively protest against such a theory, and asserted that the style and coloration of the painting would decidedly refer to the end of the Ming period, while the madonnas of the later Jesuit school bear an entirely different character. This judgment is deserving of due consideration, and is in fact justified by a comparison of the present madonna with those collected by me formerly which are attributed to the eighteenth century.

There now remained another mystery to be solved in this painting. In the left lower corner there is a white spot (it shows but faintly in our reproduction) containing two Chinese characters which read T'ang-yin. T'ang-yin or T'ang Po-hu is the name of an artist whom the Chinese regard as the foremost master of the Ming epoch. He was a contemporary of Raphael and lived from 1470 to 1523. As I succeeded in gathering five of his original works and more than a dozen copies made after his paintings, I am able to form an idea of his style and handwriting. His signature and mode of writing are so characteristic that on this evidence alone I should not hesitate for a moment to pronounce the verdict that the signature on this painting, which really attempts to imitate the artist's hand, is a downright forgery. Further inspection disclosed the fact that another signature or seal must have previously occupied this place, but it was subsequently erased, as is plainly visible from the white spot, to give place to T'ang-yin's name.

To settle this question at the outset, it is manifest that T'ang-yin cannot have painted this or any similar Christian madonna, since in his time there was no trace of Christianity in that country. Otherwise we must have recourse to an artificially constructed theory that, for instance, the Franciscans of the Mongol or Yüan period under the distinguished Johannes de Monte Corvino (1247-1328) may have left behind a painting of the madonna which might have survived the ravages of time until the Ming dynasty and then have fallen by chance into the hands of T'ang-yin to serve as a model for the present work. There would be no convincing force, or but little, in such a hypothetical speculation, against which the forgery of the signature would seriously militate. Notwithstanding, there is a certain indefinable something in the chiaroscuro of this painting that reminds me of the color style of T'ang-yin, and this may have induced some one to introduce his name. This explanation of course is not sufficient to reveal the psychological motive prompting the act of forgery, but it only accounts to some degree for the forger's choice of T'ang-yin's name rather than another one.

I discussed these observations with my Chinese friends, and they perfectly concurred with me in the same opinion. I then consulted the official in whose family the picture had been kept. He agreed with me in looking upon the signature as of a later date, but was unable to furnish any explanation as to how it had been brought about. He assured me that it had been handed down in his family for at least five or six generations which would carry us back to the middle of the eighteenth century, and that the signature of T'ang-yin, according to his family traditions, had always been there, and must have been added at least before the time when it came into the possession of his family. He was not a Christian himself, but appreciated the picture merely for its artistic merits. How well tradition is preserved among the Chinese, is brought out by the fact that in Si-ngan fu all concerned were aware of the representation being the *T'ien-chu shêng mu*, "the Holy Mother of the Heavenly Lord." The latter term has been chosen by the Catholics as the Chinese designation of God. It is therefore out of the question to presume that the Chinese could have ever mistaken this subject for a native deity, say, e. g., the goddess of mercy, Kuan-yin. Moreover, this means that the perpetrator of the forgery had not had in his mind any expectation of material gain. He could not have made this picture a T'ang-yin in the hope of passing it off as such and realizing on it the price due to a T'ang-yin, since nobody with ordinary common sense would have fallen a victim to such an error. Indeed the price which I was asked to give for it was so low that it would not even secure a tolerably good modern copy of a T'ang-yin, and the broker who had transacted the business between the official and myself, knew me too well to venture to insist for a moment on this dubious authenticity; in fact, he did not dare to speak of it nor to contradict me when I branded the signature as a counterfeit. I merely mention these facts to dispel the impression possibly conveyed to uncharitable critics of mine, that I had become the victim of a mystification and this fraud had been committed for my own benefit.

The net result of my investigation which I think it is fair to accept is that this makeshift was conceived long ago, and, as I presume, for reasons to be given presently, in the period of Yung-chêng (1723-1735), the successor of K'ang-hi. In searching for a plausible reason, we must exclude any personal selfish motives on the part of him who brought about the alteration of the signature. We must keep in mind that Christian pictures have suffered a curious fate in China, that most of them have been annihilated in Christian persecutions and anti-foreign uprisings, and that only a few have survived. In describing one of the madonnas of the eighteenth century, I called attention to the fact that portions of that painting had been cut out by a vandal hand and subsequently supplemented; thus, the head of that madonna with her Chinese features is inserted as a later addition. I am now inclined to think that this is not an act of vandalism, but was done intentionally by the owner as a measure of precaution to insure protection for his property. An infuriated anti-Christian vandal would have mercilessly destroyed the entire scroll and not taken the trouble to remove carefully only the head of the madonna. The original head was in all probability one of European design and was replaced by one with a Chinese countenance to save the picture from destruction or its Christian Chinese owner from detection or persecution, since he was then enabled to point out that the figure was merely intended for a Chinese woman.

I believe that the former owner of our madonna was piously actuated by a similar motive. The far-reaching persecution of the Catholic faith under the emperor Yung-chêng is well known. Let us suppose that the original legend under the picture would have referred to the subject, giving a title like "The Holy Mother" or "The Heavenly Lord," as Matteo Ricci had headed the wood-engraving of the madonna *Nuestra Señora de l'Antigua* in the cathedral of Seville which I formerly published. Then the owner was justified at the time of the great anti-missionary movement in fearing lest this testimony plainly confessing Catholicism might betray him, or, if he was not baptized himself, might lead to an anathema of the picture which for some reason was dear to him. So he had recourse to this subterfuge, eradicated the suspicious title, and not unwittily substituted the magic name of T'ang-yin for whom all Chinese evince such a deep reverence that it acted sufficiently as a protecting talisman. And it is due to this wonder only that the painting has been preserved to the present day.

Perhaps the name of a painter living at the end of the sixteenth century was originally written there, but such a name was treacherous too, as the Wan-li period was too well known in the memories of all people as the time of the first Catholic propaganda. But T'ang-yin had lived far beyond that period and could not be suspected of being a Catholic or having indulged in the art of the foreigners. Thus his distinguished name was in every respect a charm and amulet which saved the life of this memorable painting. It is the only painted madonna extant of the early period of Christian art in China, and as a venerable relic of the past takes the foremost rank among the Christian works produced by the Chinese. It was presumably painted after the model of a picture brought to China by Matteo Ricci himself.

A CHINESE MADONNA.

Reproduced by the courtesy of the Field Columbian Museum, Chicago.

Frontispiece to The Open Court.

077

孔子及孔子像

$1.00 per Year **MARCH, 1912** **Price, 10 Cents**

The Open Court

A MONTHLY MAGAZINE

Devoted to the Science of Religion, the Religion of Science, and the Extension of the Religious Parliament Idea

Founded by EDWARD C. HEGELER.

CONFUCIUS AND THE HERMIT.
Design on metal mirror probably dating from the Han dynasty.
(See pp. 155-158.)

The Open Court Publishing Company

CHICAGO

Per copy, 10 cents (sixpence). Yearly, $1.00 (in the U.P.U., 5s. 6d.).

Entered as Second-Class Matter March 26, 1897, at the Post Office at Chicago, Ill. under Act of March 3, 1879.

CONFUCIUS AND HIS PORTRAITS.

BY BERTHOLD LAUFER.

[Dr. Berthold Laufer, an enthusiastic sinologist of critical and painstaking methods, has visited the Far East on three several expeditions made in the interests of science. The last of these was undertaken on behalf of the Field Museum of Chicago and extended over a period of two years, from 1908 to 1910.

From this expedition he returned with a rich store of objects of general interest in many lines. Among other materials he brought back a collection of portraits of Confucius and other pictorial representations of the ancient sage illustrative of various scenes in his life.

In the present article we have a complete collection of this kind which it is hoped will be of interest to the archeologist, to the student of art and to all persons concerned about the religious development of China.—Ed.]

CHINA stands on the eve of a new phase in her history. What is now going on there is bound to eclipse in importance all other revolutionary movements which have shaken that ancient empire. This time it is not, as so often previously, a military insurrection fostered by an ambitious leader to place himself on the dragon-throne, but it is an earnest struggle for the ideals of true progress. Whether the republic will succeed or not, whether the ruling dynasty will be replaced by another, are points of minor issue; the principal point which constitutes a landmark in the thought development of the country is that the people of China at large have risen to signal to the world their intention to break away from the deadening conventionalities of their past and to awaken to the responsibility of honest and progressive government and administration.

It would be a grave error to believe that the impetus to this awakening has come to them wholly from the source of our own civilization. True it is that the several thousand students sent abroad by China during the last ten years and educated in the principles of constitutionalism and national economy have their share in setting the ball of this unprecedented reform movement a-rolling. But those who have followed the literary activity of the reformers during the last decade are sensible of the fact that they turned their eyes not only to America and Europe, but also, and still more intently, to the golden age of Confucius and Mencius. They pointed out on more than one occasion that the ideas for which the white man's progress stood were already contained in the books of Confucian philosophy, and that by accepting these in their original purity without the restrictions of the later dogmatic incrustations and combining them with the best of western principles, an ideal state of affairs could be restored. To cast the old ideas into new forms was their guiding motive, and one of the dreams of this Neo-Confucianism is the final triumph of Confucius in the diffusion of his doctrines all over the world.

The idea that government should be conducted for the benefit of the people is not exclusively American. It was proclaimed as early as in the fourth century B. C. by Mencius (Mêng-tse), the most gifted of Confucius's successors, when he made the bold statement: "The people are the most important element in a nation, and the sovereign is the least." Nor did he hesitate to follow this idea to the extreme conclusion that an unworthy ruler should be dethroned or put to death; that he has no right to interfere with the general good, and killing in such a case is not murder. In the light of historical facts, we are hardly justified in priding ourselves on our own enlightenment in political matters which covers the brief span of a century, and most of the countries of Europe until the beginning of the nineteenth century were still in the clutches of a system of slavish feudalism the vestiges of which are not yet entirely wiped out. China was the first country in the world to overturn feudalism. As early as in the third century B. C., the genius of the Emperor Ts'in Shih broke the feudal organization of the Chou dynasty and founded in its place a universal empire with a centralized government and equal chances for all to enter public service. Since that time no privilege of birth has ever availed, and a sane democratic tendency has always been a strong leaven in Chinese polity.

There is no doubt that in the course of time the new organizers of the empire will succeed in blending the new ideas pouring in from outside with the inheritance of the past to form a new vital organism, and that the new China will surprise the world again by originating new ideas. A new Confucianism will arise, not the one transformed into an unchangeable church-dogma by Chu Hi, the autocratic scholiast of the Sung period (twelfth century) whose work is largely responsible for the mental stagnation of his compatriots, but one regenerated and rejuvenated and adapted to the needs of our time.

Such a process of assimilation is possible, because Confucius did not evolve a peculiar philosophy suited to a particular age, but was, above all, a practical man and a politician with a large fund of common sense. He was unequaled as a teacher and educator, a preacher of sound ethical maxims presenting a moral standard of universal value. Christ and Buddha made loftier demands on their followers, but nobody could reach their heights, and few, if any, ever truly lived up to the ideal standard of their precepts. Confucius restricted himself wisely to the exposition of such tenets as were within the grasp and reach of everybody, and produced a society of well-mannered and disciplined men generally decent in feeling and action. Confucius was neither a genius nor a deep thinker, but a man of striking personality, though he was by no means a truly great man and lacked both the charm and eloquence of Christ and Buddha. But in the extent, depth and permanency of influence, no other man in the history of the world can be likened to him. His shadow grew and grew into colossal dimensions from century to century, finally overshadowing the entire eastern world.

The life and labors of this remarkable man have often been narrated, and the canonical books in which his doctrines are expounded are rendered generally accessible through the classical translation of James Legge. But his portraits and his life as it has been represented in Chinese art have not yet been studied in a connected treatment.[1] This subject which we propose to treat on the following pages will allow us to touch on some characteristic features of the career of Confucius, and to understand the lasting impression which he has left on the minds of his countrymen.

No contemporaneous portrait of China's greatest sage has come down to posterity, nor are there any personal relics of his in existence. As early as the time of the Han dynasty when the study of ancient literature was revived and the Confucian teachings met with general recognition, the necessity was felt of having pictures of the

[1] The illustrative material of this article was collected by me at Si-ngan fu in 1903 and on a visit to K'ü-fu, the burial-place of Confucius, in January, 1904. At that time I also conceived the plan of writing a history of Confucian iconography. On the Chinese rubbings, the engraved lines appear white, while the background is black owing to the use of ink. The original drawings which were carved into the stone were, of course, black on white. We have made an attempt at restoring these originals by taking a photograph of the first negative obtained from photographing the rubbing, thus securing the original sketch in black outlines. This process should be employed for reproducing all Chinese rubbings of this kind and insures an infinitely better idea of the style and real appearance of these pictures.

sage and his disciples. The scholar and statesman Ts'ai Yung (133-192 A. D.) is credited with having painted for the Hung-tu College the portraits of Confucius and his seventy-two disciples.[2] This school was founded in 178 A. D. by the Emperor Ling for the inculcation of Confucian teachings, the name Hung-tu ("the School of the Gate") being derived from the designation of a gate in the imperial palace. It should be understood that the Confucian paintings were not merely prompted by artistic, but by religious motives as well, for there was a well established worship of Confucius in the days of the Han dynasty. The growth of this cult can be traced with a fair degree of accuracy. In the beginning it had a merely local significance, only the princes of Lu and the disciples offering sacrifices to K'ung-tse at certain times of the year, until the first emperor of the Han passed through the country of Lu in B. C. 195 and sacrificed at the tomb of the sage.

This action marks the beginning of K'ung-tse's national worship. In 58 A. D., in the high schools (*hio*) established in all the districts of the empire since B. C. 132, solemn honors were rendered to Confucius. Three emperors of the dynasty of Han went to visit the house of Confucius in the country of Lu, Ming-ti in 72 A. D., Chang-ti in 85 A. D., and Ngan-ti in 124 A. D., and celebrated the sacrifices in honor of the Master and his seventy-two disciples. The Emperors Chang and Ngan assembled all descendants of Confucius and presented them with money and silken cloth, and Chang caused the *Lun yü* to be explained to the students.

The view upheld by some scholars that Confucianism is not a religion is based on a misjudgment of the facts. On the contrary, Confucianism is a religion in a double sense. Confucius stood throughout on the platform of the ancient national religion of China and shared most of the beliefs of his countrymen of that age. His entire moral system has its roots in the most essential factor of this religion, ancestral worship; in the absolute faith in an almighty supreme ruler, the Deity of Heaven; and in the unchangeable will of destiny. He sanctioned and adopted the whole system of ancient rites including the complicated ceremonial of burial and mourning. All this is religion. It is a religion, the fruit and final logical consequence of which is moral instruction, and which terminates in the exposition of the principles of good government and the sane laws of the family, not in the sense of an abstract civil law, but always imbued with a deeply religious character.

[2] Giles, *Introduction to the History of Chinese Pictorial Art*, p. 8. Biot, *Essai sur l'histoire de l'instruction publique en Chine*, p. 194 (Paris, 1847).

The development of Confucianism bears the same religious stamp. There are paintings and images of the Master; he is honored like the gods with sacrifices, dances, music and hymns. Temples have been built in every town in his memory; he has been set up as the object of a regular cult. He is certainly not worshiped as a god. Prayer is not offered to him nor is his help or intervention sought. The ceremonies employed at service in his honor are the same as those used in the temples of past emperors. He is venerated and praised as the promoter of learning and civil conduct, as the great benefactor of his country, as the greatest teacher and model of all ages. The service is one of grateful remembrance, and his birthday is observed as a holiday in all public departments. But he must be worshiped in his own temple, and it is forbidden to set up any image or likeness of him in a Buddhist or Taoist temple. It is right for the child to do him obeisance in the school, and the student in the college, for these are the institutions where his teaching and influence are felt. In this aspect we must understand the early development of Confucian pictures.

In 194 A. D., the prefect of I-chou (Ch'êng-tu in Sze-ch'uan) erected a hall in which to perform the rites (*li-tien*) on behalf of Chou Kung. On the walls of this hall, he had the images of P'an-ku, the ancient emperors and kings, painted; further he painted on the beams Chung-ni (Confucius), his seventy-two disciples and the famous sages downward from the age of the Three Sovereigns. These paintings were restored or renewed several times, first by Chang Shou who was prefect of I-chou in the period T'ai-k'ang (280-290 A. D.) of the Tsin dynasty; then by Liu T'ien in 492 A. D. In the Kia-yu (1056-64 A. D.) period of the Sung dynasty Wang-kung Su-ming made copies of these wall-paintings distributed over seven scrolls on which 155 figures were represented; and in the Shao-hing (1163-64 A. D.) period of the Southern Sung dynasty Si Kung-yi had another copy made and engraved on stone. It consisted of 168 figures and was placed in the Hall of the Classics of Ch'eng-tu. Nothing of these works has survived.[3]

But several early Confucian pictures have been transmitted on the bas-reliefs of the Han period in Shantung. The greater bulk of these, numbering forty-six, are now collected in a stone chamber near Kia-hiang; they were discovered and exhumed in 1786 by Huang I and represent the remains of stone carvings which once

[3] From *I-chou ming hua lu*, "Records of Famous Painters of Sze-ch'uan" (reprinted in the collection *T'ang Sung ts'ung shu*) by Huang Hiu-fu of Kiang-hia (in Wu-ch'ang) at the time of the Sung dynasty. A preface by Li T'ien-shu is dated 1006 A. D.

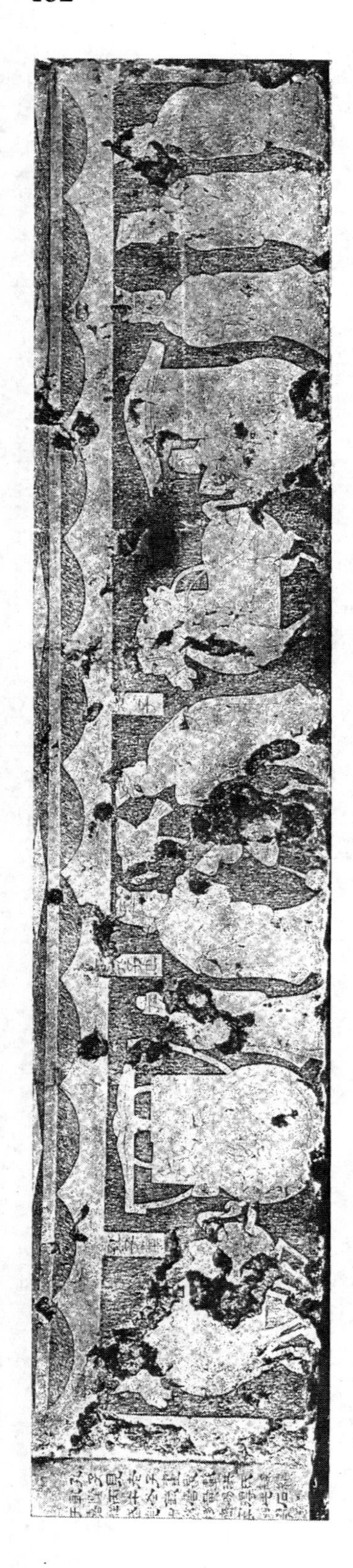

CONFUCIUS'S VISIT TO LAO-TSE. A STONE BAS-RELIEF OF THE HAN PERIOD.

decorated the mortuary chambers of three separate tombs of the second century A. D. The scenes displayed on these bas-reliefs comprise two main groups, historical and mythological. Portraits of the ancient mythical sages, Fu-hi and Nü-wa, the Emperor Yü, and examples of filial piety and feminine virtue and devotion are there depicted; we are, further, treated to long processions of warriors, horseback riders, chariots with their occupants and drivers, scenes of battle and hunting, peaceful domestic scenes and favorite mythical concepts. On one of these slabs we find fourteen, on another nineteen, on a third twenty-two, and on a fourth eighteen disciples of Confucius represented in uniform style. Among these, Tse-lu is distinguished by an explanatory label recording his name.[4]

There are three representations of Confucius himself. One of these, depicting the visit of K'ung-tse to Lao-tse, is of particular interest; the stone is preserved in the Hall of Studies at Tsi-ning chou, Shantung. In the center we see to the left Lao-tse; to the right K'ung-tse holding in his hands two chickens as a present to his host. Between the two sages there is a young boy, the attendant of Lao-tse, busily engaged in cleaning the road with a broom. To the left is Lao-tse's chariot and to the right that of K'ung-tse, followed by three men. Therefore the philosophers are represented at the moment when they have just alighted from their vehicles and are meeting

[4] Chavannes, *La sculpture sur pierre en Chine*, pp. 39, 42, 57, 60.

for the first time. This event is narrated by the historian Se-ma Ts'ien in his brief biography of Lao-tse (*Shi ki,* Ch. LXIII).[5] The much ventilated question whether the interview between the two philosophers is historical or was merely invented by Taoists for the purpose of turning the Confucianists to ridicule, does not concern us here.[6] I for my part see no reason why the two should not have met somewhere to exchange ideas, though their speeches as recorded are certainly later makeshifts. We see that this idea had crystallized during the Han period and that it must have been dear to the people

CONFUCIUS PLAYING THE RESONANT STONES.

of that age. Whether historical or not, from the viewpoint of art this subject is very happily chosen and must be looked upon in the light of an allegory. While the artist was not able to contrast the two philosophers by a sharp characteristic, he had doubtless in mind to impress their worldwide contrast on the minds of his public: Lao-tse, the transcendentalist who made philosophy rise from earth to heaven, and Confucius, the moralist and politician who made philosophy descend from heaven down to earth.

[5] See text and translation in Dr. P. Carus, *Lao-tze's Tao-Teh-King,* pp. 95-96 (Chicago, 1898).

[6] The best critical examination of this question is furnished by J. H. Plath, *Confucius und seiner Schüler Leben und Lehren,* I, pp. 29-36 (Munich, 1867); also Chavannes, *Les mémoires historiques de Se-ma Ts'ien,* Vol. V, p. 299.

In another bas-relief representing Confucius in the act of playing on a row of sonorous stones, this contrast between the Confucian and Taoist way of thinking is also insisted on. We read in the Confucian Analects (*Lun yü,* XIV, 42) the following story, also copied by Se-ma Ts'ien: "The Master was in Wei and playing one day on a sonorous stone, when a man carrying a straw basket passed the door of the house where he was, and said: 'Truly, he has a heart who thus strikes the sonorous stone.' A little while after he added: 'What a blind obstinacy (to be intent on reforming society)! Nobody knows him (appreciates his doctrine), so he should stop teaching. It the ford is deep, I shall cross it with bare legs; if it is shallow, I shall hold up my clothing to my knees.'[7] The Master said: 'How cruel this man is (having no pity with others)! His mode of life is certainly not difficult.'" The basket-bearer is a sage with a taste for Taoist philosophy, tired of active life and hiding himself in a humble calling. When he heard Confucius's music, he recognized at once his love for his fellow mates, but also his obstinate character which caused him to seek constantly for official employment; he reproached him and advised to resign. Confucius's reply shows that such a resignation seemed to him easy; the sage must not be satisfied with an abdication and the life of a recluse, but struggle along against all obstacles.

On the sculpture we observe Confucius in an open hall, the roof of which is supported by two pillars. The nine wedge-shaped sonorous stones carved from jade are suspended in a wooden frame, and he is just striking the second stone with a stick. His music seems to have impressed the two men lying prostrate in front of him, while two others emerge from behind the instrument. The music-master is leaning against a pillar, and the itinerant sage, basket in hand, is standing to the left of him outside the house. Naive and crude as these early conceptions of the Han period may be, there is, nevertheless, as the Chinese would say, "heart" in them (*yu sin*), and a certain measure of temperament.

Another representation on a stone of the Han period is known among the Chinese as "picture of K'ung, the holy man, traveling through all countries" (*K'ung shêng jên yu-li ko kuo t'u*). It is doubtless symbolic of his thirteen years' wanderings after he had left his native country Lu in disgust, when he went from state to state in search of a ruler who would afford him an opportunity of

[7] Quotation from the Book of Songs (*Shi king,* ed. Legge, p. 53). The meaning is that the sage remains in seclusion or shows himself in public according to the circumstances.

putting into practice his principles of good government. In the upper zone of the sculpture, he is seated, apparently taking a rest, between a man who is making kotow before him, and a woman saluting him on her knees with uplifted hands,—evidently host and hostess who received him in their house. In the lower zone, his traveling cart drawn by a running horse is shown, indicating his peregrinations.

Some twenty years ago, Mr. F. R. Martin, the zealous Swedish collector and editor of several sumptuous publications of Oriental

CONFUCIUS ON HIS PEREGRINATIONS.

art and antiquities, discovered in the possession of a farmer in the village Patiechina, province of Minusinsk, Siberia, the fragment of an ancient Chinese metal mirror which aroused considerable interest, as an inscription in Old Turkish characters was incised into its surface. What interests us more in this connection, is a curious representation of Confucius brought out in high relief on the back of this mirror.[8] The fact that this figure is intended for Confucius becomes evident from the inscription of six characters saying:

[8] Compare Martin, *L'âge du bronze au Musée de Minousinsk* (Stockholm, 1893), Plate XXV, whence our illustration is derived.

"Yong K'i-k'i is holding a conversation with K'ung fu-tse." Devéria searched in the *Kin-shih so*, a well-known archeological work published in 1821 in twelve volumes, one of which is entirely devoted to the subject of metal mirrors. There he encountered an engraving illustrating the complete mirror, half of which Martin

CONFUCIUS ON FRAGMENTARY CHINESE METAL MIRROR FOUND IN SIBERIA.

had luckily found in Siberia. On this one we see the interlocutor of Confucius. Who was Yen K'i-k'i? In the Taoist book bearing the name of the philosopher Lieh-tse (I, 9)[9] we are treated to the following anecdote:

[9] It is doubtful whether or not he was an historical personage. Giles regards him as a mere allegorical creation introduced by the philosopher Chuang-tse for purposes of illustration. The historian Se-ma Ts'ien does not mention

One day Confucius was taking a walk near Mount T'ai when he observed Yung K'i-k'i strolling around in the region of Ch'êng. Clad only with a deer-skin girdled by a rope, he was singing and accompanying himself on a lute. Confucius asked him: 'Master, what is the reason of your joy?' He responded: 'I have three reasons to

THE SAME MIRROR COMPLETE FROM ENGRAVING IN KIN-SHIH SO.

be joyful. When Heaven produced the multitude of beings, it is man who is the noblest of all; now I have obtained the form of a man,—this is the first cause of my joy. In the distinction existing between man and woman, it is man who has the place of honor, and woman who holds the inferior rank; now I obtained the form of a

his name, but Lü Pu-wei, who died in B. C. 235, places him in his *Ch'un Ts'iu* with Lao-tse, K'ung-tse and Mo Ti among the most perfect sages. There are certainly many spurious passages and later interpolations in the text going under Lieh-tse's name. It is, however, by no means a forgery, but whether written by Lieh-tse or somebody else, the work of a brilliant thinker, and makes with its numerous fables and stories perhaps the most entertaining book of early Chinese literature (compare W. Grube, *Geschichte der chinesischen Litteratur*, p. 149). A good German translation of Lieh-tse was published by Ernst Faber under the title *Der Naturalismus bei den alten Chinesen*, Elberfeld, 1877.

male,—this is the second cause of my joy. Among men, coming into the world, there are those who do not see the sun and the moon (i. e., born dead), others who die before they have left their cradles; now I have already lived up to ninety years,—this is the third cause of my joy. Poverty is the habitual condition of man; death is his natural end; since I am in this habitual condition and shall have this natural end, why should I be afflicted?' Confucius said: 'Excellent is this man who knows how to expand his thoughts!'"

On the mirror we see the happy recluse and beggar handling his lute, his deer-skin being accentuated by rows of spots. Confucius is carrying a long staff terminating in a carved dragon's head on the mirror of Siberian origin; such dragon-staves are still used by old people in China, and specimens of them may be viewed in the Field Museum. In the *Kin-shih so,* this mirror is arranged among those attributed to the age of the T'ang dynasty (618-905 A. D.), but the subject there represented is doubtless much older and will certainly go back to the Han period in which Taoist subjects in art are abundant. Also the naive style of the drawing of the figures betrays the same epoch, while, as far as I know, human figures but very seldom occur on metal mirrors of the T'ang period.

The most striking feature about this picture is that it illustrates a scene derived from a Taoist source and to be found in a Taoist writer only.[10] The conclusion is therefore justifiable that the artist who sketched this composition was also a Taoist, and that Confucius was the subject of a school of Taoist artists. In the Han bas-reliefs of Wu-liang we met the scene of Confucius's interview with Lao-tse inspired by Taoist tradition, and the story of the hermit lecturing to the music-loving Confucius on the advantage of inactivity bears a decidedly Taoist flavor,—both of these scenes being noteworthy amidst many others of a definite orthodox Confucian cast, as, e. g., the series of ancient emperors and the Confucian disciples.

There are accordingly, as we are bound to admit, two distinct currents in early art as regards Confucian subjects, a purely Confucian and a Taoist tendency of thought. The latter is conspicuously obtrusive, for in the three designs which we know thus far it is in each case a Taoist saint who celebrates a triumph over Con-

[10] The two brothers Fêng, the authors of the *Kin-shih so,* quote the story from the *Kia yü,* "The Family Sayings," a Confucian book edited by Wang Su in 240 A. D., but Devéria denies that it occurs there. He himself quotes it in a much abbreviated form after the concordance *P'ei wên yün fu* which gives the philosopher Chuang-tse as its source. This cannot be correct either, for I cannot find the text in Chuang-tse. I am inclined to think that it is on record only in Lieh-tse.

fucius and sarcastically or humorously exposes his shortcomings. Neither can there be any doubt that of the two groups the Taoist achievements are the more interesting and attractive ones in tenor and spirit, while those of the Confucian school are stiff, shadowy and inane. Quite naturally, since the Confucianists of the Han period were purely scholars without any religious cult and religious devotion, with no room for images or imagination fostering artistic sentiments; the Taoists, on the contrary, were stirred by a lively power of poetic imagination and animated by a deep love of nature, as well as stocked with a rich store of good stories. Indeed, China's art in the Han period is under no obligation to Confucianism, for the simple reason that this system had nothing to give to art, nor took any interest in art, nor was able to inspire any artistic motives. Greek art was not nourished by the wisest axioms of Socrates or by the lofty idealism of Plato. The Chinese artists turned their eyes with a correct instinct towards the legends and stories of emotional Taoism, and from this soil, paradoxically enough, grew also the figure of Confucius who in an artistic sense was perhaps more of an ideal to them or closer to their hearts than to the Confucianists. But he appears to have been to them rather an allegory by which to inculcate certain of their axioms than a man of flesh and blood.

An adequate representation of China's greatest man was made possible only under the influence of Buddhist art from India, and we now have to view Confucius as seen and portrayed by the Buddhists. While in the Han period the intention was merely to depict Confucius, his disciples and incidents from his life for the instruction of the people, the artistic conception of the sage remained for the glorious age of the T'ang dynasty. This work is the creation of one of the greatest painters of the East, Wu Tao-tse or Wu Tao-yüan. The actual work has not survived, but like several others of his, it is preserved to us, engraved on a stone tablet in the Confucius temple of K'ü-fu. Whoever has seen the famous Kuan-yin, by the same artist, engraved on stone in the Pei-lin of Si-ngan fu, cannot rid himself of the impression that the Buddhist style of folds in the robe was transferred also to this portrait of Confucius. It is not so impressive as we should expect from a painter of such reputation; the face is rather typical and conventional, but it is hard to judge how much was lost in executing this reproduction after a painting from which a drawing had first to be made to be pasted over and chiseled into the stone. Below, there is the signature: "brush (*pi*) of Wu Tao-tse"; above, the following eulogy is engraved: "In virtue he is equal to Heaven and Earth. In reason

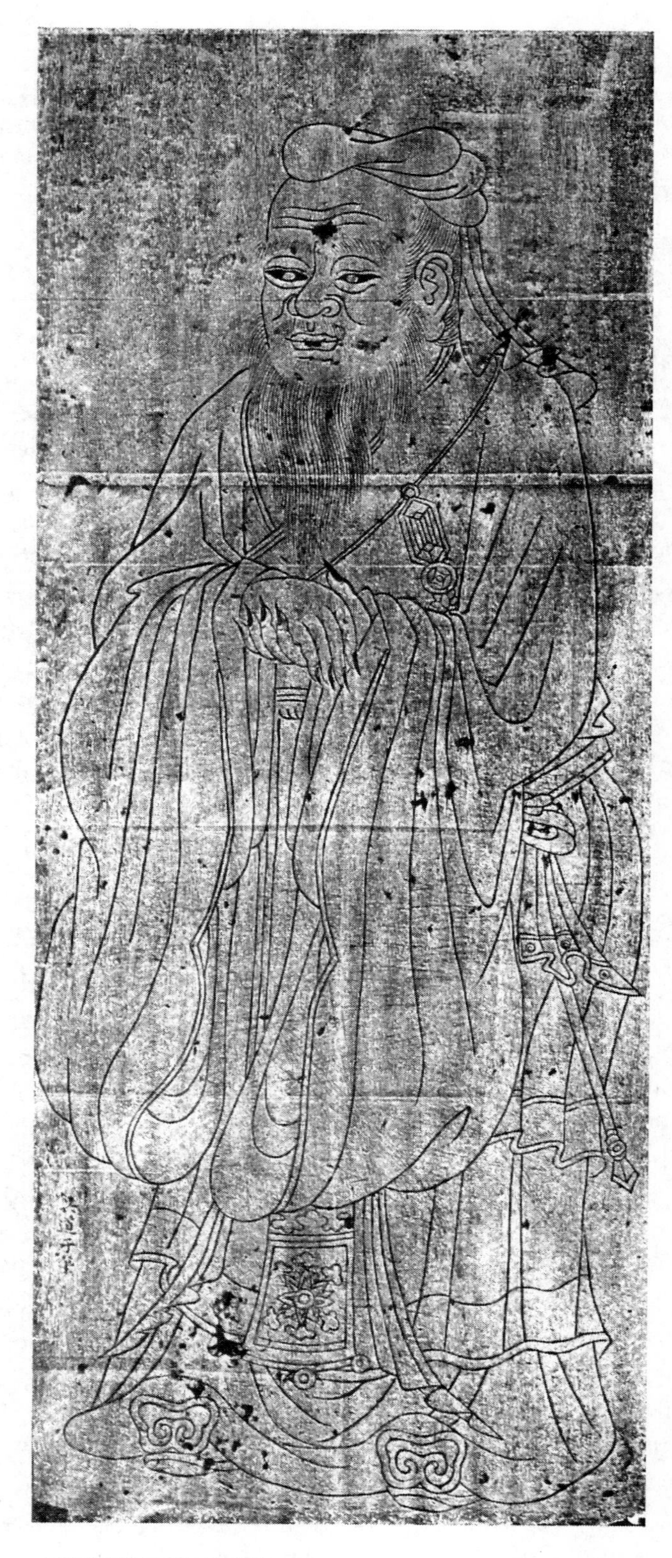

CONFUCIUS AFTER PAINTING OF WU TAO-TSE.
(Original 1.50×0.63 m.)

(*tao*), he excels ancient and present times. He edited the Six Canonical Books (*leu king*)[11] and is transmitted as a model to all generations."

It should not be presumed that Wu Tao-tse created an original conception of the sage emanating entirely from his own mind. We know that he studied the works and endeavored to form his style on that of the older painter Chang Sêng-yu[12] who flourished in the beginning of the sixth century under the Liang dynasty. The Emperor Ming, says Professor Hirth,[13] expressed his astonishment that Chang Sêng-yu had painted the figures of Confucius and his disciples in a certain Buddhist monastery by the side of a representation of Rojana Buddha, wondering how those worthies had come among the Buddhists, whereupon the painter said nothing but: "The future will show." And indeed when all the Buddhist monasteries and pagodas were burned in a general persecution of the Indian religion during the Posterior Chou dynasty, that one building escaped destruction because it contained a portrait of Confucius. Although there is no actual record to show that Wu Tao-tse depended on a model of his older colleague in his creation of Confucius, there is reason to believe that in his close study of his predecessor's works he had come across such a sketch and received from it some kind of inspiration. This dependence can now be gathered from a unique painting in the wonderful collection of Mr. Charles L. Freer in Detroit. It was acquired by him from one of the Buddhist temples on the West Lake (*Si hu*) near Hang-chou where it was kept as a relic, and according to a lengthy testimonial written on the scroll, contains "genuine traces" (*chên tsi*) of the brush of Chang Sêng-yu, i. e., the fundamental work is from the hands of the great painter himself, while restorations have been made from time to time, according to circumstances. The subject of this painting is a walking Kuan-yin holding a basket with a goldfish in it (i. e., Avalokiteçvara the Saviour),[14] imbued with life and spirituality. The face is enlivened by a more naturalistic flesh-color than exists in any other

[11] In this enumeration, the *Yo ki*, "Record of Music," is added as the sixth to the old standard series of the Five Canonical Books (*wu king*) which are the *Yi king*, *Shu king*, *Shi king*, *Li ki*, and *Ch'un ts'iu*. The *Yo ki* is now incorporated in the *Li ki*.

[12] Giles, *loc. cit.*, p. 47.

[13] *Scraps from a Collector's Note Book*, p. 59.

[14] After a long research of this subject I have no doubt that Avalokiteçvara is a Buddhisized figure of Christ, or at least Christian in its fundamental elements, but the exposition of this subject would require a special monograph. The two pictures published in *The Open Court*, July, 1911, p. 389, are patterned after the above painting of Chang Sêng-yu.

Chinese painting. This admirable work of art renders it quite clear to us from what source Wu Tao-tse drew inspiration for his Kuan-yins, and I am therefore inclined to assume a similar source of inspiration for his Confucius.

The Emperor Yüan of the Liang dynasty (reigned 552-554 A. D.), equally famous as poet, art patron and practical artist, also

CONFUCIUS AFTER A PAINTING OF WU TAO-TSE.
(Original 66×26 cm.)

CONFUCIUS AFTER A PAINTING OF WU TAO-TSE.
(Original 48×23 cm.)

painted a portrait of Confucius and added a eulogy on the sage, composed and written by himself, which caused his contemporaries to style him a *San-tsüeh,* a "past master in the three arts" (i. e., painting, poetry, and calligraphy).[15]

[15] Amiot in *Mémoires concernant les Chinois,* Vol. XII, p. 432, and Hirth, *loc. cit.,* p. 61.

We add two further portraits of Confucius ascribed to Wu Tao-tse, both variations of the first picture, this type being known as "the standing Confucius." The eyes and the expression of the countenance are different in these two which are more genial and humane, with a touch of good humor; it is the type of the kind-hearted old gentleman. The three stone engravings differ considerably in size. It will be noticed that the blazon with the star-ornament on the lower edge of the robe in the large portrait is wanting in the two smaller ones. But the close agreement between the three shows how well the tradition of the original painting of Wu Tao-tse has been preserved.

It is striking that in the three pictures Confucius is carrying a sword. The sword-guard is shaped like the petals of a lotus, and the rectangular hilt is surmounted by a hanger suspended from a band laid around the shoulder. No such statement is to be found in any ancient text, and no attribute could be more inappropriately chosen for the sage who was always operating with moral suasion. Wu Tao-tse adhering to Buddhist thoughts, it might be argued, had in mind the sword of wisdom brandished by Mañjuçri, and the artists, intent on adorning their figures with characteristic attributes as taught by Buddhist tradition, were certainly at a loss as to how to decorate Confucius.

There is a bust portrait of him preserved on a stone tablet in K'ü-fu said also to go back to Wu Tao-tse. While much is chronicled in the *Lun-yü* in regard to Confucius's habits, deportment and dress, his disciples have recorded little about his appearance. The later legend assigning to his figure "forty-nine remarkable peculiarities" was evidently woven in imitation of Buddha's marks of beauty, and the later descriptions of his person seem to have been made from portraits then in existence. He is described as a tall man of robust build, with high and broad forehead, with a nose curved inward and rather flat; his ears were large—a sign of sincerity—his mouth rather wide, and the upward curve of the corners of his mouth, as well as his small but broad eyes gave to his countenance the expression of a genial old man heightened by a long and thin beard. Some of these features are reproduced in this portrait which remained the permanent typical model for all subsequent representations. A copy of it was dedicated for the Museum of Inscriptions (*Pei lin*) of Si-ngan fu in 1734 by the sixth son of the Emperor Yung-chêng, Prince Kuo (Ho-shê Kuo Ts'in-wang), his seal in Chinese and Manchu being attached to his name in the inscription.

It should not be presumed that Confucius's portrait has become a household picture in the Chinese home. It is nowhere found on the walls of a private mansion or a public office; he is considered too holy to be exposed to the profane eye, and his name and teachings are too deeply engraved into the hearts of his countrymen to require an outward symbol.

CONFUCIUS IN THE MIDST OF TEN DISCIPLES.
After painting in Buddhist style by Wu Tao-tse.

A stone engraving, the original of which, I think, is actually from the hands of Wu Tao-tse, offers the most curious representation of this subject in art in that it is conceived in an entirely Buddhistic style. It demonstrates the embarrassment and helplessness of the artists in coping with the problem of making sober

Confucianism an inspiration for art. Philosophers and moralizers of the type of Confucius, prosaic and without a gleam of imagination, are hardly a stimulus to art, and Wu Tao-tse certainly did not know what to make of it and how to picture him. If we did not read it in the accompanying inscriptions, we could hardly guess that Confucius and ten of his disciples are supposed to be represented here. The disciples are clad in the robes of Buddhist monks and are actual counterparts of the Arhat (*Lo-han*). Confucius is characterized merely by his higher seat and his umbrella; it is remarkable that he is placed in the background. The composition is not bad, but it is dull, and from the viewpoint of Confucianism the picture is a travesty. The stone is preserved in K'ü-fu and was engraved in 1095 A. D. Above the picture are inscribed two eulogies on the sage, one composed by the Emperor T'ai-tsu (960-976 A. D.)[16] the other by the Emperor Chên-tsung (998-1022 A. D.), both of the Sung dynasty. Old Father Amiot (*loc. cit.*) reports that Tsung-shou, a descendant of Confucius in the forty-sixth generation (i. e., in the first part of the eleventh century) makes mention of a portrait of K'ung-tse represented seated, ten of his disciples in front of him. This portrait, he adds, was painted by Wu Tao-tse who lived under the T'ang; it resembles in its physiognomy the portrait of small size preserved in his family. Indeed, the inscription below this picture gives the name of this Tsung-shou as having caused this engraving to be made after a painting of Wu Tao-tse in his possession. Amiot refers to another family protrait of the philosopher mentioned by his descendant in the forty-seventh generation (end of the eleventh century) who says that the family K'ung still keeps some garments which had belonged to their illustrious ancestor, his portrait in miniature, and a portrait of his disciple Yen-tse, and that the family knows by an uninterrupted tradition that these two portraits are true likenesses. It is hardly credible that this family tradition is founded on any substantial fact, and that the portrait referred to could be traced back to any model contemporaneous with Confucius.

The Buddhist character of such pictures as this one struck also the Chinese, still more when statues of the sage came into vogue which are reported as early as in the T'ang dynasty (618-905 A. D.). Under the Sung dynasty, in 960 A. D., clay images of Confucius and the disciples were prepared by order of the Emperor Tai-tsu and exhibited in the *Wên miao* (Temple of Literature devoted to his cult). In 1457, the Ming Emperor Ying-tsung had a statue of Confucius cast of copper which was placed in a hall of

[16] Compare Biot, *loc. cit.*, p. 324.

the palace and had to be respectfully saluted by all ministers before they were allowed into the imperial presence for the discussion of state affairs.

An end was made to these idolatrous practices in 1530 when the statue of Confucius was removed from his temples in conse-

ALTAR IN HONOR OF CONFUCIUS. IN NAN-YANG COLLEGE NEAR SHANGHAI.

quence of the severe remonstrance of an official, Chang Fu-king, who strongly protested against making an idol of Confucius and thus defiling the memory of the sage who was a teacher of the nation greater than any king or emperor. In his memorial he recalls the fact that in early times the plain wooden tablet inscribed with the name of Confucius was found sufficient to do homage to his memory, and that the usage of portraits and statues sprang up only after the introduction of Buddhist sects. At the present time, all statuary is removed from the Confucian temples, the tablet with the simple words "The Perfect Sage, the Old Master, the Philosopher K'ung" taking its place, as shown in our illustration of the altar of Confucius

CONFUCIUS AND HIS FAVORITE DISCIPLE YEN-TSE.
Style of the painter Ku K'ai-chih. Engraved on stone in the Confucian temple of K'ü-fu.

in Nan-yang College near Shanghai, with the four words on the walls: *Ta tsai K'ung-tse,* "Truly great art thou, Confucius!" There are, however, two exceptions to this rule, in the great temple of Confucius in K'ü-fu and in a small temple dedicated to him on the T'ai-shan, the sacred mountain in Shantung, where Confucius and his four main disciples, the so-called Four Associates (*se p'ei*), Yen-tse, Tsêng-tse, Tse-se and Mêng-tse are represented, not by tablets, but by their images.

There are several other pictures of Confucius attributed to Wu Tao-tse by tradition, which, however, seem to be less founded than in the case of the previous representations. One of these is a drawing representing the sage in half-profile walking along, followed by his disciple Yen-tse. Two copies of it have been handed down, the one in Si-ngan fu, first engraved on stone in 1107 A. D. under the Sung, and afterwards under the Ming in 1563 A. D.; the other copy, preserved in the Confucius temple of K'ü-fu, was cut in 1118 A. D. and is the one here reproduced. The differences between the two are slight; on the latter, the sage appears taller, leaner and older. According to another tradition, the original picture is traced back to Ku K'ai-chih, the famous painter of the fourth century, and I am under the impression that this tradition is correct. To my feeling, the style of this sketch is not that of Wu Tao-tse, but plainly that of Ku K'ai-chih as revealed in the collection of wood-engravings made after his paintings, entitled *Lieh nü chuan* ("Scenes from the Lives of Virtuous Women"). It is very possible, of course, that his work has passed through the hands of Wu Tao-tse and was imitated by him, as we know he actually did in other cases.[17] Also here, both Confucius and his disciple are carrying swords, and Wu Tao-tse may have adopted this feature from his older colleague.

[TO BE CONTINUED.]

[17] Binyon in *Burlington Magazine*, 1904, p. 43.

$1.00 per Year APRIL, 1912 Price, 10 Cents

The Open Court

A MONTHLY MAGAZINE

Devoted to the Science of Religion, the Religion of Science, and the Extension of the Religious Parliament Idea

Founded by EDWARD C. HEGELER.

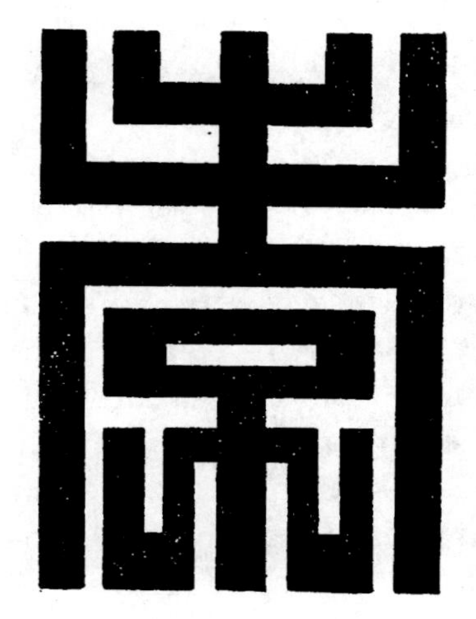

FILIAL PIETY.
The Ideal of Confucianism.

LONGEVITY AND IMMORTALITY.
The Aim of Chinese Religion.

ORNAMENTAL CHINESE CHARACTERS.

The Open Court Publishing Company

CHICAGO

Per copy, 10 cents (sixpence). Yearly, $1.00 (in the U.P.U., 5s. 6d.)

Entered as Second-Class Matter March 26, 1897, at the Post Office at Chicago, Ill. under Act of March 3, 1879.

CONFUCIUS AND HIS PORTRAITS.

BY BERTHOLD LAUFER.

[CONCLUDED.]

Yen Hui (B. C. 514-483) was the favorite disciple of Confucius. His father Yen Wu-yu was a disciple of the sage and sent his son, while still a boy, to the same great teacher. Yen Hui soon became the most distinguished of all the disciples and was unbounded in his love and admiration for his master whom he regarded as a father. Untiring in love of learning, he studied with unrelenting diligence, and tried to practice the rules of conduct which he imbibed. He was silent and attentive, seldom asked questions and never offered criticisms; the master's doctrines were to him sublime and faultless. He lived a life of poverty and was content with the pursuit of virtue and wisdom. A bamboo joint for a cup, a gourd for a bowl, his elbow for a pillow, rice and water for his food, and a hovel in a lane for a house—such was his lot, over which he never lost his cheerfulness. He won the lifelong affection of his master whose despondent moods could always be charmed away by Yen Hui's harp and song. Se-ma Ts'ien compares him in his friendly relations to Confucius with a fly which travels far and fast by clinging to the tail of a courser. The sage looked to him for the future propagation of his doctrines, but was cruelly disappointed when "the finger of God touched" the disciple and took him away "in his summer day" at the age of thirty-two. The old master wept bitterly in despair and exclaimed that Heaven had ruined him. From the time of the Han dynasty, he was associated with Confucius as the object of worship, and he has received various titles and designations. He is usually known as Fu shêng Yen-tse, as written on the top of our picture, a term variously explained, probably "the sage who reported the lessons taught by the master." Of all Confucian portraits, that of Yen Hui is the most intellectual in conception. The stone tablet on which it is engraved is preserved in his ancestral temple in K'ü fu; it is not known by what artist the original was made.

Facing Yen Hui's tablet and next to it in order of succession

YEN HUI OR YEN-TSE, THE PHILOSOPHER YEN.

is that inscribed *Tsung shêng Tsêng-tse,* i. e., "the Philosopher Tsêng, the Founder-Sage," or as Legge translates, "Exhibiter of the Fundamental Principles of the Sage." We see him pictured on a stone engraving in the Museum of Inscriptions (*Pei lin*) at Singan fu, which is undated and ascribed to an artist Wên Yü-kuan;[18]

CONFUCIUS AND THE PHILOSOPHER TSÊNG.

Confucius is sitting on a bench, holding a *Ju-i,* a scepter of good augury fulfilling every wish, and the disciple is standing in front

[18] I cannot find any references to him in the Chinese catalogues of painters.

of him, apparently listening to his instructions. Tsêng, whose full name was Tsêng Ts'an (B. C. 506-437), was an extremist in the practice of Confucian morality and carried filial piety to a point where the sublime is nearing the boundary of the ridiculous. On one occasion while weeding a garden of melons, he accidentally cut the root of a plant. His father took a stick and beat him almost to death. As soon as he was able to move, he approached his father and expressed his anxiety lest the old man might have hurt himself in administering such a strong dose, and then sat down playing the lyre to put his father's mind at ease. Confucius rebuked him for his conduct as going to excess, since by quietly submitting to such a punishment he might have caused his father to kill him—the worst possible act of unfilial conduct on the part of a son. This and several other absurd stories—e. g., that he divorced his wife for serving up to her mother-in-law some badly stewed pears—have probably been concentrated on his life for no other reason than because the small book, the Canon of Filial Piety (*Hiao king*) is ascribed to him, and so he had to be made a model of filial piety himself.

A Confucian iconography would be incomplete without a picture of his great successor and the most ardent champion of his tenets, Mêng-tse (or, Latinized, Mencius, who lived B. C. 372-289). The story of his education by his mother—the father died when the boy was at the age of three—has become a classical example of pedagogical principles to the present day. He first lived with his mother near a cemetery, but they moved away from there because the boy imitated in play the funeral ceremonies daily before his eye. She then took a house near the market-place, but her child soon began to play buying and selling and to learn the bad ways of tradesmen. So she moved a second time near to a public school where the imitating faculties of the boy were soon developed in copying the ceremonial observances interchanged between scholar and master. Another story goes to tell how his mother roused him to learning by cutting asunder the thread of a woof, in order to exemplify the disastrous effect of want of continuity in learning—a household anecdote to this day and a subject represented in art as early as by Ku K'ai-chih in the fourth century A. D.

Subsequently Mêng-tse studied under K'ung Chi, a grandson of Confucius and endeavored to put into practice the master's maxims in several states. He was a man of stern and firm character, but not wanting in self-appreciation. The basis of his teaching, a continuation and development of Confucius's doctrines, was that man is born good, but that his spiritual nature requires careful fostering and training. Mêng-tse dwells with predilection on the problems of practical life and on the moral obligations of those who rule and those who are ruled; a commonwealth on a strongly ethical foundation was his ideal aim. The book handed down under his name recalls to mind Plato's Republic and is also composed in the form of dialogues; the nature and method of his dialectics are similar to those of Socrates. His thoughts and language are more definite and precise than those of Confucius, his style is bright and eloquent, betraying a writer of keen individuality. He was the first real author, orator and dialectician of the Confucian school, and it is his merit that the ideas of his master became propagated and popularized. "The Sage who is Second" is therefore the posthumous title bestowed upon him. His tomb and ancestral temple are in the town Tsou in Shantung. The stone on which his portrait is engraved is provided with a dated inscription which is unfortunately so much effaced that it is only partially legible.

MÊNG-TSE (MENCIUS).

On the burial-place of Confucius near K'ü-fu is a stone tablet on which the decayed trunk of a tree is engraved. (See the illustration on the following page.) This is entitled "Picture of a Juniper (*kui, Juniperus chinensis* L.) planted by the Sage with his own hand." A story to this effect is not to be found in the ancient traditions, nor is it recorded in the accompanying inscription which merely tells us that this tree had existed during the Chou, Ts'in, Han and Tsin dynasties uninterruptedly for nearly a thousand years until 309 A. D. when it decayed; but the descendants of the sage protected it for 309 years more, not daring to destroy it, until the year 617 A.D. when it was planted anew. This tree again rotted away in 667 A. D., but was flourishing in 1040 A. D. In 1214 A. D., under the Kin dynasty, it was burned by soldiers, but under the Mongols, in 1294, the old root shot forth anew, and in 1373 the trunk reached a height of three hundred feet. The inscription was composed and the monument erected in 1496 by a descendant of Confucius, Shên-hing, who was not brilliant in arithmetic, for he calculates at the end of his composition the time which has elapsed since B. C. 479, the death of Confucius, at 2975 instead of 1975 years. It is not a mere slip of his pen, for he adds: "In twenty-five years from now it will be three thousand years." This error is excusable in view of the fact that the writer was a young boy who died at the age of twenty-one. The story of the juniper tree is a pleasing tradition, though not of historical value. It is a symbol of the Confucian doctrine: imperishable like this tree, it may temporarily decline but will always rise again to new beauty and grandeur. The trunk of a tree very similar to the one depicted on the stone tablet is standing beside it and is still pointed out to the visitor as the one planted by Confucius. The juniper is a tall, very common tree in the northern provinces of China and is remarkable for the dimorphism of its leaves, resembling in general those of the common cypress. It is once mentioned in a song of the *Shi king*

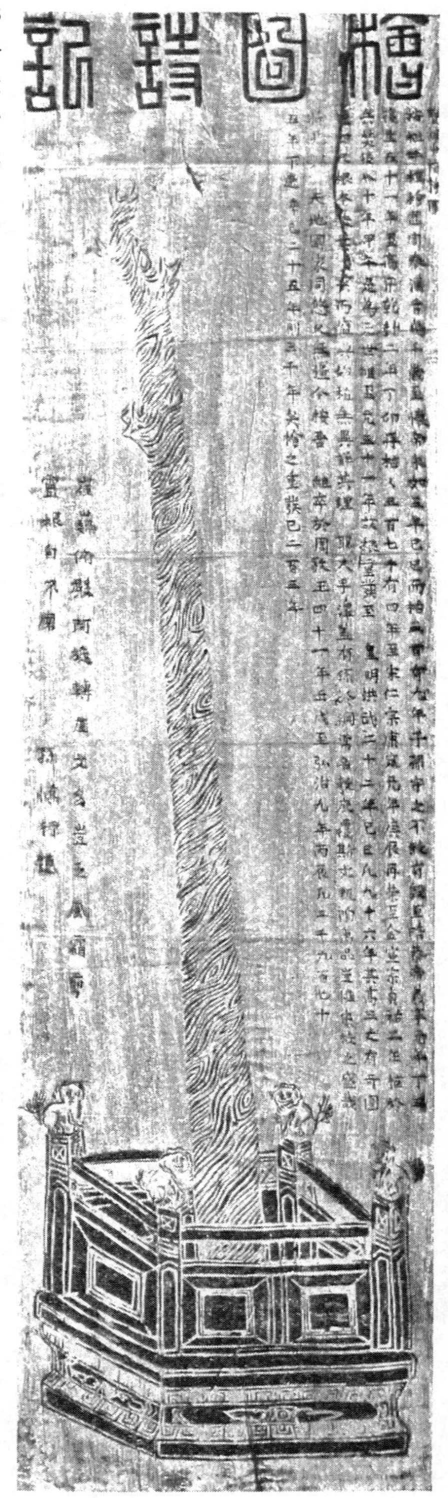

(ed. Legge, p. 102), oars made of its timber being used in boats of pine.

* * *

The oldest pictorial representations extant, which describe the scenes from the life of Confucius, are from the hand of the painter Wang Chên-p'êng (or Wang Ming-mei, or Wang Ku-yün) of the time of the Yüan dynasty, who flourished at the period of the Emperor Jên-tsung (1312-1320). He is praised as a master by Chinese critics and excelled in power of composition and coloring. An original work of his in the collection of the present writer tends to confirm this judgment. He has left to us a precious album containing ten oblong paintings, each accompanied by an explanatory notice and poem written by the celebrated calligraphist Yü Ho from Hang-chou. In the second part of the sixteenth century, this album was in the possession of a reputed connoisseur, Hiang Tse-king by name, and was preserved in his family until the fatal year 1900, when it fell into the hands of an Englishman whose name is unknown. The latter generously placed it at the disposal of Mr. Têng Shih, editor of an important series of art publications (*Shên chou kuo kuang tsi*) at Shanghai who brought out a half-tone reproduction of the pictures in 1908 as No. 2 of his Series of Albums (*tsêng k'an*), under the title *Shêng tsi t'u,* "Scenes in the Life of the Saint." From this edition, our reproductions are derived. The work of the Yüan artist is not only interesting for its artistic merits and qualities, but it is also of historical importance, since it was the forerunner of the subsequent illustrated lives of Confucius. In the great Confucius temple of K'ü-fu, a collection of 112 stone slabs with engravings displaying an illustrated biography of the sage are immured in a wall and come down from the year 1592. On a visit to K'ü-fu in 1903, I obtained a complete set of rubbings from these stones which is now preserved in the American Museum of New York. Unfortunately the stones are much damaged and mutilated, and most pictures have to be restored by guess-work. Seven of Wang's paintings have been reproduced in this series of stone engravings. The latter gave rise to a volume depicting the life of Confucius in woodcuts (reedited in 1874, at Yen-chou fu, Shantung) which are very coarse and without the fine spirit of the originals; they are merely intended as a souvenir for the pilgrims visiting K'ü-fu.[19]

The first of Wang Chên-p'êng's memorable paintings conveys

[19] Eight of these illustrations have been reproduced by E. H. Parker in the *Imperial and Asiatic Quarterly Review,* April, 1897.

an allusion to the birth of the future sage. His mother is sacrificing on the summit of Mount Ni, invoking the spirits for the birth of a child. As Dr. Carus[20] correctly points out, most of the birth-stories of the sage are of later origin and show Buddhist influence. They were invented because the followers of Confucius did not want to see their founder outdone in honors, and so they vied with Buddhist traditions in claiming a supernatural origin for their great sage as well.

THE FUTURE MOTHER OF CONFUCIUS PRAYS FOR A CHILD ON THE MOUNTAIN NI.

Painting by Wang Chên-P'êng.

This picture is doubtless conceived in a Buddhist spirit. It is a scene of great impressiveness due to the majestic simplicity of the composition. The background is filled with wandering vapors and rising clouds screening the little party off from the world and spreading a veil over their thoughts of the future event. A huge tree-trunk is breaking forth from the mist in vigorous outlines and setting off the hazy distant peaks in the corner. The future mother is preparing the offering in a brazier placed on a carved wooden stand; a servant-girl is bringing some ingredients enclosed in a

[20] *Chinese Thought*, p. 115 (Chicago, 1907).

box, respectfully carrying it on both hands covered by her sleeves. Two attendants are waiting behind. The rocky platform on which the ceremony takes place may be symbolic of the peculiar shape of the boy's skull which, according to tradition, bulged out into a hill-shaped protuberance and gained him the name *K'iu*, i. e., hillock.

The painter has not illustrated any scene from Confucius's boyhood and early manhood, but shows him in the next picture in an incident occurring in his fifties, in B. C. 496, very well chosen indeed, as it presents a turning-point in his life. At that time he was minister of justice in his native country, the principality of Lu, under the Duke Ting who was envied by the neighboring prince of Ts'i, who feared lest Lu might become too powerful under the enlightened guidance of the famous politician. To cause Duke Ting to neglect the affairs of government, his rival sent to his court a gift

CONFUCIUS FORSAKES THE STATE OF LU.

of eighty (according to Han Fei-tse, six) beautiful dancing-girls and thirty quadrigas of horses. The acceptance of this present was disapproved by Confucius and led him to resign his post. The artist has represented this scene with a true dramatic instinct. We see in the center the Duke of Lu on horseback, shielded by two halberd-bearers and protected by an umbrella. Ki Huan who had gone out in disguise to inspect the arrival and enticed the duke to look at the bait is kneeling in front of him pointing at the women, seven of whom are playing on instruments, while two are engaged in the performance of a dance. The group of eight horses on the right is a masterly work reminding us of the style of the great horse-painter Han Kan. Separated from this scene and turning away from the frivolous gayety, Confucius is standing on the left, giving orders to harness his cart which will take him off on a long peregrination;

a man is oiling the hubs of the wheels, and another driving on the bullock to yoke to the cart.

On his travels, Confucius had to pass by K'uang, a place in the present province of Chihli where, owing to an inconsiderate utterance of his cart-driver, he attracted the attention of the people and was mistaken for Yang Hu, their old enemy who had once cruelly oppressed them and whom Confucius happened to resemble. In the third picture we see surrounding his chariot a throng of infuriated peasants armed with clubs, while he remains seated under the canopy of matting, unmoved and calm. His disciple Yen Yüan is trying to appease the excited people. The contrast between their wild passion and the divine calmness on the sage's countenance furnished the artist a welcome opportunity of showing his force of characterization. He apparently took his studies from the stage, for

CONFUCIUS IS THREATENED BY THE PEOPLE OF K'UANG.

the group of four men are engaged in a war-dance like those which may still be seen in the Chinese theaters in the class of dramas known as military plays (*wu hsi*). It is noteworthy that in this as in the following cases the painter follows the plain historical records and resists the temptation to introduce the inventions with which the more imaginative later traditions are adorned. Only a minor artist would have followed here the poetic account of Confucius winning the hearts of the people of K'uang by his songs or his play on a lute.

The fourth picture illustrates Confucius alone at the east gate of the capital of Chêng in Honan. A man from Chêng shouldering a folded umbrella who had passed by him meets the philosopher Tse-kung and describes to him the appearance of the sage. He recognizes in his exterior the signs of a holy man and closes his description by saying, "He seems much embarrassed like the dog in a family where somebody is dead." Tse-kung repeated his account to Confucius who joyously replied: "The outward form of a body is of no account; but that I resemble a dog in a family where somebody died, is very true."

CONFUCIUS SOLITARY AT THE GATE OF THE CAPITAL OF CHÊNG.

The fifth picture shows us the master sitting on a fur-covered, drum-shaped seat of pottery receiving instruction in playing the lute from the music-teacher Siang-tse. The pottery seat as well as the

CONFUCIUS RECEIVES INSTRUCTION IN PLAYING THE LYRE.

stool of the teacher are anachronisms, for in the time of Confucius the Chinese used only to squat on mats spread on the ground. It is even stated expressly in this story that at the end of the lessons

Siang-tse rose from his mat and prostrated himself twice before the sage. But Chinese artists were always intent on poetic truth and never cared for historical correctness of detail; costume, architecture and domestic surroundings always remain those of their own age, to whatever period the scene may refer.

In the sixth picture, Confucius is represented as again riding in his ox-cart and descending the steep bank of a river. A boat is ready to take him across. Not being able to obtain a position in the country of Wei, he decided to go westward into the country of Tsin to see Chao Kien-tse. Arriving at the Yellow River, he received the news of the death of two sages and officials of Tsin and abandoned his plan. He is said to have then exclaimed with a sigh: "How beautiful these

CONFUCIUS ABANDONS HIS PLAN OF CROSSING THE YELLOW RIVER.

waves, their extent how immense! If I, K'iu, do not cross this river it is the will of destiny."

It will be noticed that from the matting in the interior of the cart a gourd or calabash is suspended. This doubtless implies an allusion to the much discussed passage in the Confucian Discourses (*Lun yü,* XVII, 7).[21] The master was inclined to go to see Pi Hi, governor of Chung-mou in Honan, who had come into possession of this place by rebellion. Tse-lu warns him from this evil-doer, but the master retorted: "Is it not said that if a thing be really hard it may be ground without being made thin? Is it not said that if a thing be really white it may be steeped in a dark fluid without being made black? Am I a bitter gourd? How can I be hung up

[21] Legge, *The Chinese Classics,* Vol. I, p. 321.

out of the way of being eaten?" (Legge's translation). Chavannes[22] translates in accordance with the generally accepted opinion of the Chinese commentators: "Am I a calabash which may remain suspended without eating?" The meaning is that the calabash, because it does not eat nor drink, may always stay in the same place, while Confucius is a being that eats and must consequently move around. The empty shell of the calabash was used as a bladder tied around the body to keep it afloat in crossing a deep river, as we see from a song in the *Shi king*[23] and a passage in the *Kuo yü* cited by Chavannes. With reference to this practice, the above sentence would allow also of the translation: "Am I a calabash which can be fastened to the body, but which cannot be eaten." Though this interpreta-

CHAO, KING OF CH'U, IS PLANNING TO GRANT A FIEF TO CONFUCIUS, BUT IS DISSUADED BY HIS MINISTER.

tion is somewhat forced and excludes the essential point in Confucius's explanation "to remain suspended in the same place," it almost seems as if our artist Wang Chên-p'êng had adhered to this mode of understanding the passage, as he introduced the calabash into this scene where Confucius is ready to cross the river.

On the seventh painting, Wang has depicted the scene in which Chao, king of Ch'u, deliberates with regard to offering Confucius as a fief a territory comprising a group of seven hundred families. The king is sitting before a screen at a table on which a paper roll is displayed evidently purporting to be a map on which to point out the villages to be selected. But his councilor of state, Tse-si, stand-

[22] *Les mémoires historiques de Se-ma Ts'ien*, Vol. V, p. 348.

[23] Legge, *The Chinese Classics*, Vol. IV, p. 53.

ing in front, a jade emblem of rank in his hands, dissuades him from this plan for political reasons, on the ground that Confucius would grow too powerful and prevent the small state from aggrandizement. On this remonstrance the king desisted from his intention. On the left-hand side, an agent of the king is negotiating with the sage who remains in his cart. The king died the same year, B. C. 489, and Confucius left his country to return to Wei.

After his long series of trials and disappointments, the sage shines in his full glory in the eighth painting where he is represented after his return to his native country Lu, worn with sorrows and age, resigning from active service and busily engaged in imparting instruction to his disciples and in revising the texts of ancient literature. The artist could have chosen no more significant

CONFUCIUS REVISING THE ANCIENT BOOKS AND INSTRUCTING HIS DISCIPLES.

theme to celebrate the apotheosis of his hero, and he has accomplished his task with an eminently skilful composition entirely freed from the burden of tradition. He did not load himself with the complete array of the official number of seventy-two disciples, but has arranged easy groups of scholars, reading, reciting or arguing. True it is, the paper rolls, the books, the writing-brushes, the tables, the tea-pots are all gross anachronisms, but all this does not detract from the beauty and spirituality of this fine work of art which is doubtless the best conception of Confucius in Chinese art. The Chinese painters always possessed too much artistic sense and instinct to be rigid antiquarians and wisely refrained from that stilted and pathetic theatrical style in which our painters of historical subjects have sinned, much to the detriment of art.

The *Tso-chuan* relates that in the fourteenth year of the Duke Ngai of Lu (B. C. 481) a strange animal was captured on a hunt by Ch'u-shang who took it for an inauspicious omen and killed it. It was brought before Confucius who recognized in it the supernatural Lin which is described as having the body of an antelope, the tail of an ox, and one horn. According to the *Kia yü* ("The Family Sayings"), Confucius exclaimed on this occasion: "It is a Lin. Why has it come? Why has it come?" He took the back of his sleeve and wiped his face, while his tears wet the border of his robe. Tse-kung asked the master why he wept, and he replied: "The Lin appears only when there is an intelligent king. Now it has appeared when it is not the time for it to do so, and it has been injured. This is why I was so much affected."

CONFUCIUS, VIEWING THE "LIN" KILLED BY HUNTERS, FEELS A PRESENTIMENT OF HIS DEATH.

Another book, *K'ung ts'ung,* has the following tradition. The disciple Tse-yu asked the master: "Among the flying creatures, the most honorable is the phenix, and among the running creatures, the most honorable is the Lin, for it is difficult to induce them to appear. May I be permitted to ask you to whom this Lin corresponds which now makes its appearance?" The master replied to him: "When the Son of Heaven spreads his beneficial virtue and is going to produce universal peace, then the Lin, the phenix, the tortoise, and the dragon announce in advance this auspicious augury. At present, the august dynasty of Chou is nearing its end, and in the world there is no sovereign (worthy of this name). For whom does this Lin come?" He then shed tears and said: "I am among men what the Lin is among the animals. Now when the Lin appears, it is dead; this is proof that my career is terminated." Thereupon he sang: "At the time of the Emperors Yao and Shun, the Lin and the phenix were strolling about. Now since it is not the right era for them, what may I ask? O Lin, O Lin, my heart is tormented." It seems to me that our artist has taken this or a similar tradition as his starting-point to compose a scene of great dramatic force and emotion. Confucius supported by two of his disciples stands erect, his head thrown back, and points at the animal's body. He is uttering words in deep emotion, and the impression conveyed by them is wonderfully brought to life in the startled faces of the hunters. The presentiment of death, the feeling "it is all over" is vividly expressed in a masterly manner; it is the Chinese version of the Last Supper.

THE EMPEROR KAO-TSU, FOUNDER OF THE HAN DYNASTY, OFFERING AN OX, SHEEP, AND HOG IN THE TEMPLE OF CONFUCIUS.

With the true instinct of the genuine artist, Wang Chên-p'êng refrained from representing the death of the master. In his final dignified theme, he conceives him as a spirit, as the deified intellectual principle of the nation. The Emperor Kao-tsu (B. C. 206-195), the founder of the Han dynasty, is worshiping in the temple of the sage, offering the three victims which are a bull, a sheep and a pig (the *suovetaurilia* of the Romans), spread on a table below the altar. Se-ma Ts'ien, in his Biography of Confucius,[24] relates this event as follows: "The princes of Lu handed down from generation to generation the custom of offering sacrifices to K'ung-tse at fixed times of the year. On the other hand, the scholars too performed such rites as the banquet of the district and the practice of archery near the tomb of K'ung-tse. The hall formerly inhabited by the

[24] Chavannes, *Les mémoires historiques de Se-ma Ts'ien*, Vol. V, p. 429.

disciples (during the three years of mourning) has been transformed into a funeral temple by the following generations who deposited there the robe of K'ung-tse, his ceremonial hat, his lute, his chariot and his writings. All this was uninterruptedly preserved for more than two centuries until the advent of the Han. When the Emperor Kao-tsu passed through the land of Lu (B. C. 195), he offered a sacrifice of three great victims (at the tomb of K'ung-tse). When the lords, the high dignitaries and councilors arrive there, they always go first to pay homage to his tomb, and not until this is accomplished do they devote themselves to the affairs of government."

In glancing back at the series created by Wang Chên-p'êng we notice that he carefully avoided exploiting the subject for cheap genre-pictures, such as were turned out later by the draughtsmen of the Ming period, but set himself the nobler task of illustrating the spiritual progress of the life of the greatest of his compatriots. The spiritual element is emphasized in each production, and only a master mind could have evolved these high-minded conceptions. The birth, the death and the final deification of the national hero are merely alluded to in the form of visions in which transcendental elements of a highly emotional quality are blended. Exceedingly fortunate is the artist in his choice of the incidents in the philosopher's varied career; with preference he dwells on the grief and renunciations of the sage, on the manifold sufferings which have endeared him to the hearts of his people, but he does not neglect to bring him near to their innermost feelings by glorifying him as lute-player and expounder of his teachings, both pictures being symbolical of the Book of Songs (*Shi king*) and the Book of History (*Shu king*) which Confucius edited. In a similar manner the subject of the Lin is emblematic of his work, the Annals of Lu (*Ch'un ts'iu*), his part of which terminates with the record of this event. These three paintings will certainly remain of permanent value in the history of art.

078

一本佚书的发现

T'OUNG PAO

通報

OU

ARCHIVES

CONCERNANT L'HISTOIRE, LES LANGUES,
LA GÉOGRAPHIE ET L'ETHNOGRAPHIE
DE
L'ASIE ORIENTALE

Revue dirigée par

Henri CORDIER
Membre de l'Institut
Professeur à l'Ecole spéciale des Langues orientales vivantes

ET

Edouard CHAVANNES
Membre de l'Institut, Professeur au Collège de France.

VOL. XIII.

LIBRAIRIE ET IMPRIMERIE
CI-DEVANT
E. J. BRILL
LEIDE — 1912.

THE DISCOVERY OF A LOST BOOK

BY

BERTHOLD LAUFER.

The literary history of the *Kêng chih t'u* 耕織圖 "Illustrations of Husbandry and Weaving" is well known in its outline. This work contains a series of forty-five wood-engravings [1]) and is divided into two sections, twenty-one illustrations being devoted to the successive stages in the cultivation of rice, and twenty-four to the processes of silkworm-rearing, spinning, weaving, and manufacture of brocade. The album was published by command of the Emperor K'ang-hi in 1696 under the editorship of Tsiao Ping-chên 焦秉貞, an assistant in the Astronomical Board and a talented painter.

1) HIRTH (*Fremde Einflusse in der chinesischen Kunst,* p. 57, and Scraps from a Collector's Note Book, p. 26, or *T'oung Pao,* 1905, p 398) states that there are forty-six engravings, in agreement with the *Kuo ch'ao hua chêng lu* (see below). The Sung edition had only forty-five, as remarked also by WYLIE, and so had also the K'ang-hi edition of 1696 (see Chinese Pottery of the Han Dynasty, p 29, Note). The forty-sixth cut which is N°. 7 in the present editions seems to be a later addition, which, however, must have been made before 1739, the date of the publication of the above mentioned Chinese work. Besides the editions enumerated by me, I now know of another lithographic print published 1879 in Shanghai by the office of the Shên Pao Gazette 申報館, which is preferable to the Shanghai edition of 1887.

The employment of the flail in threshing is proof that these pictures illustrate the mode of agriculture as practised in middle and southern China. In the north the flail is unknown; the farmers around Peking do not even know what it is. In traversing northern China from east to west, one meets the flail for the first time in the territory of Sze-ch'uan; along the western border of this province, the Tibetan tribes have adopted the flail from their Chinese neighbors.

As far as I am aware, A. WYLIE (Notes on Chinese Literature, p. 93) was the first to call attention to a *Kêng chih t'u shi*, published in 1210 by a certain Lou Shou 樓璹. This consisted of forty-five engravings, with a stanza appended to each. "It was recut during the K'ien-lung period, and a few lines of poetry added to each plate by the emperor. The engravings are good specimens of art, and accurate representations of Chinese customs," remarks Wylie. *K'ien-lung* apparently is a slip of the pen for *K'ang-hi*. But there can be no doubt that Wylie meant to express the opinion that the work of 1696 was merely a reedition of that of 1210. HIRTH (Scraps etc., p. 26) says regarding this point: "Each illustration is accompanied by a little poem, which may possibly be of much older date, since a work of the same title, also consisting of illustrations and descriptive poetry, containing forty-five engravings, was published as early as 1210. This does not involve, of course, that K'ang-hi's work was not a new creation."

It was not so difficult to arrive at a certain conclusion, as regards the literary interdependence of the two works, for the text of the book of Lou Shou (without the engravings), as already indicated by WYLIE (l. c., p. 263*b* supra), is reprinted in the collection *Chih pu tsu tsai ts'ung shu*. While collating the two books in 1905, I noticed that the title and letterpress description in poetry accompanying each plate of the *K'ang-hi* edition was literally copied from the older book of the *Sung* period; so that at that time (*l. c.*, p. 29) the conclusion was warranted that "the *Sung* engravings also may have been kept intact rather than subjected to radical changes." A collation of the illustrations of the two editions would have been a matter of great importance, as Hirth had recognized in the drawings of Tsiao Ping-chên a tendency towards correct observation of perspective which he attributed to the influence of European art transmitted by Jesuit painters at the Imperial Court. The case is a strong one, for as Hirth tells us, the painter's biographer adds that, "in placing his figures, the near and the far corresponded to the great and the small without the slightest fault." And Hirth himself continues: "This we may interpret as meaning that as a member of the Astronomical Board he became, of course, acquainted with his European colleagues, the Jesuits who held office in that Institute, and who may have taught him the rules of perspective." A full translation of the passage alluded to by Hirth will be found in Giles, An Introduction to the History of Chinese Pictorial Art, pp. 170–171[1]). It will be a matter of justice to emphasize that it is the Chinese author Chang Kêng 張庚 himself who traces the art of Tsiao Ping-chên to the newly introduced foreign style of Matteo Ricci. The case is certainly much more validated if

---

1) As neither Hirth nor Giles give the text of this curious document which is of some importance in that it signals the beginning of a new phase in Chinese art, it may find its place here. It is contained in the *Kuo ch'ao hua chêng lu* 國朝畫徵錄 (Ch. II, p. 7) published in 1739 in 3 vols. by Chang Kêng 張庚 from Siu-shui 秀水 in Kia-hing fu, Chekiang. 焦秉貞濟寧人欽天監五官正工人物其位置之自近而遠由大及小不爽豪毛蓋西洋法也。康熙中祗候內庭聖祖御製耕織圖四十六幅。秉貞奉詔所作村落風景田家作苦曲盡其致深契聖衷錫賚甚厚旋鏤板印。

白苧村桑者曰。明時有利瑪竇者西洋歐羅巴國人通中國語來南都居正陽門西營中畫其教主作婦人抱一小兒爲天主像神氣圓滿采色鮮麗可愛嘗日中國秪能畫陽面故無凹凸吾國兼畫陰陽故四面皆圓滿也。凡人正面則明而側處卽暗染其暗處梢黑斯正面明者顯而凸矣。焦氏得其意而變通之然非雅賞也。好古者所不取。

such a view is upheld by a Chinese art-historian than by one of us. It is almost immaterial what we are inclined to see in Chinese pictures; in order to understand them, we must know how the Chinese view them.

The case, therefore, was such that in 1906 I was led to write: "At all events, to settle the question of a possible Jesuit influence in the *K'ang-hi* drawings, as proposed by Hirth, it would be necessary to submit the edition of 1210 to a minute comparison with the former." Now I am luckily in a position to do so, as the engravings of Lou Shou are before me.

This work seemed to be entirely lost, and when I returned to China in 1908, I made many vain attempts to trace it in Peking, being charged by the Newberry and Crerar Libraries of Chicago with the task of building up a Chinese and Tibetan library [1]). Making a flying book-hunting trip to Tōkyo, I was surprised to discover that several bookstalls there had hidden treasures of old Chinese books which cannot be supplied any more in Peking, and readily disposed of them at rates far below the Peking standard. It was there that I obtained an ancient Japanese print of excellent execution which, on closer inspection, proved to contain the forty-five wood-engravings of Lou Shou [2]). My preliminary remarks on this work are without pretentions and as brief as possible. I have for some time been in correspondence with Dr. Otto Franke of Hamburg on the subject of the *Kêng chih t'u*, as he is planning to publish a complete critical edition of the work. I suggested

1) The two Libraries are now in possession of 36,000 Vols. of Chinese, Japanese, Manchu, Mongol and Tibetan books which will make them strongest on this line in America. They have good copies of the Tibetan Kanjur and Tanjur, the Chinese Tripitaka in 7900 Vols. of the Palace Edition of 1738, the *T'u shu tsi ch êng*, *Ts'e fu yüan kuei* etc , and abound in first editions and early prints of the Sung, Yüan and Ming periods. In Manchu literature, they have many rare and unique works not to be found in any library of Europe.

2) This book is now in the John Crerar Library of Chicago and entered as C 41.

to Dr. Franke to reproduce the *Sung* and the *K'ang-hi* editions in comparative views, each *Sung* picture being confronted with the corresponding later reproduction. As I am myself loaded with material to work up for years to come, I am pleased to see Dr. Franke take up this task, and to be myself freed from the duty of making a lengthy report.

The pages of this book measure 18 × 27.5 cm. It has no printed title-page. It opens with a preface on the history of illustrations of agriculture and weaving 耕織圖記, dated at the end 1462 天順六年 and written by Wang Tsêng-yu 王增祐, Provincial Judge of Kuang-si. A brief preface with biography of Lou Shou on four pages follows, the characters being interspersed with Katakana signs, written in 1237 by Lou Shao 樓杓. In the table of contents, the illustrations are designated as those of Lou Shou. There is no statement in this edition to indicate the date of its publication; but there is a written postscript on two pages in the form of a eulogy and dated 1676 延寶 (Empō) 丙辰. The book, accordingly, must have been printed between 1462 and 1676, in all probability shortly before the latter date.

The *Kêng chih t'u* of Lou Shou was incorporated in the *Yung-lo ta tien*, and there was in the Library of the Emperor K'ien-lung a copy presented by the governor of Che-kiang [1]). Lou Shou hailed from Yin hien in the prefecture of Ning-po in that province. The fact that an edition of his engravings was preserved in the K'ang-hi period does not now require any evidence from literary records, but is ascertained on the ground of inward evidence from the present Japanese edition. It becomes a living witness for the fact that Tsiao Ping-chên must have had it before his eyes and modeled from it his pictures, one by one. Consequently, it is no matter of

1) *K'in ting se ku ts'üan shu tsung mu*, Ch. 102, p. 13. It is curious that the K'ang-hi edition is not made mention of in the Imperial Catalogue.

surprise that an original or later Ming edition of Lou Shou should have survived and have faithfully been republished in Japan before 1676. I say faithfully, for there are many reasons to believe that these engravings executed in a masterly style present good and exact reproductions of the Sung original, if for no other reason, just for the one that they breathe the genuine spirit and style of the Sung masters. Also their technique, as I can vouchsafe from other prints and wood-cuts of the Sung, exhibits the peculiar flavor of that epoch. As works of art, and in their very quality as wood-engravings, they are far superior to the K'ang-hi reproductions which suffer from a forced mannerism, and are pictorial in character, being copies of paintings, and not book-illustrations.

The surprise experienced in comparing the two editions is great, but it is simultaneously a task very instructive and full of esthetic enjoyment. First of all, it is gratifying to observe that Hirth's view of a Jesuit influence in the work of Tsiao Ping-chên is splendidly confirmed. In the Sung pictures there is not an atom of the entire perspective spectacle so ostentatiously displayed in the backgrounds of the K'ang-hi illustrations. All those shortened fields and roads, the quite un-Chinese attempt at representing a plain, are here lacking and replaced by that most characteristic phenomenon of the art of the Sung, — scenery.

To illustrate this point, I may be allowed to reproduce here one of these cuts; I select the one representing the Rice Harvest, because it will allow readers not in possession of Tsiao's *Kêng chih t'u* to compare it with Hirth's reproduction (in Scraps, p. 26, or Fremde Einflüsse, p. 58). Here then we see a landscape of hills, acacia and magpies, in elegantly curved lines, making the background. We also notice that, aside from this principal difference, the motive is the same in both representations, and that identical means are employed to illustrate the story. There are the same principal actors on both

The Harvest. From a Series of Wood-Engravings by Lou Shou (1210).

sides. The stout land-owner leisurely protecting himself with an umbrella is comfortably watching his laborers. Three mowers are at work cutting the blades with their scythes, while a carrier is going to shoulder a pole from the ends of which two rice-bundles are suspended. Tsiao has chosen the next step in his activity and shows him going away across the road, in order to obtain space in the foreground for placing a genre-picture: a boy lazily reclining on his back pulling another by his coat, while two other boys carrying rice-bundles, though in different postures, appear also in the Sung illustration.

Another addition of Tsiao, on the upper left-hand side, is the farmer's house with two children in front of it. But just the volitional alterations which he has made are sufficient proof for his having worked after the model of the Sung pictures. On the latter, a boy holding a basket is approaching the mowers, evidently to provide them with some refreshment, as indicated also by the teapot and two cups placed on the roadside; Tsiao has dropped this figure. He has, further, introduced changes in the headdresses, expressions, and attitudes of the single persons. His land-owner is bare-headed, short-bearded, clad with loose short-sleeved jacket open in front, and with straw sandals; he has his body slightly leaning forward. The *Sung* country-squire is standing straight, with the dignity of a patriarch heightened by his long full beard, his large eyes resting on the mowers, and his angular cap; his coat with long drooping sleeves is girdled, and he wears shoes. The cane of his parasol is exceedingly long, which may have been a peculiar feature of the Sung time. The shapes of the scythes also are at variance, — and so in many other cases we are able to make observations revealing traits and characteristics of Sung culture [1]). The three mowers are

1) I am especially interested in a high bronze candelabrum standing on the floor to be found on N°. 6 of the Sung pictures illustrating textile art, because I obtained a similar

represented in different stages of their work: the first is just grasping a few blades, the second is cutting (note the exact coincidence on both sides in the representation of the act), the third has just done cutting in the Sung picture, while in that of K'ang-hi he is pausing in the act of cutting, looking at No. 1 who has turned back to gaze at the approaching master. This conception of Tsiao somewhat savours of a theatrical effect, as does also the boyish trick on the opposite side. The thought of the Sung artist is plainer and more dignified, but doubtless also more conformable to the subject, which is the harvest. Simplicity is always the true keynote of Chinese art. It is noteworthy that the conical straw hat on one of the farmers in the K'ang-hi illustration is absent in that of the Sung period which covers the head of one with a hood, and that of his neighbor with a kerchief.

In other illustrations, the coincidences and similarities are still more numerous and striking. Thus, the very first scenes of ploughing and furrowing are almost exactly copied by Tsiao. In the second portion dealing with weaving, the agreements are much stronger, as the activities connected with this work are mostly indoor, and Tsiao's schooling in perspective found less food here, though he attempted to draw the houses in correct proportions.

---

pair of bronze candelabra excavated last summer near Ho-nan fu, which, for technical reasons, must be attributed to the Han period. Tsiao has omitted this object, probably for the reason that it was out of use during his time or unknown to him; indeed, it is not found any more in northern China It seems to have still occurred under the Ming, as I infer from a beautiful painting of T'ang Yin (1477—1523) recently reproduced in colors at Shanghai; there, a poet is interpreting a song to a musician with a lute who is listening devotedly and reflecting on a suitable tune; a bronze candelabrum is placed behind the table, and the light of the burning candle coated with red wax sheds a rosy glimmer over the room. — On another of the Sung illustrations, an artificially raised dwarf pine-tree is depicted. This is not, as still generally believed, a Japanese invention, but a Chinese production. I am not aware of the fact that the age of this curious practice has ever been established; it is interesting to note, at all events, judging from this drawing, that it goes as far back as the Sung period

Tsiao has added, throughout, a number of little genre-scenes as by-play, *e. g.* a boy playing a flute and sitting astride a buffalo, in another case a child crawling on all fours over a buffalo's back, or a boy carrying a pail and barked at by a dog, or chickens swallowing grain on the threshing-floor or even climbing into a basket filled with rice (a chicken-family occurs also on one of the Sung pictures). Then he has made an addition of spectators. In the first illustration, le lets the wife and two children of the land-owner peep out of the door, and the weaver is watched by two curious lookers-on. In the Sung engraving showing the cutting of the mulberry-leaves, a man is standing on a ladder and cutting the leaves with a knife. Tsiao has a man standing on a branch of the tree gathering the leaves in a basket; the wind is drifting them to the ground, and a boy below is picking them up. And he could not resist the temptation to draw another laborer in the act of ascending another tree.

It is interesting to note the type of woman created by Tsiao in distinction from the Sung women who are short and broad-faced. Tsiao has produced an idealized, tall, slender-bodied type of woman with oblong oval face of aristocratic mould. Many portraits of his of women have survived, and as far as I am aware, this type occurs, with this exception, only in the paintings of Lêng Mei. It is somewhat out of place that these ideal figures are placed here among the rustic scenes, for if this type occurs at all in reality, which may well be doubted, it certainly does not occur in the country.

A peculiar feature of the Sung picture, clouds in the familiar ornamental forms covering the summits of trees and the roofs of houses, is entirely discarded by Tsiao. On the other hand, it is remarkable that in several cases where the Sung artist is content with a tree and a few rushes as background, Tsiao is eager to sketch a mountain-range dense with vegetation and filled with water and bridges, differing widely in style from the traditions of the T'ang, Sung and Yüan.

A comparative study of these engravings gives rise to manifold considerations. We are here introduced into the workshop and the working methods of a Chinese artist, having before us his model and his own accomplishments. We are now privileged to enter his mind and thoughts, and to examine what he borrowed, and what he retained. A psychological analysis may eventually lead us to discover why he changed, and why he endorsed the work of his predecessor.

079

新发现的五幅汉代浮雕

FIVE NEWLY DISCOVERED BAS-RELIEFS OF THE HAN PERIOD

BY

BERTHOLD LAUFER.

(With Four Plates.)

To the courtesy of Mr. L. Wannieck in Paris I owe five rubbings from stone bas-reliefs of the Han period recently discovered in Shan-tung and, as I understand, offered for sale on the Peking market. These stones are not apt to arouse any particular interest; the representations exhibited on them present nothing new in principle, but merely well-known subjects and designs. This feature, however, lends them a certain secondary interest in that it reveals again and confirms the fact that the Han sculptors worked after fixed ready-made models, and that their productions were composed of quite typical scenes and figures of a limited range of variability. The question which remains to be solved is as to when and how these stereotyped designs came into being, whether and to what extent they were preceded by a creative period of less conventional art, and what agencies had influenced its beginnings and development. In the present state of our knowledge, we can merely raise these questions; the scanty material which has survived does not yet allow us to formulate them in a conclusive manner. It would be premature to regard the bas-reliefs known to us as falling under the best productions of the art of the Han epoch; the term "art", at least, should not be emphasized, and it rather seems to me that they represent the output of artisans or craftsmen who catered to the every-day demands of the public and copied from more elaborate works of greater artists whose achievements are lost to us.

The scene on Plate I bears a familiar aspect. In the second zone a couple of dancers and a pair of drummers are in the centre of the action. The drum-pole is stuck into the figure of a wooden striped tiger serving as base, as on the bas-relief No. 151 or 158 in CHAVANNES' *Mission archéologique*; it closely agrees with the latter, except that the position of the drummers and dancers is exchanged, and that there is perhaps a still higher degree of conventional stiffness around these figures. The first on the left is a woman *en face*, the lower portion indicating the skirt being outlined in the shape of a rectangle with concave sides, no attempt being made to draw the feet. In the row above, six sitting men — one on the right being broken off owing to a mutilation of the slab — are forming the orchestra, the one in the centre holding the lyre which is leaning against the railing exactly in the same manner as on No. 163 of *Mission*. The two musicians on the right-hand side seem to brandish bells or castanettes in their uplifted right hands. The lower zone contains the familiar kitchen-scene: to the left two fellows kneading dough in a trough, a cook on his knees preparing a fish and another stirring with a poker the fire in a stove with one cooking-hole over which a kettle of trapezoidal form is placed. We here have again the representation of a musical and dancing entertainment accompanied by a solemn repast, — in honor of the dead.

The stone reproduced in Plate II, unfortunately much effaced, shows another variant of the motive "The Search for the Tripod Vessel", four other representations of which have become known (LAUFER, Chinese Grave-Sculptures, p. 24, and *Mission*, No. 122 and 148).

The bank of the river is here walled up with rows of stones or bricks as in the corresponding subject of the Hiao-t'ang shan, and the presence of water is symbolized by the large figure of a fish and two boatsmen managing a canoe with long oars. Three men on each side are hauling up the vessel by means of a pulley; the bronze is plain and undecorated here. Judging from the various repetitions, this seems to have been a favorite subject of the time.

The relief of Plate III is divided into three panels. The centre of the upper one is occupied by a sitting person of dignity seizing the handle of a hoe-shaped implement. He is surrounded by two kneeling men on either side. The second zone is filled with representations of animals, two walking quadrupeds on the left, the first with bushy tail presumably being a fox; in the middle two hares standing erect and pounding drugs in a mortar, the well-known lunar story familiar from the sculptures of the Hiao-t'ang shan; and a frog viewed from the back brandishing two objects in the front-paws. Below, a chariot holding two inmates is preceded by two footmen shouldering spears. A close parallel to the entire composition is offered by No. 162 in CHAVANNES' *Mission*, to the exclusion of the typical hunting-scene there added in the fourth zone at the lower end. The three upper ones contain the same scheme in the same succession of themes as in the present case: kneeling attendants around a conspicuous dignitary, then animals, foxes, a bird and the drug-pounding hares again (see also *Mission*, No. 161), finally chariot with equestrian and spear-bearer on foot. A more abridged version of the same composition will be found in *Mission*, No. 176.

The central part of the oblong stone slab (1.64 × 0.81 m.) shown on Plate IV is entirely damaged, but so much has survived on the two ends that the category of subjects to which this relief must have belonged may be well defined. A palace-like structure has evidently occupied the lost central portion, as visible from the ends of the roofs and some pillars on the left-hand side, and as indicated from some human figures sitting under the roof and a pair of peacocks perching on the top of the roof, the large tail-feather of the one overshadowing an owl which occurs also on the Hiao-t'ang shan (*Mission*, No. 46, on the right-hand side of the roof). The two peacocks on the roof are a typical motive (*Mission*, No. 45, 46, 107, 129, 170; LAUFER, *l. c.*, p. 29); here, an additional peculiar feature is involved in that the two birds are holding jointly in their beaks an ornament apparently consisting of a twisted leather or metal band to which coins are attached. A curious analogy occurs on the relief No. 150 of CHAVANNES' *Mission* where likewise two peacocks are holding what seems to be an interlaced string of coins. The remains on the right-hand side of the stone in Plate IV allow us to recognize the *ho-huan* tree populated by birds, a horse standing in its shadow as in the representations of Wu Liang's tomb (*Mission*, No. 77, 107, 129, and LAUFER, *l. c.*, p. 7). It is therefore very likely that also this bas-relief is to be counted among the same class of subjects to which the late Dr. Bushell lent an individual color by defining them as "The Reception of Mu-wang by Si-wang-mu"; we may briefly style them "The Royal Reception". Opposite the horse, the outlines of a chariot may still be recognized. The style and technique of this relief comes very near to the work on Wu Liang's tomb, while the three others differ from it and approach the stones of Tsi-ning chou, Tsin yang shan and the others of *provenance inconnue* in CHAVANNES' *Mission*, though I am inclined to think that the three in question are still cruder in execution.

The fifth of the stones to be considered here is not worth reproducing, as it exhibits nothing new. A procession of four plain open chariots surmounted by an umbrella and each carrying two inmates and drawn by a single horse are followed by two horseback-riders. The six horses, although not badly outlined, are all represented in the same trotting position. For the representation of horses, chariots, trees, birds, human figures in various postures etc., the Han stone-carvers certainly availed themselves, as insisted on also by Chavannes, of a number of stereotyped patterns which turn up over and over again.

None of these five stones contains any inscriptions or explanatory labels which make the fundamental value of the Wu Liang reliefs. It seems that only for prominent men, or for those who could afford it, such more elaborate inscribed carvings were produced; and it is probable that, the lower a man was in the social scale, the plainer was the decoration of the slabs constituting his grave-chamber. But also in these designs for the people the artistic spirit which awakens with elementary force in the Han period is not entirely lacking, and the *naïveté* with which the artists sometimes seek to overcome certain difficulties is nearly touching. I here have especially in mind the design displayed on the left half of the stone No. 182 in Chavannes' *Mission*. The subject is a rainstorm, — a surprise to meet in the age of the Han, as it anticipates an intention of the later landscapists. The artist did not venture to express the raindrops, but employed three means to describe his inspiration: two flocks of birds are hurriedly taking refuge from two directions under the branches of a stately tree filling the centre of the picture; two women are walking along protecting themselves against the rain with open umbrellas and evidently experiencing a hard struggle against a raging storm, especially the woman in front who is leaning far back; finally, the tree is vehemently agitated by the wind, its trunk and branches being set in vivid motion, — a good achievement in "life's motion" 生動. Another peculiarity of Han art may be studied in this naïve forerunner of a landscape, and this is the curious parallelism of the bodies and motions of the two women with the outline and motion of the trunk of the tree. In the reproduction of Chavannes there is a line visible due to a fold in the paper rubbing. In covering up the illustration above this line, it will be noticed that the three figures are almost identical, that the two women could be supplemented into a tree and the tree into a woman. A similar parallelism of design is manifest in No. 178 where the two triangular trees in the corners are adapted in shape to the two roofed pillars of the house. This subject deserves a close examination in connection with a study of the laws underlying the art of the Han. It will be seen that there are different causes and factors leading to the conventionalization of design, that outward conditions as well as inner forces working in the mind of the artist must be equally called into account.

From this point of view, — the study of the psychological foundation of art, — the new bas-reliefs here noticed may claim their importance; they furnish us further material to decide what is typical and conventional in this art, what is individual and popular, and how popularity of certain subjects effecting a larger output tends to form a factor in the direction of conventionality.

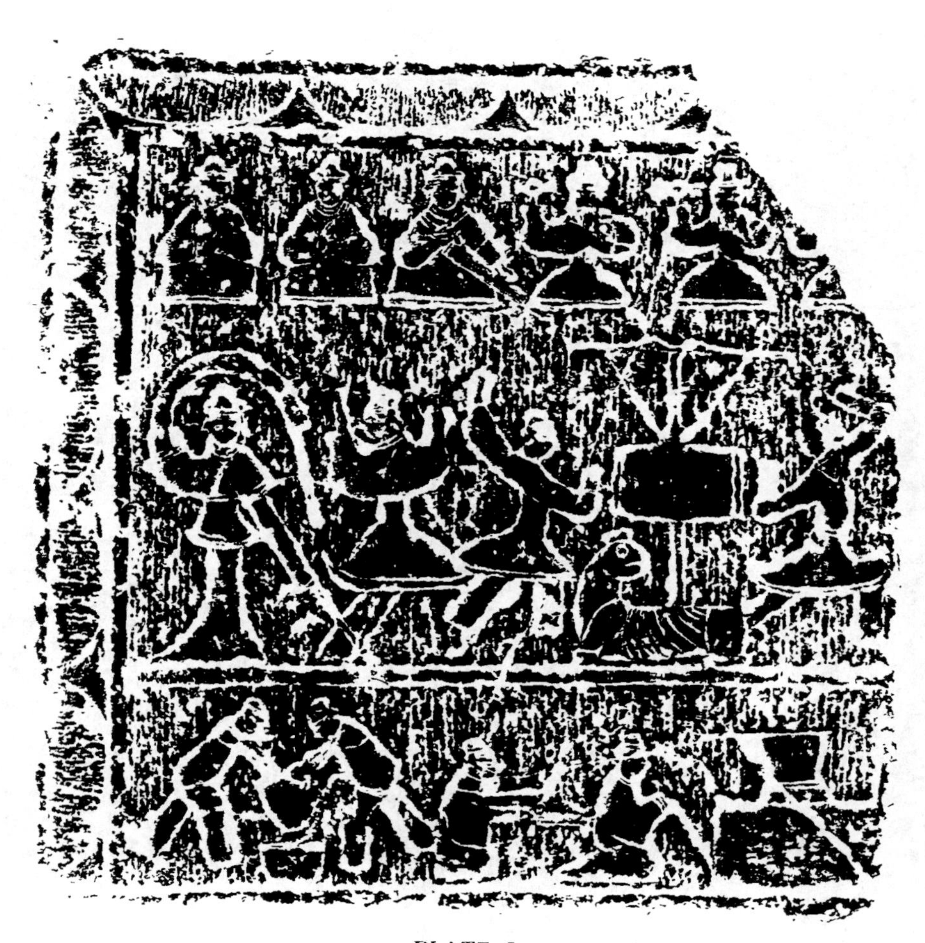

PLATE I.

PLATE II.

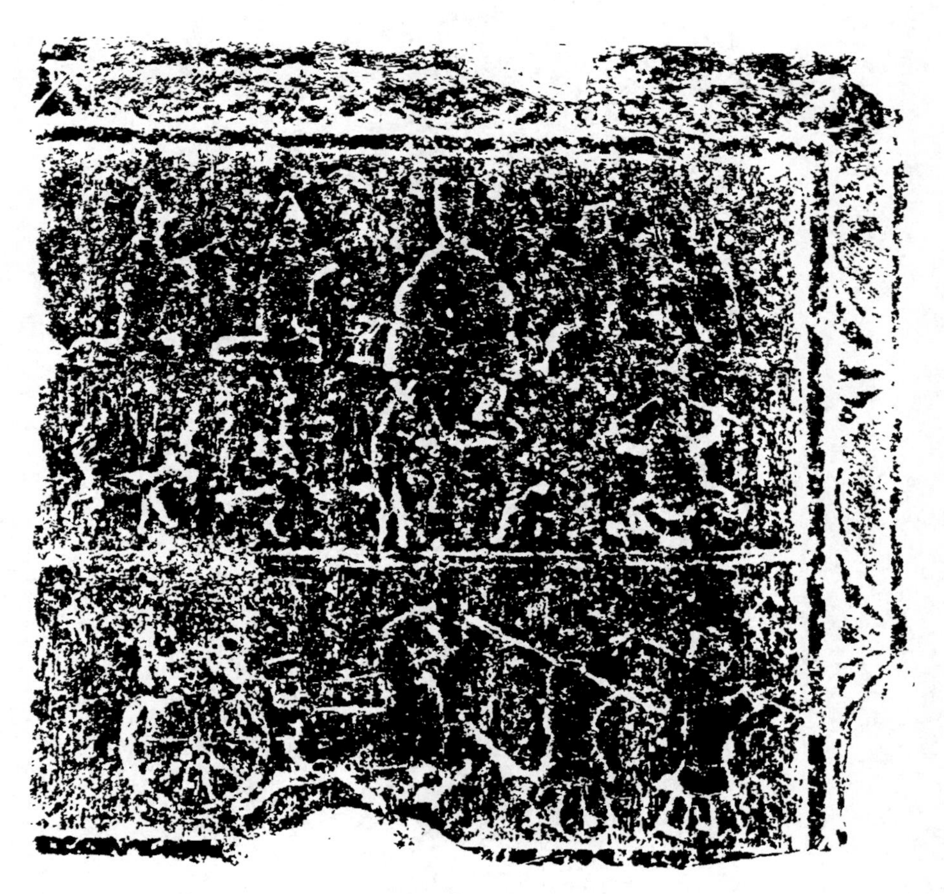

PLATE III.

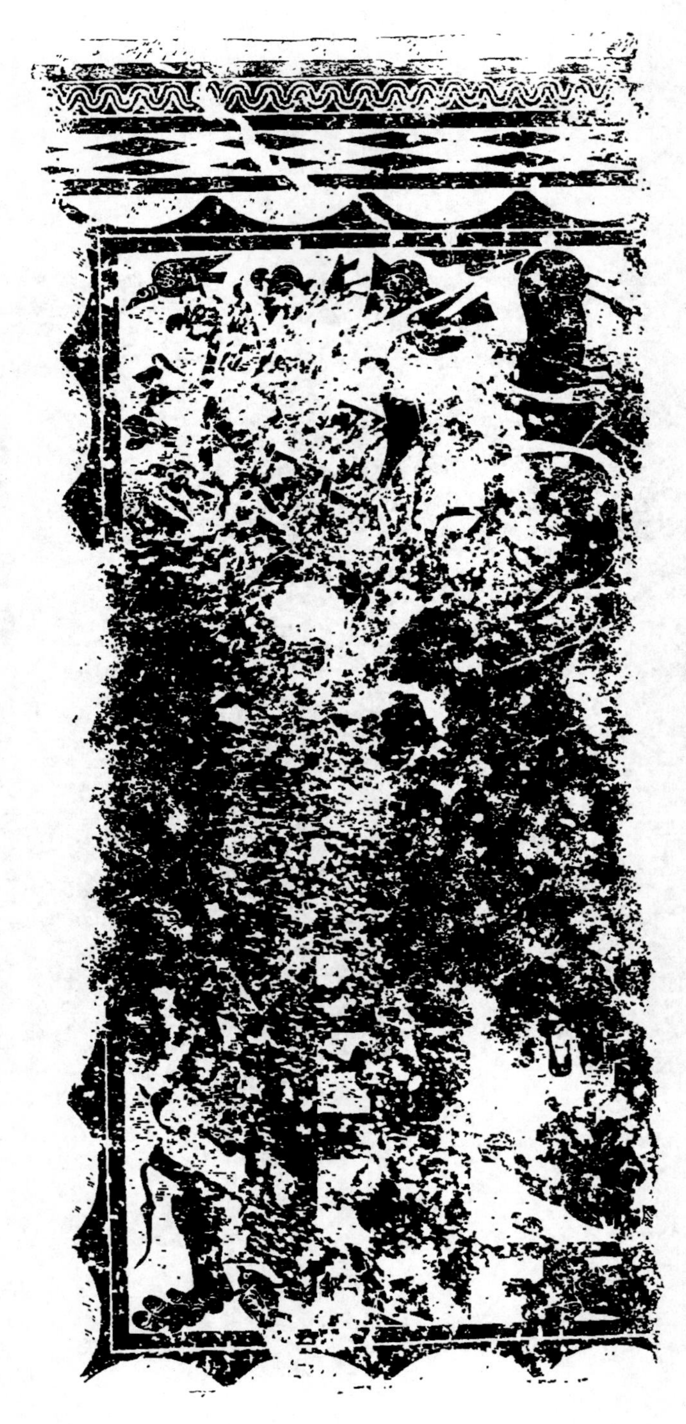

PLATE IV.

080

辋川图——一幅王维的山水画

OSTASIATISCHE ZEITSCHRIFT

THE FAR EAST **L'EXTRÊME ORIENT**

BEITRÄGE ZUR KENNTNIS DER KULTUR UND KUNST DES FERNEN OSTENS

HERAUSGEGEBEN

VON

OTTO KÜMMEL UND WILLIAM COHN

1912/1913

ERSTER JAHRGANG

OESTERHELD & CO. · VERLAG · BERLIN W. 15

THE WANG CH'UAN T'U, A LANDSCAPE OF WANG WEI. BY BERTHOLD LAUFER.

It was no lesser genius than Alexander v. Humboldt who, in his memorable work "Kosmos," for the first time called attention to the highly developed nature sense of the Chinese. The fact that his observations were limited to the Emperor K'ien-lung's poem on his residence Mukden and to a poem of Se-ma Kuang bespeaks much insight on the part of the great naturalist whose remarks are apt to hit some of the salient characteristics of Chinese landscape painting. Referring to K'ien-lung's eulogy in Amiot's translation, HUMBOLDT[1] says: "Hier spricht sich die innigste Liebe zu einer freien, durch die Kunst nur sehr teilweise verschönerten Natur aus. Der poetische Herrscher weiß in gestaltender Anschaulichkeit zu verschmelzen die heiteren Bilder von der üppigen Frische der Wiesen, von waldbekränzten Hügeln und friedlichen Menschenwohnungen mit dem ernsten Bilde der Grabstätte seiner Ahnherrn. Die Opfer, welche er diesen bringt, nach den von Confucius vorgeschriebenen Riten, die fromme Erinnerung an die hingeschiedenen Monarchen und Krieger sind der eigentliche Zweck dieser merkwürdigen Dichtung. Eine lange Aufzählung der wildwachsenden Pflanzen, wie der Tiere, welche die Gegend beleben, ist, wie alles Didaktische, ermüdend; aber das Verweben des sinnlichen Eindrucks von der Landschaft, die gleichsam nur als Hintergrund des Gemäldes dient, mit erhabenen Objekten der Ideenwelt, mit der Erfüllung religiöser Pflichten, mit Erwähnung großer geschichtlicher Ereignisse gibt der ganzen Komposition einen eigentümlichen Charakter. Die bei dem chinesischen Volke so tief eingewurzelte Heiligung der Berge führt K'ien-lung zu sorgfältigen Schilderungen der Physiognomik der unbelebten Natur, für welche die Griechen und Römer keinen Sinn hatten. Auch die Gestaltung der einzelnen Bäume, die Art ihrer Verzweigung, die Richtung der Äste, die Form ihres Laubes werden mit besonderer Vorliebe behandelt." He then continues: "Wenn ich der, leider! zu langsam unter uns verschwindenden Abneigung gegen die chinesische Literatur nicht nachgebe und bei den Naturansichten eines Zeitgenossen Friedrichs des Großen nur zu lange verweilt bin, so ist es hier um so mehr meine Pflicht, sieben und ein halbes Jahrhundert weiter hinaufzusteigen und an das Gartengedicht des Se-ma Kuang, eines berühmten Staatsmannes, zu erinnern. Die Anlagen, welche das Gedicht beschreibt, sind freilich teilweise voller Baulichkeiten, nach Art der alten italischen Villen; aber der Minister besingt auch

[1] Kosmos, p. 240 (Amerikanische Jubiläums-Ausgabe, Philadelphia, 1869).

eine Einsiedelei, die zwischen Felsen liegt und von hohen Tannen umgeben ist. Er lobt die freie Aussicht auf den breiten, vielbeschifften Strom Kiang; er fürchtet selbst die Freunde nicht, wenn sie kommen, ihm ihre Gedichte vorzulesen, weil sie auch die seinigen anhören. Se-ma Kuang schrieb um das Jahr 1086, als in Deutschland die Poesie, in den Händen einer rohen Geistlichkeit, nicht einmal in der vaterländischen Sprache auftrat." It is matter for profound regret that Humboldt did not have any opportunity of viewing Chinese landscapes which would have doubtless furnished to his open mind a fertile source for his nature studies. When he wrote the preface to "Kosmos" at Potsdam in 1844, there were, in all probability, no Chinese pictures in Berlin, and only a small community at Paris then began to have a presentiment of Chinese painting.

Fig. 1. Mountain scenery in the style of Wang Wei.

This condition has changed, meanwhile, and our museums and private collections have become enriched with numerous specimens of this art. General interest in Chinese painting is steadily growing, as shown by the yearly increase of literature on the subject and by the attitude of our public. To the efforts of Giles and Hirth, in particular, we owe two valuable contributions to the history of the pictorial art in China which place our studies on a thorough historical basis and give them that solid foundation on which all research must be based. Both books take their starting-point from Chinese sources containing the biographies of painters and catalogues of their works, and thus furnish a great deal of immensely useful material and fertile information. I do not merely give my personal opinion, but express also that of several friends with whom I had occasion to discuss this subject, when I say that the Chinese accounts of painters are to some degree disappointing, and that they seldom contain what we should like to know about the artist. We hear almost nothing regarding his inner life, his soul and aspirations, but are treated to numerous anecdotes which, in my opinion, are not even characteristic of the particular painter,

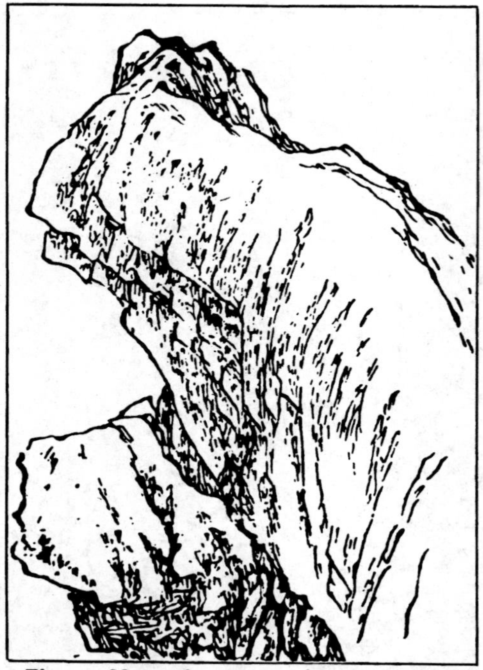

Fig. 2. Mountain scenery in the style of Li Se-sün.

but merely folklore material, partially of worldwide occurrence, which popular imagination has centered around his personage.[1] Also for the paintings themselves, in the majority of cases, only outward characteristics are set forth, while their inward significance is almost wholly neglected. It therefore seems certain that the study of Chinese sources alone, however indispensable it may be, will never suffice to convey to us an adequate understanding of Chinese painting, and there is no doubt that to this end we are bound, first of all, to consult the most important documents, which are the paintings themselves. Like others of my colleagues who are practical collectors and museums' officials, I am naturally more interested in the paintings, their subjects, style and meaning than in the painters, and it is these very questions which are daily addressed to us by the public. If we are thus obliged to embark on an analytic method, and to analyze work for work in its essential traits, we shall obtain the best guaranty of arriving at safe results, for the generalizing discussions heretofore devoted to the subject have little convincing force. The material must first be sifted, critically examined, and published, and our deductions must be made from well authenticated, unobjectionable sources. While I keenly recognize the typical, conventional, and traditional features adhering to all works of Chinese art, yet I am under the impression that there is more individuality among the single artists than we are at present inclined to presume. Among hundreds and thousands of Chinese landscapes, hardly two will be found which will exactly agree with each other, the variability of the theme being almost endless. It is therefore essential to devote much study to the individual artist, to collect and compare of his works as many as possible, in order to reach a satisfactory conclusion, and if feasible, to publish monographs of certain artists, or certain periods, or certain important subjects of painting. One of the fountain-heads feeding Chinese painting is poetry, and it is superfluous to insist on the close interrelation of the two, as so much has

[1] This holds good especially for the collection of anecdotes composing the "biography" of Ku K'ai-chih translated by Chavannes from the *Tsin shu*. Certainly, this is not the life of the painter. He is simply made the type of an *Eulenspiegel*, and all funny stories of this kind cluster around him. Many Chinese painters' anecdotes are derived from Indian sources.

been said about this topic. He who is intent on grasping the spirit of painting must begin his studies with poetry, and poetry cannot be fully understood without the knowledge of music. These three arts are intimately interwoven in China as parallel emanations of the national soul, and the study of each field is fraught with great difficulties. The problems presented by a serious research of Chinese art are of such a complex nature that it is impossible to cope with them by the ordinary methods of art-history. The only hope for approaching and eventually solving them rests on a psychological analysis as evolved by the constructive methods of ethnology. Chinese art, and the branch of painting in particular founded on a purely emotional basis, is all psychology from top to bottom and virtually a proper domain of psychology, as the Chinese have crystallized in it their deepest emotions and left to us in the monuments of the brush the most remarkable contributions to their own psychology.

Such an object-lesson of Chinese psychology is represented by Wang Wei 王維 or Wang Mo-k'i 王摩詰 (699—759 A. D.), the great poet-painter of the T'ang period, the originator of black and white drawing, the father of the so-called Southern School, the style of the cultivated gentlemen. Of all the T'ang artists, he offers the most complicated organism, as his mind and work are more dreamy and visionary, and more impregnated with a symbolic mysticism than that of others. Wu Tao-tse and Li Se-sün are more direct and forcible in bringing out their intentions and capable of a greater objectivity. Wang Wei is wholly subjective, always occupied with himself and reflecting the world in his mind, and thus he represents it. Accused of loose writing and incongruous pictures, he was defended by a friendly critic with the words that "his mind had merely passed into subjective relationship with the things described; fools say he did not know heat from cold."[1]

Fig. 3. Rocks in the style of Wang Wei.

The material for the study of Wang Wei is scanty. He did not find many imitators or copyists working after his manner, a fact which may be accounted for in two ways, — in the scarcity of pictures of his which survi-

[1] GILES, A History of Chinese Literature, p. 150.

ved,[1] and in the difficulty of copying the work of such a genius. Neither he nor Li Se-sün was in the habit of working after an easy routine, and their spiritual quality was such that it could not be grasped nor reproduced by an ordinary mind. Besides Hirth's Banana in the Snow, the following copies have become known. The picture of the temple Siao in the snow mountains 雪山蕭寺圖 by Wang Shi-ku 王石谷 or Wang Hui (1632—1717, HIRTH, Scraps, p. 14), who pretends to imitate (倣) Wang Wei, is reproduced in "Famous Paintings of China" (*Chung kuo ming hua* 中國名畫), Vol. I, No. 5. Even judging from this reproduction, the painting seems to be one of great impressiveness, and to breathe the true spirit of Wang Wei. As snow-scenery it is perhaps unique in Chinese art: snow clouds drifting through the valley, the caps of the hills, the projecting crags, the crowns of the fir-trees and the roofs of the temple-halls laden with snow, and the steep path leading up along a dark ravine to the uppermost temple buildings, and the pavilion on the promontory to the right with an outlook on distant snow-covered ranges constitute a picture of magnificent charm. It is well known that there is inserted in the second volume of S. TAJIMA's 'Selected Relics of Japanese Art' (Plate XIII) the reproduction of a waterfall ascribed by tradition to Wang Wei. The editor assures us that the painting has long been famous in Japan as a genuine Wang Wei, yet he adds that the careful student will perhaps see in it a closer resemblance to the styles of the Sung and Yüan periods than to that of the T'ang. While such a point of view is admissible, but suggested rather by the limitation of the subject from which not much *pro* or *contra* Wang Wei can be gathered, I see no reason why the tradition con-

Fig. 4. Rock in the style of Wang Wei.

[1] Sun T'ui-ku 孫退谷, the author of the valuable catalogue of autographs and paintings *Kêng tse so hia ki* 庚子銷夏記, published 1660 (A. WYLIE, Notes on Chinese Literature,

cerning the picture, if it is well founded, should be discountenanced; it would only be desirable that also the tradition itself, in whatever form it may be recorded, oral or documentary, should not be withheld from us.

It is surprising that quite a modern artist has still painted in the style of Wang Wei. This is a respectable painter, Tai Ch'un-shih 戴醇士, who died a suicide in 1860. HIRTH (Scraps, p. 47) has dismissed him with five lines and the remark that he chiefly painted bamboos and rocks. He was, however, a prominent landscapist and probably the best Chinese landscapist of the nineteenth century who is still greatly esteemed by Chinese connoisseurs. From a number of his works acquired by me I have formed a high opinion of him, and still more from a valuable book on his art which he left to us[1]. In the series of albums (*tsêng k'an* 增刊 No. 28) published by the *Shên chou kuo kuang shê* 神州國光社 at Shanghai, a collection of his is contained under the title "Tai Ch'un-shih in Imitation of the Pictures of a Summer-Resort by Yi Kao-shih" (仿倪高士避暑圖), unfortunately without explanatory notes. Yi Kao-shih or Yi Tsan 倪瓚 was a painter of the time of the Yüan period. Only the first five pictures here reproduced form the latter's work, as explained in a poem of the artist spread over the two following leaves. Then follow three others from his brush, the last of which is entitled "Picture of Mount Lan in Snow," *süeh Lan t'u* 雪嵐圖, imitating the style of Mo-k'i (仿摩詰畫法), *i. e.* Wang Wei. It is not the subject which is imitated, which would be expressed by *fang chu i* 倣主意, but "the method

Fig. 5. Tree-trunk with creeper in the style of Wang Wei.

p. 138) asserts (Ch. 8, p. 6 b) at his age of seventy that he had not yet seen a picture of Wang Wei. — The poems of Wang Wei, under the title *Wang Yu-ch'êng tsi chu* 王右丞集註, were edited in 1736 in 28 books, with an appendix of two books and commentary of Chao Tien-ch'êng 趙殿成. Sung and Yüan editions are still extant in Chinese libraries. Neither Giles nor Hirth have made a comment on the book *Hua hio pi küeh* 畫學秘訣 mentioned by A. WYLIE (Notes on Chinese Literature, p. 136) as a short essay on painting going under the name of Wang Wei. "The style of the composition, however, is not that of the T'ang writers, and it is thought to have been written during the latter part of the Sung dynasty."

[1] Published under the title Si k'u chai hua sü 習苦齋畫絮 in 1893, 6 vols.

of painting," the style. We notice again that Wang Wei must have evinced a predilection for snow and seems to be regarded as a model in this branch of work.

A wood-cut reproduction of a snow-landscape spread on a fan and attributed to Wang Wei[1] is found in the *Kie-tse yüan hua chuan* 芥子園畫傳 (Ch. 5, p. 32), a handbook teaching the art of drawing and painting, first published in 1679 by Li Li-wêng 李笠翁 (see A. WYLIE, Notes on Chinese Literature, p. 155). The sketch is accompanied by a poem, but it is so coarse and clumsy that it cannot be accepted as a pure source for the study of the artist. The same work, however, introduces us to several interesting examples passing as his style in the drawing of mountains and trees. In Fig. 1 a comprehensive composition of mountains under the name of Wang Wei is shown, and for the purpose of comparison, in Fig. 2 a mountain scene attributed to Li Se-sün 李思訓 may be added. Although a marked difference between the two can hardly be discovered, it is noticeable that Wang Wei here exhibits a preference for rounded and softer outlines, while Li seems to prefer the rougher zigzag lines, his method being designated with the term *siao fu p'i ts'un* 小斧劈皴 "split and cracked as if done with a small axe." I do not wish to open here a discussion on the diversities of the so-called "Southern and Northern Schools" (*nan tsung* 南宗 and *pei tsung* 北宗) on which so much has recently been said. It is evident that this distinction is merely one of style and has no bearing on geographical features, as SEI-ICHI TAKI (Three Essays on Oriental

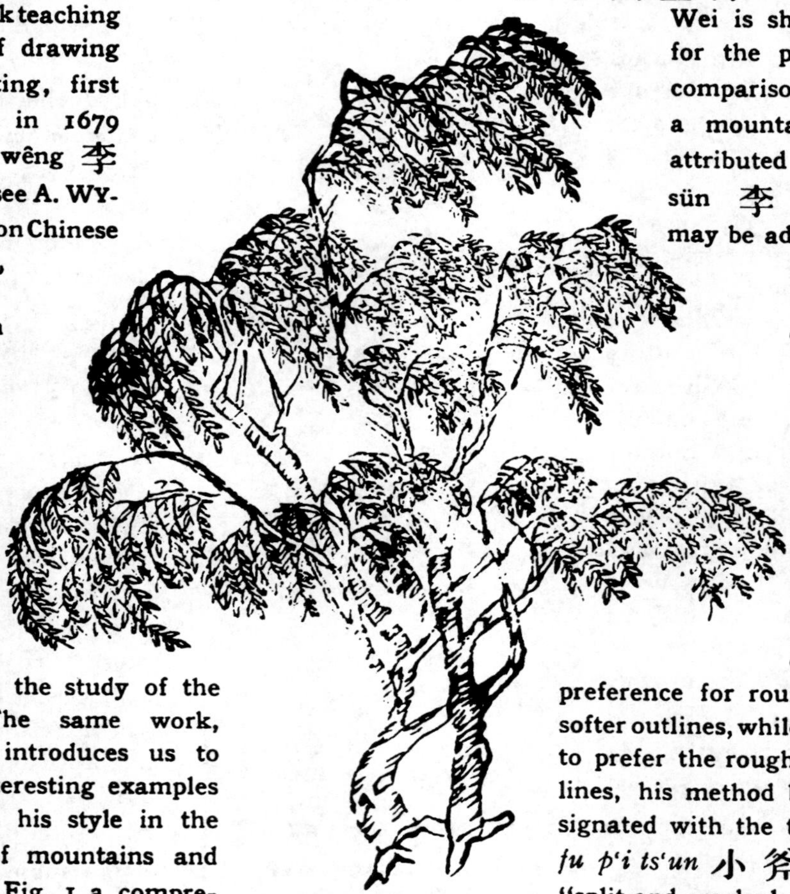

Fig. 6. Willow in the style of Wang Wei.

[1] In the *Hua ki* by T'êng Ch'un (HIRTH, Scraps, p. 111) Ch. 8, p. 3, fan pictures of Mo-k'i, Kao K'o-ming and Li Ch'êng are mentioned as being in the private collection of Li Kung-sun.

Painting, p. 50) tries to make out; still less is there any relation to northern and southern China involved, for Wang Wei, the father of the Southern School, was, by birth and residence, a true northerner. He was born in K'i hien near T'ai-yüan fu, the capital of Shansi Province, and spent his life in Shensi; his picture of *Wang ch'uan*, his country-seat near Lan-t'ien in the prefecture of Si-ngan, Shensi Province, is certainly a northern landscape. The dual Chinese terminology has its root in philosophy and esthetic speculation built on philosophical thoughts, and Mr. FRANK J. MATHER in an interesting essay on "Far Eastern Painting" (The *Nation*, Vol. 93, 1911, p. 152) hits the nail on the head by formulating his opinion thus: "The terms, then, correspond to nothing in Chinese geography, but to much in Chinese modes of feeling. The same painter under diverse inspiration will paint in the Northern or Southern Manner. Sometimes critics object to the treatment of a Northern subject with inappropriate Southern suavity. The words, in short, present something like our own wide, but ill-defined antithesis between the classic and romantic. We should not go far amiss if we said that 'Goetz von Berlichingen' was in Goethe's Northern manner; 'Iphigenie' in his Southern." HIRTH's definition (Scraps, p. 75) "that the difference between the two schools is not so much the style as the material used, the Southern School being the one confining its work to ink, the Northern one using colors," is somewhat too narrow. The "material" difference here emphasized certainly exists, but surely is, simultaneously, one of mental compass and substantial content and one exerting a far-reaching influence on the choice and the style of the subject.

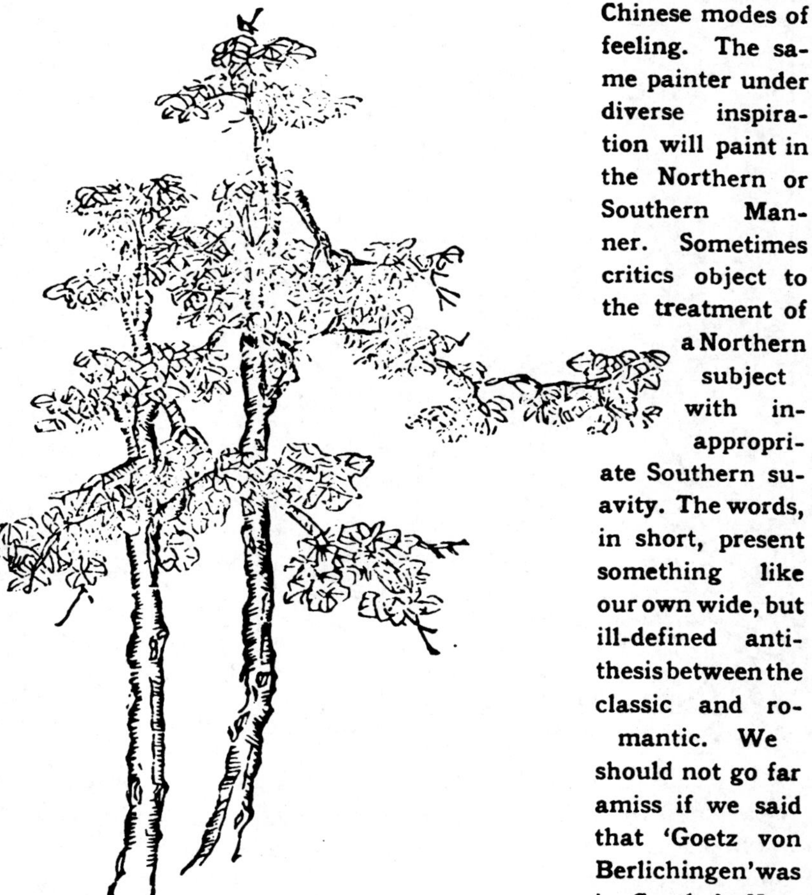

Fig. 7. *Wu t'ung* tree in the style of Wang Wei.

3*

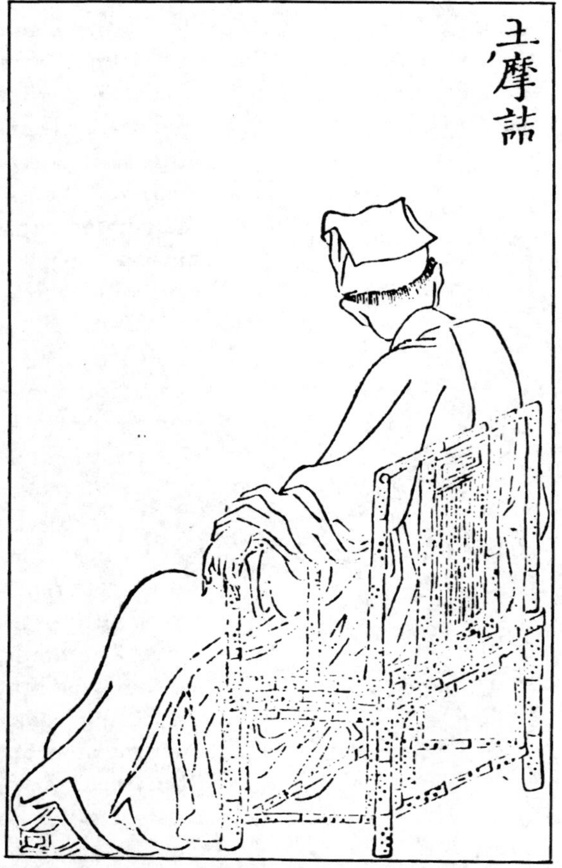

Fig. 8. Portrait, presumably self-portrait, of Wang Wei.

The book above mentioned imparts to us two further sketches of rock formations connected with the name of Wang Wei (Figs. 3 and 4), the former being styled "the axe-splitting method," *fu p'i fa* 斧劈法, the latter "the method of drawing in the manner of lotus-leaves," *ho ye ts'un fa* 荷葉皴法, a way peculiar to Wang Wei. The former style of rocks is said to have come into general vogue. As the style of Wang-Wei's trees, the same work offers us a curious gnarled, crooked trunk around which a creeper is winding (Fig. 5), further a willow (Fig. 6) with leaves hanging down perpendicularly (hence called *kou ye liu* 鈎葉柳 "willow with leaves like girdle-clasps" [which are worn in this way]). It is remarked that Wang Wei and all artists of the T'ang down to Ch'ên Kü-chung 陳居中 have painted it a great deal. Finally (Fig. 7), the *wu-t'ung* 梧桐 tree (*Sterculia platanifolia*), a beautiful tree found in all the provinces of China, is illustrated, with the remark that it may be seen on the *Wang ch'uan t'u* of Wang Wei. In fact, it is there represented many times. The two chapters on mountains and trees in this book would deserve close study and should be published in their entirety, for mountains and trees are the foremost constituents of the Chinese landscape, and from these designs with their explanations we can learn what forms and styles are connected with particular painters and schools.

In the same work, a curious portrait of Wang Wei (Fig. 8) occurs among the poets of the T'ang period. He is sitting leisurely in a bamboo chair, turning his back to the spectator and seemingly lost in some dream, perhaps gazing at his beloved scenery of Wang ch'uan. No other Chinese portrait in this position is known to me, and there is unfortunately in the accompanying text no comment as to the tradition to which it may go back. It has been copied in several other later books.

The resemblance between this portrait and an Arhat on a picture ascribed to Li Kung-lin, made out by K. BONE (*T'oung Pao,* 1907, p. 258), I am unable to see, nor can I share his conclusions built on this supposed resemblance. True it is, this portrait has a Buddhist flavor, the cap, and perhaps also the robe, are those of the Buddhist monk, the pose is probably an index of religious meditation; but this feature simply results from the fact that Wang Wei, a true Buddhist in his heart, lived the life of a Buddhist recluse (see below). The greatest probability is, it seems to me, that this picture is traceable to a self-portrait of the artist. There are two reliable accounts pointing to the fact that several such self-portraits were in existence. The one is furnished by GILES (Introduction, p. 51): "One of his greater efforts was a picture of a Pratyeka Buddha with a Rishi in attendance, dressed in a yellow robe, his hands uplifted in prayer, and his body bent in adoration. The features of this Rishi were none other than those of the painter himself." The other is contained in the *Süan ho hua p'u* 宣和畫譜 (Ch. 10, p. 5 b) where in the list of the master's works 維摩詰圖二, *i. e.* two pictures of Wei Mo-k'i, are enumerated; painted by himself, they can naturally be only self-portraits. I am also under the impression that he has twice portrayed himself on the *Wang ch'uan t'u,* as will be seen, because it is not the mere scenery of Wang ch'uan which is there painted, but Wang Wei as he views this scenery in his mind; also there, he is wearing the same peculiar cap. It is out of the question that Li Li-wêng should have invented this portrait, the whole make-up of which bears witness to such a strong individuality that we shall hardly fail in scenting the true spirit of Wang Wei himself in this original conception. It is a self-confession.

In his notes on Wang Wei, F. HIRTH (Scraps from a Collector's Note Book, p. 85) remarks: "A copy of one of the artist's famous landscapes representing his country-seat Wang-ch'uan near Ch'ang-an, the capital, known as the *Wang ch'uan t'u* 輞川圖, may yet turn up somewhere, since it is described in the Catalogue *raisonné* of old paintings collected by T'ao Liang of Su-chou during the first thirty years of the nineteenth century. The copy was made by an artist of the Sung dynasty and was marked by the two characters 'Wang Wei' and a seal containing merely the name 'Wei'." Meanwhile, L. BINYON (*T'oung Pao,* 1905, pp. 56—60) has described and reproduced a portion of a scroll painted by Chao Mêng-fu (1254—1322) and dated 1309; it is provided with an inscription stating that the subject is the scenery of Wang-ch'uan copied after Wang Yu-ch'êng (or Wang Wei) of the T'ang dynasty. I have not seen this picture which is in the collections of the British Museum, but depend entirely on the authority and description of Mr. Binyon.[1] While the

[1] Another portion of this picture is reproduced by BUSHELL, Chinese Art, Vol. II, Fig. 127. M. Guimet (TCHANG YI-TCHOU et J. HACKIN, La peinture chinoise au Musée Guimet, p. 22) also possesses a small painting by Chao Mêng-fu in imitation of Wang Wei, dated likewise 1309. Having seen neither the picture of London nor that of Paris, I do not mean to throw any reflection on either, but feel in duty

Fig. 9 No. 1. The Wang

style of Wang Wei is apparent in this painting, as shown by a comparison with our reproduction, there is no doubt that Chao Mêng-fu has brought into play also his individuality, and in view of the fact that Wang-Wei's picture was a plain black on white, the coloring in the copy of Chao Mêng-fu must be wholly attributed to the latter artist.

Owing to a fortunate chance we possess another copy of this important picture. It is well known that quite a number of ancient paintings have been preserved on tablets of stone identical in shape and appearance with inscription stones. When a scroll of an acknowledged master threatened to decay, lovers of art caused a drawing to be made from the original on thin, transparent paper which was pasted over the surface of a stone, the outlines of the design being engraved with a chisel. This procedure resulted in a permanent state of preservation and in the possibility of striking off an unlimited number of rubbings from the stone, so that such pictures

bound to say, — and other collectors will be able to second my judgment, — that in my experience Chao Mêng-fu has more copies and even modern imitations dated and undated than any other painter. I have myself seen and collected dozens of Chao Mêng-fu, but do not believe in the authenticity of any of these, and I am still awaiting the day when I shall be privileged to have my eyes opened to a genuine Chao Mêng-fu. From what I have seen of copies made after him, I think that he is or has been a much overvalued artist, and Mr. Charles L. Freer, a collector of as wide an experience as of great taste and judgment, concurs with me in this view.

Ch'uan T'u. Fig. 9 No. 1 (continued).

in facsimile reproductions white on black were set in wide circulation. Such pictorial stone engravings exist in large numbers in the Museum of Inscriptions (*Pei lin*) of Si-ngan fu. Several portraits of Confucius ascribed to Wu Tao-tse are preserved there in this manner as well as in the Confucian temple of K'ü-fu; a Kuan-yin of the same artist on stone is also there and shown in several other localities. One was formerly in the temple *Shi êrh tung* 十二洞 ("The Twelve Caves") in Nanking, another was or still is on Golden Island, Kin shan 金山, in the Yangtse (according to the local Chronicle). In the temple *Ling fêng sze* 靈峰寺 in San-t'ai hien (prefecture of T'ung-ch'uan, Sze-ch'uan), Wu Tao-tse's Kuan-yin was chiseled in stone in 1591, together with a Kuan-yin by Yen Li-pên 閻立本 of the T'ang period; the former likewise in the temple *Ta shih ko* 大士閣 ("Hall of the Mahāsatva"), situated one *li* south-west from the town Shê-hung in the same prefecture.[1] Other Kuan-yin of the same painter are pointed out for the temple *Ts'ung shêng sze* 崇聖寺 in Ta-li fu, Yün-nan, and engraved in a rock east of Yung-pei t'ing, Yün-nan[2]. A beautiful portrait on stone representing

[1] According to *Sze ch'uan t'ung chi* 四川通志, Ch. 59, pp. 34a, 35a.

[2] CHAVANNES, *T'oung Pao*, 1904, pp. 312, 481. — From the statement made in La peinture chinoise au Musée Guimet, p. 55, it would appear that the original painting of Wu Tao-tse was on the island of

Fig. 9 No. 2. The V

the Buddhist monk Pao chi kung 寶誌公 and originating from the hand of Wu Tao-tse is preserved in the temple *Ling ku sze* 靈谷寺 at Nanking. The apprehension of CHAVANNES (*T'oung Pao*, 1904, p. 312) lest we should have no illusions as to the artistic value of these reproductions because of the absence of coloration and grossness of lines is unfounded; colored paintings have never been reproduced in this manner, but only ink-sketches, and it is mainly the fault of the rubbing being the reverse of the original which conveys to us wrong impressions, as I explained on a former occasion (Chinese Pottery, p. 71, Note). The favorite custom of reproducing Chinese rubbings, as they are, *i. e.* white on black (instead of black on white) is certainly wrong, as we are not interested in the appearance of the paper rubbing, but of the original design which was black on white. It seems to me from a close study of these pictures preserved on stone that they are authentic documents which we cannot afford to neglect, and in which we may place full confidence in so far as the subject and the style of the ancient master are concerned. Certainly, much of the originals has been lost in the process, but much more, I believe,

P'u-t'o. I think this is due to an error, because I know from personal inquiry on P'u-t'o that this painting is not there, and because I learned later on that it was or is still kept in the temple *Wo fu sze* 臥佛寺 ("The Temple of Buddha's Nirvāṇa") at Nanking.

'uan T'u. Fig. 9 No. 2 (continued).

is lost in the epigone copies and copies of copies, or in the works of the latter days' artists pretending to follow the style of a certain master. A stone engraving backed up by well authenticated records is, at all events, preferable to any spurious or dubious copy on paper or silk. Then we must try to get rid of any preconceived ideas regarding the style and worth of the ancient painters of whose actual works, in fact, we are thus far entirely ignorant. We can but judge them from the few remains which are left. It is, however, an illogical procedure to form in one's mind a certain standard ideal of a certain artist on the mere ground of Chinese and Japanese eulogistic reports, and to measure and criticize a work by means of this subjective standard. The effect of art and artworks on the minds of the Chinese and Japanese differs from that on us, and with all admiration which they express *e. g.* for Wu Tao-tse, it does not follow at the outset that he was also a giant. His contemporaries may have admired in his work many features which count little or nothing among us, or which we would be unable to grasp. A foreigner is always in a position to greatly admire Eastern pictures which may appeal to a limited extent to an East-Asiatic, while he will see nothing or little in others frantically admired by them. The effect of art is different on individuals and nations, and its psychological basis has been very little studied. The more should we be cautious to make Chinese and

Fig. 9 No. 3. The War

Japanese judgments our own, if, at the same time, we cannot fall back on originals on which to support such judgment. Also the greatest masters have had their weak moments, and those of China with their rapidity of sketching and their stupendous fertility have, doubtless all without exception, furnished a goodly number of inferior productions.

The Chronicle of the town of Fêng-hiang in Shensi (鳳翔縣志 Ch. I, p. 8 b) relates that in the temple of Samantabhadra, *P'u-mên sze* 普門寺, in the eastern suburb, there was a painting by Wu Tao-tse representing Buddha's Nirvāṇa,[1] and that, in the temple *K'ai yüan sze* 開元寺 in the North Street 北街, there was a painting by Wang Yu-ch'êng (Wang Wei),—both no more in existence. The latter is described as an ink-sketch of two bamboos clinging to each other, the stalks confused, and the leaves, as if flying, agitated by a cold gale.

The *Wang ch'uan t'u* has been preserved in several stone engravings at Lan-t'ien, a town in the prefecture of Si-ngan. A special chronicle is devoted to this locality, republished in 1837 under the title *Chung siu Wang ch'uan chi* 重修

[1] Reproduced after a Japanese copy and described by PAUL CARUS, The Buddha's Nirvana, a Sacred Buddhist Picture by Wu Tao Tze.

'uan T'u. Fig. 9 No. 3 (continued).

輞川志 ("Revised Chronicle of Wang ch'uan") by the district official Hu Yüan-ying 胡元煐, and issued in a single volume of moderate size as an appendix to the Chronicle of Lan-t'ien. It is a sort of memorial volume in honor of Wang Wei and his work, and contains a topography of the place accompanied by a rough map, a coarse woodcut reproduction of Wang Wei's *Wang ch'uan t'u*, a list of the persons and especially poets who ever lived there, among whom Po Kü-i is the most famous, the poems written by them in praise of the landscape and Wang Wei, biographical notices regarding the latter.

The locality *Wang ch'uan* 輞川 immortalized by Wang Wei's work is situated south of Lan-t'ien in a valley formed by a mountain called Yao 嶢山. *Wang ch'uan* means the Wang River, and the word *wang* designates the felloe of a wheel. The name has arisen, explains the Chronicle, from the fact that the water of the river forms an eddy like a wheel-felloe. It is further said there that the entrance to the Wang valley is identical with the pass of the Yao mountain; in this place, there are two mountains with peaks opposite, and the river flows thence northward to unite with the Pa River. All the gardens, pavilions and small temples once constituting the villa of Wang Wei exist no longer, as could hardly be expected, and the

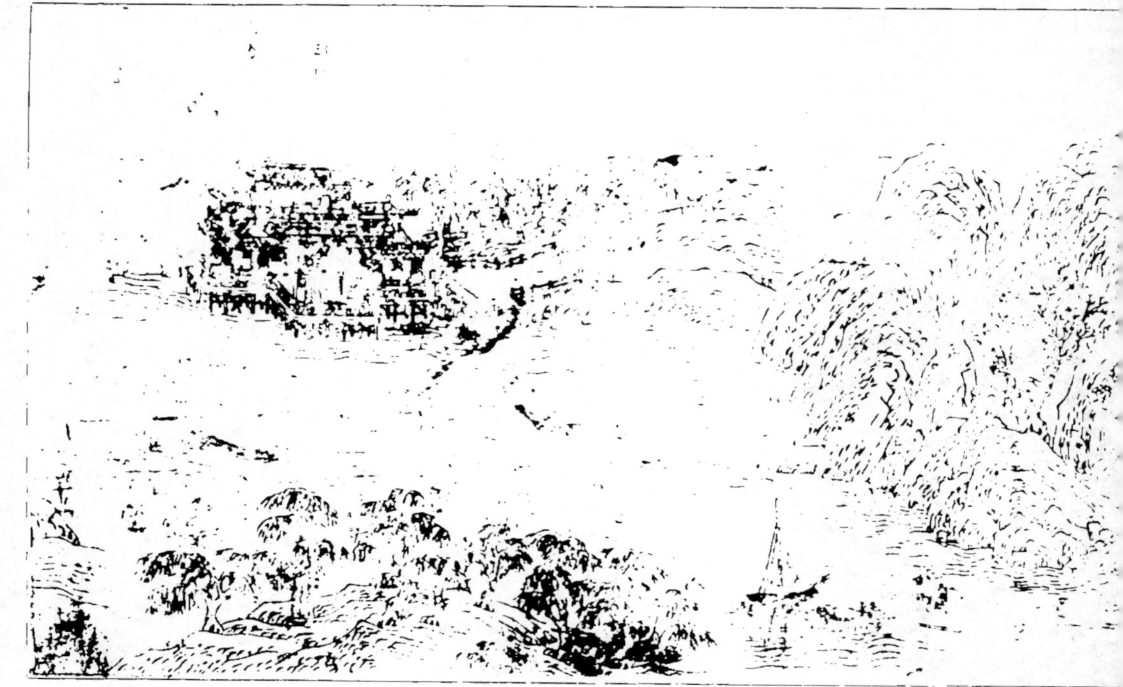

Fig. 9 No. 4. The Wang

former glory of this scenery can be gleaned only from the remains on stone. The original painting has been lost or destroyed long ago, and I feel almost sure that the Chinese collector alluded to by Hirth speaks of it merely on the ground of a rubbing or a sketch made after the model of one of these rubbings. None of the stone engravings now extant,—and this should be duly borne in mind,—has been made after the original, but from later copies, as we read expressly in the Chronicle.

The following engravings on stone (*shih k'o* 石刻) are there mentioned as still preserved (*i. e.* before 1837): 1. An engraving in eight sections on one stone made in 1616 after a drawing of Kuo Chung-shu 郭忠恕 of the Sung period, a follower of Wang Wei. GILES (Introduction, p. 89) has published a notice regarding this artist. His copy is designated as *Wang ch'uan chên tsi* (眞蹟) "genuine vestiges of Wang ch'uan (*i. e.* of the original picture of Wang Wei)." This is a term frequently employed in titles preceding, or in testimonials following an ancient scroll, meaning that the original has been touched and restored at various times, but not so much that its traces are entirely lost. This phrase does not by any means signify a copy, but certifies to the genuineness of the framework and foundation of the whole, while occasional touches of line and color or in some cases restorations

Ch'uan T'u. Fig. 9 No. 4 (continued).

of larger portions are admitted. 2. A second copy of the *Wang ch'uan t'u* was engraved in 1617 on five slabs after a picture of an artist Kuo Shi-yüan 郭世元 of the Ming period, who took the copy of Kuo Chung-shu as his model. 3. The copy of Kuo Shi-yüan was engraved again on five slabs and provided with a colophon by Yang Shi-ki 楊士奇 and Na T'ung 那侗. 4. Another copy was engraved on four slabs by the district official of the Ming period Han Tsan 韓瓚, with the addition of an epilogue by Ngao Ying 敖英 5. The district official of the Ming period Wang Pang-ts'ai 王邦才 had a total view of Wang ch'uan carved in one stone slab and added to it a poem. These manifold reproductions, together with the large output of literature on the subject and the accounts of many pilgrimages to the Wang ch'uan of men of high culture, testify to the great esteem in which this picture was held. "It was loved for a long time all over the empire," says Shên Kuo-hua in his preface to the scroll. It is not mentioned in the Sung Catalogue of Painters, because it never was in imperial possession, but religiously kept in a temple founded in Wang ch'uan by Wang Wei himself. All later copies go back to the Sung copy of Kuo Chung-shu; no copy from the hand of Chao Mêng-fu is mentioned in the Chronicle of Wang ch'uan nor in the inscriptions of the rubbing, which is, of course, not sufficient evidence militating against the fact of such

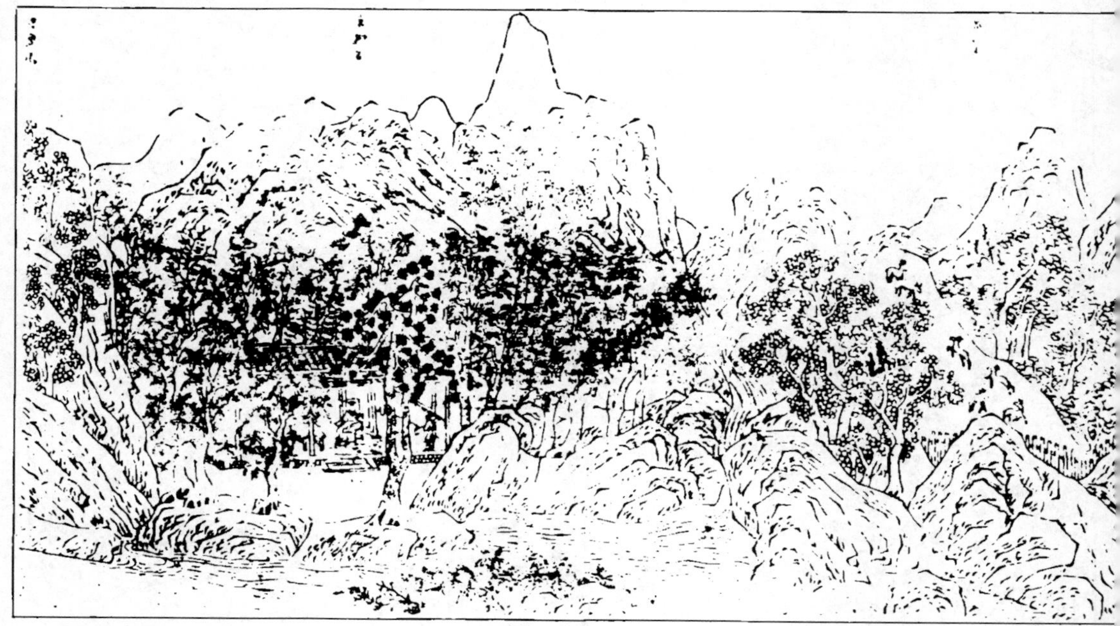

Fig. 9 No. 5. The Wa

a copy having existed. The reason for Kuo Shi-yüan's second copy in 1617 was that the stone engraving made in the preceding year was on too small a scale and too indistinct in details. Kuo Shi-yüan's stone engraving was executed in the same size as the Sung copy which presumably agreed in size with the original. The rubbing measures 0.34 m in width and, inclusive of the accompanying texts, 9.20 m in length. It was presented to me by a high official at Si-ngan fu, mounted after the fashion of a scroll with borders of yellow silk, and with the remark that it is a rubbing of the Ming period. I am not competent to judge on the age of rubbings, and merely give this statement for what it is worth,—certainly a point of minor importance. In our reproduction, an attempt at a restoration of the original has been made by taking a photograph of the first negative obtained from photographing the rubbing, thus securing the black background of the rubbing in white and the white outlines of it in black, which was the aspect of the original drawing. The order of the scenes is naturally reversed on the second negative, but a reproduction can be made from it both ways, in the succession of the scenes from the right to the left, or from the left to the right.

The *Wang ch'uan t'u* displays in successive stages a graphic account of a great variety of scenery, not wild nature scenery, however, but an historical landscape as transformed and cultivated by the hand of man. The mountain range in the

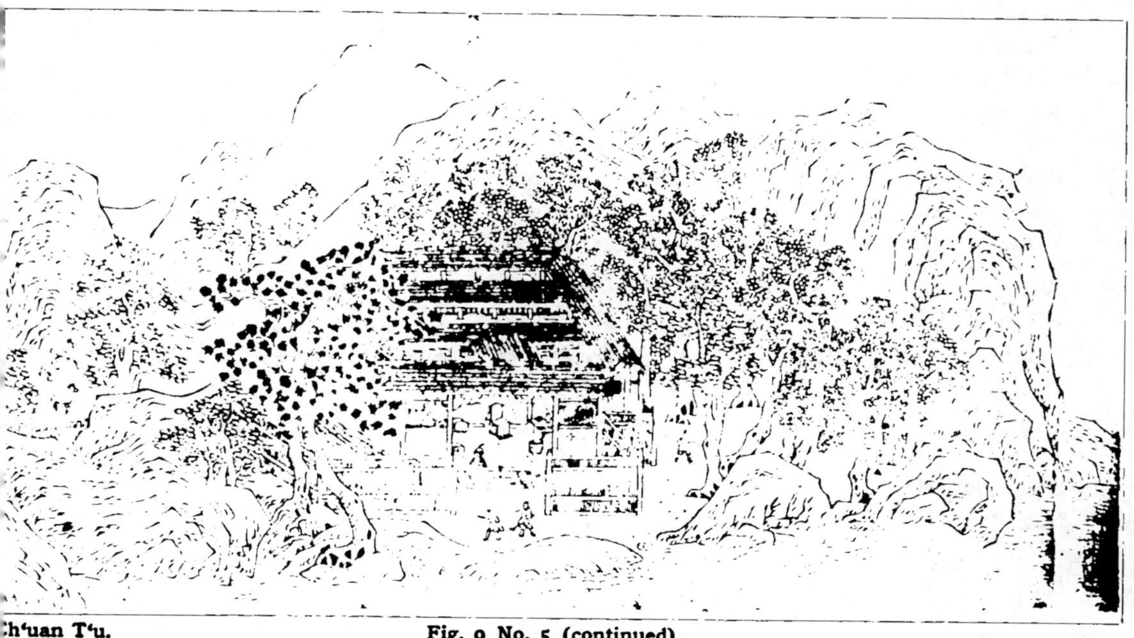

:h'uan T'u. Fig. 9 No. 5 (continued).

background merely forms the frame by which the gardens and buildings composing the villa of the poet-painter are set off. The single plots are all labeled and allow us to form a clear idea of how his *Tusculum* was built up. A matter-of-fact description of what is here passing before our eyes is therefore the next necessary step. The roll (fig. 9 No. 1) opens with a bamboo grove surrounding a square, unroofed building, a walled-up courtyard closed by a heavy double-winged gate, containing lateral rooms and others in the background. They apparently serve for storage purposes, for a boat coming down the river has just landed, a carrier shouldering his load suspended from a pole is crossing the plank to reach the shore, and two men, one armed with a carrying-pole, are hastening toward the boat. On the other side of the water, beyond a stretch of rugged hills, rises a garden of varnish-trees, *ts'i yüan* 漆園 (*Rhus vernicifera*), encircled by a solid fence, and adjoining it, a garden of pepper-trees, *tsiao yüan* 椒園. It will be seen that a path is laid out across both gardens leading from one gate of the fence to the other, and that the owner of this place was not merely a romantic dreamer, but also a practical husbandman devoted to worldly cares and affairs. This section, at least in the stone engraving, forms a separate picture in itself, being preceded and followed by descriptive texts and poetry, and is signed 上黨郭世元寫 "drawn by Kuo Shi-yüan of Shang-tang" (a designation for the south-eastern portion of Shansi); but there is no doubt that it originally formed also part of the *Wang ch'uan t'u.* It is apparent that this portion of the picture in the Sung copy of Kuo Chung-shu has been lost, and that at the time when the stone engraving was executed in 1617 this lost part was replaced by the corresponding section in the Ming copy of Kuo Shi-yüan. Some doubt, however, seems to have existed as to the proper place of this chapter of the narrative, as in the wood-engraving accompanying the *Wang ch'uan chi* it takes its place at the very end of the series. Therefore, it can only have been either the prologue or the epilogue. The woodcut offers two further names, *Chu li kuan* 竹里館 "Bamboo Country-residence" for the bamboo-grove, and for the spot where the boat is anchoring *Pai shih t'an* 白石灘 "Shallow Rapids of the White Stones." These two names appear on the stone engraving at the end of No. 4.

Nos. 2—5 represent a continuous uninterrupted panorama of scenery. The attentive observer will not fail to notice that the artist has really carried into practice the rule laid down by him (GILES, Introduction, p. 51): "In painting landscape, the first thing is to proportion your mountains in tens of feet, your trees in feet, your horses in inches, and your human figures in tenths of inches. Distant men have no eyes; distant trees no branches; distant hills have no rocks, but are indistinct like eyebrows; and distant water has no waves, but reaches up and touches the clouds." Note right in the beginning the distant trees on the back of the hills, drawn like telegraph-poles, — a simple vertical stroke crossed by a number of parallel horizontal lines of unequal length, and in contradistinction all the detail wasted on the large trees in the foreground overshadowing the garden-house,—every leaf and blossom being delineated with amiable care. The men sitting under the pavilion or walking outdoors are roughly sketched,—without eyes. Note also the four cascades leaping down in gentle falls and mingling their water with that of the river tossing around the small isle. Farther on, we come to a mountain range called *Hua-tse kang* 華子岡 "Flowery Hills,"[1] and then to an open walled place with three entrances filled only by two *wu-t'ung* trees and a willow. The label above the zigzag outlines of the mountains designates it as *Mêng ch'êng kou* 孟城坳, and it is called by the natives, says the Chronicle of Wang ch'uan, a *kuan* 關 "a pass." It is presumably only the remains of an ancient structure; what it might have been, can hardly be made out.

On No. 3 we see the principal building of the estate named *Wang k'ou chuang* 輞口莊 "the Village of the Wang Pass," seemingly surrounded by water on all sides. A boat on which a donkey is being transported is steering towards its entrance. It is a stately palace consisting of many buildings grouped around two

[1] The name is doubtless suggested by that of the sacred mountain, Hua shan.

courtyards, and laid out after an harmonious plan; they are all erected on piles, and the lateral halls and pavilions seem all to float in water which is conspicuously outlined. It is a veritable fairy island. A two-storied building with double turned-up roof in the background makes an adequate finish. The next scene is the *Wên hing kuan* 文杏館 "Residence of Literature which is surrounded by Apricot-trees." Five open square pavilions are distributed over a terrace, those behind elevated, a stone stairway leading up to them. Here, the artist may have spent many an hour in enjoying the landscape, in rhyming and sketching. The Chronicle relates that one of these apricot-trees has survived. The following bamboo-grove which is an attractive composition, is styled *Kin chu ling* 斤竹嶺 "Axe Bamboo Pass," also, as stated in the Chronicle, 金竹嶺 "Golden Bamboo Pass," with the comment that the former name arose from the bamboo-leaves being shaped like axes. A garden of magnolias *mu lan* 木蘭 concludes this section.

No. 4 opens with a lake scene and a pavilion built on piles in the water, labeled *Lin hu t'ing* 臨湖亭. This structure, with an open upper story, is of great architectural beauty, and we see that Wang Wei possessed as good taste in architecture as in painting and poetry. Behind is a group of willows styled *liu lang* 柳浪 "willow waves," indicating the artist's intention to point out their relation to the water. Their branches and leaves are drooping into the water and outlined like waves. A fisher canoe with drag-net and a large houseboat are rowing over the lake. Above the mountains, there is the name *Yao kia lai* 藥家瀨; *lai* is a shallow brook, and *yao kia* means "House of Medicinal Herbs." The name is not explained in the Chronicle, and I do not know to what it refers. The next geographical designation is *Kin sieh ts'üan* 金屑泉 "Gold Powder Well." Below is the *Nan chai* 南垞 "the Southern House." In the open hall a man, behind a screen, is sitting in a chair in front of a table; I suppose this is Wang Wei himself. Two cranes are strutting under the beautiful fruit trees richly laden with blossoms. Then follow the two names *Pai shi t'an* and *Chu li kuan* mentioned above.

In No. 5, we meet again Wang Wei sitting in a chair under an open shed, and a servant carrying a lyre is coming up. He is worshipping in this glorious nature and giving vent to his feelings in a song. From the majestic Sophora trees vying with the mountains, this spot receives its name *Kung huai mo* 宮槐陌 "Path of the Palace Huai Trees" (*Sophora japonica*). The great friend of nature is certainly also a friend of animals, and has laid out a fenced deer-park. The deer, merely shown in rapid outlines, are playfully leaping around in graceful motions. A habitation enclosed by *wu-t'ung* trees, designated as Northern House (*Pei chai* 北垞) terminates the picture. It is a plain country-house surrounded by a bamboo fence; a table, chair, and several utensils are spread in the entrance.

4

We are certainly at liberty to imagine that the original picture of Wang Wei was much superior in quality and execution to the present copy. But all possibilities of later deterioration granted, I believe we must admit that, judging from all records, this picture displays the style connected with the artist's name, and what is more, affords us an insight into his Wang ch'uan, the place where he lived and worked, and therewith a deep insight into his soul, his sentiments, his nature enthusiasm. Viewed in this light, his work is indubitably one of the most remarkable and precious documents of Chinese psychology which we possess. May others write an esthetic appreciation of this picture; I am merely enthusiastic about new facts, and it must be left to every one to utilize new facts in the direction in which his inclinations lead him.

We know that Wang Wei was a firm believer in Buddhist doctrines, and that Buddhist thought pervades his poetry. The reverses of his life seem to have favored such a tendency. First assistant minister to the Emperor Hüan-tsung, he was carried into captivity by the rebel Ngan Lu-shan who wished to see what sort of an animal a poet was. He was retained there by force until his captor died, and on gaining his liberty, imprisoned but afterwards reappointed by the Emperor Su-tsung. The loss of his wife when he was only thirty-one of age, was another blow to him, and his Buddhist trend of mind may have determined him not to marry again. He retired into seclusion and lived alone the last thirty years of his life on his Wang ch'uan. On the death of his mother, he turned his country-seat into a Buddhist monastery called "The Deer-park Temple," *Lu yüan sze* 鹿苑寺 (also called *Ts'ing yüan sze* 清源寺) which was restored in the K'ien-lung period. This name certainly implies an allusion to the famous Deer-park (Mrigadāva) at Isipatana near Benares where Buddha preached his first sermon, and which plays such a conspicuous rôle in the Buddhist legends. And if Wang Wei kept a deer-park and represented it on his scroll, the Buddhist tendency of this subject is obvious. The thought which the artist meant to express may be likened to one of the similes in the Majjhima-Nikāya:[1] "Just as if, O priests, a deer of the forest were to step into a snare, and were not to be caught by it. Concerning this deer it is to be understood as follows: It has not lighted on misfortune, has not lighted on destruction, and is not in the power of the hunter. When the hunter shall come, it will be able to make its escape. In exactly the same way, O priests, all monks and Brahmans who do not partake of these sensual pleasures, and, not enveloped, nor besotted, nor immersed in them, perceive their wretchedness, and know the way of escape, of them it is to be understood as follows: They have not lighted on misfortune, have not lighted on destruction, and are not in the power of the Wicked One (Māra)." The deer-park, thus, becomes a symbol of the general idea underlying the Wang

[1] H. C. WARREN, Buddhism in Translations, p. 347.

ch'uan, and the slogan of the master's Buddhist world-conception. Like the deer who escaped the hunter's snares, he has retired from the world into this restful abode of inward happiness. Wang Wei's art is the Buddhist philosophy of the Mahāyāna school translated into the rhythm of line. The very words of his critics that he ignored the form and seized the spirit, savor of Buddhism, and if others insist on his eccentricity and a certain mania for extraordinary motives, it is again Buddhism which is at the bottom of his soul. He paints the world, as he, Wang Wei, the Buddhist philosopher, the blessed hermit, sees it with the intense power of his emotionality. Therein lies the singular position of this great master in the history of Chinese art. His artistic wisdom is manifest in the absence of all outward Buddhist symbols in his picture; there is none of them, only the spirit is retained,—the spirit of a high priest of Buddhist thought which reveals itself in the line of every mountain and every tree. It is the terrestrial embodiment of the eternal happiness of Nirvāṇa.

There he reached his Nirvāṇa and was buried. His ancestral temple is erected in front of the Deer-park Monastery and was restored in the autumn of 1835.

The origin of landscape painting in ancient China is a psychological problem of primary importance. There are only two culture-spheres in which landscape painting as an independent and conscious art is cultivated,—Europe and China. The chronological priority of China over Europe in this respect being established, the problem pivots around the question as to how this idea arose and developed in China. For the origin of one type of Chinese landscape I am now able to offer an explanation. We recognize from the *Wang ch'uan t'u* that it represents a complete record of scenery within the area of a well-defined locality. This is not the only example of this kind, but such topographical pictures were quite in vogue during the T'ang period and were also certainly imitated under the Sung and Ming. Mr. L. BINYON (*l. c.*, p. 59) says regarding this point: "The practice of painting continuous pictures on a long roll is doubtless a primitive convention, derived perhaps from the long friezes, appropriate to palace-walls, in which the early art of China delighted. The conservatism of the Far East has retained this convention to modern times, though the tendency has been to divide the painting into separate subjects." This is no explanation for the phenomenon itself, for it is immaterial whether a painting of this kind is thrown on paper, on silk, on a screen, or on a wall. This is a purely technical point, and the supposition that a landscape was transferred from a wall to paper or silk, does not account for the psychical basis on which the landscape itself arose. The proposition which I want to advance and to prove is that such landscapes of topographical character originated from map-making and are closely associated with the development of cartography. First of all, we are here confronted with the curious fact that there is in the Chinese language one word *t'u* 圖 designating, in ancient as well as in modern times, simultaneously a geographi-

4*

cal map and a picture or design of any kind. When CHAVANNES[1] opened his investigation of the history of Chinese cartography, he emphasized the embarrassment in which this ambiguous word is apt to place us, as to its proper significance in ancient texts,—whether a real map or a mere sketch of objects is involved. For this reason, the long cherished theory of the maps engraved on the nine tripod bronze vessels of the legendary Emperor Yü must be abandoned.

It was from the needs of politics and warfare that cartography sprang in ancient China, and it was long considered as a branch of military art. Maps were kept secret in their capacity of confidential documents and scrupulously guarded from the eyes of outsiders and foreign nations. It was their purpose to furnish information to diplomats and generals, and reproduction being forbidden, they existed, in many cases, in but one copy. This may account for the fact that all maps anterior to the time of the Sung have perished. When, in that period, printing came more and more to the fore, maps were also reproduced to find their way into the general public, and since then, several have come down to us.

Allusions to maps go back into times of great antiquity. In the age of the Ts'in, they were cut into wooden blocks, presumably of the appearance of topographical plans or panoramic views, such as are still turned out for famous localities. Under the Han, engineering, particularly in the construction of canals, rose to a high degree of perfection, and the engineers of those days availed themselves of maps rather exactly drawn to assist them in their work. Also maps representing the whole empire were then in existence, but not yet constructed after any rigorous methods. The father of scientific cartography was, according to Chavannes, P'ei Siu 裴秀 (224—271 A. D.) who was the first to formulate firm and sound principles in the delineation of maps by having them prepared on a uniform scale. He designed his maps on a network of quadrates and employed the scale 2: 10000000, *i. e.* representing a thousand miles (*li*) by a space of two inches on the map. The six principles evolved by him to be observed in map-drawing find their counterpart in Sie Ho's six canonical rules for painting (HIRTH, Scraps, p. 58).

The coincidence that cartography and landscape-painting reached their climax in the same epoch, the T'ang, cannot be accidental. The most celebrated map-designer was Kia Tan 賈耽 (730—805 A. D.) who in 801, after six years of labor, completed a map of the empire including the adjacent parts of Central Asia, which was thirty feet long and thirty-three feet high, made on the scale of one inch to a hundred miles. Another renowned geographer was Li Ki-fu 李吉甫 (758—

[1] Les deux plus anciens spécimens de la cartographie chinoise, in *Bulletin de l'Ecole française d'Extrême-Orient*, Vol. III, 1903, pp. 214—247; the passage alluded to on p. 236. The notes following above are derived from this investigation of Chavannes.

814 A. D.) who executed a map indicating the sites of the strategic points north of the Yellow River. Besides, he composed a work on fifty-four scrolls in which he studied one by one the various fortified towns of the empire and noted for each the mountains and water-courses. Unfortunately, no maps of the T'ang period have survived or as yet come to light. The earliest specimens preserved to us are two maps dated from the year 1137 which are engraved on stone slabs in the Museum of Inscriptions at Si-ngan fu and published and described by Chavannes in the article mentioned. The earliest book-printed maps are those of the Imperial Geography of the Ming dynasty, the *Ta Ming i t'ung chi*, on which the mountains are designed in natural outlines. The modern maps (aside from the recent ones constructed under foreign influence) are the offshoots of the older ones, apparently modeled after them, and in some cases, veritable pictures. I collected a goodly number of albums devoted to a particular province and depicting in colors on silk the configurations of the single prefectures, also a very long map of the coast-line of southern China with the outlines of the mountain-ranges and islands. The well-known popular maps of famous mountain-temples, as *e. g.* those of P'u-t'o shan, T'ai-shan, Wu-t'ai shan, Ngo-mei shan etc., taken along as souvenirs by the pilgrims, are maps with a woof of scenery-drawing, in the same way as the continuous rolls of the T'ang masters present paintings with the underlying idea of a geographical map,—both kinds of productions being designated by the same name *t'u* 圖. Of course, those artists were not map-makers, and the map-makers were not painters,—their intentions moving on entirely different lines, but the object of their efforts, the means employed in getting hold of it, and the final results are substantially and practically identical. The development, then, is this: there is, in the beginning, an embryonic, not differentiated *t'u* which is neither distinctly a map nor a picture, or we may say as well, both at the same time; it shares in both categories, as neither of them is developed, it is so to speak, asexual. For lack of a better name, we may style it a local description. This colorless, indefinite production develops in two directions, according to the stress laid on its purpose,—into a map with a clear notion of topographical features serving the policy of the government, and into a landscape with due accentuation of artistic qualities for esthetic enjoyment.

The T'ang masters, it seems to me at least, received a strong impetus for their work from the high development of contemporaneous map-making. The long continuous records of nature limned by them on endless scrolls must have had their foundation in a preceding close study of the topography of the particular region and are quite inconceivable without the supposition of such a research. These works are never inventive products of imagination, but descriptions of well-defined localities stated on the scroll or otherwise handed down by tradition. Wang Wei's picture is not intended to represent any landscape, but it is the topography of the Wang river cherished and minutely investigated by the artist. Another palpable evidence for my theory exists in the remarkable collection of Mr. Charles L. Freer in Detroit,—in a long roll ascribed to Li Chao-tao 李昭道, the son of Li Se-sün, and containing a group of islands in the ocean, with their pagodas, temples, and villages, arranged in exactly the same manner as still displayed on modern maps. In the fact that such long landscape scrolls are still known as "Ten Thousand Mile (*li*) Pictures" (*wan li t'u*), a reminiscence of their original association with maps is doubtless evidenced. The story of Wu Tao-tse being sent to Sze-ch'uan to study the picturesque scenes of the Kia-ling river and painting after his return "three hundred *li* of the river scenery" in the Ta-t'ung palace (HIRTH, Scraps, p. 78) is further proof for the painters of the T'ang period having practised methods very similar to those of their contemporaries, the geographers. I need not give examples, because they are too numerous, for the fact that also the later landscapists, in most cases, intend to reflect in their pictures a definite locality usually stated on the top of their scrolls. Whether they really did so in all cases, or in how far they meant to reproduce reality and to blend it with their own mood and impressions, remains a matter of investigation for the individual case. Certain it is that, during the T'ang, nature and its direct observation was the primary source for the artist's inspiration, which was more and more renounced in the later periods of the Sung, Yüan and Ming. Like their colleagues, the geographers, the T'ang masters travelled, explored, studied, sketched; they recorded events, and the natural event was the agency instrumental in their work, not by any means their mere impressions. In this sense, they became naturalists, with a strong flavor, however, of romantic idealism. They were certainly imbued with the intention of giving something more than a copy of nature, and that is simply,—inward truth or poetic intuition, which was their supreme law.

The excessive length of the ancient rolls now explains itself as an imitation of geographical maps. The names of the localities inscribed on the *Wang ch'uan t'u* are certainly a feature obviously borrowed from topographical practice. This peculiar form of the rolls, nothing more than an ancient style of book, was widely adapted and naturally lent itself to the intentions of those artists. There they found all the necessary space to record in endless variety the wonders of creation which their minds had imbibed. Singular as this whole mental development of the inter-relation of landscape and map drawing is, singular as this technical feature of long continuous rolls is, so also the productions of these landscapists are unique in the history of art. They are unique in the magnitude of their task, in the conquest and reduction of vast space, in their nature sense and in their glorification of the beauties of nature, in their expression of line and color, and above all, in their spiritual and emotional power. Nothing in our art is comparable to these productions, and these landscape rolls are peculiar to China. Such creations as those of Wang Wei and Li Se-sün no doubt belong to the greatest emanations of art of all times. He who has not seen the wonderful roll attributed to Li Se-sün in the possession of Mr. Freer does not know what art is,—in technique as well as in mental depth, perhaps the greatest painting in existence. Greek and Italian art fade away into a trifle before this glorious monument of a divine genius, which it would be futile to describe by any words. The T'ang masters were not naturalists, idealists, romanticists nor were they one-sidedly given to any of our narrow *-isms* exclusively. They were, in the first place, symphonists in the sense of our music and geniuses of the highest potency whose spirit cannot be procrusteanized into our limited esthetic phraseology. There is but one giant in our art to whom Wang Wei and Li Se-sün can be adequately compared, and that is Beethoven. The same lofty thoughts and emotions, expressed by Beethoven, through the revelation of a god in his heart, in his sonatas and symphonies, find an echo in the works of those Chinese painters. The Adagio of the Fifth Symphony is the text interpreting the noble transcendental spirit pervading the painted scenery of Li Se-sün, and the Pastoral Symphony is the translation into music of the *Wang ch'uan t'u*. We shall better appreciate Chinese painting, if we try to conceive it as having no analogy with our painting, but as being akin to our music. Indeed, the psychological difference of Chinese painting from our own mainly rests on the basis that the Chinese handle painting, not as we handle painting, but as we handle music, for the purpose of lending color to and evoking the whole range of sentiments and emotions of humanity. In depth of thought and feeling, the great T'ang masters, in their symphonic compositions, vie with Beethoven, and in line and color almost reach Mozart's eternal grace and beauty. The Sung impressionists reflect the brief romantic character pieces of a Schumann or Grieg, while many of the Ming and later epigones reveal the shallow and plagiarist mind of a Mendelssohn or the gratuitous theatrical effects of a Meyerbeer. T'ang Yin of the Ming, however, is a Carl Maria v. Weber, and Kiu Ying a sort of Franz Liszt who could accomplish everything and created Chinese Hungarian rhapsodies in painting. Chinese pictorial art, I believe, is painted music, with all its shades of expressive modulation. It is known so far, in its highest accomplishments, to a few initiated only, but we trust that the time will come when its gospel will be preached everywhere, and when, like Beethoven, it will conquer the world.

081

中国之名

T'OUNG PAO

通報

OU

ARCHIVES

CONCERNANT L'HISTOIRE, LES LANGUES,
LA GÉOGRAPHIE ET L'ETHNOGRAPHIE
DE
L'ASIE ORIENTALE

Revue dirigée par

Henri CORDIER
Membre de l'Institut
Professeur à l'Ecole spéciale des Langues orientales vivantes

ET

Edouard CHAVANNES
Membre de l'Institut, Professeur au Collège de France.

VOL. XIII.

LIBRAIRIE ET IMPRIMERIE
CI-DEVANT
E. J. BRILL
LEIDE — 1912.

THE NAME CHINA

BY

BERTHOLD LAUFER.

The discovery of Prof. HERMANN JACOBI makes it obligatory upon us to subject to a new revision our former views with reference to the origin of the name China. Prof. JACOBI finds in the *Kauṭilīya* a mention of China, more specifically the record of the fact that silken ribbons are produced in the country of China, and concludes: "The name *Cīna* is hence secured as a designation for China in B. C. 300, so that the derivation of the word China from the dynasty of the Ts'in (B. C. 247) is definitely exploded. On the other hand, this notice is of interest also as proving the export of Chinese silk into India in the fourth century B. C." [1]). As Prof. JACOBI informs us [2]), the work here utilized affords a sure chronological basis, as the author Kauṭilya was the famous minister of King Candragupta who seized the reins of government between B. C. 320 and 315, so that the composition of his work must be dated around B. C. 300, and several years earlier rather than later.

The facts leading up to the opinion that the name China (Tsina) is traceable to the Chinese dynasty of *Ts'in* which flourished B. C.

1) H. JACOBI, Kultur-, Sprach- und Literarhistorisches aus dem Kauṭilīya (*Sitzungsberichte der K. Preuss. Akademie*, XLIV, 1911, p. 961).

2) *L. c.*, p. 954.

246—207 are well known. The *Periplus Maris Erythraei* written between 80 and 89 A. D. by an unknown author is the first book of classical antiquity in which the name *Thinai* (Θῖναι) is mentioned; Ptolemy (around 150 A. D., Bk. VII, Ch. 5) follows with *Sinai* (Σῖναι), likewise Marcianus of Heraclea (around 350 A. D.); and Kosmas Indikopleustes (around 545 A. D.), in his Topographia Christiana, speaks of *Tzinitza* (elsewhere *Tzinista*), in which the Persian *Cīnīstān* and the Sanskrit *Cīnasthāna* are evidently reflected. The identification of the name China with that of the Ts'in dynasty has first been proposed by the Jesuit Father Martin Martini in his *Novus Atlas Sinensis* (Vienna, 1655). The last to have discussed the problem ably and thoughtfully from all sides is Prof. Paul Pelliot (B.E.F.E.O., Vol. IV, 1904, pp. 143—150), to whose thorough discussion the reader may be referred for all detailed arguments involved in the case.

I may first be allowed to call attention to a few facts which have hitherto been overlooked in a consideration of the problem. I am convinced that Martini is not himself the father of the etymology set forth by him, but that it was expounded by the Chinese themselves, and further, that it arose in Chinese Buddhist circles.

The Lama C'os-kyi Ñi-ma dPal-bzaṅ-po (Dharmasūrya Çrībhadra) completed in 1740, shortly before his death, an important historical work known under the abbreviated title *Grub-mt'a šel-kyi me-loṅ*, "Crystal Mirror of the Siddhānta" [1]) in twelve chapters. Chapters 9 and 10 deal with the development of Buddhism in China and give an exposition of the teachings of Confucius, of Taoism and Islam.

---

1) Ṭhe full title is: *Grub-mt'a t'ams-cad-kyi k'uṅs daṅ adod ts'ul ston-pa legs bšad šel-kyi me-loṅ*, "Source-book (*k'uṅs* = Skr. *ākara*) of all Siddhānta and crystal mirror of fine sayings (Skr. *subhāshita sphaṭikādarçana*) teaching the manner of right aspirations". As indicated by this title, the biographical method is adhered to, and the book is mainly composed of sketches narrating the lives of Buddhist saints and dignitaries. It abounds also in bibliographical data and renders good services for the study of Buddhist literature.

The Lama had gathered his information from a study of Chinese sources during a residence of more than three years at Peking and received for his work high marks of honor from the Emperor K'ien-lung. His account of China is extremely interesting and spiced with the salt of his personal judgment. It has been translated [1]) by Sarat Chandra Das [2]) who was unfortunately not in a position to identify the Chinese names which are merely transliterated in their Tibetan garb. The tenth chapter is introduced by the following paragraph [3]):

"The name of China in its own language is Sen-teu (chin. *shên t'u* 神土, the land of the spirits [4]). It is identified by some authors with the Dvīpa Pūrvavideha [5]). The people of India call it Mahā Tsīna, *mahā* meaning great, and *Tsīna* being a corruption of Ts'in. Among the sovereigns of China, Shi-huang, king of the country of Ts'in, became very powerful. He conquered the neighboring peoples and made his power felt in most countries, so that his name as king of Ts'in became known in remote regions of the world. In course of time, by continual phonetic alteration, the name Ts'in passed into Tsin and then into Tsina or Tsīna, whence the Sanskrit designation Mahā Tsīna (Great China)."

We notice that the view of the Tibetan author is identical with the one upheld by those among us who stood for the etymology *China* — *Ts'in*, — assuming that the fame of that dynasty was so widely spread over the countries west of China that its name was

---

1) Paraphrased, it would be more correct to say. All translations of Chandra Das have been made by means of a Lama explaining to him the text in colloquial Tibetan or Hindustani. Difficult passages are, for the sake of simplicity, thrown overboard; and wherever it pleases the translator, his own remarks and explanations are freely mingled with the text.

2) J. A. S. B, Vol. XLI, Part I, 1882, pp. 87—114.

3) *L. c.*, p. 99.

4) Frequent designation of China in Buddhist literature.

5) Tib. *Lus ap'ags glin*, one of the four fabulous continents located east of Mount Sumeru.

applied by outsiders to the country of the Chinese. It is most improbable that this opinion was formed in the mind of the Lamaist writer himself; he availed himself in Peking of Chinese books for the compilation of his notes on Buddhism and culture in China, according to his own confession, and as indicated by the character of these notes, and it therefore is most likely that he encountered this view in a Chinese author; it is also plausible to assume that this was a Buddhist source. It may be worth while to trace this passage to its Chinese original, and to ascertain the time when this theory gained ground in China. Such a Chinese tradition could certainly not be adduced as pure evidence for the correctness of the etymology. It may be an afterthought, and savors of the reflection of a Buddhist priest who tried to find an explanation for the word *Cīna* met in Buddhist Sanskrit texts or heard from his Indian colleagues. At all events it is interesting to observe that the whole theory is not merely one of European fancy, but that it has been seriously entertained in the East.

The existence of such a tradition among the Buddhists of China is evidenced by the fact that China is indeed styled *Ts'in* by Buddhist writers (*e.g.* Fa Hien, LEGGE's translation, pp. 15, 23). But in my opinion, in these cases, the word *Ts'in* is simply used as a phonetic equivalent of the Sanskrit word *Cīna*. They cannot be utilized as evidence to show that *Ts'in*, in the eyes of the Chinese, independently from the Indian designation, was ever employed by them as a name of their own country. The case is merely one of retranslation, not one of original preëxistence. The Chinese Buddhists encountered the name *Cīna* in Sanskrit texts, and first of all, transcribed it *Chi-na* 支那 or 指那 (hence the *Shina* of the Japanese) or *Chên-tan* (Cīnasthāna [1]), and in the attempt to trans-

1) EITEL, *Hand-Book of Chinese Buddhism*, p 176, and PELLIOT, B.E.F.E.O , Vol. III, p. 253 note.

late it, or to coin a simple term for it, most happily hit upon the word *Ts'in* 秦. The word *Ts'in* was subsequently read into the word *Cīna*, doubtless suggested by the similarity in sound, but this is by no means evidence for the word *Ts'in* having given the impetus to the word *Cīna*. Whether, as M. PELLIOT [1]) is inclined to think, in the case of the early pilgrims, the Land of *Ts'in* should be associated with the small dynasty of the Posterior *Ts'in*, seems rather questionable. But the case of the Lalitavistara [2]) should be excluded from the evidence, as it is doubtful whether the Cīna of the Sanskrit text is really there intended to designate China; it is much more likely that the Shina, a tribe of the Dard, are involved [3]).

One of the several objections that could be raised against the derivation of China from Ts'in is that the Chinese people never called themselves after the Ts'in for whom their scholars professed a thorough contempt, while they freely named themselves (and still do so) "sons of Han", or "Han people", and in the south also "T'ang people" [4]), after the Han and T'ang dynasties. I am not aware of the fact that any designation like *Ts'in jên*, people of Ts'in, in the

---

1) B.E.F.E.O., Vol. III, p. 434, note 4.

2) B.E.F.E.O., Vol. IV, p. 149.

3) *T'oung Pao*, 1908, p. 3, note 5. — The passage revealed by Prof. Jacobi is apt to remove another doubt. "The mention of the *Chinas* in ancient Sanskrit literature", says HENRY YULE (*Encycl. Britannica*, 11th ed., Vol. VI, p. 188), "both in the laws of Manu and in the Mahābhārata, has often been supposed to prove the application of the name long before the predominance of the Ts'in dynasty. But the coupling of that name with the *Daradas*, still surviving as the people of Dardistan, on the Indus, suggests it as more probable that those *Chinas* were a kindred race of mountaineers, whose name as *Shinas* in fact likewise remains applied to a branch of the Dard races". The mention of silk made in the Kautilīya leaves no doubt that it is really China which is there referred to

4) G. SCHLEGEL's statement (*Notes and Queries*, Vol. II, p. 78, 1868) that the name *T'ang shan* 唐山 for China was introduced by the Java-Chinese who named themselves *T'ang jên* hardly covers the whole case. The Japanese as early as in the *Kojiki* (712) and *Nihongi* (720) speak of China as the land of T'ang, and the *Tabgač* of the Turkish inscriptions denoting China seems to be derived from the name of T'ang (HIRTH, Nachworte zur Inschrift des Tonjukuk, p. 35 note).

general sense of Chinese, has ever been traced in any Chinese record. But curiously enough, this is once the case in a passage of the Japanese *Nihongi*. Under the year 540 A. D., an influx of Chinese immigration into Japan is there mentioned: "The men of Ts'in and of Han etc., the emigrants from the various frontier nations were assembled together, settled in the provinces and districts, and enrolled in the registers of population. The men of Ts'in numbered in all 7053 houses. The Director of the Treasury was made Hada [Japanese reading for Ts'in] no Tomo no Miyakko" [1]). Aston comments on this passage in a note as follows: "Ts'in and Han are the Chinese dynasties so called. These men must have been recent emigrants from China to Korea, or their near descendants who had not yet been merged in the general population. This statement throws light on Japanese ethnology. It shows that not only the upper classes, as appears from the 'Seishiroku', but the common people contained a large foreign (Chinese and Korean) element". Presumably, a distinction is here made between two classes of Chinese, Ts'in or Han, according to the territories from which they came, and though the name of Ts'in is, in the *Nihongi*, restricted to this passage, it shows that the tradition of the name of the Ts'in dynasty was still alive at that time, and that there were then Chinese called after the Ts'in. But altogether, this passage is of such a late date that no forcible argument can be built on it.

The foundation on which the theory of a relationship between *Cīna* and *Ts'in* was based is indeed not very solid, and the argument of Prof. Jacobi should be weighty enough to compel us to abandon this position entirely. If the word *Cīna* occurs in a Sanskrit author of around B. C. 300, it must have been known in India before this time, and it is then difficult to see how the house

---

1) W. G. Aston, Nihongi, Vol. II, p. 38.

of Ts'in which was a small principality of no importance at that period could have come into play in the formation of the name. There is no reason to believe that the word *Cīna* had its origin in China or its foundation in a Chinese word. It is very possible that it arose in India or in Farther India. We shall certainly not return to the feeble hypothesis of v. Richthofen which is plainly refuted by M. Pelliot [1]), to whose arguments I readily subscribe; indeed, I had arrived for myself at the same conclusion independently from M. Pelliot. Etymologies are surely scientific problems of the second or third order, and those relating to tribal and local names will usually remain unsatisfactory. The one fact clearly stands out that the series of names headed by *Cīna* or *Tsīna* and followed by the classical names *Thīnai* or *Sīnai* and finally ending in our word China spread along the maritime route of the Indian Ocean, in opposition to the names Sēres and Sērikē by which China became known in the west overland. The same duplicity of names, owing to the peculiar geographical position of China, is repeated during the middle ages when the name Cathay became known from overland travelers and was believed for centuries to be a country distinct from China, until the journey of the Portuguese Benedict Goës in 1603 determined that both were one and the same. A similar irony of fate was playing in the times of Greek and Roman antiquity when the general impression prevailed that Sēres and Sīnai were two matters diverse. In either case, we have two groups of names, a continental and a maritime one, the former relative to the coherent land mass of northern China, the latter more distinctly pointing to the coast regions of southern China. It appears from a remark of I Tsing, the Buddhist pilgrim who started in 671 from Canton on a voyage to India, that *Chi-na* more specifically related

1) B.E.F.E.O., Vol. IV, p. 141.

to Canton, and *Mahācīna* to the imperial capital Ch'ang-ngan[1]. Thus, it may not be impossible that *Cīna* has been the ancient (perhaps Malayan) name adhering to the coast of Kuang-tung Province and the coast-line farther to the south, in times anterior to the settlement of the Chinese in those regions. The lack of ancient Malayan records prevents us from ascertaining the origin and meaning of the word.

---

1) E Chavannes, Voyages des pèlerins bouddhistes, p. 56 (Paris, 1894).

082

《弗利尔收藏艺术品选录》序言

SMITHSONIAN INSTITUTION
UNITED STATES NATIONAL MUSEUM
BULLETIN 78

THE NATIONAL GALLERY OF ART

CATALOGUE OF A SELECTION OF ART OBJECTS FROM THE FREER COLLECTION EXHIBITED IN THE NEW BUILDING OF THE NATIONAL MUSEUM

APRIL 15 TO JUNE 15, 1912

WASHINGTON
GOVERNMENT PRINTING OFFICE
1912

FOREWORD.

There are at the present time two living men at least whose minds are wide-awake to the world-historical importance of oriental art in its bearing on our cultural development and in its immense fruitfulness of our own art life—Dr. Bode, who is planning to found an Asiatic museum in Berlin, and Mr. Charles L. Freer, who has made the American people heirs to the finest existing collection of Chinese art. It is a collection broad and universal in scope but at the same time one of harmony and unity of thought, the same leading motive and personal spirit pervading the magnificent specimens of Egyptian, Mesopotamian, Persian, and far eastern pottery, ancient Egyptian colored glass, Persian and Hindu miniature paintings, and the painting, bronze, and sculpture of China and Japan. And the genius of Whistler, a reincarnation of one of the ancient masters of the East, soars above these emanations of the oriental world as the spiritual link connecting the Orient and the Occident.

Mr. Freer occupies an exceptional place among collectors. He has never been accumulative, but rather selective in his methods; with a sincere appreciation of all manifestations of art and deliberate judgment, he has himself visited the East many times, and in full sympathy with oriental peoples, imbibed a profound understanding of their artistic sentiments and aspirations. Mr. Freer is the only great collector in our country who has sought and seized opportunities in China. He was privileged to enter the sanctum of many Chinese collectors and connoisseurs of high standing, and he was fortunate in securing masterpieces of the most indisputable artistic value. It is in the American national collection that for the first time our eyes are opened to the choicest specimens of ancient Chinese painting, and the Nation has every reason to look up with pride to this treasure house and to feel grateful to the man who has become a national benefactor by bringing within the reach of all the message of the great teachings of eastern art. In their works of the brush the Chinese have inculcated their finest feelings, and no better means could be found for an appreciation of the true spirit of China than a study of her ancient masters. The American national collection now takes the lead in Chinese art and will form the basis for important research work to be carried on in this line. Whatever the future results of such research may be, whether the evidence in favor of the authenticity of individual pieces will be strengthened or to a certain extent modified, this will not detract from the intrinsic value of these precious documents, greater than which no other period in the history of art can boast. The grand old masters of the T'ang and Sung periods are restored to life before our eyes and speak to us their suave language of murmuring brooks, splashing cascades, glistening lakes, and rustling firs and pines. China thus is more awake for us than ever before, and she is awakened to full life in the displays of the National Gallery. May the timely event of a temporary exhibition of selected art works from this unique collection signal "The awakening of China" among our countrymen and give a new stimulus to our artists and art students.

BERTHOLD LAUFER.

CHICAGO, ILLINOIS, *March 24, 1912.*